土木工程研究生系列教材

大跨空间结构

第2版

张毅刚　薛素铎　杨庆山　范　峰　编著
沈世钊　主审

U0792992

机械工业出版社

本书系根据土木工程研究生系列教材编委会的要求编写的。书中详细地介绍了大跨空间结构的发展历程，主要大跨空间结构体系的分类、分析理论、设计基础和研究发展趋势，以及正在发展中的大跨空间结构新体系。全书内容包括绪论、网架结构、网壳结构、悬索结构、薄膜结构和大跨空间结构新体系。

本书除作为土木工程研究生教材外，还可以作为土建设计与工程技术人员的参考书。

图书在版编目（CIP）数据

大跨空间结构/张毅刚等编著．—2版．—北京：机械工业出版社，2013.11（2026.1重印）

土木工程研究生系列教材

ISBN 978-7-111-44316-2

Ⅰ.①大…　Ⅱ.②张…　Ⅲ.①大跨空间结构-空间结构-研究生-教材　Ⅳ.①TU35

中国版本图书馆CIP数据核字（2013）第240402号

机械工业出版社（北京市百万庄大街22号　邮政编码100037）

策划编辑：刘　涛　责任编辑：刘　涛　臧程程

版式设计：霍永明　责任校对：潘　蕊

封面设计：张　静　责任印制：邓　博

涿州市般润文化传播有限公司印刷

2026年1月第2版第5次印刷

184mm×260mm・24.75印张・615千字

标准书号：ISBN 978-7-111-44316-2

定价：75.00元

电话服务	网络服务
客服电话：010－88361066	机　工　官　网：www.cmpbook.com
010－88379833	机　工　官　博：weibo.com/cmp1952
010－68326294	金　书　网：www.golden－book.com
封底无防伪标均为盗版	机工教育服务网：www.cmpedu.com

土木工程研究生系列教材编审委员会

顾　　　问：（以姓氏笔画为序）

刘宝琛　刘祖德　刘怀恒　王正宏　林　皋
任爱珠　朱博鸿　沈世钊　沈祖炎　欧进萍
陈英俊　周　氏　周锡元　钟善桐　赵国藩
殷宗泽　顾晓鲁　蔡美峰

主 任 委 员： 江见鲸

副主任委员：（以姓氏笔画为序）

朱合华　李宏男　李　奇　李爱群　陈云敏
张永兴　杜修力　张素梅　尚守平　姜忻良
夏　禾　徐志胜　廖红建

委　　　员：（以姓氏笔画为序）

卫　军　王　钊　王清湘　卢廷浩　朱召泉
李正良　李英民　李洪泉　李鸿晶　刘晶波
吴知丰　陈国兴　杨果林　张家生　张毅刚
张耀春　郑　刚　易伟建　单　建　周朝阳
赵树德　徐礼华　袁迎曙　康清良　盛宏玉

序

在实际的三维世界里，任何结构本质上都是空间性质的，只不过出于简化设计和建造的目的，人们在许多场合有条件地把它们分解成一片片平面结构来进行构造和计算。这样就形成了桁架、拱、框架等大家熟悉的各种平面结构形式。与此同时，无法进行简单分解的真正意义上的空间体系始终没有停止其自身的发展，而且日益显示出一般平面结构无法比拟的丰富多彩和创造潜力，体现出大自然的美丽和神奇。空间结构的卓越工作性能不仅仅表现在三维受力，而且还在于它们通过合理的曲面形体来有效抵抗外荷载的作用。当跨度增大时，空间结构就越能显示出它们优异的技术经济性能。事实上，当跨度达到一定限度后，一般平面结构就往往难以成为合理的选择。从国内外工程实践来看，现代的大跨度建筑多数采用各种形式的空间结构体系。

我国虽然是一个发展中国家，但由于国大人多，随着国力的不断增强，要建造更多更大的体育、休闲、展览、航空港、机库等大空间或超大空间建筑物，以满足经济发展和社会进步的需求，而且这种需求在一定程度上可能超过许多发达国家。这是我国空间结构领域面临的巨大机遇。事实也是如此，20 世纪 90 年代以来，我国各种类型的大跨空间结构进入协调发展阶段，工程项目逐年增大，结构形式趋向多样化，出现了越来越多的创新设计，理论研究也逐渐配套，形势相当喜人。在这一过程中，锻炼培养了一支精炼能干的技术队伍和研究队伍。一批优秀的空间结构企业也已经或正在茁壮成长。可以预期，随着我国经济和社会的发展，空间结构将会继续以较快的速度向前迈进。

在此背景下，许多高等学校的土木工程学科设立了大跨空间结构研究方向，并为研究生系统开设这门课程。十余年来也陆续出版了一些关于网架结构、网壳结构、索结构和膜结构的专门著作，为空间结构的研究、设计和教学工作提供了有价值的参考资料。但与此同时，我也经常感到，多年来一直缺乏一本内容全面深入、篇幅恰当、概念清晰而文字表达又简明易懂、适合研究生学习的教学用书，使我们在教学中深感不便。根据我的体会，这本书应当覆盖空间结构的各主要类型；内容要适当综合一些，不仅限于各种空间结构的计算分析，还应当较充分地介绍这些结构的构造设计和有关材料及施工工艺方面的内容，讨论与建筑构思密切相关的结构方案与概念设计方面的内容；并应当收集较多的国内外优秀空间结构作品，进行案例介绍和分析；关于各类空间结构的受力性能和计算分析，则要避免连篇累牍的力学推导，而应当把重点放在理论思路的提炼和概念的阐述上。此外，由于空间结构是一门正在迅速发展的新兴学科，这本书应当尽可能把最新的研究成果消化总结，融入有关章节，并适当介绍各类空间结构的研究动态和发展趋势。我认为，出版这样一本著作对促进我国空间结构学科的人才培养有重要意义。

因此，当听说北京工业大学张毅刚教授和薛素铎教授发起，并邀约北京交通大学杨庆山教授和哈尔滨工业大学范峰教授，拟共同编写出版这样一本教科书时，我就感到十分高兴。后来看到了书稿，觉得他们写这本书的指导思想同我上面说的那些想法相当接近。这几位学者长期从事空间结构方面的研究、教学和工程咨询工作，积累了丰富的经验；写作态度也十分严谨。可以看出，为了使这本书既能反映空间结构学科的实际发展状况，又符合研究生教学及广大设计技术人员学习的需要，作者们是付出了巨大努力的。我相信，这本书的出版将会对我国空间结构学科研究生的培养发挥重要作用。同时，也会对广大设计技术人员系统学习空间结构提供重要帮助。不能说这本书已尽善尽美；任何一本优秀教材均需要通过教学实践千锤百炼，并不断从学科发展中吸取新的养料，及时修订再版，使其日益臻于完善；我也以此寄望于作者。爰为之序。

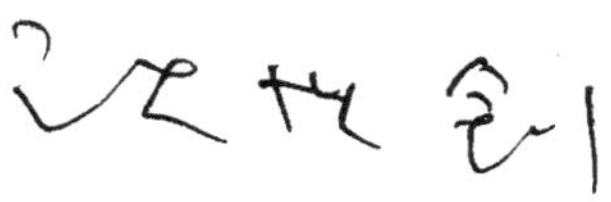

于哈尔滨工业大学

第2版前言

本书第1版出版以来，得到读者的厚爱，笔者收到许多宝贵意见和建议。原本主要是面对研究生的教材，也受到了工程设计人员的欢迎，成为他们全面了解空间结构的参考资料。第1版的书稿写成于2004年，算上收集资料、整理、写作的时间，距今已有10年多了。10年来大跨度空间结构的各种形式发展迅速，工程实践日趋广泛，研究工作也取得了许多新成果。相关的JGJ 7—2010《空间网格结构技术规程》和JGJ 257—2012《索结构技术规程》已经颁布，CECS 158：2004《膜结构技术规程》也在修订中。因此，本书需要进行必要的修订和补充，以跟上大跨度空间结构的发展形势，为读者提供及时有用的参考资料。

本书此次再版时在保持研究生教材特点的基础上，适当地考虑了工程技术人员的需求。第1章替换了一些更为清晰的图片，补充了一些新的信息。第2章和第3章主要结合JGJ 7—2010《空间网格结构技术规程》进行了相关的修订。近10年来索结构发展最快，读者也最为关心，因此第4章变动较大，增加了悬挂薄壳与悬挂钢膜、悬索结构的方案设计的内容，并在附录中给出了常用索的截面规格便于读者参考。第5章增加了薄膜结构的动力特性与反应分析一节，主要介绍膜结构的风振问题；增加了充气式薄膜结构一节，结合近年的发展补充了ETFE膜材性能和充气式薄膜结构的分析以及膜结构施工要点。近年来索结构中应用较多的属张弦结构，因此第6章增加了一节，对其作了系统的梳理和介绍；第6章还补充了一些新的工程实例。

借再版之机，对全书进行了部分文字上的修改，并纠正了一些错误。

正如沈世钊院士在序中所写“任何一本优秀教材均需要通过教学实践千锤百炼，并不断从学科发展中吸取新的养料，及时修订再版，使其日益臻于完善”，作者衷心感谢读者的厚爱，同时也热忱欢迎同行专家学者和广大读者提出宝贵意见。

作　者

第1版前言

大跨空间结构的发展状况已经成为衡量一个国家建筑科学技术水平的重要标志之一，越来越多高等院校的土木工程学科设立了大跨空间结构这一研究方向，为研究生开设了这门课程。许多著名专家领衔，已经培养出一大批博士、硕士，活跃在我国大跨空间结构的研究与工程领域，进一步推动了大跨空间结构的发展。已经陆续可以见到有关大跨空间结构主要结构形式如网架、网壳、悬索、膜结构等的专门著述。然而，多年来一直缺少一本系统的、适合于研究生授课用的教学用书。几位志同道合的教授在整理自己多年教案的基础上，携手编写了这本教材，希望能够为大跨空间结构领域的人才培养作一点贡献。

本书第1章为绪论，介绍了大跨空间结构的基本类型，尽量详细地回顾了大跨空间结构的发展历程，特别是在我国的发展，由北京工业大学张毅刚教授执笔。第2、3章分别讨论了网格结构的主要形式：网架与网壳结构的分类、分析理论与设计基础，由哈尔滨工业大学范峰教授执笔。第4、5章分别讨论了张力结构的主要形式：悬索与膜结构的分类、分析理论、设计和施工要点，由北京交通大学杨庆山教授执笔。第6章讨论大跨度空间结构的新体系，介绍当前正在发展中的新型空间结构的理论与设计要点，由北京工业大学薛素铎教授执笔。全书由张毅刚教授统稿。

作为研究生教材的特点，本书对各类结构专门安排了研究发展趋势一节，尽量介绍国内外最新研究进展，希望能够引起更多的研究兴趣。同时，尽量搜集了资料图片，随书整理了资料光盘，便于教师们制作电子教案。本书编写过程中引用了许多著名专家的著述和研究成果，均用参考文献的方式附在每一章的后面，便于读者进一步参考，在此也一并向专家们表示衷心的感谢。

大跨空间结构是极富生命力的发展领域，对于从事该领域研究的学者也极富挑战性。日新月异的新技术难以完全包揽在本书内，且由于作者水平有限，谬误之处难免，敬请读者批评指正。

作　者

目　录

序
第2版前言
第1版前言

第1章　绪论 …… 1
1.1　引言 …… 1
1.2　大跨空间结构的发展历程 …… 7
1.3　我国大跨空间结构研究的工作历程 …… 48
参考文献 …… 53

第2章　网架结构 …… 55
2.1　网架结构的类型和选型 …… 55
2.1.1　网架结构的类型 …… 55
2.1.2　网架结构的支承 …… 61
2.1.3　网架结构的选型 …… 63
2.2　网架结构的一般问题 …… 64
2.2.1　网架结构主要几何尺寸的确定 …… 64
2.2.2　网架的整体构造 …… 65
2.3　网架结构分析 …… 66
2.3.1　网架计算原则 …… 66
2.3.2　空间桁架位移法 …… 67
2.3.3　网架温度应力计算 …… 75
2.3.4　网架抗震计算 …… 78
2.3.5　网架结构的荷载、作用与效应组合 …… 86
2.4　网架结构的杆件和节点 …… 89
2.4.1　杆件的设计与构造 …… 89
2.4.2　节点的设计与构造 …… 91
2.5　网架结构研究的发展趋势 …… 98
参考文献 …… 100

第3章　网壳结构 …… 102
3.1　网壳结构的类型和选型 …… 102
3.1.1　网壳结构的类型 …… 102
3.1.2　球面网壳的网格划分 …… 106
3.1.3　柱面网壳的网格划分 …… 109
3.1.4　双曲抛物面网壳的网格划分 …… 113
3.1.5　网壳结构的选型 …… 113
3.2　网壳结构分析 …… 115
3.2.1　空间刚架位移法 …… 115
3.2.2　温度应力和装配应力计算 …… 122
3.2.3　网壳结构抗震分析 …… 123
3.2.4　网壳结构的荷载、作用与效应组合 …… 127
3.3　网壳结构的稳定性 …… 130
3.3.1　网壳结构全过程分析方法 …… 131
3.3.2　网壳结构全过程分析实例 …… 140
3.3.3　单层球面网壳的稳定性 …… 143
3.3.4　单层柱面网壳的稳定性 …… 145
3.3.5　单层椭圆抛物面网壳的稳定性 …… 148
3.3.6　单层双曲抛物面网壳的稳定性 …… 150
3.3.7　网壳等效刚度的计算公式 …… 151
3.3.8　规程关于稳定性验算的规定及说明 …… 152
3.4　网壳结构的杆件与节点 …… 155
3.4.1　杆件的设计与构造 …… 155
3.4.2　节点的设计与构造 …… 156
3.5　网架与网壳的防腐和防火 …… 158
3.5.1　网架与网壳的防腐 …… 158
3.5.2　网架与网壳的防火 …… 161
3.6　网壳结构研究的发展趋势 …… 161
参考文献 …… 163

第4章 悬索结构 …………………………… 165
4.1 悬索结构的类型 ………………………… 165
4.1.1 单层悬索体系 ……………………… 165
4.1.2 预应力双层悬索体系 ……………… 168
4.1.3 预应力鞍形索网 …………………… 170
4.1.4 含劲性构件的悬索结构 …………… 173
4.1.5 悬挂薄壳与悬挂钢膜 ……………… 179
4.1.6 组合悬索结构 ……………………… 180
4.2 钢索及其基本力学性能 ………………… 181
4.2.1 钢索的种类 ………………………… 181
4.2.2 钢索的制作 ………………………… 183
4.3 钢索的锚固及连接节点 ………………… 184
4.3.1 钢索的锚固 ………………………… 184
4.3.2 悬索结构的连接节点 ……………… 188
4.4 悬索结构分析的有限单元法 …………… 193
4.4.1 柔性索的基本受力特性 …………… 193
4.4.2 大位移理论知识 …………………… 196
4.4.3 有限元列式 ………………………… 199
4.4.4 基本方程的迭代解法 ……………… 203
4.5 悬索结构的形态分析 …………………… 203
4.6 悬索结构的受力分析 …………………… 207
4.7 悬索结构的动力特性及抗风抗震分析 ……………………………… 209
4.7.1 自振特性与阻尼 …………………… 209
4.7.2 悬索结构的地震反应分析 ………… 211
4.7.3 悬索结构的风振反应分析 ………… 213
4.8 悬索结构的设计要点 …………………… 215
4.8.1 悬索结构的方案设计 ……………… 215
4.8.2 悬索结构的设计计算 ……………… 219
4.9 悬索结构的施工要点 …………………… 226
4.10 悬索结构研究的发展趋势 ……………… 230
附录A 常用钢丝绳截面规格 ………………… 231
附录B 塑料护套半平行钢丝索截面规格 ………………………………… 233
附录C 建筑用钢拉杆截面规格 ……………… 234
附录D 点式玻璃幕墙用不锈钢拉杆与不锈钢索截面规格 ………………… 235
参考文献 ……………………………………… 237

第5章 薄膜结构 …………………………… 238
5.1 建筑膜材与薄膜结构选型 ……………… 238
5.1.1 建筑膜材及其本构模型 …………… 238
5.1.2 柔性壳体的基本力学性能 ………… 242
5.1.3 薄膜结构的支承体系 ……………… 245
5.1.4 膜材的裁剪与连接 ………………… 246
5.2 薄膜结构的有限元分析 ………………… 249
5.2.1 形函数矩阵 ………………………… 249
5.2.2 几何方程 …………………………… 251
5.2.3 局部坐标系下的单元平衡方程 …………………………… 253
5.3 薄膜结构的形态分析 …………………… 255
5.4 膜曲面的裁剪分析 ……………………… 257
5.4.1 裁剪线的确定 ……………………… 258
5.4.2 膜片的展开 ………………………… 259
5.5 薄膜结构的受力分析与设计 …………… 262
5.5.1 受力分析 …………………………… 262
5.5.2 工程结构荷载验算 ………………… 266
5.6 薄膜结构的动力特性与反应分析 ……… 271
5.6.1 薄膜结构的动力特性 ……………… 271
5.6.2 风振反应分析 ……………………… 276
5.6.3 风与结构的耦合作用 ……………… 281
5.7 薄膜结构的连接与节点 ………………… 287
5.7.1 膜材与膜材的连接 ………………… 288
5.7.2 索与膜的连接 ……………………… 291
5.7.3 膜材与刚性边界的连接 …………… 295
5.7.4 索节点 ……………………………… 297
5.7.5 柱节点 ……………………………… 298
5.7.6 索膜节点 …………………………… 300
5.8 充气式薄膜结构 ………………………… 302
5.8.1 非织物膜材 ………………………… 302
5.8.2 充气式薄膜结构形态分析 ………… 303
5.8.3 充气式薄膜结构受力分析 ………… 306
5.9 薄膜结构施工要点 ……………………… 309
5.10 薄膜结构研究的发展趋势 ……………… 311
参考文献 ……………………………………… 312

第6章 大跨空间结构新体系 ………………… 314
6.1 可展开折叠式结构 ……………………… 314
6.1.1 概述 ………………………………… 314
6.1.2 可展开折叠结构的几何构成 ……… 315
6.1.3 可展开折叠结构的力学分析 ……… 323
6.1.4 可展开折叠结构的节点构造 ……… 325
6.2 开合屋盖 ………………………………… 326
6.2.1 概述 ………………………………… 326
6.2.2 屋盖的开合方式 …………………… 331

6.2.3 开合屋盖结构的设计要素 …… 340
6.3 张拉整体结构 …… 343
6.3.1 张拉整体结构的概念及发展过程 …… 343
6.3.2 索穹顶结构 …… 348
6.4 张弦结构 …… 352
6.4.1 单向张弦结构 …… 353
6.4.2 多向张弦结构 …… 356
6.4.3 空间张弦结构 …… 357
6.5 预应力拱架结构 …… 360
6.6 新型围护体系 …… 365
6.6.1 点支玻璃幕墙 …… 365
6.6.2 新型金属屋面板——彩涂压型钢板 …… 371
参考文献 …… 380

第1章　绪　　论

1.1　引言

远古的人类挖洞穴居或筑木为巢，满足了生存空间的需要。随着社会的进步，人们需要较大的空间进行公共活动。中国古代工匠用木材构筑梁柱结构的宫殿或寺庙，跨度达到20～30m。古罗马人用砖石建造拱顶或穹顶，跨度达到40多米，然而结构自重为6400kg/m^2，又厚又重。

20世纪的工业革命推动了建筑科学技术的发展。在出现了水泥和钢铁等新型材料之后，人们学会了建造桁架、拱、钢架之类的平面结构，跨越50～70m的跨度。随着生活水平的提高，人类从事生产和社会活动对更大跨度的空间提出了需要。如载客300～400人的波音747飞机，机翼宽60m、尾翼高20m，这就需要更大更高的飞机库。又如体育馆，要求有能够容纳几万人进行体育比赛、文娱表演、集会、展览的多功能大厅，跨度需做到100～200m，甚至更大。图1.1.1所示为中国国家体育场，其长轴为332.3m，短轴为296.4m。图1.1.2所示为中国国家游泳中心，跨度为177m。图1.1.3所示为英国伦敦的“千年穹顶”，其直径已经达到320m。日本巴组铁工所认为：21世纪是为人类创造舒适、清洁、节能的新型城市的时代，具有现代设备与人工智能功能的封闭式城市环境，将为人类提供与自然相协调的理想生活环境。图1.1.4所示为巴组铁工所提出的跨度为500～1000m的穹顶空间，体现工作、居住、娱乐一体化的理想的未来城市。

对大跨度空间的需求，促使专家学者们深入研究什么样的结构体系既能够满足建筑平面、空间和造型的要求，跨越足够大的跨度，又具有更好的技术经济指标。国际壳体与空间结构学会（The International Association for Shell and Spatial Structures）的创始人，已故著名薄壳结构专家托罗哈（Torroja，E.）有一句名言：“最佳结构有赖于其自身受力之形体，而非材料之潜在强度”。就是说：采用高强度材料只解决了问题的一个方面，还必须寻找形体

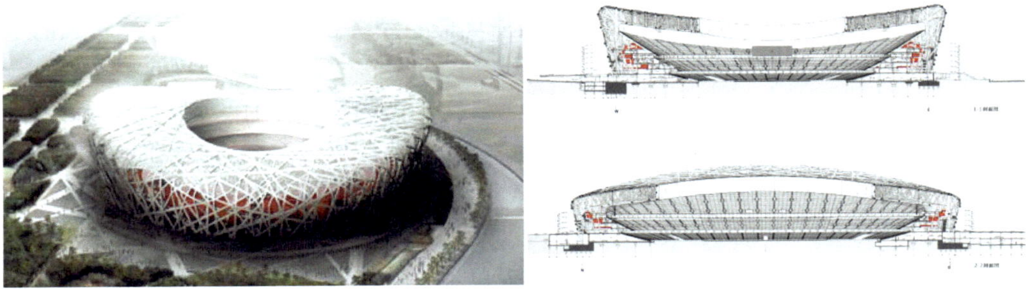

图1.1.1　中国国家体育场

图 1.1.2 中国国家游泳中心

图 1.1.3 英国伦敦“千年穹顶”

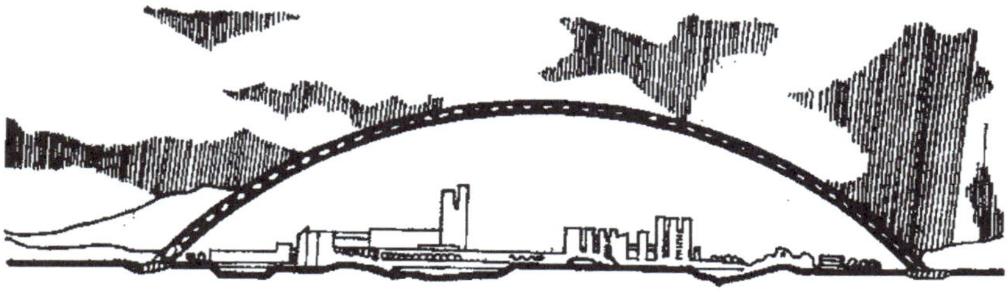

图 1.1.4 日本巴组铁工所提出的超大跨度穹顶空间

合理的结构，使其能够充分发挥材料的潜力。空间结构正是如此的一类结构。它的合理形体，使得它具有良好的受力性能。从而不仅形体优美、经济合理，还可以跨越超大的空间，成为近年来最具生命力的结构形式之一。

所谓空间结构是指：具有不宜分解为平面结构体系的三维形体，具有三维受力特性，在荷载作用下呈空间工作的结构。图 1.1.5 所示单层工业厂房是典型的由平面结构组成的结构体系。图 1.1.6 所示的框架虽然具有三维形体，但通常它的纵横框架有主次之分，可取主要受力的横向框架按平面结构计算。图 1.1.7 所示的桁架结构和图 1.1.8 所示的拱结构都是平面结构。而图 1.1.9 所示的壳体显然不能被分解为平面结构，明显具有三维受力特性，在荷载作用下呈空间工作，是典型的空间结构。图 1.1.10 展示了网架结构的几种基本单元，可以看出它的组成本身就是空间形体，每个节点的受力也是三维的。

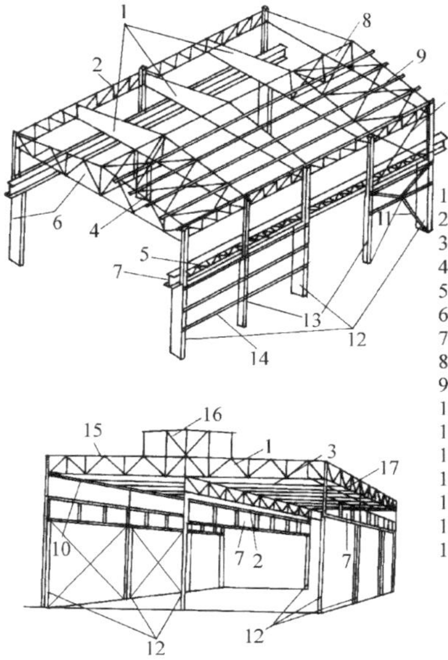

图 1.1.5　由平面结构组成的单层工业厂房

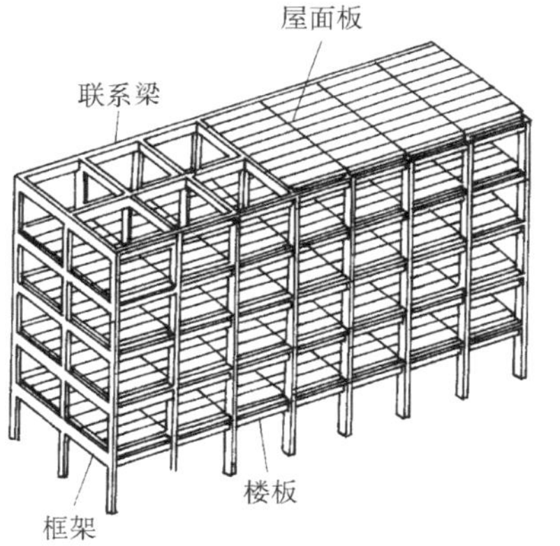

图 1.1.6　钢筋混凝土框架

图 1.1.7　平面桁架结构

图 1.1.8　拱结构

图 1.1.9　蒙特利尔短程线型双层网壳（$D=76\text{m}$）

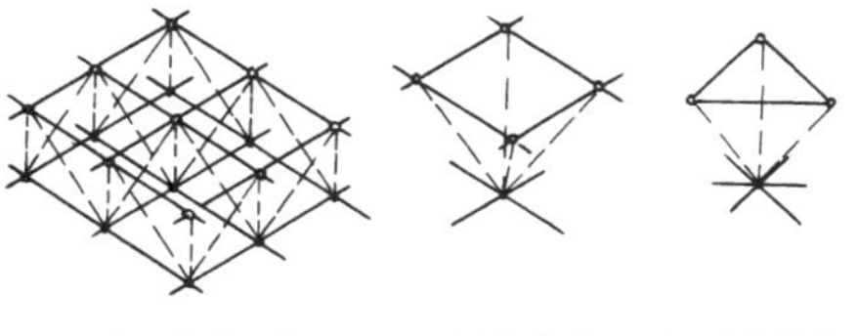

a) 交叉桁架系　b) 四角锥体　c) 三角锥体

图 1.1.10　网架结构的几种基本单元

a）交叉桁架系　b）四角锥体　c）三角锥体

空间结构可以分为以下三种基本类型：

实体结构类——薄壳结构、折板结构。它们一般是钢筋混凝土实体结构，如图 1.1.11、图 1.1.12 所示。近年来应用不是很多，本书不拟作详细讨论。

图 1.1.11 北京火车站屋面双曲抛物面薄壳

图 1.1.12 郑州第二砂轮厂食堂折板结构

网格结构类——网架结构、网壳结构。它们一般是由杆件按一定规律组成的网格状高次超静定空间杆系结构，如图 1.1.13、图 1.1.14 所示，将在本书第 2、3 章详细讨论。

图 1.1.13 首都机场四机位机库网架

图 1.1.14 中国国家大剧院网壳

张力结构类——悬索结构、薄膜结构。它们一般通过对索或膜施加预张力以后形成结构体系，如图 1.1.15、图 1.1.16 所示，将在本书第 4、5 章详细讨论。

图 1.1.15 北卡罗莱那州 Releigh 体育馆

图 1.1.16 上海八万人体育场

集中以上某两种或几种结构的优点组合而成的结构通常称为**混合结构**或**杂交结构**，如：张弦立体桁架（图 1.1.17），斜拉网架（网壳）（图 1.1.18），索承（弦支）网壳（图 1.1.19）等，已经成为近年来的研究热点，推动着空间结构的发展。本书第6章将讨论一些新体系的研究与应用。应该指出，张弦立体桁架体系是将平面桁架的截面改造成空间形体，明显地增大了横向刚度，从而得以广泛应用。

图 1.1.17 广州国际会展中心张弦立体桁架体系

相对于平面结构，空间结构形式丰富、生动活泼，突出结构美而且富有艺术表现力。世界各国已经建造了大量的、不同跨度、不同类型的空间结构。其受力合理、结构刚度大、重量轻、用钢量低的特点已经成为共识。1963 年美国著名建筑师司密斯（Smith，M. G.）对166个已建成的大跨度钢结构工程进行了统计分析，对刚架、桁架、拱、网架和网壳（穹顶）每平方米用钢量的分析如图 1.1.20 所示。从图中可以看出：当跨度不大时，各种结构用钢量大体相当；随着跨度的增加，网架和不同形式的网壳（穹顶）均比平面结构节省钢材。特别是近年来采用较多的膜结构，使屋盖重量更加减轻，巨大的英国伦敦“千年穹顶”，仅为 $20kg/m^2$。

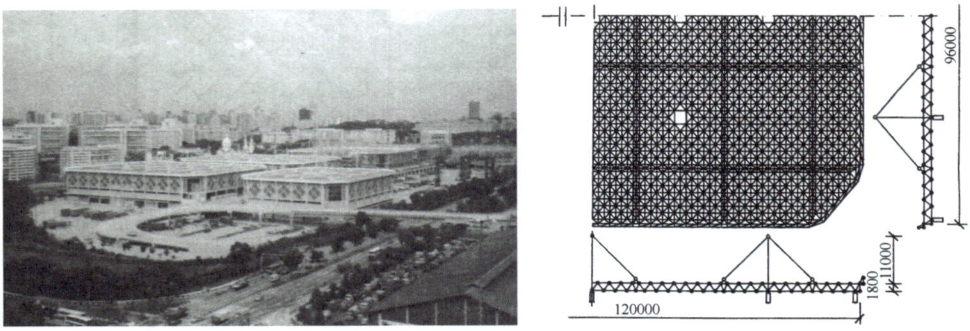

图 1.1.18 新加坡港务局（PSA）仓库斜拉网架

图 1.1.19 天津港保税区商务中心大堂索承网壳

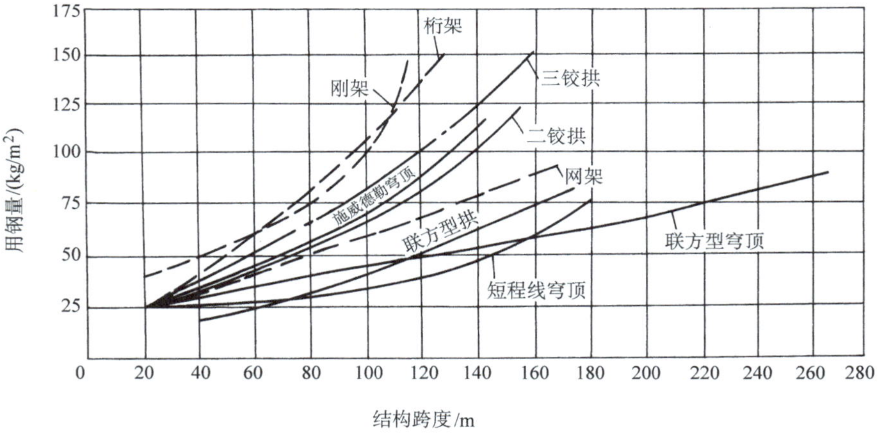

图 1.1.20 各种钢结构用钢量比较

空间结构之所以有上述优点，得益于它的合理形体。更进一步，可以认为得益于自然界。被称为“实现建筑工业技术最大的现代天才”的富勒（Fuller，R. B.）曾说：“自然——总是建造最经济的结构”。自然界早就大量存在各种结构的典型。仔细观察自然界中的许多动物或植物，都是通过它们合理的形体来抵抗外荷载作用，以维系自己的生存。鸡蛋壳极薄，却能够保护体内的生命就是一个极好的例子。鸡蛋壳以及贝蚌、果核等都是薄而又高强的薄壳结构形式。人们已经形象地把中国国家大剧院的建筑称为“水煮蛋”。蜂窝可以看做是空间网格结构。蜘蛛丝虽细，织成的网却大有用途，蛛网可以说是悬索结构的缩影（图

1.1.21)。棕榈叶子巨大，它的褶皱支承了它，是天然的悬挑折板结构（图1.1.22)。肥皂泡可以看成是充了气的膜结构。因此用仿生学的观点可以更好地理解空间结构，也必将能够更好地发展空间结构。

图1.1.21　蛛网

图1.1.22　棕榈叶

正因为空间结构不断地创新、发展并采用了大量新材料、新工艺、新技术，已经对现代建筑产生了重大影响，成为反映一个国家建筑科学技术水平的重要标志，大跨空间结构也成为一个朝气蓬勃的研究领域。

1.2　大跨空间结构的发展历程

空间结构的发展是和人类生活、生产的需要，科学技术水平以及物质条件的发展紧密相连的。与建筑结构的发展一样，它也经历了一个漫长的过程。

实际上，人类很早以前就认识到穹隆具有用最小的表面封闭最大的空间的优点。效仿洞穴穹顶，人们建造了许多砖石穹（拱）顶。如我国东汉时期河南洛阳的地下砖砌墓穴（图1.2.1)，公元前1185年古希腊迈西尼（Mycenae）国王墓14.78m直径的砖砌穹隆（图1.2.2）等。

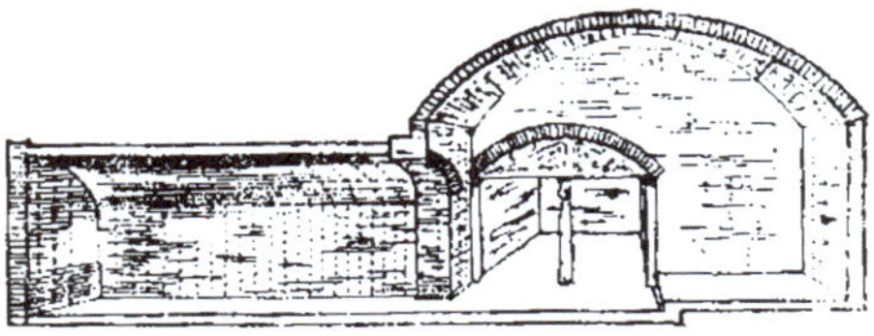

图1.2.1　东汉时期地下砖砌墓穴

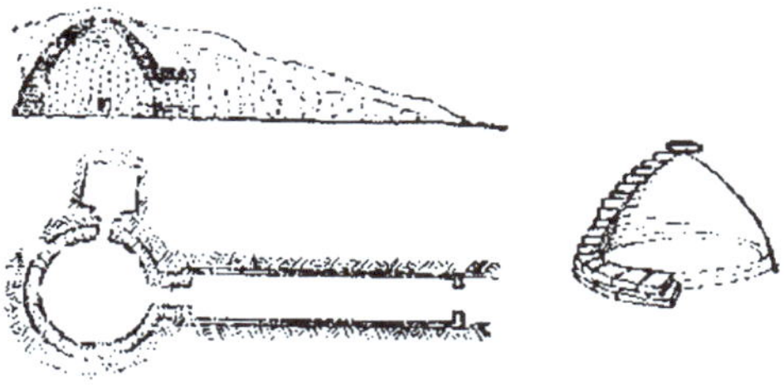

图1.2.2　古希腊Mycenae国王墓砖砌穹隆

古罗马最著名的穹顶是万神殿（Pantheon)，也是建筑史上最早、最大跨度的拱结构（图1.2.3)，43.5m的跨度直到19世纪才被突破。它建于公元前14年，并因焚毁于公元后123年重建。其中央大殿为直径43.5m的半圆球形穹顶，离地净高43.4m，穹顶厚度自下向顶逐渐减小，最薄处1.2m，支承在6.2m厚的墙上，厚跨比约为1:11，整个结构用砖、石及浮石和火山灰做成的混凝土块砌筑而成。其穹顶中央8.9m直径的采光孔是个相当于拱顶石的拱顶环，四周布置八个小半圆拱，在拱脚两两相抵处是一道水平环，以下是八根径向肋，把力传给最下层环向布置的八个半圆拱，其间又有两层周圈布置的半圆拱，整体形成了一个宏伟的空间拱结构，被誉为展现穹力的杰作。在此之后，以拱为结构形式的穹顶成为教堂类建筑的主流。

图 1.2.3 古罗马万神殿

然而，缺少力学与结构理论指导，凭借已有的经验与大胆探索来建造房屋，难免发生事故。公元 537 年东罗马帝国建造的圣索菲亚教堂（Sancta Sophia）是砖砌建筑（图 1.2.4）。中央大厅 32.6m×68.6m，由一个整圆穹顶和两个半圆穹顶覆盖，穹隆之下、柱拱之间，推力逐步传给更小的半圆穹顶，可谓关系明确。然而 20 年后，一次地震中穹顶塌落。整个穹顶重建中，加大了其矢高，以减小其水平推力，同时增加了扶壁。公元 1612 年建造的罗马圣彼得教堂（Sant Peter）是砖石建筑（图 1.2.5）。中央大厅之上覆盖着直径 41.91m 的大穹顶，厚跨比 1∶15.3，离地面 78.33m 高，支承在四个 18.29m 见方的巨大柱墩上，强劲有力。穹顶用砖砌成连续壳，外部设置了 16 道石砌径向肋以加强抗弯能力。穹顶完成后，发现多处径向裂缝，于是用三道铁箍加固作为补救（图 1.2.5 中虚线）。然而裂缝仍有发展趋势，1742 年罗马教皇下令检查原因。三位科学家经过认真调研和计算分析后指出，穹顶开裂原因并非承重石礅或基础薄弱，而是该结构已经成为“壳”不能简单看成是“拱”，原三道铁箍抵抗不住穹顶的推力以及壳面的弯矩，建议再增加五道铁箍，最终解决了问题。这个工程实例表明，人类对大跨结构的认识开始从平面拱结构向空间壳结构跨越。同时也表明工程结构经验时代的结束和科学时期的到来。工程结构的发展推动了理论研究的进步，理论成果的指导完善了工程实践，这是建筑结构科学得以不断进步的历史规律。

图 1.2.4 圣索菲亚教堂

图 1.2.5 圣彼得教堂

19 世纪的工业革命促使科学技术飞快进步。

生铁材料出现以后引起了建筑结构革命性的变化。1787 年英国出现机轧熟铁条，1831 年英国又机轧出角铁，1845 年法国人碾压出熟铁工字梁。当时铁价比木材低廉，采用铁骨架设方便，又具有杆件截面小、能防火等优点，可以一改砖石结构笨重的形象，使人有一种轻巧灵活之感。因之欧洲大陆兴起了铁建筑热潮。1851 年在伦敦海德公园举行首届国际博览会的展览馆水晶宫（Crystel Palace），是完全用铁材与玻璃建造的第一栋房屋。中央大厅采用了筒形拱顶，支承在空心铸铁柱上（图 1.2.6）。

1856 年英国人贝斯麦（Bessemer, H.）首次用转炉炼钢成功，钢材开始用于建筑结构。进一步出现了轧制型钢和铆钉连接方法，钢结构得到了广泛应用。1863 年，由德国人施威德勒（Schwedle, J. W.）设计，在柏林建造了第一个钢穹顶，直径 30m 用于煤气罐的顶盖。其形式是以若干圆弧形拱汇交到一个顶环，形成辐射型体系，再加若干道中间水平环以及同一方向斜杆，形成被后人称道的“施威德勒穹顶”（图 1.2.7）。应该说，施威德勒穹顶已经是空间结构中单层球面网壳的雏形，后来发展的许多网壳都是在施威德勒穹顶的基础上加以变化构成的。

图 1.2.6 海德公园水晶宫

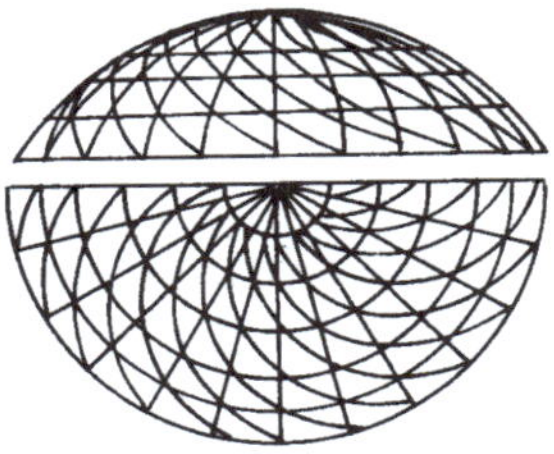

图 1.2.7 施威德勒穹顶

1896年俄国名誉院士苏霍夫在尼西尼诺夫高洛德市展览会建筑工程陈列馆中展示了一个网状筒拱，跨度13~22m，用弯成曲折形的扁铁在转折处用锚钉相连构成。可以认为这是早期的柱面网壳。同一年苏霍夫研究了悬挂网理论，在夏诺夫哥罗德展览馆采用相互交叉的柔性钢板条，在焦点处固定形成钢条网结构，代替一般刚性受弯构件的屋盖。与普通屋架相比，能减轻结构自重约1/4，形成了早期的悬挂结构。

伴随钢结构的迅速发展，钢筋混凝土结构也日益成熟起来。1824年英国人阿士普丁（J. Aspdin）发明混凝土制作法。1886年德国人冠农（M. Koenon）通过圆拱与平板荷载试验确定了钢筋受拉、混凝土受拉的钢筋混凝土理论。1892年法国人亨奈比克（F. Hemebigue）用圆钢筋埋入混凝土作整体梁板结构，随即钢筋混凝土广泛开始应用于房屋建筑。

空间结构的理论研究也同步进展。1826~1831年法国人G. Lamé和E. Clapeyron首创薄壳理论及周边支承筒壳的近似分析法，1892年A. E. H. Love考虑径向剪力与弯矩的理论为以后壳体结构理论的发展打下了基础。然而他们当时尚未应用于实际工程，直到钢筋混凝土结构迅速发展后才开始应用。

1924年天象仪概念的创始者鲍尔斯费尔德（Bauersfeld）教授虽非结构工程师，却提出了一个结构方案，用铁杆组成15m直径的半球形网壳。他用数学精确计算出每根杆件的位置与长度，建成了德国耶拿市蔡斯（Zeiss）工厂的天文馆（图1.2.8）。这是第一个半球形钢网壳，被认为是第一个用于屋盖的真正意义上的空间结构。该结构实际上为网壳与薄壳的组合体。其表面用细钢丝网覆盖后喷浆，钢的球网壳在施工中充当了模架，水泥硬结后钢杆件成为球壳的配筋。与此同时，富勒（B. Fuller）深入探讨了球网壳的规则划分，后来发展成为著名的短程线网格（图1.2.9），深为后人称道。

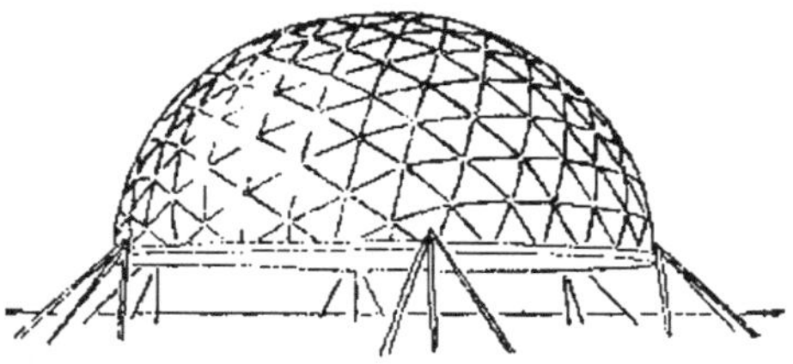

图1.2.8 德国耶拿蔡斯工厂天文馆

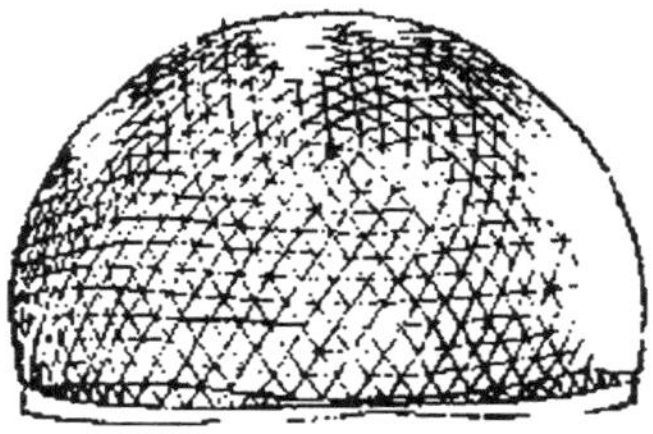

图1.2.9 富勒网格

1925年德国耶拿Schoff玻璃工厂厂房采用旋转对称的球壳屋顶，直径40m，钢筋混凝土薄壳厚60mm，是第一个真正的薄壳。从圣彼得教堂厚跨比1∶15.3的砖石空间拱结构到Schoff玻璃工厂厚跨比为1∶666.6的钢筋混凝土薄壳，经历了1800年。这段历史充分证明了科学技术与生产实践相结合产生的巨大潜在能量。

空间结构的诞生，为大跨度建筑物的建造与发展展现了广阔前景。以下分类介绍它们的发展情况。

1. 实体结构

与传统平面结构相比，薄壳结构造型优美、传力路线直接、受力性能良好。薄壳结构除了承重结构作用外又是维护结构，使两者功能融合为一体，使材料更为节省。薄壳结构的主要形式有圆柱面壳、圆球壳、双曲扁壳、双曲抛物面扭壳，如图1.2.10所示。

1936年前苏联B. Э. Власов发表了著名的壳体建筑力学，发展了设计计算方法。加之第

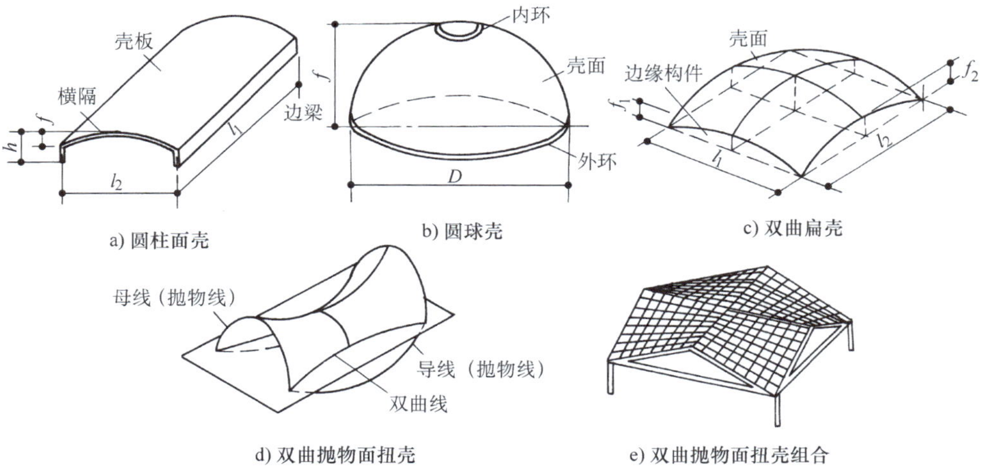

a) 圆柱面壳　b) 圆球壳　c) 双曲扁壳

d) 双曲抛物面扭壳　e) 双曲抛物面扭壳组合

图 1.2.10　薄壳结构的曲面形式

二次世界大战期间及战后，各国需要节约钢材与水泥。而壳体结构主要受压，可以更合理地利用钢筋混凝土材料的力学性能，做到厚度小、自重轻。因此，钢筋混凝土薄壳首先走上了广泛的应用道路。比较著名的如 1957 年罗马小体育宫，直径 59.13m，采用钢筋混凝土肋形球壳（图 1.2.11）。1972 年波多黎各庞斯大厅由四块双曲抛物面扭壳组成，壳厚 10cm，平面尺寸为 70m×84m（图 1.2.12）。考虑施工的因素，装配式壳体开始采用。1976 年美国西雅图金郡体育馆直径 202m 的圆形穹顶由 40 个弓形双曲抛物面壳组成，壳厚 12cm（图 1.2.13）。同时期我国也建造了一批薄壳结构，如 1958 年北京火车站候车大厅 35m 跨度的双曲扁壳（图 1.1.11），1960 年新疆某机械厂金工车间 60m 跨度椭圆旋转球壳（图 1.2.14a）和 1964 年北京网球馆 42m 跨度的双曲扁壳（图 1.2.14b）等。

图 1.2.11　罗马小体育宫

图 1.2.12　波多黎各庞斯大厅

图 1.2.13　美国西雅图金郡体育馆

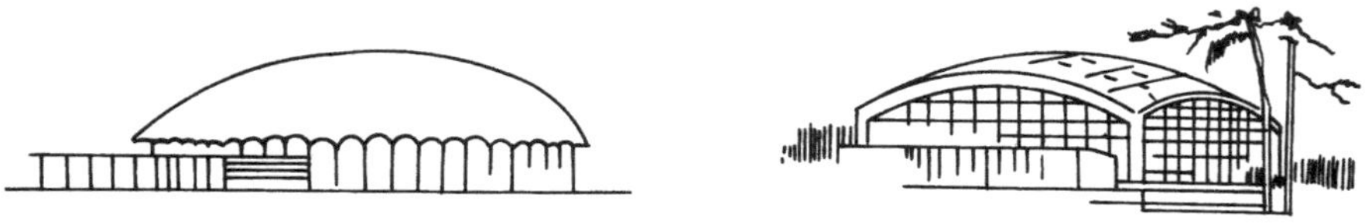

a) 新疆某机械厂金工车间　　b) 北京网球馆

图 1.2.14　我国早期建造的薄壳结构

但是曲面壳体的模板制作复杂，耗费木材，大跨度结构在高空进行浇筑和吊装也耗工耗时。美国根赛特（R. M. Gensert）等人的分析表明，薄壳结构造价的约 60% 是用在了施工成本上。因而影响了薄壳结构的应用。于是用平面模板代替曲面模板，用折线代替曲线，由薄平板以一定角度相互整体联结而成的折板结构应运而生。

折板结构的形式有 V 形、Π 形、Z 形等（图 1.2.15）。折板结构的折线形横截面，大大增加了空间刚度，既能作梁受弯，又能作拱受压，且便于预制，因而得到发展。起初是折板梁体系，如图 1.1.12 所示的郑州第二砂轮厂食堂。进而发展到折板壳，如 1962 建成的美国伊利诺大学会堂（图 1.2.16），直径 132m，矢高 18.8m，由 24 个预应力混凝土折板壳组成；我国武钢外国专家招待所文娱室也采用了这种体系（图 1.2.17）。

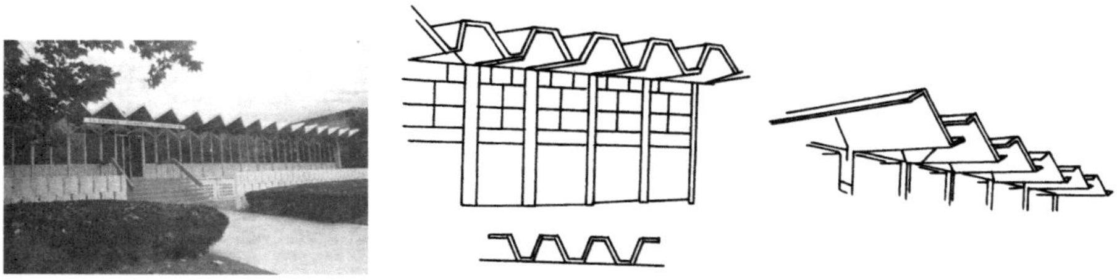

a) V形　　b) Π形　　c) Z形

图 1.2.15　折板结构的形式

图 1.2.16　美国伊利诺大学会堂

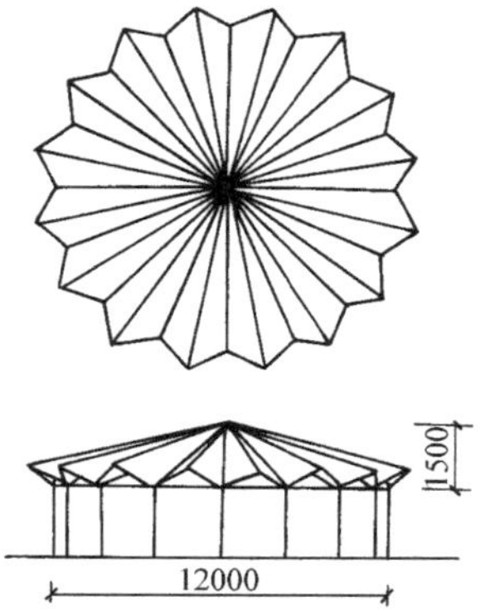

图 1.2.17　武钢外国专家招待所文娱室

20 世纪 60 年代以来，焊接连接技术的日益成熟，高强钢材的出现，电算技术突飞猛进，空间结构的另两类结构体系——网格结构和张力结构得以飞速发展，实体结构的应用高峰已经过去。但是实体结构仍在不断地演变与发展。例如采用型钢或钢管材料，将连续体改变为由离散杆件组成壳体；与悬索结合形成悬挂薄壳等。

2. 网格结构

网格结构由许多形状和尺寸都标准化的杆件与节点组成，一般采用型钢或钢管材料，它们按一定规律相连接形成空间网格状结构。外观呈平板状、主要承受整体弯曲内力的称为网架；外观呈曲面状、主要承受整体薄膜内力的称为网壳。由图 1.1.10 可见，杆件在空间汇交于节点，形成的是一个高次超静定结构。因此网格结构具有相当大的空间刚度，整体性强，能适应不同方向、不同性质的荷载。特别是网壳结构还兼有薄壳结构的特性。研究表明，网格结构中杆件主要受轴力，所以容易做到材尽其用，节省材料，减轻自重。

如前所述，网格结构比实体结构出现要早，只是由于计算的难度和钢结构连接工艺的复杂而发展较慢。随着电算技术的成熟、焊接连接技术的发展、多种节点体系的发明和自动化生产程度的提高，适合于工业化生产的网格结构得以迅速发展，至今不衰。应用计算机技术，可以准确地定位空间节点并准确地加工，在高空拼装曲面形式的网格结构已经不是难题，所以网格结构已经在相当大的程度上取代了实体结构。比较著名的如 1970 年日本大阪国际博览会展览馆六柱支承的网架，108m × 292m（图 1.2.18）；1973 年瑞士苏黎世克洛腾机场飞机库的三层网架，125m × 128m，悬挂 10t 起重机（图 1.2.19）。1976 年美国新奥尔良超级穹顶体育馆的钢网壳，直径 207m、矢高 83m 等（图 1.2.20）。

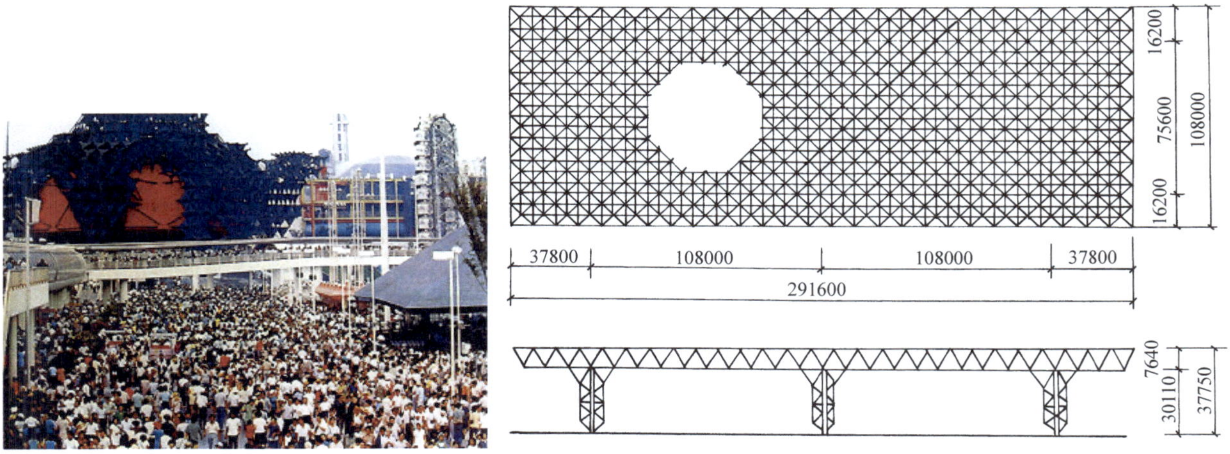

图 1.2.18　日本大阪国际博览会展览馆六柱支承网架

根据杆件布置方式的不同，网格结构有多种常用类型，将在本书第 2、3 章详细介绍。这里值得一提的是，用于 2008 年奥运会的中国国家游泳中心采用了一种新的杆件布置方式（图 1.2.21）。它是根据 Kelvin 的“泡沫理论”构成的，即将水在泡沫状态下的微观分子结构放大到建筑结构尺度，从几何上可以归结为 6 个十四面体（12 个五边形面 +2 个六边形面）结合了 2 个十二面体（12 个五边形面）的多次重复。将这些多面体内部抽空就形成了空间网格，然后按照建筑需要切割出平板型网格结构。这种网格是世界上第一次应用于建筑结构。

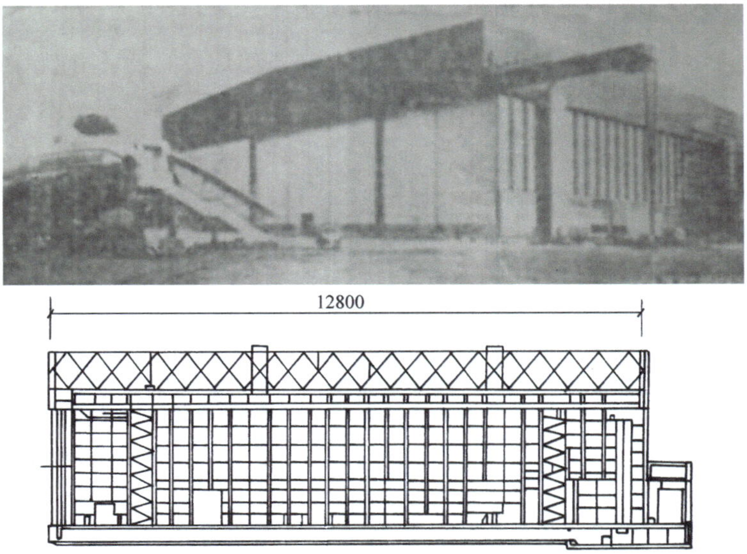

图 1. 2. 19 瑞士苏黎世克洛腾机场飞机库的三层网架

图 1. 2. 20 美国新奥尔良超级穹顶体育馆

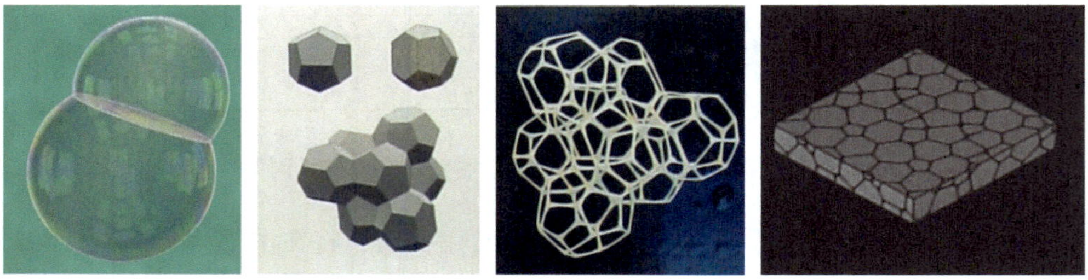

图 1. 2. 21 中国国家游泳中心采用的杆件布置

网格结构的常用节点有焊接或螺接钢板节点（图 1. 2. 22）、焊接空心球节点（图 1. 2. 23）、螺栓球节点（图 1. 2. 24）、相贯节点（图 1. 2. 25）、铸钢节点（图 1. 2. 26）和我国自行研制开发的嵌入式毂节点（图 1. 2. 27）。

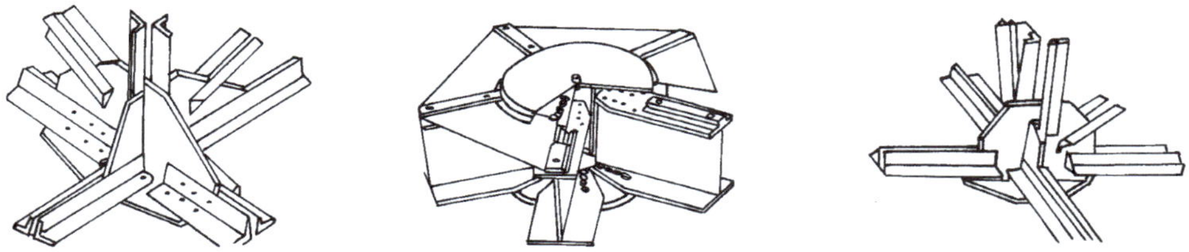

图 1.2.22 螺接或焊接钢板节点

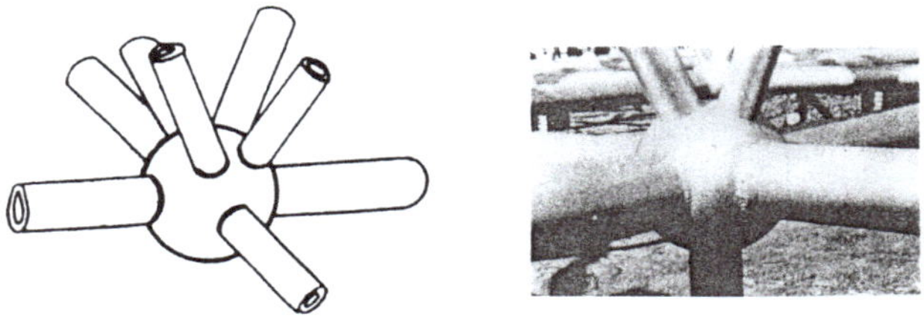

图 1.2.23 焊接空心球节点

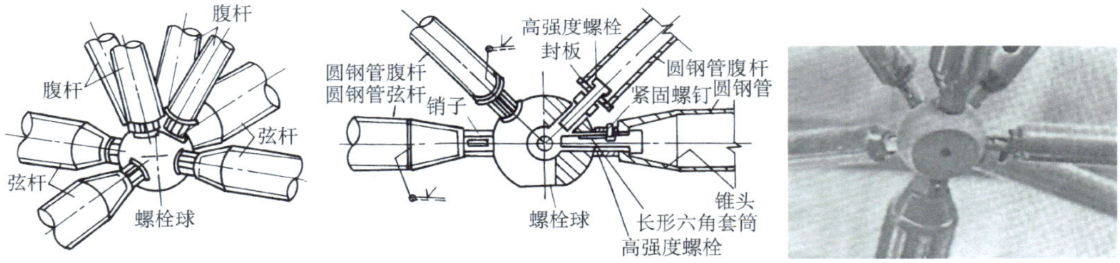

图 1.2.24 螺栓球节点

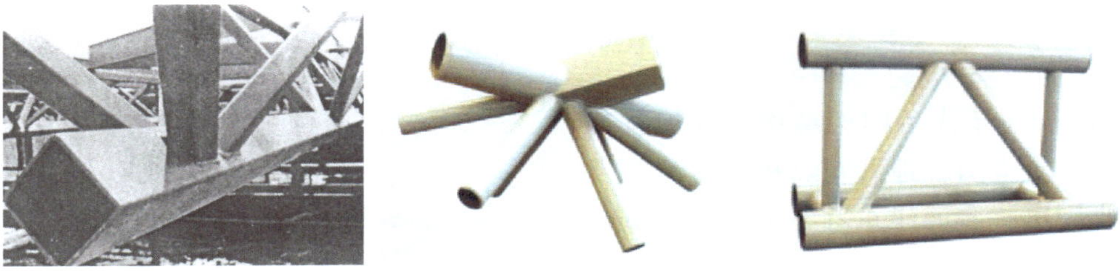

图 1.2.25 相贯节点

图 1.2.26 铸钢节点

我国最早的网壳结构是1931年吕彦直设计的广州中山纪念堂钢穹顶。第一座有影响的大跨度圆柱面网壳是1956年建造的天津体育馆，52m×68m，矢高8.7m。第一座网架结构是1964年上海师范学院球类房的钢板节点网架，31.5m×40.5m。1966年天津科学宫（现天津科协礼堂）第一次采用了焊接空心球网架，14.8m×23.3m。1967年建成的郑州体育馆采用了单层肋环形穹顶网壳，直径64m，矢高9.14m（图1.2.28）。1968年建成的首都体育馆网架采用了型钢杆件与钢板节点，99m×112m（图1.2.29）。1973年建成的上海体育馆焊接空心球网架直径达到110m（图1.2.30）。网架结构应用在大跨度屋盖中的优势首先开始显现出来。

图1.2.27 嵌入式毂节点

图1.2.28 郑州体育馆

图1.2.29 首都体育馆

20世纪80年代后网架结构的发展犹如雨后春笋，在全国各地开花。从体育建筑发展到工业厂房、会展建筑等各类建筑，从一座网架几千平方米到一个车间几万平方米采用网架，从研究便于手算的简化算法到空间结构CAD、CAM软件的广泛应用，从分散加工、安装发展到几百家专业化的网架工程公司，我国被世人誉为“网架王国”。这里凝聚着许许多多专家、设计与工程技术人员多年的辛勤付出。

图1.2.30 上海体育馆

下面介绍一些有代表性的网架工程。上海游泳馆六边形平面外包尺寸为90m×90m，采用地面拼装，整体提升，高空移动就位的施工方法（图1.2.31）。1985年建成的深圳体育馆90m×90m的网架只用四个柱支承，间距63m，网架每边悬挑13.5m（图1.2.32）。图

1.1.13 所示1996年建成的首都机场四机位机库三层网架双跨153m，进深90m，可同时容纳四架波音747大型客机进行维修，网架下悬挂10t起重机，是世界上最大的机库之一。图1.2.33所示是哈尔滨水上世界斜放网架。图1.2.34所示是昆明国贸中心入口处竖放的网架墙。图1.2.35所示是深圳市民中心，曲面网架全长500m。图1.2.36所示是广西柳州微型汽

图1.2.31 上海游泳馆

图1.2.32 深圳体育馆

图1.2.33 哈尔滨水上世界

图1.2.34 昆明国贸中心

图1.2.35 深圳市民中心

车厂车间，5.8 万 m^2 网架。图 1.2.37 所示为 1987 年建成的新乡百货大楼组合网架工程，原结构为两层钢筋混凝土框架，加层扩建中外套增加四层，楼（屋）盖采用了下部为钢构件、上部为钢筋混凝土板的组合网架结构，平面尺寸为 34m×34m，厚度 2.5m。这是首次把组合网架应用到多层房屋中，改造后楼层通透敞亮，改造过程中还保持了原二层商场正常营业。

图 1.2.36 广西柳州微型汽车厂

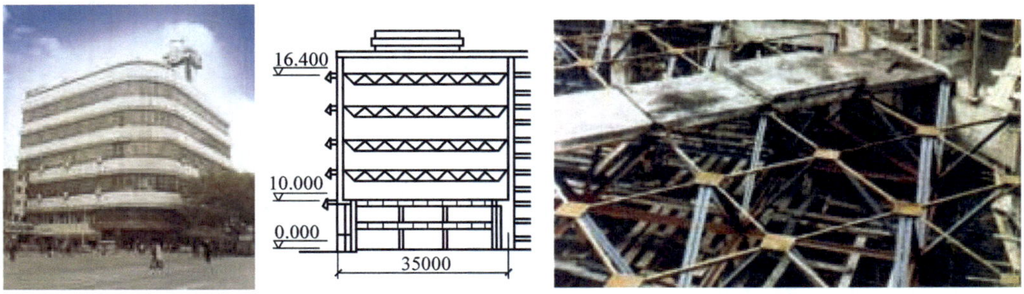

图 1.2.37 新乡百货大楼

1990 年在北京举行的第十一届亚运会可以说是对空间结构前一段发展的检阅，新建的 13 个场馆大部分采用了网架。其中石景山体育馆和北京体育大学体育馆采用了网壳结构。石景山体育馆平面为正三角形，边长 99.7m，屋盖由三片四边形的双曲抛物面双层网壳组成，支承在三叉形格构式刚架和钢筋混凝土边梁上（图 1.2.38）。北京体育大学体育馆 59m×59m 的屋盖由四片双曲抛物面双层网壳组成，网壳厚 2.9m，中央矢高 3.5m（图 1.2.39）。这两个大跨度网壳的成功带动了网壳结构的研究与发展热潮，此后重要的标志性的大跨度建筑物几乎都采用了网壳结构，设计与安装技术又获得了极大的进步。

图 1.2.38 石景山体育馆

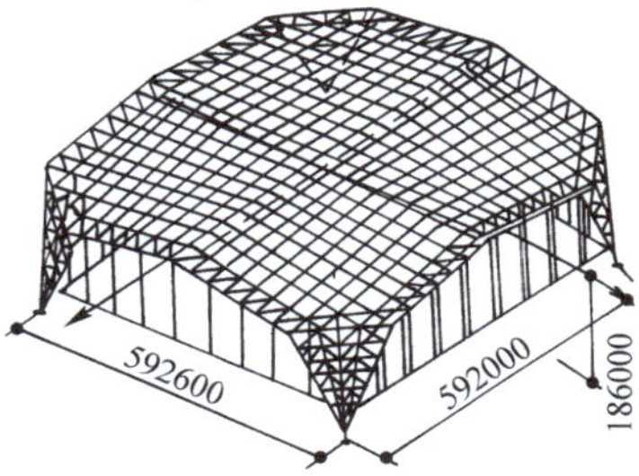

图 1.2.39 北京体育大学体育馆

下面介绍一些有代表性的网壳工程。1989 年建成的中原化肥厂尿素仓库长度 138m、跨度 58m、净高 22.5m（图 1.2.40），原设计为三铰刚架，比较后采用双层圆柱面网壳，节省了一半钢材。图 1.2.41 所示为嘉兴发电厂干煤棚，103.5m × 88m，采用了接近椭圆的三心圆柱面，即由半径 63m 的大圆和两段半径 37.4m 的小圆组成，矢高 37.2m。为 1995 年第 43 届世界乒乓球锦标赛建造的天津体育中心比赛馆采用了双层球面网壳，体育馆直径 108m，加上悬挑网壳直径达到 135m，矢高 35m（图 1.2.42）。为 1996 年冬季亚洲运动会建造的黑龙江速滑馆，采用中央圆柱面壳和两端 1/4 球壳组成的双层网壳，轮廓尺寸为 86m × 195m，支承在下部三角形框架上，覆盖了 200m 速滑跑道（图 1.2.43）。1994 年建成的攀枝花体育馆采用八支座八瓣短程线双层球面网壳，柱对角线 64.9m，外挑 2.4 ~ 7.4m 不等，形成缺角八边形，矢高 8.9m（图 1.2.44），沿图中虚线施加了预应力，节省用钢量约 25%。1996 年建成的上海国际体操中心屋面为球冠，墙面为双曲线，形成扁球状（图 1.2.45），球体高 26.5m，最宽处直径 77.3m，采用工字截面铝合金杆件，圆形板式节点。

图 1.2.40 中原化肥厂尿素仓库

图 1.2.41 嘉兴发电厂干煤棚

图 1.2.42 天津体育中心比赛馆

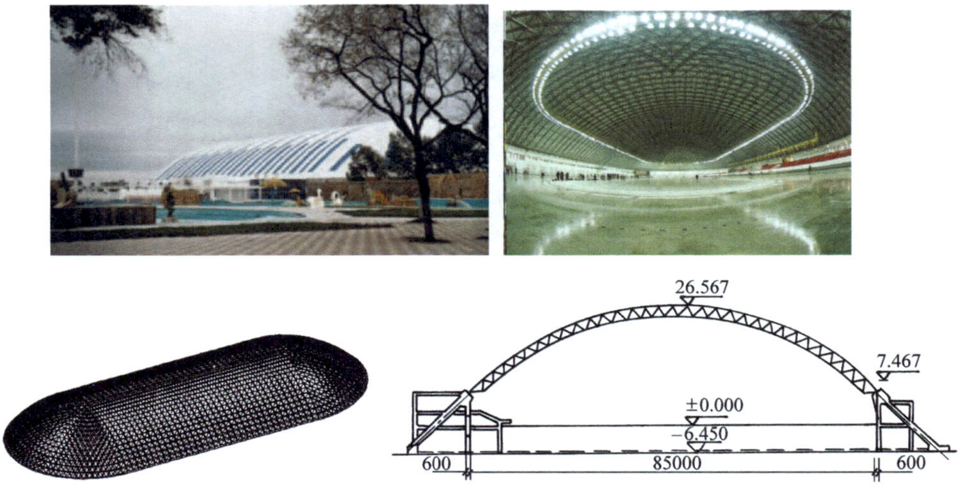

图 1.2.43 黑龙江速滑馆

1997 年建成的上海浦东游泳馆也采用铝合金网壳（图 1.2.46）。1999 年建成的漳州后石电厂储煤仓采用双层球面网壳，跨度 122.6m，矢高 45.25m，柱顶标高 17.7m（图 1.2.47）。该结构采用了小拼单元悬挑安装方法，缩短了工期，降低了工程造价。1998 年建成的长春五环体育馆采用方钢管直接相贯的双层网壳，191.6m×146m，矢高 42m，40 条径向肋直接落地（图 1.2.48）。图 1.1.14 所示的中国国家大剧院采用双层肋环体系网壳，212.2m×143.64m，高度 46.285m。主受力杆件采用 60mm 厚钢板桁架和上下翼缘不等的焊接 H 型钢桁架制作（图 1.2.49）。

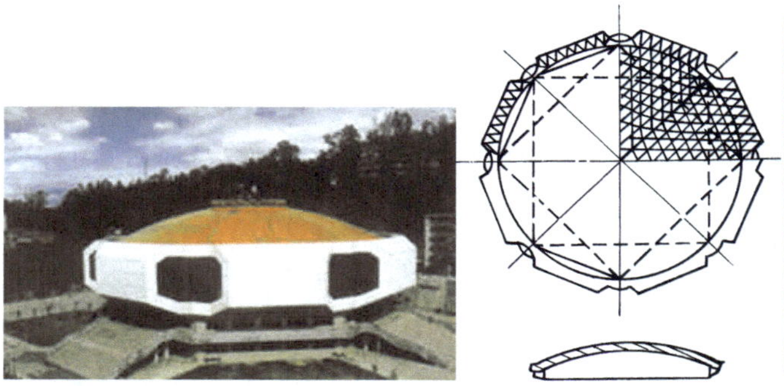

图 1.2.44 攀枝花体育馆

图 1.2.45 上海国际体操中心

图 1.2.46 浦东游泳馆

图 1.2.47 漳州后石电厂储煤仓

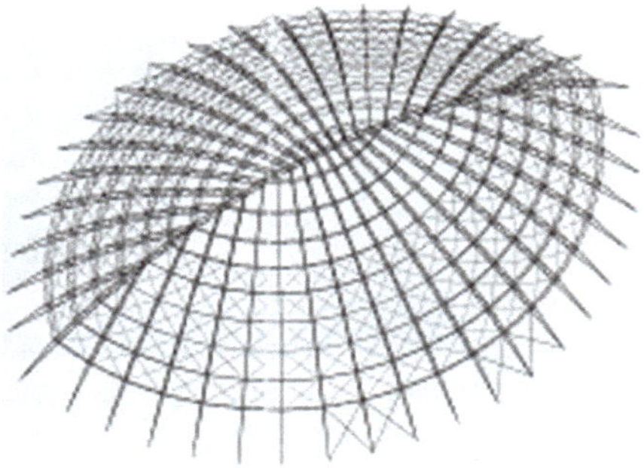

图 1. 2. 48 长春五环体育馆

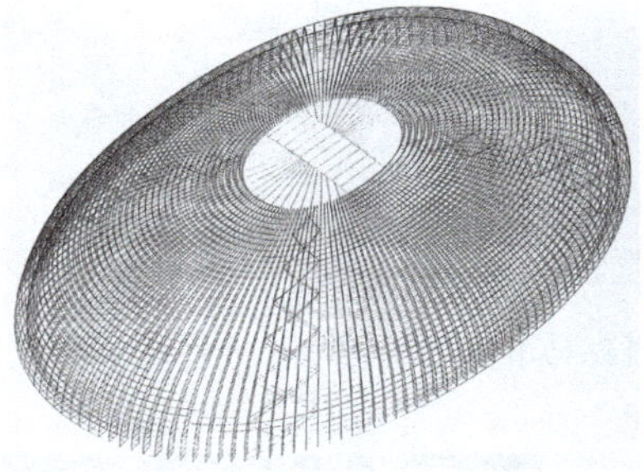

图 1. 2. 49 中国国家大剧院

这一时期，国际上网格结构的应用也有许多杰出的成果。如日本名古屋体育馆采用单层球壳，直径达到 187m（图 1. 2. 50）。采用了图 1. 2. 26 左图所示的铸钢节点。

图 1. 2. 50 日本名古屋体育馆

美国塔克马市体育馆采用胶合木网壳结构，直径达到 160m（图 1. 2. 51）。德国也有一个胶合木网壳结构，上面用膜材覆盖（图 1. 2. 52）。

日本在开合网格结构领域成果突出。著名的福冈穹顶，直径 222m，屋盖分为三个扇形部分，可旋转开合（图 1. 2. 53）。为 2002 年世界杯建造的大分穹顶采用了沿曲面滑移的开合方式（图 1. 2. 54），最大跨度 274m，开口面积 29000m^2。

可展开网壳结构的研究和发展也日益引起人们关注，西班牙 Felix Escrig 教授经过多年的研究，成功地用两块可展开网壳覆盖了一个 50m×22m 标准游泳池（图 1. 2. 55）。

图 1.2.51 美国塔克马市体育馆

图 1.2.52 德国的一个胶合木网壳

图 1.2.53 福冈穹顶

图 1.2.54 大分穹顶

图 1.2.55 覆盖某游泳池的可展开网壳

另一个值得称道的技术是日本人川口卫（Mamoru Kawaguchi）创造的顶升法安装网壳，亦称“攀达穹顶”（Panta Dome）。日本神户“世界纪念”体育馆108m×68m网壳采用这一技术施工（图1.2.56）。中央部分的穹顶连同其上的屋面覆盖、下面的悬挂物等作为一个单元，它与周围的环形网壳用铰链相连。周边的柱是不可移动的，但利用柱底的铰可以在径向平面内转动；柱顶与环形网壳也用铰相连；从而形成了一个大型空间机构。首先在低空完成安装，然后用千斤顶顶升中间的临时支柱，使中央穹顶达到设计高度，最后再把网壳连成整体。由于接近地面安装，容易保证质量和施工安全，且安装成本低，此方法展现出明显的优越性。1992年巴塞罗那奥运会的主要体育馆（Palaud’Export，105.6m×127.8m）和为庆祝新加坡建国25周年建造的综合体育馆（200m×100m）均采用了这一施工技术。2001年建造的我国河南安阳鸭河口电厂干煤棚为三心圆双层柱面网壳，跨度108m、长度90m、顶面标高38.766m（图1.2.57）。安装时，去掉部分杆件将网壳分为五部分用铰链相连，中间设四个提升塔，仅1天时间即将网壳提升到位，最后再补齐去掉的杆件。整个过程形如将网壳先折叠起来，然后再展开，故也称为折叠展开式整体提升工艺。

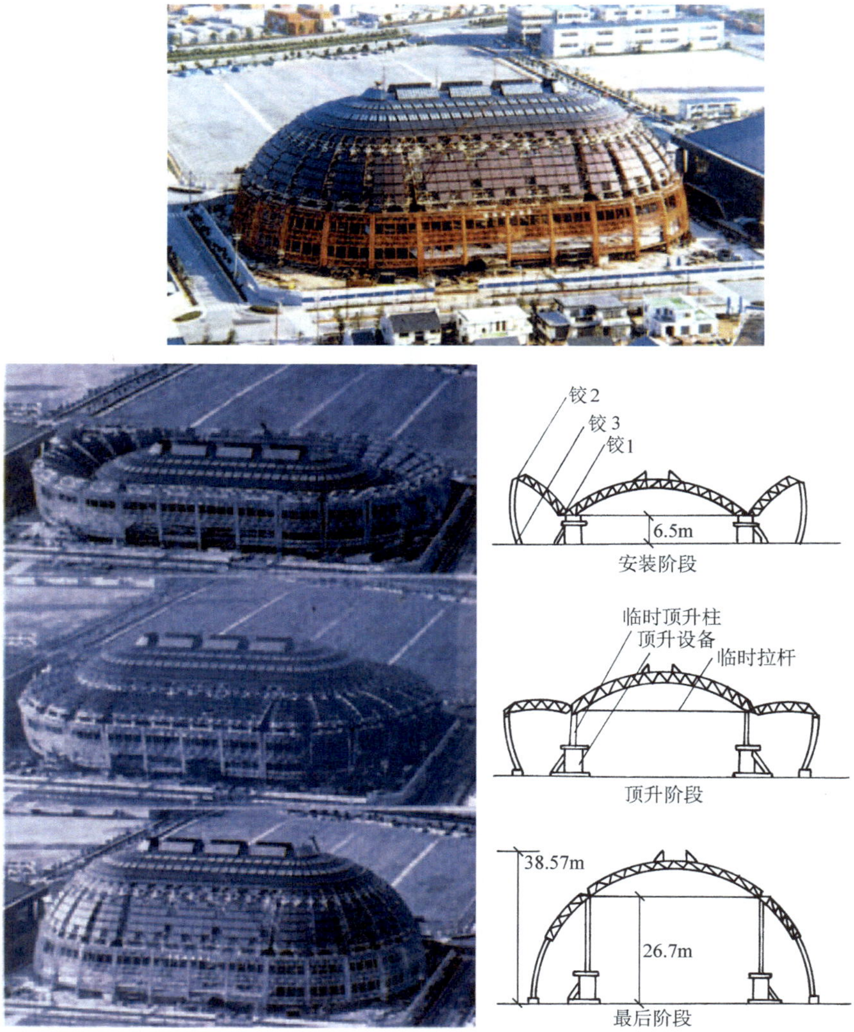

图1.2.56 神户“世界纪念”体育馆

图 1.2.57 河南安阳鸭河口电厂干煤棚

我国网格结构的发展规模在全世界位居前列。图 1.2.58 显示了 1982 ~ 2001 年的应用情况，可以看出我国网格结构的发展历程。网架结构从 20 世纪 80 年代初开始迅速发展，进入 20 世纪 90 年代几乎是以每年 20% 的速度递增。网壳结构是从 20 世纪 80 年代末开始发展的，进入 20 世纪 90 年代开始迅速发展。目前网格结构每年约有 1500 座工程，覆盖面积约 250 万 m^2，仍然朝气蓬勃、经久不衰，健康发展。

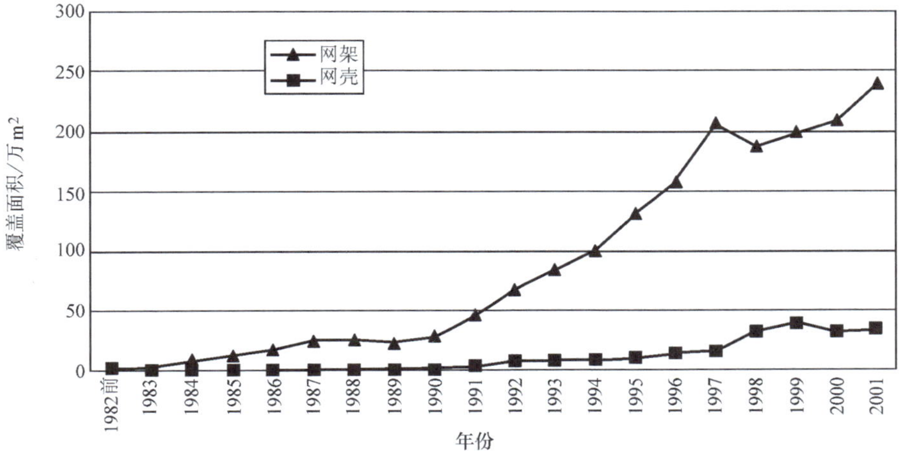

图 1.2.58 我国网格结构的应用情况

3. 张力结构

如果一个结构中所有构件均受拉力，那将一定是一个最经济的结构，因为它可以最充分地利用材料的强度，因此特别适用于大跨度结构。建筑大师富勒一直在寻求全张力结构体系。他认为：自然中并不利用实际存在的抗压性，因此在结构中也应该尽可能地减少受压状态而使结构处于连续的张力状态，从而“让压力成为张力海洋中的孤岛”。张力结构就是指通过对柔性的索或膜施加预张力以后形成的结构体系，具有非线性特征。其主要受力构件是单向受拉的索或双向受拉的膜。

我国是最早将索应用于工程的。公元前285年我国四川灌县建造了跨越岷江的悬挂竹索桥——安澜桥。1703年建造了由九根铁链悬挂的横跨大渡河的泸定桥。随着钢绞线等高强材料的应用，大跨悬索桥开始出现。但悬索桥主要还是单向受力。索的形状是不稳定的，它随荷载分布形式变化而变化，必须采取不同的构造措施，以形成具有形状稳定性的结构体系。1953年美国 Fred Severud 设计了北卡罗莱那州雷里（Releigh）体育馆，将两个垂直方向的单索连接形成了双曲抛物面索网屋盖，两倾斜的钢筋混凝土抛物线拱交叉落地作为边缘构件，形成了空间受力体系（图1.1.15、图1.2.59）。这一空间结构形式的出现，极大地推动了悬索结构的发展。随后各种形式的悬索屋盖在世界各地争相竞艳。

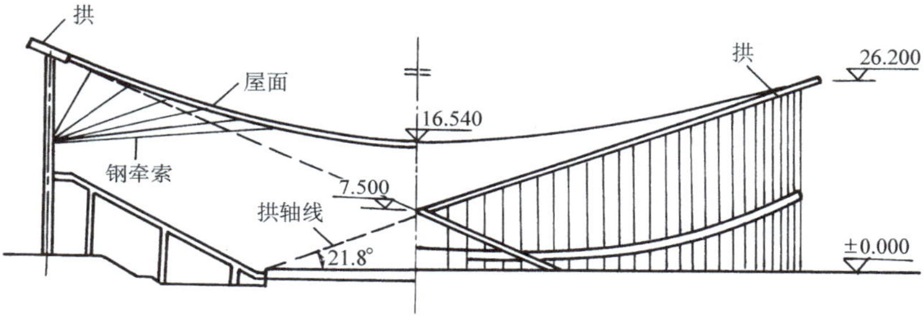

a) 剖面　　b) 立面

图1.2.59　北卡罗莱那州雷里体育馆

平行布索的单层悬索体系索端需要强大的抗拉支承体系，通常需配合重屋面应用，使均布重力荷载具有优势，以保证初始形状的相对稳定性。应用单层悬索体系的工程如1956年建成的德国乌柏特市游泳馆，跨度65m，利用看台顶部的箱形水平大梁承担索端拉力（图1.2.60）。1957年建成的华盛顿杜勒斯机场候机厅，跨度51.5m，利用外倾斜柱承担索端拉力（图1.2.61）。我国1989年建成的安徽省体育馆跨度72m，采用了横向加劲的单层悬索

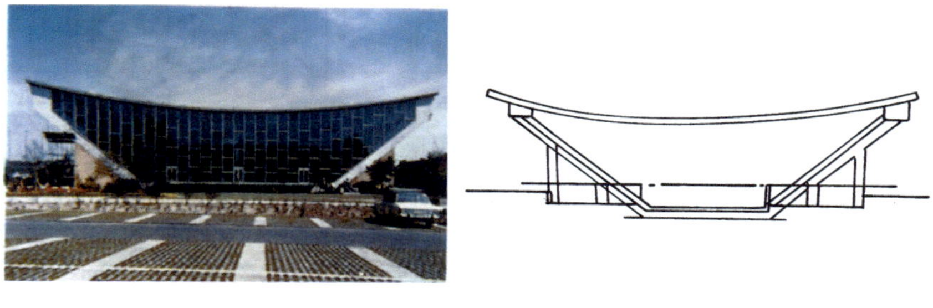

图1.2.60　德国乌柏特市游泳馆

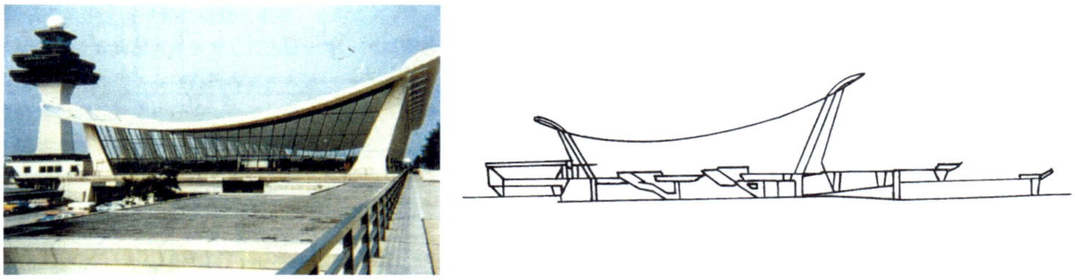

图 1.2.61　华盛顿杜勒斯机场候机厅

体系，由一组平行的索和架在索上与索垂直的钢桁架组成。利用机械方法强行把桁架两端下压锚固，以此对索施加预应力，提高结构刚度与稳定性，同时形成空间工作。1992 年建成的广东潮州体育馆跨度 60.4m，也采用了横向加劲的单层悬索体系并设计成双曲抛物面（图 1.2.62）。

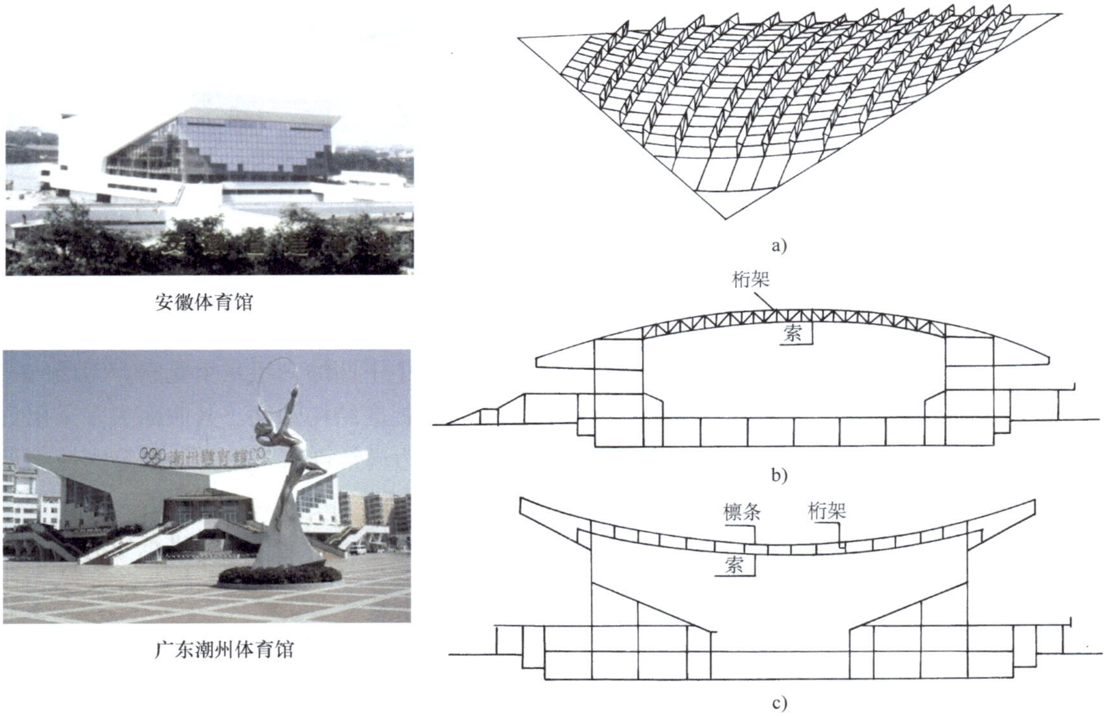

图 1.2.62　安徽体育馆和广东潮州体育馆

由一组下凹的承重索和一组曲率相反的稳定索组成，两索之间用拉索或受压撑杆相连系，施加预应力后形成双层悬索体系，亦称索桁架。同单层悬索体系一样，索端需要强大的抗拉支承体系。如 1966 年建成的瑞典斯德哥尔摩约翰尼绍夫跨度 83m 的滑冰场（图 1.2.63）和芬兰赫尔辛基跨度 93m 的冰上运动场（图 1.2.64）均采用了索桁架。我国 1986

年建成的吉林冰上运动中心滑冰馆采用了承重索与稳定索相互错开半个间距的布置，其间设置纵向桁架式檩条形成空间工作，平面尺寸为59m×76.8m（图1.2.65）。在两端稳定索低于承重索的部分，用斜拉杆与两索连接形成波形屋面，妥善地解决了排水问题，也具有新颖的造型。

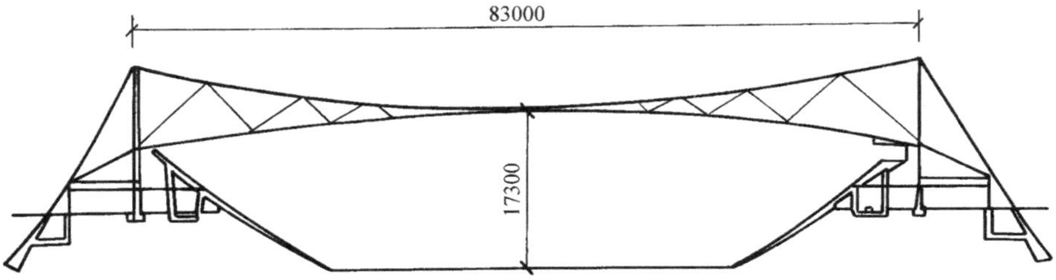

图1.2.63 瑞典斯德哥尔摩约翰尼绍夫滑冰场

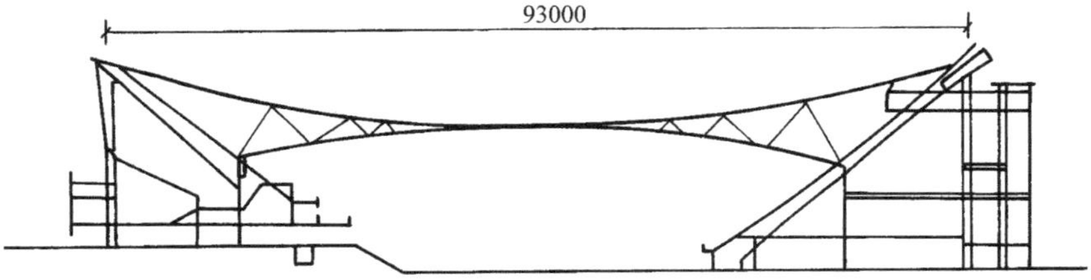

图1.2.64 芬兰赫尔辛基冰上运动场

1961年建成的北京工人体育馆直径96m（图1.2.66），采用车辐式双层索系，截面2m×2m的钢筋混凝土外环梁支承在48根圆柱上，钢内环直径16m，高11m，由上下弦与24根钢柱组成。辐射布置上索、下索各144根，中间用系杆相连。

由两组曲率相反的正交索直接叠交就组成了索网，其中下凹的一组是承重索，上凸的一组是稳定索。通常对稳定索施加预应力，使承重索张紧，提高结构刚度。其曲面大多采用负高斯曲率的双曲抛物面，也称鞍形索网（图1.2.67）。周边通常可以采用梁、拱等刚性支承结构与索网形成一个自平衡体系。图1.2.59所示北卡罗莱那州雷里体育馆就是一个非常典型的自平衡体系。两倾斜的钢筋混凝土抛物线拱交叉落地，索的拉力转化为拱承受的压力传给基础，传力清晰、合理。我国1986年建成的浙江人民体育馆平面为椭圆形，80m×60m，双曲抛物面索网边缘是闭合的空间曲梁，截面2.0m×0.8m，与索端拉力平衡（图1.2.68）。为提高空间曲梁的刚度，还沿稳定索方向设置了水平拉杆。1988年第十五届冬季奥运会主赛馆加拿大卡尔加里滑冰馆平面尺寸为135.3m×129.4m的椭圆（图1.2.69）。为加强巨大屋盖的刚度与稳定性，在承重索方向板缝内安放无粘结钢丝束，灌缝后张拉，形成装配整体预应力悬挂薄壳。

1967年美国Fred Severud的学生德国建筑师佛赖·奥托（Frei Otto）采用索作为索网的柔性边界，为加拿大蒙特利尔展览会设计了著名的德国大帐篷（Germen Pavilion），它通过支承在不同高度上的双曲抛物面索网覆盖了整个馆，并以透明有机织物片作为围护结构挂于

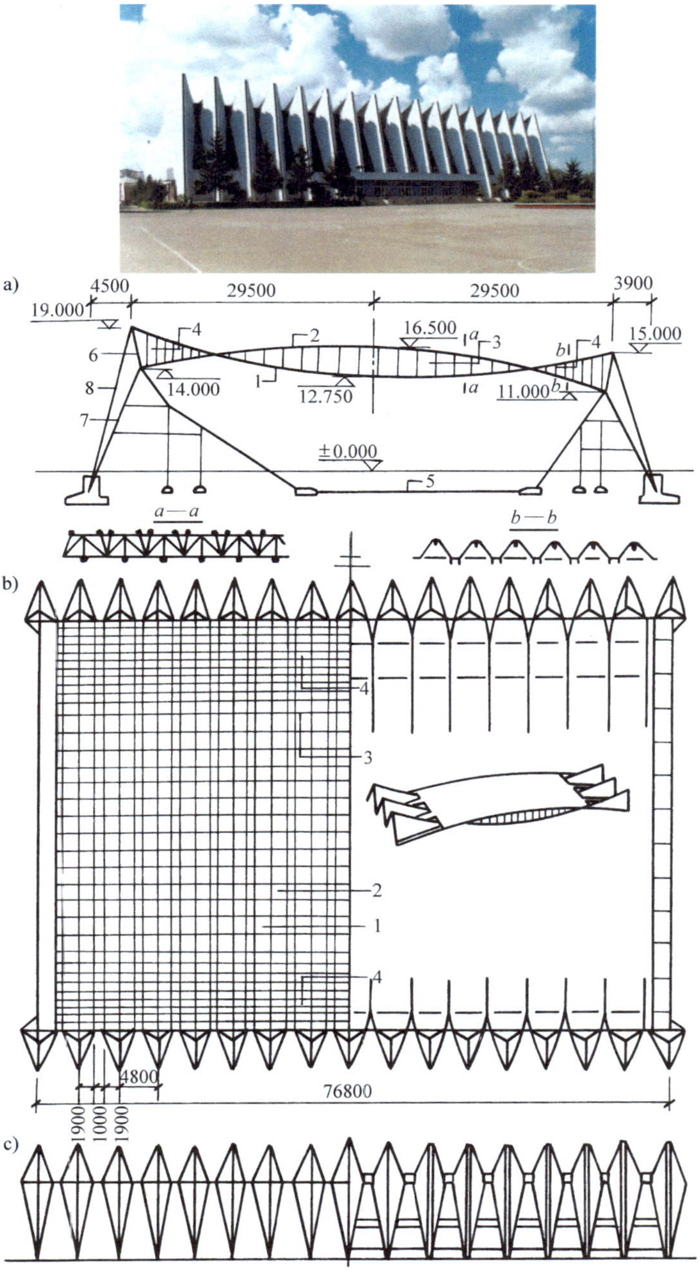

图 1.2.65 吉林冰上运动中心滑冰馆

1—承重索 2—稳定索 3—桁架檩条 4—波形檩条 5—水平基础梁 6—压杆 7、8—拉杆

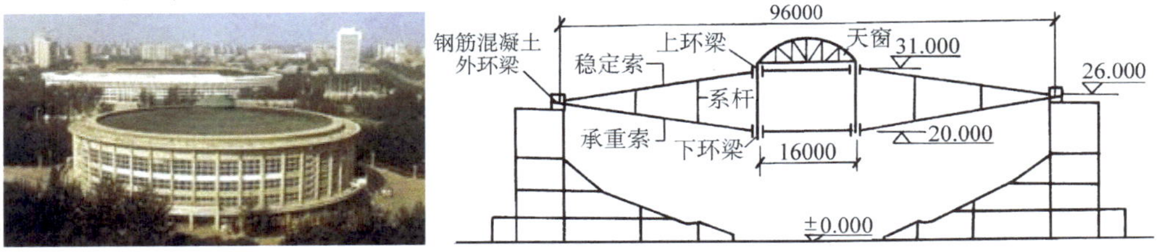

图 1.2.66 北京工人体育馆

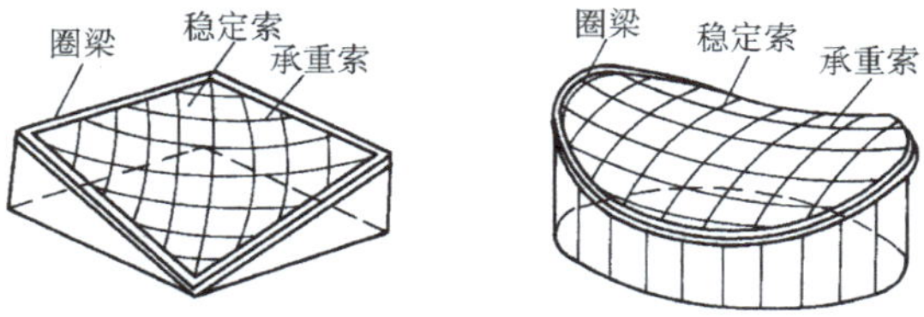

图 1.2.67 索网

图 1.2.68 浙江人民体育馆

a) 全景

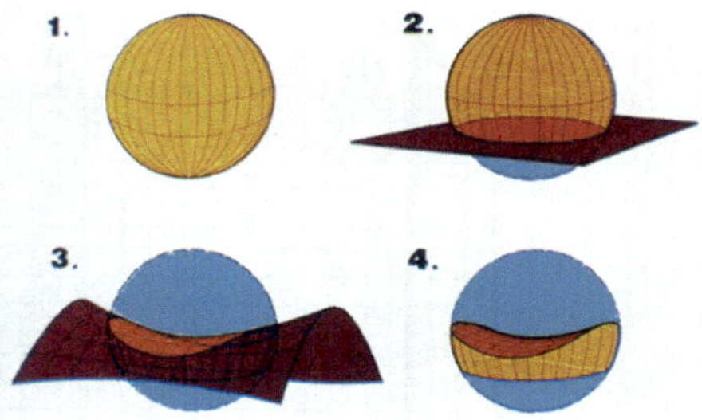

b) 几何组成

c) 框架安装

d) 圈梁安装

e) 索网安装

f) 屋面板安装

图 1.2.69 加拿大卡尔加里滑冰馆

索网下（图 1.2.70）。1972 年 Frei Otto 为第 20 届奥运会德国奥林匹克运动中心设计了连续帐篷式结构，包括体育场、体育馆、游泳馆在内共覆盖了 74800m^2。体育场主看台主要由九片 80m×60m 的鞍形索网，八根平均高度 70m 的桅杆，长达 455m 的边索及吊索、小飞柱等组成，屋面为 4mm 厚的丙烯酸有机玻璃（图 1.2.71）。这两个工程为人们深入认识张力结构的受力、造型与成形，为膜结构的应用奠定了基础。

图 1.2.70 德国大帐篷

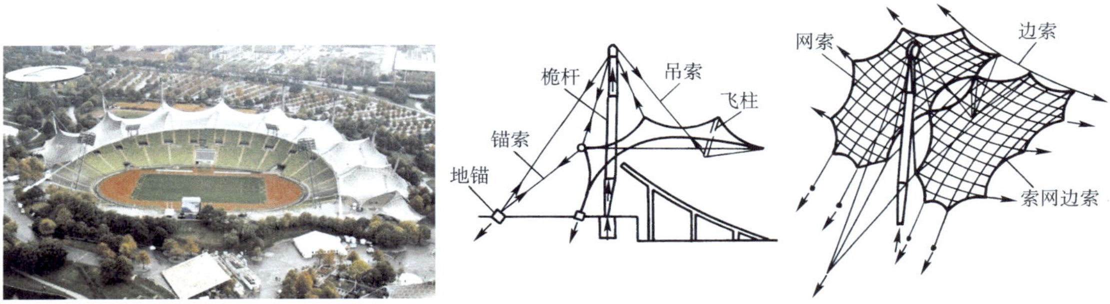

图 1.2.71 德国奥林匹克运动中心体育场主看台

将两个或更多的索网和某种中间支承结构相结合，可以形成形式各异的组合悬索体系。1964 年建成的日本东京代代木体育馆屋盖由悬挂在两个塔柱上的两条中央悬索及两侧的两片鞍形索网组成（图 1.2.72）；两根主索跨长 126m，悬挂点标高 39.600m；主索拉力通过边跨斜索传至基础锚块，两锚块间设有通长拉杆以平衡最后水平力。德国慕尼黑溜冰馆为椭圆形平面（图 1.2.73），104m×67m；中央是落地钢拱，索网悬挂于钢拱和周边带拉杆立柱支承的边索上；索网上覆以木网格及白色透明的聚酯薄膜。

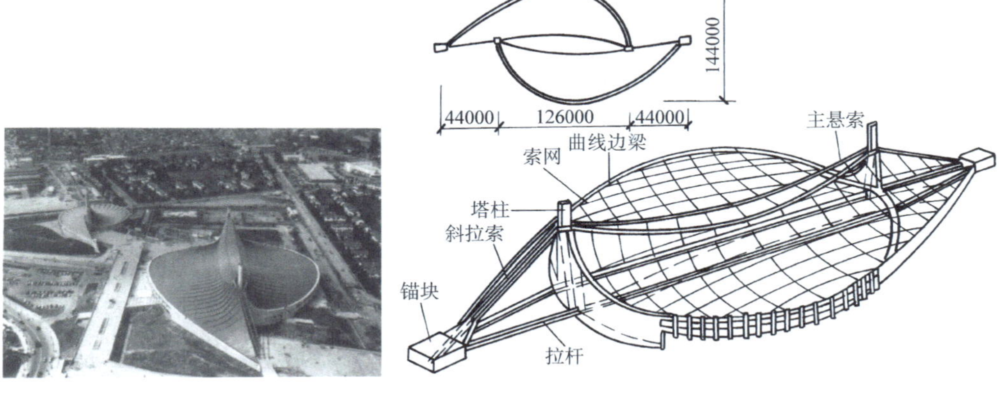

图 1.2.72 日本东京代代木体育馆

图 1. 2. 73　德国慕尼黑溜冰馆

我国1988年建造的四川省体育馆轮廓尺寸73.7m×79.4m，中央一对相互稍微倾斜的抛物线钢筋混凝土大拱跨度102.45m，矢高39.27m；索网边缘锚于折线形的钢筋混凝土边梁上（图1.2.74）。1990年建造的青岛体育馆轮廓尺寸87m×74m，中央一对相互倾斜交叉的圆弧形钢筋混凝土大拱，两侧是卵形曲线的钢筋混凝土边梁（图1.2.75）。

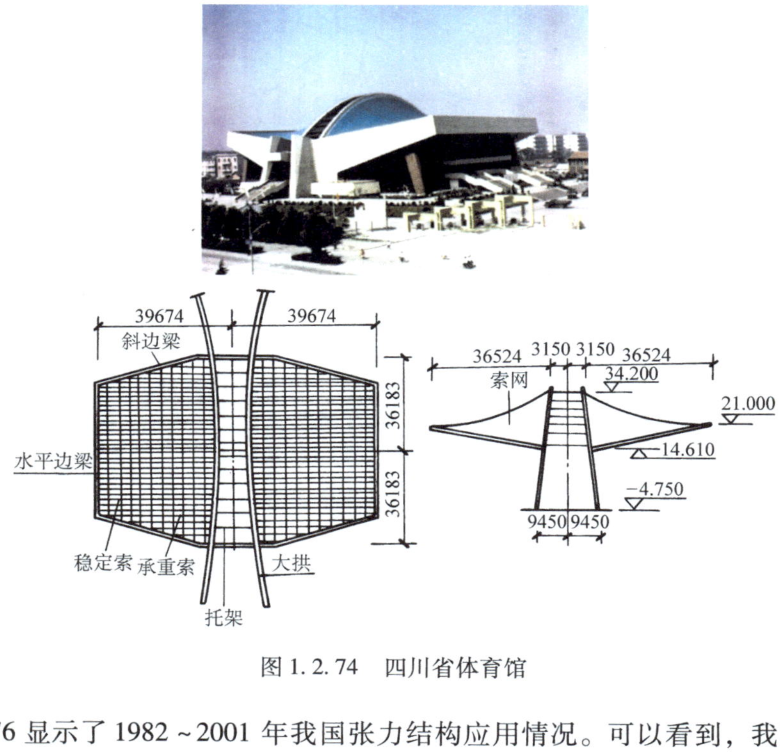

图 1. 2. 74　四川省体育馆

图1.2.76显示了1982~2001年我国张力结构应用情况。可以看到，我国对悬索结构的研究与工程应用起步是比较早的，20世纪60年代就成功地建造了大跨度悬索工程，以后一度沉寂。20世纪80年代后期悬索结构又有一个应用高潮，1986~1991年短短五年中就建造了16个工程，近6万m^2。然而1991年以后应用就不多了。但是1994年以后我国的薄膜结构工程迅速增多。特别是1997年以后，每年以20%的速度递增，方兴未艾。可以认

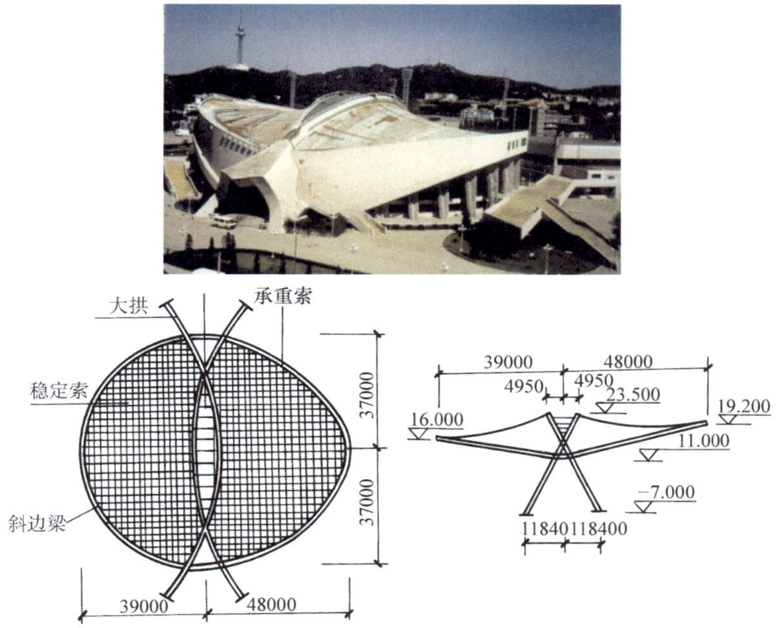

图 1.2.75 青岛体育馆

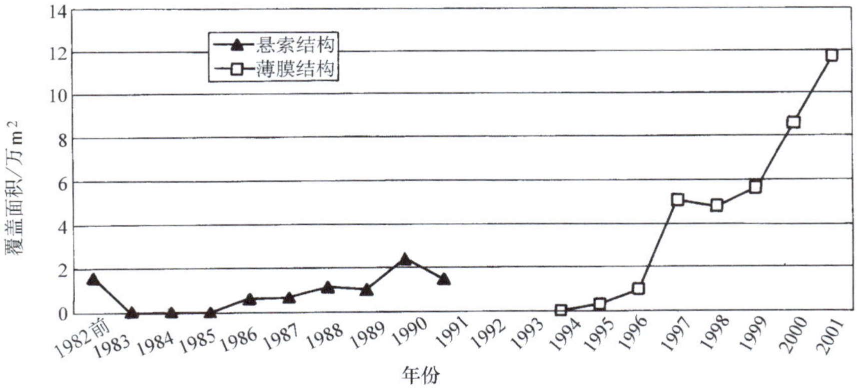

图 1.2.76 我国张力结构应用情况

为，随着人们对张力体系认识的深入和新型膜材的出现，张力结构的发展转向重量更轻、受力更合理的薄膜结构。

薄膜结构是以建筑膜材作为主要受力构件的结构。提到薄膜结构常让人联想到各地游牧民族使用的帐篷。传统的帐篷使用地域极其广泛，北到寒冷的西伯利亚，南至炎热的撒哈拉沙漠。这种结构形式因其具有重量轻，方便易得，可折叠运输以及建造快捷等特点，被各民族普遍采用。尽管这些帐篷的形式各不相同，但其中的特性却与现代膜结构极为相似。例如至今仍在伊朗、阿富汗等地使用的“黑帐篷”（Black tent，图 1. 2. 77）。这种帐篷由立柱、短桩、绳索及软毛毯构成，全部材料用一头牲畜便可搬运，搭建也十分便捷。只要将穿有绳索的毯子在地上展开，并用锚具将两端固定在插入地面的短桩上，再将毯子中间用柱子撑起使毯子绷紧，一座帐篷便可以使用了。这种帐篷可以抵御沙漠中强热风，并将风荷载通过短桩直接传至地面，具有良好的稳定性。但是受所使用材料的限制，其规模较小，耐久性差。

图 1.2.77 黑帐篷

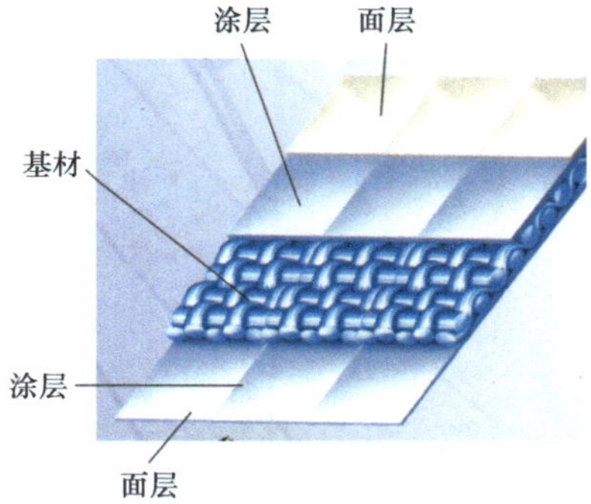

图 1.2.78 膜材的组成

涂层织物的出现为这种轻型结构形式的发展提供了必要的物质技术条件。采用的材料是专门为覆盖建筑物而开发的"建筑织物"，虽然很薄，但具有相当高的强度与耐久性。常用的如用聚酯作基材，以聚氯乙烯为涂层（PVC）；用玻璃纤维作基材以聚四氟乙烯为涂层（PTFE，又称 Teflon）等，根据需要覆以各种面层还可以做到防火、透明、自洁、抗老化和防辐射等（图 1.2.78）。膜材在结构中要承受一定拉力而张紧；或是通过向膜内充气，由空气压力支承膜面；或是利用柔性钢索或刚性骨架将膜面绷紧，从而形成具有一定刚度并能覆盖大跨度的结构体系。

现代意义上的膜结构起源于 20 世纪初。1917 年英国人罗彻斯特（William Lanchester）提出了用鼓风机吹胀膜布用作野战医院的设想，并申请了专利，但当时这个发明只是一种构想。直到 1956 年该专利的第一个产品才正式问世，这就是沃尔特·伯德（Watler Bird）为美国军方设计制作的一个直径 15m 的球形充气雷达罩（图 1.2.79）。1957 年他又将自家的游泳池罩在了一个充气膜结构中，并在美国的生活杂志上作了介绍，从此这种结构形式开始被世人知晓。他的 Birdair 公司在 20 世纪 60 年代已能用当时的膜材建造跨度在 60m 以上的充气膜结构了。

20 世纪 50 年代，佛赖·奥托创立了预应力膜结构理论，并在帐篷制造公司的支持下完成了一系列张拉膜结构。奥托的第一个现代张拉膜结构是 1955 年为德国联邦园艺博览会设计的一个临时性音乐台；1957 年他又为另一届联邦园艺博览会设计了更复杂的场馆入口挑篷及音乐台（图 1.2.80）。

图 1.2.79 雷达罩

图 1.2.80 德国联邦园艺博览会音乐台

膜结构的第一次集中展示并引起社会广泛关注与兴趣是在1970年日本大阪万国博览会上。由于日本是个多地震国家，且博览会会址的地质条件较差，各国建筑师与工程师便纷纷选择了膜结构这种自重轻、抗震性能好、施工速度快且形态各异的结构形式作为临时展馆。

博览会上由建筑师戴维（Davis）、布罗迪（Brody）与工程师大卫·盖格（David Geiger）设计的美国馆（图1.2.81）是一个椭圆形充气膜结构，139m×78m无柱大厅的屋面仅用了32根沿对角线交叉布置的钢索与膜布所覆盖。由鼓风机向封闭的室内送风加压，一般只要室内气压比大气压高0.0025atm就能使薄膜膨胀被支承住，出入口采用气闸或气幕以防止泄压。0.0025atm仅相当于建筑中一层与七层的气压差，人们不会有任何不适的感觉。整个工程只用不到10个月时间就完成了，该设计不仅表现了膜结构非凡的跨越能力，而且表现了其优良的经济性。博览会上另一个具有代表性的建筑是日本川口卫设计的富士馆。它采用的是气肋式膜结构（图1.2.82），该馆平面为圆形，直径50m，由16根直径5m、长78m的拱形气肋围成，气肋间每隔5m用宽500mm的水平系带把它们环箍在一起。中间气肋呈半圆拱形，端部气肋向圆形平面外突出，最高点向外突出7m。它也是迄今为止建成的最大的气肋式充气膜结构。后来人们普遍认为这次博览会是薄膜结构系统地、商业地向外界展示的开始，是建筑业的一次革命。表明柔性结构体系已成为一种重要的空间结构形式，并展示出了其广泛的应用前景。

图1.2.81 美国馆

图1.2.82 日本富士馆

1973年建筑师约翰·西弗（John Shaver）为美国加州拉维恩学院设计的单桅杆中心支撑体系的拉维恩学生活动中心是第一个采用PTFE膜材的薄膜结构（图1.2.83）。这个后来被称为超级帐篷（Supertents）的活动中心深受学生们的喜爱，并成为当地的标志性建筑。使用二十余年后对其进行测试的结果表明其形状及受力性能仍处于良好状态。遗憾的是由于受当时防火规范的限制，膜屋面下加挂了绝缘层，使膜材的透光特性没有得到充分发挥。

图1.2.83 拉维恩学院学生活动中心

当盖格致力于充气膜结构时，其长期合作者伯格（Horst Berger）则偏爱于张拉膜结构的设计。继1976年费城二百周年庆典工程成功后，伯格几乎参与了当今所有最具影响的张拉膜结构工程，如1981年的沙特阿拉伯哈吉国际航空港（图1.2.84），它由两组各五排共210个锥形膜篷单元组成，单元平面尺寸为45m×45m，覆盖总面积达57hm^2。1985年的沙特阿拉伯利雅德皇家体育场看台挑篷由25个连在一起的形状相同的单支柱帐篷膜单元组成，外径达288m（图1.2.85）。每个膜篷体量巨大，其约60m高支柱的直径达2m。该建筑是伯格最优秀的设计作品之一。1989年的美国圣迭戈会议中心中伯格首次使用了“飞柱”（图1.2.86），由5个91.5m×18.3m的张拉膜单元形成了宽敞无柱的大空间。该会议中心包括展览、音乐及宴会厅等，素有美国的“悉尼歌剧院”之美称。1993年的美国丹佛国际机场候机大厅（图1.2.87）被看做寒冷地区大型封闭张拉膜结构的成功范例。其平面尺寸为305m×67m，由17个连成一排的双支帐篷膜单元屋顶所覆盖；屋顶由双层PTFE膜材构成，中间间隔600mm，保证大厅内温暖舒适并且不受飞机噪声的影响；设计中利用直径达1m的充气软管解决了膜屋顶与幕墙之间产生相对位移时的构造连接问题。

图1.2.84 哈吉国际航空港

图1.2.85 沙特阿拉伯利雅德皇家体育场

图 1.2.86 圣迭戈会议中心

图 1.2.87 丹佛机场

自 1970 年起以后的十多年间，美国又建起了大约八座大型永久性充气膜结构体育馆，其中 1975 年建造的密歇根州庞蒂亚克“银色穹顶”的椭圆平面达 220m × 159m，其世界最大跨度充气膜结构记录一直保持到了 1983 年（图 1.2.88）。充气膜结构虽然实现了大型

图 1.2.88 庞提亚克银色穹顶

体育馆的室内化，但也存在着不少问题，特别是气压自动控制系统和融雪热风系统性能不稳定可造成膜面局部下瘪甚至坍塌。已建成的充气膜结构基本上均遇到过类似问题，加之其运行及维护也是一笔不小的开支，美国自1985年以后建造大跨度建筑时就再也没有采用这种结构形式。但日本在1988年东京后乐园棒球馆中仍选择了充气膜结构（图1.2.89），其平面也为椭圆形，对角线跨度为205m，屋顶高度达61m，其结构设计与以前美国建造的充气膜结构没有太大差别，只是采用双层膜构造并应用了先进的自动控制技术；中央计算机可以自动监测风速、雪压、室内气压、膜和索的变形和内力，并自动选择最佳方式来控制室内气压和消除积雪，从而保证了膜结构的安全与正常使用；但由于运行费用昂贵，经营者几乎不堪重负。1992年建成的日本熊本公园体育馆（图1.2.90a）在屋盖中央部分采用了悬挂式充气膜结构，该部分实际上是一直径107m的整体性气肋屋盖，并在内部增加了车辐式双层索系（图1.2.90b）。这种组合保证了充气膜一旦漏气，屋盖还有钢索支承不至于塌落。将充气膜结构与其他技术相结合，应用先进的自动控制技术，加上充气膜结构的低造价等因素都可能使它重新受到人们的关注。

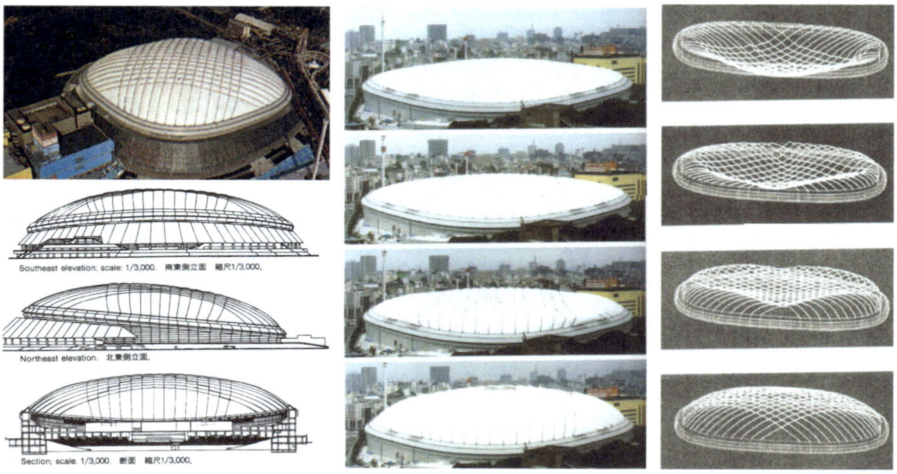

图 1.2.89 日本后乐园棒球馆

a) 全影图

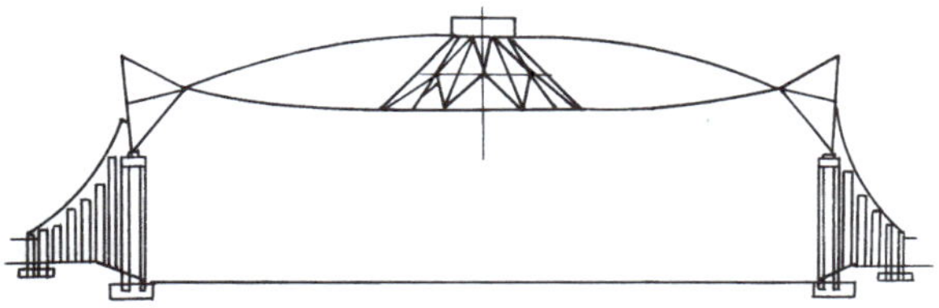

b) 剖面图

图 1. 2. 90　熊本公园体育馆

20 世纪末，人们为了迎接千禧年的到来，在伦敦泰晤士河畔的格林尼治半岛北端建造了千年穹顶（图 1. 1. 3）供千年庆典使用。穹顶周长 1km，直径 365m，覆盖面积 10 万 m^2，中心高度 50m，由 12 根 100m 高的钢桅杆将膜屋顶吊起，这座穹顶集中体现了 20 世纪建筑技术的精华（图 1. 2. 91）。

a) 施工中

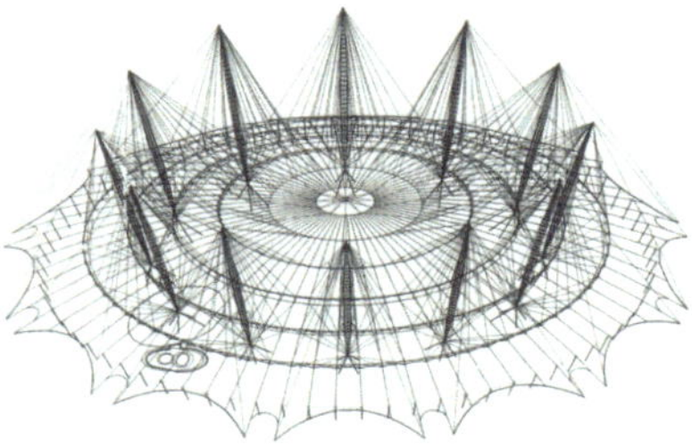

b) 结构示意

c) 桅杆和索网安装

d) 中央节点安装

图 1. 2. 91　千年穹顶

自 1995 年以来，薄膜结构在我国的应用也日益增多，已建成近 200 座规模较大的膜结构和为数众多的小型建筑以及建筑小品。与国外膜结构发展相似，在此期间体育建筑起了催化剂的作用。1997 年建造的上海八万人体育场（图 1. 2. 92），马鞍形屋盖平面投影尺寸为 288. 4m × 274. 4m。由 64 榀径向悬挑桁架和环向次桁架组成的空间结构作为骨架，最大悬挑长度 73. 5m。屋面共有 57 个由 8 根拉索和一根立柱覆以膜材组成的伞状单体，膜的覆盖面积 2. 89 万 m^2。这是我国首次将膜结构大面积应用到永久建筑上，虽然借助了国外的力量，但对中国膜结构的发展，影响至为深远。

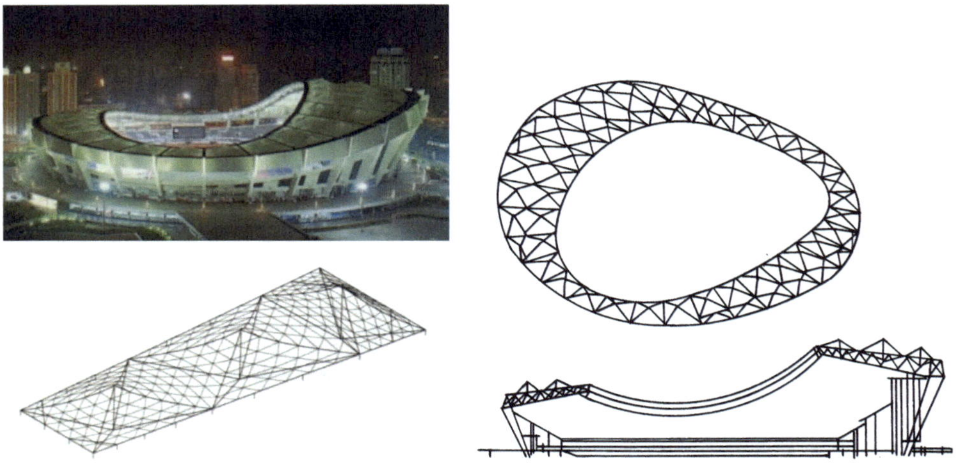

图 1.2.92 上海八万人体育场

下面介绍一些工程实例。1997 年建成的长沙世界之窗，覆盖面积 3500m^2（图 1.2.93）。1998 年建造的深圳欢乐谷中心表演场，面积 5800m^2（图 1.2.94）。1999 年建成的杭州游泳馆、网球馆，膜覆盖面积分别为 5744m^2、2842m^2（图 1.2.95）。同年建成的上海虹口体育场平面 214m×205m，膜覆盖面积 2.8 万 m^2，由 47 个波状膜单元覆盖在径向索桁架上，悬挑 26～50m，设 3 道环梁，膜单元骨架由一根水平钢管及 6 根钢索张拉而成（图 1.2.96）。

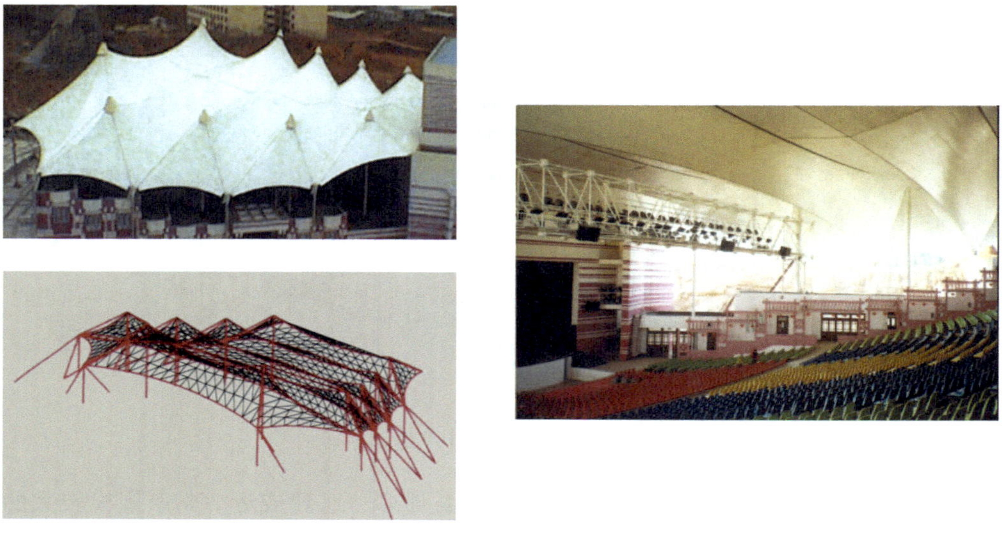

图 1.2.93 长沙世界之窗

2000 年完全由我国自行设计和制作安装的青岛颐中体育场建成，平面 266 m×180m，覆盖面积 3 万 m^2，60 个膜单元，内悬挑 37m、外悬挑 7m（图 1.2.97）。同年建成的浙江义乌体育场膜结构覆盖面积 1.6 万 m^2，中间 10 个脊骨索膜单元两端为三棱锥膜单元，两端设 65m 高钢桅杆，桁架最大悬挑 51m（图 1.2.98）。新近建成的汕头市游泳、跳水中心膜覆盖面积 2.5 万 m^2，中央主拱架跨度 120m（图 1.2.99）。博鳌亚洲经济论坛主会场平面为

65m×60m，中央六根主柱，周边用撑杆加拉索，2001 年建成（图 1.2.100）。

图 1.2.94 深圳欢乐谷中心表演场

图 1.2.95 杭州游泳馆、网球馆

图 1.2.96 上海虹口体育场

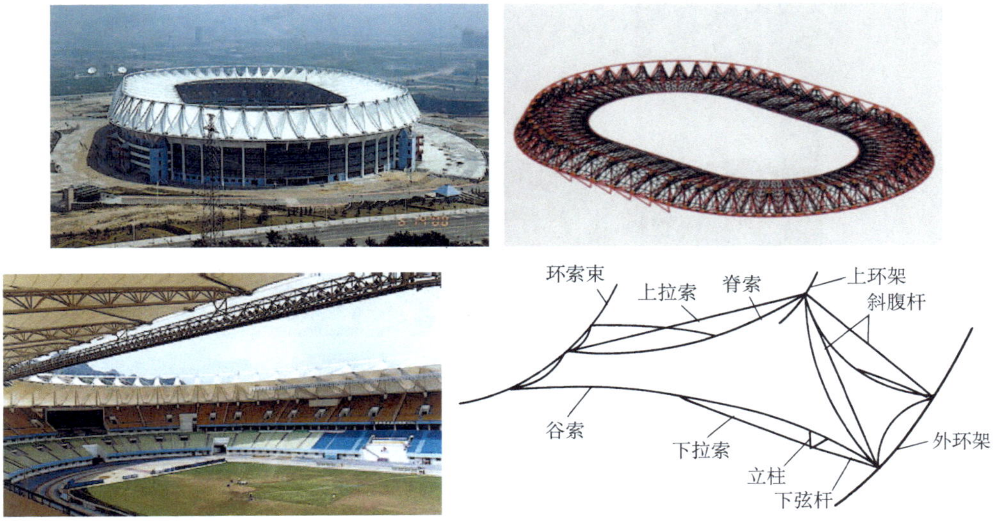

图 1.2.97 青岛颐中体育场

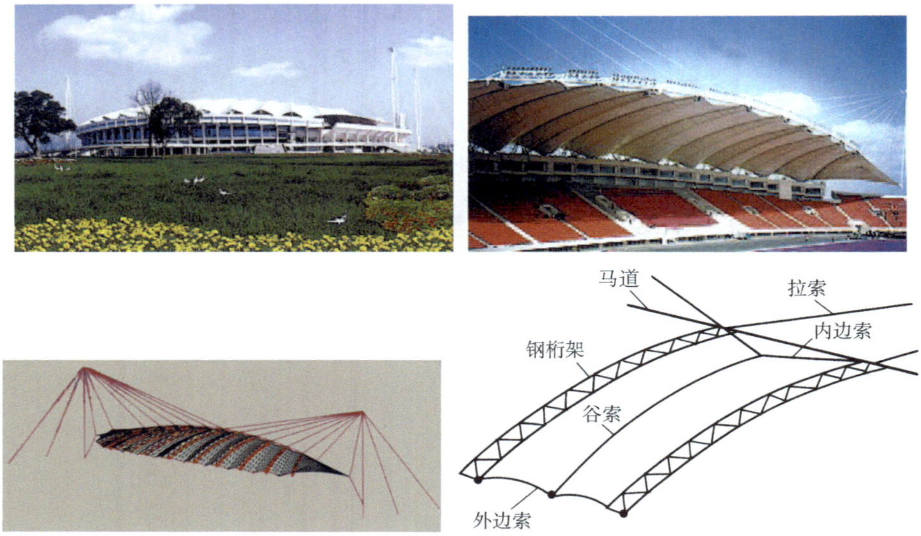

图 1.2.98 浙江义乌体育场

图 1.2.99 汕头市游泳、跳水中心

图 1.2.100 博鳌亚洲经济论坛主会场

膜材为柔性材料，只能承受拉力，所以薄膜结构在面外荷载作用下产生的弯、剪力需通过结构的变形而转换成面内拉力。当结构的初始曲率较小时，面内拉力会很大。为防止膜内拉力过大，结构的形状应保证具有一定的曲率，即薄膜结构必为曲面形状，这将极大地丰富人们对建筑空间与造型的想象力。张拉薄膜建筑既有造型独特的外观，又有梦幻般的内部空间，它充满了张力的曲线、变幻的膜体、标准化加工的结构构件，以及高度灵活的支撑方式都极大地丰富了建筑外形的创作。大跨度无柱室内空间光线明亮而柔和，置身其中具有置身室外的自然亲切之感。膜结构给室内外空间与环境带来全新的视觉感受，膜结构所造成的视觉效果是其他结构形式难以替代的。膜结构建筑优良的性能及建造的方便快捷也是其得到广泛应用的至关重要的因素，而且在应用中膜结构表现出了很大的可塑性，工程规模大到数万平方米的候机大厅，小到十几平方米的建筑小品（图1.2.101），既可作为临时性建筑又可作为永久性建筑，应用的建筑类型包含了我们生活、学习、工作、娱乐等各个方面的设施。这种结构形式不但适合体育、娱乐、交通运输、科学研究等大跨度建筑采用，而且旅馆、办公楼等多高层建筑也有使用（图1.2.102）。它不仅适用于民用建筑，而且也适用于工业厂房和仓储建筑（图1.2.103）。从地域上，薄膜结构已不仅局限于温暖潮湿的气候条件，在寒冷与炎热地带也得到了广泛的应用，如在日本北到北海道，南到冲绳岛屿都有大量的膜结构工程。

图1.2.101 海南蜈支洲岛

2008年奥运会的主体建筑大规模地采用了膜结构。中国国家体育场在钢结构上层钢梁区格之间采用ETFE外膜（3.8万m^2），在主体钢结构下层钢梁下面采用PTFE内膜（5.3万m^2）。中国国家游泳中心屋盖和墙体的内外表面均覆以ETFE气枕，单层气枕覆盖面积达10万m^2，是世界上最大的ETFE工程。这充分说明薄膜结构经历了半个世纪的发展已成为一种成熟的结构体系。它把结构逻辑与技术手段作为建筑艺术表现的基础，达到了更高层次上的建筑与技术的统一。由于能充分利用取之不尽的太阳能源，薄膜结构必将成为21世纪“绿色建筑体系”的宠儿。随着膜材性能及再利用技术的不断开发、新的结构形式的不断发展，薄膜结构还将展示出更为强大的生命力。

图1.2.102 迪拜海滨酒店

图1.2.103 某污水处理厂

随着对全张力结构研究的逐步深入，一种新型张力结构体系——索穹顶（Cable Dome）近年发展起来，它由钢索、膜材及少量的受压杆件组成（图1.2.104）。荷载从中心拉环通过放射状的径向脊索、环向索、斜拉索传向周围的受压环梁。扇形膜材由钢索施加拉力而绷紧，固定在压杆与索连接的节点上。这是一种通过整体张拉成形的结构体系，施加预应力张拉成形以后才有刚度，施工和设计难度较大。由于整个结构除了少数几根压杆外都处于张力状态，可以充分发挥钢索的强度，结构非常经济，适于跨越更大的跨度。

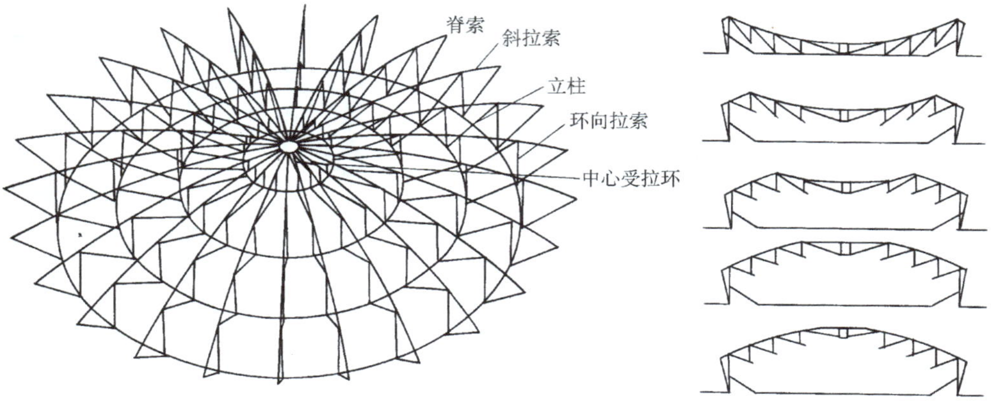

图 1.2.104 索穹顶

1988 年 Geiger 在韩国汉城奥运会直径 120m 的体操馆的设计中首先采用了索穹顶。每两根脊索之间加设了谷索（图 1.2.105）。1996 年美国亚特兰大奥运会场馆著名的佐治亚穹顶（Georgia Dome）改进了索的布置，跨度做到了 240m×192m（图 1.2.106）。

图 1.2.105 韩国汉城奥运会体操馆

图 1.2.106 美国佐治亚穹顶

用索支承玻璃结构是近年来张力结构应用的一个新发展，应用中有用索桁架支承的（图 1.2.107），也有用单层索网支承的（图 1.2.108）。有作为围护幕墙的，也有用来支承玻璃采光顶棚的（图 1.2.109），是一个值得关注的领域。图 1.2.110 所示是深圳市民中心的玻璃采光顶棚。

图 1. 2. 107 索桁架支承玻璃幕墙

图 1. 2. 108 单层索网支承玻璃幕墙

图 1. 2. 109 索桁架支承玻璃顶棚

图 1. 2. 110 深圳市民中心博物馆

4. 混合结构

将刚性的网格结构（梁、拱、桁架、网架、网壳等）与柔性的索和膜灵活结合起来，可以形成丰富多彩的轻型屋盖体系。由于是集中某两种或几种结构的优点组合而成，能够合理利用材料，因此经济性一般都较好。如果能够深刻地掌握各类结构的特性，还能够创造出受力更为合理的新型混合结构，其研究与应用前景越来越广阔。

用实腹式或格构式刚性构件代替双层索系中的稳定索便形成了张弦结构体系（图 1. 2. 111a）和索拱体系（图 1. 2. 111b）。张弦结构体系设计得好可以做到体系内力自平衡，减小支承结构的负担。索拱体系中对索施加预应力时，拱受到向上的作用受拉。荷载作用时，拱受到压力可以抵消部分拉力。这里，刚性的构件和柔性的索相互结合，相互补充，从而形成比单一类型结构更为经济合理的新结构体系。

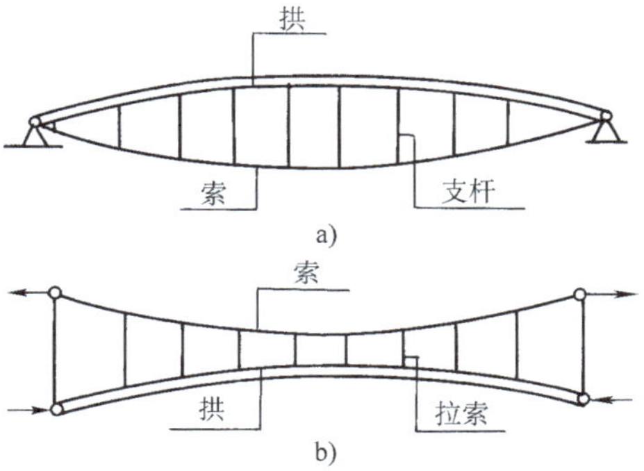

图 1. 2. 111 张弦结构体系和索拱体系

1989年我国为亚运会建造的北京朝阳体育馆轮廓尺寸69m×78m，中央的主支承结构采用了立体形式的索拱体系，用两根索和两个格构式钢拱组成。两片鞍形索网布置在中央索拱体系的两侧（图1.2.112）。图1.1.17所示的2001年建成的广州会展中心采用了张弦立体

图1.2.112 北京朝阳体育馆索拱体系

桁架体系，跨度126.6m，上弦为圆钢管直接相贯焊接的立体桁架，桁架与预应力拉索的连接节点采用了铸钢节点（图1.2.113）。新近建成的黑龙江省体育会展中心主馆也采用了同样的结构体系，跨度达到128m。国外类似的混合体系也有很多应用，下面是不同应用的实例。

图1.2.114所示是慕尼黑机场Kemoinski宾馆屋盖采用的张弦梁体系。图1.2.115所示是日本北九州穴生健身房屋盖采用的张弦梁体系，屋面用带谷索的膜材覆盖。图1.2.116所示是德国Audi餐厅屋盖，用两根主索和斜索构成空间索拱体系。也可以采用悬索桥的原理，用一系列竖向吊杆把网格结构吊挂在主索上。图1.2.117所示的德国Karlsruhe多功能厅就采用这样一种体系。

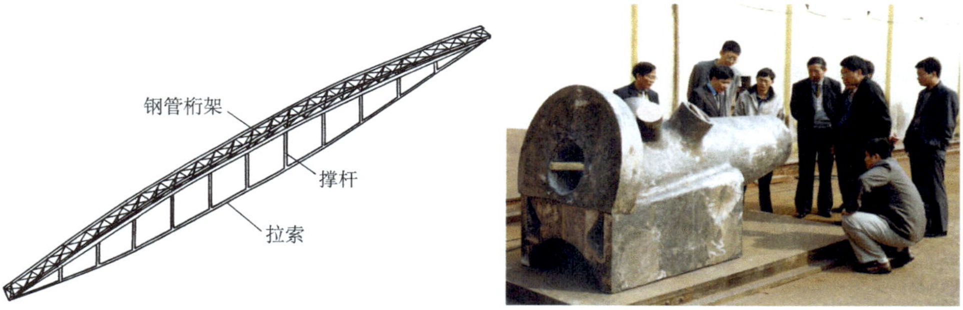

图1.2.113 广州国际会展中心张弦立体桁架

图1.2.114 慕尼黑机场Kemoinski宾馆

图1.2.115 日本北九州穴生健身房

图 1.2.116 德国 Audi 餐厅

图 1.2.117 德国 Karlsruhe 多功能厅

由塔柱顶部挂下斜拉索直接与刚性网格结构屋盖相连就形成了斜拉网架（壳）。斜拉索为网格结构提供一系列中间弹性支座，可使网格结构做到较大跨度。这种体系传力路线简捷，施工方便。2000 年建成的浙江黄龙体育中心采用了斜拉网壳，两塔间距 250m，每片月牙形网壳上弦面上还巧妙地放置了九道稳定索以抵抗向上的风荷载（图 1.2.118）。

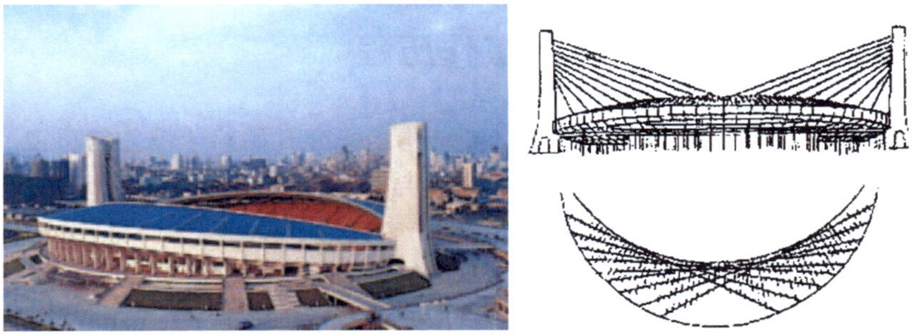

图 1.2.118 浙江黄龙体育中心

1993 年日本川口卫提出将索穹顶的上层索改用刚性杆件，做成一个刚性的单层网壳，保持下层索和竖直压杆的布置方式，形成了 Suspen - Dome，可称为索承网壳或弦支网壳（图 1.2.119）。这种体系实质上是把张弦结构体系的受力机理用于空间工作的网壳，同时保持下层索和竖直压杆的布置方式，吸收了索穹顶全张力思想的最佳方案。对单层网壳来讲，有了竖杆和下弦索，稳定性差的缺点就被克服了，因而可以用于矢高很小的扁网壳，同时也减小了对下部结构的推力。2001 年建造的昆明柏联广场中厅采光顶直径 15m，矢高 0.6m，这是一个矢跨比 1∶25 的超扁网壳，采用了索承网壳（图 1.2.120）。图 1.1.19 所示的 2001 年建成的天津保税区商务中心大堂屋盖采用了索承网壳，直径 35.4m，矢高 4.6m。

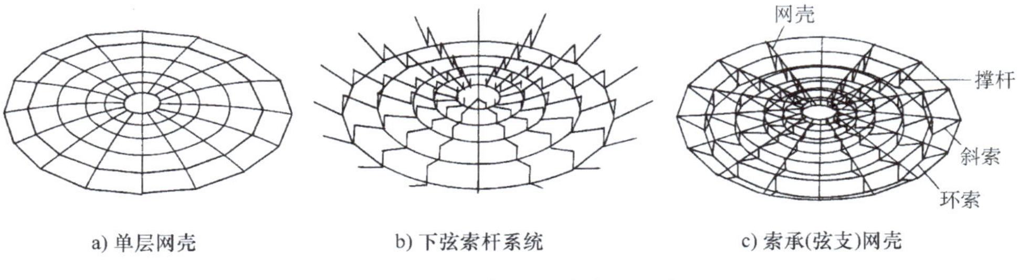

图 1.2.119 索承（弦支）网壳

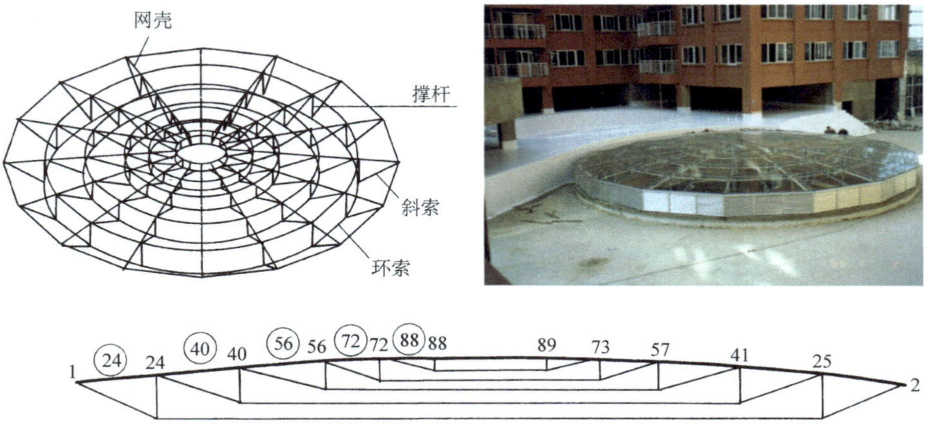

图 1.2.120 昆明柏联广场中厅采光顶索承网壳

1.3 我国大跨空间结构研究的工作历程

自 20 世纪 50 年代起，世界各国对大跨度结构的研究开始给予极大的重视。

1959 年西班牙 E. Torroja 发起成立国际壳体与空间结构学会（The International Association for Shell and Spatial Structure（IASS）)，原名国际壳体结构学会。IASS 先后举行过多次关于薄壳、网架、网壳、悬索和膜结构的学术讨论会。IASS 按研究方向下设 18 个工作小组，编印出版杂志 Journal of The International Association for Shell and Spatial Structure，每年三期，编委来自世界各地。至今我国共有学者专家六十余人是 IASS 个人会员，一直有中国学者担任 IASS 执行委员会委员。

1962 年 Z. S. Makowski 成立英国 Surry 大学空间结构研究中心。1985 年起主办 International Journal of Space Strucuture，每年四期，编委来自世界各地，H. Nooshin 和 Z. S. Makowski 担任主编。

1966 年美国土木工程学会组织了一个 1966 ~ 1975 结构工程研究规划，在钢结构中列入了网架与悬索结构，科研经费 350 万美元。

1970 年德国斯图加特大学组织了“特种建筑领域 64”综合性研究规划，每年科研经费 100 万马克。后来结合慕尼黑 1972 年奥运会的悬索结构进行了规模巨大的试验研究。

1976 年国际桥梁与结构工程学会（IABSE）大会上，大跨度屋盖列为主题之一。

我国大跨空间结构研究与世界基本是同步的，特别是对薄壳、悬索和网架结构的研究与应用。这里只是想尽量地回顾我国大跨空间结构研究的主要进程，或许更像一个大事记，以供读者从中了解研究工作的主要发展历史和专家、工程技术人员们的贡献。有关理论研究的进展在后面的章节陆续介绍，本节不拟详述。

20 世纪 50 年代我国大跨空间结构的研究工作主要是围绕薄壳和悬索结构展开的。

1966 年 BGJ 16—1965《钢筋混凝土薄壳顶盖及楼盖结构设计计算规程》颁布执行，反映了当时的研究成果，推动了薄壳结构的应用。这是我国第一本关于空间结构的规程。

20 世纪 60 年代起研究热点转向网架结构，从设计计算方法到加工制作均获得许多喜人的成果，推动了网架结构的应用，也培养和逐步形成了研究队伍。

1976年天津市成立网架结构推广小组。

1979年8月在山西大同召开了我国第一次网架结构技术经验交流会，这次会议不仅交流了技术，同时为我国空间结构学术组织的成立奠定了基础。

1979年刘锡良、刘毅轩出版了我国第一本空间结构的著述——《平板网架设计》。后来的许多年轻学者都是读着这本书成长起来的。

1979年以生产和安装焊接球网架为主的我国第一个网架生产企业山西汾阳建筑金属结构工业公司成立。

1980年以生产和安装螺栓球网架为主的徐州飞虹网架公司成立。

这两个网架生产企业的成立，表明网架结构在我国进入了专业化生产阶段。在这以后，网架生产专业化企业犹如雨后春笋般成立，目前已经有几百家。后来像东南网架集团等企业已经发展成为我国有影响的大型钢结构企业。

1981年世界上第一部JGJ 7—1980《网架结构设计与施工规定》颁布执行。它不但总结了中国自己的经验，也汲取了世界各国的先进技术成就，反映了我国网架结构的发展水平。世界上没有哪一个国家对一类专门结构有这样完整的规程系列，这不仅反映了专家、工程技术人员们孜孜不倦的努力和取得的成果，也从另一方面证明了中国不愧为“网架王国”。包括空间结构委员会成立以后完成的与之配套的有关规程、标准与图集列于下面。

《焊接空心球节点网架定型图集》（中国建筑标准设计研究所发行，1983年）

《螺栓球节点网架定型图集》（中国建筑标准设计研究所发行，1983年）

JGJ 7—1991《网架结构设计与施工规程》

JGJ 78—1991《网架结构工程质量检验评定标准》

JGJ 75. 1—1991《钢网架螺栓球节点》

JGJ 75. 2—1991《钢网架焊接球节点》

JGJ 75. 3—1991《钢网架检验及验收标准》

JG/T 3034. 1—1996《焊接球节点钢网架焊缝 超声波探伤及质量分级法》

JG/T 3034. 2—1996《螺栓球节点钢网架焊缝 超声波探伤及质量分级法》

GB/T 16939—1997《钢网架螺栓球节点用高强度螺栓》

1982年3月中国土木工程学会桥梁与结构分会空间结构委员会成立，何广乾为首任主任委员。中国空间结构领域有了自己的学术组织，它的成立是我国大跨空间结构发展的一个里程碑。我国大跨空间结构的研究开始围绕网架、网壳、悬索、折板、以至后发展起来的膜结构进行，从而有组织、有系统地推进了大跨空间结构的发展与应用。空间结构委员会开始时每两年开一次学术交流会，后来改为三年一次。每次年会都有全国200多位代表参加，150篇左右的学术论文列入论文集，年会中间还举办一些专题研讨活动和组织国际交流。由空间结构委员会组织，从历届的论文集中精选重要文章，已经正式出版了三本《空间结构论文选集》。空间结构委员会还编印了《空间结构简讯》，后来与空间结构分会合办，免费发给全国对空间结构研究和生产有兴趣的单位，每期印刷1000份，已经发行100多期。

1985年JGJ 21—1984《V形折板屋盖设计与施工规程》颁布使用，总结了我国折板的研究与应用成果。

1985年我国第一本有关空间结构的高等学校推荐教材《大跨房屋钢结构》由哈尔滨建

筑工程学院钟善桐、沈世钊编写出版，有力地推动了空间结构的教学工作。

空间结构委员会的成立也推动了全国的学术组织建立。

1984年山西省空间结构委员会成立。

1989年江苏省空间结构中心成立。

1991年江西省空间结构委员会成立。

1991年上海地区空间结构技术发展中心成立。

中国建筑科学研究院和天津大学、浙江大学、同济大学、哈尔滨工业大学、太原理工大学、上海交通大学、北京工业大学等各高等院校、科研单位也相继成立了大跨空间结构的研究机构并培养研究生。

自20世纪70年代起，我国网架结构的分析已经开始应用计算机了。随着网架、网壳结构的发展和计算技术的进步，计算机辅助设计的研究水平也迅速提高。

1989海军工程设计局研制的《空间网架结构计算机辅助设计系统（STSCAD）》软件通过鉴定。这是第一个通过鉴定的具有在微机上实现图形输入、自动选配螺栓球零部件、绘制施工图功能的网架结构CAD软件。此后陆续出现了许多优秀的应用软件，从计算模型的自动生成、结构优化设计到施工图绘制集成在一个界面友好的软件包中，目前市场可见到十几种。

1991年中国土木工程学会桥梁与结构分会在无锡组织召开了全国索结构学术交流会。这次会议正值我国悬索结构应用的高峰。从事空间结构的许多专家学者参加了会议，展示了我国悬索结构的研究成果，包括悬索结构非线性分析、风振和抗震理论的研究和设计应用经验，为空间结构委员会组织专家研究编写《悬索结构技术规程》奠定了基础。这次会议上还出现了有关膜结构研究的论文，表明膜结构研究已经引起我国学者的关注。

1993年中国钢结构协会空间结构分会成立，蓝天为首任理事长。从事空间结构生产的企业有了自己的协会，它的成立是我国大跨空间结构发展史上又一个标志，表明我国大跨空间结构已经茁壮成长为一个行业。分会每年举行年会，围绕专题切磋研究成果与技术进步，交流工程与企业管理经验。

1994年8月《空间结构》杂志创刊号发行，董石麟担任主编。空间结构领域有了自己的学术阵地。

1994年北京纽曼蒂－莱蒙膜建筑技术公司成立。它标志着我国大跨空间结构的研究开始转向膜结构并且已经有了一定的进展，此后膜结构在我国迅速应用起来。

1995年空间结构委员会与空间结构分会一起在詹天佑土木工程科技发展基金下建立了空间结构发展专项基金，用于奖励空间结构优秀论文，并设立中国空间结构杰出贡献奖和优秀青年奖。

随着网壳结构和膜结构应用的发展，有关的分析理论如网壳稳定，网壳抗震，膜结构的找形、裁剪和膜结构风振等理论研究日益深入，有关设计软件和施工建造技术发展迅速。空间结构委员会和空间结构分会组织专家又完成了一批有关技术规程。

JG/T 136—2001《单层网壳嵌入式毂节点》2002年颁布使用。

JGJ 61—2003《网壳结构技术规程》2004年颁布使用。

CECS 158：2004《膜结构技术规程》2004年颁布使用。

FZ/T 64014—2009《膜结构用涂层织物》2010年颁布使用。

JGJ 7—2010《空间网格结构技术规程》2011 年颁布使用。

JGJ 257—2012《索结构技术规程》2012 年颁布使用。

下面按时间顺序列出了从事空间结构研究的专家学者们总结自己的工作与经验陆续出版的有关著述，从中也可以看出研究工作发展的历程，供读者学习参考。

[1] 刘锡良，刘毅轩．平板网架设计［M］．北京：中国建筑工业出版社，1979.

[2] 刘善维，刘毅轩，钱若军．网架结构简化计算手册［M］．北京：煤炭工业出版社，1983.

[3] 空间结构委员会．空间结构论文选集（一）［M］．北京：中国建筑工业出版社，1985.

[4] 哈尔滨建筑工程学院．大跨房屋钢结构［M］．北京：中国建筑工业出版社，1985.

[5] 沈祖炎，严慧，马克剑，等．空间网架结构［M］．贵阳：贵州人民出版社，1987.

[6] 钱若军，李亚玲．网架结构［M］．南京：河海大学出版社，1989.

[7] 董石麟，马克剑，严慧，等．组合网架结构与空腹网架结构［M］．杭州：浙江大学出版社，1992.

[8] 肖炽，马少华，王维成．空间结构设计与施工［M］．南京：东南大学出版社，1993.

[9] 规程编制组．网架结构设计与施工规程应用指南［M］．北京：中国建筑工业出版社，1995.

[10] 尹德钰，刘善维，钱若军．网壳结构设计［M］．北京：中国建筑工业出版社，1996.

[11] 沈世钊，徐崇宝，赵臣．悬索结构设计［M］．北京：中国建筑工业出版社，1997.

[12] 空间结构委员会．空间结构论文选集（二）［M］．北京：中国建筑工业出版社，1997.

[13] 沈世钊，陈欣．网壳结构稳定性［M］．北京：科学出版社，1999.

[14] 刘锡良．平板网架设计与施工图集［M］．天津：天津大学出版社，2000.

[15] 蓝天，张毅刚．大跨度屋盖结构抗震设计［M］．北京：中国建筑工业出版社，2000.

[16] 董石麟，钱若军．空间网格结构分析理论与计算方法［M］．北京：中国建筑工业出版社，2000.

[17] 空间结构委员会．空间结构论文选集（三）［M］．北京：中国建材工业出版社，2000.

[18] 张其林．索和膜结构［M］．上海：同济大学出版社，2002.

[19] 钱若军，杨联萍．张力结构的分析·设计·施工［M］．南京：东南大学出版社，2003.

[20] 刘锡良．现代空间结构［M］．天津：天津大学出版社，2003.

[21] 杨庆山，姜忆南．张拉索—膜结构分析与设计［M］．北京：科学出版社，2004.

[22] 刘锡良，韩庆华．网格结构设计与施工［M］．天津：天津大学出版社，2004.

[23] 张毅刚，薛素铎，杨庆山，等．大跨空间结构［M］．北京：机械工业出版社，2004.

[24] 曹资，薛素铎．空间结构抗震理论与设计［M］．北京：科学出版社，2005.

[25] 马克俭，张华刚，郑涛．新型建筑空间网格结构理论与实践［M］．北京：人民交通出版社，2005.

[26] 丁芸孙，刘罗静，朱洪符，等．网架网壳设计与施工［M］．北京：中国建筑工业出

版社，2006.
[27] 董石麟，罗尧治，赵阳．新型空间结构分析，设计与施工［M］．北京：人民交通出版社，2006.
[28] Forster B，Mollaert M. 欧洲张力薄膜结构设计指南［M］．杨庆山，姜忆南，译．北京：机械工业出版社，2006.
[29] 斋藤公男．空间结构的发展与展望［M］．季小莲，徐华，译．北京：中国建筑工业出版社，2006.
[30] 勒内·莫特罗．张拉整体——未来的结构体系［M］．薛素铎，刘迎春，译．北京：中国建筑工业出版社，2007.
[31] 钱若军，杨联萍，胥传熹．空间格构结构设计［M］．南京：东南大学出版社，2007.
[32] 秦杰，高政国，钱英欣，等．预应力钢结构拉索索力测试理论与技术［M］．北京：中国建筑工业出版社，2010.
[33] 陈志华．弦支穹顶结构［M］．北京：科学出版社，2010.

表1.3.1按时间顺序列出了空间结构委员会和空间结构分会1982年以来的主要学术会议，学术会议均印有论文集。

表1.3.1 1982年以来的主要学术会议

时间	会议内容	地点	主办
1982.3	第一届空间结构学术会议暨 空间结构委员会成立大会	福州	空间结构委员会
1984.7	第二届空间结构学术会议	太原	空间结构委员会
1986.7	第三届空间结构学术会议	吉林	空间结构委员会
1987.10	The International Colloquium on Space Structure for Spots Buildings	北京	中国土木工程学会主办 空间结构委员会协办
1988.7	第四届空间结构学术会议	成都	空间结构委员会
1990.7	第五届空间结构学术会议	兰州	空间结构委员会
1992.12	第六届空间结构学术会议	广州	空间结构委员会
1993.11	空间结构分会成立大会暨技术交流会	杭州	空间结构分会
1994.11	第七届空间结构学术会议	文登	空间结构委员会
	钢结构防护技术与信息交流会		空间结构分会
1995.11	空间结构的设计、制作、施工技术，质量保证体系与行业经营管理交流会	徐州	空间结构分会
1996.5	Asia - Pacific Conference on Shell and Spatial Structures	北京	中国土木工程学会主办 空间结构委员会协办
1996.8	网架结构在工业厂房中的应用技术交流会	长春	空间结构分会
1997.10	第八届空间结构学术会议	开封	空间结构委员会
1998.6	空间结构热点工程（飞机库、候机大厅及干煤棚等）技术交流会	昆明	空间结构分会

（续）

时间	会议内容	地点	主办
1999.12	面向21世纪的空间结构发展战略研讨会	厦门	空间结构分会
2000.9	第九届空间结构学术会议	萧山	空间结构委员会
2001.11	管结构技术交流会	西安	空间结构分会
2002.12	第十届空间结构学术会议暨空间结构委员会成立二十周年庆祝大会	北京	空间结构委员会
2002.12	膜结构专业委员会成立暨技术交流会	北京	空间结构分会
2003.4	全国十运会场馆钢结构屋盖、大型空间结构滑移施工技术、膜结构工程技术交流会	成都	空间结构分会
2003.11	中日建筑钢结构技术论坛	北京	空间结构分会
2004.11	2004年空间结构技术交流会	广州	空间结构分会
2004.11	第二届中日建筑钢结构技术论坛	北京	空间结构分会
2005.6	第十一届空间结构学术会议	南京	空间结构委员会 空间结构分会联办
2006.4	膜结构技术交流会	宁波	空间结构分会
2006.8	2006年空间结构技术交流会	兰州	空间结构分会
2006.10	IASS – APCS 2006 BEIJING	北京	IASS – APCS主办 空间结构委员会和空间结构分会联合承办
2007.6	2007年空间结构技术交流会	上海	空间结构分会
2008.4	2008年空间结构技术交流会	沈阳	空间结构分会
2008.11	第十二届空间结构学术会议	北京	空间结构委员会
2009.8	2009年空间结构技术交流会	太原	空间结构分会
2010.4	首届全国建筑索结构学术交流会	东莞	空间结构分会
2010.10	建筑用纺织品发展论坛暨膜结构技术交流会	上海	空间结构分会
2010.12	第十三届空间结构学术会议	深圳	空间结构委员会
2011.10	2011年空间结构技术交流会	开封	空间结构分会
2012.7	第十二届全国现代工程学术研讨会暨第二届建筑索结构技术交流会	北京	空间结构分会与天津大学联合召开
2012.10	庆祝膜结构专业委员会成立十周年暨膜结构技术交流会	北京	空间结构分会
2012.11	第十四届空间结构学术会议	福州	空间结构委员会

参考文献

[1] 中国建筑科学研究院建筑结构研究所，中国建筑科学研究院建筑情报研究所．国外大跨度空间结构的发展情况［M］．北京：中国建筑科学研究院，1979.

[2] 虞季森．中大跨度建筑结构体系及选型［M］．北京：中国建筑工业出版社，1990.

[3] 蓝天，空间结构的十年——从中国看世界［C］//第六届空间结构学术会议论文集．北京：地震出版社，1992：1－8.
[4] 董石麟，姚谏，中国网壳结构的发展与应用［C］//第六届空间结构学术会议论文集．北京：地震出版社，1992：9－22.
[5] 沈世钊．十年来中国悬索结构的发展［C］//第六届空间结构学术会议论文集．北京：地震出版社，1992：23－30.
[6] 陈醒辉，蒋津．十年来中国折板结构的发展［C］//第六届空间结构学术会议论文集．北京：地震出版社，1992：31－41.
[7] 刘锡良．十年来中国网架结构的发展［C］//第六届空间结构学术会议论文集．北京：地震出版社，1992：42－55.
[8] 丁芸孙，朱坊云．十年来大跨度机库网架结构的应用与发展［C］//第六届空间结构学术会议论文集．北京：地震出版社，1992：63－70.
[9] 中国土木工程学会．中国土木工程指南［M］．北京：科学出版社，1993.
[10] 上海市建设委员会科学技术委员会，上海地区空间结构技术发展中心．90年代网架工程精选［M］．上海：上海科技文献出版社，1995.
[11] 尹德钰，刘善维、钱若军．网壳结构设计［M］．北京：中国建筑工业出版社，1996.
[12] Felix Escrig，Juan Perez Valcarcel，Jose Sanchez. Deployable Cover on a Swimming Pool in Seville［J］. Journal of The International Association for Shell and Spatial Structures，1996，37（1）：39－70.
[13] 沈世钊，徐崇宝，赵臣．悬索结构设计［M］．北京：中国建筑工业出版社，1997.
[14] 沈世钊．大跨空间结构的发展——回顾与展望［J］．土木工程学报，1998，31（3）：5－14.
[15] 蓝天，张毅刚．大跨度屋盖结构抗震设计［M］．北京：中国建筑工业出版社，2000.
[16] 蓝天，刘枫．中国空间结构20年［C］//第十届空间结构学术会议论文集．北京：中国建材工业出版社，2002：1－12.
[17] 刘锡良，董石麟．20年来中国空间结构形式创新［C］//第十届空间结构学术会议论文集．北京：中国建材工业出版社，2002：13－37.
[18] 沈世钊．中国空间结构理论研究20年进展［C］//第十届空间结构学术会议论文集．北京：中国建材工业出版社，2002：38－52.
[19] 尹德钰，肖炽．20年来中国空间结构的施工与质量问题［C］//第十届空间结构学术会议论文集．北京：中国建材工业出版社，2002：53－63.
[20] 曹资，薛素铎，张毅刚．20年来我国空间结构抗震计算理论与方法的发展［C］//第十届空间结构学术会议论文集．北京：中国建材工业出版社，2002：64－70.
[21] 钱若军，杨联萍．张力结构的分析·设计·施工［M］．南京：东南大学出版社，2003.
[22] 严慧，膜结构工程应用的新进展与发展前景：2003年会特邀报告［R］．北京：中国钢结构协会空间结构分会，2003.
[23] 杨庆山，姜忆南．张拉索－膜结构分析与设计［M］．北京：科学出版社，2004.

第2章　网 架 结 构

平板型网架结构或者简称为网架结构，是以多根杆件按照一定规律组合而成的网格状高次超静定空间杆系结构。杆件可以由多种材料制成，如钢、木、铝、塑料等，而以钢制的管材或型材为主。网架结构因具有空间刚度好、用材经济、工厂预制、现场安装、施工方便等优点而得到广泛应用。

2.1　网架结构的类型和选型

2.1.1　网架结构的类型

只有掌握好网架结构的构成原理及规律，才能在工程实践中根据各类网架的特性及其力学特征进行合理的选型。目前国内外常用的网架结构，可分为三大类，13 种具体的网架形式。

1. 平面桁架系网架

平面桁架系网架是由平面桁架交叉组成的，根据平面形状和跨度大小、建筑设计对结构刚度的要求等情况，网架可由两向平面桁架或三向平面桁架交叉而成，如图 2.1.1 所示。

从图中可以看出，这类网架上下弦杆的长度相等，而且其上下弦杆和腹杆位于同一垂直平面内。在各向平面桁架的交点处（即节点处）有一根共用的竖杆。连接上下弦节点的斜腹杆的倾斜方向应布置成使杆件受拉，这样受力较为有利。

根据上述原则，结合下部结构的具体条件，有下述五种平面桁架系网架。

（1）两向正交正放网架　两向正交正放网架（图 2.1.2）是由两个方向的平面桁架交叉组成的。各向桁架的交角呈 90°。在矩形建筑平面中应用时，两向桁架分别与建筑物两个方向的建筑轴线垂直或平行。这类网架两个方向桁架的节间宜布置成偶数。如为奇数网格，则其中间节间应做成交叉腹杆。另外，在其上弦平面的周边网格中应设置附加斜撑，以传递水平荷载。当支承节点在下弦节点时，下弦平面内的周边网格也应设置此类杆件。

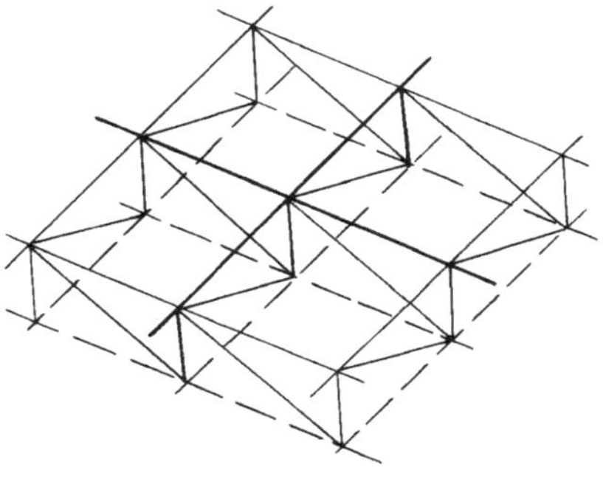

图 2.1.1　平面桁架系网架的构成

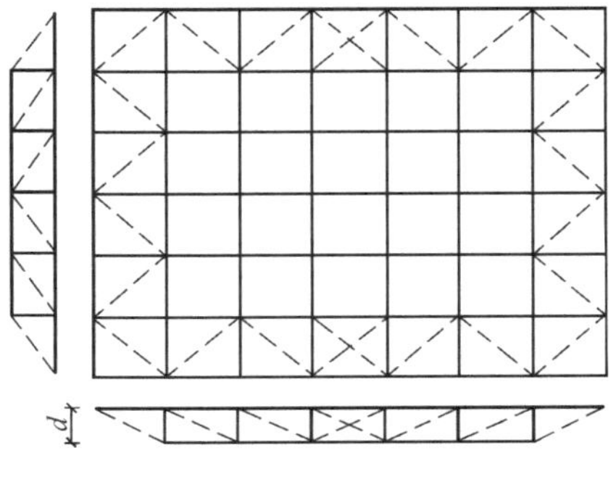

图 2.1.2　两向正交正放网架

（2）两向正交斜放网架 两向正交斜放网架（图2.1.3）也是由两个方向的平面桁架交叉而成的，其交角呈90°，它与两向正交正放网架的组成方式完全相同，只是将它在建筑平面上放置时转动45°角，每向平面桁架与建筑轴线的交角不再是正交而呈45°角。

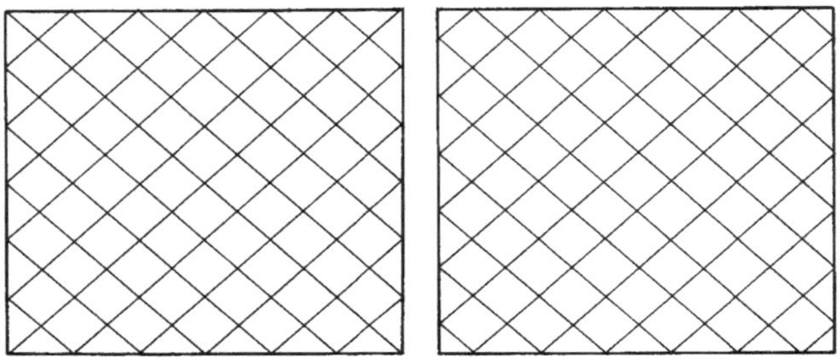

a) 有角柱 b) 无角柱

图2.1.3 两向正交斜放网架

这类网架两个方向平面桁架的跨度有长有短，节间数有多有少，但网架是等高的，因此各榀桁架刚度各异，能形成良好的空间受力体系。

（3）两向斜交斜放网架 两向斜交斜放网架（图2.1.4）也是由两个方向的平面桁架交叉组成的。但其交角不是正交，而是根据下部两个方向支承结构的间距而变化，两向桁架的交角可呈任意角度。

这类网架节点构造复杂，受力性能也不理想，只有当建筑要求长宽两个方向的支承间距不等时才采用。

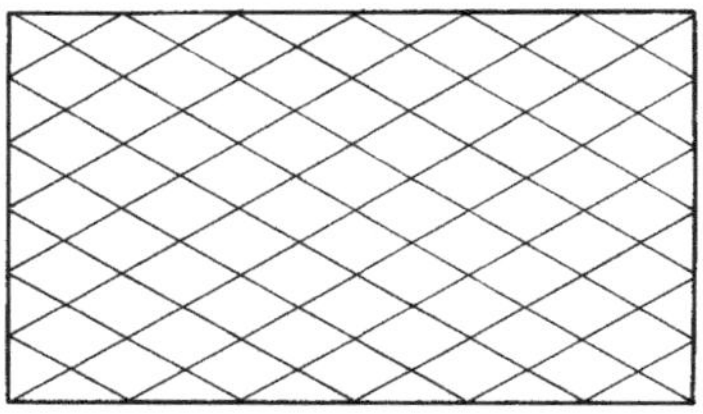

图2.1.4 两向斜交斜放网架

（4）三向网架 三向网架（图2.1.5）是由三个方向的平面桁架相互交叉而成的。其相互交叉的角度成60°。网架的节点处均有一根三个方向平面桁架共用的竖杆。

这类网架的网格一般呈正三角形。由于各向桁架的跨度及节间数各不相同，故各榀桁架的刚度也各异，因而受力性能很好，整个网架的刚度也较大。但是三向网架每个节点处汇交的杆件数量较多，最多达13根，故节点构造比较复杂。

（5）单向折线形网架 单向折线形网架（图2.1.6）是由一系列平面桁架互相倾斜交成V形而构成的。也可看做是将正放四角锥网架取消了纵向的上下弦杆。它只有沿跨度方

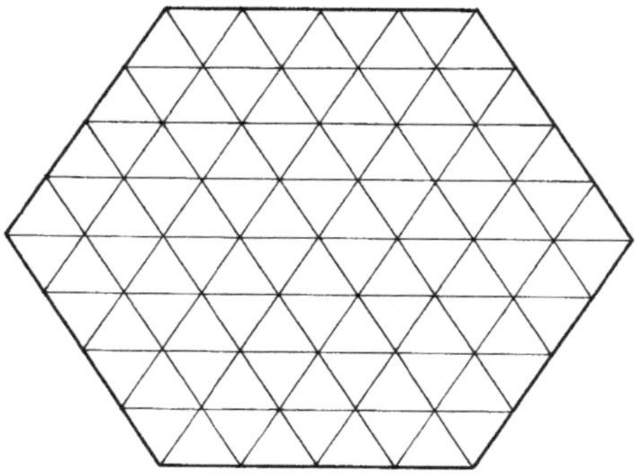

图2.1.5 三向网架

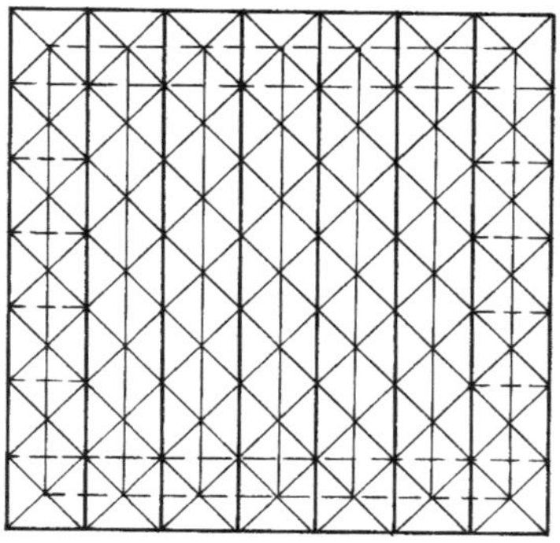

图2.1.6 单向折线形网架

向的上下弦杆，因此呈单向受力状态。但它比单纯的平面桁架刚度大；不需要布置支撑体系；所有杆件均为受力杆件，截面由计算确定。为加强其整体刚度，构成一个完整的空间结构，其周边还需按图2.1.6所示增设部分上弦杆件。

单向折线形网架，由于它主要呈单向受力状态，故适宜在较狭长的建筑平面中采用。

2. 四角锥体系网架

倒置的四角锥体是四角锥体系网架的组成单元。这类网架上下弦平面内的网格均呈正方形。上弦网格的形心即是下弦网格的交点。从上弦网格的四个交点向下弦交点用斜腹杆相连，即形成倒置的四角锥体单元（图2.1.7）。

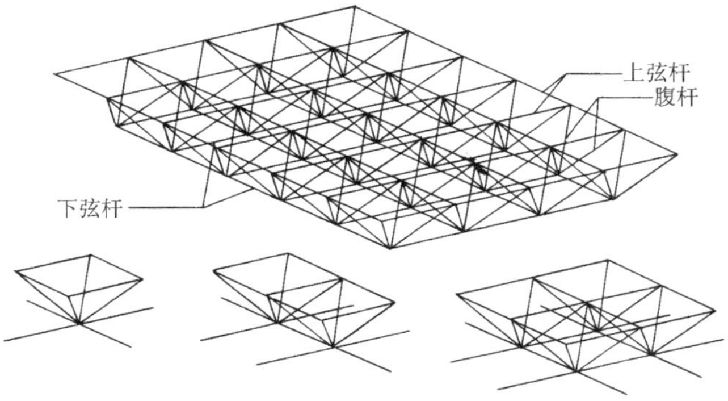

图2.1.7 四角锥网架的组成

各独立四角锥体的连接方式可以是四角锥体的底边与底边相连，也可以是四角锥体底边的角与角相连。根据单元体连接方式的变化，四角锥体系网架有以下五种形式。

（1）正放四角锥网架 正放四角锥网架（图2.1.8）的构成，是以倒置的四角锥体为组成单元，将各个倒置的四角锥体的底边相连，再将锥顶用与上弦杆平行的杆件连接起来，即形成正放四角锥网架。这种网架的上下弦杆均与建筑物轴线平行或垂直，而且没有垂直腹杆。正放四角锥网架的每个节点均汇交八根杆件。网架中不但上弦杆与下弦杆等长，如果网架斜腹杆与下弦平面夹角成45°，则网架全部杆件的长度均相等。

正放四角锥网架受力比较均匀，空间刚度也比其他四角锥网架以及两向网架要大。同时，由于网格相同也使屋面板的规格减少，并便于起拱和屋面排水处理。这种网架在国内外得到了广泛的应用，特别是一些在工厂制作的定型化网架，都以四角锥作为预制单元，然后拼成正放四角锥网架。

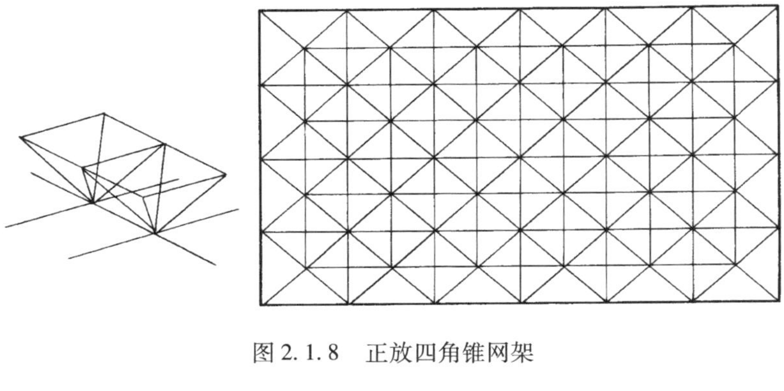

图2.1.8 正放四角锥网架

（2）正放抽空四角锥网架　正放抽空四角锥网架（图2.1.9）的组成方式与正放四角锥网架基本相同，除周边网格中的锥体不变动外，其余网格可根据网架的支承情况有规律地抽掉一些锥体而成。正放抽空四角锥网架杆件数目较少，构造简单，经济效果较好。但是网格抽空以后，下弦杆内力增大，且差别较大，刚度也较正放四角锥网架小些，故一般多在轻屋盖及不需设置吊顶的情况下采用。

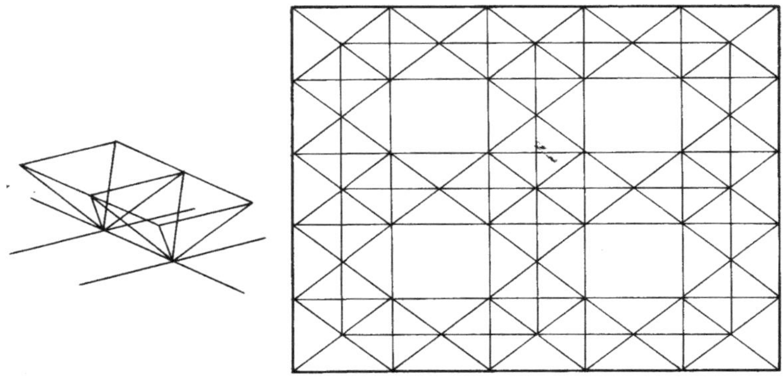

图2.1.9　正放抽空四角锥网架

（3）斜放四角锥网架　斜放四角锥网架（图2.1.10）的组成单元也是倒置的四角锥体，它与正放四角锥网架不同之处是四角锥体底边的角与角相接。这种网架的上弦网格呈正交斜放，而其下弦网格则与建筑轴线平行或垂直呈正交正放。

斜放四角锥网架的上弦杆短而下弦杆长。在一般情况下，网架的上弦承受压力，下弦承受拉力，因而这种网架受力合理，能充分发挥杆件截面的作用，耗钢量也较省。这种网架每个节点汇交的杆件也最少，上弦节点处六根，下弦节点处八根，因而节点构造简单。在周边支承的正方形或接近正方形的矩形平面屋盖中采用时能充分发挥其优点。目前国内工程中这是一种应用得相当广泛的网架。

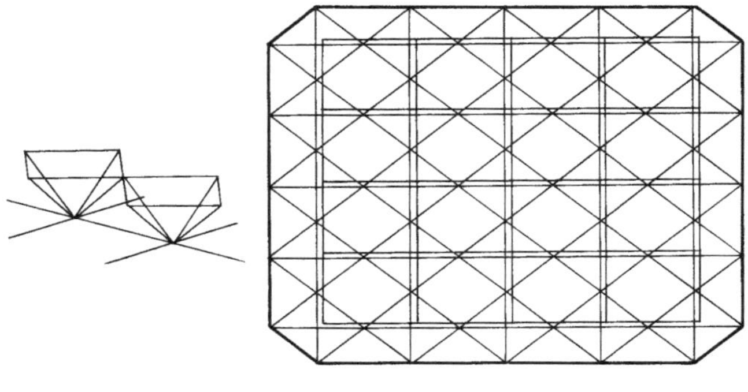

图2.1.10　斜放四角锥网架

（4）棋盘形四角锥网架　棋盘形四角锥网架（图2.1.11）由于其形状与国际象棋的棋盘相似而得名。其组成单元也是倒置的四角锥体，其构成原理与斜放四角锥网架基本相同，是将斜放四角锥网架水平转动45°角而成。因而其上弦杆为正交正放，下弦杆成为正交斜放。

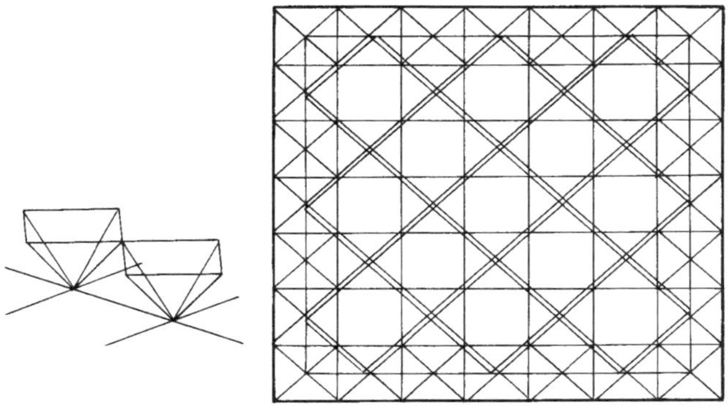

图 2. 1. 11 棋盘形四角锥网架

棋盘形四角锥网架也具有上弦杆短而下弦杆长的特点。在周边布置成满锥的情况下刚度也较好。它具有斜放四角锥网架的全部优点，而且屋面构造简单。

(5) 星形四角锥网架 星形四角锥网架（图 2. 1. 12）的构成与上述四种四角锥网架区别较大。它的组成单元体由两个倒置的三角形小桁架正交形成，在交点处有一根共用的竖杆，形状像一个星体。将单元体的上弦连接起来即形成网架的上弦，将各星体顶点相连即为网架的下弦。上弦杆呈正交斜放，下弦杆呈正交正放，网架的斜腹杆均与上弦杆位于同一垂直平面内。

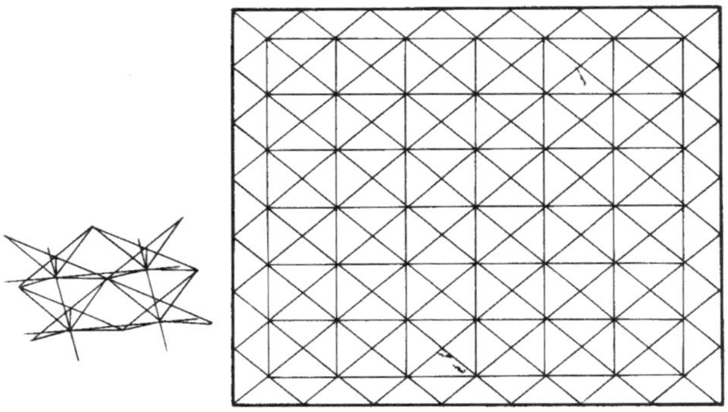

图 2. 1. 12 星形四角锥网架

星形四角锥网架的上弦杆短，下弦杆长，受力合理。竖杆受压，其内力等于上弦节点荷载。但其刚度稍差，不如正放四角锥网架。一般适用于中小跨度的周边支承屋盖。

3. 三角锥体系网架

三角锥体系网架是以倒置的三角锥体为其组成单元的。锥底为等边三角形。将各个三角锥体底面互相连接起来即为网架的上弦，锥顶用杆件相连即为网架的下弦，如图 2. 1. 13 所示。三角锥体的三条棱即为网架的斜腹杆。在这种单元组成的基础上，有规律地抽掉一些锥体或改变一下三角锥体的连接方式，就有以下三种三角锥体系网架。

(1) 三角锥网架 三角锥网架（图 2. 1. 14）是由倒置的三角锥体组合而成的。其上下弦网格均为正三角形。倒置三角锥的锥顶位于上弦三角形网格的形心。

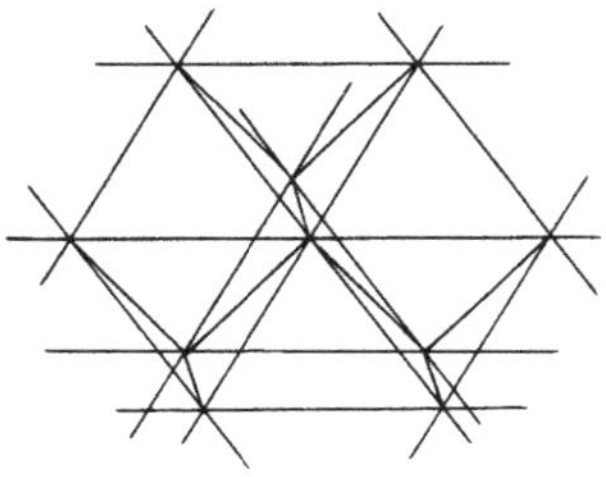

图 2.1.13 三角锥体系网架的组成单元

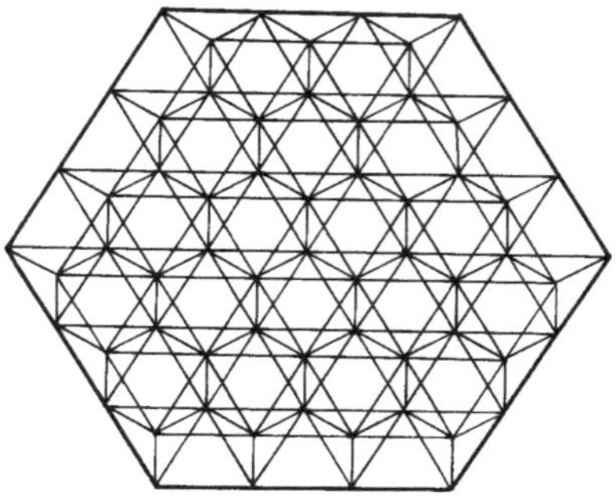

图 2.1.14 三角锥网架

三角锥网架受力比较均匀，整体刚度也较好。如果网架的高度 $h=\sqrt{2/3}s$（s 为弦杆长度），则网架的全部杆件均等长。

三角锥网架一般适用于大中跨度及重屋盖的建筑物。当建筑平面为三角形、六边形或圆形时最为适宜。

（2）抽空三角锥网架　抽空三角锥网架（图 2.1.15）是在三角锥网架的基础上有规律地抽去部分三角锥而成的。其上弦仍为正三角形网格，而下弦网格则因抽锥规律不同而有不同的形状，如图 2.1.15a 所示抽空三角锥网架的抽锥规律是：沿网架周边一圈的网格均不抽锥，内部从第二圈开始沿三个方向间隔一个网格抽掉一个三角锥。图中加深的网格即表示抽掉锥体的网格。从图中可以看出，网架上弦三个方向网格中的任一向，均是抽锥格与不抽锥格相间布置。下弦网格既有三角形也有六角形网格。

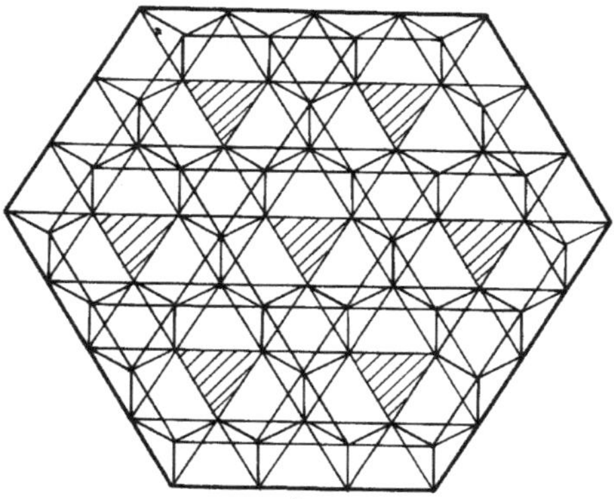

a)

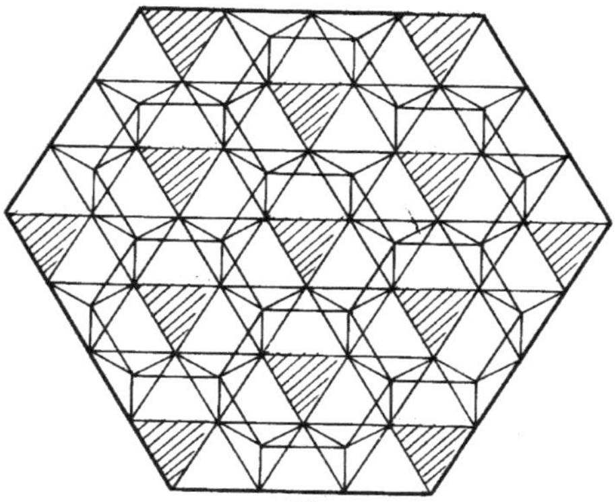

b)

图 2.1.15 抽空三角锥网架

如图 2.1.15b 所示的抽空三角锥网架则采用了另一种抽锥规律，即从周边网格就开始抽锥，沿三个方向间隔两个锥抽一个。内部也按同样的规律在抽掉锥体网格的对称位置上抽锥，图中加深的网格即为抽掉锥体的网格。其下弦网格呈完整的六边形。

由于抽空三角锥网架抽掉杆件较多，刚度不如三角锥网架。为增强其整体刚度，各种抽空三角锥网架的周边布置成满锥，即周边网格不抽，从第二层开始按上述规律抽锥。

抽空三角锥网架适用于中小跨度的轻屋盖建筑。

（3）蜂窝形三角锥网架　蜂窝形三角锥网架（图2.1.16）也是由倒置的三角锥体组成的，但其排列方式与前面所述的两种三角锥网架不同。它是将各倒置三角锥体底面的角与角相接的，因而其上弦网格是有规律排列的三角形与六边形。由于其图形与蜜蜂的蜂巢相似，故称为蜂窝形三角锥网架。这种网架的下弦网格呈单一的六边形。其斜腹杆与下弦杆位于同一垂直平面内。每个节点有六根杆件交汇。

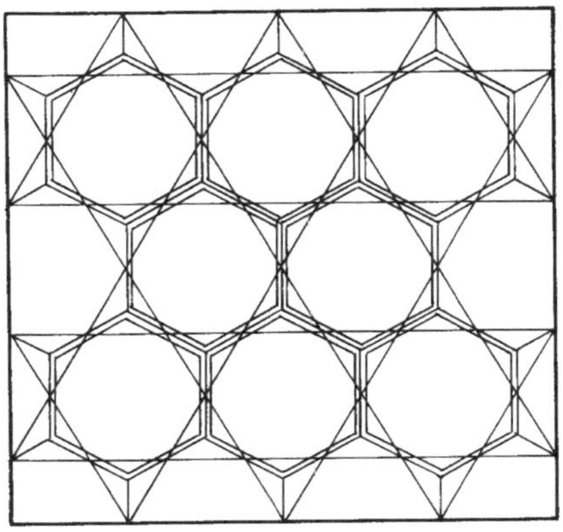

图2.1.16　蜂窝形三角锥网架

蜂窝形三角锥网架的上弦短，下弦长，受力比较合理。在各类网架中它的杆件数和节点数都比较少，在轻屋盖的中小跨度屋盖上采用，能收到较好的经济效果。

2.1.2　网架结构的支承

网架结构搁置在柱、梁、桁架等下部结构上，由于搁置方式不同，可分为周边支承、点支承、周边支承与点支承相结合、三边支承或两边支承、单边支承等情况。

1. 周边支承

周边支承网架是指网架四周边界上的全部节点均为支座（图2.1.17）。支座节点可支承在柱顶，也可支承在柱间桁架或连系梁上。由于这种网架的支承点多，故传力直接，受力均匀。周边支承网架是最常用的支承方式。

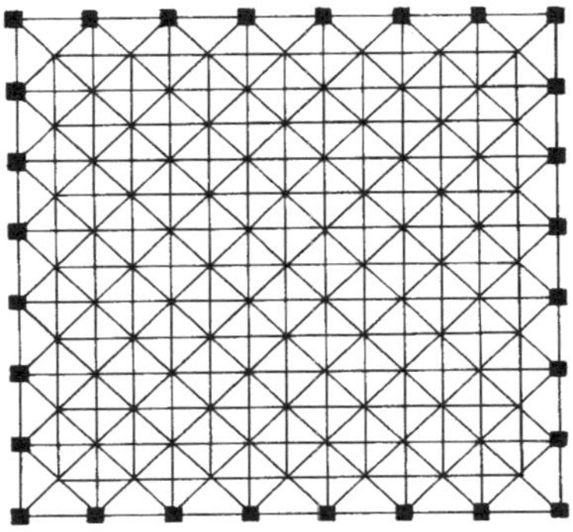

图2.1.17　周边支承

2. 点支承

点支承是指网架的支座支承在四个或多个支承柱上，前者称为四点支承（图2.1.18a）；后者称为多点支承（图2.1.18b）。

点支承的网架与无梁楼盖受力有相似之处，应尽可能设计成带有一定长度的悬挑网格，这样可使跨中正弯矩和挠度减小，并使整个网架的内力趋于均匀。研究表明，对单跨多点支承网架，其悬挑长度宜取中间跨度的1/3，如图2.1.18a所示。对于多点支承的连续跨网架取其中间跨度的1/4较为合理，如图2.1.18b所示。在实际工程中还应根据具体情况综合考虑确定。

点支承网架与柱子连接部位称为柱帽，常用的柱帽形式有下面几种：

1）柱帽设置在网架下弦平面下，就是在支点处向下延伸一个网架高度，如图2.1.19a所示。有时为了建筑造型需要也可延伸数层形成一个倒锥形支座。这种柱帽能很快将柱顶反力扩散，由于加设柱帽，将占据一部分室内空间。

2）柱帽布置在网架内，将上弦节点直接搁置于柱顶，使柱帽呈伞形，如图2.1.19b所示。其优点是不占室内空间，屋面处理较简单。这种柱帽承载力较低，适用于轻屋盖或中小跨度网架。

3）网架跨度较小，荷载较轻时，点支承网架与柱子连接也可简化处理成如图2.1.19c

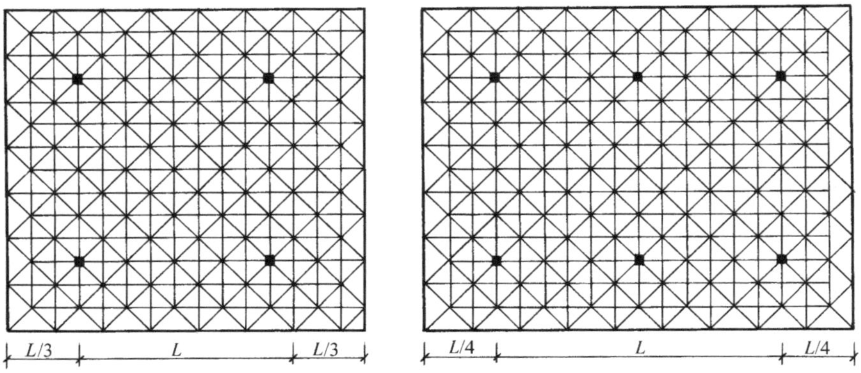

a) 四点支承网架　　b) 多点支承网架

图 2.1.18　点支承网架

所示，此时连接构造比较简单。

4）柱帽设置在网架上弦平面之上，就是在支点处向上延伸一个网架高度，形成局部加高网格区域，如图 2.1.19d 所示，其优点是不占室内空间，柱帽上凸部分可兼作采光天窗。

点支承主要适用于体育馆、展览厅等大跨度公共建筑，也用于大柱网工业厂房。

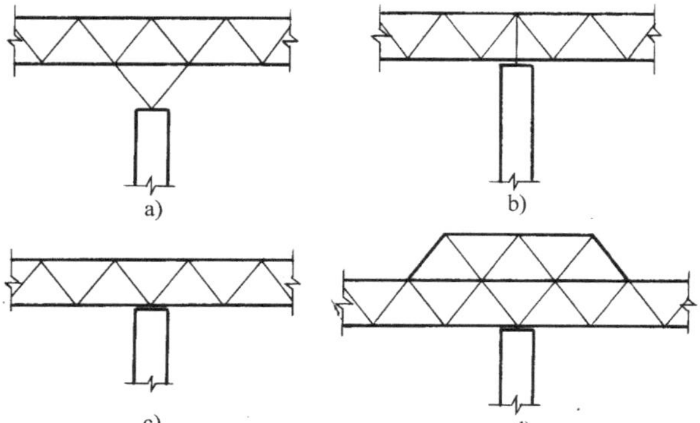

图 2.1.19　柱帽形式

3. 周边支承与点支承相结合

周边支承与点支承相结合的网架是在周边支承的基础上，在建筑物内部增设中间支承点，这样可以有效地减小网架杆件的内力峰值和挠度（图 2.1.20）。

这种支承的网架适用于大柱网工业厂房、仓库、展览馆等建筑。

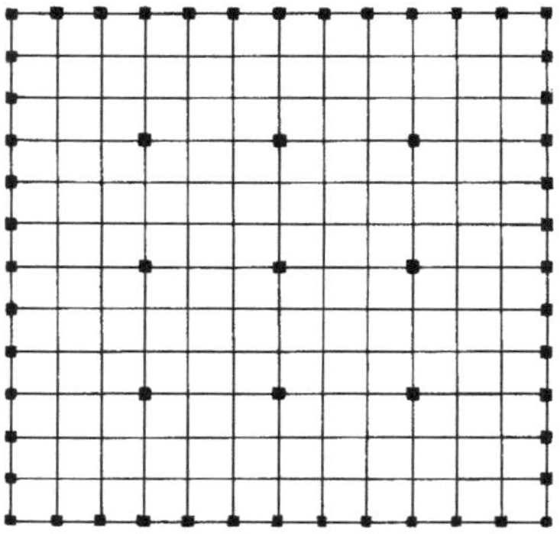

图 2.1.20　周边支承与点支承相结合

4. 三边支承或两边支承

在矩形建筑平面中，由于考虑扩建或因工艺及建筑功能的要求，在网架的一边或两边不允许设置柱子时，则需将网架设计成三边支承一边自由或两边支承两边自由形式（图 2.1.21）。自由边的存在对网架内力分布和挠度都不利，故应对自由边进行适当处理，以改善网架的受力状态。

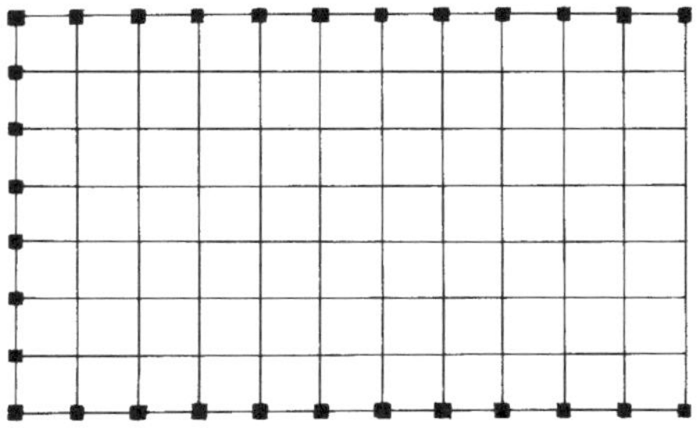

a) 三边支承网架

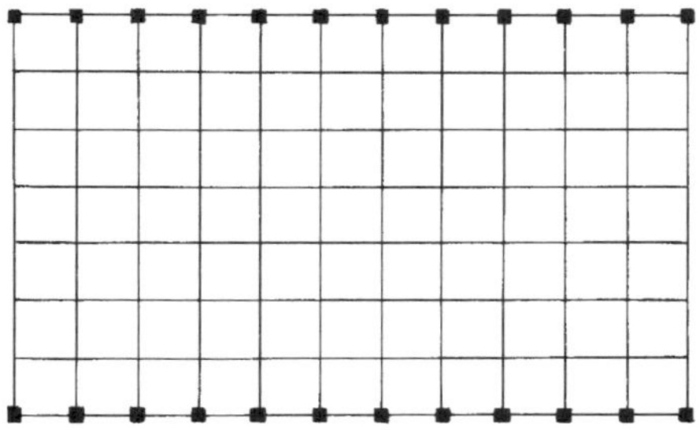

b) 两边支承网架

图 2.1.21 三边支承和两边支承的网架

这种支承在飞机库、影剧院、工业厂房、干煤棚等建筑中使用。

5. 单边支承

单边支承（图 2.1.22）在悬挑网架结构中经常可以遇到，这时网架的受力与悬挑板受力相似，支承沿悬挑根部设置，且必须在网架上下弦平面内均有设置。

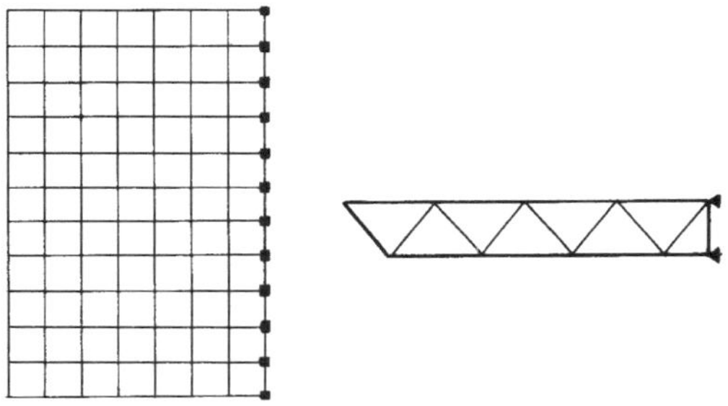

图 2.1.22 单边支承网架

2.1.3 网架结构的选型

网架的形式很多，如何结合具体工程合理地选择网架形式是首先面临的问题。网架的选型应根据建筑平面形状和跨度大小、网架的支承方式、荷载大小、屋面构造和材料、制作安装方法等，结合实用与经济的原则综合分析确定。一般情况应选择几个方案经优化设计而确定。在优化设计中，不能单纯考虑耗钢量，应考虑杆件与节点间的造价差别、屋面材料与围护结构费用、安装费用、结构的整体刚度、网架的外观效果等综合经济指标。

对于周边支承情况的矩形平面，当其边长比小于或等于 1.5 时，宜选用斜放四角锥网架、棋盘形四角锥网架、正放抽空四角锥网架，也可考虑选用两向正交斜放网架、两向正交正放网架。正放四角锥网架耗钢量较其他网架高，但杆件标准化程度比其他网架好，结构的整体刚度及网架的外观效果好，是目前采用较多的一种网架形式。对于中小跨度，也可选用星形四角锥网架和蜂窝形三角锥网架。当边长比大于 1.5 时，宜选用两向正交正放网架、正放四角锥网架和正放抽空四角锥网架。当平面狭长时，可采用单向折线形网架。表 2.1.1 给出了正方形周边支承的各类网架的用钢量和挠度对比。

对于点支承情况矩形平面，宜采用两向正交正放网架、正放四角锥网架、正放抽空四角锥网架。

对于平面形状为圆形、多边形等，宜选用三向网架、三角锥网架、抽空三角锥网架。由于三角锥网架的整体刚度及网架的外观效果好，也是目前采用较多的一种网架形式。

表 2.1.1 正方形周边支承网架的用钢量和挠度对比

网架类型	24m 跨		48m 跨		72m 跨	
	用钢量/（kg/m^2）	挠度/mm	用钢量/（kg/m^2）	挠度/mm	用钢量/（kg/m^2）	挠度/mm
两向正交正放	9.3	7	16.1	21	21.8	32
两向正交斜放	10.8	5	16.1	19	21.4	32
正放四角锥	11.1	5	17.7	18	23.4	30
斜放四角锥	9.0	5	14.8	16	19.3	29
棋盘型四角锥	9.2	7	15.0	22	21.0	33
星型四角锥	9.9	5	15.5	16	21.1	30

工程实践经验证明，对于大跨度建筑，尤其是当跨度近百米时，三角锥网架和三向网架的耗钢量反而比其他网架省。因此，对于这样大跨度的屋盖，三角锥网架和三向网架是适宜的选型。

2.2 网架结构的一般问题

2.2.1 网架结构主要几何尺寸的确定

1. 网架高度

1）与屋面荷载和设备有关。当屋面荷载较大时，网架应选择得较厚，反之可薄些。当网架中必须穿行通风管道时，网架高必须满足此高度。但当跨度较大时，除能穿通风管道外，就决定于相对挠度的要求了。一般来说，跨度大时，网架高跨比可选用小些。

2）与平面形状有关。当平面形状为圆形、正方形或接近正方形的矩形时，网架高度可取小些。狭长平面，单向作用越加明显，网架应选高些。

3）与支承条件有关。点支承比周边支承的网架高度要大。例如点支承厂房，下列数据可作参考：当柱距为12m时，网架高跨比取1:7；18m时取1:10；24m时取1:11.3。

2. 网格尺寸

1）与屋面材料有关。钢筋混凝土板（包括钢丝网水泥板）尺寸不宜过大，否则安装有困难，一般不超过3m；当采用有檩体系构造方案时，檩条长度一般不超过6m。网格尺寸应和屋面材料相适应。当网格大于6m时，斜腹杆应再分，这时应注意出平面方向的杆件屈曲问题。

2）与网架高度有一定比例关系。斜腹杆与弦杆的夹角为45°~55°较好，如夹角过小或过大，节点构造会发生困难。

近年来，随着计算机技术和运筹学的发展，已可借助于电子计算机进行优化设计以确定网架结构的几何尺寸。在网架形式确定以后，采用优化设计方法选择网架尺寸和网架高度，以达到网架总造价或总用钢量最省。

对矩形周边支承网架（边长比为1、1.5、2等）以造价为目标函数进行优化分析研究，结果表明网架的最优跨高比与跨度大小无关，而屋面构造与材料的影响较大，表2.2.1为对七种类型网架进行优化研究后的结论，可作为选择网架网格数和跨高比时的参考，对其他形式网架也可参考使用。

表2.2.1 网架的上弦网格数和跨高比

网架形式	钢筋混凝土屋面体系		钢檩条体系	
	网格数	跨高比	网格数	跨高比
两向正交正放网架，正放四角锥网架，正放抽空四角锥网架	(2~4) + $0.2L_2$	10~14	(6~8) + $0.07L_2$	(13~17) − $0.03L_2$
两向正交斜放网架，棋盘形四角锥网架，斜放四角锥网架，星形四角锥网架	(6~8) + $0.08L_2$			

注：1. L_2为网架短向跨度，单位为m。
2. 当跨度在18m以下时，网格数可适当减少。

2.2.2 网架的整体构造

1. 网架屋面排水坡的形成

任何建筑物的屋面都有排水问题。对于采用网架作为屋盖的承重结构，由于面积较大，一般屋面中间起坡高度也比较大，对排水问题更应给予足够的重视。

网架屋面排水坡的形成，在实践中有下述几种方式：

(1) 整个网架起坡 采用整个网架起坡形成屋面排水坡的做法，就是使网架的上下弦杆仍保持平行，只将整个网架在跨中抬高，如图2.2.1a所示。这种形式类似于桁架起拱的做法，但起拱高度是根据屋面排水坡度决定的。起拱高度过高会改变网架的内力分布规律；这时候应按网架实际几何尺寸进行内力分析。

(2) 网架变高度 为了形成屋面排水坡度，可采用网架变高度的方法，如图2.2.1b所示。这种做法不但节省找坡小立柱的用钢量，而且由于网架跨度中间高度增加，还可以降低网架上下弦杆内力的峰值，使网架内力趋于均匀。但是由于网架变高度，腹杆及上弦杆种类增多，给网架制作与安装带来一定困难。

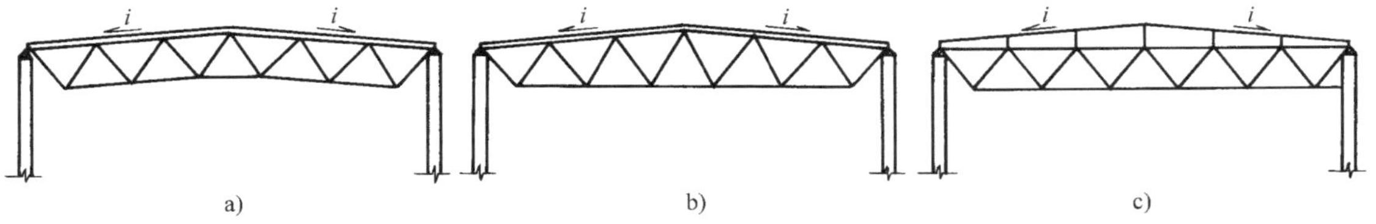

图2.2.1 网架屋面排水坡形成方式

(3) 上弦节点上加小立柱找坡 在上弦节点上加小立柱形成排水坡的方法（图2.2.1c）

比较灵活，改变小立柱的高度即可形成双坡、四坡或其他复杂得多坡排水屋面。小立柱的构造也比较简单，尤其是用于空心球节点或螺栓球节点上，只要按设计的要求将小立柱（钢管）焊接或用螺栓拧接在球体上即可。因此，国内已建成的网架多数采用这种方法找坡。

应当指出，对大跨度网架，当中间屋脊处小立柱较高时，应当验算其自身的稳定性，必要时应采取加固措施。

此外，也可采用网架变高度和加小立柱相结合的方法，以解决屋面排水问题。这在大跨度网架上采用更为有利；它一方面可降低小立柱高度，增加其稳定性，另一方面又可使网架的高度变化不大。

2. 网架起拱度与容许挠度

网架起拱主要是为了消除人们在视觉或心理上对建成的网架具有的下垂的感觉。然而起拱将给网架制作增加麻烦，故一般网架可不起拱。当要求起拱时，拱度可取小于或等于网架短向跨度的1/300。此时，网架杆件内力变化一般不超过10%，设计时可按不起拱进行计算。

综合近年来国内外的设计与使用经验，网架结构的容许挠度，用作屋盖时不得超过网架短向跨度的1/250。一般情况下，按强度控制而选用的网架杆件不会因为这样的刚度要求而加大截面。至于一些跨度特别大的网架，即使采用了较小的高度（如跨度的1/16），只要选择恰当的网架形式，其挠度仍可满足小于1/250跨度的要求。当网架用作楼层时则参考GB 50010—2010《混凝土结构设计规范》，容许挠度取网架跨度的1/300。

2.3 网架结构分析

2.3.1 网架计算原则

1. 基本假定和计算模型

网架是一种空间汇交杆系结构，杆件之间的连接可假定为铰接，忽略节点刚度的影响，不计次应力对杆件内力所引起的变化。模型试验和工程实践都已表明，铰接假定是完全许可的，它所带来的误差可忽略不计，现已为国内外分析计算网架结构时普遍采用。由于一般网架均属平板型，受荷后网架在“板”平面内的水平变位都小于网架的挠度，而挠度远小于网架的高度，属小挠度范畴。也就是说，不必考虑因大变位、大挠度所引起的结构几何非线性性质。此外，网架结构的材料都按弹性受力状态考虑，未进入弹塑性状态和塑性状态，亦即不考虑材料的非线性性质（当研究网架的极限承载能力时要考虑这一因素）。因此，对网架结构的一般静动力计算，其基本假定可归纳为：

1）节点为铰接，杆件只承受轴向力。

2）按小挠度理论计算。

3）按弹性方法分析。

网架的计算模型大致可分为三种：

1）铰接杆系计算模型。这种计算模型直接根据上述基本假定就可得到，未引入其他任何假定，把网架看成为铰接杆件的集合。根据每根杆件的工作状态，可集合得出整个网架的工作状态，所以每根铰接杆件可作为网架计算的基本单元。

2）梁系计算模型。这种计算模型除基本假定外，还要通过折算的方法把网架等代为梁系，然后以梁段作为计算分析的基本单元。显然，计算分析后要有个回代的过程，所以这种梁系的计算模型没有上面所述的计算模型那样精确、直观。

3）平板计算模型。这种计算模型也与梁系计算模型类似，要有一个把网架折算等代为平板的过程，解算后也要有一个回代过程。平板有单层的普通板与夹层板之分，故平板计算模型也可分为普通平板计算模型与夹层平板计算模型。

2. 网架结构计算方法概述及其分类

有了网架的计算模型，下一步就需要寻找合适的分析方法，以反映和描述网架的内力和变位状态，并求得这些内力和变位。网架结构的分析方法大致有四类：

1）有限元法。包括铰接杆元法、梁元法等。

2）差分法。

3）力法。

4）微分方程近似解法。

现将网架具体计算方法列于表2.3.1，随着计算机技术和有限元理论的发展，曾起过一定作用的一些近似方法，逐渐已不再使用。目前，以空间杆系模型和有限元方法为基础的空间桁架位移法是最常用的计算方法。这里主要介绍空间桁架位移法。

2.3.2 空间桁架位移法

空间桁架位移法即空间铰接杆系有限元法，适用于分析不同类型、任意平面和空间形状、具有不同边界条件和支承方式、承受任意荷载的网架，还可以考虑网架与下部支承结构共同工作，从而分析它们之间的相互影响。这种方法不仅用于网架结构的静力分析，还可用于网架结构的动力分析、温度应力和施工安装阶段的验算。此外，在对网架结构进行全过程跟踪分析、稳定分析、极限强度分析及优化设计时，空间桁架位移法也是十分有效的。

表2.3.1 网架结构计算方法

<table>
<tr><th>计算模型</th><th>具体计算方法</th><th>分析方法</th><th>适用范围</th><th>误差（%）</th></tr>
<tr><td>铰接杆系</td><td>空间桁架位移法</td><td rowspan="2">有限元法</td><td>各种类型网架，各种支承条件</td><td>0</td></tr>
<tr><td rowspan="6">梁系</td><td>交叉梁系梁元法</td><td>平面桁架系网架</td><td>约5</td></tr>
<tr><td>下弦内力法</td><td rowspan="4">差分法</td><td>蜂窝形三角锥网架</td><td>0~5</td></tr>
<tr><td>交叉梁系差分法</td><td>平面桁架系网架、正放四角锥网架</td><td>10~20</td></tr>
<tr><td>网板法</td><td>正放四角锥网架</td><td>10~20</td></tr>
<tr><td>假想弯矩法</td><td>斜放四角锥网架、棋盘形四角锥网架</td><td>15~30</td></tr>
<tr><td>交叉梁系力法</td><td>力法</td><td>两向交叉平面桁架网架</td><td>10~20</td></tr>
<tr><td rowspan="2">平板</td><td>拟板法</td><td rowspan="2">微分方程近似解法</td><td rowspan="2">平面桁架系网架、角锥体系网架</td><td>10~20</td></tr>
<tr><td>拟夹层板法</td><td>5~10</td></tr>
</table>

1. 基本方程及单元刚度矩阵

采用有限元法分析网架时必须首先对结构进行离散。基于网架结构的基本假定，自然地将网架离散为杆件单元。每个杆件为一维承受轴向力的杆元，每个杆元有两个节点。每个节点有三个自由度，即每个节点在空间有三个线位移（图2.3.1a)。与此相应每个节点在空间作用有三个节点力（图2.3.1b)。

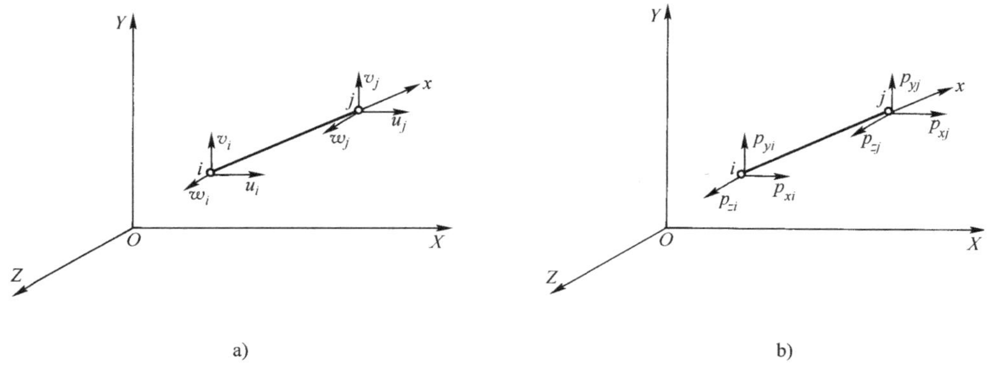

图2.3.1 杆元节点的线位移与节点力

对经离散化后的空间杆元可根据静力平衡原理或能量原理在单元局部坐标系中建立有限元基本方程：

$$\boldsymbol{k}_e\boldsymbol{u}_e=\boldsymbol{p}_e \tag{2.3.1}$$

式中 $\boldsymbol{k}_e$——单元刚度矩阵；

$$\boldsymbol{k}_e=\frac{EA}{l_{ij}}\begin{pmatrix}1 & -1\\ -1 & 1\end{pmatrix} \tag{2.3.2}$$

A——杆元的截面积；

l_{ij}——杆元的长度；

E——杆件材料的弹性模量；

$\boldsymbol{u}_e$——单元局部坐标系下的节点位移向量；

$\boldsymbol{p}_e$——单元局部坐标系下的节点力向量。

为了考虑结构的变形协调，必须将各单元局部坐标系中定义的向量变换到统一的整体坐标系中。而网架杆元节点的位移向量在整体坐标系与局部坐标系之间的变换关系：

$$\boldsymbol{U}_e=\boldsymbol{R}\boldsymbol{u}_e, \boldsymbol{U}_e=\boldsymbol{R}^{\mathrm{T}}\boldsymbol{U}_e \tag{2.3.3}$$

相应节点力向量在整体坐标系与局部坐标系之间的变换关系：

$$\boldsymbol{P}_e=\boldsymbol{R}\boldsymbol{p}_e \tag{2.3.4}$$

式中 $\boldsymbol{R}$——坐标变换矩阵，即

$$\boldsymbol{R}=\begin{pmatrix}l & m & n & 0 & 0 & 0\\ 0 & 0 & 0 & l & m & n\end{pmatrix}^{\mathrm{T}} \tag{2.3.5}$$

l、m、n——局部坐标 x 关于整体坐标系的方向余弦，即

$$\left.\begin{aligned} l=\cos(x,X)=\frac{X_j-X_i}{l_{ij}} \\ m=\cos(x,Y)=\frac{Y_j-Y_i}{l_{ij}} \\ n=\cos(x,Z)=\frac{Z_j-Z_i}{l_{ij}} \end{aligned}\right\} \tag{2.3.6}$$

这里 X_i、Y_i、Z_i 及 X_j、Y_j、Z_j 分别为节点 i 和 j 在整体坐标系中的坐标。将式（2.3.3）代入式（2.3.1）得

$$\boldsymbol{k}_e\boldsymbol{R}^{\mathrm{T}}\boldsymbol{U}_e=\boldsymbol{p}_e \tag{2.3.7}$$

将上式代入式（2.3.4）得网架结构单元在整体坐标系中的基本方程：

$$\boldsymbol{R}\boldsymbol{k}_e\boldsymbol{R}^{\mathrm{T}}\boldsymbol{U}_e=\boldsymbol{P}_e \text{ 或 } \boldsymbol{K}_e\boldsymbol{U}_e=\boldsymbol{P}_e \tag{2.3.8}$$

及网架杆元在整体坐标系中单元刚度矩阵的表达式：

$$\boldsymbol{K}_e=\frac{EA}{l_{ij}}\begin{pmatrix} l^2 & & & & & \\ lm & m^2 & & \text{对} & \text{称} & \\ ln & mn & n^2 & & & \\ -l^2 & -lm & -ln & l^2 & & \\ -lm & -m^2 & -mn & lm & m^2 & \\ -ln & -mn & -n^2 & ln & mn & n^2 \end{pmatrix} \tag{2.3.9}$$

然后可依次将各杆元的刚度矩阵集合成结构总刚度矩阵，相应的荷载分量也进行叠加。于是得有限元集合体的基本方程组：

$$\boldsymbol{KU}=\boldsymbol{P} \tag{2.3.10}$$

式中 $\boldsymbol{K}$——网架结构总刚度矩阵；

$\boldsymbol{U}$——网架节点在整体坐标系中位移向量；

$\boldsymbol{P}$——在整体坐标系中网架的外荷载向量。

2. 边界条件

结构在整体坐标系中的总刚度矩阵 $\boldsymbol{K}$ 是奇异的，尚需引入边界条件以消除刚体位移，根据边界条件来修正总刚度矩阵以使总刚度矩阵成为正定阵。

网架结构的边界约束可分为自由、弹性、固定及强迫位移等四种。而边界条件的处理是基于计算的目的，处理的结果可以得到边界约束的效果。

弹性约束实际上是网架结构中普遍存在的一种边界约束条件。如果能计算出网架下部支承结构在某自由度方向的刚度，将此刚度系数作为网架结构的弹性约束量，这样就可以近似地考虑网架与下部结构的共同工作，而并不增加很多计算工作量。弹性约束是较为确切地描述网架支承状况的一种边界条件。

根据弹性约束这样的边界条件来修正总刚度矩阵的方法很简单。如在某自由度 i 方向有弹性约束且弹簧刚度系数为 s_i，则只需将弹簧刚度系数 s_i 叠加到总刚度矩阵中相应自由度方向的主元 k_{ij} 上即可。

固定和强迫位移可以采用相同的处理方法。固定约束可以视为位移量 $\Delta=0$ 时的强迫位移。处理强迫位移的方法有三种，这里仅讨论目前常用的一种简单方法。现设有限元集合体

的基本方程在第 i 个自由度方向有强迫位移 Δ_i，则将刚度矩阵中相应于该自由度的第 i 行主元 k_{ii}乘以一个充分大的数 R，R 为 $10^8 \sim 10^{12}$，并将该行右端荷载项 P_i 改为 $k_{ii}\Delta_i R$。于是该第 i 行方程为

$$k_{i1}U_1 + k_{i2}U_2 + \cdots + k_{ii}RU_i + \cdots + k_{in}U_n = k_{ii}R\Delta_i \tag{2.3.11}$$

上式中与 $k_{ii}R$ 相比，其他各系数的值极小，因此可近似地认为：

$$U_i \approx \Delta_i$$

这样的处理在程序编制上最为简单，但是大数 R 的选取应充分考虑计算机的字长。R 取得过小会影响解的精度，反之，R 取得过大，在运算中容易发生下溢。

根据给定的边界条件来修正总刚度矩阵时，有一点必须注意，被约束节点的自由度方向应该与结构的整体坐标系中坐标轴一致。倘若节点沿着某个方向受到约束，而该约束的方向与整体坐标系中任一坐标轴都不一致，那么就不能直接采用上述方法，只有经过处理后才能用以上方法来修正总刚度矩阵。沿着与整体坐标系斜交的方向给予的约束可称为斜向约束，这样的边界条件称为斜边界条件。在网架结构中如结构的平面为圆形、六边形、三边形或其他任意多边形，如图 2.3.2 所示，都会存在斜边界条件。

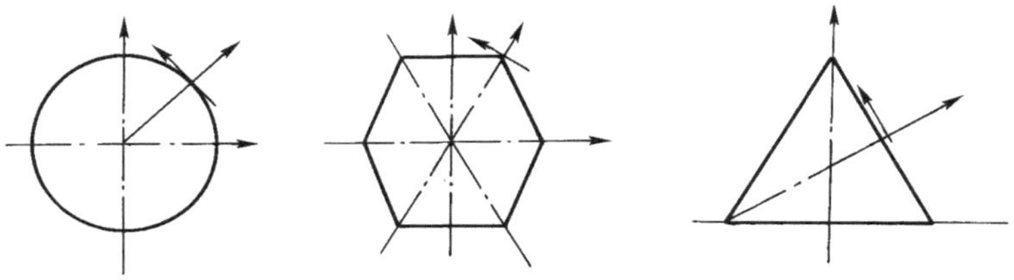

图 2.3.2 有斜边界条件的网架结构平面

此外，当为了减少计算工作量而利用结构的对称性时，在结构的对称面上有时也存在着斜边界条件，图 2.3.3 所示的正方形平面，如要利用其对称性只计算 1/8 平面时，则在对角线的对称面上就有斜向约束。处理斜边界的方法有几种。有一种处理方法是在边界点沿着斜边界的方向设置一个具有一定截面的杆件。如果该边界点沿着斜向是固定的，则该杆件的截面积 A 可取一个大数，一般视计算机的字长可取 $10^6 \sim 10^8$ 左右。从而使该杆的刚度趋于无穷大，其效应与固定是相同的，如图 2.3.4 所示。倘若该边界点沿着斜向是弹性支承，则可调节该斜向杆的截面面积，使得该杆的轴向拉伸刚度等于斜向的弹性刚度。但是这种简单的处理有时会出现问题，因为斜向杆的影响会改变斜边界处结构的刚度特性，使刚度矩阵形成病态。

处理斜边界的一个简单易行且正确的方法是将斜边界点处的位移向量作一变换，使在整体坐标系下的该点位移向量变换到任意的斜方向，然后按一般的边界条件处理。

设结构的整体总坐标系 $OXYZ$，现在斜边界点 M 沿其变形方向建立一个斜边界坐标系 $MX'Y'Z'$，则斜边界点 M 在整体坐标系中的位移向量 $\boldsymbol{u}$ 与其在斜边界坐标系中定义的位移向量 $\boldsymbol{u}'$之间存在如下的关系：

$$\boldsymbol{u}' = \boldsymbol{R}\boldsymbol{u} \tag{2.3.12}$$

式中 $\boldsymbol{R}$——变换矩阵，且是正交矩阵。

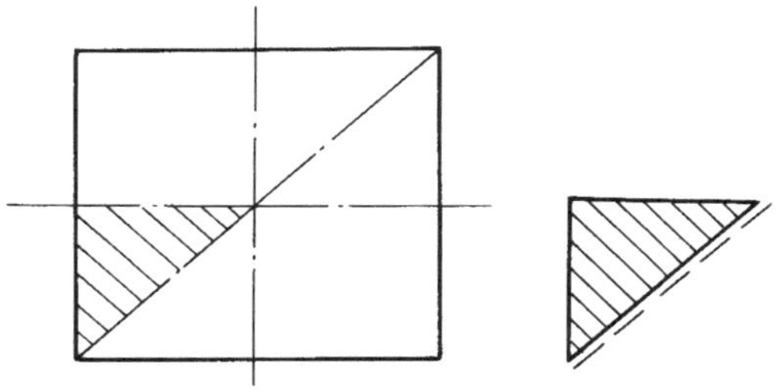

图 2.3.3 有斜向约束的对称面

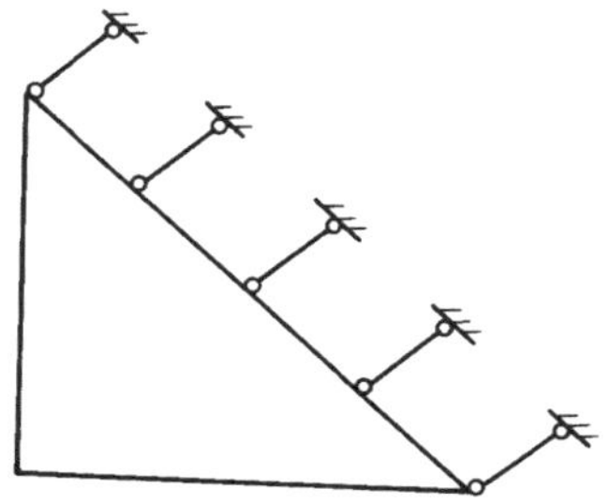

图 2.3.4 斜边界的一种处理方法

由此可得：

$$\boldsymbol{u}=\boldsymbol{R}^{\mathrm{T}}\boldsymbol{u}' \tag{2.3.13}$$

对结构中所有的斜边界点都作以上变换。同时，作用于斜边界点的外荷载也作类似变换。如用 $\boldsymbol{U}$ 代表结构整体坐标系的位移向量，$\boldsymbol{U}^*$ 代表考虑斜边界坐标系时的位移向量，它们之间的关系写成：

$$\boldsymbol{U}^*=\boldsymbol{T}\boldsymbol{U} \tag{2.3.14}$$

$$\boldsymbol{U}=\boldsymbol{T}^{\mathrm{T}}\boldsymbol{U}^* \tag{2.3.15}$$

式中 $\boldsymbol{T}$——结构斜边界坐标系的变换矩阵。

同理，可得结构斜边界荷载向量

$$\boldsymbol{P}=\boldsymbol{T}^{\mathrm{T}}\boldsymbol{P}^* \tag{2.3.16}$$

将以上各变换代入有限元基本方程式（2.3.10），得

$$\boldsymbol{K}^*\boldsymbol{U}^*=\boldsymbol{P}^* \tag{2.3.17}$$

其中

$$\boldsymbol{K}^*=\boldsymbol{T}\boldsymbol{K}\boldsymbol{T}^{\mathrm{T}}$$

解上述线性方程组得位移向量 $\boldsymbol{U}^*$，再经逆变换式（2.3.14）可计算有限元集合体在结构整体坐标系下的位移向量 $\boldsymbol{u}$。

3. 内力计算及平衡校核

根据以上所述边界条件的处理方法修正了总刚度矩阵 $\boldsymbol{K}$ 后，总刚度矩阵就成为正定矩阵，求解方程组得网架节点在整体坐标系中的位移向量 $\boldsymbol{U}_e$。经坐标变换就可求得网架杆件的节点在单元局部坐标系下的位移 $\boldsymbol{u}_e$

$$\boldsymbol{u}_e=\boldsymbol{R}\boldsymbol{U}_e \tag{2.3.18}$$

式中 $\boldsymbol{R}$——变换矩阵，可由式（2.3.5）求得。

求得位移 $\boldsymbol{u}_e$ 后，根据几何条件和物理条件得网架单元的内力：

$$N_{ij}=\frac{EA_{ij}}{l_{ij}}[l(u_j-u_i)+m(v_j-v_i)+n(w_j-w_i)] \tag{2.3.19}$$

式中 N_{ij}——杆件内力，它以受拉为正；当 N_{ij} 为正时，它的方向与该杆件单元的局部坐标系的 x 轴方向一致。

计算了每个杆件的内力 N_{ij} 后，可继而对每个节点按静力平衡条件求节点的不平衡力向量 $\boldsymbol{R}_j$。设共有 s 个杆件汇交于节点 j，其中有 r 个杆件其局部坐标 x 轴指向节点 j，而其余 q 个杆件其局部坐标 x 轴的正向背离节点 j。于是节点 j 的不平衡力向量 $\boldsymbol{R}_j$ 为

$$\boldsymbol{R}_j=\begin{pmatrix}R_{xj}\\R_{yj}\\R_{zj}\end{pmatrix}=\begin{pmatrix}\sum^{r}N_{ij}\cos(x,X)-\sum^{q}N_{jk}\cos(x,X)+P_{xj}\\\sum^{r}N_{ij}\cos(x,Y)-\sum^{q}N_{jk}\cos(x,Y)+P_{yj}\\\sum^{r}N_{ij}\cos(x,Z)-\sum^{q}N_{jk}\cos(x,Z)+P_{zj}\end{pmatrix}\tag{2.3.20}$$

其中，R_{xj}、R_{yj}、R_{zj}分别为在结构整体坐标系中X、Y、Z轴方向的不平衡力分量，如果节点j是支座节点，则$\boldsymbol{R}_j$为支座反力，否则按照静力平衡原理不平衡力向量$\boldsymbol{R}_j$应为零。不平衡力向量$\boldsymbol{R}_j$的意义不仅在此，由于上述的平衡条件是在结构的几何原点建立的，所以$\boldsymbol{R}_j$的值在一定程度上反映了基于小位移线性理论的结构性态。支承约束的强弱和充分与否，以及结构的几何构成、拓扑关系也可以从不平衡力向量$\boldsymbol{R}_j$中得到启示。所以在实际计算时不平衡校核是十分有用的。

4. 结构重分析及收敛条件

对网架结构进行分析时可先采用各种近似的和简化的计算方法来估算网架的杆件截面面积，或者参照类似的工程实例初选截面。然而由于网架结构的类型、几何外形、跨度、荷载及边界条件等因素不同，事实上很难凭借经验来初选一组恰当的截面。况且即使初选了截面，鉴于网架是一个高次超静定的结构，结构的内力和内力的分布与结构的刚度有密切的关系。当采用一组初选的截面进行内力分析后，再根据所得内力选择截面，如果有一定数量的截面与初选的截面不同时，那么结构的内力将会随着截面的变化而改变，这样就必须考虑对网架再一次进行分析。在采用计算机方法分析时，一般可以先任意假定一组截面，继而进行重分析。经验表明，通常进行几次分析之后即可得到较满意的结果。

从理论上看来，似乎重分析一直进行下去则结构内力与其刚度趋于绝对的匹配，但无限制的重分析却会导致一个从工程设计的角度来看不能接受的现象——刚度集中。譬如当对一个矩形平面、周边支承的网架进行多次重分析后，因为网架跨中的内力较大，所以选用的截面也较大。截面愈大、内力也随之增大，这样多次迭代后跨中截面（刚度）就过于集中。出于工程上的考虑，应当限制重分析的次数。

那么，究竟重分析几次为宜？首先，自然会想到倘若两次分析之间截面内力的变化不超过某个差值，则可使重分析中止。然而这个收敛条件在实施时有一定问题。因为某些网架结构在靠近边界第一、二跨的杆件中内力较小，这些杆件的内力在两次分析中有可能出现变号的现象，如果用相对内力差来作为收敛条件就不合适。经验表明，对于大多数情况下采用被修改的截面的杆件数不超过某一个小数，譬如5%，则可得到满意的结果。而这只需重分析三四次即可。在这种情况下，对那些两次分析的内力差虽然较大或内力变号的杆件，如果截面不变但应力都小于设计强度，那应该说是符合设计要求了，而同时又不至于导致过分的刚度集中。同时，也必须指出，所供选用的截面面积和回转半径应具有良好的“级配”。

5. 网架结构机动分析

在分析网架之前，首先应进行机动分析。由于网架历来被描述为高次超静定的结构，结构的空间构造看上去很复杂，况且杆件和节点数量很多，一般情况下支承约束数量也很多，所以很容易忽视网架的机动分析。同时，以往在网架结构的分析时常利用结构的对称性以便减少运算工作量。这时，出于计算上的需要而在对称面上增加很多水平约束，这样也掩盖了倘若一个结构不满足静定的充分必要条件时可能会出现的问题。

网架结构的机动分析，包括检查保证网架结构几何不变的必要条件及其充分条件。对于大多数的情况，几何不变的必要条件易于满足，但充分条件却往往被忽视而未能得到满足，同时对后者的检查也比较困难。

对网架结构进行机动分析时，宜首先考虑网架与支承不相连时结构内部的可变性。结构内部静定的必要条件是

$$V=3J-m-6 \tag{2.3.21}$$

式中 m——网架的杆件总数；

J——网架节点总数。

$V=0$，则结构满足静定必要条件且无多余连系。

$V>0$，则结构必定是几何可变的。

$V<0$，则结构满足静定必要条件且有多余连系。

但是即使网架结构内部静定的必要条件得到满足或尚有多余连系，还不能断定此结构是静定的，因为结构仍可能因不正确的构造而导致结构可变，例如结构中某些杆件的布置使得某一部分有多余的杆件而另一部分却缺少必需的杆件。结构布置的正确与否通常可利用固定空间一个节点的规律来进行检查。一个几何不变体应以三根不在同一平面内的杆件来固定空间一个节点。如果经检查分析，网架结构内部静定必要条件虽然满足，但构造上并不充分，那么应当在适当位置增加支撑或依靠结构边界的支承约束来确保结构稳定。

对网架结构内部的可变性进行分析之后，尚应对网架支承约束的充分必要条件进行分析。如果一个网架的内部静定的必要和充分条件都得到满足，那么整个结构体系是不变的而可视为一个刚体。一个刚体在空间有六个自由度，即它可沿空间直角坐标系三个坐标轴方向发生平动或绕着三个轴转动。因此，固定一个满足内部静定必要和充分条件的网架至少要六个约束。如果一个网架内部静定必要条件是满足的，但内部静定的充分条件不满足，那么固定这个网架至少要多于六个约束。所以六个约束是固定一个满足结构内部静定必要和充分条件的网架并防止其发生刚体运动的必要条件。而网架支承约束几何不变的充分条件是：六个支承约束中应有三个不在同一平面内的支承交于一点，且此六个约束不交于同一直线；或者六个支承约束中有三个在同一平面内而不交于一点，且此六个支承约束不交于同一直线。

6. 对称性的利用

为了尽可能地减少运算工作量，如果网架结构的边界约束以及所承受的荷载都是对称的，且结构的变形很小；同时，结构系统满足静定的必要及充分条件，那么可以取整个网架的1/（2n）（n为对称面数量）作为内力分析的计算单元。经这样简化处理后，计算表明在小挠度范畴内按利用对称性所取计算单元的分析结果与结构整体分析所得结果是吻合的。

根据对称性原理，对称结构在对称荷载作用下其对称面上的各个节点的反对称位移为零。所以当沿着对称面截取计算单元时，这些位于对称面内的节点应当作为约束节点按对称面内节点变形原则来处理。

网架的对称面有如下几种情况：

1）对称面与坐标轴（x轴或y轴）平行，且通过节点，如图2.3.5所示结构有两个对称面，故可取1/4个结构作为计算单元。如节点2、5、7处$u_2=v_5=v_7=0$，节点3位于两个对称面的交点，故有$u_3=v_3=0$，对称面上其他节点，如2′、3′、5′、7′等也应作相应处理。处理方法是将总刚度矩阵中相应对角元素乘大数R。

当杆件位于对称面上时，杆件面积应取原面积的1/2；而同时位于两个对称面上的杆件，如3－3′杆，其截面面积为原截面面积的1/4。位于对称面上节点的荷载应取原荷载的1/2，同样，位于两个对称面上的节点，节点荷载为原节点荷载的1/4。

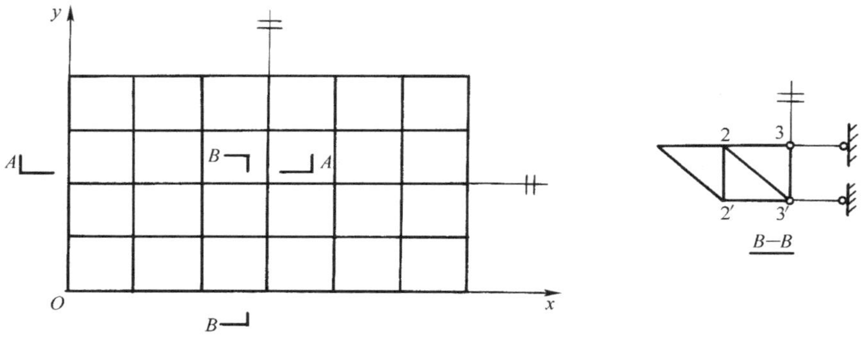

a) 结构平面

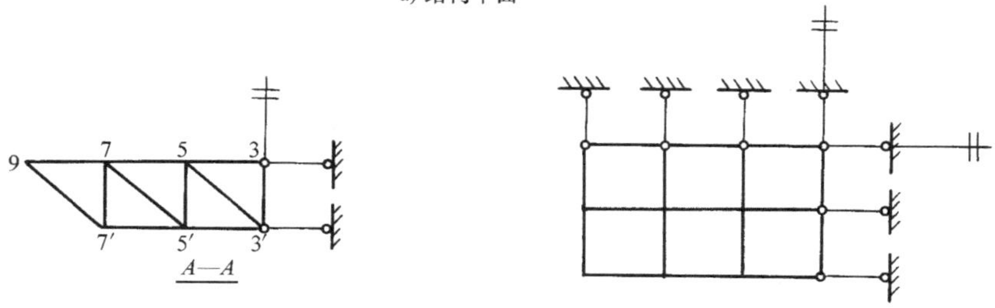

b) 计算单元

图2.3.5 对称面上杆件和节点的处理

2）对称面与坐标轴（x 轴或 y 轴）平行，并切断杆件，如图2.3.6所示。

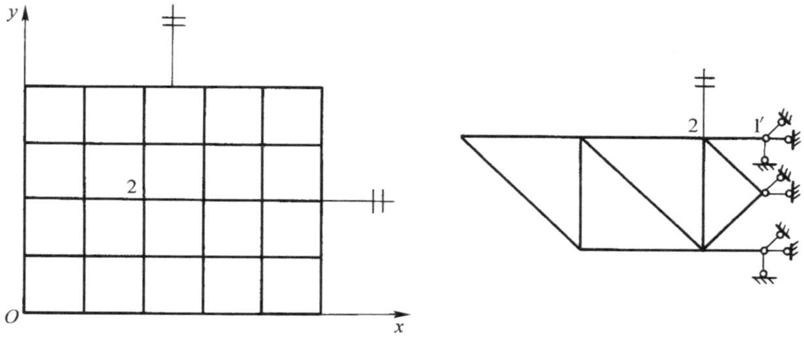

图2.3.6 杆件被对称面切断的处理

当对称面切断杆件时，可将切断点看做一个新的节点，为防止杆件几何可变，将该点在三个方向予以约束。这种处理应理解为避免总刚度矩阵变为奇异矩阵的处理方法，新节点三个方向位移等于零无实际意义。对于交叉腹杆的新节点在 y 方向予以约束。

除上述处理方法外，也可采用另一种方法，从图2.3.6可以看出，杆件2－1′，对于节点2来说起了弹性约束的作用，因此杆件可用一等效弹簧来替换，等效弹簧刚度系数为

$$K_z=\frac{EA}{l/2} \tag{2.3.22}$$

式中 E、A——杆件的材料弹性模量和截面面积；

l——切断杆件原长度。

将 K_z 加在总刚度矩阵中相应于节点 2 在 2－1′，方向位移的对角元素上，这样即可不必增加节点。这个处理方法可理解为新节点三个方向约束采用划行划列方法给予消除。

3）对称面与坐标轴（x 轴或 y 轴）相交某一角度，如图 2.3.7 所示（正六边形网架，可利用对称性取 1/6 或 1/12 作为计算单元，对称面与整体坐标呈一夹角）。可采用斜边界处理方法。

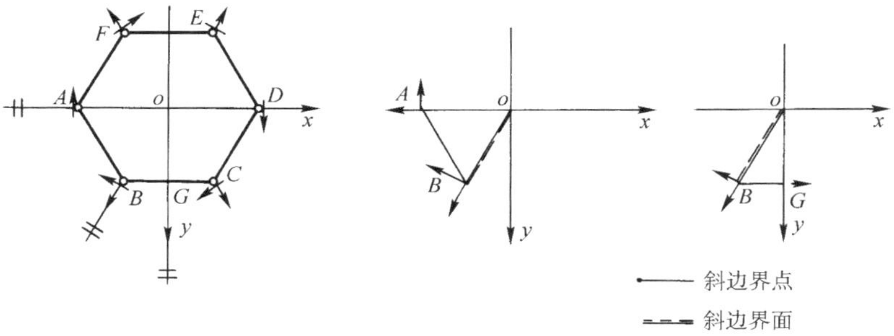

图 2.3.7 正六角形网架的对称面处理

2.3.3 网架温度应力计算

网架结构是高次超静定杆系结构，在因温度变化而出现温差时，由于杆件不能自由变形，将会在杆件中产生应力，即温度应力。温差的大小主要与网架支座安装完成时的温度、当地年最高或最低气温有关，也可能与工业厂房生产过程中的最高或最低温度有关。

（1）网架不考虑温度应力的条件 JGJ 7—2010《空间网格结构技术规程》中规定，当网架结构符合下列条件之一时，可不考虑由于温度变化而引起的内力：

1）支座节点的构造允许网架侧移，且允许侧移值大于或等于网架结构的温度变形值。

2）网架周边支承、网架验算方向跨度小于 40m，且支承结构为独立柱。

3）在单位力作用下，柱顶水平位移大于或等于式（2.3.23）的计算值。

上述三条规定是根据网架因温差而引起温度应力不会超过钢材强度设计值 5% 而制定的。目前，国内在不少工程中采用板式橡胶支座，它们能满足第一条规定。第二条规定是根据国内已建成的多座网架的经验，当考虑温差 $\Delta t=30℃$ 时，网架跨度小于 40m，只要是钢筋混凝土独立柱，其柱顶位移都能满足式（2.3.23）的要求。

$$u=\frac{L}{2\xi EA_{\mathrm{m}}}\left(\frac{E\alpha\Delta t}{0.038f}-1\right) \tag{2.3.23}$$

式中 L——网架结构在验算方向的跨度（mm）；

E——材料的弹性模量（N/mm^2）；

A_{m}——支承（上承或下承）平面弦杆截面面积的算术平均值（mm^2）；

ξ——系数，支承平面弦杆为正交正放时 $\xi=1.0$，正交斜放时 $\xi=\sqrt{2}$，三向时 $\xi=2.0$；

α——材料的线膨胀系数（1/℃）；

Δt——温差（℃）；

f——钢材的抗拉强度设计值（N/mm^2）。

当网架支座节点的构造使网架沿边界法向不能相对位移时，由温度变化而引起的柱顶水平力可按下式计算：

$$H_c = \frac{\alpha \Delta t L}{\dfrac{L}{\xi E A_m} + \dfrac{2}{K_c}} \tag{2.3.24}$$

式中　K_c——悬臂柱的水平刚度（N/mm），可按式（2.3.25）计算；其余符号同式（2.3.23）。

$$K_c = \frac{3E_c I_c}{H_c^3} \tag{2.3.25}$$

式中　E_c——柱子材料的弹性模量（N/mm^2）；

I_c——柱子截面惯性矩（mm^4），当为框架柱时取等代柱的折算惯性矩；

H_c——柱子高度（mm）。

（2）网架温度应力计算　如不满足上述条件，则需计算因温度变化而引起的网架内力。目前，温度应力的计算方法有：精确的空间桁架位移法和各种近似方法。这里仅介绍空间桁架位移法计算温度应力。

空间桁架位移法计算网架温度应力适用于各种网架形式、各种支承条件和各种温度场。它的基本原理是：首先，将网架各节点加以约束，求出因温度变化而引起的杆件固端内力和各节点的节点不平衡力；然后，取消约束，将节点不平衡力反向作用在节点上，用空间桁架位移法求由节点不平衡力引起的杆件内力；最后，将杆件固端内力与节点不平衡力引起的杆件内力叠加，即求得网架的杆件温度应力。

1）因温度变化而引起的杆件固端内力。当网架所有节点均被约束时，因温度变化而引起 ij 杆的固端力为

$$P_{ij}^{t} = -E\Delta t \alpha A_{ij} \tag{2.3.26}$$

式中　E——材料的弹性模量（N/mm^2）；

α——材料的线膨胀系数（1/℃）；

Δt——温差（℃）；

A_{ij}——ij 杆的截面面积。

同时，杆件对节点产生固端节点力，其大小与杆件的固端内力相同，方向与它相反。设 ij 杆在 i 端有杆端内力 P_{ij}^{t}，则 i 端的杆端内力在结构坐标系上的分量为

$$\left.\begin{aligned} P_{xi} &= E\Delta t \alpha A_{ij}\cos(x,X) \\ P_{yi} &= E\Delta t \alpha A_{ij}\cos(x,Y) \\ P_{zi} &= E\Delta t \alpha A_{ij}\cos(x,Z) \end{aligned}\right\} \tag{2.3.27}$$

式中　cos（x，X）、cos（x，Y）、cos（x，Z）——ij 杆自 i 端到 j 端方向与 x、y、z 轴夹角余弦，由式（2.3.6）求得；

P_{xi}、P_{yi}、P_{zi}——ij 杆的 i 端内力在整体坐标系中的分力。

2）节点不平衡力引起的杆件内力。设与第 i 节点相连的杆件有 m 根（图2.3.8），则由杆端内力引起的节点不平衡力的分力为

$$\left.\begin{aligned} P_{ix}^{\mathrm{t}} &= \sum_{k=1}^{m} E\Delta t\alpha A_{ik}\cos\alpha_{ik} \\ P_{iy}^{\mathrm{t}} &= \sum_{k=1}^{m} E\Delta t\alpha A_{ik}\cos\beta_{ik} \\ P_{iz}^{\mathrm{t}} &= \sum_{k=1}^{m} E\Delta t\alpha A_{ik}\cos\gamma_{ik} \end{aligned}\right\} \tag{2.3.28}$$

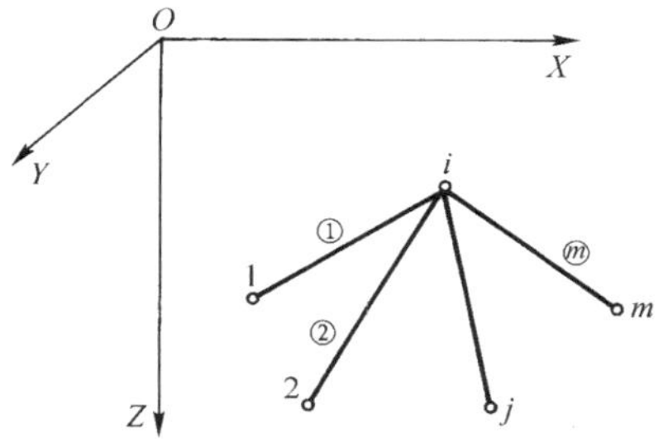

图 2.3.8 汇交于 i 节点的杆件

式中 α_{ik}、β_{ik}、γ_{ik}——ik 杆自 i 端到 k 端方向与 x、y、z 轴夹角；

m——相交于节点 i 上的杆件数。

同理，可求出网架其他节点的节点不平衡力。把各节点上的节点不平衡力反向作用在网架各节点上，即建立由节点不平衡力引起的有限元集合体基本方程组，其表达式为

$$\left.\begin{aligned} &\boldsymbol{KU} = -\boldsymbol{P}^{\mathrm{t}} \\ &\boldsymbol{U} = (u_1\ v_1\ w_1 \cdots u_i\ v_i\ w_i \cdots u_n\ v_n\ w_n)^{\mathrm{T}} \\ &\boldsymbol{P}^{\mathrm{t}} = (P_{1x}^{\mathrm{t}}\ P_{1y}^{\mathrm{t}}\ P_{1z}^{\mathrm{t}} \cdots P_{ix}^{\mathrm{t}}\ P_{iy}^{\mathrm{t}}\ P_{iz}^{\mathrm{t}} \cdots)^{\mathrm{T}} \end{aligned}\right\} \tag{2.3.29}$$

式中 $\boldsymbol{K}$——网架结构总刚度矩阵；

$\boldsymbol{U}$——由节点不平衡力引起的节点位移列矩阵；

$\boldsymbol{P}^{\mathrm{t}}$——作用在网架节点上的不平衡力列矩阵；

u_i、v_i、w_i——第 i 节点在 x、y、z 方向的位移；

P_{ix}^{t}、P_{iy}^{t}、P_{iz}^{t}——作用在第 i 节点上的节点不平衡力，由式（2.3.28）求得。

式（2.3.28）必须引入边界条件后才能求解。计算温度应力时的边界条件应如何处理，才能使它更符合实际情况，目前还缺少试验资料。对于周边简支的网架，因为网架支座节点一般都支承在钢筋混凝土圈梁上，而钢与钢筋混凝土的线膨胀系数又极为接近，所以当温度变化时，网架沿周边方向所受到的约束比较小。因此，一般认为，网架支座节点的切向无约束。而网架边界节点的径向变形则将受到支承结构的约束。

对于点支承的网架，沿柱子的径向和切向都受到支承结构的约束。

考虑了边界条件后，即可从式（2.3.30）解得由节点不平衡力产生的各节点的位移值，即

$$\boldsymbol{U} = -\boldsymbol{K}^{-1}\boldsymbol{P}^{\mathrm{t}} \tag{2.3.30}$$

ij 杆由节点不平衡力引起的杆件内力为

$$N_{ij}^{\mathrm{t}} = \frac{EA_{ij}}{L_{ij}}[\cos(x,X)(u_j - u_i) + \cos(x,Y)(v_j - v_i) + \cos(x,Z)(w_j - w_i)] \tag{2.3.31}$$

3）网架杆件的温度应力。网架杆件的温度应力由杆件固端内力与由节点不平衡力引起的杆件内力叠加而得，即

$$N_{ij} = N_{ij}^{\mathrm{t}} + P_{ij}^{\mathrm{t}} \tag{2.3.32}$$

将式（2.3.26）和式（2.3.31）代入上式，整理后得

$$N_{ij} = EA_{ij}\left[\frac{\cos(x,X)(u_j - u_i) + \cos(x,Y)(v_j - v_i) + \cos(x,Z)(w_j - w_i)}{L_{ij}} - \Delta t\alpha\right] \tag{2.3.33}$$

空间桁架位移法与近似法比较，除其精度较高外，还可考虑网架各个部位温差不同。这给一些工业厂房各部位取不同温度变化提供计算上的可能性。

2.3.4 网架抗震计算

地震发生时，由于强烈的地面运动而迫使网架结构产生振动，受迫振动的网架，其惯性作用一般来说是不容忽视的。正是这个由地震引起的惯性作用使网架结构产生很大的地震内力和位移，从而有可能造成结构破坏或倒塌，或者失去结构工作能力。因此，在抗震设防区必须对网架结构进行抗震计算。

1. 网架结构的自振特性

对网架结构进行动力分析时，一般采用理想铰接的假定，荷载按实际情况分别集中于上下弦节点处，杆件只承受轴向力。目前建造的网架一般为周边多柱支承，计算中可将支座假定为简支，并且不考虑柱轴向变形的影响。计算模型每个节点有三个自由度，网架为典型的多自由度体系。

（1）自振特性的计算方法　图 2.3.9 所示为网架结构的计算简图。多自由度体系无阻尼自由振动方程为

$$\boldsymbol{M}\ddot{\boldsymbol{U}}+\boldsymbol{K}\boldsymbol{U}=0 \qquad (2.3.34)$$

式中　$\boldsymbol{U}$——节点相对位移向量；

$\ddot{\boldsymbol{U}}$——节点相对加速度向量；

$\boldsymbol{K}$——结构刚度矩阵；

$\boldsymbol{M}$——质量矩阵。

$$\boldsymbol{U}=(u_1\ v_1\ w_1\cdots u_i\ v_i\ w_i\cdots u_n\ v_n\ w_n)^{\mathrm{T}} \qquad (2.3.35)$$

其中 u_i、v_i、w_i 分别对应第 i 节点 x、y、z 方向的位移，n 为节点总数。

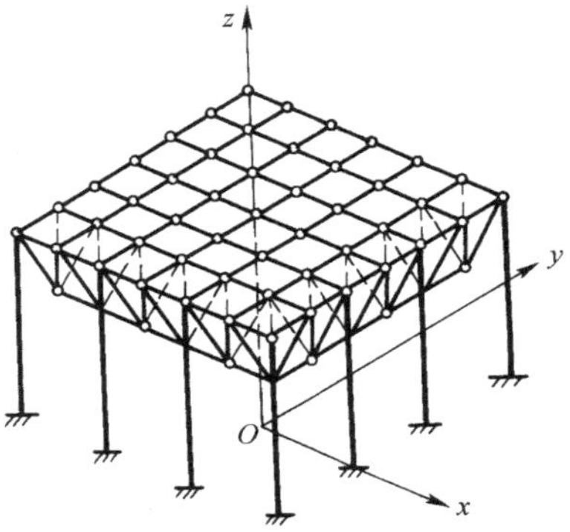

图 2.3.9　网架结构的计算简图

通常将质量集中于节点，于是有对角矩阵：

$$\boldsymbol{M}=\begin{pmatrix}\boldsymbol{M}_1 & & \\ & \boldsymbol{M}_i & \\ & & \boldsymbol{M}_n\end{pmatrix}$$

其中

$$\boldsymbol{M}_i=\begin{pmatrix}m_i & & \\ & m_i & \\ & & m_i\end{pmatrix}$$

式中　m_i——作用于第 i 节点的集中质量，在各自由度方向具有相同的惯性作用。

节点的集中质量根据集中于节点的重力荷载代表值计算，包括结构和构配件自重标准值以及各类外荷载按静力等效原则作用于节点的集中力。GB 50011—2010《建筑抗震设计规范》规定计算地震作用时，雪荷载、屋面积灰荷载可考虑 0.5 的组合值系数，并不考虑屋面活荷载。

式（2.3.34）的特解为

$$\boldsymbol{U}=\boldsymbol{\Phi}\sin\omega t \qquad (2.3.36)$$

式中　ω——圆频率（1/s）；

$\boldsymbol{\Phi}$——振型向量。

将式（2.3.36）代入式（2.3.34），消去 $\sin\omega t$ 得

$$K\Phi = \omega^2 M\Phi \tag{2.3.37}$$

式（2.3.37）通常称为广义特征值问题，求解该式即可得到结构体系的 $3n$ 阶自振频率和 $3n$ 阶振型。网架结构一般都有数百个节点，较大的网架将有上千个自由度。求解这样大的广义特性值问题要耗费相当多的机时和内存。根据资料分析，对工程有影响的仅是前面数阶或数十阶频率和振型，一般取二十阶最低自振频率进行动力分析即可满足工程设计精度要求。子空间迭代法是计算多自由度体系前部分阶数频率和振型的适宜方法，且适用于计算机编程，目前，多采用子空间迭代法来计算网架结构的前数阶低频的自振频率和相应的振型。

（2）网架的自振频率和振型的特点　网架的自振频率和振型有如下主要规律和特点：

1）频谱相当密集。网架结构频率密集这个特点尤其在低频率阶段更为显著。因此，在网架结构抗震计算中选择合适数量的振型组合格外重要。

2）常用周边支承网架结构的基频一般约在（10～20）1/s 之间，即基本周期在 0.3～0.7s。网架的第二个自振周期为 0.10～0.35s，而第三个自振周期为 0.1～0.3s。由此可见网架结构前三个自振周期大致具有如下的比例：

$$T_1/T_2 \approx 2\sim3;\quad T_1/T_3 \approx 2.5\sim3$$

3）网架结构的基频或基本周期与结构的短向跨度大小有关，跨度越大则基频越小，也就是基本周期越大。这也意味着结构因跨度增大而变“柔”，同时这也表明，事实上跨度较小的网架结构在地面运动作用下将会产生比跨度较大的网架更为强烈的反应。根据对一些网架的统计，周边简支矩形平面网架基本周期 T_1 与其短向跨度 L_2 之间的关系可近似地表示为

$$T_1 = 0.1396 + \frac{12.216}{1440}L_2 \tag{2.3.38}$$

网架结构的基频或基本周期与结构的长向跨度 L_1 的大小也有关，但随 L_1 而改变的幅度不大。然而除基本周期外其他各模态的周期随网架长向跨度的增加会有所增长。

4）振型可以分为水平振型及竖向振型两类。振型类型与网架边界的约束条件有大关系，当边界的水平约束较强时，网架结构的前几个振型皆为竖向振型，亦即振型的竖向分量绝对大于水平分量。

5）各种不同类型网架的竖向振型曲面基本上相似。

6）不同类型但具有相同跨度的网架基本周期比较接近。如 36m×36m 网架的基本周期为 0.41～0.47s；48m×48m 网架的基本周期为 0.50～0.56s。

7）边界约束的强弱对网架结构基本周期略有影响，而对其他各自振周期则影响不大。

8）荷载（附加质量）的大小对网架结构的基本周期略有影响。荷载越大，则自振周期也越大。

2. 网架结构的竖向地震反应分析

目前计算网架结构地震反应的常用方法有振型分解反应谱法和时程分析法。采用这两种方法计算网架结构地震反应都可以得到比较精确的结果。

（1）振型分解反应谱法　计算网架杆件的静内力时，一般采用空间桁架位移法。计算网架竖向地震内力时，可以先求出各振型最大地震作用，然后作为静荷载作用于结构，再用空间桁架位移法求各振型竖向地震内力，最后再组合求出地震内力标准值。也可以直接求振型最大位移，然后再计算振型竖向地震内力，最后进行组合。对于网架这样节点多、杆件多的结构，显然采用后者更为方便。

振型分解反应谱法的计算步骤如下：

1）计算振型参与系数 γ_j

$$\gamma_j=\frac{\boldsymbol{\Phi}_j^{\mathrm{T}}\boldsymbol{MH}}{\boldsymbol{\Phi}_j^{\mathrm{T}}\boldsymbol{M\Phi}_j}=\frac{\sum m_iZ_j(i)}{\sum m_i[X_j^2(i)+Y_j^2(i)+Z_j^2(i)]}\quad (j=1,\ 2,\ \cdots,\ Q)\tag{2.3.39}$$

式中 Q——用来参与振型组合的振型个数；

$$\boldsymbol{H}=(\boldsymbol{H}_1{}^{T}\boldsymbol{H}_2{}^{\mathrm{T}}\cdots\boldsymbol{H}_i{}^{\mathrm{T}}\cdots\boldsymbol{H}_n{}^{\mathrm{T}})^{\mathrm{T}}$$

$\boldsymbol{H}_i{}^{\mathrm{T}}=(0\ 0\ 1)$ $(i=1,\ 2,\ \cdots,\ n)$，三个分量分别对应第 i 节点的水平和竖向位移，n 为网架节点总个数。

2）对于网架结构，如果已知各节点位移，很容易直接求得各杆件内力。因此，可不必去求竖向地震作用，而直接求杆件竖向地震内力。具体做法如下：

首先，将竖向地震影响系数 $\alpha_{\mathrm{v}}(T_j)$（加速度影响系数）换算成位移影响系数 $\Delta_{\mathrm{v}}(T_j)$，即

$$\Delta_{\mathrm{v}}(T_j)=\alpha_{\mathrm{v}}(T_j)/\omega^2\quad (j=1,2,\cdots,Q)\tag{2.3.40}$$

取 $\alpha_{\mathrm{v}}(T_j)=2/3\alpha(T_j)$，$\alpha(T_j)$ 为水平地震影响系数，取自图 2.3.10。图中具体各变量含义及取值详见 GB 50011—2010《建筑抗震设计规范》。

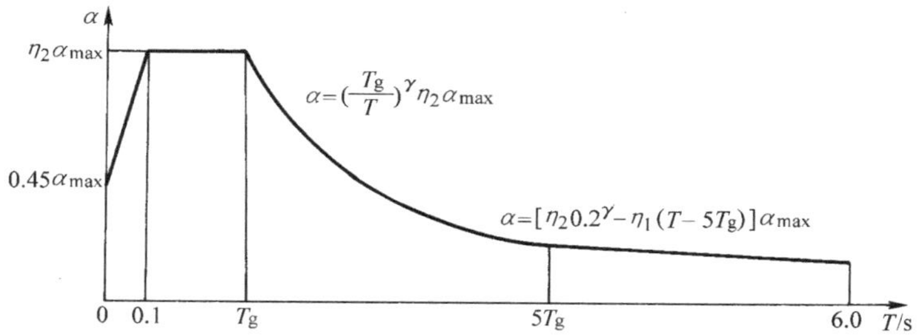

图 2.3.10 地震影响系数曲线

α—地震影响系数 $\alpha_{\max}$—地震影响系数最大值 η_1—直线下降段的下降斜率调整系数

γ—衰减指数 T_{g}—特征周期 η_2—阻尼调整系数 T—结构自振周期

3）据上式可计算出第 j 阶振型最大位移。

$$\boldsymbol{U}_j=\boldsymbol{\Phi}_j\gamma_j(T_j)\quad (j=1,\ 2,\ \cdots,\ Q)\tag{2.3.41}$$

4）由 $\boldsymbol{U}_j$ 计算振型竖向地震内力 $\boldsymbol{S}_j$。

5）用“平方和开方”组合计算第 i 杆件竖向地震内力标准值，即

$$S_{\mathrm{E}i}=\sqrt{\sum S_{ij}^2}\quad (i=1,\ 2,\ \cdots,\ m;\ j=1,\ 2,\ \cdots,\ Q)\tag{2.3.42}$$

如前所述，因为高阶振型对竖向地震内力的影响很小，可以忽略。故一般只取前数阶振型组合。究竟取几阶振型计算可以保证精度要求，即 Q 的取值问题，也就是所谓“振型截断”问题，将在后面讨论。

（2）时程分析法 威尔逊－θ法（Wilson－θ）、Newmark 法和线性加速度法等可直接用于网架结构的时程分析。输入某地震记录，计算结构各时刻的节点位移 $\boldsymbol{U}(t)$，从而求得各

时刻的杆件内力，再从中选取最大值。由于网架的自由度多，时程法计算中要多次求解拟静力方程，会耗费过多机时，因此考虑将反应谱法中的振型分解过程结合到时程法中（以威尔逊 - θ 法为例），以简化计算过程。具体做法如下：

1）网架的振动方程。基本假定：

① 网架的节点均为铰接。

② 质量集中在各个节点上，只考虑线位移加速度引起的惯性力，不考虑角加速度引起的惯性力。

③ 作用在质点上的阻尼力与地面的相对速度成正比，但不考虑由角加速度引起的阻尼力。

④ 支承网架的基础按地面的地震波运动。

将地面运动下结构的运动方程式（2.3.43）按振型分解成为一系列单自由度运动方程式（2.3.44）。地面运动下多自由度体系的运动方程为

$$\boldsymbol{M}\ddot{\boldsymbol{U}} + \boldsymbol{C}\dot{\boldsymbol{U}} + \boldsymbol{K}\boldsymbol{U} = -\boldsymbol{M}\ddot{\boldsymbol{U}}_{\mathrm{g}} \tag{2.3.43}$$

式中 $\dot{\boldsymbol{U}}$——节点相对速度向量；

$\boldsymbol{C}$——结构阻尼矩阵，通常假定为正交阻尼矩阵，即 $\boldsymbol{C} = r\boldsymbol{M} + s\boldsymbol{K}$；

$\ddot{\boldsymbol{U}}_{\mathrm{g}}$——地面运动加速度向量；只考虑地面运动某方向分量时，仅对应的该方向分量按选定地震动取值，而其他方向地面运动加速度分量取值为零。

单自由度运动方程式为

$$\ddot{q}_j + (r + s\omega_j^2)\dot{q}_j + \omega_j^2 q_j = -\gamma_j \ddot{U}_{\mathrm{gv}} \quad (j = 1, 2, \cdots, 3n) \tag{2.3.44}$$

式中 $\ddot{U}_{\mathrm{gv}}$——地面运动加速度竖向分量。

其中 r、s 取值如下：

$$r = \frac{\omega_j \omega_p v}{\omega_j + \omega_p}; \quad s = \frac{v}{\omega_j + \omega_p} \tag{2.3.45}$$

考虑到与竖向振型对应的地震反应会比较大，式中 ω_j、ω_p 宜分别取结构的第一、第二两个竖向振型对应的频率 ω_{v1}、ω_{v2}。注意到网架结构前几阶周期的近似关系，可取

$$\omega_j \approx \omega_{\mathrm{v1}}; \quad \omega_p \approx 3\omega_{\mathrm{v1}} \tag{2.3.46}$$

由于网架的阻尼尚无实测资料，目前计算中钢构件可取 $v = 0.02$，混凝土构件可取 $v = 0.05$。屋盖网架结构和下部支承结构协同分析时，阻尼比可通过计算得到。当下部支承结构为钢结构或屋盖直接支承在地面上时，阻尼比可取 0.02；当下部支承结构为混凝土结构时，阻尼比可取 0.025 ~ 0.035。

采用时程分析法时，应按建筑场地类别和设计地震分组选用不少于两组的实际强震记录和一组人工模拟的加速度时程曲线。加速度曲线幅值应根据与抗震设防烈度相应的加速度幅值进行调整。对于多遇地震加速度时程曲线的最大值可按表 2.3.2 采用。

表 2.3.2 时程分析所用的地震加速度时程曲线的最大值 （单位：$\mathrm{cm/s^2}$）

地震影响	6 度	7 度	8 度	9 度
多遇地震	18	35（55）	70（110）	140

注：括号内的数值分别用于设计基本地震加速度为 0.15g 和 0.30g 的地区。

2）用威尔逊 - θ 法解式（2.3.44），得出广义坐标向量 $\boldsymbol{q}(t)$。对于网架计算采用时间步长 $\tau=0.02\text{s}$，$\theta=1.4$，一般可得稳定收敛的结果。

3）计算 t 时刻位移 $U(t)$，即

$$\boldsymbol{U}(t)=\boldsymbol{\Phi q}(t) \tag{2.3.47}$$

4）由位移 $\boldsymbol{U}(t)$ 计算 t 时刻竖向地震内力 $\boldsymbol{S}(t)$。

5）最终竖向地震内力为

$$\boldsymbol{S}_{\text{E}}=\max\ \{\boldsymbol{S}(t)\} \tag{2.3.48}$$

整个计算过程中仍然可以根据振型截断的要求，适当地选取前 Q 个振型参与计算。

3. 竖向地震内力的分布规律

以两向正交正放 36m×36m 网架为例，图 2.3.11 给出了在静荷载作用下的杆件内力，以及设防烈度 8 度时，按振型分解反应谱法计算的Ⅱ类场地上网架各类杆件的竖向地震内力，另外对上弦杆还列出了输入 El-centro（1940，美国）竖向地震记录用时程分析法计算的竖向地震内力。El-centro 竖向地震记录是在Ⅱ类场地上取得的，放在一起以便对比。图中时程分析结果考虑了按常遇地震加速度幅值折减，静内力由重力荷载代表值（恒载 +0.5 雪载）求得。

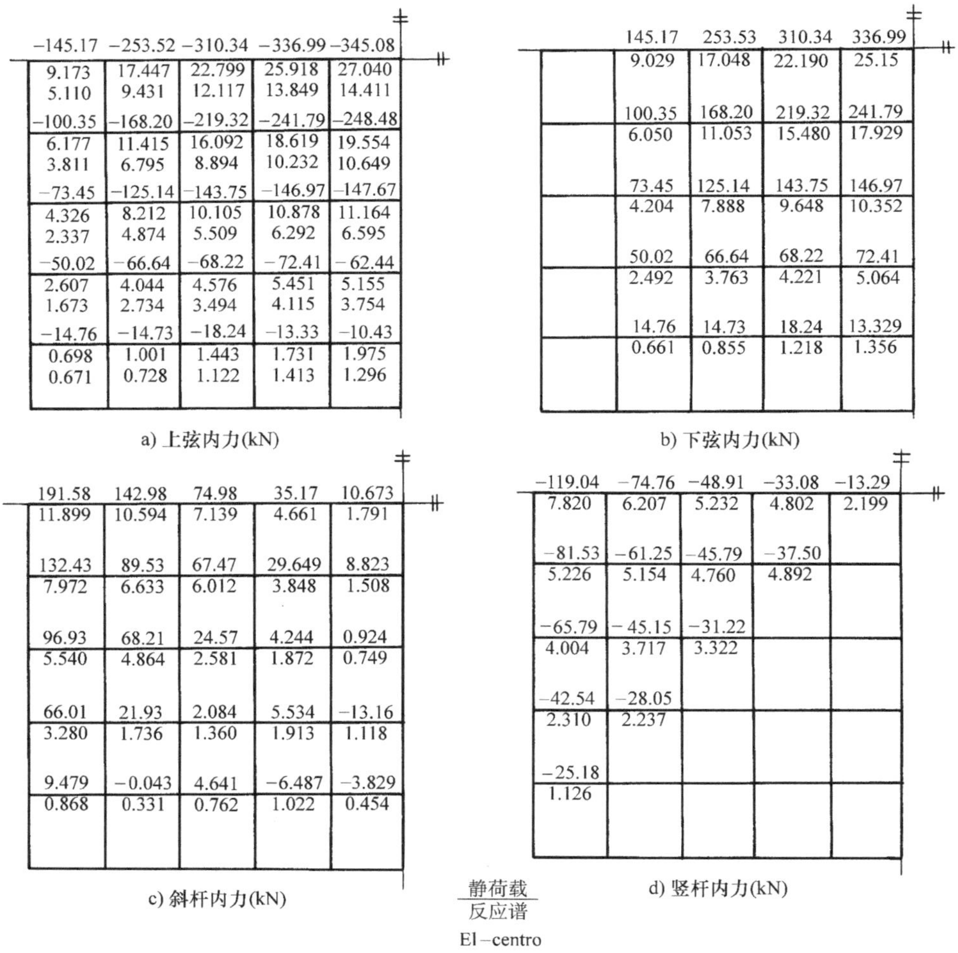

图 2.3.11　两向正交正放 36m×36m 网架在静荷载与地震作用下的内力（单位：kN）

由静力分析可知网架静内力的分布规律一般是：上下弦杆在跨中内力最大，边缘杆件内力较小。腹杆则反之，边缘杆件内力较大，向跨中逐渐减小。网架杆件的布置方式不同时，各类网架内力分布规律亦有所不同。

由图 2.3.11 可见，网架上下弦杆竖向地震内力分布规律与静内力相似。而腹杆竖向地震内力分布较复杂，尤其是斜杆竖向地震内力由网架边缘向跨中并不是单调变化的。

从图 2.3.11a 中的对比可知，本例输入地震记录计算的结果比用反应谱计算的结果要小一些。原因在于各个实际的地震记录由于受具体的场地条件、震级、震中距等影响，其特征是很不相同的。若对于某个地震记录作出反应谱，当结构的自振周期处于该谱的低峰对应点时，用它来计算结构的反应，结果就会比较小。而 GB 50011—2010《建筑抗震设计规范》给出的设计反应谱是在统计了大量地震记录反应谱的基础上获得的，它总是在概率密度曲线的峰值附近，概率密度比较大，未来地震发生在它附近的可能性也比较大。因此，可以认为按设计反应谱进行结构的抗震设计是比较安全的。

4. 振型截断

由于高振型对竖向地震内力的贡献一般较小，在抗震设计中通常可以只取前数阶振型组合，到底取几阶振型合适，通常被称为振型截断问题。为探讨这一问题，可以取

$$R_{ij}=\left(\frac{S_{Eij}}{S_{Ei}}\right)^2 \quad (i=1,\ 2,\ \cdots,\ m,\ j=1,\ 2,\ \cdots,\ 3n) \tag{2.3.49}$$

来表示第 i 杆竖向地震内力 S_{Ei} 中第 j 振型的贡献。注意到式（2.3.42）的关系，有

$$\sum R_{ij}=1 \tag{2.3.50}$$

表 2.3.3 给出了几个网架利用对称性取 1/4 计算时前十个正对称的振型中 $R_{ij}>10\%$ 的杆件数。可以看到，正如前面一再提到的那样，竖向振型的贡献占主要地位，特别是前两个竖向振型。第三个竖向振型有一定的贡献，但是远比前两个振型小。所谓近竖向振型也有一定的贡献，如两向正交正放 48m×48m 网架的第 6 振型和正放四角锥 48m×48m 网架的第 2 振型。比第三个竖向振型更高的振型对竖向地震内力的贡献就很小了，高振型的贡献主要体现在网架的腹杆及边缘附近的某些弦杆上，而那些水平振型的贡献则是微乎其微的。

表 2.3.3 前十个正对称振型中 $R_{ij}>10\%$ 的杆件数

网架	振型序号										总数
	1	2	3	4	5	6	7	8	9	10	
正放抽空四角锥 48m×48m	**189**/**196**	0/0	**92**/**81**	15/17	**29**/**28**	0/0	4/4	0/0	0/0	0/0	198
两向正交正放 48m×48m	**230**	6	0	**95**	0	51	0	**15**	0	0	252
两向正交正放 36m×54m	**239**/**242**	1/3	**106**/**123**	17/22	19/24	5/5	5/8	22/42	0/1	**32**/**66**	266
斜放四角锥 48m×48m	**198**/**201**	0/0	**115**/**105**	0/0	0/0	0/0	4/8	0/0	**24**/**56**	0/0	219
两向正交斜放 48m×48m	**156**/**156**	**57**/**40**	**2**/**13**	2/2	**4**/**7**	0/0	0/0	0/7	0/12	0/0	156
正放四角锥 48m×48m	**145**/**148**	20/20	**60**/**64**	0/2	**8**/**15**	2/6	0/6	0/0	0/1	0/2	156

注：1. 表中黑体数字对应竖向振型。

2. 横线以上为振型分解反应谱法计算结果（Ⅱ类、8 度），横线以下为时程分析法计算结果（El-centro）。

因此可以认为，网架结构的竖向地震内力主要由前三个正对称的竖向振型贡献。为确保获得前三个正对称的竖向振型，利用对称性取1/4网架进行动力分析时，至少取前十个正对称振型来进行分析和内力组合。若用整个网架计算，尚应取更多的振型。

5. 计算网架结构竖向地震内力的实用分析方法

前面讨论的方法用于计算网架结构竖向地震内力虽然能够得出比较精确的结果，但是计算工作量还是相当大的。对于实际工程设计来讲，常常要求能迅速地得出结果，而且只需满足工程精度即可。因此，寻找和建立一种简捷而又具有一定精度的实用计算方法是十分必要的。通常，寻找结构抗震设计实用分析方法的途径是：根据精确计算的结果，反算出相应的地震作用，从而建立简捷的地震作用分布函数或计算公式。然而对于网架结构这种多杆件、多节点的空间结构，反算竖向地震作用并找出其分布规律并不是一件容易的事，因此要根据网架结构的特点另辟新径。

前面已经指出，网架结构竖向地震内力 S_{Ei} 的分布规律不同于静内力 S_{Si} 分布。为了定量地表达竖向地震内力的放大作用，下面进一步讨论网架结构的竖向地震内力系数 ξ_i，即

$$\xi_i = \left|\frac{S_{Ei}}{S_{Si}}\right| \quad (i=1,\ 2,\ \cdots,\ m) \tag{2.3.51}$$

图2.3.12a、b给出了两向正交正放36m×36m网架各类杆件的 ξ_i 值分布。分析表明，网架结构竖向地震内力系数的分布是有明显规律的：无论是上下弦杆还是腹杆 ξ_i 值都是在网架边缘附近较小，向跨中逐渐增大，在中点附近达到峰值。如果将 ξ_i 值视为连续变化并标于各杆件中点，把相同的 ξ_i 值连接起来，可画出图示的等值线。如果进一步按比例画出对称轴上各杆件的 ξ_i 值，可以近似地连成一条直线，如图2.3.12a所示。综合起来，网架结构的 ξ_i 值分布可以近似地看成一个如图2.3.13所示的圆锥形。锥顶为网架的对称中心，锥底为网架平面上的一个圆，锥表面各点的高度即代表网架各杆件的 ξ_i 值。把圆锥的峰值记为 ξ_{max}，其边缘值记为 ξ_{min}，可表示为

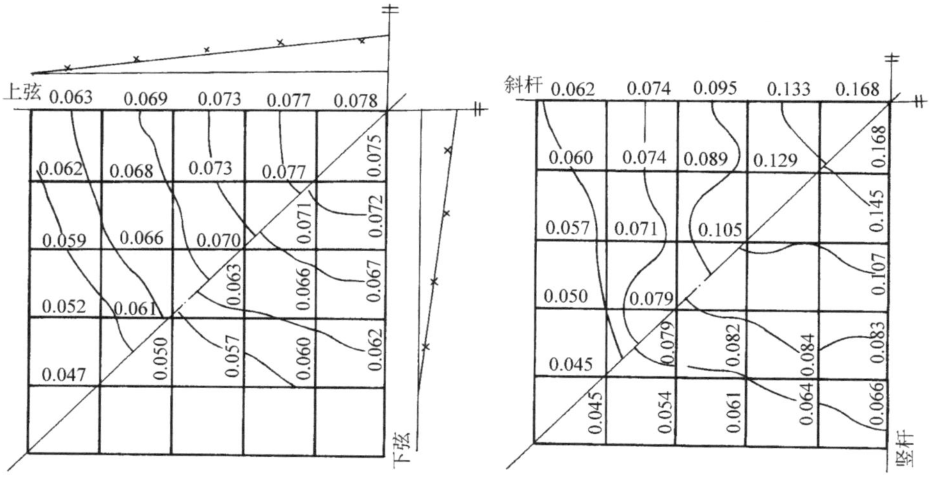

图2.3.12　两向正交正放36m×36m网架竖向地震内力系数 ξ 值（Ⅱ类场地、8度）

$$\xi_{min} = \beta\xi_{max} \tag{2.3.52}$$

式中，β 称为最小 ξ 值系数。这样就形象地表达了网架结构竖向地震内力系数的分布规律。图2.3.14给出了一个上弦杆是正交斜放的斜放四角锥网架弦杆的 ξ_i 值分布。图2.3.15给出了一个平面是矩形的两向正交正放网架上弦杆的 ξ_i 值分布。显然，均符合上述圆锥形分布的规律，只是对于矩形平面网架，锥形底面呈椭圆形。

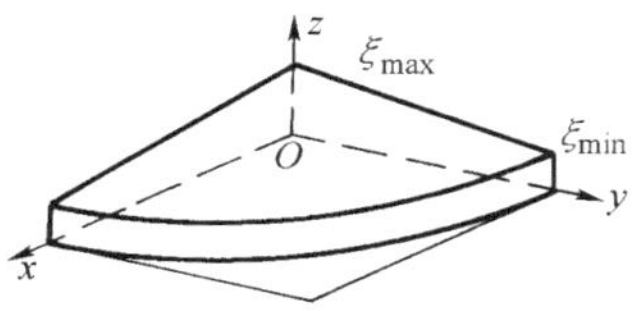

图2.3.13　网架 ξ 值呈圆锥形分布

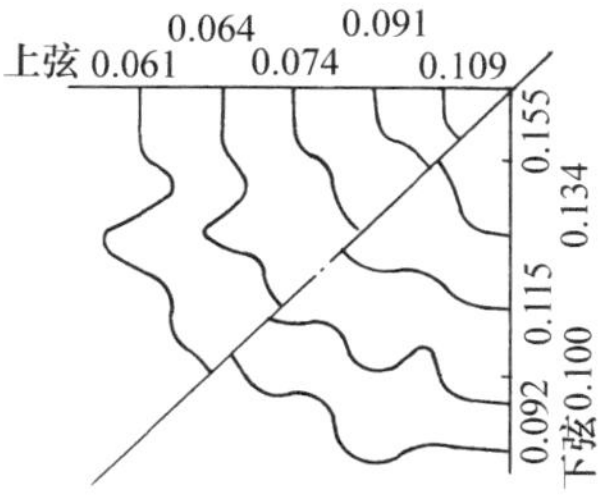

图2.3.14　斜放四角锥48m×48m网架弦杆 ξ 值分布（Ⅱ类场地，8度）

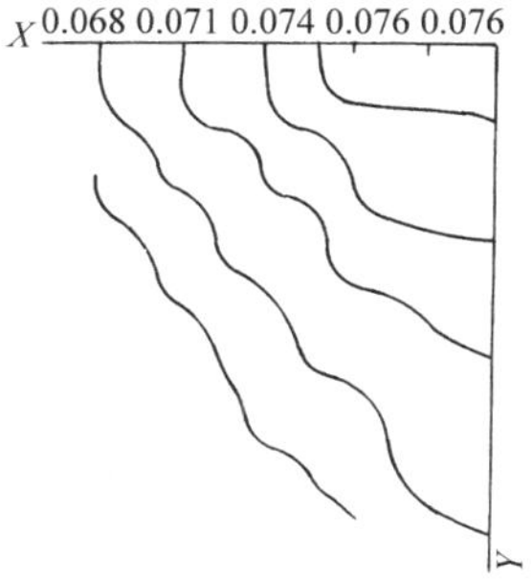

图2.3.15　两向正交正放36m×54m网架上弦杆 ξ 值分布（Ⅱ类场地，8度）

把选择合适的竖向地震内力系数 ξ_i 值，从而直接通过杆件静内力计算竖向地震内力的方法，称为网架结构计算地震内力的实用方法——地震内力系数法。即可表示为

$$S_{Ei}=\xi_i\left|S_{Si}\right| \tag{2.3.53}$$

影响网架竖向地震内力系数 ξ_i 值的因素很多，如荷载的大小、网架的形式、网格的尺寸、网架的跨度和高度、网架平面的长宽比等。因此，网架竖向地震内力系数 ξ_i 值在具有不同参数的网架中取值是有变化的。但经过大规模的参数影响分析，是能够找到其分布规律的，目前对四边简支矩形平面网架，已获得了网架竖向地震内力系数 ξ_i 值的分布规律。这样，按照式（2.3.53）就能比较方便地获得网架结构的地震内力。

GB 50011—2010《建筑抗震设计规范》和JGJ 7—2010《空间网格结构技术规程》均对网架结构在竖向地震作用下抗震设计的简化计算作了规定，下面分别介绍。

《建筑抗震设计规范》规定了计算作用在网架第 i 节点上的竖向地震作用标准值的公式，即

$$F_{Ei}=\pm\Psi G_i \tag{2.3.54}$$

计算 G_i 时，i 节点上的恒荷载取100%，雪荷载、屋面积灰荷载取50%；不考虑屋面活荷载。Ψ 为竖向地震作用系数，按表2.3.4取值。表中的系数是通过对网架结构用反应谱法和时程分析法进行竖向地震反应计算，并等效反算地震作用而得出的。研究认为，网架各杆件竖向地震内力和重力荷载作用下的内力的比值彼此相差不算太大，采用随烈度和场地类别变化的系数来考虑竖向地震作用的方法比较简单，且偏于安全。当然，这一方法也比较粗略，因为在地震作用下网架各杆件内力不是按同一比例增加的。因此，对于平面复杂或重要的大跨度结构还是应采用振型分解反应谱法或时程分析法作专门的分析和验算。

表2.3.4　竖向地震作用系数 Ψ

设防烈度	场地类型		
	Ⅰ	Ⅱ	Ⅲ~Ⅳ
8	—	0.08	0.10
9	0.15	0.15	0.20

《建筑抗震设计规范》还规定长悬臂和其他大跨度结构的竖向地震作用标准值在8度和9度时可分别取该结构重力荷载代表值的10%和20%。按以上方法求得竖向地震作用标准值后，将其视为等效的静荷载作用于网架结构，再按静力分析的方法计算各杆件竖向地震内力。

《空间网格结构技术规程》中给出了周边简支矩形平面网架竖向地震内力的简化计算方法。该方法是基于前面对网架结构地震内力实用分析方法的讨论提出的，为便于工程设计应用，作了一些调整。由于网架静力设计时采用的荷载设计值通常已包括荷载分项系数，即恒荷载1.4，活荷载1.2，同时也无须考虑对活荷载折减50%，大体相当于乘1.3的系数。计算所得的第i杆件轴向力设计值记作N_{Gdi}。为减少设计计算工作量，使得在应用实用分析方法时可以直接使用此内力值，不必另行计算一次，《空间网格结构技术规程》将杆件轴向力设计值N_{Gdi}值除以1.3系数后变成杆件轴向力标准值记作N_{Gi}，并将与荷载分项系数相联系的地震内力系数以ζ表示。网架上荷载的大小、网架的形式、网格的尺寸、网架的跨度和高度、网架平面的长宽比等参数的变化，可表现为网架基频数值的变化。《空间网格结构技术规程》中给出了地震内力系数峰值ζ_{max}（取值见表2.3.5）和网架基频f_1（工程频率）之间的关系，即

$$\zeta_{max}=\begin{cases}\dfrac{\alpha}{f_0}f_1 & 0<f_1<f_0\\ \alpha & f_1\geqslant f_0\end{cases} \tag{2.3.55}$$

表2.3.5 确定竖向地震轴向力系数ζ_{max}的数值

场地类型	α		f_0/Hz
	正放类	斜放类	
Ⅰ	0.095	0.135	5.0
Ⅱ	0.092	0.130	3.3
Ⅲ	0.080	0.110	2.5
Ⅳ	0.080	0.110	1.5

考虑网架ζ值呈圆锥形分布的规律，用系数β（取值见表2.3.6）表示最大值与最小值的关系，令

$$\zeta_{min}=\beta\zeta_{max} \tag{2.3.56}$$

确定ζ_{max}和ζ_{min}后，根据圆锥形分布可以计算网架各杆件的ζ值，最后第i杆件竖向地震轴向力标准值表示为

$$N_{Evi}=\pm\zeta_i\left|N_{Gi}\right| \tag{2.3.57}$$

这样用所求得的地震作用标准值，就可按《建筑抗震设计规范》与其他荷载效应进行组合，在工程设计中应用就更为方便了。

表2.3.6 系数β的数值

网架类型		β值
正放类	正方形	0.81
	矩形	0.87
斜放类	正方形	0.56
	矩形	0.80

2.3.5 网架结构的荷载、作用与效应组合

1. 荷载类型

网架结构的荷载主要是永久荷载、可变荷载、偶然荷载。对永久荷载应采用标准值作为

代表值。对可变荷载应根据设计要求采用标准值、组合值、频遇值或准永久值作为代表值。对偶然荷载应按建筑结构使用的特点确定其代表值。

（1）永久荷载　永久荷载是指在结构使用期间，其值不随时间变化，或其变化与平均值相比可以忽略不计，或其变化是单调的并能趋于限值的荷载。永久荷载标准值，对结构自重，可按结构构件的设计尺寸与材料单位体积的自重计算确定。对于自重变异较大的材料和构件（如现场制作的保温材料、混凝土薄壁构件等），自重的标准值应根据对结构的不利状态，取上限值或下限值。作用在网架结构上的永久荷载有：

1）网架杆件自重和节点自重。网架杆件大多采用钢材，它的自重可通过计算机自动形成，一般钢材重度取 $\gamma=78.5\text{kN/m}^3$。也可预先估算网架单位面积自重，双层网架自重可按下式估算

$$g_o=\zeta\sqrt{q_w}L_2/200 \tag{2.3.58}$$

式中　g_o——网架自重（kN/m^2）；

q_w——除网架自重外的屋面荷载或楼面荷载的标准值（kN/m^2）；

L_2——网架的短向跨度（m）；

ζ——系数，杆件采用钢管时，取 $\zeta=1.0$；采用型钢时，取 $\zeta=1.2$。

网架的节点自重一般占网架杆件总重的 15% ~25%。如果网架节点的连接形式已定，可根据具体的节点规格计算出其节点自重。

2）楼面或屋面覆盖材料自重。根据实际使用材料查 GB 50009—2012《建筑结构荷载规范》取用。如采用钢筋混凝土屋面板，其自重取 $1.0\sim1.5\text{kN/m}^2$，采用轻质板，其自重取 $0.3\sim0.7\text{kN/m}^2$

3）吊顶材料自重。

4）设备管道自重。

上述荷载中，1）、2）两项必须考虑，3）、4）两项根据实际工程情况而定。

（2）可变荷载　可变荷载是指在结构使用期间，其值随时间变化，且其变化值与平均值相比不可忽略的荷载。作用在网架结构上的可变荷载有：

1）屋面或楼面活荷载。网架的屋面，一般不上人，屋面活荷载标准值为 0.5kN/m^2。楼面活荷载根据工程性质查《建筑结构荷载规范》取用。

2）雪荷载。屋面水平投影面上的雪荷载标准值，应按下式计算：

$$S_k=\mu_s S_0 \tag{2.3.59}$$

式中　S_k——雪荷载标准值（kN/m^2）；

μ_s——屋面积雪分布系数，按网架屋面考虑 $\mu_s=1.0$；

S_0——基本雪压（kN/m^2），根据地区不同查《建筑结构荷载规范》。

雪荷载与屋面活荷载不必同时考虑，取两者的大值。对雪荷载敏感的结构，基本雪压应适当提高，并应由有关的结构设计规范具体规定。雪荷载的组合值系数可取 0.7；频遇值系数可取 0.6；准永久值系数应按雪荷载分区Ⅰ、Ⅱ和Ⅲ的不同，分别取 0.5、0.2 和 0。

3）风荷载。对于周边支承且支座节点在上弦的网架，风荷载由四周墙面承受，计算时可不考虑。其他支承情况，应根据实际工程情况考虑水平风荷载作用。风荷载标准值，应按下述公式计算：

$$w_k = \mu_s \mu_z w_0 \tag{2.3.60}$$

式中 w_k——风荷载标准值（kN/m^2）；

μ_s——风荷载体形系数，表示内、外风压最大值的组合，且含阵风效应；

μ_z——风压高度变化系数，当高度小于10m时，应按10m高度处的数值采用；

w_0——基本风压（kN/m^2），基本风压应按荷载给出的50年一遇的风压采用，但不得小于0.3kN/m^2。

w_0、μ_s、μ_z 可查GB 50009—2012《建筑结构荷载规范》。风荷载的组合值、频遇值和准永久值系数可分别取0.6、0.4和0。

4）积灰荷载。工业厂房中采用网架时，应根据厂房性质考虑积灰荷载。积灰荷载大小可由工艺提出，也可参考GB 50009—2012《建筑结构荷载规范》有关规定采用。积灰均布荷载，仅应用于屋面坡度 $\alpha \leqslant 25°$；当 $\alpha \geqslant 45°$ 时，可不考虑积灰荷载；当 $25° < \alpha < 45°$ 时，可按插值法取值。积灰荷载应与雪荷载或屋面活荷载两者中的较大值同时考虑。

5）起重机荷载。工业厂房中如设有起重机应考虑起重机荷载。起重机形式有两种，一种是悬挂起重机，另一种是桥式起重机。悬挂起重机直接挂在网架下弦节点上，对网架产生起重机竖向荷载。桥式起重机在吊车梁上行走，通过柱子对网架产生起重机水平荷载。

起重机竖向荷载标准值按下式计算：

$$F = \alpha_1 F_{max} \tag{2.3.61}$$

式中 α_1——竖向轮压动力系数，对于悬挂起重机 $\alpha_1 = 1.05$；

F_{max}——起重机每个车轮的最大轮压。

起重机横向水平荷载标准值按下式计算：

$$T = \alpha_2 T_1 \tag{2.3.62}$$

式中 α_2——横向水平制动力的动力系数，对于中、轻级工作制桥式起重机：$\alpha_2 = 1.0$；对于重级工作制的软钩起重机，当起重机起重量 $Q = 5 \sim 20t$ 时：$\alpha_2 = 4.0$；$Q = 30 \sim 275t$ 时：$\alpha_2 = 3.0$；

T_1——起重机每个车轮的横向水平制动力。

a）软钩起重机：

$Q \leqslant 10t$ 时 $T_1 = (Q + g) \cdot 1/n \cdot 12\%$

$15t \leqslant Q \leqslant 50t$ 时 $T_1 = (Q + g) \cdot 1/n \cdot 10\%$

$Q \geqslant 75t$ 时 $T_1 = (Q + g) \cdot 1/n \cdot 8\%$

b）硬钩起重机：

$$T_1 = 1/5(Q + g) \cdot 1/n$$

式中 Q——起重机额定起重量；

g——小车自重；

n——起重机桥架的总轮数。

2. 温度作用和地震作用

网架结构的温度作用和地震作用分别按前述的2.3.3节和2.3.4节计算。

3. 荷载效应组合

作用在网架上的荷载类型很多，应根据使用过程和施工过程中可能出现的最不利荷载进行组合。荷载效应组合的一般表达式为

$$S = \gamma_0 \left(S_G + S_{Q1} + \Psi_c \sum_{i=2}^{n} S_{Qi} \right) \tag{2.3.63}$$

式中 S——作用在网架上的组合荷载效应设计值；

γ_0——结构重要性分项系数，分别取1.1、1.0、0.9；

S_G——永久荷载效应设计值，$S_G = \gamma_G S_{Gk}$；

S_{Gk}——永久荷载效应标准值；

γ_G——永久荷载分项系数，计算内力时取 $\gamma_G = 1.2$，计算挠度时取 $\gamma_G = 1.0$；

S_{Q1}、S_{Qi}——第一个可变荷载和第 i 个可变荷载效应设计值：

$$S_{Q1} = \gamma_Q S_{Qk1}，S_{Qi} = \gamma_Q S_{Qki}；$$

S_{Qk1}、S_{Qki}——第一个可变荷载和第 i 个可变荷载效应标准值；

Ψ_c——可变荷载的组合分项系数，当有风荷载参与组合时，取0.6，当没有风荷载参与组合时，取1.0；

γ_Q——可变荷载分项系数，计算内力时取 $\gamma_Q = 1.4$，计算挠度时取 $\gamma_Q = 1.0$。

当无起重机荷载和风荷载、地震作用时，网架应考虑以下荷载组合：

1）永久荷载+可变荷载。

2）永久荷载+半跨可变荷载。

3）网架自重+半跨屋面板自重+施工荷载。

后两种荷载组合主要考虑斜腹杆的变号。当采用轻屋面（如压型钢板）或屋面板对称铺设时，可不计算。

当考虑风荷载和地震作用时，其组合形式可按式（2.3.63）计算。但地震作用一般不与风荷载组合，且地震作用的分项系数应取1.3。同时考虑多方向地震输入时，应按《建筑抗震设计规范》的规定计算，详见本书第3章。

考虑多台起重机竖向荷载组合时，对一层起重机的单跨厂房的网架，参与组合的起重机台数不应多于两台；对于一层起重机的多跨厂房的网架，不多于四台。

起重机荷载是移动荷载，其作用位置不断变动，网架又是高次超静定结构，使考虑起重机荷载时的最不利荷载组合复杂化。目前采用的组合方法是由设计人员根据经验人为选定几种起重机组合及位置，作为单独的荷载工况进行计算，在此基础上选出杆件的最大内力，作为起重机荷载的最不利组合值，再与其他工况的内力进行组合。另一种方法是使起重机荷载简化为均布荷载和其他工况进行组合。精确计算是根据起重机行走位置，以每一位置作为单独荷载工况进行计算，找出各种位置时网架杆件的最大内力，再与其他工况的内力进行组合。这种计算必须进行几十种、甚至几百种组合，计算工作量大，但计算机的广泛使用使这类计算成为可能。

2.4 网架结构的杆件和节点

2.4.1 杆件的设计与构造

1. 杆件材料与截面形式

网架杆件通常采用钢材，主要为Q235钢和Q345钢，以前者应用最多。

网架杆件的截面形式有圆管、双角钢（等肢或不等肢双角钢组成T形截面）、单角钢、H型钢、方管等。目前国内应用最广泛的是圆钢管和双角钢杆件，其中圆钢管因其具有回转半径大、截面特性无方向性、抗压承载能力高等特点而成为最常用截面。圆钢管截面有高频电焊钢管和无缝钢管两种，适用于球节点连接。双角钢截面杆件适用于板节点连接，因其安装时工地焊接工作量大，制作复杂，应用渐少。

2. 网架杆件的计算长度

确定网架杆件的长细比时，其计算长度 l_0 可按表2.4.1采用。

表2.4.1 网架杆件计算长度 l_0

杆件	节点		
	螺栓球节点	焊接空心球节点	板节点
弦杆	$1.0l$	$0.9l$	$1.0l$
支座腹杆	$1.0l$	$0.9l$	$1.0l$
腹杆	$1.0l$	$0.8l$	$0.8l$

注：l 为杆件几何长度（节点中心间距离）。

3. 网架杆件的容许长细比［λ］

网架杆件的长细比λ由下式计算：

$$\lambda = \left|\frac{l_0}{r_{\min}}\right| \tag{2.4.1}$$

式中 l_0——杆件计算长度（mm），查表2.4.1计算；

$r_{\min}$——杆件最小回转半径（mm）。

网架杆件的长细比不宜超过容许长细比［λ］，即

$$\lambda \leqslant [\lambda] \tag{2.4.2}$$

式中，［λ］为网架杆件的容许长细比，查表2.4.2。

表2.4.2 网架杆件容许长细比［λ］

杆件	受压杆件	受拉杆件		
		一般杆件	支座附近杆件	直接承受动力荷载杆件
容许长细比	180	400	300	250

在抗震验算时，网架临支座2个网格内的弦、腹杆，或临支座1/10跨度范围内的弦、腹杆的容许长细比应控制在150以内。

4. 杆件最小截面尺寸

圆钢管不宜小于 ϕ48mm×3mm，角钢不宜小于∟45mm×3mm或∟56mm×36mm×3mm，薄壁型钢的壁厚不应小于2mm。在选择杆件截面时，应避免最大截面弦杆与最小截面腹杆同交于一个节点的情况，否则容易造成腹杆弯曲（特别是螺栓节点网架）。

5. 杆件截面选择

（1）杆件截面选择原则

1）每个网架结构所选截面规格不宜过多，以方便加工与安装，一般小跨度网架以3～5种为宜，大、中跨度网架也不宜超过10种。

2）杆件宜选用壁厚较薄的截面，以使杆件在截面面积相同的条件下，能获得较大的回转半径；有利于压杆稳定。

3）宜选用市场常供钢管。

4）考虑到杆件材料负公差的影响，宜留有适当余地。

（2）截面计算　杆件的截面计算应满足承载力（包括强度与稳定性）与刚度要求。

1）按承载力选择截面面积 A，由下式决定：

$$\sigma = \frac{N}{\varphi A} \leqslant f \tag{2.4.3}$$

式中　N——杆件设计轴向内力（N），拉力为正；

f——杆件材料强度设计值（N/mm^2）；

φ——压杆稳定系数，可查有关钢结构书籍或 GB 50017—2003《钢结构设计规范》；对拉杆（$N \geqslant 0$）为1.0。

2）按稳定要求验算杆件长细比 λ。根据式（2.4.3）求得杆件截面面积 A 后，可根据 A 选择规格化的杆件，再由选定杆件的几何参数通过式（2.4.1）、式（2.4.2）验算刚度条件是否满足。

2.4.2　节点的设计与构造

网架的节点是空间节点，汇集的杆件数量较多，且来自不同方向，构造比较复杂。因此，网架节点设计得合理与否直接影响整个结构的受力性能、制作安装、用钢量及工程造价等，是网架设计中的重要环节之一。

网架节点设计应满足以下基本要求：

1）牢固可靠，传力明确简捷。

2）构造简单，制作简便，安装方便。

3）用钢量省，造价低。

4）构造合理，使节点尤其是支座节点的受力状态符合设计计算假定。

网架节点的形式很多，其与杆件连接的方式主要有焊接连接、螺栓连接和配合连接三类，前两种较为常见。目前国内常用的节点为焊接空心球节点、螺栓球节点和焊接钢板节点。

1. 焊接空心球节点

焊接空心球节点（图2.4.1）是由两块圆钢板经加热，压成两个半圆球，然后相对焊接而成，当球径等于或大于300mm，杆件内力较大时，可在球内加衬环肋，此肋应与两个半球焊牢，这样可提高承载能力15%～30%。

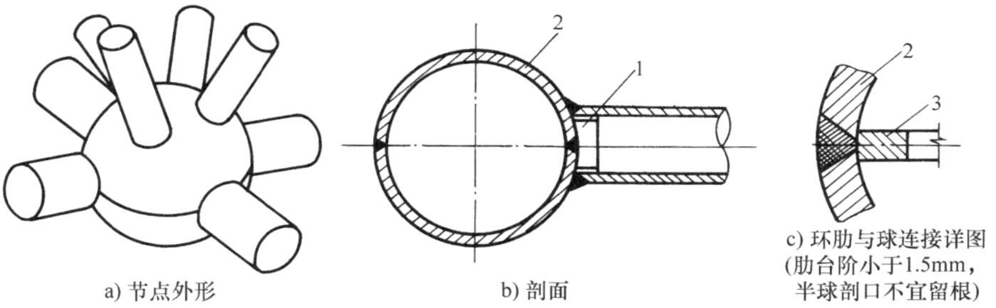

图2.4.1　焊接空心球节点

1—衬管　2—球　3—环肋

这种节点的优点是构造和制造均较简单，球体外形美观、具有万向性，可以连接任意方向的杆件。它用于连接圆钢管杆件，连接时只需将钢管正截面切断，然后使管与球按等间隙焊接，即可达到圆钢管与球节点自然对中的目的。其缺点是由于球节点由等厚钢板制成，因此，在与钢管交接处应力集中明显，形成应力尖峰值，使球体受力不均匀；由于钢管与球正交连接，焊缝长等于钢管周长，没有余量，要求焊缝必须与钢管等强，而且在多数情况下，焊接时工件不能翻身，就造成一圈焊缝中俯、侧、仰焊均有的全位置焊接，因此对焊接要求高而难度大。

焊接空心球节点用钢量一般占网架总用钢量的20% ~ 25%，它适用于各种形式、各种跨度（包括100m以上）的网架。

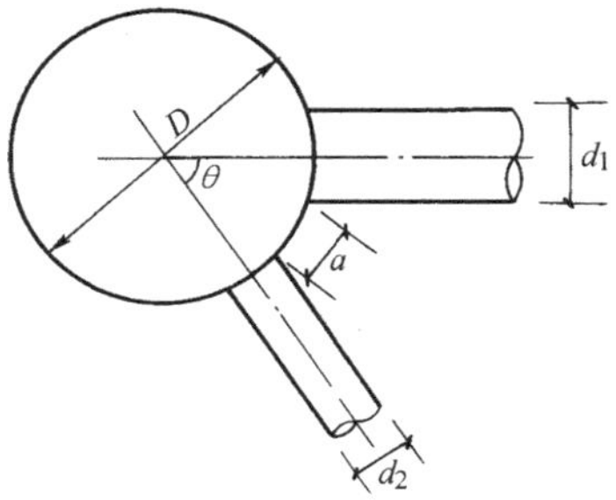

图2.4.2 钢管与钢球间尺寸关系

（1）球体尺寸 球体直径D主要根据构造要求确定。为便于施焊，要求两钢管间隙不小于20mm，根据此条件可初选球的直径为（图2.4.2）

$$D\approx (d_1+2a+d_2)/\theta \qquad (2.4.4)$$

式中 d_1、d_2——两根杆件的外径（mm）；

θ——相邻两杆夹角（rad）；

D——空心球外径（mm）；

a——管间净距（mm），$a>12$mm。

在同一网架中，应使球的规格减少，最多也不宜超过四种，以方便施工。空心球外径（D）与其壁厚（t）之比一般可取30 ~ 45。球体壁厚与钢管最大壁厚之比一般取1.2 ~ 2.0。

在网架设计中，为提高压杆承载能力，常选用大管径薄壁杆件，但这样也引起空心球外径的增大，空心球的造价比钢管高2 ~ 3倍，因而可能由此提高了网架的造价，如改用较小直径、较厚的钢管，球的直径是小了，但钢管用量却提高了，也不一定经济。表2.4.3给出了合理的压杆长l与空心球外径D的比值k，即$D=l/k$，以供参考。

表2.4.3 *k*值参考（$k=l/D$）

N/t l/m	10	20	30	40	50	60	70	80	100
2	10.29	8.44	8.32	8.33	8.16	8.16			
2.5	12.32	9.02	8.46	8.29	8.30	8.33	8.15		
3	12.89	10.75	9.00	8.43	8.29	8.20	8.23	8.14	
3.5	13.56	11.86	10.08	9.04	8.87	8.60	8.32	8.16	8.19
4	14.30	12.70	11.38	9.90	9.03	9.07	8.90	8.33	8.18
4.5	14.83	13.74	12.44	11.17	9.98	9.69	9.41	8.74	8.15
5	15.44	13.86	12.60	12.28	10.94	9.97	9.60	9.60	8.89
5.5	15.57	14.29	13.16	12.44	11.88	10.73	10.03	9.71	9.43
6	16.14	14.86	13.73	12.99	12.44	11.87	11.00	12.28	10.19

注：粗线以上应加环肋。

确定了合理的空心球外径后，即可根据构造要求，或按照$d\approx D/2.7$确定钢管外径。

（2）容许承载力 对于直径为120 ~ 900mm的空心球节点，其受压和受拉承载力设计值N_R可按下列经验公式求得

$$N_R = \eta_0\left(0.29 + 0.54\frac{d}{D}\right)\pi t d f \qquad (2.4.5)$$

式中 η_0——大直径空心球节点承载力调整系数，当空心球直径小于或等于500mm时，$\eta_0 = 1$；当空心球直径大于500mm时，$\eta_0 = 0.9$；

D——空心球外径（mm）；

t——空心球壁厚（mm）；

d——与空心球相连的主钢管杆件外径（mm）；

f——钢材抗拉强度设计值（N/mm^2）；

对于加肋空心球，当轴力方向和加肋方向一致时，其承载力可乘以加肋空心球承载力提高系数 η_d，受压球取 $\eta_d = 1.4$，受拉球取 $\eta_d = 1.1$。

（3）圆钢管与空心球的连接　钢管与空心球间用焊缝连接，此焊缝要求等强，当钢管壁厚大于4mm时，必须做成坡口，要求钢管与球离开4～5mm，并加衬管，或管球间不离开，用单面焊接双面成型工艺进行焊接。对于大、中跨度网架，受拉的杆件必须抽样进行无损检测（如超声波探伤等），抽样数至少取拉杆总数的20%，质量应符合网架结构二级焊缝的要求。

2. 螺栓球节点

螺栓球节点（图2.4.3）安装过程如下：将高强螺栓2初步拧入螺栓球1后，即用扳手扳动套筒5（套筒是通过装在上面的销子7插入高强螺栓槽6中与之连接的），套筒旋转时，通过销子带动高强螺栓旋转向螺栓球拧紧，由于高强螺栓的移动，使固定在套筒上的销子也逐渐相对向槽后移动，直达深槽8处为止，此深槽的作用是使节点不易产生松动。安装时必须把套筒（也即高强螺栓）拧紧，并施加一定的预紧力。这种预紧力是在接触面9、10、11全部密合后产生的，因而对杆力没有影响（但杆件制造过短时，拧紧套筒会牵动杆件使之产生拉力），而只是使螺栓受预拉力，套筒受预压力。当网架承受荷载后，对于拉杆，内力是通过螺栓传递的，而套筒则随内力的增加而逐渐卸荷，对于压杆，则通过套筒传递内力，随着内力的增加，螺栓逐渐卸荷。

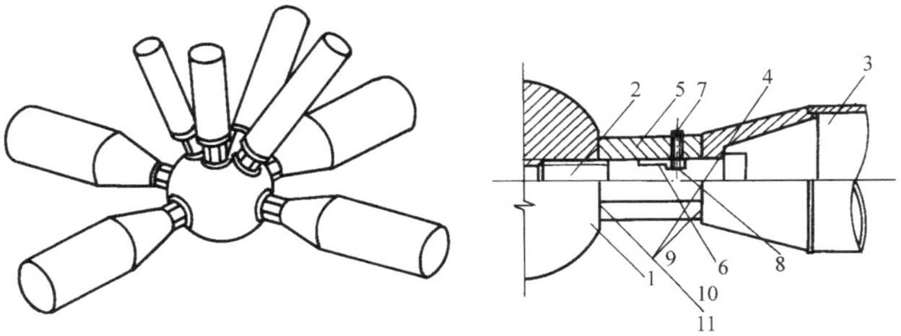

a) 外形图　　b) 剖面图

图2.4.3　螺栓球节点

1—螺栓球　2—高强螺栓　3—钢管　4—锥头　5—套筒
6—槽　7—销子　8—深槽　9、10、11—接触面

这种节点的优点是制作精度由工厂保证，现场装配快捷，工期短，有利于房屋建造周期

的缩短；其制作费用比焊接空心球节点高，而拼装费用低。这种节点可用以建造临时设施，便于装拆。其缺点为组成节点的零件较多，增加了制造成本，高强螺栓上开槽对其受力不利，安装时是否拧紧不易检查。安装时应特别注意对接合面处的密封防腐处理，特别在湿度较高的南方地区更应重视防腐措施。

这种节点适用于各种类型的网架，目前高强螺栓的最大拉力可达750kN，网架下悬挂起重机起重量最大可达5t。

(1) 球体尺寸 螺栓球直径 D 按式 (2.4.6) 确定，还应用式 (2.4.7) 核算套筒接触面是否满足要求，两者取其大值（图2.4.4）。

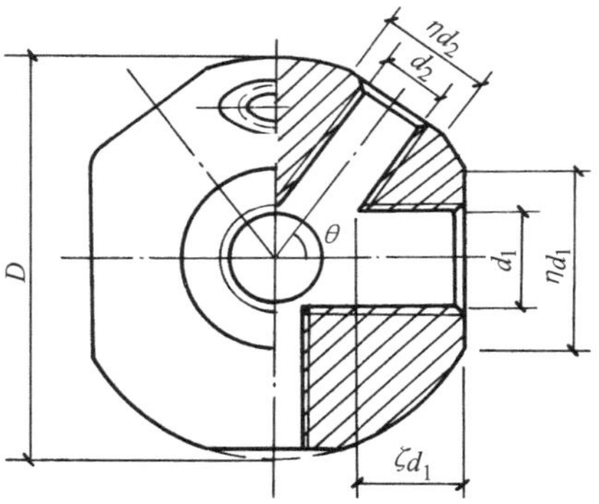

图2.4.4 螺栓球直径 D 计算示意

$$D \geqslant \left[(d_2/\sin\theta + d_1\cot\theta + 2\zeta d_1) + \lambda^2 d_1^2 \right]^{1/2} \tag{2.4.6}$$

$$D \geqslant \left[(\lambda d_2/\sin\theta + \lambda d_1\cot\theta)^2 + \lambda^2 d_1^2 \right]^{1/2} \tag{2.4.7}$$

式中 D——钢球直径 (mm)；

θ——两螺栓间的最小夹角；

d_1、d_2——螺栓直径 (mm)，$d_1 > d_2$；

ζ——螺栓拧入钢球长度与螺栓直径的比值；

λ——套筒外接圆直径与螺栓直径的比值。

ζ 和 λ 值应分别根据螺栓承受拉力和压力的大小来确定，一般情况下 $\zeta = 1.1$，$\lambda = 1.8$。

(2) 高强螺栓 每个高强螺栓的抗拉设计承载力按式 (2.4.8) 计算，其值应大于等于荷载效应设计值，即

$$N_t^b = A_{eff} f_t^b \tag{2.4.8}$$

式中 N_t^b——高强螺栓受拉承载力设计值 (N)；

f_t^b——高强螺栓经热处理后的抗拉设计强度；对10.9级取 $f_t^b = 430\text{N/mm}^2$，对9.8级取 $f_t^b = 385\text{N/mm}^2$；

A_{eff}——高强螺栓有效面积 (mm^2)，见表2.4.4，当螺栓上钻有销孔或键槽时，A_{eff} 应取螺纹处与销孔处（或键槽）有效面积的较小者。

表2.4.4 常用螺栓在螺纹处有效面积

10.9级	d/mm	M12	M14	M16	M20	M22	M24	M27	M30	M33	M36
	A_{eff}/mm^2	84	115	157	245	303	353	459	561	694	817
9.8级	d/mm	M39	M42	M45	M48	M52	M56×4		M60×4		M64×4
	A_{eff}/mm^2	976	1120	1310	1470	1760	2144		2485		2851

套筒长度 l 为

$$l = l_1 + 2l_2 - l_3 + d_s + 4\text{mm} \tag{2.4.9}$$

式中 l_1——螺栓伸入钢球长度 (mm)；

l_2——套筒端到滑槽端距离 (mm)；

l_3——螺栓露出套筒长度，可预留4～5mm，但不应少于2个螺扣；

d_s——销子直径（2mm）。

3. 焊接钢板节点

焊接钢板节点（图2.4.5）一般由十字节点板1和盖板2组成。对于跨度较小的网架，其受拉节点为简化构造可不设盖板，弦杆和腹杆内力直接由十字节点板传递；对于大中跨度网架，弦杆内力应由十字节点板和盖板共同传递。如果是角钢杆件，则要求将其同时焊接于十字节点和盖板之上，但这时肢背不能焊接，为此靠近肢背附近可用槽焊或塞焊作为构造处理（图2.4.6），以增强肢背的连接。其强度可通过试验确定。试验结果表明，ϕ22mm、ϕ24mm及10mm×60mm以上的孔由于是满焊，破坏时沿焊缝全面积剪切破坏，故抗剪强度计算可按孔的面积进行计算。对20mm宽的槽形孔，由于是沿周边焊，破坏时沿焊缝剪切面剪坏。可按焊缝高乘以周长的面积进行抗剪强度验算。

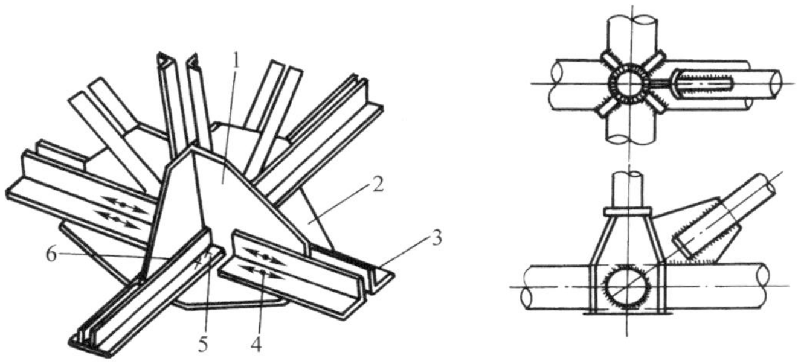

a) 连接角钢杆件　　b) 连接钢管杆件

图2.4.5　焊接钢板节点

1—十字节点板　2—盖板　3—杆件　4—高强螺栓　5—电焊铆钉或槽焊　6—焊缝

焊接钢板节点与杆件的连接也可用高强螺栓连接，或与焊接混合连接。

这种节点和平面钢桁架的节点类似。要求杆件中心线在节点上汇交于一点，焊缝截面重心与杆件截面重心重合。为方便施焊和考虑杆件的制作偏差，在节点上相邻杆件之间和杆件与节点板中心线之间，应留有不小于20mm的间隙。

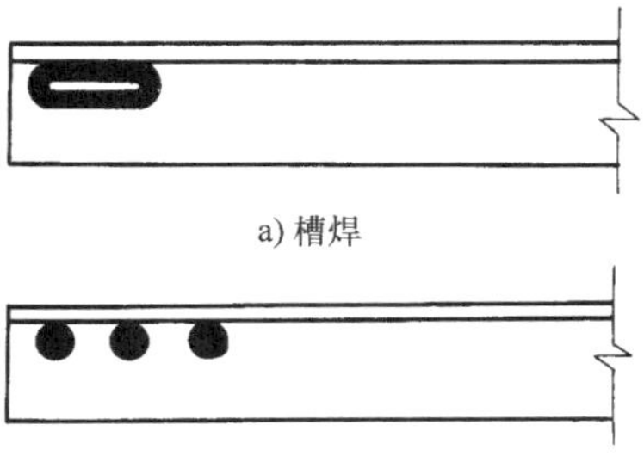

a) 槽焊

b) 塞焊(电焊铆钉)

图2.4.6　槽焊、塞焊示意图

十字节点板的竖向焊缝是该节点的关键性焊缝，应具有足够的强度。竖向焊缝要承受两个方向传来的力，受力情况复杂。试验表明，当两个方向传来的应力同号时，焊缝中切应力不是控制因素。当应力异号时，焊缝除承受拉、压应力外，还存在相当大的切应力。因此其竖焊缝宜用V形或K形对接焊缝。两杆件与十字节点板及盖板的连接焊缝，主要承受剪力，其连接强度可按角焊缝验算。

这种节点的优点是制造费用低，不需要大量机加工，构造尚简单。其缺点为现场焊接工作量太大。最适用于角钢杆件的两向桁架系网架的连接，也可用于四角锥系网架的连接。图2.4.5b所示的节点用钢量很少，适合于两向桁架系网架。

4. 支座节点

网架的支座节点可直接支承于柱顶上或支承于圈梁、砖墙上。要求支座节点传力明确，构造简单，安全可靠，并符合计算假定。

网架的支座节点一般采用铰支座，有时为了消除温度应力的影响，支座应能侧移。实际上支座节点受力复杂，它除承受压力、拉力和扭矩外，有时还有侧移和转动。因此，网架的支座节点受力比平面桁架复杂得多，特别当跨度较大、平面形状复杂时，更应认真对待。

下面介绍几种常用支座形式：

1）平板压力支座节点（图2.4.7a）。这种节点构造简单，加工方便，但支承板下的摩擦力较大，支座不能转动或移动，和计算假定差距较大，因此仅适用于小跨度网架。

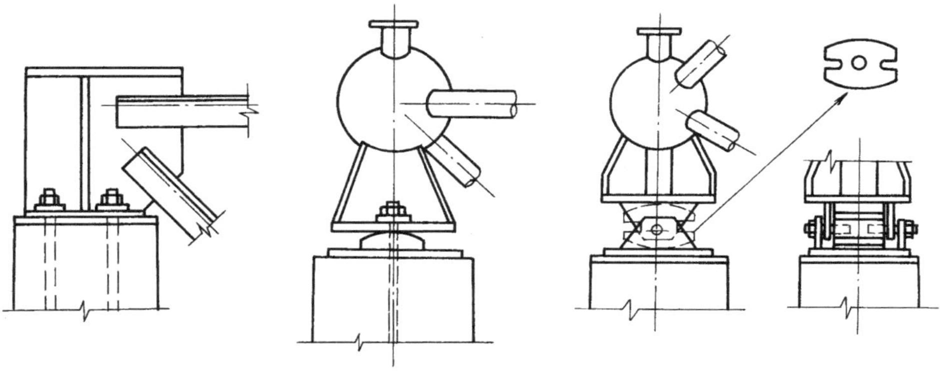

a) 平板压力支座　　b) 单面弧形压力支座　　c) 双面弧形压力支座

图2.4.7　平板及弧形压力支座

2）单面弧形压力支座节点（图2.4.7b）。弧形板可用铸钢或圆钢剖开而成。当用双锚栓时，可放在弧形支座中心线上，并开有椭圆孔，以容其有微小移动。当支座反力较大时，可用四根带有弹簧的锚栓，以利其转动。这种支座节点适用于中小跨度网架。

3）双面弧形压力支座节点（图2.4.7c）。又称摇摆支座，这种支座的双向弧形铸钢件，位于开有椭圆孔的支座板间，这样，支座可以沿铸钢件的弧面，作一定的转动和移动。这种节点比较符合不动铰支座的假定。缺点为构造较复杂，造价较高，只能在一个方向转动。适用于大跨度，且下部支承结构刚度较大的网架。

4）球铰压力支座节点（图2.4.8a）。这种节点的一半圆实心球位于带有凹槽的底板下，

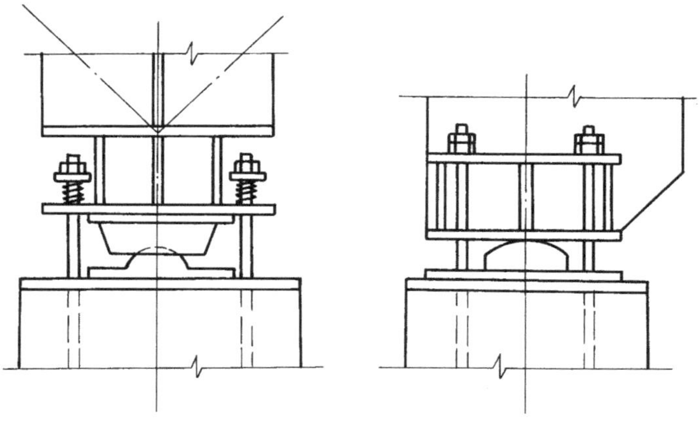

a) 球铰压力支座　　b) 单面弧形拉力支座

图2.4.8　球铰压力支座与单面弧形拉力支座

再由四根带有弹簧的锚栓连接牢固。这种节点比较符合不动铰支座的假定，构造较为复杂，抗震性好，适用于四点及多点支承的大跨度网架。

5）单面弧形拉力支座节点（图2.4.8b）。这种节点类似于压力支座节点。为了更好地传力，在承受拉力的锚栓附近，节点板应加肋，以增强节点刚度，弧形板可用铸钢或厚钢板加工而成。这种节点可用于大、中跨度的网架。

6）板式橡胶支座节点（图2.4.9）。这种支座不仅可以沿切向及法向位移，还可绕两向转动。板式橡胶支座上下表面由橡胶构成，中间夹有3~5层薄钢板。适用于大、中跨度网架。这种节点构造简单、安装方便、节省钢材、造价低，可构成系列产品，工厂化大量生产，是目前使用最广泛的一种支座节点。但其橡胶老化以及下部支承结构的抗震计算等问题尚待进一步研究。

橡胶垫板计算时应考虑下列各项：

1）确定橡胶垫板的平面尺寸。由下式确定平面尺寸：

$$A \geqslant \frac{R_{max}}{[\sigma]} \tag{2.4.10}$$

式中 A——橡胶垫板面积，$A=ab$，a 和 b 分别为橡胶垫板短边及长边边长；

R_{max}——网架全部荷载设计值引起的反力最大值；

$[\sigma]$——橡胶垫板允许抗压强度，$[\sigma]=7.84\sim9.80\text{N/mm}^2$。

2）确定橡胶垫板厚度。网架的水平变位是通过橡胶层的剪切变位来实现的，设网架支座最大水平位移值为 u（图2.4.10a），则不应超过橡胶层的容许剪切变位，即

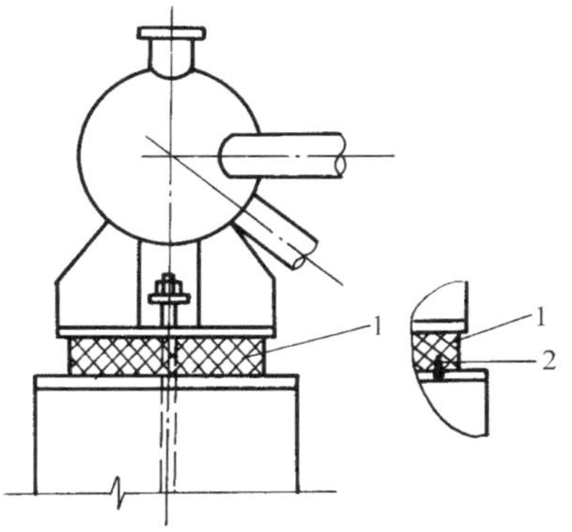

图2.4.9 板式橡胶支座

1—橡胶垫板 2—销钉

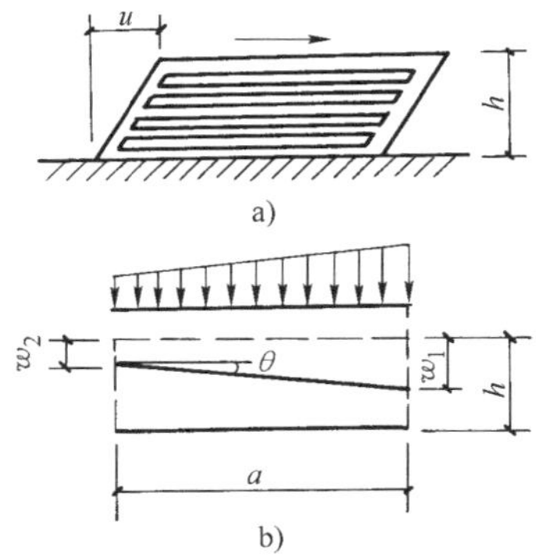

图2.4.10 板式橡胶支座计算简图

$$u \leqslant [u] \tag{2.4.11}$$

式中 $[u]$——橡胶层的容许剪切变位 $[u]=d_0[\tan\alpha]$，其中 $[\tan\alpha]$ 一般取0.7，d_0 为橡胶层总厚度。

橡胶层厚度不宜太大，否则容易造成失稳，因此JGJ 7—2010《空间网格结构技术规程》规定橡胶层厚度应不大于支座法向边长的0.2倍。于是橡胶层总厚度可根据其剪切变位条件及控制橡胶层厚度的构造要求按式（2.4.12）计算。

$$0.2a \geqslant d_0 \geqslant u \tag{2.4.12}$$

橡胶层总厚度 d_0 确定后，加上各橡胶片间钢板厚度之和，即可得橡胶垫板总厚度。

3）验算橡胶垫板的压缩变位。因橡胶垫板的弹性模量较低，因此必须控制其变位值不宜过大。支座节点的转动是通过橡胶垫板产生的不均匀压缩变形来实现的。设内外侧变位为 w_1，w_2（图 2.4.10b），则其平均变形为

$$w_m = \frac{1}{2}(w_1 + w_2) = \frac{\sigma_m d_0}{E} \tag{2.4.13}$$

式中 σ_m——平均应力；

E——橡胶的弹性模量。

支座转角为

$$\theta = \frac{1}{a}(w_1 - w_2) \tag{2.4.14}$$

由以上各式得 $w_2 = w_m - \theta a/2$，当 $w_2 < 0$ 时，表明支座局部脱空，这是不允许的。为此，必须使 $w_2 > 0$，即 $w_m > \theta a/2$。

同时，为使橡胶垫板不出现过大的竖向压缩变位，应使此 $w_m < 0.05d_0$。故橡胶垫板的 w_m 应满足下式要求：

$$0.05d_0 \geqslant w_m \geqslant \theta a/2 \tag{2.4.15}$$

4）验算橡胶垫板的抗滑移。橡胶垫板因水平变位 u 产生的水平力将依靠接触面上的摩擦力平衡，故欲不使橡胶支座滑移的条件为

$$\mu R_g \geqslant GA\frac{u}{d_0} \tag{2.4.16}$$

式中 μ——橡胶垫板与混凝土或钢板间的摩擦系数，分别取 0.2（与钢）、0.3（与混凝土）；

R_g——乘以荷载分项系数 0.9 的永久荷载标准值引起的支座反力；

G——橡胶垫板的切变模量（$G = 0.98 \sim 1.47\text{N/mm}^2$）。

2.5 网架结构研究的发展趋势

网架结构之所以蓬勃发展是由于它具有外形美观、受力合理、制作简单的优点，同时受到了结构工程师和建筑师的青睐。多年来国内外学者对其进行了大量系统的研究，获得了一系列显著科研成果。相对其他种类的空间结构，网架结构的理论研究和工程应用都已经比较成熟，但随着应用范围的不断拓展，仍然存在一些重要问题需要研究。

1. 网架结构的水平抗震性能研究

平面杆系屋盖结构体系上受到的水平地震作用主要由屋盖的支承系统承受，所以抗震设计主要针对竖向地震作用的计算。而网架结构多用于高大空旷房屋，支承系统要和网架共同承受水平地震作用，网架良好的空间刚度正好提供了这种可能，因此对网架结构体系在水平地震作用下的反应应该给予足够重视。

新疆乌恰影剧院在 1985 年遭受了强烈地震，对其所进行的震害分析表明：由于在结构布置时，将舞台屋面大梁与网架同时放在由台口大梁支承的圈梁之上，从而造成舞台屋面与网架上的大部分荷载都集中在同一水平位置上面，但没有抗侧力支承构件。地面运动水平分量作用下，由于由钢筋混凝土板构成的舞台屋面有很大的质量，而其支承结构却没有足够的

抗侧刚度，只有通过网架上弦来传递强大的惯性力。而门厅一端是刚性较大的框架结构，不能相应地发生振动，致使网架上弦杆普遍产生较大的内力，尤其是靠近舞台口的上弦杆内力急剧增加。网架端部上弦是静内力较小之处，按静力设计的原杆件截面也是较小的。因此，造成这部分杆件产生失稳破坏，导致杆件屈曲与支座脱落。

一般认为对网架结构的抗震设计主要应考虑竖向地震作用，这是针对网架结构本身而言的。对于整个结构体系来说，水平地震作用仍是不可忽视的。由于网架结构具有良好的空间刚度，与下部支承系统一起形成空间协同工作，从而保证了建筑物“大震不倒”，在网架结构抗震分析中，应考虑下部支承结构的影响。

2. 网架结构的疲劳性能研究

网架结构就应用范围而言，不仅应用于体育馆等大型公共建筑，而且在工业建筑中得到了广泛的推广应用。工业厂房中的网架结构，由于生产的需要一般都设置悬挂起重机作为起重运输设备。悬挂起重机的设置可谓一大创举，它不仅充分发挥了网架超静定结构对集中力扩散较快的优点，而且布置灵活，便于工业流程改造。与此同时，在悬挂起重机作用下网架结构的疲劳问题也被提上议程，而且引起工程界和学术界越来越广泛的关注。如何进行网架结构疲劳设计，JGJ 7—2010《空间网格结构技术规程》以及 GB 50017—2003《钢结构设计规范》中尚无具体规定。对于直接承受中级或重级工作制悬挂起重机的网架结构，规定其疲劳强度及构造应由专门的试验确定，而且悬挂起重机的吨位限制在 5t 以内。这极大地限制了网架结构在悬挂起重机工业厂房的推广应用。因此，开展系统的理论与试验研究，建立网架结构疲劳设计方法意义重大。

3. 网架结构的新体系

根据杆件布置方式的不同，网架结构有多种常用类型。在工程实践和理论研究中，应提倡网架形式的创新，并对其几何拓扑关系和基本力学性能展开研究。使网架结构得以不断丰富和发展，并增强网架结构的生命力。这里值得一提的是，用于 2008 年奥运会的中国国家游泳中心采用了一种新的杆件布置方式（图 1. 1. 21）。这种网格是世界上第一次应用于建筑结构。

将预应力技术引入网架结构，为网架的发展提供了又一片广阔空间。预应力网架结构是一种新型大跨结构，由于预应力的施加能够有效地减小结构的挠度，降低内力峰值和用钢量，已经日益广泛地应用于实际工程之中。网架的下弦平面内或下弦平面下布置预应力索，以及调整网架支座高度均能起到施加预应力的效果。结合网架的支承结构，在网架上弦节点处设置斜拉索，也可以改善网架的受力。此类预应力网架结构的静力、动力力学性能、不同预应力度对网架的卸荷效果、极限承载力和破坏形态的影响等问题值得进一步研究。

近年来，随着冶金技术的不断提高，科学研究工作的不断深入，铝结构在全世界范围内被大量应用，欧美各发达国家更是在大量应用铝结构，如铝结构桥、铝穹顶结构、铝网架结构、全铝汽车等。铝是人类认识和利用比较早的元素之一，因为它的强度和硬度都很低，纯铝构件是十分不理想的。但是铝可通过冷加工强化，把强度提高一倍以上，也可通过添加镁、锰、硅、铜、锌、锂等合金元素，再经热处理进一步强化，所形成的铝合金既具有优良的物理力学性能又具有重量轻的特有优点，因而是一种很理想的建筑材料。

铝网架结构具有一些突出优点：①铝材料耐腐蚀性能好、免维护，尤其适用于一些有较强腐蚀环境的建筑结构，例如：水处理工厂、化工行业、煤炭行业、海洋气候条件下的结构物等。铝材料无磁，适用于航天航空、天文及雷达站等有特殊要求场合；②铝材料具有重量轻、强度较高等优点；③铝材料具有易回收、再处理成本低、再利用率高、回收剩余价值高、环境保护好的优点；④铝材料经表面处理后外观好，铝网架的装饰效果可与不锈钢网架媲美，而造价低于不锈钢网架。正是由于以上这些优点，铝网架结构的工程应用和理论研究都具有很大的发展空间。

4. 网架结构的塑性设计

目前对网架结构静动力受力分析，仅限于弹性分析范围内。在一些荷载确定、跨度不大的网架中，可以尝试考虑塑性设计，应允许在一定条件下，网架杆件部分进入塑性。网架结构抗震分析，尤其是罕遇地震作用下，应该进行网架结构的弹塑性动力分析。目前这一领域的研究工作开展得很不够，这也是今后网架结构理论研究需要关注的一个重要内容。

5. 网架结构的新型节点

随着网架结构形式的不断创新、杆件截面形式的变化，网架结构节点形式也需要不断创新。需要开发一些新型装配式、易于加工和装配，并且成本低的节点形式。另外，对现有的一些常用节点形式也需要进一步改进，以拓展其应用范围。工程实践中，焊接空心球网架正趋向于大跨度、大节点的发展方向，直径大于500mm的空心球（以下简称大型焊接空心球）在工程上的需求量越来越多。大型焊接空心球由于其直径、厚度大，在钢板加热、压制、焊接等加工过程中不同于一般的焊接空心球，其受力性能也和一般焊接球有所区别。

由于螺栓球节点网架结构具有工厂化生产、质量易保证，以及安装和施工周期短等优点，该节点形式应用越来越广泛。高强螺栓是这类网架的关键部件，决定着结构的安全与应用范围。德国Mero公司已有M120大直径超高强螺栓，可承受2000～3000kN的设计拉力，并已在希腊雅典的体育馆工程中应用。而国内40Cr的最大直径为M64，也仅能承受800～900kN的设计拉力。从一些实际工程中，也提出了大直径超高强螺栓及配套钢球的研制问题。只有这样，螺栓球节点网架的应用范围才会进一步扩大，使得螺栓球节点网架的优点更为明显。

参考文献

[1] 网架结构设计与施工规程编制组．网架结构设计与施工——规程应用指南［M］．北京：中国建筑工业出版社，1995.

[2] 刘锡良，刘毅轩．平板网架设计［M］．北京：中国建筑工业出版社，1979.

[3] 哈尔滨建筑工程学院．大跨房屋钢结构［M］．北京：中国建筑工业出版社，1985.

[4] 沈祖炎，严慧，马克剑，等．空间网架结构［M］．贵阳：贵州人民出版社，1987.

[5] 沈祖炎，陈扬骥．网架与网壳［M］．上海：同济大学出版社，1997.

[6] 肖炽，李维滨，马少华．空间结构设计与施工［M］．南京：东南大学出版社，1999.

[7] 浙江大学建筑工程学院，浙江大学建筑设计研究院．空间结构［M］．北京：中国计划出版社，2003.

[8] 蓝天，张毅刚．大跨度屋盖结构抗震设计［M］．北京：中国建筑工业出版社，2000.

[9] 张毅刚，蓝倜恩．网架结构在竖向地震作用下的实用分析方法［J］．建筑结构学报，1985（5）：1－13.

[10] 刘锡良，董石麟．20年来中国空间结构形式创新［C］//第十届空间结构学术会议论文集．北京：中国建材工业出版社，2002：13－37.

[11] 沈世钊．中国空间结构理论研究20年进展［C］//第十届空间结构学术会议论文集．北京：中国建材工业出版社，2002：38－52.

[12] 雷宏刚，尹德钰．网架结构疲劳问题研究进展［C］//第十届空间结构学术会议论文集．北京：中国建材工业出版社，2002：124－129.

[13] 张毅刚，孔祥和．网架结构体系的水平抗震性能［J］．工业建筑，1998，28（7）：11－15.

[14] 蓝倜恩，钱若军．新疆乌恰影剧院网架屋盖震害分析［C］//空间结构论文选集（二）．北京：中国建材工业出版社，1997：78－85.

[15] 董石麟，赵阳，周岱．我国空间钢结构发展中的新技术、新结构［J］．土木工程学报，1998，31（6）：3－11.

[16] 姚念亮，杨联萍．铝合金格构结构的发展与应用［C］//第十届空间结构学术会议论文集．北京：中国建材工业出版社，2002：27－34.

[17] 中国建筑科学研究院，等．JGJ7—2010 空间网格结构技术规程［S］．北京：中国建筑工业出版社，2010.

第 3 章　网 壳 结 构

3.1　网壳结构的类型和选型

网壳结构是将杆件沿着某个曲面有规律地布置而组成的空间结构体系，其受力特点与薄壳结构类似，是以“薄膜”作用为主要受力特征的，即大部分荷载由网壳杆件的轴向力承受。由于它具有自重轻、结构刚度好等一系列特点，这种结构可以覆盖较大的空间。不同曲面的网壳可以提供各种新颖的建筑造型，因此也是建筑师非常乐意采用的一种结构形式。

3.1.1　网壳结构的类型

网壳的分类通常有按层数划分、按高斯曲率划分和按曲面外形划分等。按层数划分有单层网壳和双层网壳两种，如图 3.1.1 所示。

a) 单层网壳

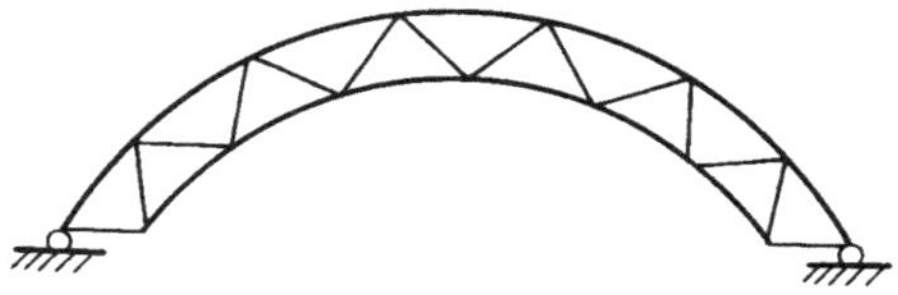

b) 双层网壳

图 3.1.1　单层网壳和双层网壳

1. 按高斯曲率分类

设通过网壳曲面 S 上的任意点 P（图 3.1.2），作垂直于切平面的法线 Pn。通过法线 Pn 可以作无穷多个法截面，法截面与曲面 S 相交可获得许多曲线，这些曲线在 P 点处的曲率称为法曲率，用 k_n 表示。在 P 点处所有法曲率中，有两个取极值的曲率（即最大与最小的曲率）称为 P 点主曲率，用 k_1、k_2 表示。两个主曲率是正交的，对应于主曲率的曲率半径用 R_1、R_2 表示，它们之间的关系为

$$\left.\begin{aligned} k_1 &= \frac{1}{R_1} \\ k_2 &= \frac{1}{R_2} \end{aligned}\right\} \tag{3.1.1}$$

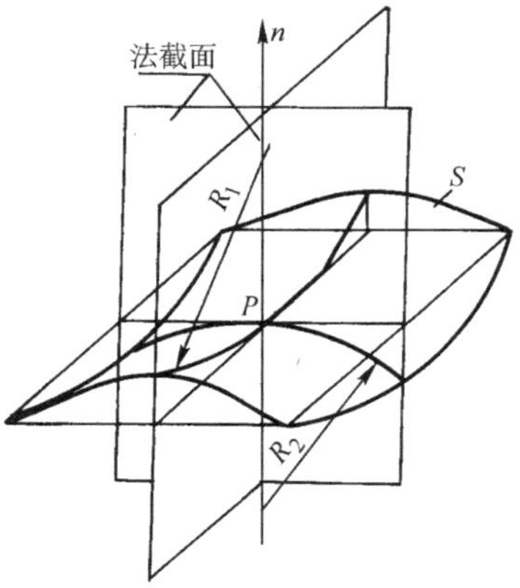

图 3.1.2　曲线坐标

曲面的两个主曲率之积称为曲面在该点的高斯曲率，用 K 表示。

$$K = k_1 \cdot k_2 = \frac{1}{R_1} \cdot \frac{1}{R_2} \tag{3.1.2}$$

按高斯曲率划分有：

（1）零高斯曲率的网壳　零高斯曲率是指曲面一个方向的主曲率半径 $R_1=\infty$，即 $k_1=0$；而另一个主曲率半径 $R_2=\pm a$（a 为某一数值），即 $k_2\neq0$，故又称为单曲网壳，如图3.1.3a 所示。

零高斯曲率的网壳有柱面网壳、圆锥面网壳等。

（2）正高斯曲率的网壳　正高斯曲率是指曲面的两个方向主曲率同号，均为正或均为负，即 $k_1\cdot k_2>0$，如图3.1.3b 所示。

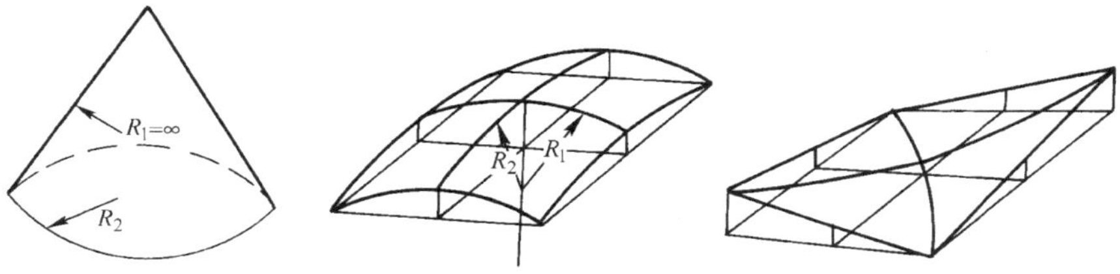

a) 圆锥面网壳　b) 双曲扁网壳　c) 单块扭网壳

图3.1.3　高斯曲率网壳

正高斯曲率的网壳有球面网壳、双曲扁网壳、椭圆抛物面网壳等。

（3）负高斯曲率的网壳

负高斯曲率是指曲面两个主曲率符号相反，即 $k_1\cdot k_2<0$，这类曲面一个方向是凸面，一个方向是凹面，如图3.1.3c 所示。

负高斯曲率的网壳有双曲抛物面网壳、单块扭网壳等。

2. 按曲面外形分类

网壳结构按曲面外形分类，主要有如下几种形式：

（1）球面网壳　球面网壳是由一母线（平面曲线）绕 z 轴旋转而成的，如图3.1.4 所示。母线由圆弧线组成，适用于圆形平面。高斯曲率大于0，曲率半径 $R_1=R_2=R$。球面网壳是常用网壳形式之一。球面网壳的曲面方程为

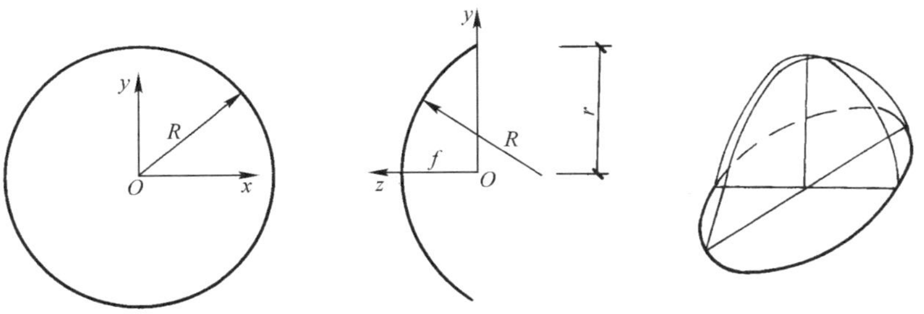

图3.1.4　球面网壳

$$x^2+y^2+(z+R-f)^2=R^2 \tag{3.1.3}$$

式中　R——曲率半径；

f——球面网壳的矢高。

（2）双曲扁网壳 双曲扁网壳的矢高f较小，如图3.1.5所示。$a>b$，$a/b\leqslant 2$，且$f/b\leqslant 1/5$，高斯曲率大于0。该网壳适用于矩形平面。

扁网壳的曲面由球面、椭圆抛物面、双曲抛物面等组成。

当$f=f_a+f_b$时，双曲扁网壳的曲面方程为

$$z=f-\left[f_b\left(\frac{2x}{a}\right)^2+f_a\left(\frac{2y}{b}\right)^2\right] \tag{3.1.4}$$

式中 a、b——网壳投影面的长边、短边尺寸；

f_a、f_b——网壳长边、短边处的矢高；

f——网壳跨中矢高。

（3）柱面网壳 柱面网壳是由一根直线沿两根曲率相同曲线平行移动而成的，如图3.1.6所示。它根据曲线形状不同有圆柱面网壳、椭圆柱面网壳和抛物线柱面网壳。因母线是直线，故曲率$k_1=0$，高斯曲率等于零。

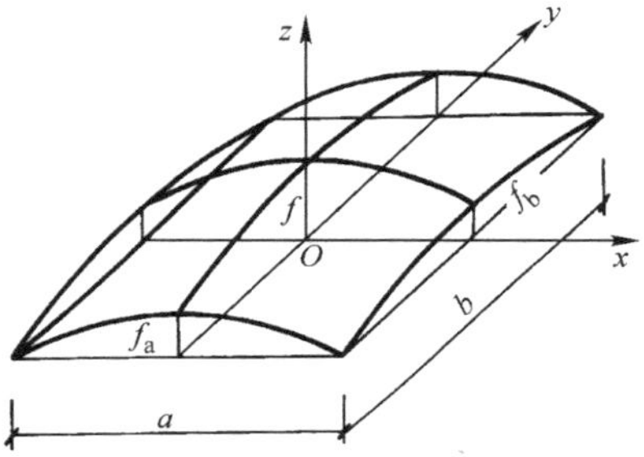

图3.1.5 双曲扁网壳

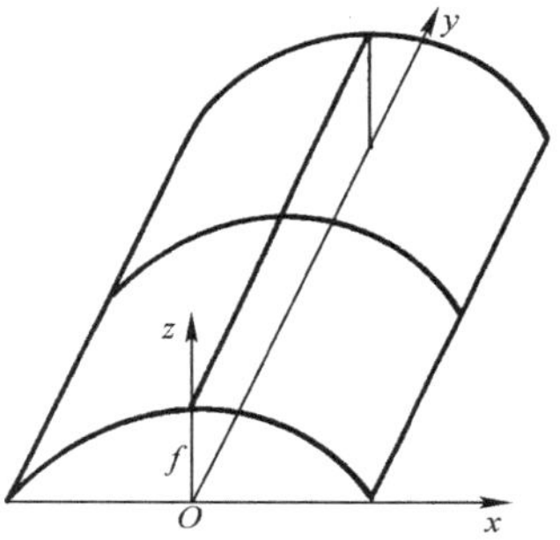

图3.1.6 柱面网壳

柱面网壳适用于矩形平面，是国内常用网壳形式之一，圆柱面的曲面方程为

$$x^2+(z+R-f)^2=R^2 \tag{3.1.5}$$

式中 R——曲率半径；

f——柱面网壳的矢高。

（4）圆锥面网壳 圆锥面网壳是由一根直线与转动轴呈一夹角，经旋转而形成的，如图3.1.7所示，高斯曲率等于零。

圆锥面网壳适用于圆形平面，其曲面方程为

$$\sqrt{x^2+y^2}=\left(1-\frac{z}{h}\right)R \tag{3.1.6}$$

式中 R——圆锥面网壳锥底半径；

h——圆锥面网壳的锥高。

（5）扭曲面网壳 如图3.1.8所示，高斯曲率小于0。适用于矩形平面，它的曲面方程为

$$\begin{aligned} z&=f-\frac{4f}{ab}xy \quad (x,\ y\geqslant 0) \\ z&=f+\frac{4f}{ab}xy \quad (x,\ y<0) \end{aligned} \tag{3.1.7}$$

式中 f——网壳的矢高；

a、b——网壳的边长。

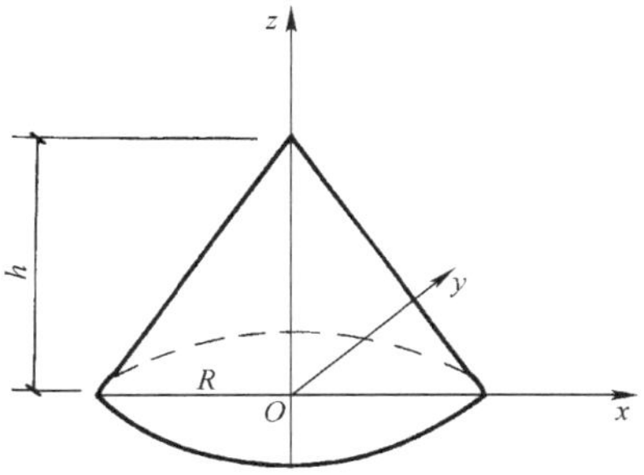

图 3.1.7 圆锥面网壳

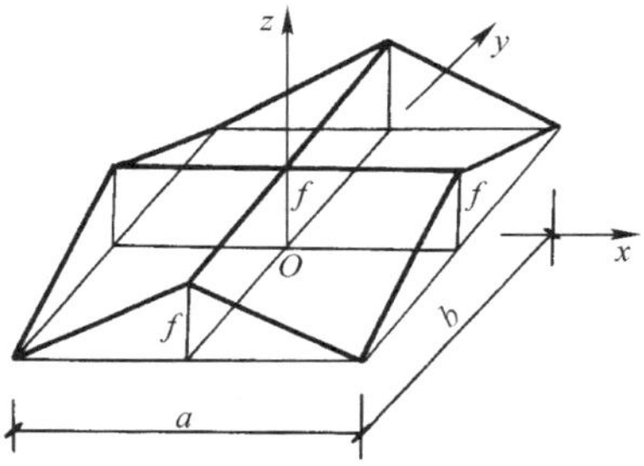

图 3.1.8 扭曲面网壳

（6）单块扭网壳 如图 3.1.9 所示，高斯曲率小于 0。适用于矩形平面。它的特点是与 xz、yz 平面平行的面与网壳曲面的交线是直线。

（7）双曲抛物面网壳 双曲抛物面网壳是由一根曲率向下（$k_1>0$）的抛物线（母线），沿着与之正交的另一根曲率向上（$k_2<0$）的抛物线平行移动而成的。该曲面呈马鞍形，如图 3.1.10 所示。如沿曲面斜向垂直切开时，则均为直线。高斯曲率 $K<0$。该网壳适用于矩形、椭圆形和圆形等平面。

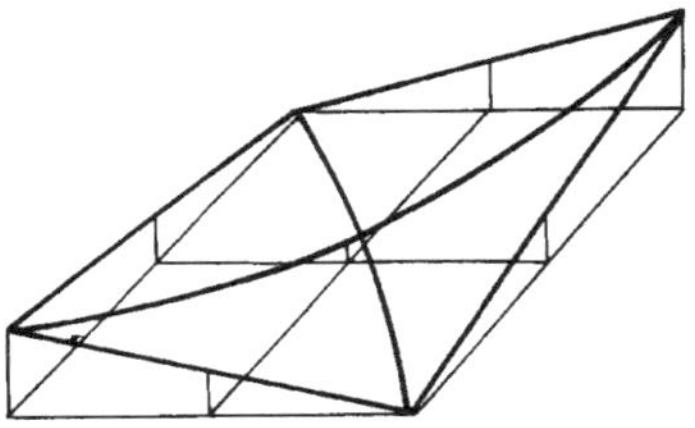

图 3.1.9 单块扭网壳

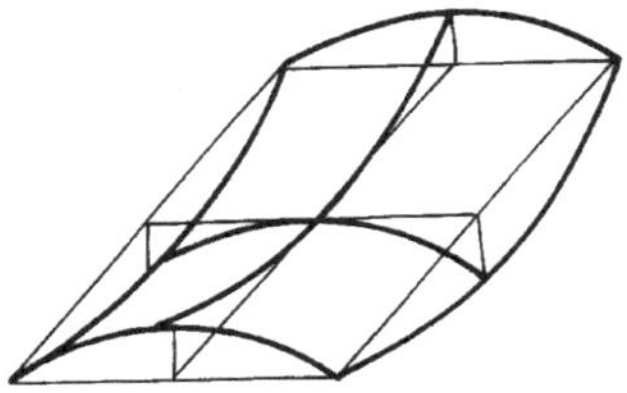

图 3.1.10 双曲抛物面网壳

矩形平面的双曲抛物面网壳的曲面方程为

$$z=\frac{y^2}{R_2^2}-\frac{x^2}{R_1^2} \tag{3.1.8}$$

式中 R_1、R_2——双曲抛物面两个主曲率的曲率半径。

（8）切割或组合形成曲面网壳 球面网壳用于三角形、六边形和多边形平面时，采用切割方法组成新的网壳形式，如图 3.1.11 所示。

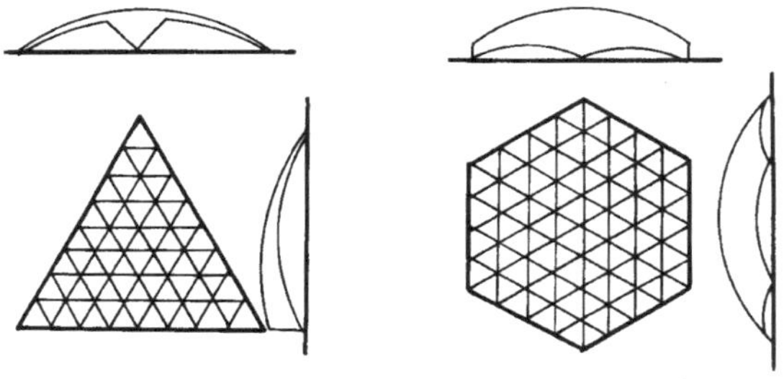

图 3.1.11 切割形成球面网壳

由单块扭面组成各种网壳列于图 3.1.12。由球面网壳和柱面网壳组成的网壳，如图 3.1.13 所示。

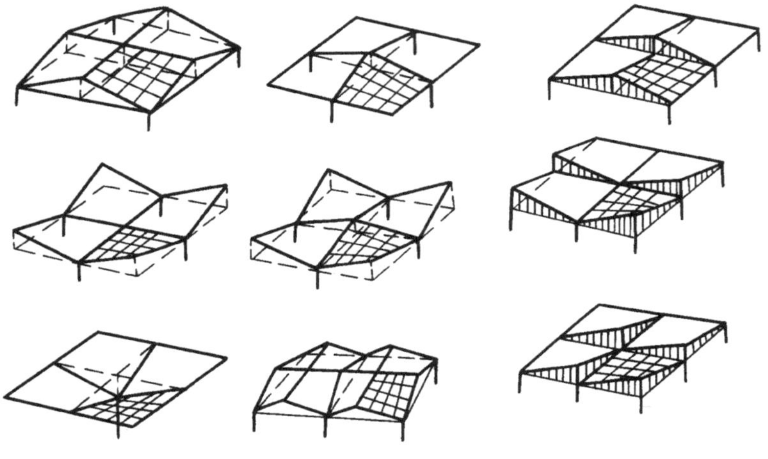

图 3.1.12 单块扭面组成网壳

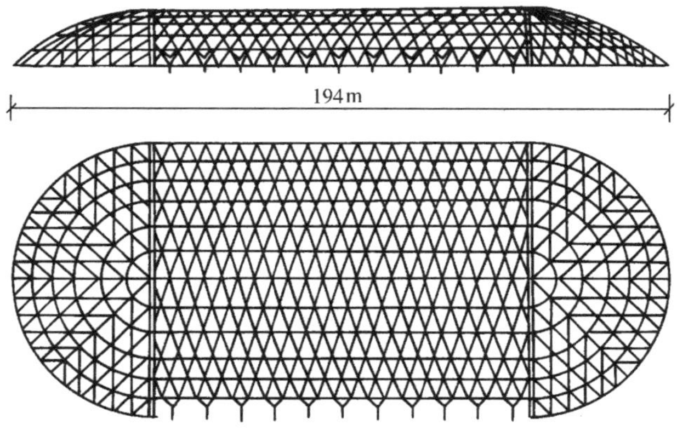

图 3.1.13 球面和柱面组成网壳

3.1.2 球面网壳的网格划分

球面网壳又称穹顶，是目前常用形式之一。它可分为单层和双层两大类。现按网格划分方法分述它们的形式。

1. 单层球面网壳的形式

单层球面网壳的形式，按网格划分主要有：

(1) 肋环型球面网壳　肋环型球面网壳是由径肋和环杆组成的，如图 3.1.14 所示。径肋汇交于球顶，使球顶节点构造复杂。环杆如能与檩条共同工作，可降低网壳整体用钢量。

肋环型球面网壳的大部分网格呈梯形，每个节点只汇交四根杆件，节点构造简单，整体刚度差。适用于中、小跨度。

(2) 肋环斜杆型球面网壳　这种网壳是在肋环型基础上加斜杆而组成的，亦称施威德

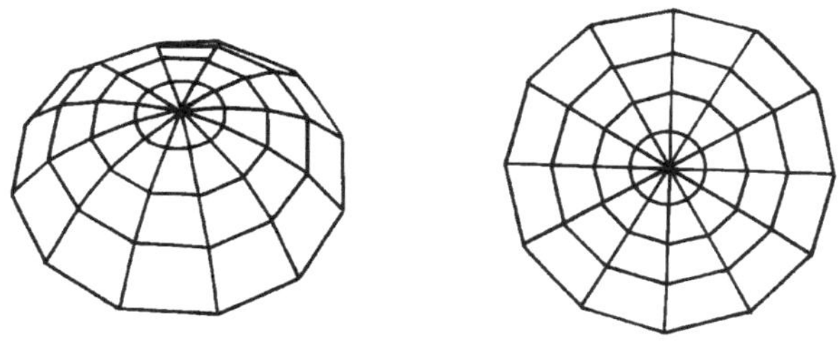

图 3.1.14 肋环型球面网壳

勒（Schwedler）型。它大大提高了网壳的刚度，提高了抵抗非对称荷载的能力。根据斜杆布置不同有：单斜杆（图 3.1.15a、b）、交叉斜杆（图 3.1.15c）和无环杆的交叉斜杆（图 3.1.15d）等，网格为三角形，刚度好。它适用于大、中跨度。

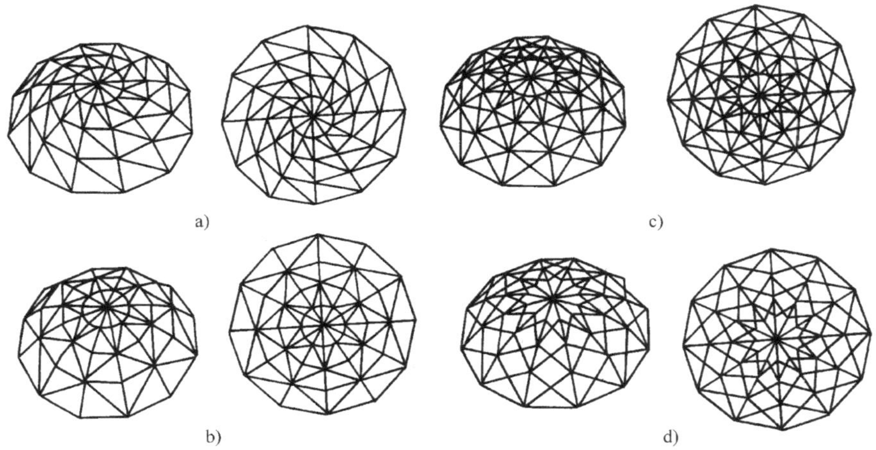

图 3.1.15 肋环斜杆型球面网壳

（3）三向网格型球面网壳 这种网壳的网格在水平投影面上呈正三角形，即在水平投影面上，通过圆心作夹角为 ±60°的三个轴，将轴 n 等分并连线，形成正三角形网格，再投射到球面上形成三向网格型网壳，如图 3.1.16 所示。受力性能好，外形美观，适用于中、小跨度。

网壳球面上任一节点 i 的坐标，可先由水平投影面上求出 x_i、y_i，再按下式求 z_i 坐标：

$$z_i = \sqrt{R^2 - x_i^2 - y_i^2} - (R - f) \tag{3.1.9}$$

式中 R——网壳的曲率半径；

f——网壳的矢高。

（4）葵花形三向网格型球面网壳 这种网壳由人字斜杆组成菱形网格，两斜杆夹角在 30°~50°之间，如图 3.1.17a 所示，其造型美观，亦称联方型。为了增强网壳的刚度和稳定性，在环向加设杆件，使网格成为三角形，如图 3.1.17b 所示。适用于大、中跨度。

（5）扇形三向网格型球面网壳 这种网壳是由 n（n=6，8，12，…）根径肋把球面分为 n 个对称扇形曲面。每个扇形曲面内，再由环杆和斜杆组成大小较匀称的三角形网格，如图 3.1.18 所示，亦称凯威特型或根据肋数 n 简称为 Kn 型。这种网壳综合了旋转式划分法与均分三角形划分法的优点，因此不但网格大小匀称，而且内力分布均匀。适用于大、中跨度。

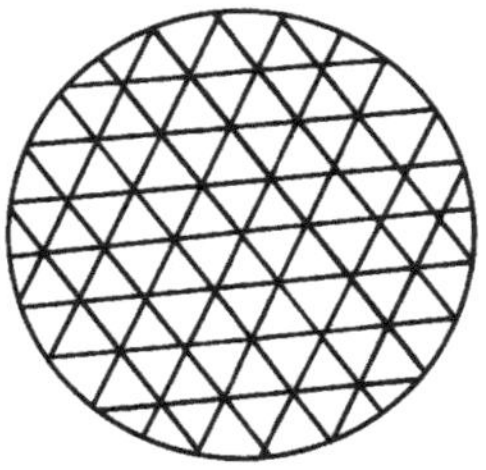

图 3.1.16 三向网格型球面网壳

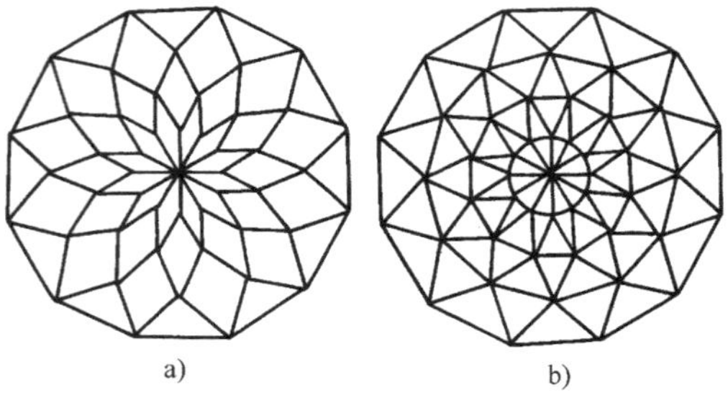

图 3.1.17 葵花形三向网格型球面网壳

（6）短程线球面网壳 如图 3.1.19a 所示，用过球心 O 的平面截球，在球面上所得截线称为大圆。在大圆上 A、B 两点连线为最短路线，称短程线。由短程线组成的平面组合成空间闭合体，称为多面体。如果短程线长度一样，称为正多面体。球面是多面体的外接圆。

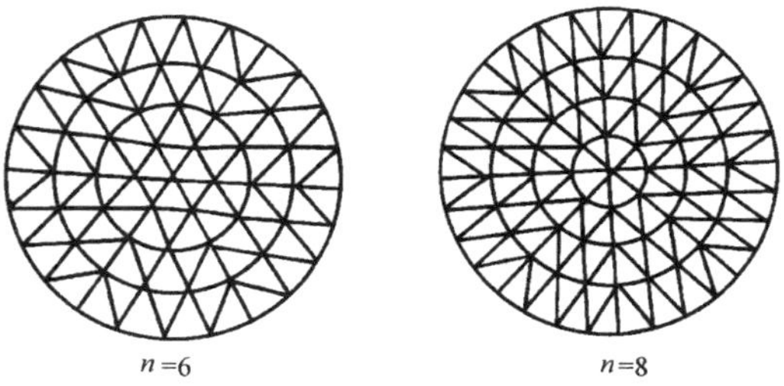

图 3.1.18 扇形三向网格型球面网壳

短程线球面网壳是由正二十面体在球面上划分网格，每一个平面为正三角形，把球面划分为 20 个等边球面三角形，如图 3.1.19b、c 所示。在实际工程中，正二十面体的边长太大，需要再划分。再划分后杆件的长度都有微小差异。将正三角形再划分主要有：

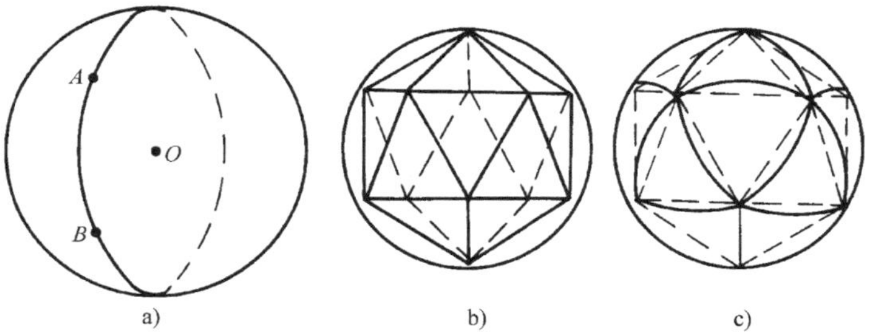

图 3.1.19 短程线球面网壳

1）弦均分法。它是把正三角形三个边等分组成若干个小正三角形。然后从其外接球中心，将这些等分点投射到外接球面上，形成短程线球面网格，如图 3.1.20 所示。

2）等弧再分法。它是把二十面体的正三角形的边进行二等分，并从其外接球中心将等分点投射到球面上，把投影点连线，形成新的多面体的弦，此时弦长缩小一半（图 3.1.21a）。再将此新弦二等分，投射到球面上（图 3.1.21b）。如此循环进行直至划分结束。

3）边弧等分法。它是将正三角形各边所对应的弧直接进行等分，连接球面上各划分点，即求得短程线球面网格，如图 3.1.22 所示。这种网壳杆件布置均匀，受力性能好，适用于矢高较大或超半球形的网壳。

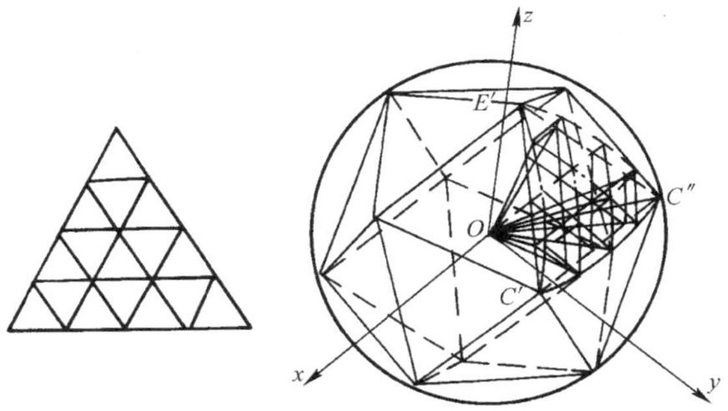

a) b)

图 3.1.20 弦均分法形成球面网壳

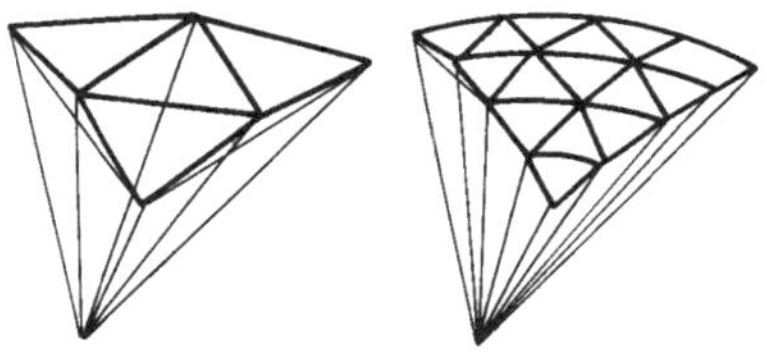

a) b)

图 3.1.21 等弧再分法形成球面网壳

2. 双层球面网壳的形式

双层球面网壳可由交叉桁架体系和角锥体系组成，主要形式有：

（1）交叉桁架体系　上节所述六种单层球面网壳网格划分形式都可适用于交叉桁架体系，只要将单层网壳中每个杆件，用平面网片（图 3.1.23）来代替，即可形成双层球面网壳，网片竖杆是各片共用，方向通过球心。这里不再赘述。

（2）角锥体系　由四角锥和三角锥组成的双层球面网壳主要有：

1）肋环型四角锥球面网壳，如图 3.1.24 所示。

2）联方型四角锥球面网壳，如图 3.1.25 所示。

3）联方型三角锥球面网壳，如图 3.1.26 所示。

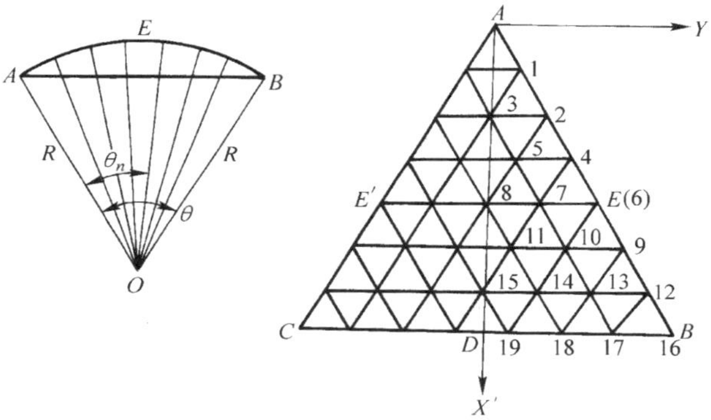

a) b)

图 3.1.22 边弧等分法形成球面网壳

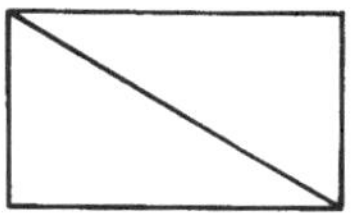

图 3.1.23 基本单元

4）平板组合式球面网壳，如图 3.1.27 所示。将球面变为多面体，每一面为一平板网架。

3.1.3 柱面网壳的网格划分

柱面网壳是目前国内常用的形式。它分为单层和双层两类，现按网格划分方法分述它们的形式。

1. 单层柱面网壳的形式

单层柱面网壳按网格形式划分有：

（1）单斜杆正交正放型柱面网壳　如图 3.1.28a 所示，首先沿曲线划分等弧长，通过曲线等分点作平行纵向直线。再将直线等分，作平行于曲线的横线，形成方格，对每个方格

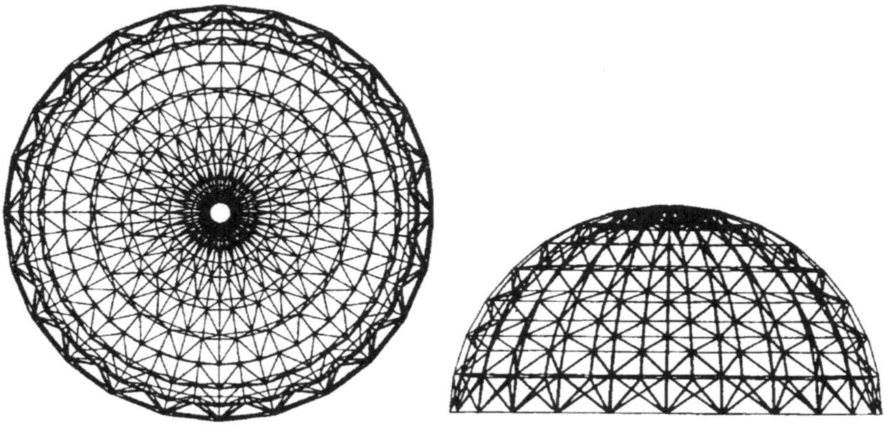

图 3. 1. 24 肋环型四角锥球面网壳

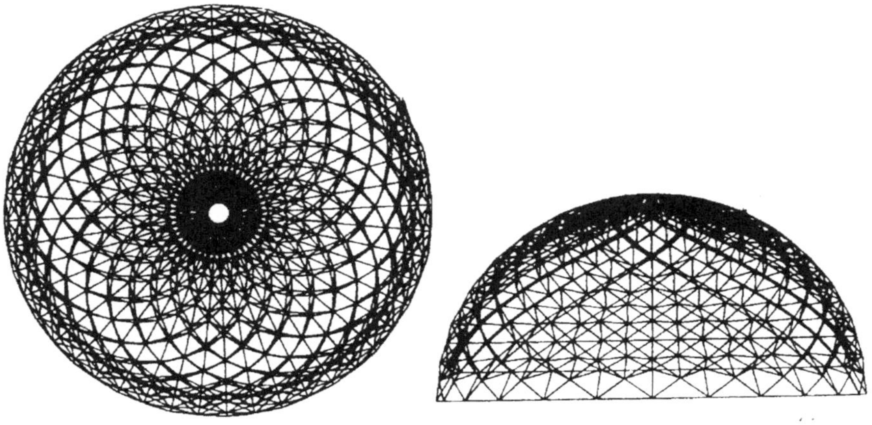

图 3. 1. 25 联方型四角锥球面网壳

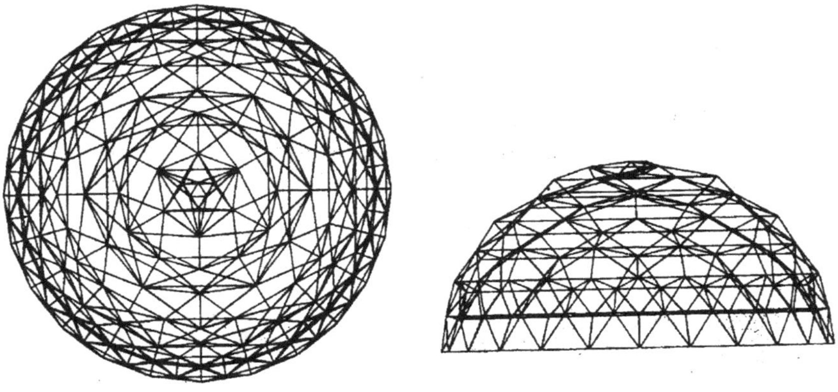

图 3. 1. 26 联方型三角锥球面网壳

加斜杆。如将斜杆布置成人字形，如图 3. 1. 28b 所示，成为人字形正交正放型柱面网壳，亦称弗普尔型。

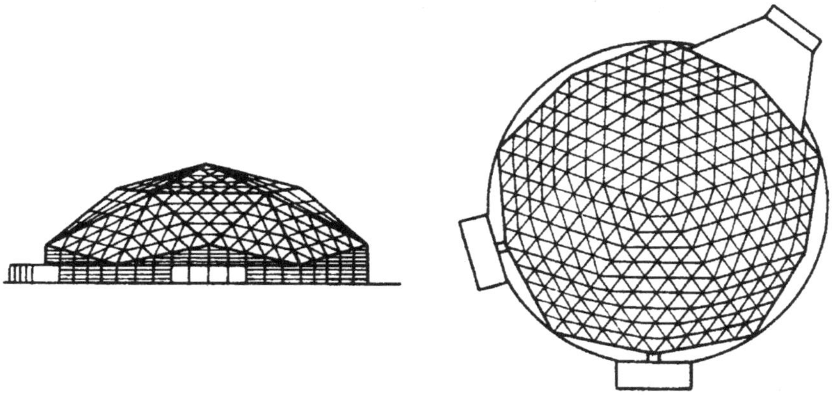

图 3.1.27 平板组合式球面网壳

(2) 交叉斜杆正交正放型柱面网壳 如图 3.1.28c 所示，它是在方格内设置交叉斜杆，以提高网壳的刚度。

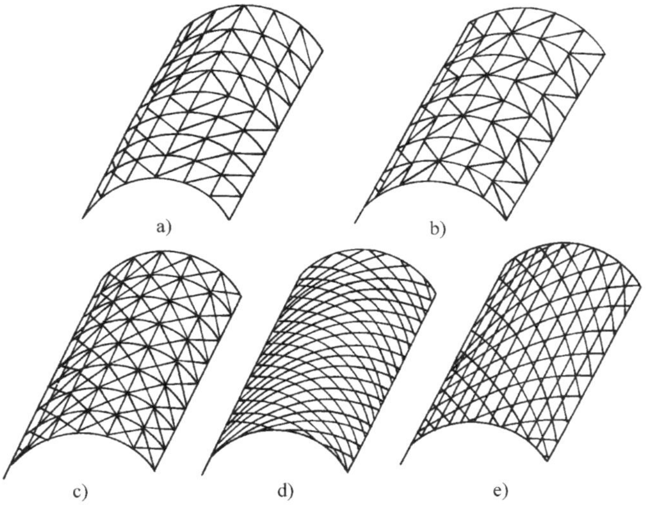

图 3.1.28 单层柱面网壳

(3) 联方网格型柱面网壳 如图 3.1.28d 所示，其杆件组成菱形网格，杆件夹角在 30°～50°之间。

(4) 三向网格型柱面网壳 如图 3.1.28e 所示，三向网格可理解为联方网格上加纵向杆件，使菱形变为三角形。

单斜杆型与交叉斜杆型相比，前者杆件数量少，杆件连接易处理，但刚度差一些，适用于小跨度、小荷载屋面。

联方网格型杆件数量最少，杆件长度统一，节点上只连接四根杆件，节点构造简单，刚度较差。三向网格型刚度最好，杆件品种也较少，是一种较经济合理的形式。

有时为了提高整体稳定性和刚度单层柱面网壳部分区段设横向肋，变为局部双层网壳。

2. 双层柱面网壳的形式

双层柱面网壳形式很多，主要由交叉桁架体系和四角锥体系组成，主要形式有：

(1) 交叉桁架体系 单层柱面网壳形式都可成为交叉桁架体系的双层柱面网壳，每个网片形式如图3.1.23所示。这里不再赘述。

(2) 四角锥体系 四角锥体系在网架结构中共有六种，这几种类型是否都可应用于双层网壳中，应从受力合理性角度分析。网架结构受力比较明确，对周边支承网架，上弦杆总是受压，下弦杆总是受拉，而双层网壳的上层杆和下层杆都可能受压。因此，对于上弦杆短、下弦杆长的这种类型网架，在双层柱面网壳中，并不一定适用。

四角锥体系组成的双层柱面网壳主要有：

1) 正放四角锥柱面网壳，如图3.1.29所示。它由正放四角锥体按一定规律组合而成。杆件品种少，节点构造简单，刚度大，是目前最常用形式之一。

2) 抽空正放四角锥柱面网壳，如图3.1.30所示。这类网壳是在正放四角锥网壳基础上适当抽掉一些四角锥单元中的腹杆和下层杆而形成的。适用于小跨度、轻屋面荷载。网格应为奇数。

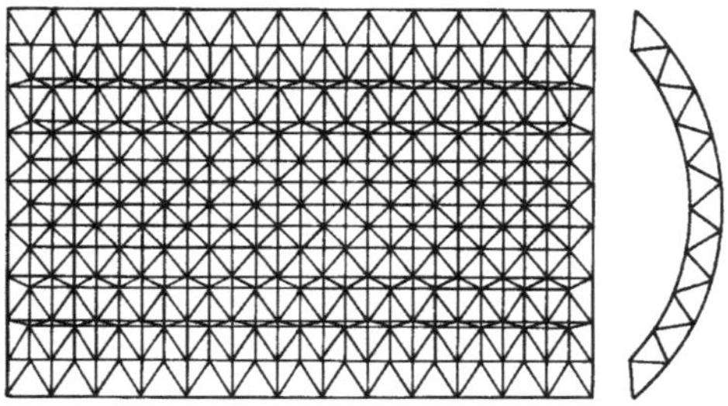

图3.1.29 正放四角锥柱面网壳

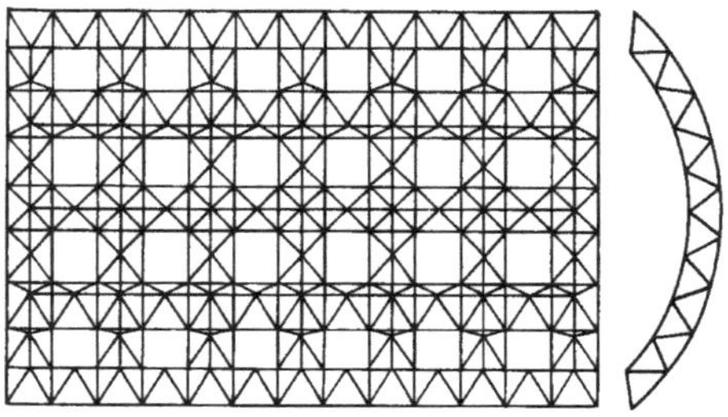

图3.1.30 抽空正放四角锥柱面网壳

3) 斜置正放四角锥柱面网壳，如图3.1.31所示。

(3) 三角锥体系

1) 三角锥柱面网壳，如图3.1.32所示。

2) 抽空三角锥柱面网壳，如图3.1.33所示。

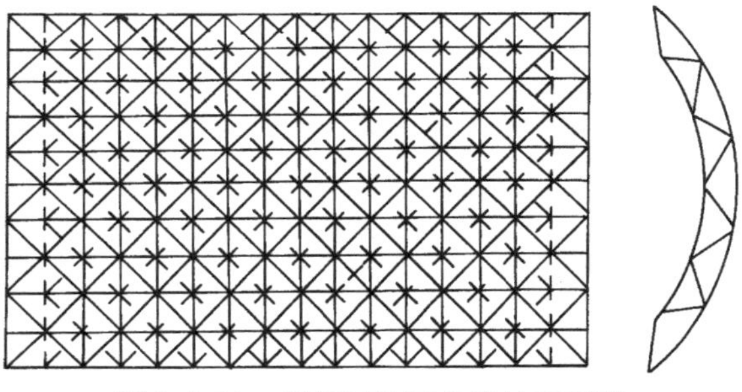

图3.1.31 斜置正放四角锥柱面网壳

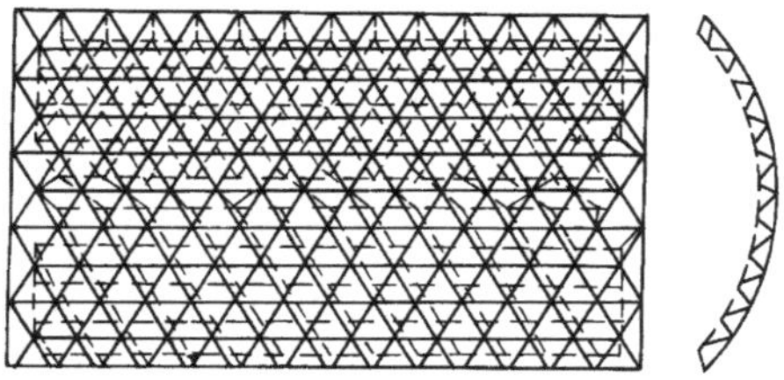

图3.1.32 三角锥柱面网壳

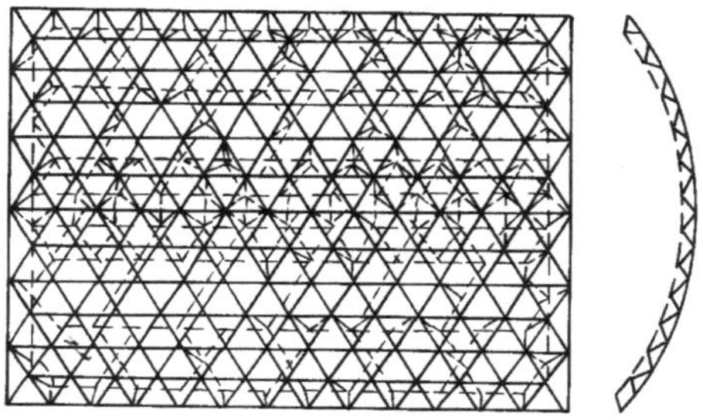

图3.1.33 抽空三角锥柱面网壳

3.1.4 双曲抛物面网壳的网格划分

双曲抛物面网壳沿直纹两个方向可以设置直线杆件。主要形式有：

1）正交正放类，如图3.1.34a、b所示。组成网格为正方形，采用单层形式时，在方格内设斜杆；采用双层形式时可组成四角锥体。

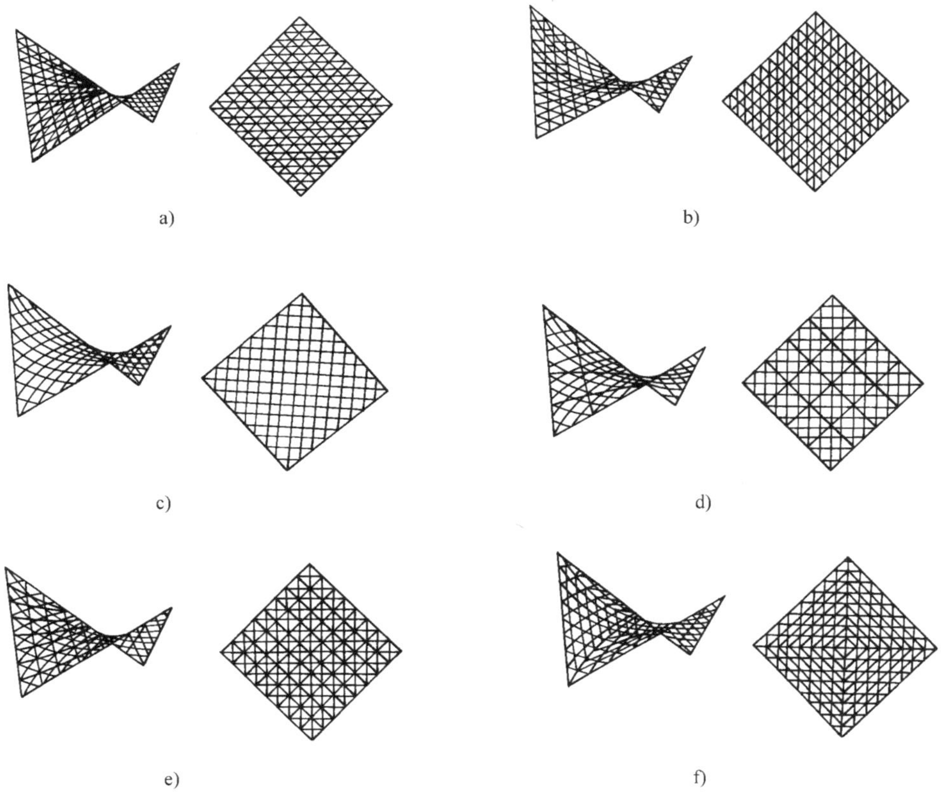

图3.1.34 双曲抛物面网壳

2）正交斜放类，如图3.1.34c所示。杆件沿曲面最大曲率方向设置，抗剪刚度较弱。在第三方向全部或局部设置杆件，如图3.1.34d、e、f所示，可提高它的抗剪刚度。

3.1.5 网壳结构的选型

网壳结构的选型要考虑跨度大小、刚度要求、平面形状、支承条件、制作安装和技术经济指标等因素才能综合决定，下面作详细说明。

1）双层网壳可采用铰接节点，单层网壳应采用刚接节点，一般来说大中跨度网壳宜采用双层网壳，中小跨度网壳可采用单层网壳。

2）为使网壳结构的刚度选取恰当，受力比较合理，根据国内外的工程实践经验，给出网壳结构几何尺寸选用范围，以供工程设计中参照应用，见表3.1.1。

表 3.1.1 网壳结构几何尺寸选用范围

壳型	示意图	平面尺寸	矢高 f	双层壳厚度 h	单层壳跨度
圆柱面网壳	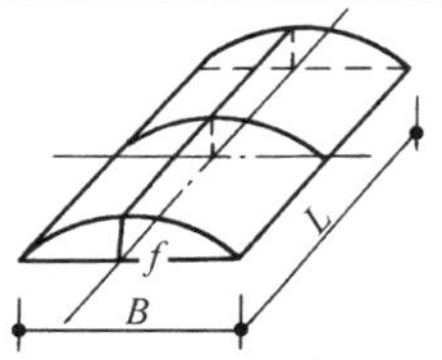	$\frac{B}{L}<1$	$\frac{f}{B}=\frac{1}{3}\sim\frac{1}{6}$ 纵边落地时可取 $\frac{f}{B}=\frac{1}{2}\sim\frac{1}{5}$	$\frac{h}{B}=\frac{1}{20}\sim\frac{1}{50}$	$L\leqslant 30\text{m}$ 纵边落地时 $B\leqslant 25\text{m}$
球面网壳	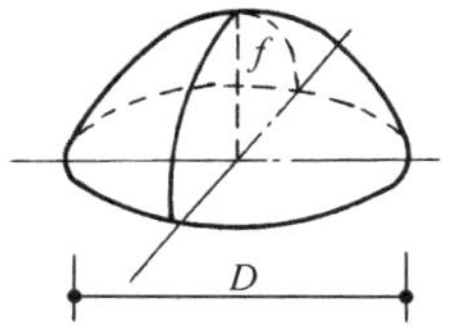	—	$\frac{f}{D}=\frac{1}{3}\sim\frac{1}{7}$ 周边落地时$\frac{f}{D}<\frac{3}{4}$	$\frac{h}{D}=\frac{1}{30}\sim\frac{1}{60}$	$D\leqslant 60\text{m}$
双曲扁网壳	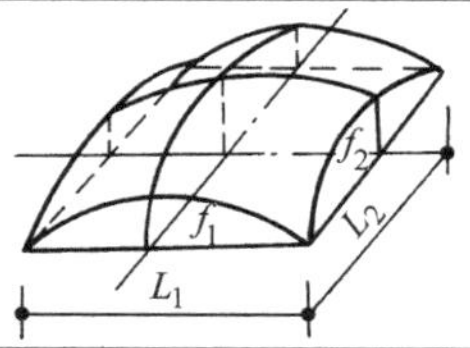	$\frac{L_1}{L_2}<1.5$	$\frac{f_1}{L_1}$、$\frac{f_2}{L_2}=\frac{1}{6}\sim\frac{1}{9}$	$\frac{h}{L_2}=\frac{1}{20}\sim\frac{1}{50}$	$L_2\leqslant 40\text{m}$
单块扭网壳	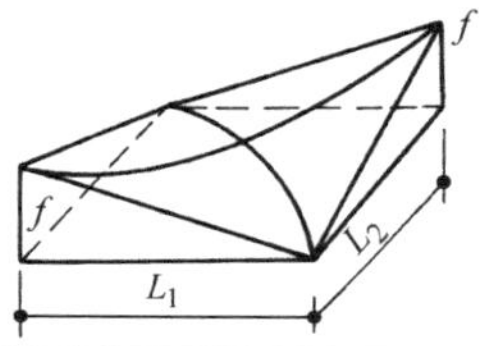	$\frac{L_1}{L_2}<1.5$ 常用 $L_1=L_2=L$	$\frac{f}{L_1}$、$\frac{f}{L_2}=\frac{1}{2}\sim\frac{1}{4}$	$\frac{h}{L_2}=\frac{1}{20}\sim\frac{1}{50}$	$L_2\leqslant 50\text{m}$
四块组合型扭网壳	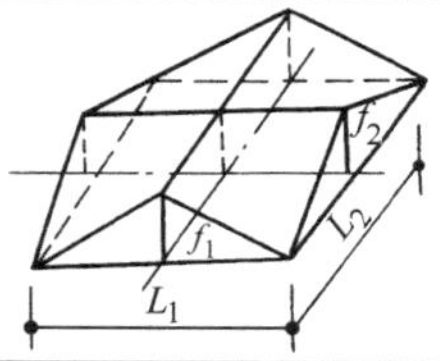	$\frac{L_1}{L_2}<1.5$ 常用 $L_1=L_2=L$	$\frac{f_1}{L_1}$、$\frac{f_2}{L_2}=\frac{1}{4}\sim\frac{1}{8}$	$\frac{h}{L_2}=\frac{1}{20}\sim\frac{1}{50}$	$L_2\leqslant 50\text{m}$

注：L_2 指短向跨度。

3）网壳结构除竖向反力外，通常有较大的水平反力，应在网壳边界设置边缘构件来承受这些反力，如在圆柱面网壳的两端、双曲扁网壳和四块组合型扭网壳的四侧应设置横隔（如桁架等），球面网壳应设置外环梁。这些边缘构件应有足够的刚度，并可作为网壳整体的组成部分进行协调分析计算。

4）小跨度的球面网壳的网格布置可采用肋环型，大跨度的球面网壳宜采用能形成三角形网格的各种网格类型。为不使球面网壳的顶部构件太密集而造成应力集中和制作安装的困难，宜采用三向网格型、扇形三向网格型及短程线型网壳；也可采用中部为扇形三向网格型、外围为葵花形三向网格型组合形式的网壳。

5）小跨度的圆柱面网壳的网格布置可采用联方型网格，大中跨度的圆柱面网壳采用能形成三角形网格的各种网格类型。双曲扁网壳和扭网壳的网格选型可参照圆柱面网壳的网格选型。

6）网壳结构的最大位移计算值不应超过短向跨度的 1/400；悬挑网壳的最大位移计算值不应超过悬挑长度的 1/200。

3.2 网壳结构分析

与网架结构一样，网壳结构分析的主要目的是计算结构在各种荷载工况和边界约束条件下的变形和构件内力，为杆件、节点设计和结构变形控制提供定量的数值依据。

网壳结构的发展与建筑材料和计算理论的发展紧密相连，其总的趋势是跨度越来越大，厚度越来越薄。跨度大、厚度薄、重量轻可以看做是结构优化的成果；但与此同时，结构稳定性问题也变得突出起来。稳定性分析已成为网壳结构，尤其是单层网壳结构设计中的关键问题。网壳结构稳定性分析过程非常复杂，将在3.3节具体叙述。

3.2.1 空间刚架位移法

结构分析的过程实际上是一个数值计算的过程。如何将一个实际结构合理地抽象为一个数学计算模型是网壳结构分析首先面临的问题，也是影响分析结果是否符合结构实际受力状态的关键因素。对于网壳结构来说，结构分析的计算模型根据其受力特点和节点构造形式通常分为两种：一种是空间杆单元模型；一种是空间梁单元模型。前面章节已经讲到，网壳结构主要分为双层（或多层）网壳结构和单层网壳结构两种形式。计算分析表明，对于双层（或多层）网壳结构，无论其节点采用螺栓球节点，还是具有一定抗弯刚度的焊接球节点，只要荷载作用在节点上，构件内力以轴力为主，而节点刚度所引起的构件弯矩通常很小。因此，双层（或多层）网壳结构通常采用空间杆单元模型，其结构分析方法采用与网架结构相同的空间桁架位移法。而对于单层网壳，构件之间通常采用以焊接空心球节点为主的刚性连接方式。同时从结构受力性能上来看，单层网壳构件中的弯矩和轴力相比往往不能忽略，而且可能成控制构件设计的主要内力，因此单层网壳的结构分析通常采用空间梁单元模型。

网壳结构的分析方法通常可分为两类：一类是基于连续化假定的分析方法；一类为基于离散化假定的分析方法。网壳结构的连续化分析方法通常主要指拟壳法，这种方法的基本思想是通过刚度等代将其比拟成光滑实体壳，然后按照弹性薄壳理论对等代后的光滑实体壳进行结构分析求得壳体位移和内力的解析解，最终根据壳体的内力折算出网壳杆件的内力。网壳结构的离散化分析方法通常指有限单元法，这种方法首先将结构离散成各个单元，在单元基础上建立单元节点力和节点位移之间关系的基本方程式，以及相应的单元刚度矩阵，然后利用节点平衡条件和位移协调条件建立整体结构节点荷载和节点位移关系的基本方程式，及其相应的总体刚度矩阵，通过引入边界约束条件修正总体刚度矩阵后求解出节点位移，再由节点位移计算出构件内力。

以上所讨论网壳结构的分析方法各有优缺点。对于工程中经常使用的球面网壳和柱面网壳，采用拟壳法进行结构分析时可以很便利地采用薄壳理论中有关球面壳和柱面壳的已知解答，不依靠计算机便可求得网壳内力。而且采用拟壳法可以更方便地使设计人员借助壳体的受力特性来理解网壳结构受力性能。但是对于曲面形状不规则、网格不均匀、边界条件和荷载情况复杂的网壳结构，由于等代后的光滑实体壳通常很难求出其解析解，因此就不宜采用拟壳法。相比之下，有限元方法作为一种结构分析的通用方法，其计算分析不受结构形状、边界条件和荷载情况的限制，但是其计算分析过程需要借助计算机来完成。应该看到，当前计算机的软硬件发展非常迅速，各种数据的前后处理计算和数值分析方法也日趋成熟，因此有限元法已成为网壳结构分析的主要方法。

根据上面的分析，对于网壳结构采用空间杆单元模型进行结构分析的有限单元法——空间桁架位移法，已在本书网架结构部分进行了详细的论述，因此本节主要讨论针对单层网壳结构按空间梁单元进行结构分析的有限单元法——空间刚架位移法。

空间刚架位移法具有有限单元法的共同特点，它的基本思想是：首先根据结构实际节点位置将网壳结构的各杆件离散成独立的梁单元；再通过单元分析，建立单元节点位移和节点力之间关系的单元刚度矩阵；然后对整体结构的每一个节点通过相邻单元的位移协调关系以及单元节点力和外荷载之间的平衡关系，建立整体结构节点位移和节点荷载之间的基本方程式及结构的总体刚度矩阵；通过引入边界条件修正总体刚度矩阵后，求解基本方程式得到结构各节点的位移；最后根据求得的节点位移计算各单元的内力。

1. 基本假定

1）梁单元为等截面双轴对称的直杆。

2）变形后的梁截面仍保持平面，且垂直于中和轴，即不考虑剪切变形的影响。

3）构件符合小变形、小应变的假定。

4）材料为各向同性的线弹性材料。

5）荷载仅作用在节点上。

2. 空间梁单元的坐标系定义及坐标变换矩阵

（1）梁单元的坐标系定义　如图 3.2.1 所示的一空间等截面双轴对称的直线梁单元，其两端 i、j 节点在整体坐标系 $O-XYZ$ 下的坐标值分别为 $(X_i\ Y_i\ Z_i)^{\mathrm{T}}$ 和 $(X_j\ Y_j\ Z_j)^{\mathrm{T}}$。根据梁的基本理论，空间梁单元两端截面分别存在六个节点内力分量（包括三个节点力和三个节点力矩）和六个节点位移分量（包括三个线位移和三个节点转角位移）。在整体坐标系 $O-XYZ$ 下，将其表示成节点内力向量和节点位移向量的形式，即

$$\boldsymbol{F}_{\mathrm{e}}=(N_{Xi}\ N_{Yi}\ N_{Zi}\ M_{Xi}\ M_{Yi}\ M_{Zi}\ N_{Xj}\ N_{Yj}\ N_{Zj}\ M_{Xj}\ M_{Yj}\ M_{Zj})^{\mathrm{T}} \tag{3.2.1}$$

$$\boldsymbol{U}_{\mathrm{e}}=(u_i\ v_i\ w_i\ \theta_{Xi}\ \theta_{Yi}\ \theta_{Zi}\ u_j\ v_j\ w_j\ \theta_{Xj}\ \theta_{Yj}\ \theta_{Zj})^{\mathrm{T}} \tag{3.2.2}$$

定义单元的局部坐标系：$\tilde{o}-\tilde{x}\ \tilde{y}\ \tilde{z}$（图 3.2.2），其中 $\tilde{o}$ 位于单元 i 节点的截面形心处，$\tilde{x}$ 轴位于梁的中和轴上，且其正向为从 i 节点指向 j 节点。而 $\tilde{y}$ 轴和 $\tilde{z}$ 轴位于垂直于 $\tilde{x}$ 轴且通过 $\tilde{o}$ 点的截面内，并与 $\tilde{x}$ 轴构成满足右手法则的正交坐标系。在单元局部坐标系 $\tilde{o}-\tilde{x}\ \tilde{y}\ \tilde{z}$ 下，其节点力向量和节点位移向量为

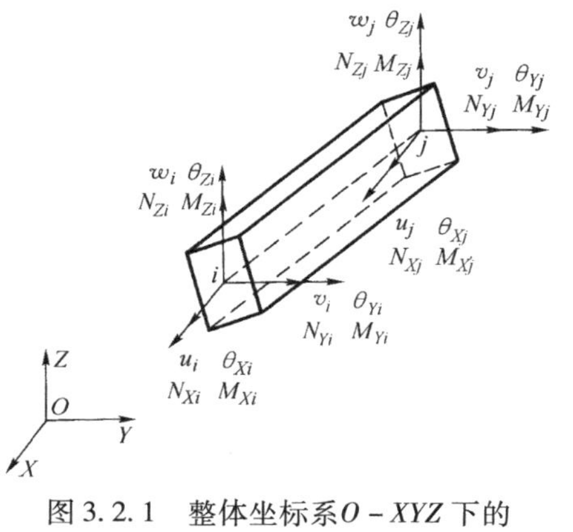

图 3.2.1　整体坐标系 $O-XYZ$ 下的单元节点位移和节点内力

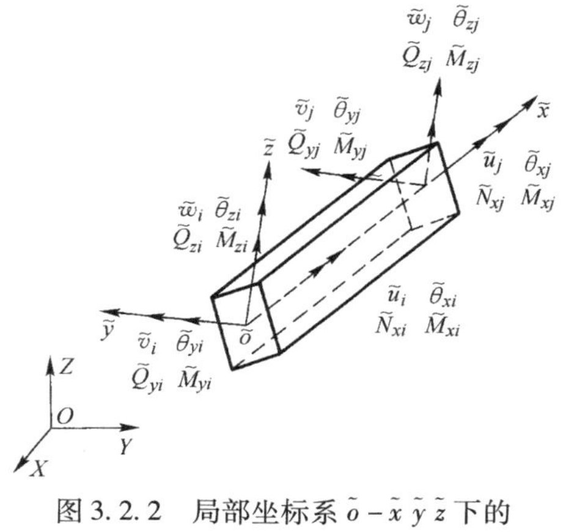

图 3.2.2　局部坐标系 $\tilde{o}-\tilde{x}\ \tilde{y}\ \tilde{z}$ 下的单元节点位移和节点内力

$$\widetilde{\boldsymbol{F}}_{\mathrm{e}}=(\widetilde{N}_{xi}\ \widetilde{Q}_{yi}\ \widetilde{Q}_{zi}\ \widetilde{M}_{xi}\ \widetilde{M}_{yi}\ \widetilde{M}_{zi}\ \widetilde{N}_{xj}\ \widetilde{Q}_{yj}\ \widetilde{Q}_{zj}\ \widetilde{M}_{xj}\ \widetilde{M}_{yj}\ \widetilde{M}_{zj})^{\mathrm{T}} \tag{3.2.3}$$

$$\tilde{\boldsymbol{U}}_{\mathrm{e}}=(\tilde{u}_i\ \tilde{v}_i\ \tilde{w}_i\ \tilde{\theta}_{xi}\ \tilde{\theta}_{yi}\ \tilde{\theta}_{zi}\ \tilde{u}_j\ \tilde{v}_j\ \tilde{w}_j\ \tilde{\theta}_{xj}\ \tilde{\theta}_{yj}\ \tilde{\theta}_{zj})^{\mathrm{T}} \tag{3.2.4}$$

由于垂直于 $\tilde{x}$ 轴且通过 $\tilde{o}$ 点的截面内相互正交的矢量有无数对，因此单元局部坐标系 $\tilde{o}-\tilde{x}\,\tilde{y}\,\tilde{z}$ 从理论上讲是任意的。但是考虑到网壳结构单元数量众多，任意确定各单元的局部坐标系在实际结构的描述上并不方便，因此一般采用某些统一性的做法，譬如有些程序将结构中所有单元的局部坐标系 $\tilde{o}-\tilde{x}\,\tilde{y}\,\tilde{z}$ 中的 $\tilde{y}$ 轴默认为与总体坐标系的 $O-XY$ 平面平行。

另外，根据材料力学的知识，通常单元的内力和位移习惯上是依据梁截面的两个主惯性轴方向来定义的。按照这个习惯，定义基于梁主惯性轴方向的局部坐标系 $\bar{o}-\bar{x}\ \bar{y}\ \bar{z}$（图3.2.3）。

与 $\tilde{o}-\tilde{x}\,\tilde{y}\,\tilde{z}$ 坐标系相比，$\bar{o}-\bar{x}\,\bar{y}\,\bar{z}$ 坐标系的原点 $\bar{o}$ 依然位于单元 i 节点截面的形心处，$\bar{x}$ 轴与 $\tilde{x}$ 轴重合。但 $\bar{y}$ 轴和 $\bar{z}$ 轴分别位于梁截面的两个主惯性轴上。同样的，在单元局部坐标系 $\bar{o}-\bar{x}\,\bar{y}\,\bar{z}$ 下定义节点内力向量和节点位移向量：

$$\bar{\boldsymbol{F}}_{\mathrm{e}}=(\bar{N}_{xi}\bar{Q}_{yi}\bar{Q}_{zi}\bar{M}_{xi}\bar{M}_{yi}\bar{M}_{zi}\ \bar{N}_{xj}\ \bar{Q}_{yj}\ \bar{Q}_{zj}\ \bar{M}_{xj}\ \bar{M}_{yj}\ \bar{M}_{zj})^{\mathrm{T}} \tag{3.2.5}$$

$$\bar{\boldsymbol{U}}_{\mathrm{e}}=(\bar{u}_i\bar{v}_i\bar{w}_i\bar{\theta}_{xi}\bar{\theta}_{yi}\bar{\theta}_{zi}\bar{u}_j\bar{v}_j\bar{w}_j\bar{\theta}_{xj}\bar{\theta}_{yj}\bar{\theta}_{zj})^{\mathrm{T}} \tag{3.2.6}$$

以上局部坐标系下定义的节点力向量和节点位移向量中，各符号的具体意义为：N 为轴力；Q_y、Q_z 为剪力；M_x 为扭矩；M_y 和 M_z 为弯矩；u、v、w 为线位移；θ_x 为截面扭转转角；θ_y、θ_z 为截面弯曲转角。

（2）坐标变换　由上可以看出，空间梁单元存在三种不同的坐标系描述。下面讨论定义在不同坐标系下的节点力向量和节点位移向量之间的关系。

1）$\bar{o}-\bar{x}\,\bar{y}\,\bar{z}$ 坐标系与 $\tilde{o}-\tilde{x}\,\tilde{y}\,\tilde{z}$ 坐标系的节点力向量和节点位移向量变换关系。对于网壳结构而言，由于杆件通常采用圆钢管，其截面特性对于通过形心的任意轴都相同，因此局部坐标系 $\tilde{o}-\tilde{x}\,\tilde{y}\,\tilde{z}$ 任意选取都与 $\bar{o}-\bar{x}\ \bar{y}\ \bar{z}$ 重合。但是对于一般的矩形截面构件和工字形截面构件，主惯性轴的方向可能与单元的局部坐标系 $\tilde{o}-\tilde{x}\,\tilde{y}\,\tilde{z}$ 成一定的夹角（图3.2.4），通常称这个夹角为欧拉角。在这种情况下，$\tilde{o}-\tilde{x}\,\tilde{y}\,\tilde{z}$ 坐标系下的节点力向量和节点位移向量与 $\bar{o}-\bar{x}\,\bar{y}\,\bar{z}$ 坐标系下的节点力向量和节点位移向量存在如下变换关系：

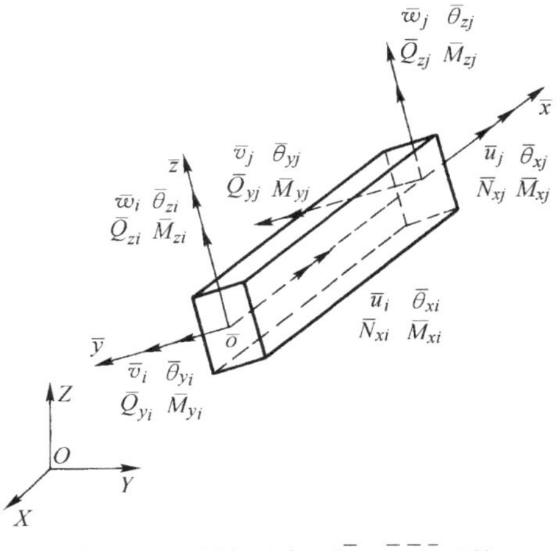

图3.2.3　局部坐标系 $\bar{o}-\bar{x}\,\bar{y}\,\bar{z}$ 下的单元节点位移和节点内力

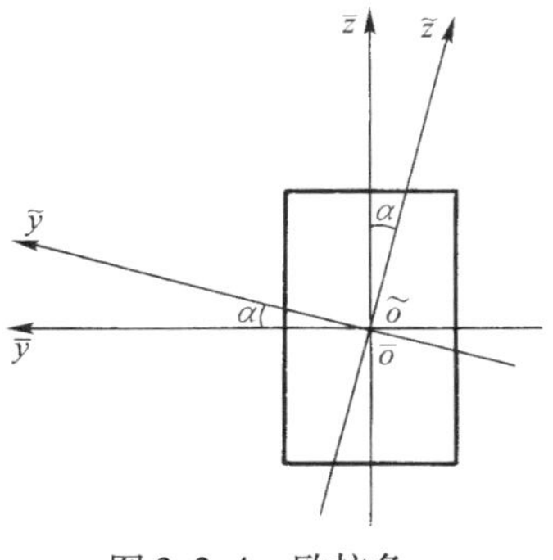

图3.2.4　欧拉角 α

$$\bar{\boldsymbol{F}}_{\mathrm{e}}=\boldsymbol{R}_1\tilde{\boldsymbol{F}}_{\mathrm{e}} \tag{3.2.7}$$

$$\bar{\boldsymbol{U}}_{\mathrm{e}}=\boldsymbol{R}_1\tilde{\boldsymbol{U}}_{\mathrm{e}} \tag{3.2.8}$$

式中 $\boldsymbol{R}_1$——坐标变换矩阵，具体表达为

$$\boldsymbol{R}_1=\begin{pmatrix}\boldsymbol{T}_1 & 0 & 0 & 0\\ 0 & \boldsymbol{T}_1 & 0 & 0\\ 0 & 0 & \boldsymbol{T}_1 & 0\\ 0 & 0 & 0 & \boldsymbol{T}_1\end{pmatrix} \tag{3.2.9}$$

$$\boldsymbol{T}_1=\begin{pmatrix}1 & 0 & 0\\ 0 & \cos\alpha & -\sin\alpha\\ 0 & \sin\alpha & \cos\alpha\end{pmatrix} \tag{3.2.10}$$

式（3.2.10）中，α 为欧拉角。

2）局部坐标系 $\tilde{o}-\tilde{x}\tilde{y}\tilde{z}$ 与整体坐标系 $O-XYZ$ 的节点力向量和节点位移向量变换关系。

同样，利用空间矢量变换理论，梁单元局部坐标系下的节点力和节点位移与整体坐标系下的节点力和节点位移存在以下关系：

$$\tilde{\boldsymbol{F}}_e=\boldsymbol{R}_2\boldsymbol{F}_e \tag{3.2.11}$$

$$\tilde{\boldsymbol{U}}_e=\boldsymbol{R}_2\boldsymbol{U}_e \tag{3.2.12}$$

式中 $\boldsymbol{R}_2$——坐标变换矩阵，具体表达为

$$\boldsymbol{R}_2=\begin{pmatrix}\boldsymbol{T}_2 & 0 & 0 & 0\\ 0 & \boldsymbol{T}_2 & 0 & 0\\ 0 & 0 & \boldsymbol{T}_2 & 0\\ 0 & 0 & 0 & \boldsymbol{T}_2\end{pmatrix} \tag{3.2.13}$$

$$\boldsymbol{T}_2=\begin{pmatrix}l_1 & m_1 & n_1\\ l_2 & m_2 & n_2\\ l_3 & m_3 & n_3\end{pmatrix} \tag{3.2.14}$$

式中 l_1、m_1、n_1——单元局部坐标系 $\tilde{x}$ 轴分别与结构整体坐标系 X、Y、Z 轴的方向余弦；

l_2、m_2、n_2——单元局部坐标系 $\tilde{y}$ 轴分别与结构整体坐标系 X、Y、Z 轴的方向余弦；

l_3、m_3、n_3——单元局部坐标系 $\tilde{z}$ 轴分别与结构整体坐标系 X、Y、Z 轴的方向余弦。

如果单元不是铅垂杆，即 $\tilde{x}$ 轴不平行于 Z 轴，经过简单的运算可得到以上坐标变换矩阵中各参数值，具体为

$$l_1=\frac{X_j-X_i}{L};\ m_1=\frac{Y_j-Y_i}{L};\ n_1=\frac{Z_j-Z_i}{L}$$

$$l_2=\frac{-(Y_j-Y_i)}{S};\ m_2=\frac{X_j-X_i}{S};\ n_2=0$$

$$l_3=-m_2m_1;\ m_3=l_2n_1;\ n_3=\frac{S}{L}$$

其中 L——梁单元的长度；

S——梁单元的在整体坐标系下 $O-XYZ$ 平面内的投影长度，计算公式如下：

$$L=\sqrt{(X_j-X_i)^2+(Y_j-Y_i)^2+(Z_j-Z_i)^2}$$

$$S=\sqrt{(X_j-X_i)^2+(Y_j-Y_i)^2}$$

如果单元是铅垂杆，则坐标变换矩阵的各参数值为

$$l_1=0;\ m_1=0;\ n_1=1$$

$$l_2 = 0;\ m_2 = 1;\ n_2 = 0$$
$$l_3 = -1;\ m_3 = 0;\ n_3 = 0$$

3）局部坐标系$\bar{o}-\bar{x}\bar{y}\bar{z}$与整体坐标系 $O-XYZ$ 的节点力向量和节点位移向量变换关系。

由式（3.2.7）、式（3.2.8）、式（3.2.11）和式（3.2.12）容易得到局部坐标系$\bar{o}-\bar{x}\bar{y}\bar{z}$与整体坐标系 $O-XYZ$ 的节点力向量和节点位移向量转换关系：

$$\bar{\boldsymbol{F}}_e = \boldsymbol{R}\boldsymbol{F}_e \tag{3.2.15}$$

$$\bar{\boldsymbol{U}}_e = \boldsymbol{R}\boldsymbol{U}_e \tag{3.2.16}$$

其中坐标变换矩阵 $\boldsymbol{R}$ 为

$$\boldsymbol{R} = \boldsymbol{R}_1\boldsymbol{R}_2 \tag{3.2.17}$$

3. 空间梁单元的刚度矩阵

（1）局部坐标系$\bar{o}-\bar{x}\bar{y}\bar{z}$下梁单元的刚度矩阵　与空间桁架位移法中杆单元一样，局部坐标系$\bar{o}-\bar{x}\bar{y}\bar{z}$下梁单元节点力与节点位移之间的关系式为

$$\bar{\boldsymbol{K}}_e\bar{\boldsymbol{U}}_e = \bar{\boldsymbol{F}}_e \tag{3.2.18}$$

式中　$\bar{\boldsymbol{U}}_e$——梁单元的节点位移向量；

$\bar{\boldsymbol{F}}_e$——梁单元的节点力向量；

$\bar{\boldsymbol{K}}_e$——梁单元的刚度矩阵。

从式（3.2.5）和式（3.2.6）可知，$\bar{\boldsymbol{U}}_e$ 和$\bar{\boldsymbol{F}}_e$ 为 12×1 的向量，因此可知$\bar{\boldsymbol{K}}_e$ 为 12×12 的矩阵。

从式（3.2.18）可以看出，单元刚度矩阵$\bar{\boldsymbol{K}}_e$ 中每项的物理意义为某个自由度方向产生单位位移后，在单元两端节点处产生的内力大小。根据结构力学的知识，局部坐标系$\bar{o}-\bar{x}\bar{y}\bar{z}$下节点力和节点位移之间存在如下关系。

1）节点轴向力与位移的关系：

$$\bar{N}_{xi} = \frac{EA}{L}(\bar{u}_i - \bar{u}_j) \tag{3.2.19}$$

$$\bar{N}_{xj} = \frac{EA}{L}(-\bar{u}_i + \bar{u}_j) \tag{3.2.20}$$

2）节点扭矩与位移的关系：

$$\bar{M}_{xi} = \frac{GJ}{L}(\bar{\theta}_{ix} - \bar{\theta}_{jx}) \tag{3.2.21}$$

$$\bar{M}_{xj} = \frac{GJ}{L}(-\bar{\theta}_{ix} + \bar{\theta}_{jx}) \tag{3.2.22}$$

3）$\bar{o}-\bar{x}\bar{y}$平面内的节点弯矩和剪力与节点位移的关系：

$$\bar{M}_{yi} = EI_y\left(-\frac{6}{L^2}\bar{w}_i + \frac{4}{L}\bar{\theta}_{yi} - \frac{6}{L^2}\bar{w}_j + \frac{2}{L}\bar{\theta}_{yj}\right) \tag{3.2.23}$$

$$\bar{M}_{yj} = EI_y\left(-\frac{6}{L^2}\bar{w}_i + \frac{2}{L}\bar{\theta}_{yi} + \frac{6}{L^2}\bar{w}_j + \frac{4}{L}\bar{\theta}_{yj}\right) \tag{3.2.24}$$

$$\bar{Q}_{zi} = EI_y\left(\frac{12}{L^3}\bar{w}_i - \frac{6}{L^2}\bar{\theta}_{yi} - \frac{12}{L^3}\bar{w}_j - \frac{6}{L^2}\bar{\theta}_{yj}\right) \tag{3.2.25}$$

$$\bar{Q}_{zj} = EI_y\left(-\frac{12}{L^3}\bar{w}_i - \frac{6}{L^2}\bar{\theta}_{yi} + \frac{12}{L^3}\bar{w}_j + \frac{6}{L^2}\bar{\theta}_{yj}\right) \tag{3.2.26}$$

4）$\bar{o}-\bar{x}\bar{z}$平面内的节点弯矩和剪力与节点位移的关系：

$$\overline{M}_{zi}=EI_z\left(\frac{6}{L^2}\bar{w}_i+\frac{4}{L}\bar{\theta}_{zi}-\frac{6}{L^2}\bar{w}_j+\frac{2}{L}\bar{\theta}_{zj}\right) \tag{3.2.27}$$

$$\overline{M}_{zj}=EI_z\left(\frac{6}{L^2}\bar{w}_i+\frac{2}{L}\bar{\theta}_{zi}-\frac{6}{L^2}\bar{w}_j+\frac{4}{L}\bar{\theta}_{zj}\right) \tag{3.2.28}$$

$$\overline{Q}_{yi}=EI_z\left(\frac{12}{L^3}\bar{v}_i+\frac{6}{L^2}\bar{\theta}_{zi}-\frac{12}{L^3}\bar{v}_j+\frac{6}{L^2}\bar{\theta}_{zj}\right) \tag{3.2.29}$$

$$\overline{Q}_{yj}=EI_z\left(-\frac{12}{L^3}\bar{v}_i-\frac{6}{L^2}\bar{\theta}_{zi}+\frac{12}{L^3}\bar{v}_j-\frac{6}{L^2}\bar{\theta}_{zj}\right) \tag{3.2.30}$$

式（3.2.19）~式（3.2.30）中 E——弹性模量；

A——截面面积；

I_y、I_z——对于惯性轴 $\bar{y}$ 轴和 $\bar{z}$ 轴的截面惯性矩；

J——截面的抗扭惯性矩；

G——剪切模量。

根据以上分析，梁单元在局部坐标系下的单元刚度矩阵为

$$\overline{\boldsymbol{K}}_e=\begin{pmatrix}
\frac{EA}{L} & & & & & & & & & & & \\
0 & \frac{12EI_z}{L^3} & & & & & & & & & & \\
0 & 0 & \frac{12EI_y}{L^3} & & & & & & & & & \\
0 & 0 & 0 & \frac{GJ}{L} & & & & \text{对称} & & & & \\
0 & 0 & -\frac{6EI_y}{L^2} & 0 & \frac{4EI_y}{L} & & & & & & & \\
0 & \frac{6EI_z}{L^2} & 0 & 0 & 0 & \frac{4EI_z}{L} & & & & & & \\
-\frac{EA}{L} & 0 & 0 & 0 & 0 & 0 & \frac{EA}{L} & & & & & \\
0 & -\frac{12EI_z}{L^3} & 0 & 0 & 0 & -\frac{6EI_z}{L^2} & 0 & \frac{12EI_z}{L^3} & & & & \\
0 & 0 & -\frac{12EI_y}{L^3} & 0 & -\frac{6EI_y}{L^2} & 0 & 0 & 0 & \frac{12EI_y}{L^3} & & & \\
0 & 0 & 0 & -\frac{GJ}{L} & 0 & 0 & 0 & 0 & 0 & \frac{GJ}{L} & & \\
0 & 0 & -\frac{6EI_y}{L^2} & 0 & \frac{2EI_y}{L} & 0 & 0 & 0 & \frac{6EI_y}{L^2} & 0 & \frac{4EI_y}{L} & \\
0 & \frac{6EI_z}{L^2} & 0 & 0 & 0 & \frac{2EI_z}{L} & 0 & -\frac{6EI_z}{L^2} & 0 & 0 & 0 & \frac{4EI_z}{L}
\end{pmatrix} \tag{3.2.31}$$

（2）整体坐标系下的单元刚度矩阵　以上讨论的单元刚度矩阵，其反映的是局部坐标系下的节点力和节点位移之间的关系。由于网壳结构中每个单元的局部坐标系并不相同，因

此在进行整体结构分析时，必须将各单元局部坐标系下的单元节点力和节点位移变换到一个统一的坐标系——整体坐标系下，能引入各单元间的节点位移协调条件和节点平衡条件，以生成结构的总体刚度矩阵。

前面已经讨论过，梁单元局部坐标系$\overline{o}-\overline{x}\,\overline{y}\,\overline{z}$下的节点力和节点位移与整体坐标系下的节点力和节点位移存在以下关系：

$$\overline{\boldsymbol{F}}_e=\boldsymbol{R}\boldsymbol{F}_e$$

$$\overline{\boldsymbol{U}}_e=\boldsymbol{R}\boldsymbol{U}_e$$

因此
$$\boldsymbol{F}_e=\boldsymbol{R}^{-1}\overline{\boldsymbol{F}}_e=\boldsymbol{R}^{\mathrm{T}}\overline{\boldsymbol{F}}_e=\boldsymbol{R}^{\mathrm{T}}\overline{\boldsymbol{K}}_e\overline{\boldsymbol{U}}_e=(\boldsymbol{R}^{\mathrm{T}}\overline{\boldsymbol{K}}_e\boldsymbol{R})\boldsymbol{U}_e \tag{3.2.32}$$

即
$$\boldsymbol{F}_e=\boldsymbol{K}_e\boldsymbol{U}_e \tag{3.2.33}$$

以上就是空间梁单元在整体坐标系下的基本方程式，其中$\boldsymbol{K}_e$为梁单元在整体坐标系下的刚度矩阵，具体表达式为

$$\boldsymbol{K}_e=\boldsymbol{R}^{\mathrm{T}}\overline{\boldsymbol{K}}_e\boldsymbol{R} \tag{3.2.34}$$

4. 基本方程式的建立及结构总刚度矩阵

由于空间刚架位移法为一种仅存在梁单元的有限单元法，与空间桁架位移法一样，其基本方程式存在统一的形式，即

$$\boldsymbol{KU}=\boldsymbol{P} \tag{3.2.35}$$

式中 $\boldsymbol{P}$——结构的节点荷载向量；

$\boldsymbol{U}$——结构的节点位移向量；

$\boldsymbol{K}$——结构的总刚度矩阵。

空间刚架位移法的结构总刚度矩阵也是通过整体坐标系下的单元刚度矩阵，按照位移协调条件和节点各自由度方向的平衡条件组集而成的。这个过程可参照前面章节空间桁架位移法的相关阐述。

同样的，空间刚架位移法的总刚度矩阵也存在对称性和稀疏性的特点，通常也采用变带宽一维存储技术。

5. 边界条件

与空间桁架位移法一样，空间刚架位移法在基本方程求解之前，必须引入边界条件。单层网壳结构的边界条件一般作用在支座节点上。根据支座约束情况，其边界条件通常也只有四种，即自由、弹性约束、固定和强迫位移。同时，单层网壳结构也存在斜边界的情况。空间刚架位移法中边界条件的处理方法和空间桁架位移法相同，这里不再赘述。

6. 单元内力计算

在由基本方程式（3.2.35）求解得出结构整体坐标系下的节点位移$\boldsymbol{U}$后，便可以通过式（3.2.16）将整体坐标系下的节点位移转化为局部坐标系$\overline{o}-\overline{x}\,\overline{y}\,\overline{z}$下的各单元的节点位移$\overline{\boldsymbol{U}}_e$。然后根据式（3.2.19）~式（3.2.30）求得单元的节点内力。

注意到由于外荷载只作用在节点上，因此单元内部截面上的轴力、扭矩和剪力为常量，其具体表达为

轴力
$$\overline{N}_x=\frac{EA}{L}(\overline{u}_j-\overline{u}_i) \tag{3.2.36}$$

扭矩
$$\overline{M}_x=\frac{GJ}{L}(\overline{\theta}_{jx}-\overline{\theta}_{ix}) \tag{3.2.37}$$

$\bar{y}$向剪力
$$\overline{Q}_y=\frac{12EI_z}{L^3}(\bar{v}_j-\bar{v}_i)-\frac{6EI_z}{L^2}(\bar{\theta}_{zi}+\bar{\theta}_{zj}) \tag{3.2.38}$$

$\bar{z}$向剪力
$$\overline{Q}_z=\frac{12EI_y}{L^3}(\bar{w}_j-\bar{w}_i)+\frac{6EI_y}{L^2}(\bar{\theta}_{yi}+\bar{\theta}_{yj}) \tag{3.2.39}$$

局部坐标系$\bar{x}$轴上任一截面的弯矩为
$$\overline{M}_y=EI_y\left[\left(\frac{6}{L^2}-\frac{12\bar{x}}{L^3}\right)\bar{w}_i-\left(\frac{6}{L^2}-\frac{12\bar{x}}{L^3}\right)\bar{w}_j-\left(\frac{4}{L}-\frac{6\bar{x}}{L^2}\right)\bar{\theta}_{yi}-\left(\frac{2}{L}-\frac{6\bar{x}}{L^2}\right)\bar{\theta}_{yj}\right] \tag{3.2.40}$$
$$\overline{M}_z=EI_z\left[\left(\frac{6}{L^2}-\frac{12\bar{x}}{L^3}\right)\bar{v}_i-\left(\frac{6}{L^2}-\frac{12\bar{x}}{L^3}\right)\bar{v}_j-\left(\frac{4}{L}-\frac{6\bar{x}}{L^2}\right)\bar{\theta}_{zi}-\left(\frac{2}{L}-\frac{6\bar{x}}{L^2}\right)\bar{\theta}_{zj}\right] \tag{3.2.41}$$

3.2.2 温度应力和装配应力计算

网壳一般都用于大跨度建筑，它往往具有较复杂的几何曲面体形，在结构组成上也往往是高次超静定结构，为了保证整体结构具有足够的刚度，支座通常也设计得十分刚强。网壳结构所处环境如有较大的温度差异，将有可能在网壳中产生不可忽略的温度内力，在设计中应予考虑。网壳因制作原因使杆件具有长度误差和弯曲等初始缺陷，在安装时就会产生装配应力。由于网壳是一种缺陷敏感型结构，对装配应力的反应也是极为敏感的。因此，在设计网壳时，都应进行温度应力和装配应力的计算。

1. 温度应力的计算

网壳的温度应力与温度变化的温度场有关。在设计中考虑的温度场分布一般有：

1）整个网壳有等温度差变化，温度差为 Δt。

2）双层网壳上下两层有温度差 Δt_x。

网壳的温度应力计算应采用空间杆系有限元法进行，其基本原理与第2章的2.3.3节相同，即首先将网壳各节点加以约束，根据温度场分布求出因温度变化而引起的杆件固端内力和各节点的节点不平衡力，然后取消约束，将节点不平衡力反向作用在节点上，用空间杆系有限元法求由反向作用的节点不平衡力引起的杆件内力，最后将杆件固端内力与由节点不平衡力引起的杆件内力叠加，即求得网壳杆件的温度应力。对单层网壳结构应将单元类型由空间杆单元改变成空间梁单元。

双层网壳结构符合下列条件之一者，可不考虑气温变化的影响：

1）支座节点的构造允许网壳侧移（如橡胶支座），且其侧移值等于或大于式（2.3.23）的计算值。

2）周边支承于独立柱，且网壳在验算方向跨度小于40m。

3）支承网壳的柱，在单位水平力作用于柱顶时，柱顶位移大于或等于式（2.3.23）的计算值。

不符合上述条件时，网壳结构应考虑温度差的影响，温度差值应根据网壳所处的地区和网壳的使用情况确定。

温度应力是由于温度变形受到约束而产生的，因此降低温度应力的方法不是增加杆件截面面积，而应是设法释放温度变形，其中最易实现的是将支座设计成弹性支座，但也要注意，支座刚度的减小会影响网壳的稳定性。

2. 装配应力的计算

在安装过程中由于制作和安装等原因，使节点不能达到设计坐标位置，造成部分节点间的距离大于或小于杆件的长度。在采用强迫就位使杆件与节点连接的过程中就产生了装配应力。

由于网壳对装配应力极为敏感，一般都通过提高制作精度、选择合适安装方法和控制安装精度使网壳的节点和杆件都能较好地就位，装配应力就可减小到不予考虑。

当需要计算装配应力时，也应采用空间杆系有限元法，采用的基本原理与计算温度应力时相仿，即把杆件长度的误差比拟为由温度伸长或缩短即可。同理，对单层网壳结构应将单元类型由空间杆单元改变成空间梁单元。

3.2.3 网壳结构抗震分析

网壳结构有适用于各种曲面造型的优点，近年来在大跨度结构中已越来越多地采用，而且具有广阔的发展前景。对网壳这种复杂空间结构，当地震发生时由于强烈的地面运动而迫使结构产生振动，引起地震内力和位移，就有可能造成结构破坏或倒塌，因此在地震设防区必须对网壳进行抗震设计。需要注意的是，网壳的抗震性能与网架有较大的区别。

1. 网壳结构的动力特性

网壳结构为多自由度体系，其无阻尼多自由度自由振动方程同网架结构，即式(2.3.34)。采用子空间迭代法可计算网壳的自振频率和对应振型。对于结构刚度矩阵的计算，单层网壳一般简化为空间梁系计算，而双层网壳一般可简化为空间铰接杆系计算。下面介绍一些常用网壳的自振特性。

（1）单层球面网壳　通过对 K8 型单层球面网壳结构自振特性的研究，可知具有如下一些规律：

1）单层球壳的自振频率相当密集，一些频率非常接近甚至相等，故在计算中选择合适的截断频率格外重要。

2）网壳的振型分析不同于网架结构，应同时考虑水平振型和竖向振型。要判断振型的主方向应看该振型的最大位移出现在什么方向，而判断该振型的地震反应的主方向则应看该振型哪个方向的振型参与系数的绝对值最大。

3）网壳周期随跨度的增加而增大，随结构质量的增大自振周期也增大。

4）支座刚度对网壳的前几个周期影响较大，而且支座刚度越大，基本周期越小。

（2）双层圆柱面网壳　通过研究发现，柱面网壳具有的自振特性如下：

1）频谱相当密集，随结构质量的增大，结构的自振频率有所下降。随厚度的增大，频率显著增大，说明增加网壳厚度可以大大提高结构的刚度。

2）双层圆柱面网壳的振型可分为水平振型与竖向振型，并且两者交叉出现。网壳矢跨比愈小，愈接近平板网架受力状态，振动以竖向地震为主；随着矢跨比的增大，由于网壳的空间作用，水平刚度逐渐减小，竖向刚度有一定增大，地震作用也随之转化为以水平为主。周边支承网壳结构，其矢跨比与振动形式关系密切。矢跨比大于1/6以水平振动为主，矢跨比小于或等于1/6以竖向振动为主。鉴于实际工程中矢跨比小于1/6的双层圆柱面网壳极少，故一般柱面网壳水平地震反应要大于竖向地震反应。

3）结构对支承刚度较敏感，支承刚度增大，自振频率随之提高。

4）对于常用的柱面网壳，其基频比相应的平板网架高，并且随矢跨比的增大而减小。

对常用双层圆柱面网壳，基频可按下式近似计算：

$$f_0 = 1.381 - 0.101f - 0.039B + 0.554h + 1.848\mathrm{e}^{14.25}/L \tag{3.2.42}$$

式中 f_0——圆柱面网壳的基频（Hz）；

f——圆柱面网壳的矢高（m）；

B——圆柱面网壳的波宽（m）；

h——圆柱面网壳的厚度（m）；

L——圆柱面网壳的长度（m）。

该实用公式较为简洁，且能满足实际工程需要的精度。

2. 网壳结构的地震反应分析

在7度抗震设防区，网壳结构可不进行竖向抗震计算，但必须进行水平抗震计算，原因见本节后面的解释。在设防烈度为8度、9度地区必须进行网壳结构水平与竖向抗震分析。

网壳的抗震分析宜分两个阶段进行。

第一阶段为多遇地震作用下的分析。网壳在多遇地震作用时应处于弹性阶段，可采用反应谱法或时程法，根据求得的内力，按荷载效应组合的规定进行杆件和节点的设计。

第二阶段为罕遇地震作用下的分析。网壳在罕遇地震作用下处于弹塑性阶段，因此应做弹塑性时程分析，用以校对网壳的位移以及是否会发生倒塌。

对网壳进行抗震分析时，当采用振型分解反应谱法计算网壳结构地震效应时，宜取前20阶振型进行网壳地震效应计算；对于体形复杂或重要的大跨度网壳结构，应采用时程分析法进行补充计算。

1）振型分解反应谱法和时程分析法。采用振型分解反应谱法和时程分析法对网壳结构进行抗震分析，其分析过程和分析原理与网架结构分析基本相同，此处不再赘述。

2）多维地震及虚拟激励法。网壳作为一种空间结构体系，呈现明显的空间受力和变形特点，在单维与多维地震作用下的反应是不同的，有时在抗震分析时只考虑单分量地震作用是不够的，还应考虑多分量地震作用对结构的影响。例如对于单层球面网壳，其三维地震反应要远大于单维地震反应，有些主肋杆地震内力要大2倍左右，环杆大2/3左右，斜杆大1.5倍左右，二维地震反应数值在三维和单维之间，且一般接近单维反应；当矢跨比由1/6变化到1/3时，杆件三维与单维地震反应比 k 也增大，可增加20%左右，而当荷载和跨度变化时，k 变化不大。

震害经验与理论研究表明，地震时的地面运动是一复杂的多维运动，包括三个平动分量和三个转动分量。结构在单维与多维地震作用下的反应是不同的，特别是对一些复杂工程结构如大跨度空间结构，在结构抗震分析时只考虑单分量地震作用是不够的，还应考虑多分量地震作用对结构的影响。近年来各国学者逐渐认识到对结构进行多维地震作用分析的必要性，开展了相应的研究，并取得了一些可喜成果。

结构在多维地震作用下的反应分析主要可分为三种方法：反应谱法、时程法和随机振动分析方法。在随机地震反应分析的领域，随机振动的功率谱法，即由给定的激励功率谱求出各种响应功率谱，在工程中占有很重要的地位。但是当结构复杂、自由度很多时，由传统的随机振动功率谱方法推导的CQC表达式计算量巨大，很难用于工程计算。为解决上述问题，可用虚拟激励法。在单源平稳激励下，虚拟激励法可以描述为：若线性时不变系统受到平稳随机激励，其谱密度为 $S_{xx}(\omega)$。则如将此随机激励代之以虚拟简谐激励 $x(t)$ 为

$$x(t)=\sqrt{S_{xx}(\omega)}\mathrm{e}^{\mathrm{i}\omega t} \tag{3.2.43}$$

并设 $\boldsymbol{y}$ 与 $\boldsymbol{z}$ 是由它激发的任意两种稳态简谐响应，则其功率谱矩阵可简单地按下式计算：

$$\boldsymbol{S}_{yy}(\omega)=\boldsymbol{y}\boldsymbol{y}^{\mathrm{T}},\boldsymbol{S}_{yz}(\omega)=\boldsymbol{y}\boldsymbol{z}^{\mathrm{T}} \tag{3.2.44}$$

用该方法可以计算在单维地震作用下的多种随机问题，并可推广到多维随机地震反应分析，是一种很有发展前途的分析方法。

3. 几种网壳结构的地震内力分布规律

（1）单层球面网壳　采用扇形三向网格、肋环斜杆型及短程线型轻屋盖的单层球面网壳结构，当周边固定铰支承，按7度或8度设防、Ⅲ类场地、设计地震第一组进行多遇地震效应计算时，其杆件地震轴向力标准值 N_E 可按以下方法计算：

当主肋、环杆、斜杆均取等截面设计时：

主肋 $$N_E^m = c\xi_m N_{Gmax}^m \tag{3.2.45}$$

环杆 $$N_E^c = c\xi_c N_{Gmax}^c \tag{3.2.46}$$

斜杆 $$N_E^d = c\xi_d N_{Gmax}^d \tag{3.2.47}$$

式中　N_E^m、N_E^c、N_E^d——在地震作用下网壳的主肋、环杆及斜杆的轴向力标准值；

N_{Gmax}^m、N_{Gmax}^c、N_{Gmax}^d——重力荷载代表值作用下网壳的主肋、环杆及斜杆的轴向力标准值的绝对最大值；

c——场地修正系数，按表3.2.1确定；

ξ_m、ξ_c、ξ_d——主肋、环杆及斜杆地震轴向力系数；设防烈度为7度时，按表3.2.2确定，8度时取表中数值的2倍。

表3.2.1　场地修正系数

场地类型	Ⅰ	Ⅱ	Ⅲ	Ⅳ
c	0.54	0.75	1.00	1.55

表3.2.2　单层球面网壳杆件地震轴向力系数 ξ

f/L	0.167	0.200	0.250	0.300
ξ_m	0.16			
ξ_c	0.30	0.32	0.35	0.38
ξ_d	0.26	0.28	0.30	0.32

1）K8型单层球面网壳。在水平地震作用下，K8型单层球面网壳主肋的地震内力较小，而环向杆和斜向杆的地震内力较大。在竖向地震作用下，主肋、环向杆、斜向杆的地震内力均较小。设防烈度为8度时，杆件竖向地震内力系数一般在0.1左右；而水平地震作用所产生的杆件内力可达静力的20%～50%（主肋除外，10%左右）。总的来说，水平地震作用下的响应较竖向地震下的响应强烈些，这与网架结构不同。

网壳环杆和斜杆水平地震内力系数随矢跨比增大而明显增大，对主肋影响不大。这表明随着网壳矢高的增大，其水平地震反应为主的特性更加突出。

支座刚度的改变将改变网壳地震内力的分布，对于网壳这类大跨空间结构，其抗震设计特别是水平抗震设计宜与下部支承结构一起分析，并考虑网壳与支承结构共同作用。

2）短程线型球面网壳。由于短程线型球面网壳特殊的几何性质，且矢跨比较大，其地震内力的分布规律为：在水平地震作用下，环杆、主肋和斜杆的地震内力在网壳顶点处最小，越向边缘越大；在竖向地震作用下，环杆的地震内力在网壳顶点附近较大，随着向边缘靠近，其地震内力先变小再变大。

对周边铰支短程线半球壳水平地震内力系数取值可参考表3.2.3。

表 3.2.3 周边铰支短程线半球壳水平地震内力系数取值

环杆			主肋	斜杆	
顶点	拉压交界处	边缘		顶点	边缘
0.20	0.90	0.50	0.20	0.30	1.00

注：表中数值适用于9度设防的情况，8度和7度时应分别乘以系数0.5和0.25。

地震内力的计算如下式：

$$N_E = \xi \mid N_S \mid \tag{3.2.48}$$

式中 ξ——地震内力系数；

N_E——杆件地震内力；

N_S——杆件静内力。

（2）双层圆柱面网壳

双层圆柱面网壳沿纵向分布的杆件其地震内力一般中间最大，边缘及纵向1/3附近地震内力较小。而沿横向对称轴地震内力上下弦杆均属单波型，跨中内力最大。

水平地震作用系数随着矢跨比的增大而明显增大，竖向地震作用系数则随着矢跨比的增大略有减小。

改变网壳的厚度，地震内力变化明显。网壳厚度从0.5m增加到2.5m，其地震内力可相差两倍以上。说明随网壳刚度的增大，地震内力也随之增大。

对于轻屋盖正放四角锥双层圆柱面网壳结构，沿两纵边固定铰支在上弦节点、两端竖向铰支在刚性横隔上，按7度或8度设防、Ⅲ类场地、设计地震第一组进行多遇地震效应计算时，其杆件地震轴向力标准值 N_E 可按以下方法计算：

横向弦杆 $$N_E^t = c\xi_t N_G^t \tag{3.2.49}$$

按等截面设计的纵向弦杆 $$N_E^l = c\xi_l N_{Gmax}^l \tag{3.2.50}$$

按等截面设计的腹杆 $$N_E^w = c\xi_w N_{Gmax}^w \tag{3.2.51}$$

式中 N_E^t、N_E^l、N_E^w——在地震作用下网壳横向弦杆、纵向弦杆与腹杆的轴向力标准值；

N_G^t——重力荷载代表值作用下网壳横向弦杆轴向力标准值；

N_{Gmax}^l、N_{Gmax}^w——重力荷载代表值作用下网壳纵向弦杆与腹杆轴向力标准值的绝对最大值；

c——场地修正系数，按表3.2.1确定；

ξ_t、ξ_l、ξ_w——横向弦杆、纵向弦杆与腹杆的地震轴向力系数；设防烈度为7度时，按表3.2.4确定，8度时取表中数值的2倍。

表 3.2.4 双层圆柱面网壳地震轴向力系数 ξ

矢跨比				0.167	0.200	0.250	0.300
横向弦杆 ξ_t	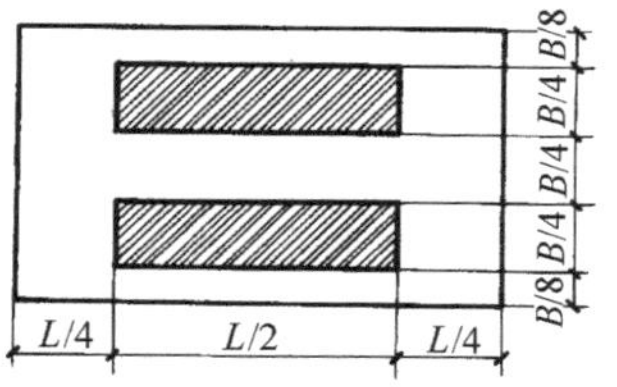	阴影部分杆件	上弦	0.22	0.28	0.40	0.54
			下弦	0.34	0.40	0.48	0.60
		空白部分杆件	上弦	0.18	0.23	0.33	0.44
			下弦	0.27	0.32	0.40	0.48

（续）

矢 跨 比		0.167	0.200	0.250	0.300
纵向弦杆 ξ_l	上弦杆	0.18	0.32	0.56	0.78
	下弦杆	0.10	0.16	0.24	0.34
腹杆 ξ_w		0.50			

3.2.4 网壳结构的荷载、作用与效应组合

1. 荷载类型

网壳结构的荷载和作用与网架结构的一样，主要是永久荷载、可变荷载和作用。网壳结构的永久荷载和屋面活荷载的取值和网架结构相同，此处不再赘述。

（1）雪荷载　雪荷载是网壳结构的重要荷载之一，在国外已发生多起由于大雪导致网壳结构倒塌的重大事故。网壳结构的雪荷载应按水平投影面计算，其雪荷载标准值同式（2.3.59）。

影响屋面雪压的主要因素分述如下：

1）风对屋面积雪的影响。在降雪过程中，风会把部分本应落在屋面上的雪吹积到附近的地面上或较低的物体上。当风速较大时，部分已经堆积在屋面的雪也会被吹走。当然，风的这种吹积作用和风速大小、房屋所处的地理环境及周围的挡风情况等有关。

曲线型屋面，屋谷附近区域的积雪比屋脊区大，当曲线屋面为连续多跨或单跨带有挑檐和女儿墙等挡风构件时，它们的屋谷区域都会出现雪的吹积，使屋面局部雪压增加，这种积雪分布一般呈三角形。

2）屋面坡度对积雪的影响。屋面雪荷载与屋面坡度有关，一般随坡度的增加而减小，主要是风的作用和雪的滑移所致。当风吹过屋脊时，在屋面迎风一侧会因“爬坡风”效应使风速增大，吹走部分积雪。坡度越陡其效果越明显。在背风一侧风速下降，风中夹裹的雪和从迎风面吹过的雪往往在背风一侧屋面上漂积。因此，对双坡及曲线型的屋面，风作用除会使总的屋面积雪减少外，还会引起屋面出现不平衡积雪荷载。

曲线型屋面的积雪会向屋谷区滑移或缓慢蠕动，使屋谷区域积雪增加，增加幅度与屋面坡度及屋面材料的光滑程度密切相关。这种滑移现象与风的吹积作用，应在确定网壳结构的屋面雪荷载时一并加以考虑。

3）屋面温度对积雪的影响。采暖房屋的屋面积雪厚度较一般不采暖房屋的积雪厚度小，因为屋面散发的热量会使积雪融化，由此引起的雪滑移又将改变屋面积雪分布。美国规范中采用温度系数来考虑这种影响，我国规范对此未作明确规定。

对于球面网壳屋顶的积雪分布系数，因规范未作规定，建议按下述方法采用：

球面网壳屋顶上的积雪分布应分两种情况考虑，即积雪均匀分布情况和非均匀分布情况。积雪均匀分布情况的积雪分布系数可采用 GB 50009—2012《建筑结构荷载规范》给出的拱形屋顶的积雪分布系数，如图 3.2.5a 所示。国际标准化组织（ISO）起草的国际标准草案中给出的积雪均匀和非均匀分布情况的积雪分布系数按图 3.2.5b、c 选取。国际标准草案给出的积雪的均匀分布系数为 0.8，没有考虑 f/L 的变化影响。进行具体工程的雪荷载计算时，应结合具体条件和其他资料慎重确定。

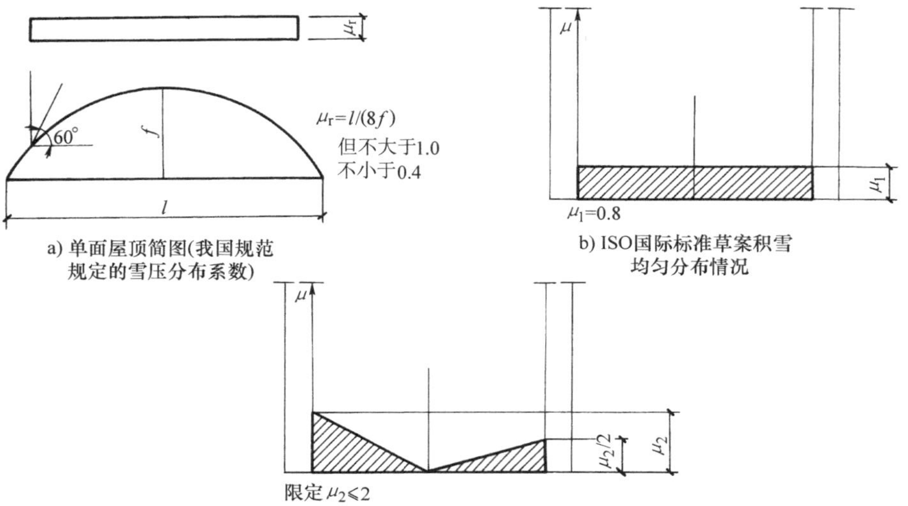

a) 单面屋顶简图(我国规范规定的雪压分布系数)

b) ISO国际标准草案积雪均匀分布情况

c) ISO国际标准草案积雪非均匀分布情况限定$\mu_2\leqslant2$

图 3.2.5 球面网壳屋顶的积雪分布系数

（2）风荷载 风荷载也是网壳的重要荷载之一，常常是设计时的控制荷载，因此对于跨度较大的网壳，设计时应特别重视。

详细分析和对比各国规范发现，各国规范计算出的风荷载值有很大出入，造成这种差别的主要原因是：

1）基本风速的计算偏差。

2）修正基本风速时所考虑的因素偏差，如地形、挡风体、建筑物尺寸及其表面粗糙度等。

3）各种建筑物风压系数的偏差。

球面网壳屋面属于三维曲面，其表面的风压与其雷诺数、表面粗糙度、风速剖面等密切相关；因此各国规范给出的风压系数不同是可以理解的。在实际工程设计中，有经验的工程师一般是以工程资料为基础与自己的经验结合进行主导设计，保证结构安全。

GB 50009—2012《建筑结构荷载规范》规定垂直于建筑物表面上的风荷载标准值应按下式计算：

$$w_k=\beta_z\mu_s\mu_z w_0 \tag{3.2.52}$$

式中 w_k——风荷载标准值（kN/m^2）；

β_z——高度 z 处的风振系数；

μ_s——风荷载体形系数；

μ_z——风压高度变化系数；

w_0——基本风压（kN/m^2）。

对于网壳结构，μ_z 和 w_0 的计算，和其他结构一样，可按《建筑结构荷载规范》的规定采用。μ_s 则应根据网壳的体形确定。在《建筑结构荷载规范》中给出了封闭式落地拱形屋面、封闭式拱形屋面、封闭式带下沉天窗的双跨双坡或拱形屋面和旋转壳顶等四种情况的风荷载体形系数值，见表 3.2.5。对于完全符合表中所列情况的网壳可按表中给出的体形系数采用。β_z 取值比较复杂，规范中给出的 β_z 的计算方法主要适用于高层、高耸建筑物。网壳

结构的 β_z 值，与结构的跨度、矢高、支撑条件等因素有关。同一标高处 β 值不一定相同，因此对于网壳应计算每一点的风振系数。

表 3.2.5 网壳的风荷载体形系数

<table>
<tr><td rowspan="4">封闭式落地拱形屋面</td><td rowspan="4">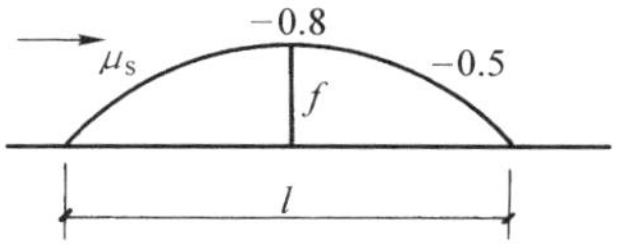
</td><td>f/l</td><td>μs</td><td rowspan="4">中间按插入法计算</td></tr>
<tr><td>0.1</td><td>+0.1</td></tr>
<tr><td>0.2</td><td>+0.2</td></tr>
<tr><td>0.5</td><td>+0.6</td></tr>
<tr><td rowspan="4">封闭式拱形屋面</td><td rowspan="4">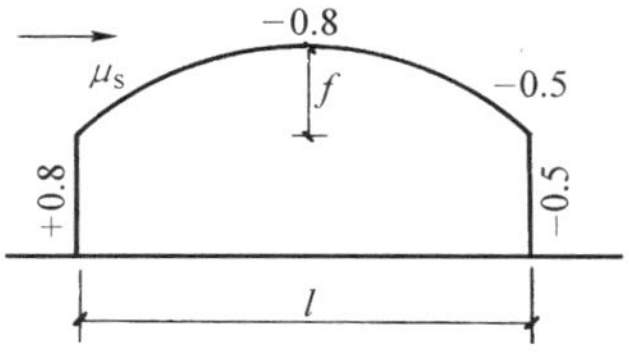
</td><td>f/l</td><td>μs</td><td rowspan="4">中间值按插入法计算</td></tr>
<tr><td>0.1</td><td>−0.8</td></tr>
<tr><td>0.2</td><td>0.0</td></tr>
<tr><td>0.5</td><td>+0.6</td></tr>
<tr><td>封闭式带下沉天窗的双跨双坡或拱形屋面</td><td colspan="4">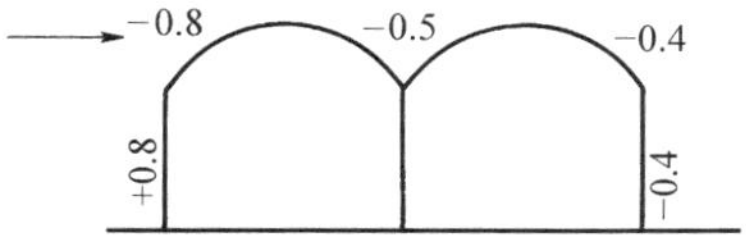
</td></tr>
<tr><td rowspan="2">旋转壳顶</td><td rowspan="2">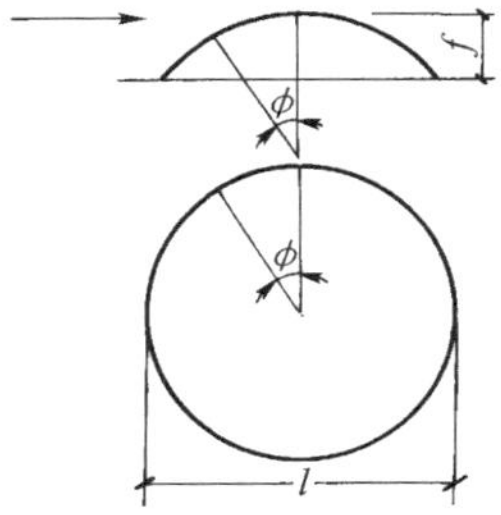

ψ 为平面角，φ 为仰角</td><td colspan="2">a) f/l＞1/4</td><td>b) f/l≤1/4</td></tr>
<tr><td colspan="2">$\mu_s = 0.5\sin^2\phi\sin\varphi - \cos^2\phi$</td><td>$\mu_s = -\cos^2\phi$</td></tr>
</table>

对于所处地形复杂、跨度较大的网壳结构以及体形或某些局部不完全符合表 3.2.5 所列情况的网壳结构，应该通过风洞试验确定其风荷载体形系数，以确保结构的安全。

2. 温度作用和装配误差

网壳结构由于温度作用和装配误差产生的温度应力和装配应力按前述的 3.2.2 节计算。

3. 地震作用

网壳结构的地震作用按 3.2.3 节计算。

在抗震分析时，宜考虑支承结构对网壳结构的影响。当网壳结构支承在单排的独立柱、框架柱或承重墙上时，可把支承结构简化为弹性支座。对于网壳的支承结构应按有关标准进行抗震计算。

4. 荷载效应组合

网壳结构应根据最不利的荷载效应组合进行设计。

对于非抗震设计，荷载效应组合应按 GB 50009—2012《建筑结构荷载规范》进行计算。在杆件及节点设计中，应采用荷载效应的基本组合，计算式为

$$S = \gamma_G C_G G_k + \gamma_{Q1} C_{Q1} Q_{1k} + \sum_{i=2}^{n} \gamma_{Qi} C_{Qi} \Psi_{ci} Q_{ik} \tag{3.2.53}$$

式中 γ_G——永久荷载的分项系数，当其效应对结构不利时，取1.2；当其效应对结构有利时，取1.0；

γ_{Q1}、γ_{Qi}——第1个和第i个可变荷载的分项系数，一般情况下取1.4；

G_k——永久荷载的标准值；

Q_{1k}——第1个可变荷载的标准值，该荷载的效应大于其他任意一个可变荷载的效应；

Q_{ik}——第i个可变荷载的标准值；

C_G、C_{Q1}、C_{Qi}——永久荷载、第1个可变荷载和第i个可变荷载的荷载效应系数；

Ψ_{ci}——第i个可变荷载的组合值系数，一般情况下，当有风荷载参与组合时，取0.6；当没有风荷载参与组合时，取1.0。

在验算挠度时，按荷载的短期效应组合计算，即

$$S = C_G G_k + C_{Q1} Q_{1k} + \sum_{i=2}^{n} C_{Qi} \Psi_{ci} Q_{ik} \tag{3.2.54}$$

对于抗震设计，荷载效应组合应按GB 50011—2010《建筑抗震设计规范》进行计算。在构件和节点设计中，地震作用效应和其他荷载效应的基本组合的计算为

$$S = \gamma_G C_G G_E + \gamma_{Eh} C_{Eh} E_{hk} + \gamma_{Ev} C_{Ev} E_{vk} \tag{3.2.55}$$

式中 γ_{Eh}、γ_{Ev}——水平、竖向地震作用分项系数，按表3.2.6采用；

G_E——重力荷载代表值，取结构和构配件自重标准值和各可变荷载组合值之和；

γ_G——重力荷载的分项系数；

C_G——结构和构配件自重及各可变荷载的组合系数，按表3.2.7取用；

E_{hk}、E_{vk}——水平和竖向地震作用标准值；

C_{Eh}、C_{Ev}——水平和竖向地震作用的效应系数。

表3.2.6 地震作用分项系数

地震作用	γ_{Eh}	γ_{Ev}
仅考虑水平地震作用	1.3	不考虑
仅考虑竖向地震作用	不考虑	1.3
同时考虑水平与竖向地震作用	1.3	0.5

表3.2.7 组合系数

可变荷载种类	组合系数
雪荷载	0.5
屋面积灰荷载	0.5
屋面活荷载	不考虑

在组合风荷载效应时，应计算多个风荷载方向，以便得到各构件和节点的最不利效应组合。

3.3 网壳结构的稳定性

稳定性分析是网壳结构，尤其是单层网壳结构设计中的关键问题。结构的稳定性可以从

其荷载－位移全过程曲线中得到完整的概念。传统的线性分析方法是把结构的强度和稳定性问题分开来考虑的。事实上，从非线性分析的角度来考察，结构的稳定性问题和强度问题是相互联系在一起的。结构的荷载－位移全过程曲线可以准确地把结构的强度、稳定性以至于刚度的整个变化历程表示得清清楚楚。当考察初始缺陷和荷载分布方式等因素对实际网壳结构稳定性能的影响时，也均可从全过程曲线的规律性变化中进行研究。

以前，当利用计算机对复杂结构体系进行有效的非线性有限元分析尚未能充分实现的时候，要进行网壳结构的全过程分析是十分困难的。在较长一段时间内，人们不得不求助于连续化理论（“拟壳法”）将网壳转化为连续壳体结构，然后通过某些近似的非线性解析方法来求出壳体结构的稳定性承载力。这种“拟壳法”公式对计算某些特定形式网壳的稳定性承载力起过重要作用。但这种方法有较大的局限性：连续化壳体的稳定性理论本身并不完善，缺乏统一的理论模式，需要针对不同问题假定可能的失稳形态，并作出相应的近似假设；事实上仅对少数特定的壳体（例如球面壳）才能得出较实用的公式。此外，所讨论的壳体一般是等厚度的和各向同性的，无法反映实际网壳结构的不均匀构造和各向异性的特点。因此，在许多重要场合还必须依靠细致的模型试验来测定结构的稳定性承载力，并与可能的计算结果相互印证。

随着计算机的发展和广泛应用，非线性有限元分析方法逐渐成为结构稳定性分析的有力工具，近二十年来，这一领域获得了长足的发展，尤其在屈曲后路径跟踪的计算技术方面做了许多有成效的探索。各种改进的弧长法是这方面的一个重要成果，它为结构的荷载－位移全过程路径跟踪提供了迄今仍然是最有效的计算方法。但对于像网壳这样具有成千自由度的大型复杂结构体系，要实现其荷载－位移全过程分析，并不像文献中通常给出的一些简单算例那么容易。大量计算实践表明，由简单结构过渡到大型复杂结构的全过程分析，不只是量的变化；在后者情况下，由于计算累积误差的严重影响，为了保证迭代的实际收敛性，还需要在非线性有限元分析理论表达式的精确化、迭代策略的灵活性，以及计算控制参数的合理选择等方面进行认真探索。应该说，现在已完全有可能对各种复杂网壳结构进行完整的全过程分析，并且较精确地确定其稳定性极限承载力。

为便于实际设计应用，可以在上述理论方法的基础上，采用大规模参数分析的方法，进行网壳结构稳定性实用计算方法的研究。针对不同类型的网壳结构，在其基本参数（几何参数、构造参数、荷载参数等）的常用变化范围内，进行实际尺寸网壳结构的全过程分析，对所得结果进行统计分析和归纳，考察网壳稳定性的变化规律，最后从理论高度进行概括，提出网壳稳定性验算的实用公式。

在参数分析中采用仅考虑几何非线性的全过程分析方法，因为：①如果同时考虑几何、物理两种非线性，所需计算时间需增加许多倍，对于如此大规模的参数分析来说，至少在目前是很困难的；②网壳结构的正常工作状态是在弹性范围内，材料非线性对结构的影响实际上是使结构承载力的安全储备有所下降；目前，这种影响可暂时放在安全系数内作适当考虑。

3.3.1 网壳结构全过程分析方法

1. 精确的单元刚度矩阵和大转角变换

针对像网壳结构这样具有大量自由度的复杂结构体系，为了保证其荷载－位移全过程分析得以顺利实现，需要采用较精确的非线性理论表达式，合理选用平衡路径跟踪的计算方法，采用灵活的迭代策略，并合理选择计算控制参数。

对于空间梁单元，如果按一般非线性有限元方法推导单元刚度矩阵，为便于对势能方程中的应变函数进行乘方、积分等运算，常忽略位移的一些高阶项；对于像网壳这样非线性程度较高且轴力较大的大型结构体系，往往不能满足计算精度的要求，甚至还会影响迭代运算的收敛。相比之下，如果按 Oran 梁—柱理论直接推导单元的刚度矩阵，力和位移的关系可以用超越函数表示，对位移的高阶量没有任何省略。增加了适当的修正项的空间梁单元的切线刚度矩阵，考虑 Oran 矩阵中未曾考虑的两个主轴方向弯曲的相互耦联作用，从而得到更加精确的切线刚度矩阵。网壳结构稳定性分析时，根据网壳结构的受力特点及通常所采用杆件的截面特性，在单刚推导过程中采用如下基本假设：①单元是等截面的，且双轴对称，这样就排除了扭转刚度与弯曲刚度以及扭转刚度与轴向刚度的相互耦联；②不考虑剪切变形和截面翘曲；③外荷载仅作用在节点上，且与变形无关。上述这些假设对网壳来说是十分符合实际的。

为了便于分析，这里建立两个坐标系：一个是固定的整体坐标系（X，Y，Z）；另一个是随着杆件移动和转动的局部坐标系（x，y，z）。通过这两个坐标系可以把单元的弹性变形从节点的总体变形中分离出来。两个坐标系都遵循右旋规则。这里规定，局部坐标的 x 轴通过单元两个端截面的几何形心，y 轴和 z 轴平行于端截面主轴。注意到由于单元的相对变形，通常两个端截面的主轴是不平行的，因此这里的 y 轴和 z 轴定义为两个端截面主轴方向的平均值。不同坐标系的杆端力和杆端位移如图 3.3.1 所示。

在局部坐标系中基本杆端力和杆端位移的关系式为

$$M_{in}=\frac{EI_n}{L}\left(C_{1n}\theta_{in}+C_{2n}\theta_{jn}\right)\qquad n=z,\ y \tag{3.3.1}$$

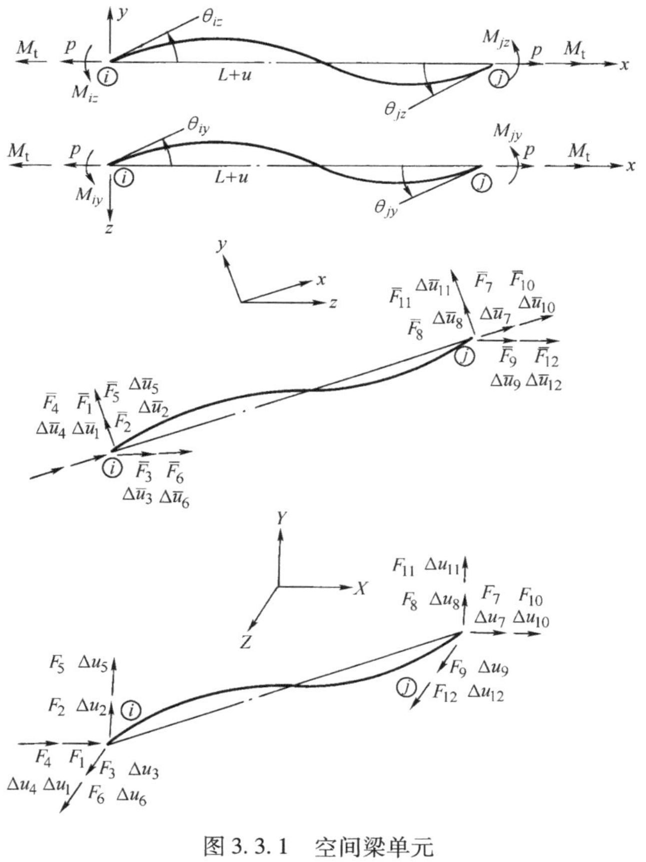

图 3.3.1　空间梁单元

$$M_{jn}=\frac{EI_n}{L}\ (C_{2n}\theta_{in}+C_{1n}\theta_{jn})\qquad n=z,\ y \tag{3.3.2}$$

$$M_t=\frac{GJ}{L}\theta_t \tag{3.3.3}$$

$$p=EA\ (\frac{u}{L}-C_{b3}-C_{b2}) \tag{3.3.4}$$

式（3.3.1）~式（3.3.4）中 EI_y、EI_z——坐标轴 y 和 z 的弯曲刚度；

EA——轴向刚度；

GJ——扭转刚度；

C_{1n}、C_{2n}——无量纲量 q_n 的稳定函数。

$$q_n=\frac{pL^2}{\pi^2 EI_n} \tag{3.3.5}$$

对于杆件轴力小于零、等于零和大于零等三种情况，C_{1n}和 C_{2n}分别由下列方程式确定：

（1）$q_n<0$

$$C_{1n}=\frac{\phi\ (\sin\phi-\phi\cos\phi)}{2\ (1-\cos\phi)\ -\phi\sin\phi}$$

$$C_{2n}=\frac{\phi\ (\phi-\sin\phi)}{2\ (1-\cos\phi)\ -\phi\sin\phi}$$

其中

$$\phi^2=-\frac{pL^2}{EI_n}=-\pi^2 q_n$$

（2）$q_n=0$

$$C_{1n}=4,\ C_{2n}=2$$

（3）$q_n>0$

$$C_{1n}=\frac{\varphi(\varphi\cosh\varphi-\sinh\varphi)}{2(1-\cosh\varphi)\ +\varphi\sinh\varphi}$$

$$C_{2n}=\frac{\varphi(\sinh\varphi-\varphi)}{2(1-\cosh\varphi)\ +\varphi\sinh\varphi}$$

其中

$$\varphi^2=\frac{pL^2}{EI_n}=\pi^2 q_n$$

C_{bm}是弯曲系数，计算式为

$$C_{bm}=b_{1n}(\theta_{in}+\theta_{jn})^2+b_{2n}(\theta_{in}-\theta_{jn})^2 \tag{3.3.6}$$

其中 b_{1n}和 b_{2n}是弯曲函数，计算式为

$$b_{1n}=\frac{(C_{1n}+C_{2n})(C_{2n}-2)}{8\pi^2 q_n} \tag{3.3.7}$$

$$b_{2n}=\frac{C_{2n}}{8(C_{1n}+C_{2n})} \tag{3.3.8}$$

为了简化后面的运算公式，下面定义一些变量符号：

$$\xi_n=\frac{I_n}{I}\qquad \text{（其中 } I \text{ 是参考惯性矩）} \tag{3.3.9}$$

$$\eta = \frac{GJ}{EI} \tag{3.3.10}$$

$$\lambda = \frac{L}{\sqrt{I/A}} \tag{3.3.11}$$

$$q = \frac{pL^2}{\pi^2 EI} = \xi_n q_n \tag{3.3.12}$$

为了便于分析，将杆件的相对位移用向量 $\boldsymbol{V}$ 表示，相应的杆端力用向量 $\boldsymbol{S}$ 表示，则

$$\boldsymbol{V}^{\mathrm{T}} = (\theta_{iz} \quad \theta_{jz} \quad \theta_{iy} \quad \theta_{jy} \quad \theta_{\mathrm{t}} \quad u)$$

$$\boldsymbol{S}^{\mathrm{T}} = (M_{iz} \quad M_{jz} \quad M_{iy} \quad M_{jy} \quad M_{\mathrm{t}} \quad p)$$

两个向量的关系可以用增量形式表示为

$$\Delta \boldsymbol{S} = \boldsymbol{k} \Delta \boldsymbol{V} \tag{3.3.13}$$

其中

$$\Delta \boldsymbol{S}^{\mathrm{T}} = (\Delta M_{iz} \quad \Delta M_{jz} \quad \Delta M_{iy} \quad \Delta M_{jy} \quad \Delta M_{\mathrm{t}} \quad \Delta p)$$

$$\Delta \boldsymbol{V}^{\mathrm{T}} = (\Delta \theta_{iz} \quad \Delta \theta_{jz} \quad \Delta \theta_{iy} \quad \Delta \theta_{jy} \quad \Delta \theta_{\mathrm{t}} \quad \Delta u)$$

$\boldsymbol{k}$ 是相对位移的切线刚度矩阵。

$$k_{ij} = \frac{\partial S_i}{\partial V_i} + \frac{\partial S_i}{\partial q} \cdot \frac{\partial q}{\partial V_i} \qquad (i,\ j = 1,\ 2,\ \cdots,\ 6) \tag{3.3.14}$$

这样将式（3.3.1）~式（3.3.12）代入式（3.3.14）即可求出矩阵 $\boldsymbol{k}$ 的各个元素，$\boldsymbol{k}$ 见式（3.3.15）。

$$\boldsymbol{k} = \frac{EI}{L}\begin{pmatrix} \xi_z C_{1z} + \frac{G_{1z}^2}{\pi^2 H} & \xi_z C_{2z} + \frac{G_{1z}G_{2z}}{\pi^2 H} & \frac{G_{1z}G_{1y}}{\pi^2 H} & \frac{G_{1z}G_{2y}}{\pi^2 H} & 0 & \frac{G_{1z}}{HL} \\ \xi_z C_{2z} + \frac{G_{2z}G_{1z}}{\pi^2 H} & \xi_z C_{1z} + \frac{G_{2z}^2}{\pi^2 H} & \frac{G_{2z}G_{1y}}{\pi^2 H} & \frac{G_{2z}G_{2y}}{\pi^2 H} & 0 & \frac{G_{2z}}{HL} \\ \frac{G_{1y}G_{1z}}{\pi^2 H} & \frac{G_{1y}G_{2z}}{\pi^2 H} & \xi_y C_{1y} + \frac{G_{1y}^2}{\pi^2 H} & \xi_y C_{2y} + \frac{G_{1y}G_{2y}}{\pi^2 H} & 0 & \frac{G_{1y}}{HL} \\ \frac{G_{2y}G_{1z}}{\pi^2 H} & \frac{G_{2y}G_{2z}}{\pi^2 H} & \xi_y C_{2y} + \frac{G_{2y}G_{1y}}{\pi^2 H} & \xi_y C_{1y} + \frac{G_{2y}^2}{\pi^2 H} & 0 & \frac{G_{2y}}{HL} \\ 0 & 0 & 0 & 0 & \eta & 0 \\ \frac{G_{1z}}{HL} & \frac{G_{2z}}{HL} & \frac{G_{1y}}{HL} & \frac{G_{2y}}{HL} & 0 & \frac{\pi^2}{HL^2} \end{pmatrix} \tag{3.3.15}$$

其中

$$G_{1n} = C'_{1n}\theta_{in} + C'_{2n}\theta_{jn} \tag{3.3.16}$$

$$G_{2n} = C'_{2n}\theta_{in} + C'_{1n}\theta_{jn} \tag{3.3.17}$$

$$H = \frac{\pi^2}{\lambda^2} + \sum_{n=z,y} \frac{1}{\xi_n}[b'_{1n}(\theta_{in} + \theta_{jn})^2 + b'_{2n}(\theta_{in} - \theta_{jn})^2] \tag{3.3.18}$$

如果用 $\overline{\boldsymbol{F}}$ 表示局部坐标下的12个杆端力，相应的杆端位移用 $\overline{\boldsymbol{u}}$ 来表示，即

$$\overline{\boldsymbol{F}}^{\mathrm{T}} = (\overline{F}_1 \quad \overline{F}_2 \cdots \overline{F}_{12})$$

$$\overline{\boldsymbol{u}}^{\mathrm{T}} = (\overline{u}_1 \quad \overline{u}_2 \cdots \overline{u}_{12})$$

则由几何关系及平衡方程可以导出下列两个方程：

$$\overline{\boldsymbol{F}} = AS \tag{3.3.19}$$

$$\Delta \boldsymbol{V} = \boldsymbol{A}^{\mathrm{T}} \Delta \overline{\boldsymbol{u}} \tag{3.3.20}$$

其中

$$\boldsymbol{A} = \begin{pmatrix} 0 & 0 & 0 & 0 & 0 & -1 \\ 1/l & 1/l & 0 & 0 & 0 & 0 \\ 0 & 0 & -1/l & -1/l & 0 & 0 \\ 0 & 0 & 0 & 0 & -1 & 0 \\ 0 & 0 & 1 & 0 & 0 & 0 \\ 1 & 0 & 0 & 0 & 0 & 0 \\ 0 & 0 & 0 & 0 & 0 & 1 \\ -1/l & -1/l & 0 & 0 & 0 & 0 \\ 0 & 0 & 1/l & 1/l & 0 & 0 \\ 0 & 0 & 0 & 0 & 1 & 0 \\ 0 & 0 & 0 & 1 & 0 & 0 \\ 0 & 1 & 0 & 0 & 0 & 0 \end{pmatrix}$$

对式（3.3.19）进行求导，并进行坐标变换，整理后即可得到精确形式的空间梁单元在整体坐标下的切线刚度矩阵 $\boldsymbol{K}_{\mathrm{e}}$，$\boldsymbol{K}_{\mathrm{e}}$ 为 12×12 的矩阵。

对于结构屈曲后的路径跟踪问题，好的迭代方法和计算策略固然非常重要，但刚度矩阵的精确性也同样起到举足轻重的作用。刚度矩阵的精确性不仅影响计算结果的准确性，而且还影响临界点的收敛性。如果刚度矩阵的精确性很差，则在临界点附近的计算就很难收敛，甚至不收敛。大量计算表明，本节所推导的刚度矩阵不仅具有很好的精确性，而且还能适应各种大型复杂结构的屈曲后性能分析。

在三维坐标系中，空间桁架结构变形后的节点位置可以由节点的初始位置和三个方向的线位移唯一确定，节点的最终位移就等于增量计算中每次位移增量的代数和。对于空间刚架来说，每个节点既有三个方向的线位移，又有绕三个坐标轴的转动角位移。如果转角很小，则结构变形后的每个节点位置可以由三个线位移和三个角位移唯一确定。对于大转角问题，则刚性节点的最终转动位置取决于节点绕坐标轴的转动次序，即转动位移不满足交换率。这一问题可以用图 3.3.2 给予更直观的解释，从图 3.3.2 可以看到，具有相同初始位置的刚体，虽然绕三个坐标轴的转角都是 π/2，但由于绕坐标轴的转动次序不同，导致其最终位置也不相同。因此，在增量计算中，角位移不能像线位移那样简单地进行叠加，而必须给予修正。

在坐标系中一个节点无论以怎样的次序连续转动，如果节点在最终位置的方向可以确定，则节点与坐标轴的转角就是可求的。因此，在增量计算中时刻明确节点的方向是非常重要的。在三维空间中，变形后的节点方向可以由与节点刚性相连的三条直线相对于坐标轴的方向余弦来表示，也就是说这三条直线在坐标系中的方向可以惟一确定任意时刻的节点方向。为了便于分析，假定节点转动之前这三条直线分别平行于三个坐标轴。这样，这三条直线的方向余弦为 12×12 的正交矩阵，该矩阵随着节点的转动而变化，称之为“节点方向矩阵”。引用“节点方向矩阵”的概念来确定节点的空间方向，每步增量计算结束后进行旋转变换，求得新的节点方向矩阵。这一考虑大转角的精确理论对保证计算结果的正确性也是十分重要的。

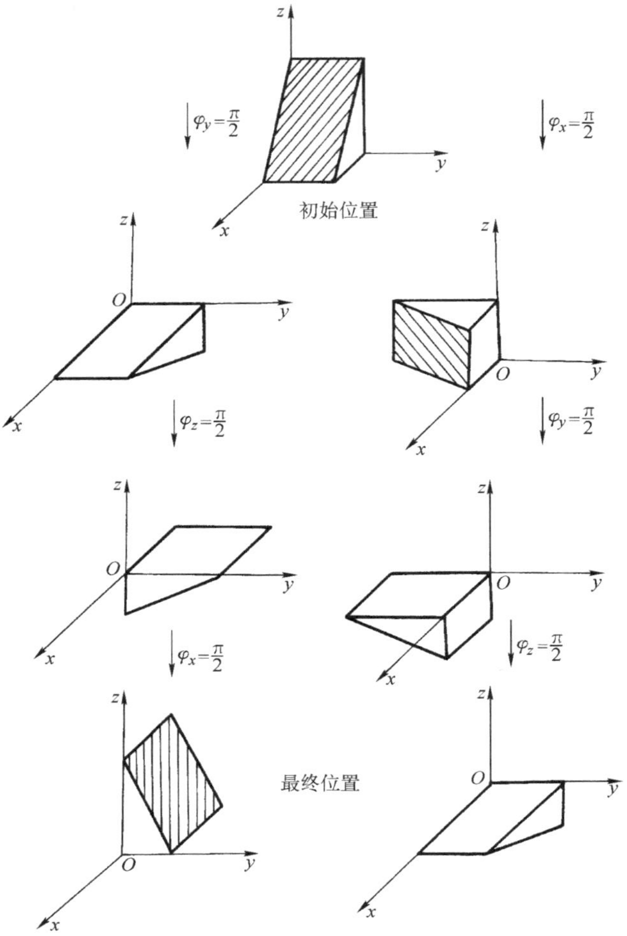

图 3.3.2 刚体的两种不同次序的转动

2. 合理的平衡路径跟踪和灵活的迭代策略

关于平衡路径的跟踪，先后提出过荷载增量法、位移增量法、各种功或能量增量法、各种弧长法等不同方法。应该说，各种方法都有其适用场合，但也都有不同程度的局限性。相比之下，各种弧长法，尤其是柱面弧长法具有较强的适应性。学者们在反复计算、不断摸索的过程中，对于不同方法的适应性、稳定性和计算效率进行了较细致的比较，认为应该以柱面弧长法为主综合运用各种方法。对于较为简单的结构，采用位移增量法比较方便而有效；对于复杂的多自由度体系，由于很难推测其节点位移的变化趋势，因此在第一步计算中采用荷载增量法，从第二步开始采用变步长的柱面弧长法来自动跟踪结构的荷载 - 位移全过程。但对于某些复杂结构，在个别临界点附近，发现采用弧长法也难于使迭代收敛，而这时改用余能增量法却能得到满意结果。因此，将余能增量法作为弧长法的一个补充。在计算程序中将上述各种方法有机地结合起来，计算中可以自动交替使用，因此能有效地应付各种复杂问题，尤其是在大型网壳结构的荷载 - 位移全过程分析中显示出较佳效果。

下面简要介绍上述的计算方法以及主要步骤措施。

在结构的非线性有限元分析过程中，任意时刻的平衡方程都可以写成如下形式：

$$^{t+\Delta t}\boldsymbol{R} - {}^{t+\Delta t}\boldsymbol{F} = 0 \tag{3.3.21}$$

其中，$^{t+\Delta t}\boldsymbol{R}$、$^{t+\Delta t}\boldsymbol{F}$ 分别为 $t+\Delta t$ 时刻外部所施加的节点荷载向量和相应的杆件节点内力向量。

如果在迭代过程中采用改进的牛顿法（Modified Newton - Raphson Method），且假定荷载与结构变形无关，则方程式（3.3.21）可以表示为增量形式：

$$^{t}\boldsymbol{K}\Delta\boldsymbol{U}^{(i)} = {}^{t+\Delta t}\boldsymbol{R} - {}^{t+\Delta t}\boldsymbol{F}^{(i-1)} \tag{3.3.22}$$

其中，$^{t}\boldsymbol{K}$ 是 t 时刻结构的切线刚度矩阵，$\Delta\boldsymbol{U}^{(i)}$ 是当前位移的迭代增量。

$$^{t+\Delta t}\Delta\boldsymbol{U}^{(i)} = {}^{t+\Delta t}\Delta\boldsymbol{U}^{(i-1)} + \Delta\boldsymbol{U}^{(i)}$$

在分析中假定结构按比例加载，这时方程式（3.3.22）又可以写成

$$^{t}\boldsymbol{K}\Delta\boldsymbol{U}^{(i)} = {}^{t+\Delta t}\lambda^{(i)}\boldsymbol{R} - {}^{t+\Delta t}\boldsymbol{F}^{(i-1)} \tag{3.3.23}$$

应用 Batoz 和 Dhatt 的两个位移向量同时求解技术，可以将方程式（3.3.23）写成下列两个方程：

$$^{t}\boldsymbol{K}\Delta\overline{\boldsymbol{U}}^{(i)} = {}^{t+\Delta t}\lambda^{(i-1)}\boldsymbol{R} - {}^{t+\Delta t}\boldsymbol{F}^{(i-1)} \tag{3.3.24}$$

$$^{t}\boldsymbol{K}\Delta\overline{\boldsymbol{U}}^{*(i)} = \boldsymbol{R} \tag{3.3.25}$$

其中

$$\begin{aligned} \Delta\boldsymbol{U}^{(i)} &= \Delta\overline{\boldsymbol{U}}^{(i)} + \Delta\lambda^{(i)}\Delta\overline{\boldsymbol{U}}^{*(i)} \\ ^{t+\Delta t}\Delta\boldsymbol{U}^{(i)} &= {}^{t+\Delta t}\Delta\boldsymbol{U}^{(i-1)} + \Delta\boldsymbol{U}^{(i)} \\ ^{t+\Delta t}\lambda^{(i)} &= {}^{t+\Delta t}\lambda^{(i-1)} + \Delta\lambda^{(i)} \end{aligned} \tag{3.3.26}$$

由于式（3.3.24）~式（3.3.26）含有（$N+1$）个未知数 $\Delta\boldsymbol{U}^{(i)}$ 和 $\Delta\lambda^{(i)}$，而只有 N 个线性方程组，因此还需要给出一个包含这些未知数的约束方程：

$$f(\Delta\lambda^{(i)}, \Delta\boldsymbol{U}^{(i)}) = 0 \tag{3.3.27}$$

值得一提的是式（3.3.27）对于结构的全过程分析尤为重要，可以认为各种分析方法都是基于式（3.3.27）的不同演变形式而得到的。

例如，只改变 λ 则得到荷载增量法；只改变 $\boldsymbol{U}$ 的某个分量则是位移增量法。这两种方法的约束方程可以写成简单形式：

1）荷载增量法

$$\Delta\lambda\boldsymbol{R} = \Delta\boldsymbol{p} \tag{3.3.28}$$

2）位移增量法

$$\Delta\boldsymbol{U}_q = \Delta\boldsymbol{D}_q \tag{3.3.29}$$

其中 $\Delta\boldsymbol{P}$ 和 $\Delta\boldsymbol{D}_q$ 分别为每步迭代中给定的荷载增量和某一位移增量。在荷载 - 位移曲线上这两种方法的意义是很明确的，即通过控制坐标轴的纵轴增量和横轴增量来确定加载步长（图 3.3.3）。从图上可以看到，荷载增量法无法越过第一个极限点（A 点），位移增量法虽然可以通过第一个极限点，但在 B 点附近迭代将不收敛。

如果将 λ 和 $\boldsymbol{U}$ 的乘积作为变量则又可以得到功增量法和余能增量法，这两种方法的约束方程分别为：

1）功增量法

$$\begin{aligned} ({}^{t}\lambda + 1/2\Delta\lambda^{(i)})\boldsymbol{R}^{t}\Delta\boldsymbol{U}^{(i)} &= \Delta\boldsymbol{W} \quad (i=1) \\ ({}^{t+\Delta t}\lambda^{(i-1)} + 1/2\Delta\lambda^{(i)})\boldsymbol{R}^{t}\Delta\boldsymbol{U}^{(i)} &= 0 \quad (i=2,3,\cdots) \end{aligned} \tag{3.3.30}$$

2）余能增量法

$$\Delta\lambda^{(i)}\boldsymbol{R}^{t}({}^{t}\boldsymbol{U}+1/2\Delta\boldsymbol{U}^{(i)})=\Delta C\quad(i=1)$$
$$\boldsymbol{R}^{t}\Delta\boldsymbol{U}^{(i)}=0\quad(i=2,3,\cdots)\tag{3.3.31}$$

其中 $\Delta\boldsymbol{W}$ 和 ΔC 是每步迭代的功增量和余能增量。这两种方法的意义如图 3.3.4 所示，就是在计算中用面积的增量来确定加载步长。

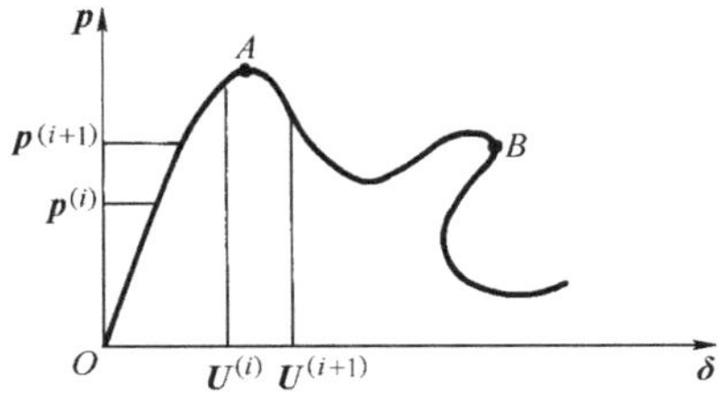

图 3.3.3　荷载增量与位移增量

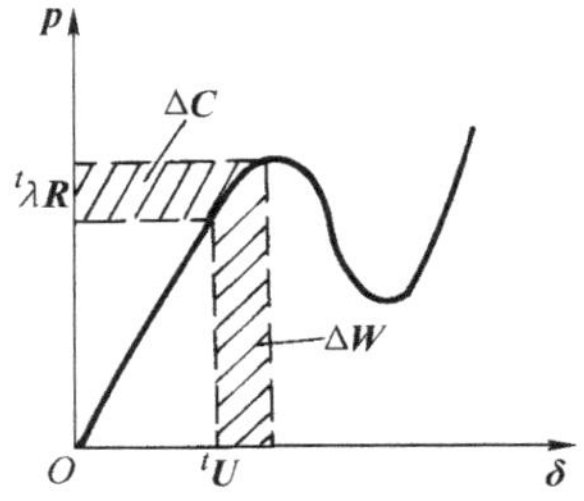

图 3.3.4　功增量与余能增量

如果将 $\boldsymbol{\lambda}$ 和 $\boldsymbol{U}$ 的平方和作为变量则还可以得到各种弧长增量法，其约束方程分别为：

1）球面弧长法

$$[({}^{t+\Delta t}\boldsymbol{\lambda}^{(i-1)}-{}^{t}\boldsymbol{\lambda})+\Delta\boldsymbol{\lambda}^{(i)}]^{2}+\boldsymbol{U}^{(i)\mathrm{T}}\boldsymbol{U}^{(i)}=\Delta l^{2}\tag{3.3.32}$$

其中 Δl 是每步迭代的弧长增量，$\boldsymbol{U}^{(i)}={}^{t+\Delta t}\boldsymbol{U}^{(i)}-{}^{t}\boldsymbol{U}$。

2）柱面弧长法

$$\boldsymbol{U}^{(i)\mathrm{T}}\boldsymbol{U}^{(i)}=\Delta l^{2}\tag{3.3.33}$$

3）椭圆面弧长法（又称当前刚度系数法）

$$S_{p}[({}^{t+\Delta t}\boldsymbol{\lambda}^{(i-1)}-{}^{t}\boldsymbol{\lambda})+\Delta\boldsymbol{\lambda}^{(i)}]+\boldsymbol{U}^{(i)\mathrm{T}}\boldsymbol{U}^{(i)}=\Delta l^{2}\tag{3.3.34}$$

这里

$$S_{p}=|{}^{t}S/{}^{\Delta t}S|$$
$${}^{\Delta t}S={}^{\Delta t}\boldsymbol{\lambda}/\|{}^{\Delta t}\boldsymbol{U}\|$$
$${}^{t}S=({}^{t}\boldsymbol{\lambda}-{}^{t-\Delta t}\boldsymbol{\lambda})/\|{}^{t}\boldsymbol{U}-{}^{t-\Delta t}\boldsymbol{U}\|$$

如图 3.3.5 所示，弧长法是用曲线弧长增量来确定加载步长，由于该方法的每步计算都是沿着曲线的弧线方向，因此比其他方法具有更强的适应性。

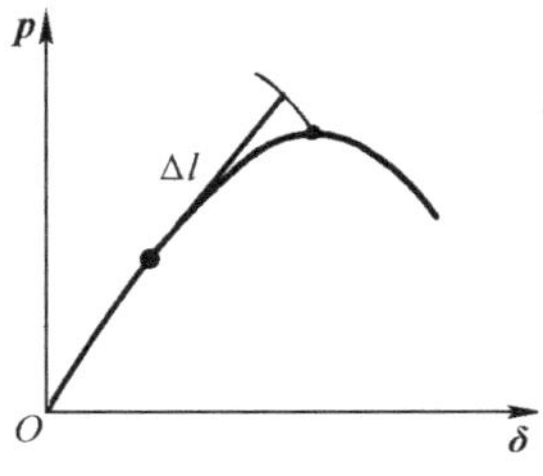

图 3.3.5　弧长法示意

无论采用哪一种方法，第一步计算首先是采用荷载增量法，经过数次迭代后求出结构位移向量${}^{\Delta t}\boldsymbol{U}$。

从第二级荷载开始，如果采用柱面弧长法，则将${}^{\Delta t}\boldsymbol{U}$ 代入式（3.3.33）计算弧长增量 Δl。然后在每级荷载的计算开始首先计算增量弧长。

$$\Delta l=\sqrt[4]{\left(\frac{N_{1}}{N_{2}}\right)^{3}}\Delta l'\tag{3.3.35}$$

其中 $\Delta l'$是前一级荷载的增量弧长，N_1 是每步计算中假定的最优迭代次数，N_2 是前一级计算的迭代次数。从式（3.3.35）可以看到，当结构接近线性变化时计算容易收敛，即需要的迭代次数少，这时荷载步长可以自动增加；在极限点附近收敛比较慢，这时荷载步长会自动减小，从而能够较有效地完成变步长的自动跟踪过程。

对于复杂结构来说，即使采用了合理的计算方法，如果一些计算参数不能很好选择并灵活处理，计算仍然可能难于收敛。总结计算实践中取得的经验，可以采取以下两条措施。一是采用变步长的增量计算方法，研究合理步长的计算公式［式（3.3.35）］；按照这一公式，每步的步长是根据前一步计算中所需的迭代次数来调整的，在结构接近线性变化时计算容易收敛，所需迭代次数少，下一步计算中步长就会自动增大；反之，在临界点附近收敛比较慢的区域，步长会自动变小，计算点迅速加密；用这种办法可保证高效地完成平衡路径的跟踪过程。二是采用能量准则判断迭代是否收敛，并且对收敛值给予严格控制，以减小计算累积误差，防止在临界点附近迭代发散。在路径跟踪过程中，利用切线刚度矩阵的正定性来判断结构的稳定性能，采用判别临界点性质（是极限点还是分枝点）的准则。对极限点不需采取措施即可进入屈曲后平衡路径。对于分枝点，则采用“扰动荷载法”，即在分枝点附近的计算中引入相应于该点失稳形态的扰动荷载，使计算进入正确的分枝后路径。经验表明，对于具有大量自由度的大型结构，计算的累积误差较大，它也能起到扰动荷载的作用；因此也可采用在分枝点处适当放宽收敛控制值的办法，以引起足够大的累积误差，使复杂结构的计算自动进入正确的平衡路径。

3. 初始缺陷的影响

实际网壳结构不可避免地具有各种初始缺陷。从实用角度考虑，关于与杆件特性有关的一些缺陷，如杆件的初弯曲、初始内应力、杆件对节点初始偏心等，在按规范规定选择杆件截面时实际上已作了适当考虑。这样设计出来的网壳结构，杆件稳定性与整个网壳稳定性的耦合作用不是一个主要因素。对网壳稳定性来说，曲面形状的安装偏差，即各节点位置的偏差就成为起主要影响作用的初始缺陷。采用“一致缺陷模态法”来考虑这类初始缺陷的影响，即认为初始缺陷按最低阶屈曲模态分布时可能具有最不利影响，该方法的合理性和有效性已经被充分证明。显而易见，当采用这一方法进行分析时，即使遇到分枝点的情形，均能自动完成正确的平衡路径跟踪。事实上，初始缺陷通常使分枝问题转化为极限问题。

4. 大规模的参数分析

大量计算实践表明，按上述理论和方法编成的程序，对实际网壳结构的全过程分析十分有效。利用编制的荷载-位移全过程分析程序对单层球面网壳、圆柱面网壳、椭圆抛物面网壳（双曲扁网壳）、双曲抛物面网壳（鞍形网壳）的稳定性进行了系统的分析。所分析的网壳均属于常用的形式，具有实际的形状和尺寸，其杆件截面也均按实际设计选定。

按照拟给定的参数分析方案，完成每例分析以后，为每个节点都可画出一条荷载-位移曲线；实际分析中只取一条曲线，即迭代结束时位移最大的那个节点的荷载-位移曲线作为代表。网壳的全过程曲线是异常复杂的；从实用角度，只需取开始一段曲线（即越过第一个临界点以后再保留一段必要的屈曲后路径）进行考察；过此以后，结构位移迅速增大，曲线的形状变化多端，在理论上饶有兴趣，但实用上已无更大意义。取第一个临界点处的荷载值作为结构的极限荷载，相应的结构屈曲模态也均可求得。

研究表明，当分析量足够多时，这些荷载-位移曲线、极限荷载和屈曲模态图显示出非常好的规律性。下面从第3.3.3节开始按不同网壳形式简要介绍其具体的参数分析方案和稳定性能的基本特点，并通过对所取得的大量数据进行回归分析的方法提出网壳稳定性承载力的实用计算公式。

3.3.2 网壳结构全过程分析实例

1. 网壳计算模型

下面以一个50m跨度的单层K6型穹顶网壳为例，对其进行荷载－位移的全过程分析，研究该结构作为理想壳的稳定性能和经过若干次屈曲后的结构位移形态，最后考虑了初始几何缺陷对该网壳稳定性能的影响。网壳的网格布置如图3.3.6所示。网壳杆件为ϕ180mm×5mm的钢管，此时网壳用钢量为18kg/m^2（包括球节点重量）。网壳仅承受竖向节点均布荷载，周边节点为铰接支承。

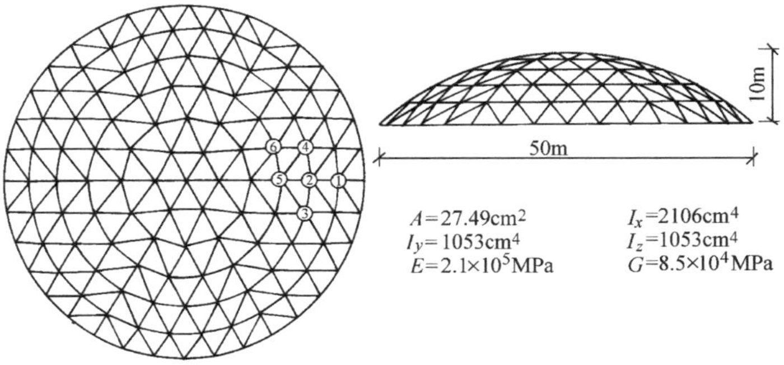

图3.3.6　342单元K6型网壳

2. 计算结果的分析

图3.3.7所示是节点①～⑥的荷载－位移曲线。可以看到，当荷载达到25.4kN/m^{2}时，发生第一次屈曲。这次屈曲主要地表现为节点①的跳跃屈曲，此时其他节点的位移不显著。屈曲后的结构刚度矩阵是非正定的，荷载呈下降趋势。当荷载降到13.6kN/m^{2}时，又出现荷载上升段，这时可以认为节点①已达到反向的稳定位置。荷载上升到16.8kN/m^{2}时发生第二次屈曲，这次屈曲主要表现为节点②的跳跃屈曲，其相邻节点的位移相对较小。当节点②达到反向的稳定位置后，荷载又呈上升形式，进而又以类似的形式出现第三次屈曲、第四次屈曲……曲线每上下波动一次都代表以某一个节点为主的跳跃屈曲。随着屈曲次数的增加，网壳的局部凹陷也越来越大。图3.3.8表示整个屈曲过程中荷载－位移曲线上若干个时刻（参看图3.3.7中节点②的荷载－位移曲线）的结构位移形态。可以清楚地看到，屈曲范围从一个节点开始向周围逐渐扩散，最后在网壳上形成一个很大的凹陷。

上面的讨论无疑使读者对加荷全过程的屈曲性能及任意时刻的结构位移形态有了非常全面的了解。但对于结构设计者来说，人们最关心的是结构的实际极限承载能力，结构在若干次屈曲后的荷载－位移曲线及位移形态相对来说并不十分重要。从实际设计角度，有意义的仅仅是第一个上极限点和第一个下极限点。

首先，从稳定方面来考虑，第一个上极限点远高于其后的其他各个极限点，整条曲线呈退化的形式，因此一旦荷载超过第一个上极限点，结构将失去稳定承载能力，而且是一垮到底。考虑到缺陷的影响，第一个下极限点对于评价结构稳定承载力可能尤其重要，它能够很好地反映结构对缺陷的敏感程度。有时尽管第一个上极限点很高，但微小的初始缺陷可以使结构的临界荷载接近或低于第一个下极限点，这在后面的缺陷分析中将可以看到。

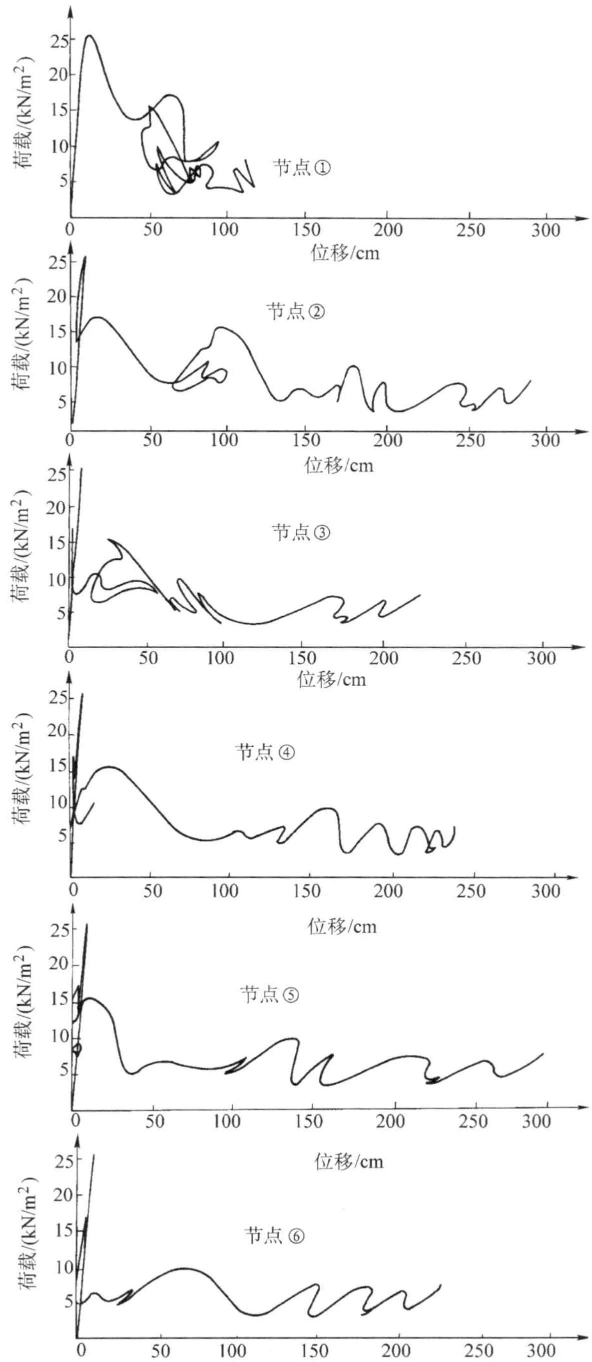

图 3.3.7 荷载－位移曲线

其次，从刚度方面来考虑，第一个下极限点的结构最大位移往往已经很大（本例中达

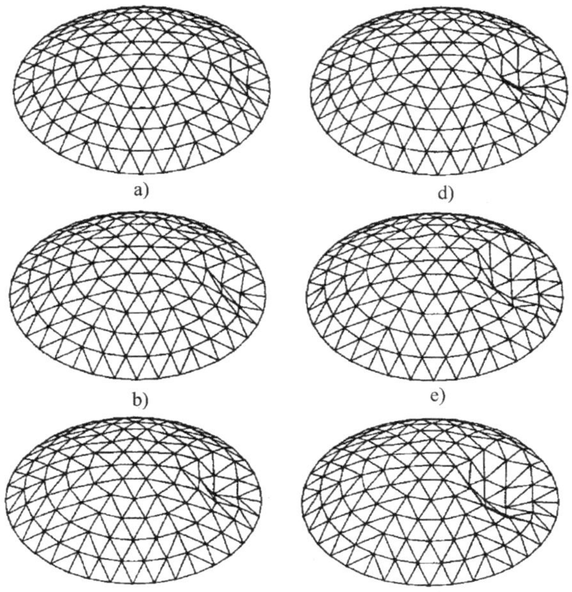

图3.3.8 加载过程中若干个时刻（参看图3.3.7中节点②）的结构位移形态

40cm，为跨度的1/125)，一般均已超过结构设计的容许限度，后面各极限点所对应的位移远远超过这个限值，因而是没有任何实际意义的。

3. 初始缺陷对网壳稳定性的影响

下面考虑初始几何缺陷对图3.3.6中K6型穹项网壳稳定极限承载力的影响。

采用一致缺陷模态法对该结构进行缺陷分析。将该网壳的第一个临界点的屈曲模态作为网壳的初始缺陷，其最大值为 r。计算中取 $r=\pm2$cm、±4cm 和 ±6cm 三种情况。网壳在理想情形及三种缺陷情形中的荷载-位移曲线（对应图3.3.6中节点①）如图3.3.9所示。可以看到，随着 R 的增大，曲线的第一个上极限点明显降低，而相对来说，其后的各极限点均变化不大。当 $r=\pm6$cm时，结构的第一个上极限点和第一个下极限点已经非常接近。三种情形的极限荷载分别为20.5kN/m^2、16.9kN/m^2 和 14.2kN/m^2。可以看到当缺陷大小 $R=\pm6$cm 时，极限荷载降低到理想结构的56%。对于50m跨度的结构，要求节点安装误差不超过±6cm已经是比较苛刻了。

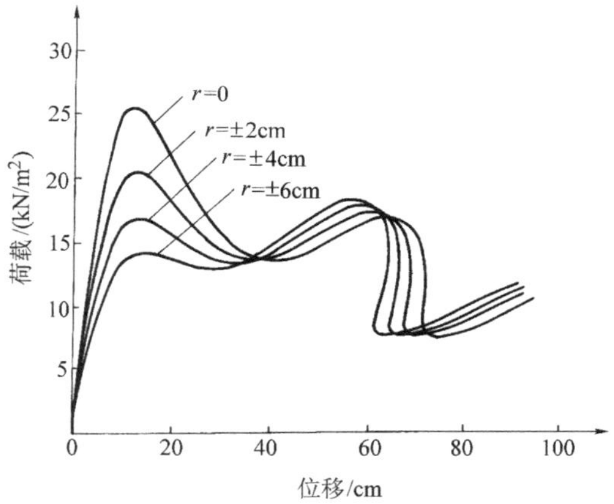

图3.3.9 理想壳及缺陷的节点①荷载-位移曲线

3.3.3 单层球面网壳的稳定性

1. 参数分析方案

球面网壳有各种网格划分形式，以最常用的K8型网壳作为重点研究对象，然后对K6型、短程线型、肋环斜杆型等网壳进行一定数量的对比分析，以此来取得关于单层球面网壳稳定性能的完整概念。对K8型网壳考虑了四种跨度（$L=40$m、50m、60m、70m）和四种矢跨比（矢跨比为1/5、1/6、1/7、1/8）共16种几何尺寸，每一种又各采用四套不同大小的杆件截面，一共需分析64个网壳。对每个网壳分别按无缺陷的理想情形和具有初始缺陷（最大安装偏差$L/1000$）的情形进行分析，对部分网壳还考虑由小到大不同大小初始缺陷的影响。荷载方面考虑满跨均布荷载g和半跨均布荷载p的不同组合：$p/g=0$、1/4、1/2。对部分网壳还按固接和铰接两种支承条件作对比。按照这一方案，对K8型网壳共需进行近500例荷载－位移全过程分析；再加上对K6型、短程线型、肋环斜杆型网壳进行的计算，共计需进行840例球面网壳全过程分析。

2. 球面网壳失稳形态及特点

球面网壳的屈曲多数情况下表现为壳面上一个或若干个局部凹陷的形式，这种凹陷从某一节点的跳跃屈曲开始，然后随着邻近节点的逐一失稳，凹陷的范围逐渐扩大，而全过程曲线相应地表现为多次波动和来回摆动的复杂形式。不同网格形式的球面网壳，其出现凹陷的位置也不同。K型网壳的失稳均从主肋上某一节点开始，肋环斜杆型网壳一般从第三环（自支承环算起）上某一节点开始，短程线型网壳则从三角形球面上某一节点开始，逐渐扩大形成凹陷。

各种形式的球面网壳均表现出极佳的空间工作性能，荷载的不对称分布对它们的极限荷载几乎没有影响。为了进行对比，把每个网壳在三种不同荷载比例下的全过程曲线画在一起，均以总荷载$g+p$作为纵坐标；结果显示，三条曲线几乎完全重合。因而实用上可以不考虑荷载不对称分布这一因素对球面网壳稳定性承载力可能产生的影响。

3. 初始缺陷的影响

与此同时，各种球面网壳均表现出对初始几何缺陷的高度敏感性。作为例子，图3.3.10给出某K8型球面网壳（$L=60$m，$f/L=1/8$）当考虑九种不同大小的初始缺陷（$r=0$、3cm、

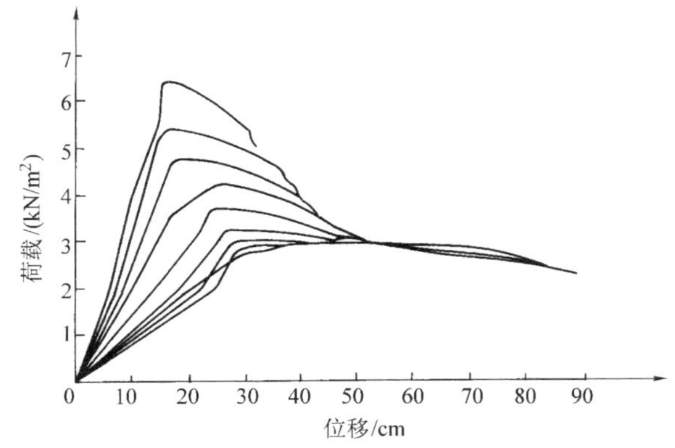

图3.3.10 不同初始缺陷时的全过程曲线

6cm、10cm、20cm、30cm、40cm、50cm、60cm）时绘得的全过程曲线，九条曲线画在一起，可资对比，网壳极限荷载随缺陷值变化的情形如图 3.3.11 所示。可以看到，在开始阶段，网壳极限荷载随缺陷增大迅速下降，至缺陷为 20cm（$L/300$）时达最小值，此时极限荷载为完整网壳的 50% 左右。缺陷再进一步增大时，极限荷载反而呈增大趋势，不符合人们的正常概念。事实上，当初始缺陷超过一定限度后，网壳已严重偏离原来的球面形状，受力也偏离薄膜内力主导状态，变成了一种“畸形结构”。从相应的全过程曲线可以看到，这种具有过大初始缺陷的网壳刚度很小，位移发展很快，尽管荷载可能保持上升趋势，但在工程上已没有意义。

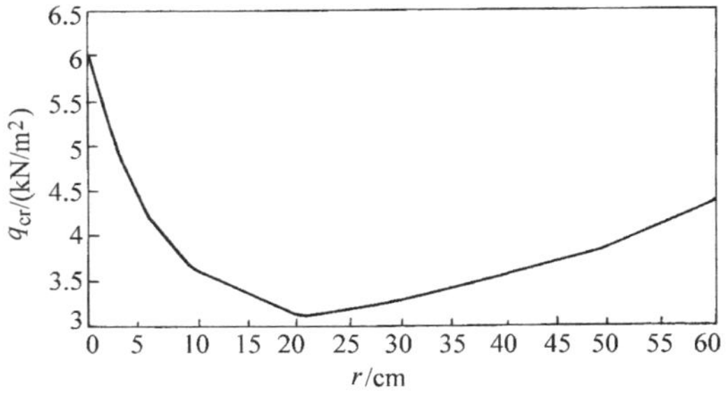

图 3.3.11 极限荷载随缺陷值变化曲线

肋环斜杆型网壳对初始缺陷的反应十分类似，只是其极限承载力当缺陷为 $L/1000 \sim L/500$ 时即达到最低值，随后就开始反弹，表现出“畸变”现象。短程线型网壳的反应稍有不同：在所分析的范围内（缺陷值已达 $L/100$），极限承载力随缺陷值增大连续下降，刚度也越来越小，网壳表现出持续弱化的倾向。这说明严格控制安装偏差对短程线型网壳来说尤其具有重要意义。

从实用角度看，似乎可以将 $L/500 \sim L/300$ 的安装偏差定为球面网壳可以接受的最大允许缺陷；同时把理想网壳极限荷载的 50% 定为实际网壳的极限承载力。短程线网壳对这一要求也能满足。

4. 球面网壳极限承载力计算公式

对参数分析中取得的大量数据可采用回归分析的方法为球面网壳的稳定验算推导一个适当的拟合公式。公式形式力求简单，但要正确选择适当的参变量来代表对网壳极限承载力具有最本质影响的那些因素。对球面网壳，可借鉴壳体稳定性的线弹性解析公式，假定其极限承载力呈如下形式：

$$q_{cr} = K\frac{\sqrt{BD}}{R^2} \tag{3.3.36}$$

式中 R——球面的曲率半径（m）；

B——网壳的等效薄膜刚度（kN/m）；

D——网壳的等效抗弯刚度（kN·m）；

K——待定系数，由回归分析确定。

实际网壳的等效刚度沿壳面并不均匀，所以应按不同网壳的屈曲模态来确定等效刚度的计算位置。如前所述，K 型网壳的屈曲一般由主肋节点开始，即网壳的极限荷载主要由主肋节点处的刚度决定，因此应按该处的网格尺寸和杆件截面来计算等效刚度 B 和 D。同样，肋环斜杆型网壳应取自支承环算起的第三环上节点，短程线型网壳应取三角形球面上节点作为计算位置。B 和 D 的具体计算公式详见第 3.3.7 节。实际网壳是各向异性的，球面网壳的等效刚度 B 和 D 应理解为两个方向的平均指标。

为节省篇幅，不列出回归分析过程，仅指出：K8 型、K6 型、短程线型和肋环斜杆型分别求得的系数 K 十分接近，相互的差别在 ±5% 以内。这一结果说明式（3.3.36）确实反映了球面网壳稳定性能的本质特征，同时也证实了按照各类网壳失稳模态的特点来确定其刚度参数的计算位置是正确的。综合考虑各种因素，最后建议对各类实际球面网壳的极限承载力统一按如下公式计算：

$$q_{cr}=1.05\frac{\sqrt{BD}}{R^2} \tag{3.3.37}$$

公式中已考虑了初始几何缺陷等因素的影响。

3.3.4　单层柱面网壳的稳定性

1. 参数分析方案

圆柱面网壳可能有三种支承方式：四边支承、两纵边支承和两端支承（图3.3.12）。它们各有特点，应分别进行研究。网格形式一律采用最常见的由纵向杆和两个方向斜杆组成的三向网格（图3.3.13）。网壳长度与波宽之比 L/b 是影响柱面网壳性能的主要因素；为节省计算工作量，参数分析方案中只设定一种网壳宽度 b = 15m，但具有不同长度：L = 15m、21m、27m、30m、33m、39m、45m。考虑不同的矢宽比 f/b 和不同的杆件截面大小。对每个网壳考虑不同的荷载分布和初始缺陷的影响。两端支承的网壳还按一定间距设置中间加劲肋，以便在分析方案中对设与不设加劲肋的情形作对比。因此对四边支承、两纵边支承和两端支承的柱面网壳需分别进行350例、54例和816例荷载－位移全过程分析。

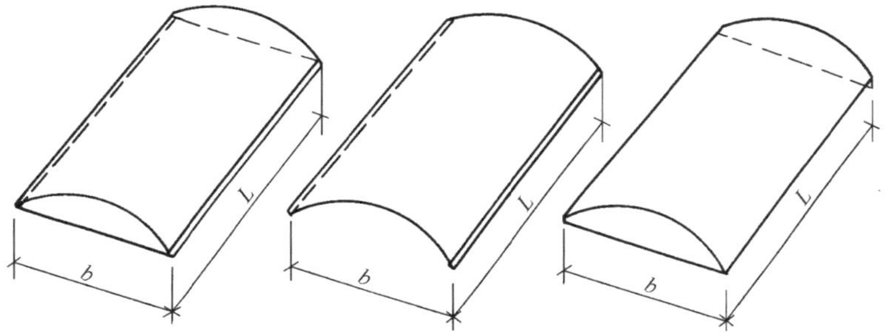

a) 四边支承　　b) 两纵边支承　　c) 两端支承

图3.3.12　柱面网壳的三种支承方式

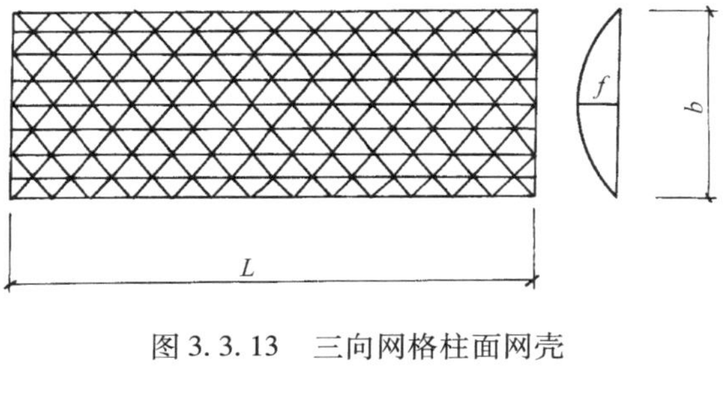

图3.3.13　三向网格柱面网壳

2. 四边支承和两纵边支承的圆柱面网壳稳定性能

四边支承柱面网壳的屈曲模态在多数情况下呈横截面为三个半波的壳面凹陷形式；不对称荷载下也类似，屈曲模态仅略偏一点（图3.3.14）。但当长宽比较大时（$L/b>2.6$），中等矢宽比（$f/b=1/3$ 和 $1/4$）的网壳有可能产生两个半波的侧偏型屈曲，接近于纵边支承的情况（图 3.3.15）。由此可见，对于 $L/b<2.6$ 的四边支承网壳，两端刚性横隔对壳面具有较强的约束作用。对于 $L/b\leqslant1.4$ 的短网壳，这种约束作用更强，壳面的屈曲可能呈更高阶的四个半波的凹陷形式。

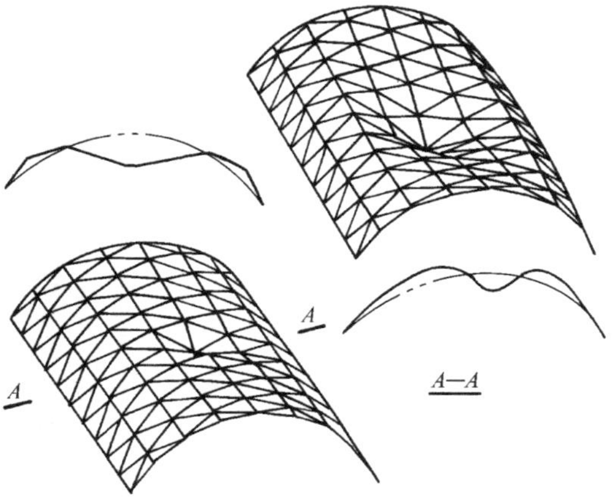

a) 对称荷载　　b) 非对称荷载

图 3.3.14　四边支承柱面网壳的屈曲模态

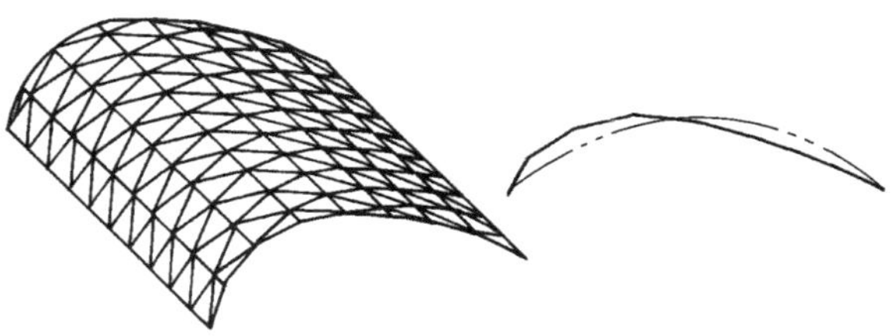

图 3.3.15　纵边支承柱面网壳的屈曲模态

长宽比 L/b 对四边支承柱面网壳承载力的影响十分明显，随着 L/b 的增大，极限荷载显著下降，但逐渐趋于某一极限。图 3.3.16 所示是一典型例子。在多数情况下当 $L/b\geqslant2.6$ 时曲线即趋平，对于矢宽比较大的情形（$f/b=1/2$），L/b 更大时曲线才渐趋平缓。

矢宽比 f/b 对网壳极限荷载的影响随不同长宽比而变，当 L/b 较小时，极限荷载随 f/b 的增大而增大；但随着 L/b 的增大，f/b 的影响渐趋平缓；当 $L/b>2$ 时，中等矢宽比（$f/b=1/3$ 或 $1/4$）的网壳极限荷载较大。

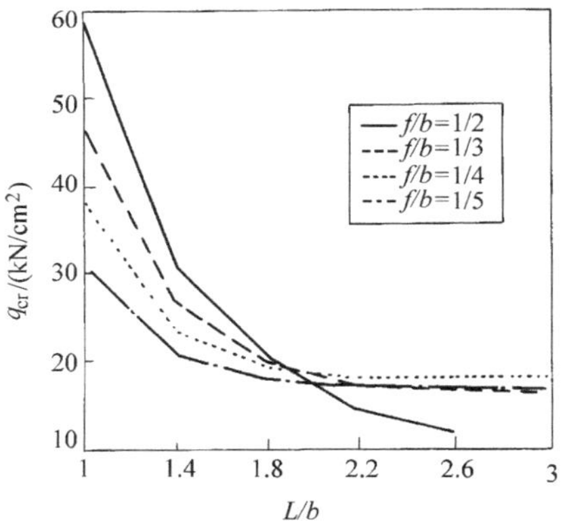

图 3.3.16　四边支承柱面网壳极限荷载随 L/b 变化的规律

初始几何缺陷对柱面网壳稳定性的影响不是很大，且随 L/b 的增加而减少。系列计算表明，即使所考虑的初始缺陷范围已达到 15cm（$b/100$），极限荷载的降低率仍不超过 20%。四边支承柱面网壳对荷载的不对称分布也并不敏感。当以 $p+g$ 来定义极限荷载时，网壳的稳定性承载能力并没有因荷载的不对称分布而下降。仅对 $L/b\leqslant1.2$ 的短网壳稍有影响，实用上可按由下式确定的折减系数 K_2 予以考虑：

$$K_2=0.6+0.4/(1+2p/g) \tag{3.3.38}$$

与球面网壳不同，为四边支承柱面网壳推导极限承载力的拟合公式时，关于公式的合理形式缺乏必要的理论参照。但从参数分析中可以得出关于这种网壳极限荷载变化规律的某些主要概念，据此可为拟合公式设想出一些大致模式。曾拟定若干个不同的公式模型进行反复试算比较，最后为实际的四边支承柱面网壳提出如下的实用公式：

$$q_{cr}=72.0\frac{D_{11}}{R^3(L/b)^3}+1.95\times10^{-4}\frac{B_{22}}{R(L/b)}+75.0\frac{D_{22}}{(R+3f)b^2} \tag{3.3.39}$$

式中，B 和 D 的下角标 11 和 22 分别代表网壳的纵向和横向。这一公式已考虑了初始几何缺陷的影响；但对于 $L/b\leqslant1.2$ 的短网壳，尚须乘以式（3.3.38）给定的折减系数 K_2，以考虑荷载不对称分布的影响。

从式（3.3.39）看到，当 $L/b\rightarrow\infty$ 时，公式仅剩下第三项。因而自然引出一个问题：公式的第三项能否作为纵边支承网壳稳定承载力的表达式？这一理论上成立但由外推法得出的论断需要进一步验证。为具有不同几何参数的纵边支承网壳进行的 54 例全过程分析完全证实了这一论断。因此，实际的纵边支承柱面网壳的极限承载力可按下式计算：

$$q_{cr}=75.0\frac{D_{22}}{(R+3f)b^2} \tag{3.3.40}$$

对纵边支承的柱面网壳不必考虑荷载不对称分布的影响。

3. 两端支承的圆柱面网壳稳定性

两端支承柱面网壳的两纵边是自由的，但需设置具有一定刚度的边梁。这种网壳的工作犹如支于两端刚性横隔的巨大简支梁，网壳长度对结构受力影响较大，不同长度的网壳（包括边梁）需按实际计算选用不同杆件：L/b 增大时，网壳受力增加，相应地选用较大的杆件。在这一前提下，由全过程分析确定的网壳极限荷载与长宽比 L/b 之间并无明显的依赖关系；也就是说，不同长度的网壳基本上保持同一水平的稳定性承载力。

网壳的屈曲模态表现出明显的壳面变形，与四边支承的柱面网壳有类似之处，充分显示出两侧边梁的弹性约束作用。但边梁本身也产生一定的弯曲和扭转变形，因而壳面变形范围较大；仅在某些不对称荷载作用下，壳面变形呈较为局限的凹陷形式。

矢宽比 f/b 对网壳极限承载力有明显影响：f/b 较大的网壳，其极限承载力也较大。这与四边支承的网壳有一定区别：对后者，当 L/b 较大时，$f/b=1/3$ 和 $1/4$ 的网壳极限承载力最大，体现出两纵边的固定铰支座对中等矢宽比网壳的壳面变形有强大的约束作用；对于两端支承的网壳，弹性边梁的这种约束作用要小得多。

两端支承网壳对初始几何缺陷不十分敏感。如果以 $b/300$ 作为可以接受的最大允许缺陷，则极限承载力的降低比率不超过 18%。

荷载的不对称分布对网壳的极限承载力（仍以 $p+g$ 来衡量）有明显影响，这种影响在 $p/g=0.5$ 时即已充分显现，p/g 继续增大时承载力的进一步下降十分缓慢；荷载不对称分布的影响随不同的 f/b 和 L/b 而有所差异，而且有较强的规律性。根据这些规律给出影响系数 K_2 的计算公式，供实际设计采用：

$$\left.\begin{array}{ll}\text{对 } f/b=1/2 \text{ 的网壳} & K_2=0.75\\ \text{对 } f/b=1/3 \text{ 的网壳} & K_2=1.25-0.25L/b\quad(L/b=1.0\sim3.0)\\ \text{对 } f/b=1/4 \text{ 的网壳} & K_2=0.50+0.195(2.6-L/b)^2\quad(L/b=1.0\sim3.0)\end{array}\right\} \tag{3.3.41}$$

当 f/b 为中间值时，K_2 按内插法计算。

对于较长的两端支承柱面网壳，必要时可按适当间距（一般为波宽 b 的一倍左右）布置具有一定刚度的横向加劲肋。这些加劲肋使体系的整体刚度和壳面的保形能力均有所增强，网壳的极限承载力相应提高。屈曲模态仍然表现出明显的壳面变形，但凹陷范围不超越加劲肋所限制的区域；同时，由边梁和横向加劲肋组成的弹性约束体系也产生整体变形。

根据对比分析，建议按如下公式计算承载力提高系数 K_3，以考虑设置横向加劲肋的有利影响：

$$\left.\begin{array}{ll}\text{对} f/b=1/2 \text{ 的网壳} & K_3=1.35 \\ \text{对} f/b=1/3 \text{ 的网壳} & K_3=2.40-0.42L/b \quad (L/b=1.4\sim3.0) \\ \text{对} f/b=1/4 \text{ 的网壳} & K_3=1.20+0.28(2.6-L/b) \quad (L/b=1.4\sim3.0)\end{array}\right\} \tag{3.3.42}$$

当 f/b 为中间值时，K_3 按内插法计算。

值得注意的是，式（3.3.41）和式（3.3.42）表达出十分相似的规律。看来，在这两种表面上没有直接关联的现象之间存在某种内在联系。很难进一步分析这种联系，但可以说，设置横向加劲肋确实会加强整个体系对非对称变形的抵抗能力。对比分析表明，对设置横向加劲肋的网壳，荷载不对称分布对其承载力不再产生影响。

为两端支承的柱面网壳推导承载力拟合公式也比较困难。通过反复比较，最后确定实际网壳（不设加劲肋）在对称荷载下的承载力计算公式为

$$q_{cr}=0.063\frac{\sqrt{B_{11}D_{22}}}{R^2\sqrt{L/b}}+0.138\frac{\sqrt{B_{22}D_{22}}}{R^2(L/b)C_L}+0.083\frac{\sqrt{I_hI_v}}{R^2\sqrt{LR}} \tag{3.3.43}$$

式中 C_L——$C_L=0.96+0.16\ (1.8-L/b)^4$；

I_h、I_v——边梁水平方向和竖向的线刚度（kN·m），对于桁架式边梁，可按式 $I_{h,v}=E(A_1r_1^2+A_2r_2^2)/L$ 计算；

A_1、A_2——两根弦杆的面积；

r_1、r_2——相应的形心距。

实际设计中，上式尚应乘以考虑荷载不对称分布影响的系数 K_2，按式（3.3.41）计算。

当为网壳设置横向加劲肋时，其极限承载力应在式（3.3.43）的基础上乘以系数 K_3，按式（3.3.42）计算，但不再乘系数 K_2。

3.3.5 单层椭圆抛物面网壳的稳定性

1. 参数分析方案

椭圆抛物面网壳一般用于方形或矩形平面，其曲面是以一条抛物线为母线，沿着与之正交但曲率方向相同的另一条抛物线导线平行移动而成的（图 3.3.17）；实际工程应用中常用圆弧来代替抛物线作为曲面的母线和导线。习惯上把这类网壳称为双曲扁网壳。在参数分析中考虑三种平面尺寸（30m×30m、40m×40m、30m×45m）、三种矢跨比（f/L=1/6、1/7、1/8）和两种网格形式（三向网格和正交单斜网格）（图 3.3.18），采用四套不同的杆件截面；对每个网壳考虑不同荷载分布和初始缺陷的影响。部分网壳还对两种可能的支承条件

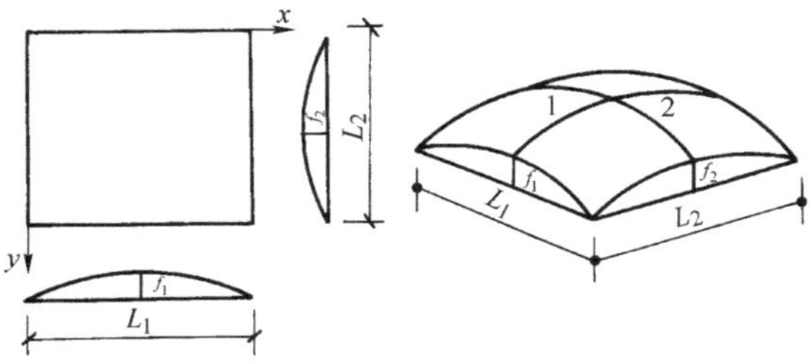

图 3.3.17 椭圆抛物面

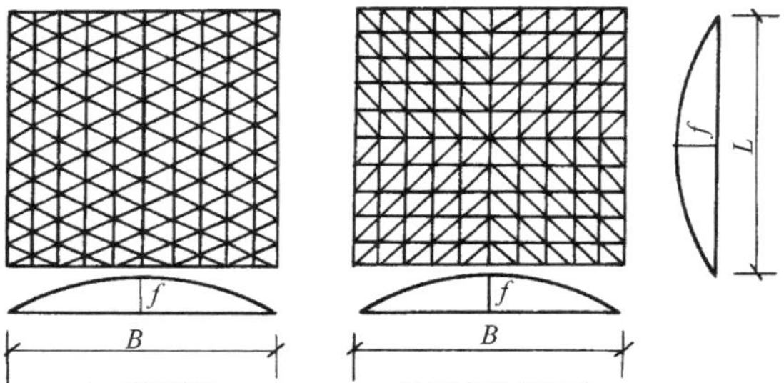

图 3.3.18 两种网格形式

（四边简支和固定铰支）作了对比。共计需对双曲扁网壳进行 783 例全过程分析。

2. 椭圆抛物面网壳失稳形态及特点

椭圆抛物面网壳（或称双曲扁网壳）常用的两种网格形式：三向网格和正交单斜网格性能上有较大差别。在参数分析中，对两种网格形式是按单位面积用钢量相等的条件进行设计的。计算表明，在相同用钢量的情况下，三向网格的等效刚度 $\sqrt{BD}$要稍大一些，而其极限承载力则要比对应的正交单斜网格大很多。

三向网格的屈曲模态表现为在一个或几个角区产生明显的局部凹陷，但壳面发生位移的范围较广，其位移呈双波或多波形式。相比之下，正交单斜网格屈曲时的变形较为局限，表现为在网壳边缘的中央部位发生个别节点的显著位移（局部凹陷）。

3. 初始缺陷的影响

三向网壳对初始几何缺陷更敏感。大量计算表明，如果把最大允许的安装偏差控制在 $L/500 \sim L/300$ 范围内，则初始缺陷对双曲扁网壳承载力的影响系数 K_1 可偏于安全地取如下数值：对三向网格 $K_1=0.65$，对正交单斜网格 $K_2=0.75$。

4. 荷载分布的影响

双曲扁网壳的稳定性能对荷载的不对称分布十分敏感。作为例子，图 3.3.19 给出 30m ×30m 正交单斜网壳极限承载力随 p/g 变化的曲线。可以看到，当$p/g=2$时，网壳承载力已下降到对称荷载情形的30%，而曲线仍未完全趋平。计算还表明，荷载不对称分布对理想网壳和有缺陷网壳的影响基本相同；也就是说，就对网壳承载力的影响而言，荷载不对称分布和初始缺陷这两个因素之间的耦联作用不明显。通过回归分析，建议按如下公式计算荷载不对称分布对网壳承载力的影响系数 K_2：

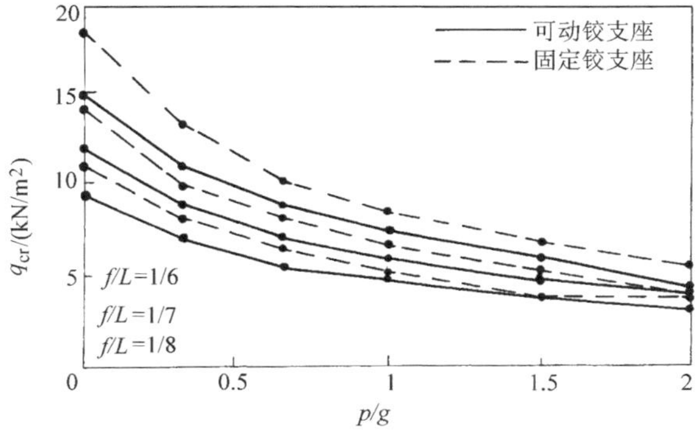

图 3.3.19 网壳承载力随 p/g 变化规律

$$K_2=1/[1+0.956p/g+0.076(p/g)^2] \tag{3.3.44}$$

这一公式对两种网格形式均适用。

5. 双曲扁网壳极限承载力计算公式

关于双曲扁网壳承载力的实用计算公式，可参照球面网壳的公式形式，通过对大量数据进行回归分析，并考虑初始缺陷影响以后，建议采用如下公式：

$$\text{对三向网格}\ q_{cr}=1.29K_2\frac{\sqrt{BD}}{R_1R_2} \tag{3.3.45}$$

$$\text{对正交单斜杆}\ q_{cr}=1.07K_2\frac{\sqrt{BD}}{R_1R_2} \tag{3.3.46}$$

式中，R_1、R_2 为网壳两个方向的曲率半径；系数 K_2 按式（3.3.44）计算。

3.3.6 单层双曲抛物面网壳的稳定性

1. 参数分析方案

方形或菱形平面的鞍形网壳是最常见的双曲抛物面网壳。双曲抛物面是一种直纹曲面，最常用的网格形式是沿直纹方向布置两组杆件，再加上斜杆，构成三向网格。但也可沿曲面的主曲率方向（对角线方向）布置两组杆件，形成正交网格，再加设适当数量的斜杆。后一种网格刚度较大，但前一种网格便于施工，比较常用。

双曲抛物面网壳的全过程性能有其特殊性。只对方形平面（对角线长 60m）的双曲抛物面网壳进行不同网格形式、不同矢跨比和不同边梁刚度的对比分析，共计进行 14 例荷载 - 位移全过程分析。

2. 双曲抛物面网壳的稳定性能

双曲抛物面网壳是负高斯曲率型的，两条对角线分别代表主拉和主压方向。由于有一个方向受拉，因而与球面、柱面和椭圆抛物面网壳相比，鞍形网壳的荷载 - 位移全过程性能存在明显不同的特点。

由于存在不同的网格形式、不同的矢跨比和不同的边梁侧向刚度，单层鞍形网壳的全过程性能十分多样化：有些网壳的承载力持续上升，根本不存在失稳问题；有些网壳虽发生分枝屈曲，但荷载仍继续上升，结构刚度矩阵始终保持正定；也有些网壳表现出通常的失稳特征，在临界点以后有不同程度的下降段和位移发展，然后荷载重新上升。不同网壳的刚度（包括早期刚度和后期刚度）也各不相同。然而鞍形网壳的全过程曲线有其明显的共性，即总体上荷载始终保持上升趋势，如果不考虑材料的塑性和强度限制，结构始终维持实际的承载能力。这是与鞍形网壳负高斯曲率的曲面特性分不开的。对于具有初始几何缺陷的实际网壳，可以设想它们的全过程曲线将具有更加明显的单线上升特点。因此从实际设计的角度，可以认为：对鞍形网壳来说，稳定性不是设计中的主要问题，但作为一种替代保证，结构刚度应该作为一个重要的设计因素来进行验算。

3. 矢跨比及边梁刚度的影响

鞍形网壳的矢跨比 f/L（或高跨比 H/L）对网壳工作性能的影响十分明显。网壳两个主方向的矢高 f 是相等的，网壳高度 $H=2f$，L 为对角线长度。图 3.3.20 把五种不同高跨比（$L=60$m，$H=6$m、9m、12m、15m、18m）的方形平面鞍形网壳的全过程曲线画在一起进行对比，图 3.3.21 则给出不同高度网壳在使用荷载（2kN/m^2）下的最大位移。可以认为，

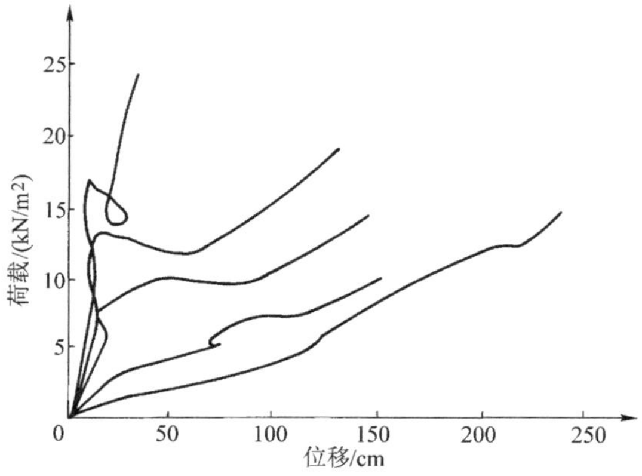

图 3.3.20 不同高度网壳的全过程曲线

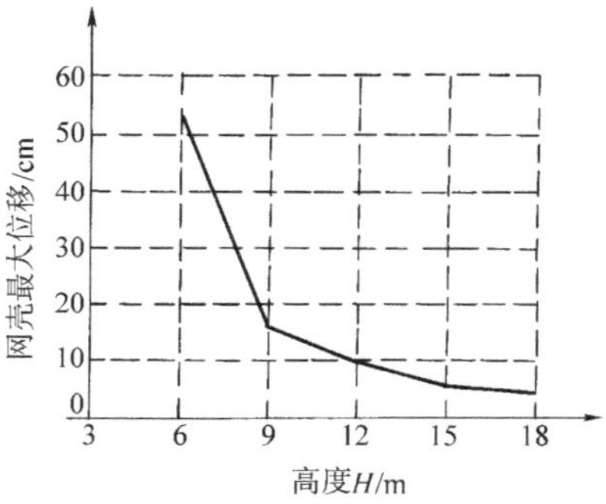

图 3.3.21 不同高度网壳在使用荷载下的最大位移

当网壳高度为9m或6m，即高跨比小于1/6时，结构刚度已难于满足实用要求。网壳边梁也需具有一定刚度，边梁刚度不足时，网壳位移明显增大。

3.3.7 网壳等效刚度的计算公式

各种网壳结构常用的网格形式可归纳为图3.3.22所示的三种类型，其等效薄膜刚度 B_e 和等效抗弯刚度 D_e 可按不同网格类型所提出的公式进行计算。

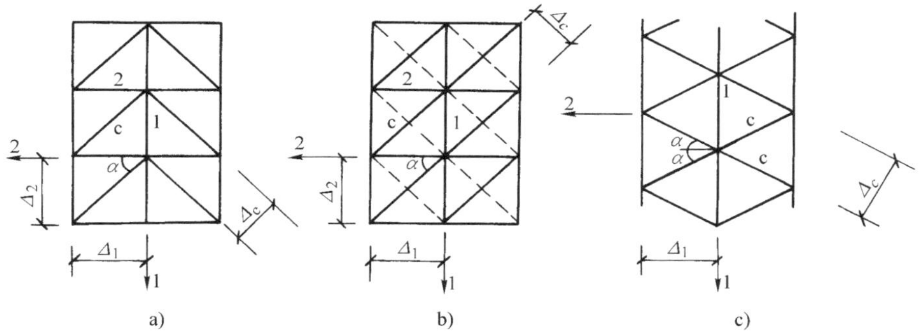

图3.3.22 网壳常用网格形式

网壳两个主方向的等效刚度可按下式计算：

1）扇形三向网格球面网壳主肋处的网格（方向1代表径向）或其他各类网壳中的单斜杆正交网格，如图3.3.22a所示网格的等效刚度计算公式为

$$B_{11}=\frac{EA_1}{\Delta_1}+\frac{EA_c}{\Delta_c}\sin^4\alpha \qquad D_{11}=\frac{EI_1}{\Delta_1}+\frac{EI_c}{\Delta_c}\sin^4\alpha$$

$$B_{22}=\frac{EA_2}{\Delta_2}+\frac{EA_c}{\Delta_c}\cos^4\alpha \qquad D_{22}=\frac{EI_2}{\Delta_2}+\frac{EI_c}{\Delta_c}\cos^4\alpha$$

2）各类网壳中的单斜杆或交叉斜杆（带虚线）正交网格，如图3.3.22b所示网格的等效刚度计算公式：

当为单斜杆时，采用图3.3.22a所示网格的等效刚度计算公式。

当为双斜杆时：

$$B_{11}=\frac{EA_1}{\Delta_1}+2\frac{EA_c}{\Delta_c}\sin^4\alpha \qquad D_{11}=\frac{EI_1}{\Delta_1}+2\frac{EI_c}{\Delta_c}\sin^4\alpha$$

$$B_{22}=\frac{EA_2}{\Delta_2}+2\frac{EA_c}{\Delta_c}\cos^4\alpha \qquad D_{22}=\frac{EI_2}{\Delta_2}+2\frac{EI_c}{\Delta_c}\cos^4\alpha$$

3）圆柱面网壳的三向网格（方向1代表纵向）、椭圆抛物面网壳或其他网壳中的三向网格，如图3.3.22c所示网格的等效刚度计算公式：

$$B_{11}=\frac{EA_1}{\Delta_1}+2\frac{EA_c}{\Delta_c}\sin^4\alpha \qquad D_{11}=\frac{EI_1}{\Delta_1}+2\frac{EI_c}{\Delta_c}\sin^4\alpha$$

$$B_{22}=2\frac{EA_c}{\Delta_c}\cos^4\alpha \qquad D_{22}=2\frac{EI_c}{\Delta_c}\cos^4\alpha$$

式中 A_1、A_2、A_c——方向1杆件、方向2杆件和斜杆的截面积；

I_1、I_2、I_c——相应的截面惯性矩；杆件间距 Δ_1、Δ_2、Δ_c 和角度 α 均示于图 3.3.22 中。

3.3.8 规程关于稳定性验算的规定及说明

确定网壳的极限承载力计算公式中系数 K 时考虑到下列因素：①荷载等外部作用和结构抗力的不确定性可能带来的不利影响；②复杂结构稳定性分析中可能的不精确性和结构工作条件中的其他不利因素。对于一般条件下的钢结构，第一个因素可用系数 1.64 来考虑；第二个因素暂设用系数 1.2 来考虑，则对于按弹塑性全过程分析求得的极限承载力，系数 K 应取为 $1.64\times1.2\approx2.0$。对于按弹性全过程分析求得的极限承载力，系数 K 中尚应考虑由于计算中未考虑材料弹塑性而带来的误差；对单层球面网壳、柱面网壳和双曲扁网壳的系统分析表明，塑性折减系数 c_p（即弹塑性极限荷载与弹性极限荷载之比）从统计意义上可取为 0.47，则系数 K 应取为 $1.64\times1.2/0.47\approx4.2$。按照安全系数 K 取 4.2，将以上给出的网壳稳定极限承载力公式变换为以下网壳稳定容许承载力（标准值）公式，同时根据算例的参数取值范围将公式的应用范围严格限制，并对公式作适当形式变换。

1. 网壳稳定容许承载力公式

1）单层球面网壳

$$[n_{ks}]=0.25\frac{\sqrt{B_eD_e}}{R^2} \tag{3.3.47}$$

式中 B_e——网壳的等效薄膜刚度（kN/m）；

D_e——网壳的等效抗弯刚度（kN·m）；

R——球面的曲率半径（m）。

扇形三向网壳的等效刚度 B_e 和 D_e 应按主肋处的网格尺寸和杆件截面进行计算；短程线型网壳应按三角形球面上的网格尺寸和杆件截面进行计算；肋环斜杆型和葵花形三向网壳应按自支承圈梁算起第三向环梁处的网格尺寸和杆件截面进行计算。网壳径向和环向的等效刚度不相同时，可采用两个方向的平均值。

2）单层椭圆抛物面网壳，四边铰支在刚性横隔上时：

$$[n_{ks}]=0.28\mu\frac{\sqrt{B_eD_e}}{R_1R_2} \tag{3.3.48}$$

式中 R_1、R_2——椭圆抛物面网壳两个方向的主曲率半径（m）；

μ——考虑荷载不对称分布影响的折减系数。

折减系数 μ 可按下式计算：

$$\mu=\frac{1}{1+0.956\frac{q}{g}+0.076\left(\frac{q}{g}\right)^2} \tag{3.3.49}$$

式中 g、q——作用在网壳上的恒荷载和活荷载（kN/m²）。上式的适用范围为 $g/q=0\sim2$。

3）单层圆柱面网壳：

① 当网壳为四边支承，即两纵边固定铰支（或固结），而两端铰支在刚性横隔上时：

$$[n_{ks}]=17.1\frac{D_{e11}}{R^3(L/B)^3}+4.6\times10^{-5}\frac{B_{e22}}{R(L/B)}+17.8\frac{D_{e22}}{(R+3f)B^2} \tag{3.3.50}$$

式中 L、B、f、R——圆柱面网壳的总长度、宽度、矢高和曲率半径（m）；

D_{e11}、D_{e22}——圆柱面网壳纵向（零曲率方向）和横向（圆弧方向）的等效抗弯刚度（kN·m）；

B_{e22}——圆柱面网壳横向等效薄膜刚度（kN/m）。

当圆柱面网壳的长宽比 $L/B \leqslant 1.2$ 时，由式（3.3.50）算出的容许承载力尚应乘以下列考虑荷载不对称分布影响的折减系数 μ：

$$\mu = 0.6 + \frac{1}{2.5 + 5\dfrac{q}{g}} \tag{3.3.51}$$

上式的适用范围为 $g/q = 0 \sim 2$。

② 当网壳仅沿两纵边支承时：

$$[n_{ks}] = 17.8\frac{D_{e22}}{(R+3f)B^2} \tag{3.3.52}$$

③ 当网壳为两端支承时：

$$[n_{ks}] = \mu\left(0.015\frac{\sqrt{B_{e11}D_{e22}}}{R^2\sqrt{L/B}} + 0.033\frac{\sqrt{B_{e22}D_{e22}}}{R^2(L/B)\xi} + 0.020\frac{\sqrt{I_h I_v}}{R^2\sqrt{Lr}}\right) \tag{3.3.53}$$

式中 B_{e11}——圆柱面网壳纵向等效薄膜刚度；

I_h、I_v——边梁水平方向和竖向的线刚度（kN·m）。

$$\xi = 0.96 + 0.16\ (1.8 - L/B)^4 \tag{3.3.54}$$

对于桁架式边梁，其水平方向和竖向的线刚度可按下式计算：

$$I_{h,v} = E\ (A_1 a_1^2 + A_2 a_2^2)\ /L \tag{3.3.55}$$

式中 A_1、A_2——两根弦杆的面积；

a_1、a_2——相应的形心距。

两端支承的单层圆柱面网壳尚需考虑荷载不对称分布的影响，其折减数 μ 按下式计算：

$$\mu = 1.0 + 0.2\frac{L}{B} \tag{3.3.56}$$

式（3.3.56）的适用范围为 $L/B = 1.0 \sim 2.5$。

以上各式中网壳等效刚度的计算公式参见第3.3.7节。

2. 需要补充说明之处

1）单层网壳和厚度较小的双层网壳均存在总体失稳（包括局部壳面失稳）的可能性；设计某些单层网壳时，稳定性还可能起控制作用，因而对这些网壳应进行稳定性计算。对于双曲抛物面网壳（包括单层网壳）的全过程分析表明，从实用角度出发，可以不考虑这类网壳的失稳问题。作为一种替代保证，结构刚度应该是设计中的主要考虑因素。

2）以非线性有限元分析为基础的结构荷载－位移全过程分析可以把结构强度、稳定乃至刚度等性能的整个变化历程表示得十分清楚，因而可以从最精确的意义上来研究结构的稳定性问题。仅考虑几何非线性的荷载－位移全过程分析方法已相当成熟，包括对初始几何缺陷、荷载分布方式等因素影响的分析方法也比较完善。因而现在完全有可能要求对实际大型网壳结构进行考虑几何非线性的荷载－位移全过程分析，在此基础上，确定其稳定性承载力。如果全过程分析中还要进一步考虑材料的弹塑性能，方法就繁复得多，目前还不宜对多数工程提出这一要求。少数算例表明，材料弹塑性能对网壳稳定性承载力的影响随结构具体条件变化，尚无规律性的结果可循。JGJ 7—2010《空间网格结构技术规程》中这一影响放在“安全系数”K 中考虑。当然，当有必要和可能时，应鼓励进行考虑双重非线性的全过程分析。

3）设网壳受恒载 g（kN/m^2）和活载 q（kN/m^2）作用，且其稳定性承载力以（$g+q$）来衡量，则大量实例分析表明，荷载的不对称分布（实际计算中取活载的半跨分布）对球面网壳的稳定性承载力无不利影响；四边支承的柱面网壳当其长宽比 $L/B\leqslant 1.2$ 时，活载的半跨分布对网壳稳定性承载力有一定影响；对椭圆抛物面网壳和两端支承的圆柱面网壳，这种影响则较大，应在计算中考虑。

4）初始几何缺陷对各类网壳的稳定性承载力均有较大影响，应在计算中考虑。网壳缺陷包括节点位置的安装偏差、杆件的初弯曲、杆件对节点的偏心等，后面两项是与杆件有关的缺陷。在分析网壳稳定性时有一个前提，即网壳所有杆件在强度设计阶段都是已经过设计计算而保证了强度和稳定性的。这样，与杆件有关的缺陷对网壳总体稳定性（包括局部壳面失稳问题）的影响就自然地被限制在一定范围内，因而此处主要考虑了网壳初始几何缺陷（节点位置偏差）对稳定性的影响。

节点安装位置偏差沿壳面的分布是随机的。通过实例进行的研究表明：当初始几何缺陷按最低阶屈曲模态分布时，求得的稳定性承载力是可能的最不利值。这也就是《空间网格结构技术规程》推荐采用的方法。至于缺陷的最大值，按理应采用施工中的容许最大安装偏差；但大量实例表明，当缺陷达到跨度的1/300左右时，其影响才充分展现；从偏于安全角度考虑，《空间网格结构技术规程》中规定了“按网壳跨度的1/300”作为理论计算的取值。

5）“安全系数”K 的确定应考虑到下列因素：①荷载等外部作用和结构抗力的不确定性可能带来的不利影响；②复杂结构稳定性分析中可能的不精确性和结构工作条件中的其他不利因素。对于一般条件下的钢结构，第一个因素可用系数1.64来考虑；第二个因素暂设用系数1.2来考虑，则对于按弹塑性全过程分析求得的极限承载力，系数 K 应取为 $1.64\times1.2\approx2.0$。对于按弹性全过程分析求得的极限承载力，系数 K 中尚应考虑由于计算中未考虑材料弹塑性而带来的误差；对单层球面网壳、柱面网壳和双曲扁网壳的系统分析表明，塑性折减系数 c_p（即弹塑性极限荷载与弹性极限荷载之比）从统计意义上可取为0.47，则系数 K 应取为 $1.64\times1.2/0.47\approx4.2$。

6）按照“安全系数”K 取4.2，《空间网格结构技术规程》将以上给出的网壳稳定极限承载力公式变换为网壳稳定容许承载力（标准值）公式。

给出实用计算公式是为了广大设计部门应用方便；然而尽管实用公式所依据的参数分析规模较大，仍然难免有某些疏漏之处，简单的公式形式也很难把复杂的实际现象完全概括进来。因而《空间网格结构技术规程》中对这些公式的应用范围作了适当限制，即：当单层球面网壳跨度小于50m，单层圆柱面网壳宽度小于25m，单层椭圆抛物面网壳跨度小于30m，或对网壳稳定性进行初步计算时，其容许承载力标准值才可按这些实用公式进行计算。

3.4 网壳结构的杆件与节点

3.4.1 杆件的设计与构造

1. 截面形式、计算长度及容许长细比

网壳结构杆件的材料可以选用 GB 50017—2003《钢结构设计规范》所推荐的 Q235 钢（原 A3 钢）和 Q345 钢（原 16Mn 钢）。其中 Q345 钢由于强度高，宜用于大跨度的网壳。一般的网壳结构采用 Q235 钢为多。这两种钢材力学性能、焊接性能均很好，材质也比较稳定。杆件可以采用普通型钢和薄壁型钢。管材宜采用高频焊管或无缝钢管，当有条件时应采用薄壁管型截面。

双层网壳杆件的计算长度取值与网架结构相同。单层网壳杆件的计算长度应按表 3.4.1 取用。

表 3.4.1 单层网壳杆件的计算长度 l_0

弯曲方向	节点	
	焊接空心球	毂节点
壳体曲面内	$0.9l$	l
壳体曲面外	$1.6l$	$1.6l$

注：l 为杆件的几何长度（节点中心间距离）。

网壳杆件的长细比不宜超过表 3.4.2 中所规定的数值。

表 3.4.2 网壳杆件的容许长细比 [λ]

网壳类别	受压杆件和压弯杆件	受拉杆件和拉弯杆件	
		承受静力荷载	直接承受动力荷载
双层网壳	180	300	250
单层网壳	150	300	—

与网架一样，在抗震验算时，网壳临支座 2 个网格内的弦、腹杆，或临支座 1/10 跨度范围内的弦、腹杆的容许长细比应控制在 150。

2. 杆件截面设计计算

网壳结构在完成内力分析求出每根杆件的内力之后，就可以进行杆件截面设计。

对于双层网壳，因为内力分析时，杆件一般按空间杆单元考虑，所以杆件的内力为轴向受拉或轴向受压。此时杆件的截面设计计算与网架结构相同，可以参照 2.4 节，这里不再赘述。

对于单层网壳，在进行内力分析时，杆件一般按空间梁单元考虑，所以杆件为压弯或拉弯受力。无论是压弯受力还是拉弯受力，杆件必须满足式（3.4.1）的强度要求。而对于压弯受力杆还必须满足式（3.4.2）、式（3.4.3）的稳定性要求。

1）压弯和拉弯杆件的强度计算

$$\frac{N}{A_{\mathrm{n}}} \pm \frac{M_x}{\gamma_x W_{\mathrm{n}x}} \pm \frac{M_y}{\gamma_y W_{\mathrm{n}y}} \leqslant f \tag{3.4.1}$$

式中　N、M_x、M_y——作用在杆件上的轴向力和两个主轴方向弯矩；

A_{n}、$W_{\mathrm{n}x}$、$W_{\mathrm{n}y}$——杆件的净截面面积和两个主轴方向净截面模量；

γ_x、γ_y——截面塑性发展系数，根据 GB 50017—2003《钢结构设计规范》相应的规定取用，当直接承受动力荷载时，$\gamma_x = \gamma_y = 1.0$；

f——钢材的设计强度值，根据 GB 50017—2003《钢结构设计规范》相应的规定取用。

2）压弯杆件的稳定性验算。弯矩作用在两个主轴平面内的双轴对称实腹式工字形和箱形截面的压弯构件，其稳定性按式（3.4.2）、式（3.4.3）验算：

$$\frac{N}{\varphi_x A} + \frac{\beta_{\mathrm{m}x} M_x}{\gamma_x W_x \left(1 - 0.8 \dfrac{N}{N_{\mathrm{E}x}}\right)} + \frac{\beta_{\mathrm{t}y} M_y}{\varphi_{\mathrm{b}y} W_y} \leqslant f \tag{3.4.2}$$

$$\frac{N}{\varphi_y A} + \frac{\beta_{\mathrm{t}x} M_x}{\varphi_{\mathrm{b}x} W_x} + \frac{\beta_{\mathrm{m}y} M_y}{\gamma_y W_y \left(1 - 0.8 \dfrac{N}{N_{\mathrm{E}y}}\right)} \leqslant f \tag{3.4.3}$$

式中　φ_x、φ_y——对强轴 x—x 和弱轴 y—y 的轴心受压杆件稳定系数；

$\varphi_{\mathrm{b}x}$、$\varphi_{\mathrm{b}y}$——均匀弯曲的受弯杆件整体稳定性系数，对于圆形或方形截面 $\varphi_{\mathrm{b}x} = \varphi_{\mathrm{b}y} = 1.4$；

M_x、M_y——所计算杆件段范围内对强轴和弱轴的最大弯矩；

$N_{\mathrm{E}x}$、$N_{\mathrm{E}y}$——欧拉临界力，$N_{\mathrm{E}x} = \pi^2 EA/\lambda_x^2$，$N_{\mathrm{E}y} = \pi^2 EA/\lambda_y^2$；

W_x、W_y——对强轴和弱轴的毛截面模量；

$\beta_{\mathrm{m}x}$、$\beta_{\mathrm{m}y}$——等效弯矩系数，无横向荷载时，有

$$\beta_{\mathrm{m}x} = 0.65 + 0.35 \frac{M_2}{M_1} \geqslant 0.4$$

$$\beta_{\mathrm{m}y} = 0.65 + 0.35 \frac{M_2}{M_1} \geqslant 0.4$$

M_1、M_2——杆端弯矩，使杆件产生同曲率时，取同号；使杆件产生反向曲率时，取异号，$|M_1| > |M_2|$；

$\beta_{\mathrm{t}x}$、$\beta_{\mathrm{t}y}$——等效弯矩系数，取法同上。

3.4.2　节点的设计与构造

1. 常用节点

网壳结构的节点主要有焊接空心球节点、螺栓球节点和嵌入式毂节点等，其中用得最为广泛的是前两种。当网壳结构内力分析采用空间杆单元时，网壳结构中的螺栓球节点和焊接空心球节点的设计与网架结构完全相同，具体内容参照2.4节，这里就不再赘述。

当网壳结构内力分析采用空间梁单元时（如对于单层网壳结构），焊接空心球承受压弯或拉弯，其承载力设计值 N_{m} 可按式（3.4.4）计算：

$$N_{\mathrm{m}} = \eta_{\mathrm{m}} N_{\mathrm{R}} \tag{3.4.4}$$

式中　N_{R}——空心球受压和受拉承载力设计值（N）；

η_m——考虑空心球受压弯或拉弯作用的影响系数，可根据偏心系数 c 采用下述方法确定：

$$\eta_m = \begin{cases} \dfrac{1}{1+c} & (0 \leqslant c \leqslant 0.3) \\ \dfrac{2}{\pi}\sqrt{3+0.6c+2c^2} - \dfrac{2}{\pi}(1+\sqrt{2}c) + 0.5 & (0.3 < c < 2.0) \\ \dfrac{2}{\pi}\sqrt{c^2+2} - \dfrac{2c}{\pi} & (c \geqslant 2.0) \end{cases} \tag{3.4.5}$$

式中，偏心系数 c 按下式计算：

$$c = \frac{2M}{Nd} \tag{3.4.6}$$

式中 M——杆件作用于空心球节点的弯矩（N·mm）；

N——杆件作用于空心球节点的轴力（N）；

d——杆件的外径（mm）。

2. 支座节点

网壳结构的支座节点设计应保证传力可靠、连接简单，并应符合计算假定。通常支座节点的形式有固定铰支座、弹性支座、刚性支座以及可以沿指定方向产生线位移的滚轴支座等。

固定铰支座如图3.4.1所示，适用于仅要求传递轴向力与剪力的单层或双层网壳的支座节点。对于大跨度或点支承网壳可采用球铰支座（图3.4.1a）；对于较小跨度的网壳结构可采用弧形铰支座（图3.4.1b）；对于较大跨度、落地的网壳结构可采用双向弧形铰支座节点（图3.4.1c）或双向板式橡胶支座（图3.4.1d）。

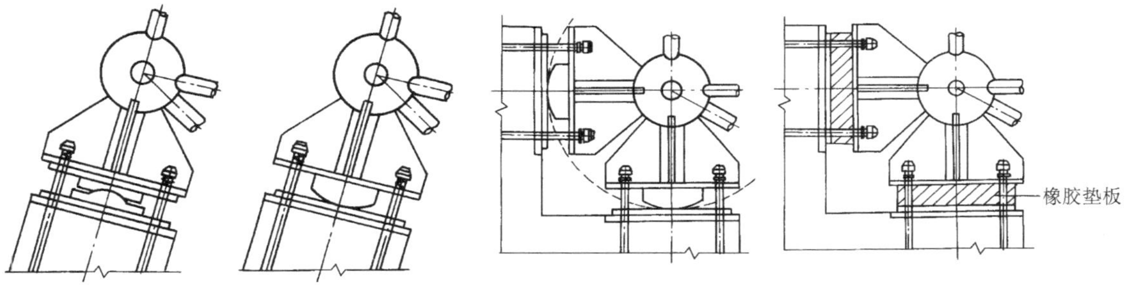

a) 球铰支座　b) 弧形铰支座　c) 双向弧形铰支座　d) 双向板式橡胶铰支座

图3.4.1 固定铰支座

弹性支座如图3.4.2所示，可用于节点需在水平方向产生一定弹性变位且能转动的网壳支座节点。

刚性支座如图3.4.3所示，可用于既能传递轴向力又要求传递弯矩和剪力的网壳支座节点。

滚轴支座如图3.4.4所示，可用于能产生一定水平线位移的网壳支座节点。

网壳支座节点的节点板、支座垫板和锚栓的设计计算和构造等可以参考网架结构的支座节点。

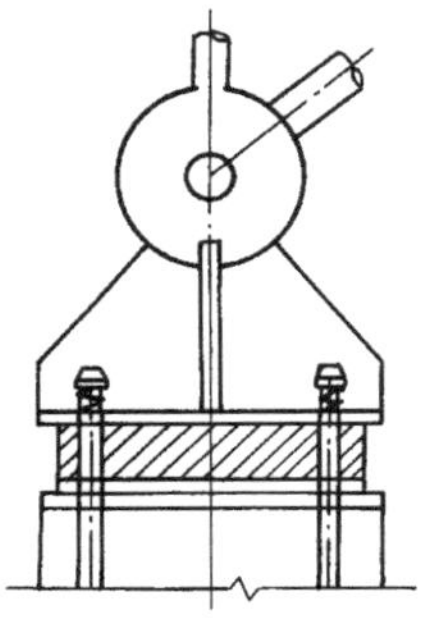

图3.4.2 弹性支座

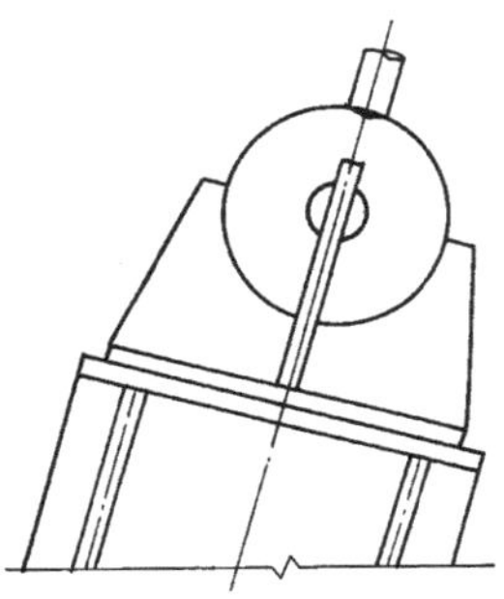

图3.4.3 刚性支座

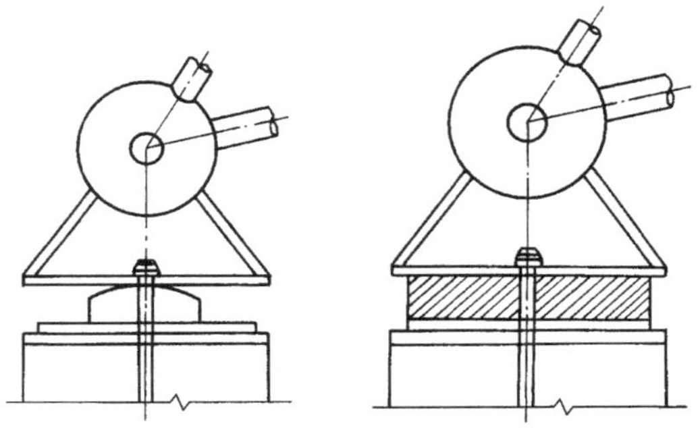

a) 平板弧形铰支座 b) 橡胶垫板滑动支座

图3.4.4 滚轴支座

3.5 网架与网壳的防腐和防火

网架与网壳的杆件和节点主要采用钢材，钢材具有自重轻、强度高的特点。钢材是一种不会燃烧的建筑材料，但它的力学性能，如屈服点、抗拉强度和弹性模量等会受到温度影响而产生变化，通常在450～650℃时，就失去承载能力；使网架与网壳的杆件发生屈曲，造成大跨度屋面或楼面倒塌，或者产生过大的变形而不能继续工作。因此，对于建造在具有防火要求的建筑中的网架和网壳，必须采取防火措施，以达到防火要求。

钢材的最大缺点是易于锈蚀。锈蚀使杆件截面减小，大大降低网架和网壳的安全可靠性和使用年限，因此必须采取防腐措施。

钢材的锈蚀主要是由于构件表面未加保护或保护不当而受周围氧、氯和硫化物等的侵蚀作用所引起的。锈蚀速度与房屋所处的周围环境，空气温度、湿度等有关。国内外试验资料表明，表面无防护的钢材在大气中锈蚀速度每年是不同的，第一年锈蚀速度约为第五年的两倍。室外钢材的锈蚀速度约为室内锈蚀速度的四倍。网架与网壳主要是建造在室内的，在防腐要求方面比在室外的钢结构要降低一些。

处于干燥环境的钢材，几乎不会锈蚀。1975年研究人员曾在第二汽车厂进行过这方面的试验。钢管内不刷涂料，钢管两端封闭，两年后打开，基本上无锈蚀。另一钢管内放水且两端封闭，第一年锈蚀0.000915mm，第二年锈蚀为0.000893mm。说明对于闭口截面如两端封闭可大大提高钢材防锈能力。

网架与网壳应采取防腐措施，防止钢材锈蚀，设计中不宜因考虑锈蚀而采取加大网架与网壳的杆件的截面和厚度的办法。

3.5.1 网架与网壳的防腐

网架与网壳的防腐方法有三种：一是改变金属结构的组织，在钢材冶炼过程中增加铜、铬和镍等合金元素以提高钢材的抗锈能力，如采用不锈钢材制成网架；二是在钢材表面用金属镀层保护，如电镀或热浸镀锌等方法；三是在钢材表面涂以非金属保护层，即用涂料将钢材表面保护起来使之不受大气中有害介质的侵蚀。在三种防腐方法中，第一种防腐方法造价最高，一般用于小跨度装饰性网架与网壳中。最常用的是采用非金属涂料的防腐方法，这种方法价格低廉，效果好，选择范围广，适用性强。网架与网壳大多数建造在室内，经过涂料方法处理之后，若无特殊情况，一般可保持20～30年。本节主要介绍非金属涂料防腐方法。

1. 非金属涂料的防腐

非金属涂料的防腐需经过表面除锈和涂料施工两道工序。

（1）表面除锈　表面除锈的目的是彻底清除构件表面的毛刺、铁锈、油污及其他附着物，使构件表面露出银灰色，这样可增加涂层与构件表面的粘合和附着力，而使防护层不会因锈蚀而脱落。

表面除锈方法有：

1）人工除锈。即用刮刀、钢丝刷、砂纸或电动砂轮等简单工具，用手工将钢材表面的氧化铁、铁锈、油污等除去，这种方法操作比较简单。人工除锈应满足表3.5.1质量标准。

表3.5.1　人工除锈质量分级

级别	钢材除锈表面状态
st2	彻底用铲刀铲刮，用钢丝刷子刷擦，用机械刷子刷擦和用砂轮研磨等。除去疏松的氧化皮、锈和污物，最后用清洁干燥的压缩空气或干净的刷子清理表面，这时表面应具有淡淡的金属光泽
st3	非常彻底地用铲刀铲刮，用钢丝刷子擦，用机械刷子擦和用砂轮研磨等。表面除锈要求与st2相同，但更为彻底。除去灰尘后，该表面应具有明显的金属光泽

注：采用砂轮研磨时，钢材表面不得出现砂轮研磨痕迹。

2）喷砂除锈。喷砂除锈是在封闭房间内用铁砂或铁丸冲击构件表面，以清除构件表面铁锈、油污等杂质。喷砂除锈效果好，除锈彻底。喷砂时如采用硅砂或海砂，喷砂效果差，操作条件差，并产生砂尘，对工人健康有影响，故应尽量避免采用硅砂和海砂。喷砂除锈应满足表3.5.2质量标准。

表3.5.2　喷砂除锈质量分级

级别	钢材除锈表面状态
sa1	轻度喷射除锈，应除去疏松的氧化皮、锈及污物
sa2	彻底地喷射除锈，应除去几乎所有的氧化皮、锈及污物，最后用清洁干燥的压缩空气或干净的刷子清理表面，这时该表面应稍呈灰色
sa3	非常彻底地喷射除锈，氧化皮、锈及污物应清除到仅剩有轻微的点状或条状痕迹的程度，但更为彻底。除去灰尘后，该表面应具有明显的金属光泽。最后表面用清洁干燥的压缩空气或干净的刷子清理
sa4	喷射除锈到出白，应完全除去氧化皮、锈及污物，最后表面用清洁干燥的压缩空气或干净的刷子清理，该表面应具有均匀的金属光泽

3）酸洗和酸洗磷化除锈。酸洗和酸洗磷化是比较好的除锈方法，它是用酸性溶液与钢材表面的氧化物发生化学反应，使其溶解于酸性溶液中。这种方法质量好，工效高，是三种除锈方法中质量最好的一种。但酸洗除锈需要酸洗槽和蒸汽加温反复冲洗的设备，对于大型构件较难实现。目前长度小于10m的杆件，采用酸洗工艺还是可能的。

在酸洗后再进行磷化处理，可使钢材表面呈均匀的粗糙状态，增加漆膜与钢材的附着力。对于难以进行磷化处理的构件，酸洗后喷涂磷化底漆，也能达到同样效果。

（2）涂料施工　涂料施工之前应首先正确、合理地选择涂料。涂料的作用是在构件表面形成一层坚固的薄膜，保护钢材不受周围侵蚀介质的作用，以达到防锈蚀的目的。

涂料是一种含油或不含油的胶体溶液，分为底漆和面漆两大类。一般底漆中含粉料多，基料少，成膜粗糙，与构件表面的粘结附着力强，与面漆结合性好。而面漆则粉料少，基料多，成膜后有光泽，主要功能是保护下层底漆，使大气和潮气不能渗入底漆，并能抵抗由风化而引起的物理和化学的分解作用。

涂料品种较多，底漆与面漆应合理配套组成，配套要求见表3.5.3。

表3.5.3 防锈涂料的底漆和面漆配套组成要求

底漆	面 漆
一般铁红	油性漆、醛酸、酚醛、脂胶
环氧铁红	醇酸、酚醛、氧化橡胶
环氧富锌	醇酸、酚醛、氧化橡胶、环氧、聚氨酯
水溶性 无机锌 酸溶性	环氧、聚氨酯

涂料施工宜在温度为15~35℃时进行，当气温低于5℃或高于35℃时，一般不宜施工。此外，宜在天气晴朗、具有良好通风的室内进行，不应在雨、雪、雾、风沙很大的天气或烈日下的室外进行施工。网架与网壳的构件底漆施工在工厂里进行，待安装结束后再进行面漆施工。

涂料施工的方法通常有刷涂法和喷涂法两种。

1）刷涂法。刷涂法是用毛刷将涂料均匀刷在构件表面，是常用施工方法之一。涂刷时要求均匀、色泽一致，无皱皮、流坠，分色线清楚整齐。

2）喷涂法。这种方法效率高、速度快、施工方便。

涂装的厚度应按结构使用要求取用，也可按表3.5.4选择。

表3.5.4 涂装厚度

涂层等级	控制厚度/μm
一般性涂层	80~100
装饰性涂层	100~150

2. 构造措施

为了防止网架与网壳在局部区段防锈处理不当，降低结构防腐能力，网架与网壳应满足如下构造要求：

1）网架和网壳的设计应便于进行防锈处理，构造上应尽量避免出现难以油漆及能积留湿气和大量灰尘的死角或凹槽，闭口截面应将杆件两端部焊接封闭。

2）网架和网壳采用螺栓球节点连接时，拧紧螺栓后应将多余的螺孔封口，并应用油腻子将所有接缝处嵌密，补刷防腐漆两道。

3）现场施工焊缝施焊完毕后，必须进行表面清理和补漆。

4）在结构全部安装完成之后，必须进行全面认真的检查，对漏漆或损伤部分，应进行补涂和修复，防止存在防腐上的弱点。

3.5.2 网架与网壳的防火

网架与网壳大多数作为建筑屋盖而广泛应用于公用建筑、工业厂房中。它的防火要求是根据建筑物的耐火等级确定耐火极限。

网架与网壳结构的耐火极限，主要取决于钢材的耐火极限。使钢材失去承载能力的温度称为临界温度。结构构件达到临界温度前需经历一定时间，我们把从受到火的作用起到构件达到临界温度为止所需时间称为耐火极限，它与构件吸热程度、传热速度和传热表面积等有关。无保护的钢结构的耐火极限为0.5h。

网架与网壳结构的防火措施主要是喷涂防火覆面材料和采用水喷淋系统进行防护。

采取喷涂防火材料的措施时，应选用消防部门认可的防火材料。喷涂材料厚度应按喷涂材料的类型、喷涂材料的施工方法及耐火极限等要求确定。

喷涂石棉、矿纤类防火绝缘材料时，其最小喷涂厚度见表3.5.5。

表3.5.5 喷涂石棉、矿纤类防火绝缘材料厚度 （单位：mm）

范围 \ 防火时间/h	0.5	1	1.5	2
下限	15	22	28	35
上限	20	30	38	45

喷涂水泥、蛭石类或其他防火绝缘材料时，其最小厚度见表3.5.6。

表3.5.6 水泥、蛭石类或其他防火绝缘材料厚度 （单位：mm）

范围 \ 防火时间/h	0.5	1	1.5	2
不小于	5	11	16	22

防火材料应在规定的耐火极限内与钢构件保持良好的结合，无裂缝、不剥落，以及有效屏蔽火焰，阻隔温度。

防火材料应与构件的防锈涂装有良好相容性。

采用水喷淋系统是最有效的防火方法，但它的造价太高，一般情况下未能采用。

当网架和网壳结构的表面长期受辐射热达150℃以上时，应加隔热层或采用其他有效的防护措施。

3.6 网壳结构研究的发展趋势

网壳结构具有的优越受力性能和丰富多彩的建筑形式，使其应用越来越广泛。多年来国内外学者对其进行了大量系统的研究，获得了一系列的科研成果，极大地促进了网壳结构的工程应用。网壳结构大规模的工程应用，为科学研究提供了丰富的课题，并提出了更高要求。从目前网壳结构研究与工程应用情况来看，以下几方面是目前网壳结构研究的主要方向。

1. 网壳结构的抗震性能研究

（1）结构多维随机振动分析方法与网壳结构多维地震响应研究　对于大跨网壳结构这类频率密集的复杂体系，传统的振型分解反应谱难于应用，不仅在参振振型的选取方面有困难，所采用的SRSS组合方法也无法考虑各振型之间的相关性。一种新提出的随机振动分析方法——虚拟激励法自动计及所有参振振型的相关性，与随机分析CQC方法完全等价，且计算远较CQC法快速。一些学者通过引用虚拟激励法思路，经过发展和改进，推广到多维地震作用的情形，推导出多维随机振动分析的虚拟激励理论方法。提出的方法可充分考虑各振型之间的相关性和各地震分量激励之间的相关性，是一种精确且快速的多维随机振动分析方法。特别适用于网壳结构的多维地震响应分析。

（2）应用时程分析法研究网壳结构地震响应规律　时程分析法也是研究像网壳这样复杂结构体系多维地震响应的有效方法。一些学者利用自编网壳结构专用抗震分析程序SDAP及大型通用有限元软件ANSYS，对单层球面网壳、柱面网壳和鞍形网壳的自振特性及地震荷载作用下的弹性响应规律进行了系统的参数分析，获得了规律性的结果。

作为阶段性成果，最初对杆件由轴力引起的应力进行统计，得出了各类网壳不同参数变化下地震内力系数的分布规律，并给出了可供设计参考的地震内力系数建议取值。进一步的研究发现，弯矩对网壳杆件应力的影响不可忽略，并因此提出了考虑弯矩作用的地震内力系数统计方法。

另外，应用时程分析法对网壳结构弹塑抗震性能进行研究是一个重要的研究内容。更大跨度的网壳结构进行抗震分析，还应考虑地震的空间相关性。

（3）网壳结构强震下的延性及破坏机理研究　高烈度强震作用下，网壳杆件必然进入塑性；随着加速度幅值的逐渐增大，塑性逐渐发展，进入塑性的杆件数量逐渐增多，杆件截面进入塑性的程度、杆件的塑性应变和结构的整体位移逐渐增大，杆件及结构的延性逐渐消耗，直至达到杆件变形的延性极限或达到结构位移的延性极限，使得结构产生强度破坏。

如何全面清晰掌握网壳结构塑性发展的全过程，了解随着构件和结构的延性变化导致结构性能发生的根本改变，是研究网壳结构在高烈度强震作用下性能的核心问题。建立符合实际情况的网壳结构弹塑性本构关系，考虑结构的损伤累积问题，并揭示网壳结构的破坏机理等研究工作都是相当有挑战性的。

（4）网壳结构振动控制研究　地震作为一种自然现象，对建筑物的损害是十分严重的。传统的抗震策略是被动地依靠结构自身的耗能能力来吸收地震能量，这必然以建筑物的部分构件损伤为代价。一种主动的抗震策略是对结构施加控制系统，由控制系统和结构共同抵御地震作用，尽可能地减轻对结构自身的损伤。这种主动策略也就是结构振动控制。这一概念于1972年由美国学者J. T. P. Yao首次提出，自此以后，该领域在理论研究和实际工程应用中都得到长足发展，也是结构工程和结构力学领域最具前沿性和活力的发展方向之一。但是无论理论研究还是工程应用均集中在多、高层或高耸建筑范围内。对于大跨度空间结构振动控制的研究几乎空白，这是由于大跨度空间结构应用不如多、高层建筑普遍。另外一个不容忽视的原因是由于大跨度空间结构具有大量节点和单元的特点，给理论分析和数值计算带来更多困难。目前大跨空间结构的发展十分迅速，结合已有结构控制成果和大跨度空间结构特点，选择一种或几种可行的控制方式，对大跨度空间结构进行结构控制研究，是一种理想的途径，也是十分必要的。目前我国一些学者对网壳结构自由度调频质量阻尼器—— MTMD

减振系统、粘滞阻尼器减振系统、粘弹阻尼器减振系统、替换阻尼杆件或可控制杆件的网壳被动和半主动控制等方面进行了一些理论和试验研究。

2. 网壳结构的稳定性能研究

稳定性是网壳结构，尤其是单层网壳结构设计中的关键问题。关于网壳结构静力稳定性以前已有较多研究成果，并有学者对这些成果进行了系统的总结。目前这些研究成果主要集中在弹性静力稳定性方面，网壳结构弹塑性静力稳定性还需要进一步研究。

在网壳结构静力稳定性问题的研究已经基本完善的同时，其在地震等动力荷载作用下的稳定性问题日益受到研究者的注意，成为大跨空间结构理论研究领域的一个前沿课题。从工程实用角度，把最后宏观响应将出现异常时的荷载幅值作为结构动力失稳的临界荷载，比较符合一般工程概念，因而也最容易被广泛接受。于是直接根据结构的响应来判别其动力稳定性的办法就显得更为有效和更为直观。事实上，由于非线性有限元分析方法和计算机应用技术的迅速发展，对网壳结构等复杂系统进行非线性动力响应时程分析已非难事；所以现在来讨论网壳结构的动力稳定性问题，除了在概念上仍然需要继承并深入理解那些经典理论关于运动稳定性所下的严格定义，在方法上已完全可能更为直接、也更为深入细致地研究网壳结构在地震等动力作用下的复杂响应，并探讨其变化规律。

3. 网壳结构的抗风性能研究

网壳结构建造的跨度越来越大，结构也变得更加轻柔，刚度较弱，结构的自振周期较低，而且分布较为密集，因此这类网壳结构的风振效应是设计中不应忽视的问题。另外一些体形复杂的网壳结构对风荷载也会比较敏感，需要对这些网壳结构进行必要的风振响应分析。

近来，由于计算机技术的飞速发展和计算流体动力学（CFD）方法的逐渐成熟，应用CFD技术数值模拟各类网壳结构的风压分布，来补充实际风洞试验，是一个很有前景的研究领域。

4. 新型网壳结构体系的力学性能研究

一些新型的网壳结构如：索承（弦支）网壳、预应力网壳、局部双层网壳、可开启式网壳结构，以及近年发展起来的自由曲面网壳结构，除了具有网壳结构的基本力学性能外，都具有各自鲜明的受力特点，需要对其展开系统的力学性能研究。

作为网壳结构的覆盖材料，PVDF、PTFE等新型轻质材料适合于以上这些新型网壳的体系。膜节点构造对网壳受力，以相贯节点构成的空间桁架网格体系及其节点性能对结构整体静、动力性能的影响尚需研究。

参考文献

[1] 沈祖炎，陈扬骥．网架与网壳［M］．上海：同济大学出版社，1997.

[2] 肖炽，李维滨，马少华．空间结构设计与施工［M］．南京：东南大学出版社，1999.

[3] 浙江大学建筑工程学院，浙江大学建筑设计研究院．空间结构［M］．北京：中国计划出版社，2003.

[4] 中国建筑科学研究院，等．JGJ 7—2010　空间网格结构技术规程［S］．北京：中国建筑工业出版社，2010.

[5] 蓝天，张毅刚．大跨度屋盖结构抗震设计［M］．北京：中国建筑工业出版社，2000.

[6] 沈世钊，陈昕．网壳结构稳定性［M］．北京：科学出版社，1999.

[7] 刘锡良，董石麟．20年来中国空间结构形式创新［C］//第十届空间结构学术会议论文集．北京：中

国建材工业出版社，2002：13－37.
[8] 沈世钊．中国空间结构理论研究20年进展［C］//第十届空间结构学术会议论文集．北京：中国建材工业出版社，2002：38－52.
[9] D T wright. Membrane Forces and Buckling in Reticulated Shells [J]. Journal of Structural Div, 1965, 91 (ST1): 173－201.
[10] K P Buchert. Shell and Shell－like Structures [C] // Guide to Stability Design Criteria for Metal Structures. Hoboken: John Wiley & Sons, 1976.
[11] 胡学仁．穹顶网壳的稳定计算［C］//第三届空间结构学术交流会论文集，1986.
[12] 沈世钊．网壳结构的稳定性［J］．土木工程学报，1999（6）：11－19.
[13] E Riks. An Incremental Approach to the Solution of Snapping and Buckling Problems [J]. Solid Structures, 1979, 15 (7): 529－551.
[14] E Ramm. Strategies for Tracing the Nonlinear Response Near Limit Points [C] //Nonlinear Finite Element a nalysis in Structural Mechanics. Berlin: Springer－Verlag, 1981.
[15] M A Crisfield. An Arc—Length Method Including Line Searches and Accelerations [J]. Num Mech Eng, 1983, 19 (9): 1269－1289.
[16] Cenap Oran. Tengent Stiffness in Space Frames [J]. Struct Div, 1973, 99 (ST6): 987－1001.
[17] 陈昕，沈世钊．单层穹顶网壳的荷载－位移全过程及缺陷分析［J］．建筑结构学报，1992，13（3）：11－18.
[18] 王娜，陈昕，沈世钊．网壳结构弹塑性大位移全过程分析［J］．土木工程学报，1993，26（2）：19－28.
[19] 范峰．空间网壳结构弹塑性地震响应及抗震性能分析［J］．哈尔滨建筑大学学报，1999（1）：32－37.
[20] 薛素铎，曹资，王雪生．网壳结构多维抗震分析的实用反应谱法［C］//第十届空间结构学术会议论文集．北京：中国建材工业出版社，2002：239－246.
[21] 叶继红，沈世钊．网壳结构TMD振动控制研究：国家自然科学基金重大项目专题年度研究报告（5.3）［R］．1999.
[22] 范峰，沈世钊．网壳结构的粘滞阻尼器减振分析与试验研究［J］．地震工程与工程振动，2000（1）：105－111.
[23] ZhangYigang, Ren Guangzhi. A Practical Method on Seismic Response Controlled Double Layer Cylindrical Lattice Shell with Variable Stiffness Members [C] // Proc of IASS Symposium, 2001.
[24] 范峰，钱宏亮，邢佶慧，等．网壳结构强震下的延性及破坏机理研究：国家自然科学基金重大项目“大型复杂结构的关键科学问题及设计理论”第三次学术交流会总结报告［R］．2002.

第4章　悬索结构

悬索结构是以一系列受拉的索作为主要受力构件，并将其按一定规律排列后组成各种形式的体系后，悬挂到相应的支承结构上的。悬索结构是通过索的轴向拉伸来抵抗外荷载作用，它可以最充分地利用材料的强度，大大减轻结构自重，使得其在保证经济性的情况下能够具有较大的跨度。

4.1　悬索结构的类型

在悬索结构的应用过程中人们创造了丰富多彩的结构形式。从几何形状、组成方法、悬索材料以及受力特点等不同角度可有多种不同的分类方法，按组成方法和受力特点将悬索结构可大致区分为：单层悬索体系、预应力双层悬索体系、预应力鞍形索网、劲性悬索、预应力横向加劲单层索系、预应力索拱体系、张弦体系、组合悬索结构、悬挂薄壳，以及混合悬挂结构等形式。下面对悬索的几种主要类型作一介绍。

4.1.1　单层悬索体系

单层悬索体系是由一系列按一定规律布置的单根悬索组成的，悬索两端锚挂在稳固的支承结构上。单层索系有平行布置、辐射式布置和网状布置三种形式。

1）平行布置的单层悬索系形成下凹的单曲率曲面，适用于矩形或多边形的建筑平面，可用于单跨建筑，也可用于两跨及两跨以上的结构（图4.1.1）。

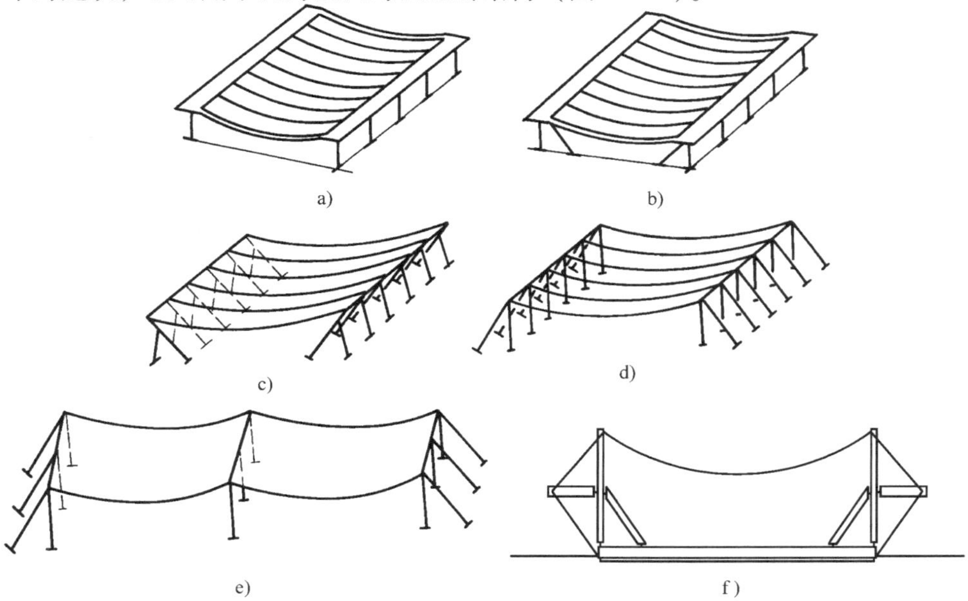

图4.1.1　平行布置的单层悬索体系

依建筑造型和功能要求悬索两端可以等高也可以不等高。索的两端等高或两端高差较小时，为解决屋面的排水，可对各根单索采用不同的垂跨比，或各索垂跨比不变调整各索的悬挂高度，以形成下凹的单曲率屋面的排水坡度。

由于悬索对两端支座有较大的水平力作用，因此合理可靠地解决水平力的传递成为悬索结构设计中的重要问题。图4.1.1a～f表示各种不同的悬索支承体系。其中图4.1.1a所示索的支承结构为水平梁与山墙顶部的压弯构件组成的闭合框架，水平梁在索的水平力作用下受弯工作，两端的压弯构件承受水平梁端的反力，索的水平力在闭合框架内自相平衡。水平梁往往因承受巨大的水平力作用而需较大的截面，但可利用建筑物下部的框架结构为水平梁提供一系列弹性支座，如图4.1.1b所示。图4.1.1c所示为悬索直接锚挂在框架顶部，其水平力由框架传至基础。图4.1.1d、e中索的水平力由斜拉索传向地基。图4.1.1f所示的悬索体系用水平撑杆将水平力由锚索传至基础。

2）单层索辐射式布置而形成的下凹双曲率碟形屋面适用于圆形、椭圆形平面（图4.1.2a）。显然下凹的屋面不便于排水，但在允许的情况下可设内排水。当结构中央设支柱时，可利用支柱为悬索提供中间支承，形成伞形屋面（图4.1.2b）。在辐射式布置的单层悬索体系中，索的一端锚固在中心环上，另一端锚固在外环梁上。在悬索拉力水平分量的作用下，内环受拉、外环受压、内环、悬索、外环形成一个平衡体系。悬索拉力的竖向分力不大，由外环梁直接传至下部的支撑柱。在这一体系中，受拉内环一般采用钢构件，充分发挥钢材的抗拉强度；受压的外环一般采用钢筋混凝土结构，充分利用混凝土的抗压强度，材尽其用，经济合理，因而辐射式布置的单层索系可比平行布置的单层索系的跨度更大。当前最大的碟形悬索结构是美国1967年建的阿拉美达郡体育馆屋盖，跨径达128m；最大的伞形悬索屋盖是前苏联的乌斯契—伊利姆斯克汽车库，跨径达206m。

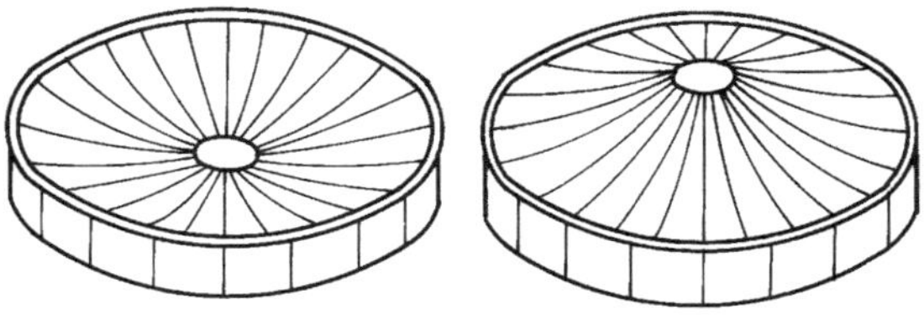

a) b)

图4.1.2 辐射式布置的单层悬索体系

3）网状布置的单层索系形成下凹的双曲率曲面，两个方向的索一般呈正交布置，可用于圆形、矩形等各种平面。用于圆形平面时省去了中心拉环（图4.1.3）。网状布置的单层索系屋面板规格统一，但边缘构件的弯矩大于辐射式布置。山东淄博市化纤厂餐厅的单层悬索屋盖也采用了这种网状布置，其平面形状为正方形，面积30m×30m。沿该屋盖两对角线还布置了两根主索，同时抬高正方形的四个角点和降低四条边的中点，较好地解决了屋面排水问题（图4.1.4）。

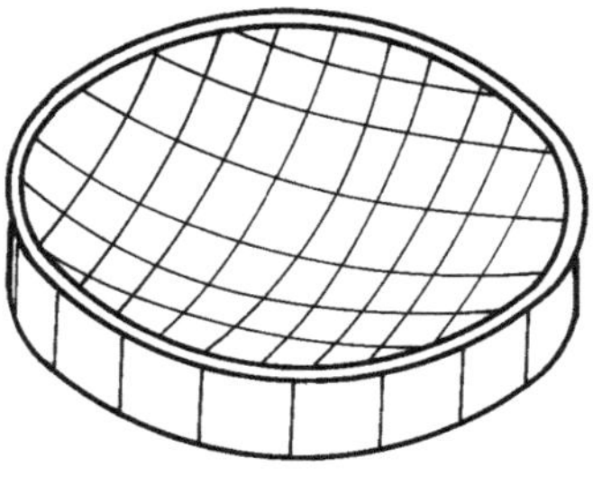

图4.1.3 网状布置的单层索体系

单层悬索体系中索的受力与单根悬索相似，其形状稳定性不佳，这包含相互联系的两层含义：

1）悬索是一种可变体系，其平衡形状随荷载分布方式而变。例如，在均布恒载作用下，悬索呈悬链线形式（也可以近似地视为抛物线形式）；此时如再施加某种不对称的活荷载或局部荷载，原来的悬链线或抛物线形式不能继续保持平衡，悬索将产生很大的位移，形成与新的荷载分布相对应的平衡形状。这种位移是由平衡形状的改变引起的，称为机构性位移，以区别于由弹性变形引起的位移。悬索抵抗机构性位移的能力就是索的形状稳定性，它与索的张紧程度（即索内初始拉力的大小）有关。

2）抗风能力差。作用在悬挂屋盖上的风力主要是吸力，而且分布不均匀，会引起较大的机构性位移。同时，在风吸力作用下，由于悬索内的拉力下降，抵抗机构性位移的能力进一步降低。当屋面较轻时，甚至可能被风力掀起。

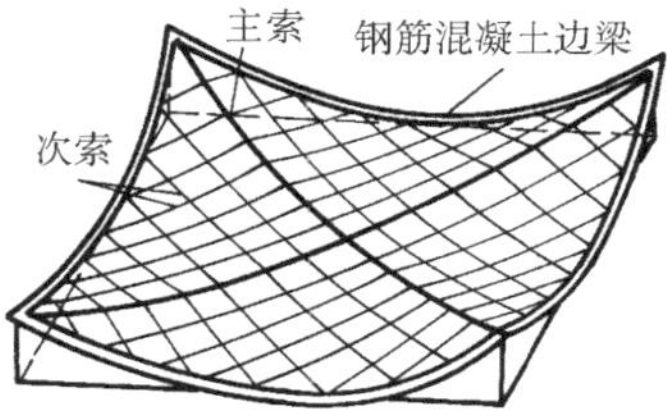

图 4.1.4　淄博市化纤厂的悬索屋盖

为使单层悬索体系具有必要的形状稳定性，一般有如下几种做法：

1）采用重屋面，如装配式钢筋混凝土屋面板等。利用较大的均布恒载使悬索始终保持较大的张紧力，以加强其维持原始形状的能力，既提高了抵抗机构变形的能力，同时又能较好地克服风力的卸载作用。但与此同时，重屋面使悬索截面增大，支承结构的受力也相应增大，从而影响结构的经济性。

2）采用预应力钢筋混凝土悬挂薄壳。为了进一步加强单层索系屋盖的稳定性，改善其工作性能，往往对钢筋混凝土屋面施加预应力。通常采用的施工方法为：在钢索上安放预制屋面板后，在板上施加额外的临时荷载，使索进一步伸长，板缝增大，然后用混凝土进行灌缝。待混凝土硬结达到预定强度后，卸去临时荷载，在屋面板内便产生了预应力，从而使整个屋面形成一个预应力混凝土薄壳（图 4.1.5）。采用膨胀混凝土灌缝，也能达到同样的效果。对于平行布置的单层悬索组成的单曲屋面，尚需施加与索垂直的方向的预应力，以避免在局部荷载下产生顺索方向的裂缝。这种做法的优点是：①在雪荷载、风荷载等活荷载的作用下，整个屋面如同壳体一样工作，形状稳定性大为提高；②由于存在预应力，索和混凝土共同抵抗外荷载作用，提高了屋盖的刚度，弹性变形引起的屋面挠度大为减小；③在使用期间屋面产生裂缝的可能性大为减小。

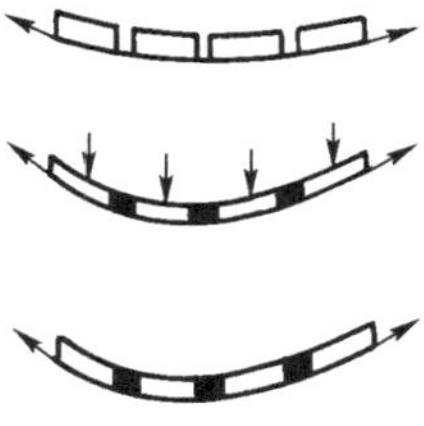
图 4.1.5　悬挂薄壳

3）采用横向加劲构件。改善单层悬索体系工作性能的另一种办法是设置横向加劲梁或横向加劲桁架，形成所谓的索梁体系或索桁体系，如德国的某音乐厅即采用这种加强做法（图 4.1.6）。横向加劲构件具有一定的抗弯刚度，其两端与山墙处的结构相连，并与各悬索在相交处连接。这些构件使原来单独工作的悬索连接成整体，并与索共同承受外荷载。尤其是在集中力或不均匀荷载作用下，梁能对局部荷载起分配作用，让更多的索参加工作，从而改善了整个屋面的受力性能。这种含劲性构件的悬索结构，本章 4.1.4 节将详细介绍。

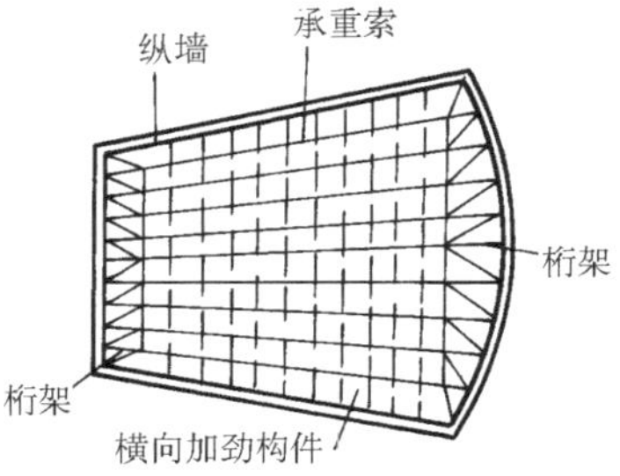

图 4.1.6　德国某音乐厅的横向加劲单层索系

悬索的垂度与跨度之比是影响单层悬索体系工作的重要几何参数。相同跨度、荷载条件下，垂跨比越小，悬索体系曲面越平，其形状稳定性和刚度越差，索中拉力也越大；垂跨比越大，悬索体系的稳定性和刚度越好，索中拉力越小。当然，垂跨比的加大使结构所占空间增加，可能会影响到结构综合的经济性。一般单层悬索体系垂跨比的经验取值为 1/20 ~ 1/10。

4.1.2 预应力双层悬索体系

双层悬索体系由一系列下凹的承重索和上凸的稳定索，以及它们之间的连系杆（拉杆或压杆）组成，图4.1.7所示为双层悬索体系的几种一般形式。双层索系的承重索、稳定索和连系杆一般布置在同一竖直平面内（图4.1.8a），由于其外形和受力特点类似于承受横向荷载的传统平面桁架，又常称为索桁架。承重索和稳定索也可相互错开布置，而不位于同一竖向平面内，这种布置形成的波形屋面便于屋面排水（图4.1.8b）。承重索可以布置在稳定索之上（图4.1.7a）或之下（图4.1.7b），也可相互交叉（图4.1.7c），相互交叉布置时可减小屋盖结构所占空间。索桁架的形式应综合考虑建筑功能、建筑造型及结构受力的合理性等进行选取。承重索与稳定索在跨中可以相连（图4.1.7e、f）或不相连（图4.1.7a、b、c、d）。在对称均匀分布荷载作用下，跨中相连与否，索系的工作性能没有太大区别；在不对称荷载作用下，跨中连接的索系具有较大的抵抗变形能力。两索之间的连系杆可竖向布置（图4.1.7a、b、c、e）或斜向布置（图4.1.7d、f）。联系杆斜向布置时，体系也具有较大的抵抗不对称变形的能力。一般连系杆内力不大，采用圆钢、钢管、角钢等均可。

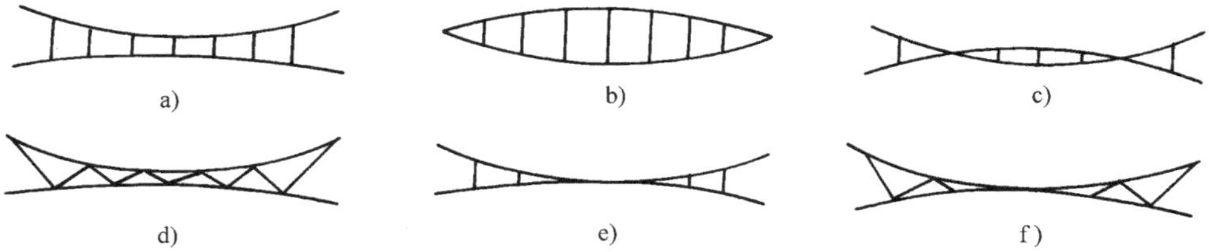

图4.1.7 预应力双层悬索体系的一般形式

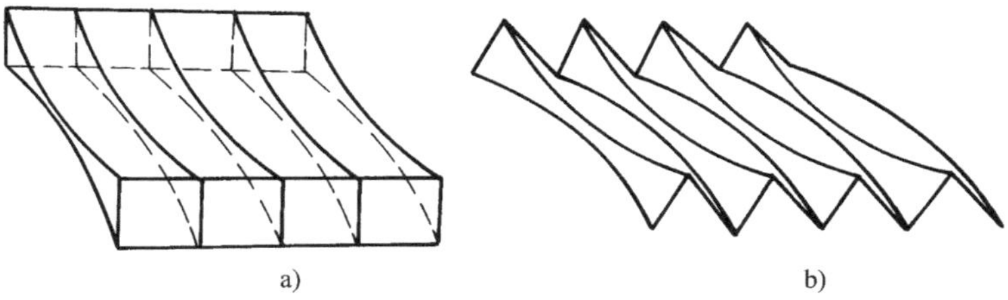

图4.1.8 预应力双层悬索体系的平面布置与交错布置

双层悬索体系中设置稳定索不仅可以抵抗风吸力的作用，而且由于设置了相反曲率的稳定索及相应的连系杆，可以对体系施加预应力。通过张拉承重索或稳定索，或对它们都施行张拉，可使索系张紧，在承重索和稳定索内保持足够的预拉力，以保证索系具有必要的形状稳定性。此外，由于存在预应力，稳定索能与承重索一起抵抗竖向荷载作用，从而使整个体系的刚度得到提高，可见采用预应力双层索系是解决悬索屋盖形状稳定性问题的一个十分有效的途径。与单层索系相比，预应力双层索系具有良好的结构刚度和形状稳定性，因此可以采用轻屋面，如石棉板、纤维水泥板、彩色涂层压型钢板及高效能的轻质材料。此外，双层悬索体系还具有较好的抗震性能。

承重索的垂跨比和稳定索的拱跨比是影响双层索系工作性能的重要几何参数，一般取承重索垂跨比为1/20～1/15，稳定索的拱跨比为1/25～1/20。

双层索系的布置也有平行布置、辐射式布置和网状布置等三种形式。

平行布置的双层索系多用于矩形、多边形建筑平面，并可用于单跨、双跨及两跨以上的建筑中（图4.1.9）。双层索系的承重索与稳定索要分别锚固在稳固的支承结构上，其支承结构形式与单层索系基本相同，索的水平力不外乎采用闭合的边缘构件、支承框架或地锚等来承受。

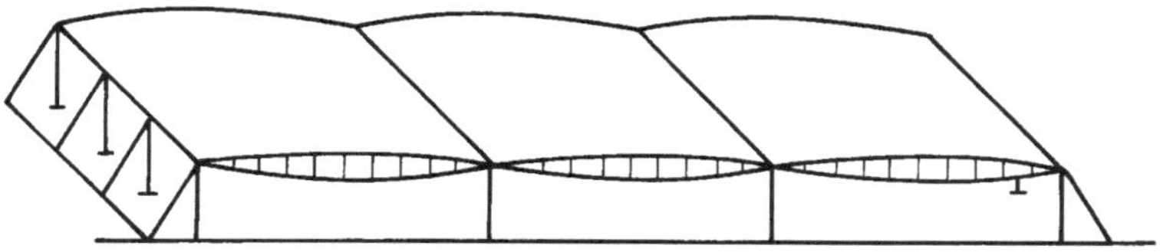

图4.1.9 平行布置的多跨双层索系

辐射式布置的双层索系可用于圆形、椭圆形建筑平面。为解决双层索在圆形平面中央的汇交问题，在圆心处要设置受拉内环，双层索一端锚挂于内环上，另一端锚挂在周边的受压外环上。根据所采用的索桁架形式不同，对应承重索和稳定索可能要设置两层外环梁或两层内环梁（图4.1.10）。

在图4.1.10a中，上索既是稳定索，又直接承受屋面荷载。如将上索与下索的中间连系杆取消，则上索仍能以支反力的形式将部分屋面荷载传给中心环，由中心环再以集中力方式传给下面的承重索；这也是一种双层索系，只不过将分散的连系杆集中到了中心环，并利用中心环来实现预应力的施加。这种结构形式常称为车辐式双层索系，在1950年代，即悬索结构发展的早期应用较多。图4.1.10d、e所示为双层索系的网状布置，两层索一般沿两个方向相互正交，形成四边形网格。

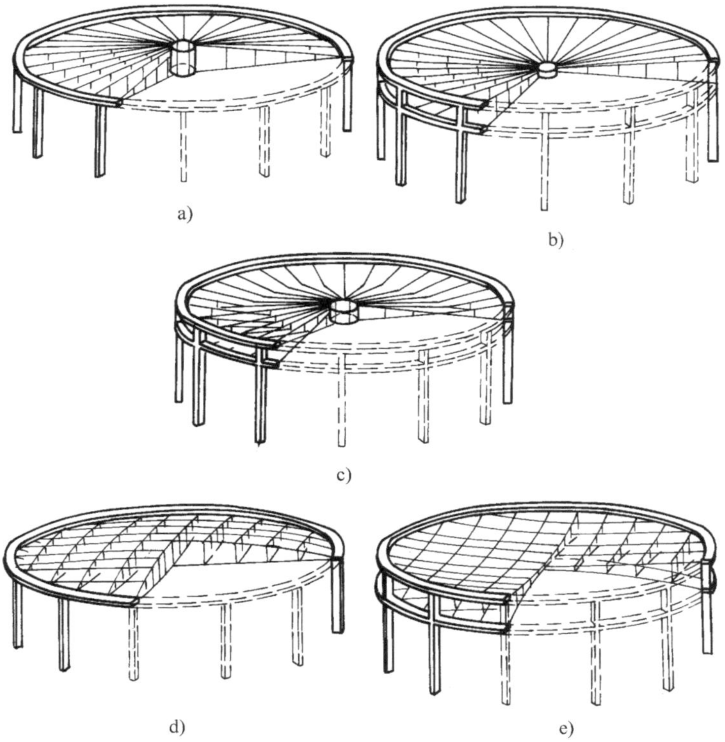

a) b) c) d) e)

图4.1.10 双层索系的辐射式布置及网状布置

预应力双层索系在国内外均得到广泛应用，特别在欧美等国被普遍地应用于大、中、小跨度的各种用途的房屋结构。世界上最大跨度的平行布置的双层索系结构是1966年建成的瑞典斯德哥尔摩约翰尼绍夫滑冰场屋盖（图1.2.63），跨度达83m；最大跨径的辐射式布置的双层索系是美国加州的英格伍德体育场屋盖，跨径达124m。

我国为举办第26届乒乓球锦标赛于1961年建成的北京工人体育馆（图1.2.66）、为举办全国的六届冬季运动会于1986年建成的吉林滑冰馆（图1.2.65），都采用了预应力双层悬索体系。

4.1.3 预应力鞍形索网

鞍形索网是由相互正交、曲率相反的两组钢索直接叠交，而形成的一种负高斯曲率的曲面悬索结构。两组索中，下凹的承重索在下，上凸的稳定索在上，两组索在交点处相互连接，索网周边悬挂在强大的边缘构件上。图4.1.11给出几种常见的鞍形索网形式。和双层索系一样，对鞍形索网也必须进行预张拉。由于两组索的曲率相反，因此可以对其中任意一组或同时对两组索进行张拉，以建立预应力。预应力加到足够大时，鞍形索网便具有很好的形状稳定性和刚度，在外加荷载作用下，承重索和稳定索共同工作，并在两组索中始终保持张紧力。鞍形索网与双层索系的基本工作原理完全相同；两者的区别在于双层索系属于平面结构体系，而鞍形索网则属于空间结构体系。自然，鞍形索网结构的受力分析要复杂些。

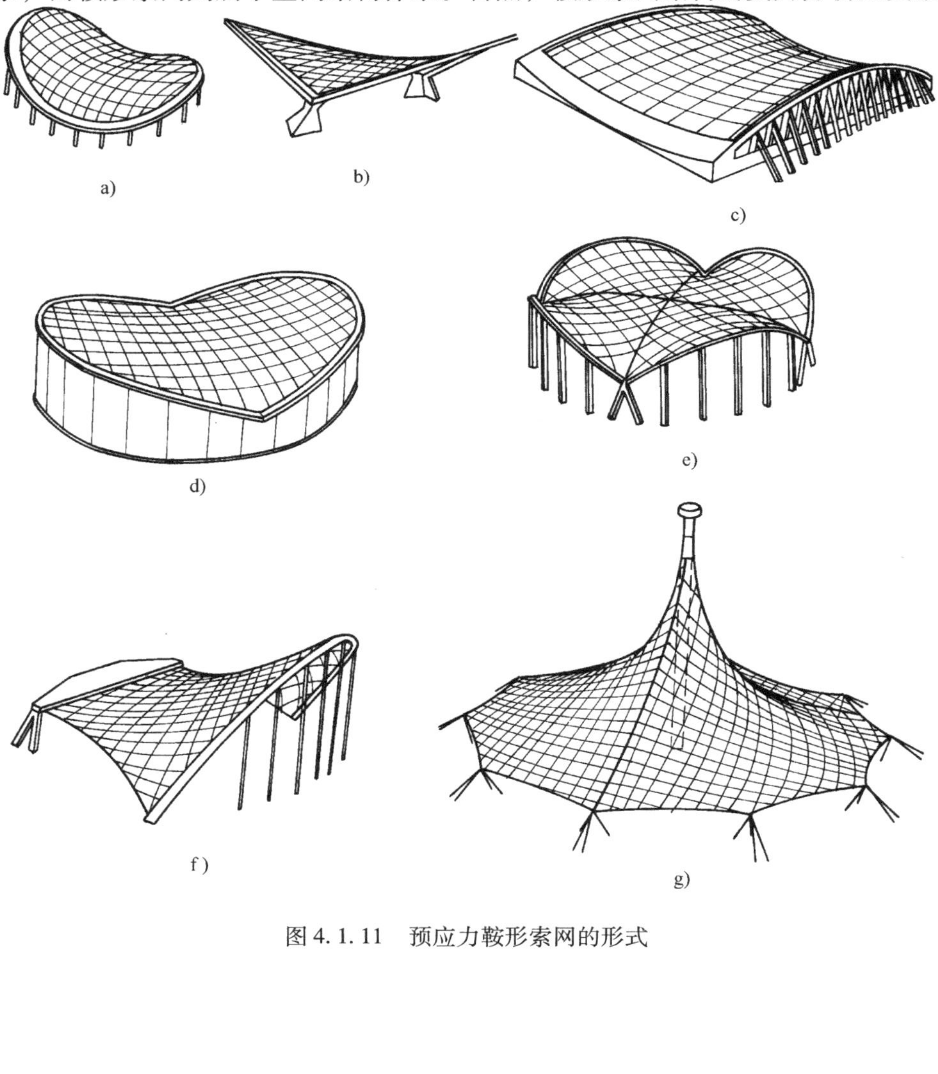

图4.1.11 预应力鞍形索网的形式

索网曲面的几何形状取决于所覆盖的建筑物平面形状、支承结构形式、预应力的大小和分布以及外荷载作用等因素。可以把预应力索网视为一张网式蒙皮，它可以覆盖任意平面形状，绷紧并悬挂在任意空间的边缘构件上；因而鞍形索网的曲面几何形状可因上述各种条件而变化，要比前面介绍的两种悬索形式丰富得多，可说是千姿百态，丰富多彩。当建筑物平面为矩形、菱形、圆形、椭圆形等规则形状时，鞍形索网有可能作成较简单的曲面——双曲抛物面。双曲抛物面鞍形索网各钢索受力均匀，计算也较简单。在更多情况下其曲面不能以函数进行表达。设计者常需根据外形要求和索力分布比较均匀的原则，进行形态分析来确定索网的几何形状。对鞍形索网也应保证必要的矢（垂）跨比，使曲面具有必要的曲率。曲面扁平的索网一般需施加很大的预应力才能达到必要的结构刚度和形状稳定性，往往导致很不经济的效果，设计时应予以避免。矢（垂）跨比过大会使建筑空间的使用率降低。因此实际设计中，在保证建筑要求的前提下矢跨比不宜过小，应控制在1/10~1/20之间。

影响结构受力性能的另一因素是预拉力。如果给钢索以超过所要求的预应力值，不仅不能节约材料，还会走向反面。这是因为悬索结构有形成内部平衡力系的特点，超预应力不仅无用，反而使结构不经济。所以预应力值必须选用恰当。当施加预应力的大小用变形来表示时，则大约在1/10000~1/20000索长之间（换算成应力为$20\sim400\times10^6\mathrm{N/m^2}$）。需要指出的是，只要稳定索不出现松弛，预拉力变化既不会引起位移的显著变化，也不会引起承重索和稳定索内力增量的显著改变；但若预拉力过小，稳定索可能会出现松弛，使结构位移和承重索内力显著增大。因此，在保证处于最不利荷载组合时稳定索不出现松弛的前提下，应尽量减小两者的预拉力值，以减小其对边缘构件的作用力。相对而言预拉力对不均匀荷载作用下结构反应的调控作用更大些。

鞍形索网的边缘构件有多种形式。在圆形或椭圆形平面的双曲抛物面索网中，多采用闭合的空间曲梁（图4.1.11a），空间曲梁的轴线一般取双曲抛物面与圆柱面或椭圆柱面的相截线。索网的水平力在空间曲梁内自相平衡。在双向索拉力的作用下，空间曲梁为压弯构件，采用钢筋混凝土制作可充分发挥混凝土的强度。由于索的水平力由闭合曲梁承受因而下部支承结构和基础均得以简化。我国的浙江人民体育馆（图1.2.68）、保加利亚的亚瓦尔纳文体宫及加拿大的卡尔加里奥林匹克滑冰馆（图1.2.69）等都采用了这种边缘构件形式。图4.1.11b所示的菱形平面双曲抛物面索网，其边缘构件是直线形的；在索拉力作用下，边缘构件内将会产生很大的弯矩，与曲线构件相比需要较大的截面。图4.1.11c所示为德国特尔蒙特展馆的索网结构，矩形平面双曲抛物面索网的边缘构件由建筑物两端竖向放置的平面抛物拱和两个宽大的纵向边梁组成。承重索锚于直立的边拱上，而直立的边拱仅能承受承重索的竖向分力，承重索的较大水平分力则必须通过设置斜拉杆承受。鞍形索网采用两个倾斜的大拱作为边缘构件的工程也不少见（图4.1.11d），此时索网曲面不再是双曲抛物面。两个倾斜的拱轴线一般采用平面抛物线，索网锚于倾斜的平面拱上。梁拱交叉或不交叉，以及交叉点位置均要结合建筑要求确定。美国雷里体育馆（图1.2.59）两拱落地交叉，交叉点部位的拱脚推力直接作用到基础，拱推力的水平分量通过两拱脚间设置拉杆来平衡，以有效控制结构变形（图4.1.12）。两倾斜拱交叉但不直接落地时，要在交叉点处设置剪力墙、扶壁柱或斜框架等，以将交叉点处推力传至基础（图4.1.13、图4.1.14）。图4.1.11e所示结构以两对向外倾斜的抛物线拱组成边缘构件，并由竖向柱支承，在每一对拱之间布置鞍形索网，以及在拱脚之间布置两根较粗大的交叉钢索，按设计要求对鞍形索网及两交叉的钢索施加预应力，便形成图示的组合鞍形索网。由于在各拱脚汇交部位拱的推力和交叉钢索的索力相互抵消，传于下部支承柱的水平力很小，因而此组合鞍形索网除造型美观外，受力也很合理。图4.1.11f、g表示的索网采用了柔性的边缘构件—边索，索网连于边索上，边索再把荷载传至地锚或其他结构。边索实际上是一种受拉的边缘构件，一般采用粗大截面的钢丝绳，并须施加很大的预应力。图4.1.11f所示的鞍形索网只有稳定索与柔性边界索相连；图4.1.11g表示由若干片鞍形索网组成的帐篷式结构。帐篷中间立一桅杆，每片索网在里侧连于桅杆吊挂下来的主索上，形成整个帐篷；每片索网在外侧与边索相连，边索再与锚在地面上的若干支架相连。

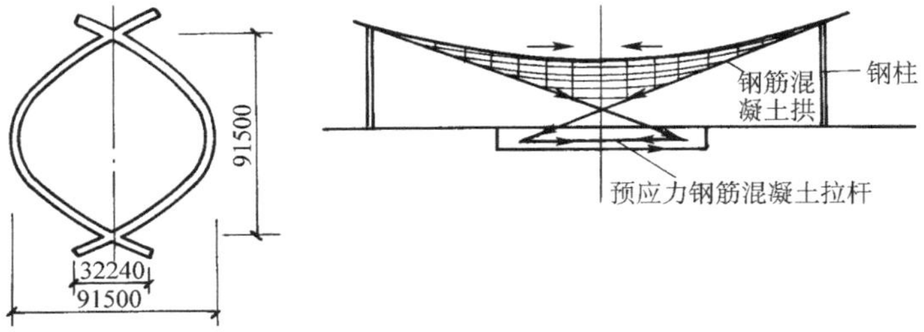

图4.1.12 美国雷里体育馆平面及索力的传递

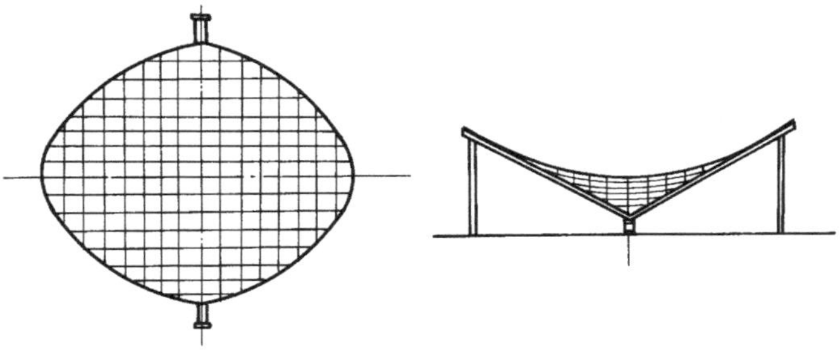

图4.1.13 前捷克斯洛伐克布拉迪斯拉发小体育馆

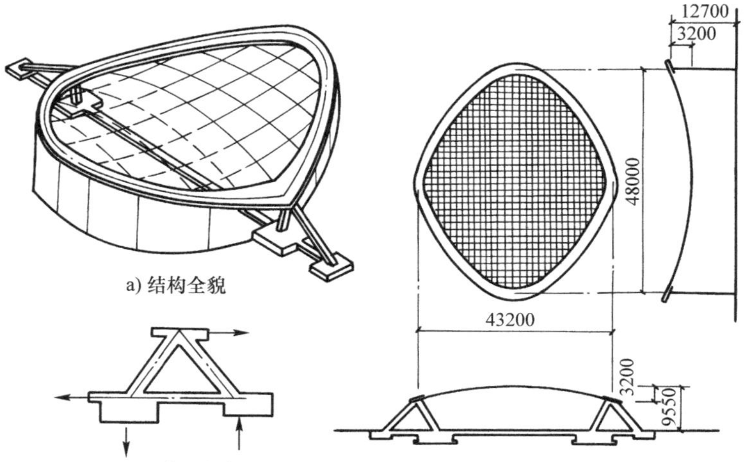

图4.1.14 日本西条市体育馆

应该指出，不论哪种形式的边缘构件，都需要有足够强大的截面，这既是为满足受力较大的边缘构件本身的强度要求；更是为了保证索网具有必要的刚度，不致产生过大变形。

鞍形索网体系形式多样，易于适应各种建筑功能和建筑造型的要求，屋面排水便于处理，加上工作性能方面的优点，使这种结构体系获得长期的、较广泛的应用。目前世界上最大的鞍形索网是1986年建成的加拿大卡尔加里滑冰馆，跨度达135.3m。

4.1.4 含劲性构件的悬索结构

与传统的“刚性”结构比较，悬索结构归根到底属于柔性结构的范围。因此对柔性索组成的悬索体系都要采取一定措施使其具有必要的结构刚度和保形能力，以满足结构的各种功能要求。如前所述，对于单层悬索采用重屋面或加超载方法使索保持强大的张紧力，对于双层索系和鞍形索网施加强大的预应力等。但是，这些措施的作用是有一定限度的，它们的形状稳定性和刚度只是维持在可接受的水平上。而且，上述各种措施都会进一步加大边缘构件和支承结构的负担；如何处理受力很大的边缘构件和支承结构，往往成为大跨度悬索结构设计中的核心问题，这在很大程度上抵消了采用轻型悬索结构所取得的经济效益。

在柔索结构体系的基础上，增加劲性构件或用劲性构件替换索可以构成新的结构体系，亦即混合结构。它可以充分利用两类构件的特点，扬长避短、相互补充，从而克服以上柔索体系的问题，改进整个结构体系的受力性能。本节介绍几种含劲性构件的悬索结构形式。

1. 劲性索结构

劲性索结构是以具有一定抗弯和抗压刚度的曲线形实腹式或格构式构件来代替柔索的悬挂结构（图4.1.15）。在全跨荷载作用下，悬挂的劲性索的受力仍然以受拉为主，因而和柔性索一样，钢材的强度可充分得到利用，取得以较少材料跨越较大跨度的效果。与此同时，由于劲性索具有一定抗弯刚度，它在半跨或局部荷载作用下的变形要比柔索小得多。理论分析和试验表明，在相同跨度、相同荷载条件下，与双层索系相比，劲性索结构的反力、挠度较小；在半跨活荷作用下劲性索的最大竖向位移比双层索系的要小5~7倍，这就说明以劲性构件代替柔索后，结构的刚度大大增强，特别是抵抗局部荷载下机构性位移的能力远强于柔索，所以劲性索结构无需施加预应力即有良好的承载性能，同时还可减小对支承结构的作用，简化施工程序。此外，劲性索取材方便，可采用普通强度等级的型钢、圆钢或钢管来制作。可见劲性索结构兼具了柔索与普通钢结构的优点。

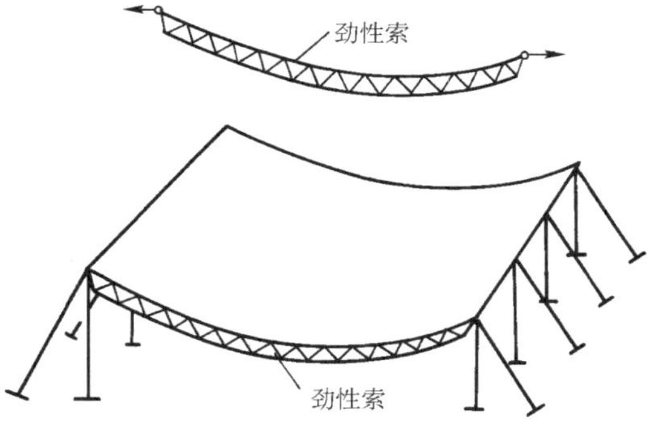

图4.1.15 劲性索与劲性索结构

劲性索结构适用于任何平面形状的建筑。矩形平面时，宜平行布置；圆形、椭圆平面时宜辐射式布置。劲性索还可以沿鞍形索网中的承重索方向布置，形成双曲抛物面的形式。劲性索结构的屋盖宜采用轻质屋面材料，以减轻劲性索及其支承结构的负担。

劲性索结构在国外较早就有应用，如东京奥运会游泳馆，莫斯科奥运会游泳馆等。2008年建成的北京火车南站采用了劲性索结构（图4.1.16），H型钢劲性索最大跨度为67.5m，最大截面采用600mm×350mm×10mm×20mm。

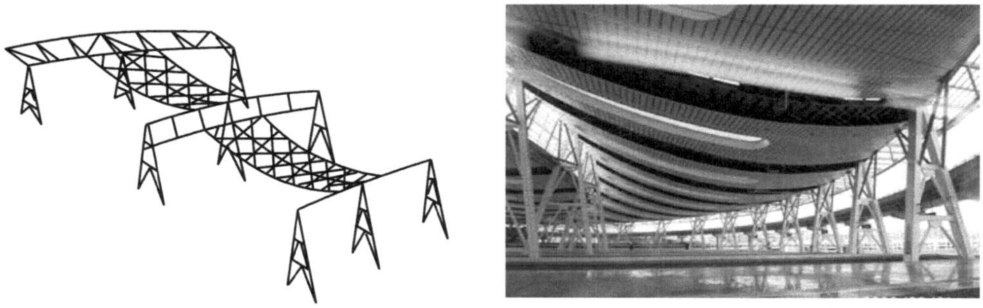

图4.1.16 北京火车南站的劲性索结构

2. 预应力横向加劲单层索系

在平行布置的单层悬索上，把索锚固好后，在索上敷设与索方向垂直的实腹梁或桁架等横向劲性构件，下压这些横向构件的两端，使之产生强迫位移后并固定其位置，如此便在整个索与横向构件组成的体系中建立起预张力，形成了有足够刚度和形状稳定性的横向加劲单层索系屋盖结构（图4.1.17）。这种结构体系在有些文献中也称为索－梁（桁）体系。对这种体系也可先将横向构件两端支座固定，然后对索进行张拉来建立预张力。横向加劲构件的作用有两方面：一是传递可能的集中荷载和局部荷载，使之更均匀地分配到各根平行的索上；二是提供了使整个体系建立起预张力的可能性，从而提高屋盖的刚度。

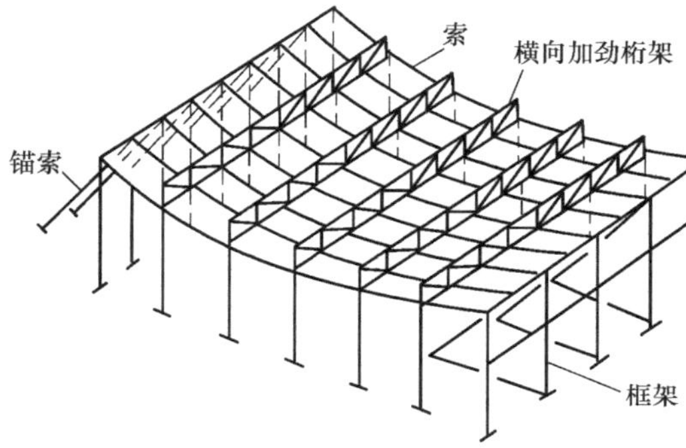

图4.1.17 预应力横向加劲单层索系

横向加劲单层索系一般有三个工作阶段。在锚固好的索上敷设横向构件为第一阶段。这时的结构是单索平面受力，荷载仅有索及横向构件自重。第二阶段为预应力阶段。下压横向构件的两端产生强迫位移后，索与横向构件相互压紧，各索受力不再保持均匀，横向构件受索向上的作用呈上拱状态，并承受负弯矩作用。第三阶段为荷载阶段。这一阶段的结构受力性能有很大变化，索与横向构件共同承担外加荷载作用，结构的刚度大大增强，尤其横向构件能有效地分担和传递荷载，结构抵抗不均匀荷载作用的性能大为提高，体系也由原来的平面受力状态改变为空间受力状态。横向构件在所分配荷载作用下，产生的内力和变形与预应力阶段相反，其中相当一部分可相互抵消（图4.1.18），说明预应力横向构件受力很合理。由于横向构件参与承担荷载，减轻了索的负担，索传给支承结构的水平力也较一般单层索系要小。

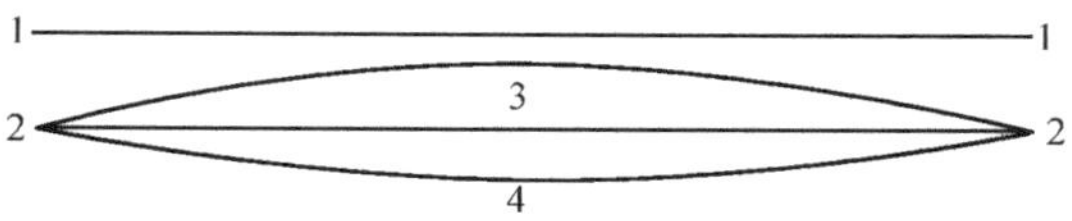

图4.1.18 预应力横向加劲单层索系的三阶段

1－1 施加预应力前桁架下弦的位置

2－3－2 施加预应力阶段桁架下弦的位置

2－2 部分荷载作用下桁架下弦位置

2－4－2 全部荷载作用下桁架下弦的位置

在预应力阶段，索的内力和变形从边缘向中央由大逐渐变小，边索的内力、变形最大；荷载阶段，索内力、变形增量的分布与之相反，中央部位的索内力、变形迅速增大，边索内力、变形缓慢变化，荷载增至一定程度时，横向构件出现平直无弯矩状态，此时各索均匀受力。继续加荷至满载后，各索内力呈中央大、两边小的规律，横向构件由平直状态转为下挠，并产生正弯矩。索跨中位置的横向构件的内力、变形稍大于索两端位置的构件，但差值不大。说明横向加劲单层索系在使用荷载作用下内力分布比较均匀。

横向加劲单层索系不但受力合理，用料经济，而且施工比较方便。施加预应力一般只需千斤顶、手动葫芦、扳手等简单工具即可完成。施工中的关键在于合理控制桁架支座的下压量，下压量太大会导致索的预张力过大，对索的支承结构不利；下压量过小则悬索的刚度不足，特别是在非对称荷载作用下，有可能产生较大的机构性位移。从理论上讲，最佳的下压量应使桁架内力的绝对值等于在屋面荷载作用下的内力的一半；这样在屋面荷载作用下，就有一半内力被这种反向内力抵消，桁架的实际内力只有屋面荷载引起内力的一半。此外，在确定桁架下压量时还应考虑使各榀桁架以及各根索的内力比较均匀；通常靠近索跨端部的桁架下压量应小于跨中桁架的下压量。总之，针对各种具体条件的结构，其预张力值和横向构件的刚度应优化确定。通常索的垂度可取跨度的 1/10 ~ 1/20，横向加劲构件的高度可取其跨度的 1/15 ~ 1/25。

我国在世界上首先成功地将预应力横向加劲单层索系应用于工程实践。先后于 1989 年和 1992 年建成安徽体育馆、广东潮州体育馆等工程（图 1. 2. 62）。

3. 索拱体系

在双层索系或鞍形索网中，以实腹式或格构式劲性构件代替上凸的稳定索，通过张拉承重索或对拱的两端下压产生强迫位移，使索与拱拉或压紧，便形成了预应力索拱体系。图 4. 1. 19a 表示由双层索系演变来的、索与拱平行布置在同一个竖向平面内用拉索连接的平面索拱体系；图 4. 1. 19b 表示由鞍形索网演变来的、索与拱呈正交布置的鞍形索拱体系。

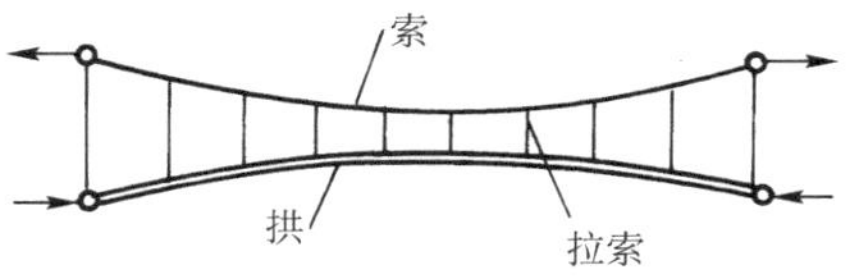

a) 平面索拱

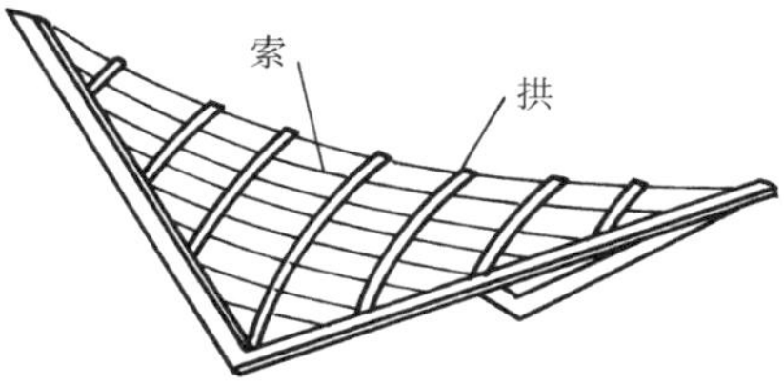

b) 鞍形索拱

图 4. 1. 19　预应力索拱体系

与柔性悬索结构相比，索拱体系具有较大的刚度，尤其是抵抗不均匀荷载作用的结构形状稳定性有较大幅度的提高。由于刚性拱的存在，不论是平面索拱体系，还是鞍形索拱体系，均不需施加很大的预张力，从而使支承结构的负担得以减轻。与单一工作的拱相比，索拱体系内的拱与张紧的索相连，不易发生整体失稳，因而所需拱的截面较小。在预应力阶段，拱受到索向上的作用而受拉；荷载阶段，索拱共同抵抗荷载作用，拱在所分担的部分荷载作用下受压，其中部分压力与预应力阶段的拉力相抵消，所以预应力拱受力很合理。以上说明索拱体系中，柔索与刚性拱相互结合，相互补充，它比任何一种单独的结构更合理、更经济。

预应力索拱体系在国内外均有应用的工程实例，如 1989 年我国为亚运会建造的北京朝阳体育馆中间支承采用的预应力索拱体系（图 4. 1. 20）。

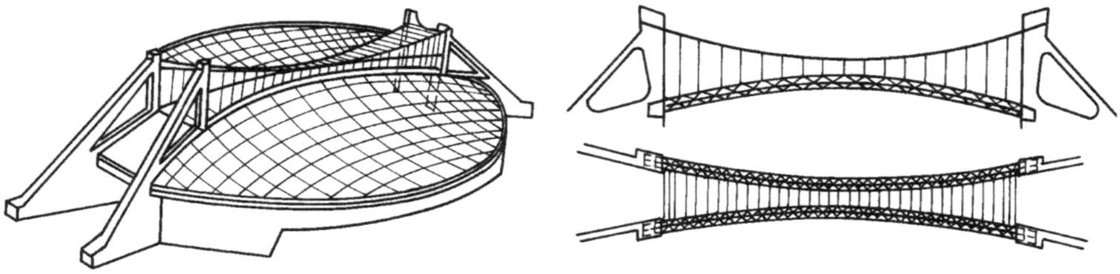

图 4. 1. 20 北京朝阳体育馆的索拱体系

4. 张弦结构

张弦结构由刚度较大的刚性构件（通常为梁、拱或桁架）和柔性的“弦”（通常为高强索，也可采用钢棒、扁钢等）以及连接两者的撑杆组成；通过对柔性构件施加预张力，使体系成为具有整体刚度的结构，如图 4. 1. 21 所示。

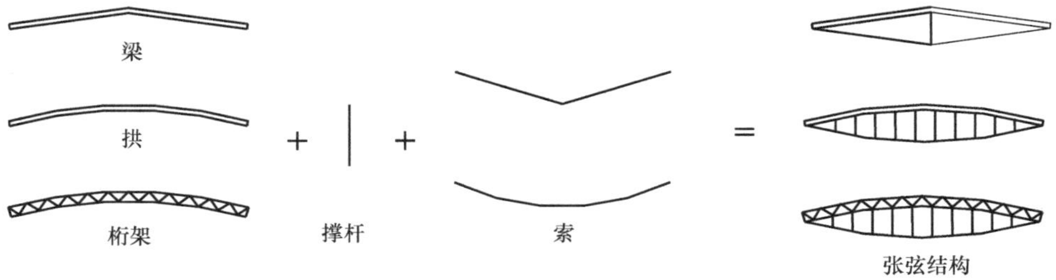

图 4. 1. 21 张弦结构的基本组成

张弦结构的工作机理，主要表现在以下三个方面：①由于索参与工作，使张弦结构的整体刚度远大于单纯刚性构件的刚度；因此在同样的使用荷载作用下，张弦结构的变形比单纯刚性构件小得多。②索的预张力通过撑杆对刚性构件施加反向荷载，从而调整刚性构件内部的弯矩大小和分布。③当刚性构件为拱时，索撑体系的引入可以平衡支座处的水平推力，从而减少对下部结构抗侧力的要求。

张弦结构与预应力索拱体系的主要区别在于：预应力索拱体系两端一般为固定铰支座，索的作用往往只是部分降低拱脚处的水平推力，而且索拱体系中的索和拱通常分别支承在不同的下部结构上，自身不构成封闭力系。而张弦结构本身为一完整的自平衡体系，其一端支座通常为可滑动铰支座，刚性构件在支座处的水平推力可以通过支座的滑动来与索的拉力相平衡；所以在设计时，为了避免支座处产生过大的滑动，必须对张弦结构中的拱和索的垂度和预张力大小进行仔细规划。此外，由于张弦结构本身为自平衡体系，因此在施工时，可以先在地面完成拼装和张拉再吊装就位，从而极大地简化了施工。

张弦结构的布置方式可以是单向、双向和辐射式布置等（图 4. 1. 22）。单向布置的刚性构件和索均位于同一平面内，结构整体呈现平面受力特征；优点是结构受力明确、形式简洁、制作安装较为方便；缺点是存在上弦刚性构件的出平面稳定和倾覆问题，往往需要设置附加的水平支撑。双向布置方式不仅较好地解决了单向布置存在的出平面稳定和倾覆问题，其工作性能类似于井格梁结构，结构的整体性和刚度均有所提高。辐射式布置方式主要适用于圆形或椭圆形平面；为解决杆件汇交问题，需要在跨中设置压环（上弦）和拉环（下弦），节点构造较为复杂。

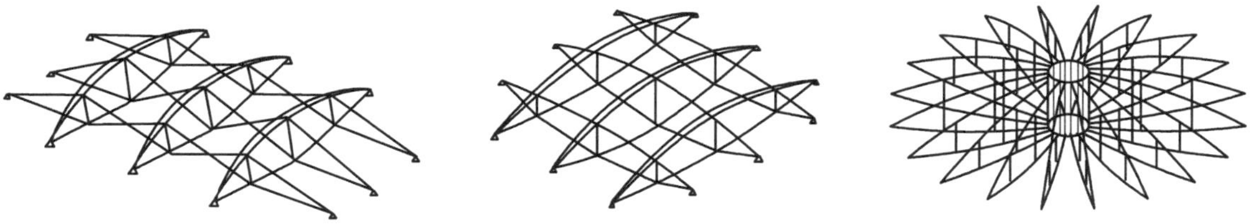

a) 单向布置　　b) 双向布置　　c) 辐射布置

图 4.1.22　张弦结构的几种布置方式

张弦结构的工作性能主要与结构形状（刚性构件的矢跨比 f_1/L、张拉弦的垂跨比 f_2/L）、梁与弦的刚度比［$E_bI_b/(E_sA_sL^2)$］等参数有关。对于简支型张弦结构，f_1/L 和 f_2/L 通常可取为 1/25～1/15。

张弦结构在国外已应用于若干实际工程中，像日本的前桥绿色穹顶（167m×122m）、Urayasu 市体育馆（108m×52m）、北九州穴生穹顶（108m×61.8m）等都是其中的代表性作品。我国广州国际会展中心跨度 126.6m（图 1.1.17）和哈尔滨国际会展体育中心跨度 128m（图 4.1.23），都采用了张弦结构。近十余年来在我国大跨度建筑工程中张弦结构得到广泛的应用，本书第 6 章 6.4 节将详细介绍其新的发展。

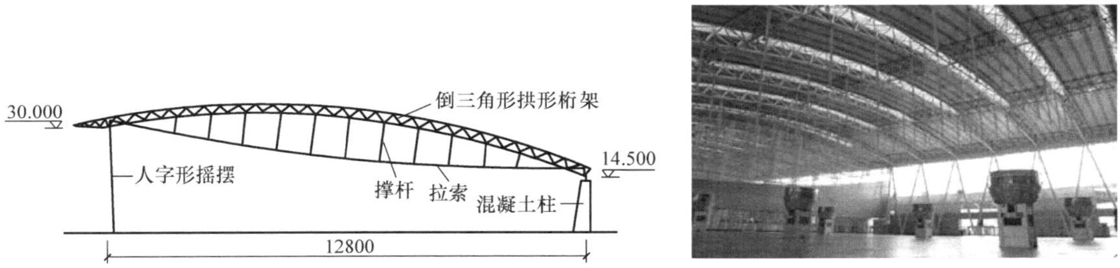

图 4.1.23　哈尔滨国际会展体育中心

5. 悬挂结构与斜拉结构

悬挂结构与斜拉结构（图 4.1.24、图 4.1.25）在建筑造型上均以突出屋面的高耸立柱或桅杆为标志特征，并结合一系列柔索吊挂屋盖横向构件，从而形成一种挺拔、刚劲又不失韵律美的建筑风格。

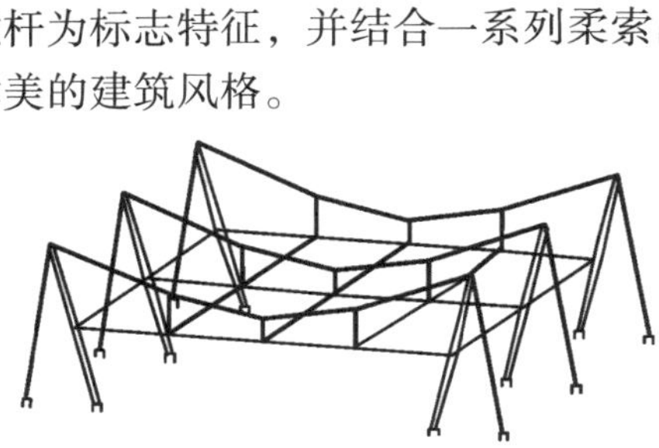

图 4.1.24　悬挂结构示意图

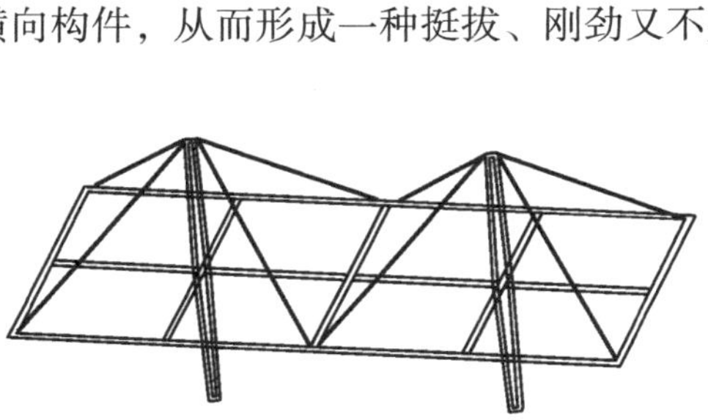

图 4.1.25　斜拉结构示意图

悬挂结构是应用悬索桥的结构原理，采用一系列竖向吊杆把刚性的屋盖构件与悬索相连的混合结构。悬索通过吊杆为屋盖构件提供一系列弹性支承，使作用于屋盖的部分荷载由悬索承担，从而减小了屋盖构件的尺寸，节省了用料和结构所占空间。由于悬索和吊杆都是以轴心抗拉抵抗荷载作用，因而当跨度较大时，这种结构在总体上看比单纯抗弯的刚性屋盖合理、经济。被吊挂的刚性构件可以是梁、桁架、刚架、网壳、网架等等，因此悬挂结构形式繁多。悬挂结构突出了索的柔美风格，但其构造相对复杂些。图 1.2.117 所示的德国 Karlsruhe 多功能厅，2007 年建成的吉林省滑冰馆跨度 91.28m（图 4.1.26）都采用了这种结构。

图 4.1.26　吉林省滑冰馆

斜拉结构应用斜拉桥的结构原理，由塔柱顶部挂下斜拉索为刚性屋盖构件提供一系列中间弹性支承，可使刚性构件以较少材料做到较大跨度；斜拉索分担的部分荷载直接经塔柱传至基础，比悬挂结构传力路线简捷；斜拉体系中索的制作安装也比较简便，是房屋结构中应用较多的一种混合结构形式，国内外广泛用于飞机库、展览建筑、体育场挑篷、仓库等工业与民用建筑。图 4.1.27 给出了斜拉体系的几种基本形式。

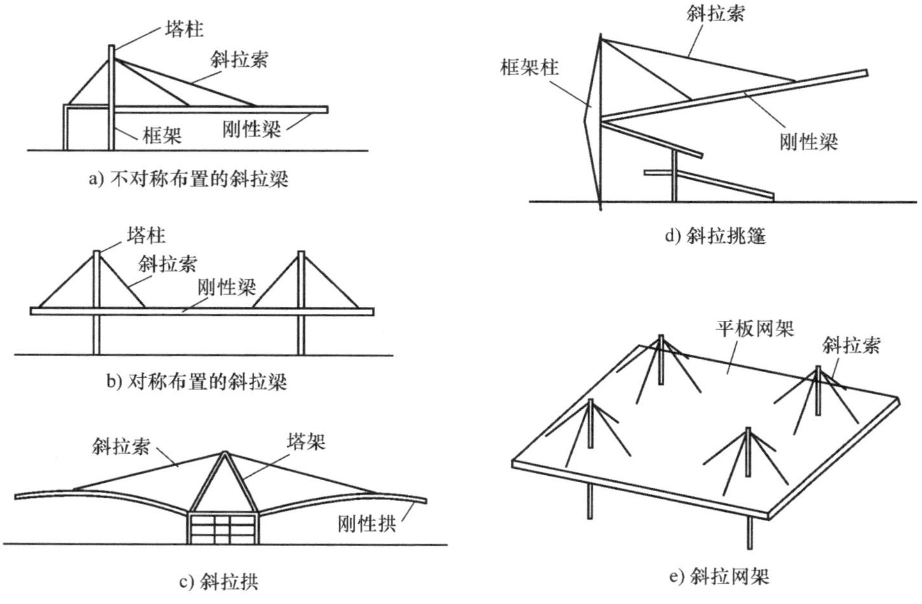

图 4.1.27　斜拉结构的几种形式

值得注意的是，斜拉结构在降低屋盖造价的同时，由于建造塔柱本身以及可能需要的边缘锚杆和受拉基础等，又要增加造价，所以设计时要设法减小各拉索施于塔顶的总水平力。具体应遵循下列基本原则：

1）选择合理的塔柱结构形式。塔柱是斜拉结构中最具建筑表现力的部分，同时也承担着绝大部分的荷载作用，塔柱结构的合理与否将直接影响工程造价。塔柱应尽可能设计成两端铰接的桅杆形式，此时它只承受轴压力，既省材料，又简化了塔柱底端的构造。

2）尽量采用均衡对称的布索方案。斜拉索应尽可能地采用图 4.1.27b 所示的对称布置形式，以减小拉索对塔顶的不平衡力。尽量避免单侧布索。当塔柱位于屋面侧边时，应设置必要的平衡索（图 4.1.27a）。

3）确定适宜的拉索倾角。根据斜拉桥的经验，拉索水平角不应小于 25°，否则将导致弹性支承作用减弱、内力过大和连接节点构造上的困难。但也不必过大，因为这样会导致塔柱过高和索的用料增加。

4）对斜拉体系中的索应施加一定的预张力，以保证索与刚性构件共同工作并防止风吸力作用下索发生松弛；有些情况下，还可通过索的张拉，对刚性构件施加反变形，使其具有更好的结构性能，并取得更好的经济效果。

5）寻求合理的刚度比（即屋盖结构抗弯刚度/索抗拉刚度），以使中间弹性支座具有适宜的弹性系数，降低屋盖结构的内力峰值。

斜拉结构在国内外的应用较多，图 1.1.18 所示的新加坡港务局（PSA）仓库和图 1.2.118 所示的浙江黄龙体育中心体育场采用了此种结构。

4.1.5 悬挂薄壳与悬挂钢膜

1. 预应力悬挂薄壳

在双层索系和鞍形索网中，当采用预制钢筋混凝土屋面时，也可如同单索体系一样做成预应力混凝土悬挂薄壳，以改善柔索体系的结构工作性能。对于图 4.1.28 所示具有负高斯曲率鞍形曲面的悬挂薄壳，可采用以下施工程序：①先将索网绷紧形成初始几何形状，按设计要求施加第一次预张力；②在索网上铺设预制混凝土屋面板并加临时荷载，使沿稳定索方向板缝Ⅰ增大，并以细石混凝土填满这些板缝；③待板缝混凝土达设计强度后，卸去临时荷载，此时在承重索方向混凝土板间便建立起预压应力；④用细石混凝土灌满沿承重索方向的板缝Ⅱ，在混凝土达到设计强度后，便形成了整体的预应力悬挂薄壳。对鞍形悬挂薄壳施加预应力也可不用加临时荷载方法，而直接通过张拉沿承重索方向板缝Ⅱ中敷设的预应力钢筋或钢索，建立沿承重索方向混凝土板间的预应力。

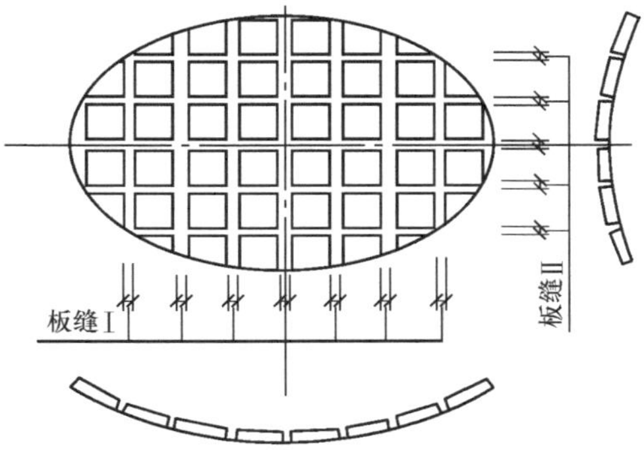

图 4.1.28 悬挂混凝土薄壳

悬挂混凝土薄壳的厚度（包括板、肋等在内的折算厚度）一般为 30 ~ 60mm。

预应力悬挂薄壳受力合理，在施工阶段由悬索体系承受钢索、屋面板和额外的临时荷载；壳体一旦形成后，屋盖将主要作为薄壳受力，以壳面力抵抗后加的部分荷载，如防水、保温、吊顶等恒载以及风、雪荷载等。在荷载作用下，壳体在稳定索方向受压，在承重索方向受拉；只要在承重索方向建立的预张力足够大，混凝土薄壳在受拉方向就不致开裂。

与柔性悬索体系相比，预应力悬挂薄壳的结构刚度和形状稳定性均有较大幅度的提高。一些对鞍形悬挂薄壳的研究结果表明，悬挂薄壳在均布荷载下的变形仅为索网结构的1/10，抵抗局部荷载作用下产生机构变形的能力也比索网结构好得多。悬挂薄壳将高强钢索与混凝土板有机地结合为一整体，钢索受到混凝土的保护，使防腐问题方便地得以解决。与一般的钢筋混凝土薄壳相比，悬挂薄壳施工要简便得多，可省去大量的起重机具和脚手架、模板，并大大缩短施工周期。总之，预应力悬挂薄壳集承重与围护的功能于一体，充分利用高强钢索抗拉强度高及混凝土抗压性能好的材料性能，结构受力性能良好，施工方便，是一种很好的悬挂结构形式。

加拿大卡尔加里滑冰馆（图1.2.69）就是在鞍形索网上做成的鞍形曲面悬挂薄壳。

2. 悬挂钢膜结构

以2～6mm厚的薄钢板带代替悬索，施工时铺设成卷的钢板带，在屋面上焊成整体，形成悬挂钢膜结构，或称钢悬膜结构。对于较大跨度的屋盖，施工安装时须以柔性或劲性的悬挂体系作为钢膜的支承骨架，悬膜结构形成后，膜与这些悬挂体系共同受力，且主要以薄膜抗拉承受荷载作用。钢悬膜结构可充分利用钢材的抗拉强度，钢膜兼有承重与围护双重功能，屋盖结构较一般传统结构的自重轻，适于100m以上的大跨度屋盖。与柔索体系比，钢悬膜具有较好的刚度和形状稳定性。钢膜的制作工作大部分在工厂完成，因而施工速度较快。前苏联在悬挂钢膜结构方面有较多的工程实践。乌斯契—伊利姆斯克汽车库（伞形，$D=206$m），即以柔性的单索体系作为支承，在索上铺设钢板，加临时荷载张拉钢板，并加焊钢肋形成钢悬膜结构（图4.1.29）。圣彼得堡体育馆（$D=93$m）也采用了这种钢悬膜结构（图4.1.30）。

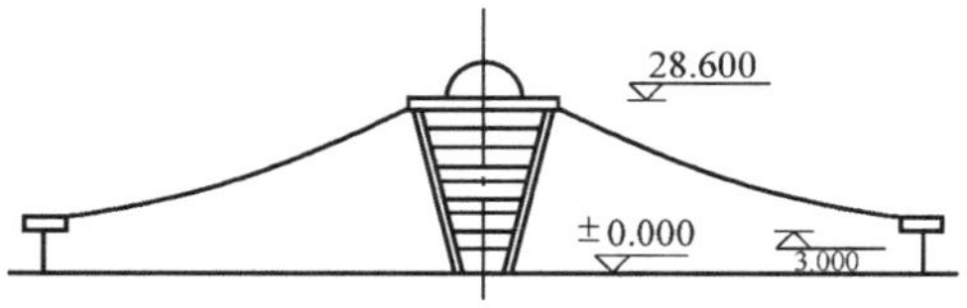

图4.1.29 乌斯契—伊利姆斯克汽车库

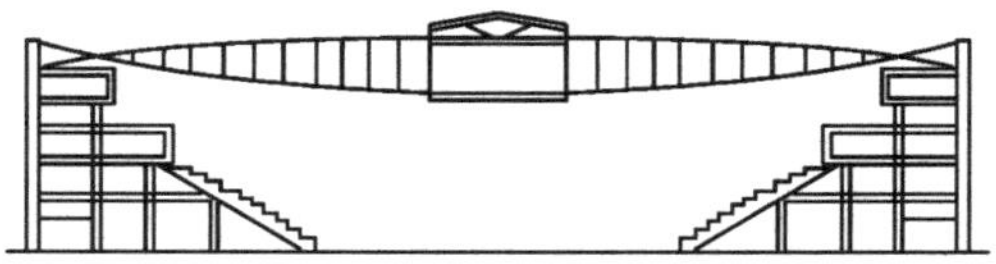

图4.1.30 圣彼得堡体育馆

4.1.6 组合悬索结构

将两种或两种以上的悬索体系（索网、单层索系、双层索系等）和强大的中间支承结构组合在一起，可形成形式各异的组合悬索结构。

采用组合悬索结构，往往出于满足建筑功能和建筑造型的需要。例如，在体育建筑中通过设置中央支承结构，适当提高体育比赛场地上方的净空高度，两侧下垂的悬索屋面正好与看台升起坡度一致，这样所形成的内部空间体积最小，且利用中央支承结构还可以设置天窗，以满足室内的采光要求。这种体系的中央支承结构和两侧悬索体系的形式可有多种变化，因而组合悬索结构的建筑造型将会更加多姿多彩。

由于中央支承结构负担很重，多采用刚度大、受力合理的拱、刚架、索拱体系等结构形式，个别的也采用由粗大的钢缆绳组成的钢索。

组合悬索结构在国内外均有许多工程实例。实际上，许多经典作品均采用了组合形式。如前面介绍的北京朝阳体育馆，以及如图 4. 1. 31 所示的德国慕尼黑溜冰馆等。

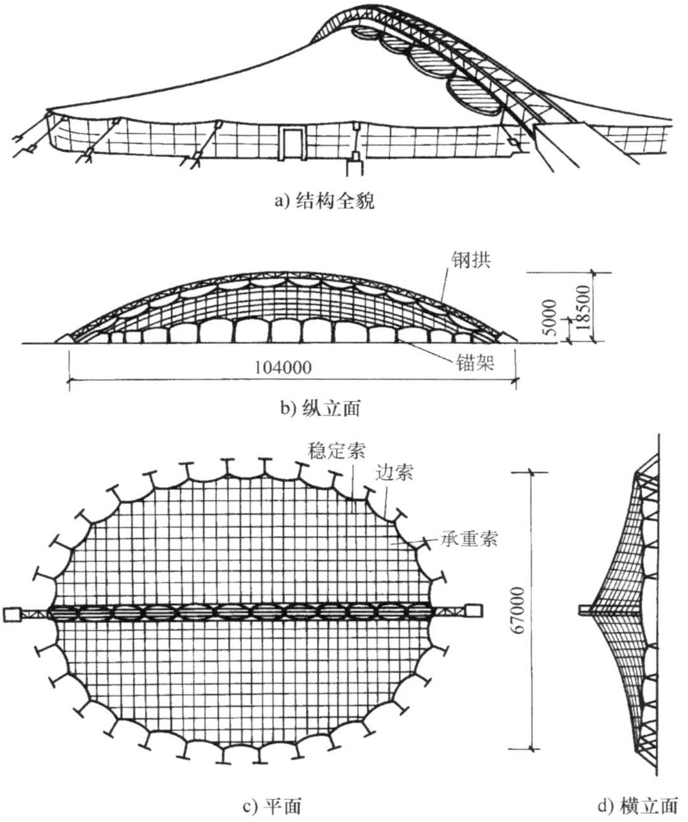

图 4. 1. 31 德国慕尼黑溜冰馆

4. 2 钢索及其基本力学性能

4. 2. 1 钢索的种类

柔性钢索一般采用的材料为高强钢丝，具体的形式有钢丝束、钢铰线和钢丝绳等。

1. 钢丝

高强钢丝由热处理的优质碳素结构钢盘条经多次连续冷拔而成。如 ϕ11mm、ϕ12. 5mm 的上述钢盘条须经八道拉拔，生产出 ϕ4. 22mm、ϕ5. 05mm 的高强钢丝。冷拔高强钢丝的抗拉强度一般为 1370 ~ 1860N/mm^2（标准值），伸长率（δ_{10}）为 5% ~6%。国内生产的冷拔高强钢丝直径有 3mm、4mm、5mm、6mm、7mm、8mm、9mm 等规格，除直径 3mm 的钢丝外，一般钢丝的直径越细，其强度越高，悬索结构常用的钢丝直径为 4mm 和 5mm。由于高强钢丝很细，故对其质量要严格要求，不但限制硫、磷杂质含量在 0. 035% 以下，而且对铬、镍的含量也要控制在 0. 25% 以内。对钢丝的外观质量如直径公差、伤痕、锈蚀等缺陷均要严格控制。高强钢丝与高强度钢绞线的力学性能指标要求见表 4.2.1。

表 4.2.1 高强钢丝与高强钢绞线的技术性能指标

种类	级别	直径/mm	抗拉强度/不小于（N/mm^2）	屈服强度/不小于（N/mm^2）	最小拉断力/kN	伸长率不小于（%）	弯曲次数	
							次数不小于	弯曲半径/mm
高强钢丝	160	3	1570	1330		$L=100cm$ 4%	3	7.5
	170	4	1670	1410			4	10
	160	5	1570	1330			4	15
高强钢绞线	170	9	1670		83.89	$L=600cm$ 3.5%		
	160	12	1570		140.24			
	160	15	1570		219.52			

2. 钢丝束

钢丝束由平行钢丝，在预制厂或现场编成。钢丝束可由 19 根以上钢丝组成，每束钢丝数只需每层能均匀排列即可，并无严格要求，一般排成圆形束，也可排成正六边形。它的优点是由于钢丝束呈平行状不绕捻，因而能充分发挥其轴向拉力和高弹性模量的力学性能。例如某工程的试验值如下：单丝极限强度为 $1600N/mm^2$，平行束则为 $1620\sim1630N/mm^2$；单丝弹性模量为 $2.055\times10^5N/mm^2$，平行束则为 $1.96\times10^5N/mm^2\sim1.99\times10^5N/mm^2$（试件为 $\phi5mm$ 钢丝，每束 75 根及 196 根两种）。两者均较接近。

编束时应在计算得到的下料长度内每米布置一道绑扎丝（一般为 20 号钢丝），然后在绑扎丝上布置待编束钢丝，将绑扎丝卷起并绑扎形成圆截面钢丝束后，再用更粗些的绑扎丝（14 号）每 400mm 一道扎紧，或根据钢丝的数目及欲形成的钢丝断面，设计出钢丝的断面布置图，制成格栅孔板，编束时一边用栅孔板向前梳直，一边即扎成钢丝束。钢丝在束中应相互平行，不能互相交错、扭曲。

3. 钢绞线及钢绞线束

钢绞线一般由 7 根钢丝捻成，一根在中心，其余 6 根在外层向同一方向缠绕，标记为（1×7）；我国有的厂家还生产由 2 根、3 根钢丝捻成的钢绞线，标记为（1×2）、（1×3）；也有多根钢丝如 19 根、37 根等捻成的钢绞线，分别由三层、四层钢丝组成，标记为（1×19）、（1×37）。国外常用多根钢丝捻成的钢绞线，其外层的钢丝截面有时还采用梯形、S 形等变形截面，如图 4.2.1d 所示。国内常用（1×7）钢绞线，或由多根（1×7）钢绞线平行组成的钢绞线束，如图 4.2.1c 所示。

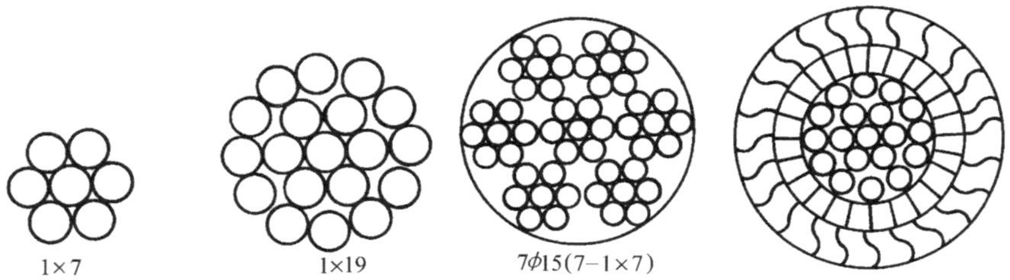

a) 7根的高强度钢丝束 b) 19根的高强度钢丝束 c) 钢绞线束 d) 异形钢绞线

图 4.2.1 高强钢丝束、钢绞线的截面

钢绞线受拉时，中央钢丝应力最大，外层钢丝的应力与其捻角大小有关。经测定，其外层钢丝应力大致与捻角 a 余弦的平方（$\cos^2 a$）成正比。由于各钢丝之间受力不均匀，钢铰线的抗拉强度要比单根钢丝降低 10% ~20%，相应地其弹性模量也有所降低（可取为 $E\cos^4 a$；其中 E 为钢丝的弹性模量）。拉断试验表明，钢绞线的抗拉强度与捻角之间也大致保持 $\cos^2 a$ 的比例关系。另外对于由镀锌钢丝组成的钢索，计算截面积时是包括镀锌层在内的，因此它的强度和弹性模量比不镀锌的相应要低。常用钢绞线的力学性能指标示于表 4.2.1。

近年来国内生产一种低松弛高强钢绞线，这种钢绞线的高强钢丝通过矫直回火工艺，捻成钢绞线后再经稳定化处理，即在 300 ~400℃的温度条件下，施以张力作用消除钢绞线内部应力，并使其结构紧密，从而提高钢绞线的稳定性能。低松弛高强钢绞线的抗拉强度达到 1860N/mm^2，70%初应力条件下 1000h（小时）的最大应力损失不大于 2.5%，一般在 2.0%以下；同时平直度好，切头不松散，钢丝无焊接，可做到 5000m 长的钢绞线中无任何的钢丝焊接接头。

4. 钢丝绳

钢丝绳通常由七股钢绞线捻成，以一股钢绞线作为核心，外层的六股钢绞线沿同一方向缠绕（其断面图与图 4.8.1c 相同）。由七股（1 +6）钢绞线捻成的钢丝绳，其标记符号为绳 7（7），股（1 +6）。还有一种钢丝绳是由七股（1 +6 +12）的钢绞线捻成的，其标记符号为绳 7（19），股（1 +6 +12）。钢丝绳中每股绞线的捻向与每股钢绞线中钢丝的捻向可以相反，也可以相同，一共有四种捻法，如表 4.2.2 所示。

钢丝绳的强度和弹性模量又略低于钢绞线；其优点是比较柔软，适用于需要弯曲且曲率较大的构件。

表 4.2.2 钢丝绳的各种捻法

序号	名称	绳的捻向	股的捻向
1	交互右捻	右捻	左捻
2	交互左捻	左捻	右捻
3	同向右捻	右捻	右捻
4	同向左捻	左捻	左捻

5. 钢拉杆

悬索结构中也可采用圆钢筋，性能与其在钢筋混凝土结构中相同，宜选用 345MPa、460MPa、550MPa、650MPa 等强度较高的热轧钢筋。热轧钢筋的强度低于高强度钢丝，但其截面积较大，抗锈蚀能力强，不易受外力损伤。钢拉杆宜用于小跨度屋盖，如德国乌柏特市游泳馆、美国华盛顿杜勒斯机场候机楼，前苏联 1350 商业区商场等悬索屋盖都采用了 ϕ24 ~ϕ40 的钢拉杆。钢拉杆的类型及力学性能指标要求见 GB/T 20934—2007《钢拉杆》。

4.2.2 钢索的制作

钢索的制作一般须经下料、编束、预张拉及防护等几个程序。

为了使钢索在受荷后各根钢丝或各股钢绞线均匀受力，制索下料时应尺寸精确、等长。一般采用“应力”下料，即将开盘、调直后的钢丝或钢绞线在一定张拉应力状态下号料，其拉应力可取 200 ~ 300N/mm^2，在这一应力下钢丝或钢绞线可以拉直，消除一些非弹性因素对长度的影响；此外还应注意同一工程所有的索号料时，张力保持一致。钢丝或钢绞线及热处理钢筋的切断应采用切割机或摩擦圆锯片，切忌采用电弧切割或气切割。

钢索编束时，钢丝束或钢绞线宜采用格栅孔板梳理，以使每根钢丝或各股钢绞线保持相互平行，防止互相交搭、缠结。索成束后，每隔 1m 左右要用扎丝缠绕扎紧。

焊接将会大大降低高强钢丝的强度，因此高强钢丝不能焊接。目前国内的高强钢丝、钢绞线生产商均可根据用户要求的重量和长度打成盘卷供货，并可做到整卷高强钢丝和钢绞线无焊接接头。

各类钢索在使用前都必须进行预张拉，以消除索的非弹性变形，保证索在使用阶段弹性工作。图 4.2.2 所示为高强钢索在初次张拉时以及经过预张拉后的拉伸曲线。预拉力一般取极限强度的 50% ~ 55%（美国资料：钢丝绳取 55%，钢绞线取 50%），维持 0.5 ~ 2h。前苏联则取极限强度的 65%，历时 0.5h，或经 2 ~ 3 次反复张拉。钢索经上述方式预张拉后，工作性能就比较稳定，应力与应变之间基本上呈线性关系。

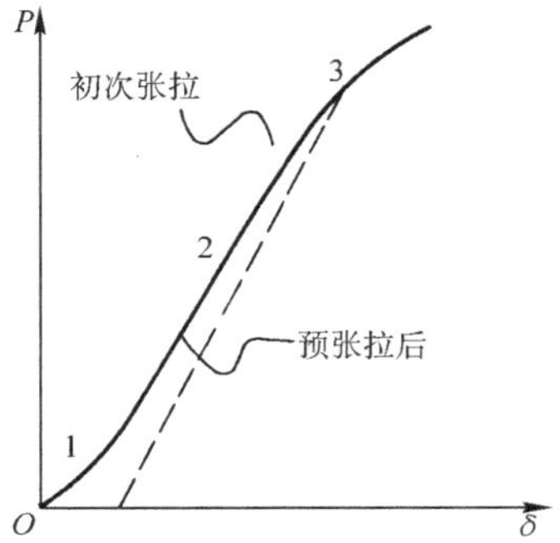

图 4.2.2 高强钢索的拉伸曲线

钢索的预张拉一般在现场进行。试验表明，也可在索制成后就在工厂预张拉，保持清洁，然后卷在直径足够大的卷筒上，运送至工地使用，而不影响索的使用质量。这样就可以减轻现场的工作量。

为了保证索的长期使用，并由于钢索是由直径较小的高强钢丝组成，任何因素引起的截面损伤、削弱都会构成悬索结构的不安全因素，因此必须做好钢索的防护。钢索的防护有以下做法：①黄油裹布；②多层塑料涂层，该涂层材料浸以玻璃加筋的丙烯树脂；③多层液体氯丁橡胶，并在表层覆以油漆；④塑料套管内灌液体的氯丁橡胶。防护做法可根据钢索的使用环境和具体施工条件选用其一。如我国的体育馆悬索屋盖中，大多数用于室内环境的钢索都采用了黄油裹布做法。此方法在编好的钢索外面满涂黄油一道，用布条和麻布缠绕包裹进行封密。涂油、裹布应重复 2 ~ 3 道，每道包布的缠绕方法与前一道相反。此方法简单易行，所需成本低。暴露于室外的钢索则宜采用钢索外加套管内灌液体氯丁橡胶的做法。

不论采用哪种钢索防护做法，在钢索防护前均应认真做好除污、除锈，这是钢索防护施工中的首要工序，其目的是使钢索表面达到一定的清洁度，以利于防腐涂层的附着和提高防护寿命。研究结果表明，影响钢材防腐质量的各种因素中，表面处理占 49.5% ~ 60%，因此当钢丝或钢绞线进入施工现场后首先应注意现场保护不使其锈蚀，未镀锌的钢丝或钢绞线应先涂一道红丹底漆。在作保护层前，遇到钢丝或钢绞线已经锈蚀时，应注意彻底清除浮锈；锈蚀严重时则应根据具体情况降低使用标准或不用。

4.3 钢索的锚固及连接节点

4.3.1 钢索的锚固

悬索结构的钢索需通过锚具锚固到支承结构上，设计、制作、选用和使用锚具时，应要满足下列几项基本要求：①安全可靠，即锚具本身具有足够的强度与刚度；②钢索在锚固时应尽可能地减小滑移量，使其控制在6mm以下，以减少预应力损失；③构造简单，便于机械加工制作；④施工方便，材料节省，价格低廉。

悬索结构使用的锚具可以从不同角度进行区分，例如，按锚固的钢索类型有锚固钢丝束的锚具、锚固钢绞线或钢筋束的锚具；按传递预应力的原理分有依靠承压力的支承式锚具及依靠摩擦力的摩擦型锚具；按锚具的使用位置不同，可区分为张拉端锚具及固定端锚具两种。

不同的锚具需采用不同的张拉千斤顶及液压设备，并有特定的张拉工序和细节要求，这方面可参考有关预应力施工的书籍。下面介绍几种常用锚具。

1. 螺纹端杆锚具

如图4.3.1所示，钢索两端各焊接一根螺纹端杆，套以螺母及垫板，即可形成一种最简单的锚具。预应力螺杆锚具通过螺纹将力传给螺母，螺母通过垫板将预应力传给混凝土。

当钢索采用钢筋时，亦可在钢筋两端直接轧制螺纹，精轧螺纹钢筋可直接采用配套的螺母及垫板。

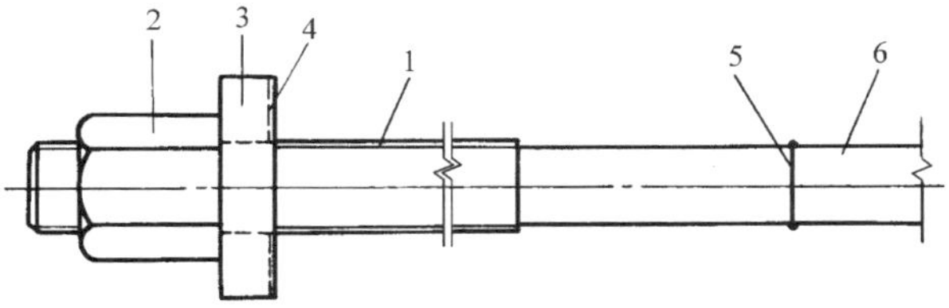

图4.3.1 螺纹端杆锚具

1—螺纹端杆 2—螺母 3、4—垫板

5—对焊接头 6—钢索（筋）

这种锚具为支承式锚具，操作简便，受力可靠，滑移量小，适用于较短的预应力构件及直线预应力构件。缺点是预应力筋下料精度的要求较高，不能多根锚固。

2. 镦头锚具

钢丝束镦头锚具是利用钢丝的镦粗头来锚固预应力钢丝的一种支承式锚具。这种锚具的加工简单，张拉方便，锚固可靠，成本低廉，节约两端伸出的预应力钢丝。但钢丝下料长度要求较严格，张拉端的边缘构件上一般要扩孔，比较费人工。

（1）张拉端锚具 张拉端镦头锚具分为锚杯型（图4.3.2a），锚环型（图4.3.2b）及锚板型（图4.3.2c）三种。

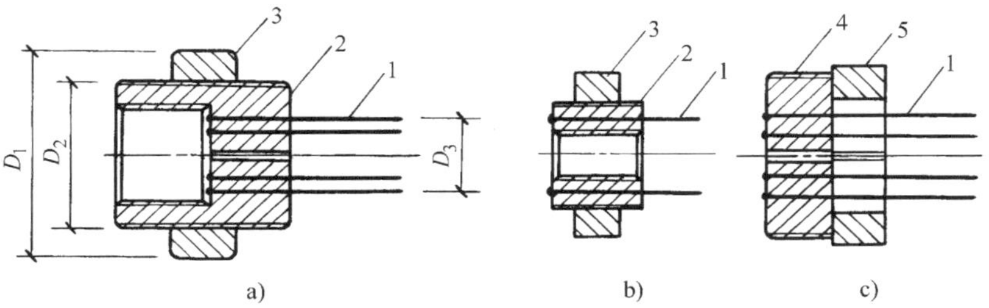

图4.3.2 张拉端镦头锚具

1—高强钢丝 2—锚杯 3—螺母 4—锚板 5—垫片

锚杯型镦头锚具由锚杯与螺母组成，锚孔布置在锚杯的底部，灌浆孔或排气孔设在杯底的中部。张拉前，锚具缩在张拉端的扩大孔内，待张拉后，锚杯突出混凝土表面，用螺母锚定。其型号为$DM_7^5A-\times\times$，表4.8.1给出了DM5A型锚具尺寸、扩孔直径、留孔直径，以供设计人员参考。

表 4.3.1 $\phi5$ 钢丝束用镦头锚具尺寸及留孔直径、最小中心距 (单位：mm)

锚具 项目	DM5A-7	DM5A-18	DM5A-24	DM5A-28	DM5A-32	DM5A-36	DM5A-42
锚杯外径	41	62	72	76	80	84	91
螺丝外径	65	95	100	110	115	120	125
留孔直径	35	50	50	55	55	60	65
扩孔直径	48	70	80	85	90	90	96
中心间距	75	100	110	120	125	130	140

锚环型镦头锚具由锚环与螺母组成，这种锚具与锚杯型锚具的不同点在于锚孔分布在锚环上，内螺纹穿通，这种锚具一般使用于小型钢丝束。

锚板型镦头锚具由带外螺纹的锚板及半圆形的垫片组成；这种锚具主要用于长度较小的钢索。

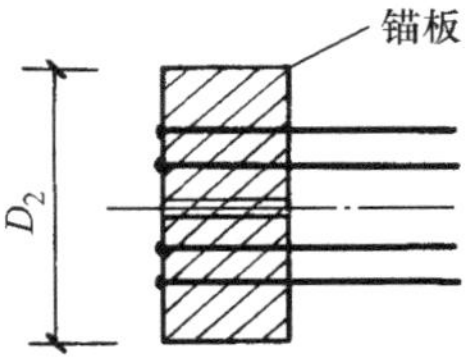

图 4.3.3 固定端镦头锚具

(2) 固定端锚具 镦头锚板是固定端最常用的锚具（图 4.3.3）。锚固 $\phi5$ 钢丝的型号为 DM5B-××，常用锚板尺寸如表 4.3.2 所示。

带锚芯的镦头锚板又称为活动锚板，将锚板分为锚芯与螺纹两部分。

表 4.3.2 $\phi5$ 钢丝束用锚板尺寸 (单位：mm)

锚具 项目	DM5B-7	DM5B-18	DM5B-24	DM5B-28	DM5B-32	DM5B-36	DM5B-42
锚板厚度	20	30	35	35	40	40	45
锚板直径	65	85	90	95	95	100	110

3. 锥形锚具（GZ 型锚具）

锥形锚具或称弗氏锚具由锚环及锚塞组成，是最早研制出的摩擦式锚具，用于锚固平行的钢丝束，如图 4.3.4 所示。

钢丝通过摩擦力将预应力传到锚环上。这种锚具可用于张拉端，也可用于固定端，但现阶段固定端一般用锚板式锚具代替。

这一锚具用特制的双作用千斤顶进行张拉，一面张拉钢丝，一面将锚塞顶入锚环挤紧。

这种锚具的缺点是滑移量大，每根钢丝的应力有差异，锚固预应力损失可达 5% 左右。

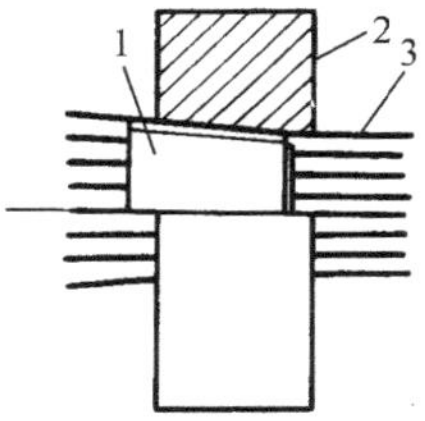

图 4.3.4 锥形锚具
1—锚塞 2—锚环 3—钢丝

4. JM 系列锚具

JM12 型锚具是我国研制的最早用于锚固 3~7 根直径为 12mm 冷拉光圆Ⅳ级钢筋或 5~6 根 $\phi12$ 钢绞线的夹片式锚具，是一种摩擦型锚具。后来许多厂家将其改进，用于锚固 3~6 根 $\phi15$ 的钢绞线。

JM 锚具由锚环及夹片组成，夹片的块数与预应力筋的根数相同，夹片呈楔形，其截面为扇形。每块夹片有两个圆弧形槽，上有齿纹用于锚住预应力筋，如图 4.3.5 所示。

这类锚具的传力原理是，预应力索依靠摩擦力将预应力传给夹片，夹片依靠摩擦力及承压力将预应力传给锚环。它可用于张拉端，也可用于固定端，采用双作用千斤顶，并需另加预压器以便将夹片顶入锚环。JM 锚具体积小，可凹入构件中。这种锚具的缺点是内缩量大，实测表明：钢绞线的内缩量为 6 ~7mm。

5. QM（OVM）锚具

QM 型锚具可锚固钢绞线或钢丝束，锚具由锚板及夹片组成，分单孔及多孔两类，可根据钢绞线根数选用不同孔数的锚具。多孔锚具又称为群锚，其特点是每根钢绞线均分开锚固，夹片分为三夹片或两夹片式，各自独立地楔入锚板的一个个锥形孔内，如图 4.3.6 所示。这一锚具中任一根钢绞线滑移、断裂不会影响同束中其他钢绞线的锚固，故锚固可靠，互换性好。

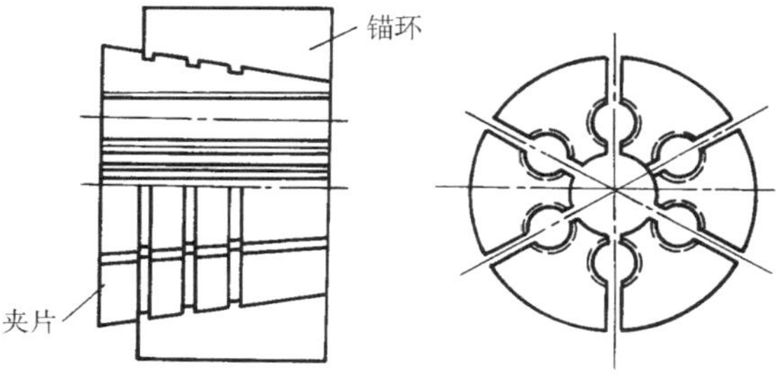

图 4.3.5　JM 夹片式锚具

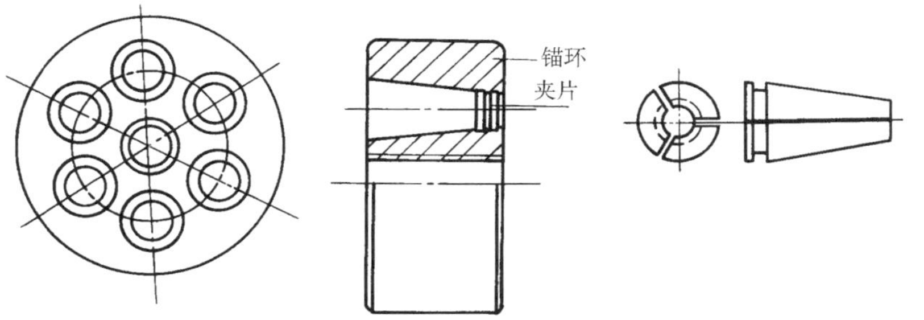

a) 群锚锚环　b) 锚固示意图　c) 夹片

图 4.3.6　QM 型锚具

为方便施工，制作 QM（OVM）型锚具时，将承压板与扩大喇叭孔一体化，用铸铁一次铸成，并按照最不利的位置、最低强度等级的混凝土设计螺旋筋，不需另作局部承压验算。

6. XM 型锚具

XM 型锚具与 QM 型锚的锚固特点及基本原理一样，只是夹片形式及锚板表面不同，如图 4.3.7 所示。

XM 型锚具表面有坡度，而 QM 型锚板为平面；XM 型锚夹片为三片斜开缝，而 QM 型为三片或两片直开缝。XM 型锚下设钢垫板与钢喇叭管。两者的选用方法基本相同。

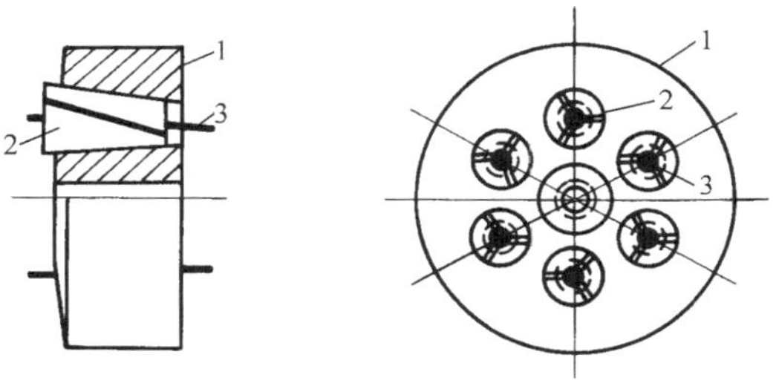

图 4.3.7　XM 型锚具

1—锚环　2—锚夹片　3—钢索

7. 热铸锚锚具或冷铸锚锚具

钢丝束、钢丝绳还可以采用热铸锚锚具或冷铸锚锚具。锚具的构造形式如图 4.3.8 所示。

8. 钢拉杆接头

钢拉杆一般采用单耳板、双耳板或螺纹螺母连接接头（图 4.3.9a、b、c），并可采用图 4.3.9d 所示的连接器进行连接或调节。

9. 地锚

当悬索屋盖不设闭合的边缘构件和支承拱时，必须通过拉索锚固在地基上。由于索系的拉力很大，对这种地锚的设计要特别注意，必要时仍需进行现场的拉力试验，以策万全。根据不同的地基条件和施工条件，可选择下列各种地锚类型：①重力型地锚（图 4.3.10a）；②板式拉力基础（图 4.3.10b）；③挡土墙式（图 4.3.10c）；④桩式（图 4.3.10d）。

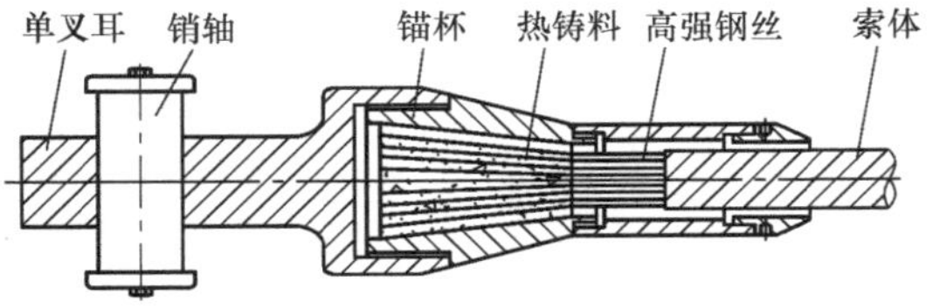

a) 单叉耳连接热铸锚具

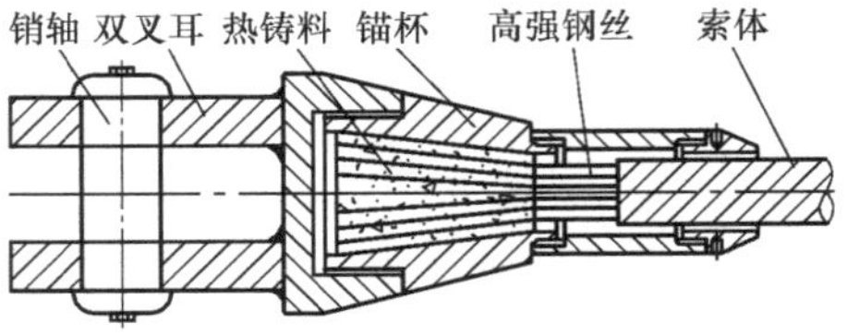

b) 双叉耳连接热铸锚具

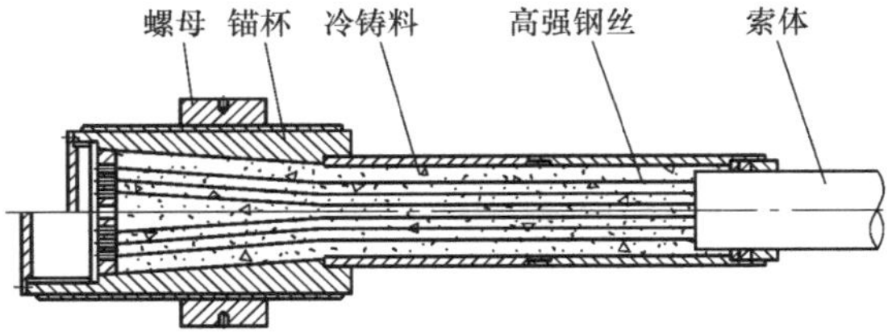

c) 螺纹螺母连接冷铸锚具

图 4.3.8 热铸锚和冷铸锚锚具构造形式

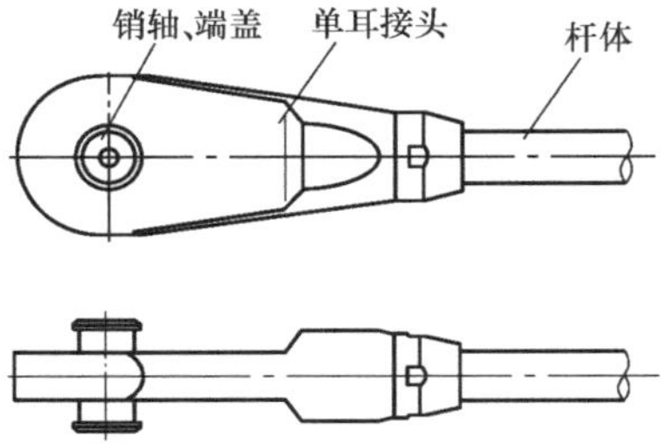

a) 单叉耳连接钢拉杆接头

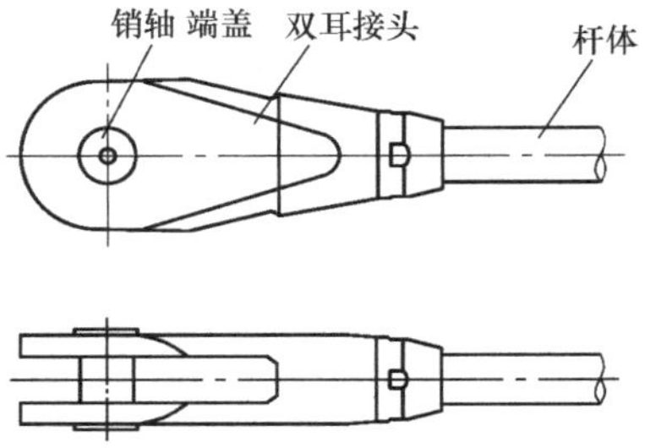

b) 双叉耳连接钢拉杆接头

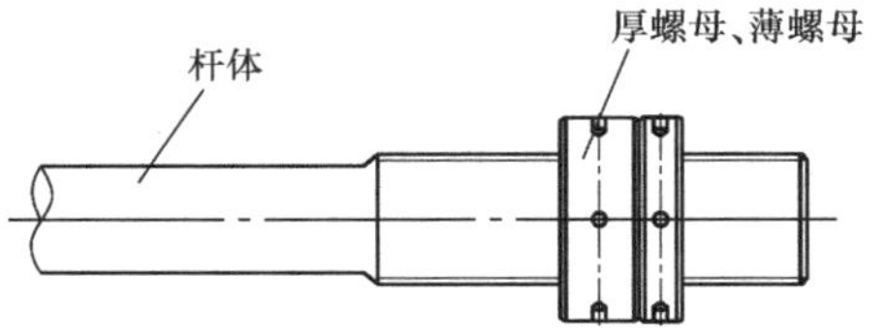

c) 螺纹螺母连接钢拉杆接头

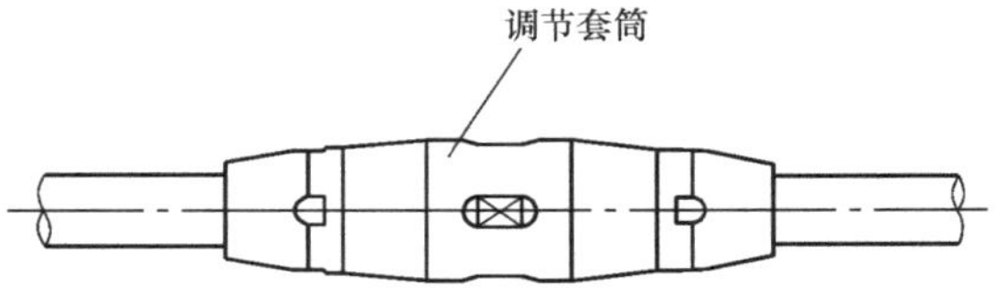

d) 钢拉杆连接器

图 4.3.9 钢拉杆接头及连接构造形式

4.3.2 悬索结构的连接节点

设计悬索结构的节点时，应注意节点构造要与结构分析的计算简图相符合；在满足受力和构造要求的前提下节点尺寸应尽量紧凑；节点构造应力求简单，便于制造和安装；对受力节点应进行必要的强度、承载能力计算。

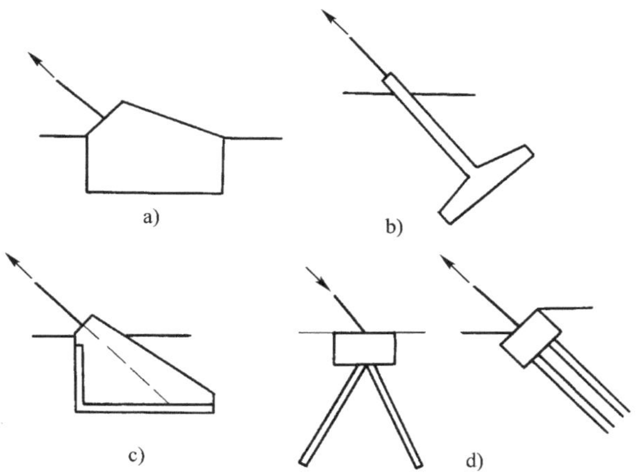

图 4.3.10 地锚的锚固方式

1. 钢索与屋面构件的连接

屋面构件采用预制钢筋混凝土板时，一般在预制板上预埋挂钩，安装时直接将屋面板挂在悬索上即可（图 4. 3. 11a）。图 4. 3. 11b 所示的是屋面板与索采用夹板的连接。连接时将夹板先用螺栓连到悬索上，再将屋面板搭于夹板的角处，这是国外的一种做法。

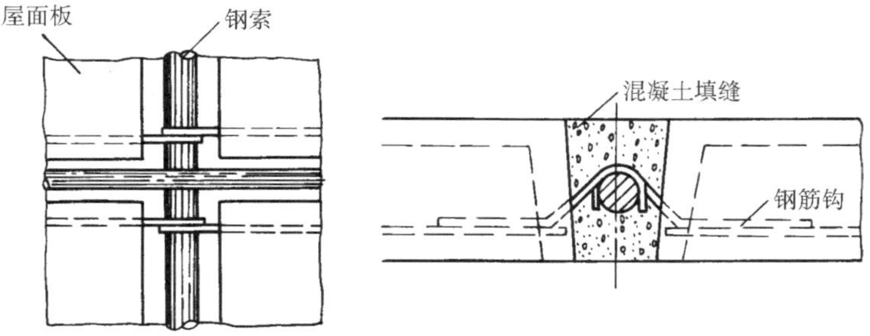

a)

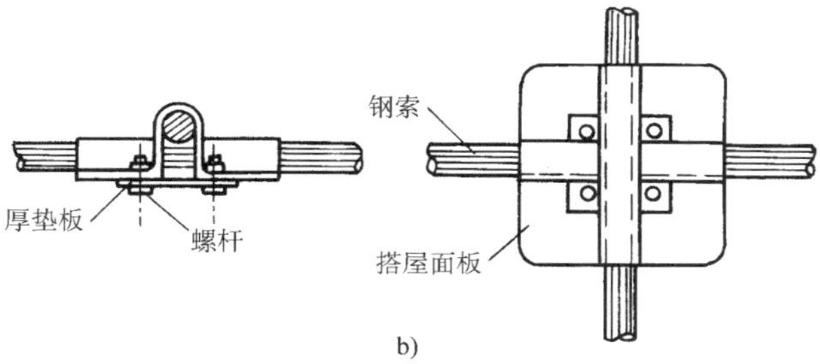

b)

图 4. 3. 11　钢索与预制屋面板的连接

对采用压型钢板等一类轻质屋面材料的屋盖，一般要在钢索上放置钢檩条，钢檩条与索的连接构造做法如图 4. 3. 12a 所示，也可直接将压型板置于钢索上（图 4. 3. 12b）。

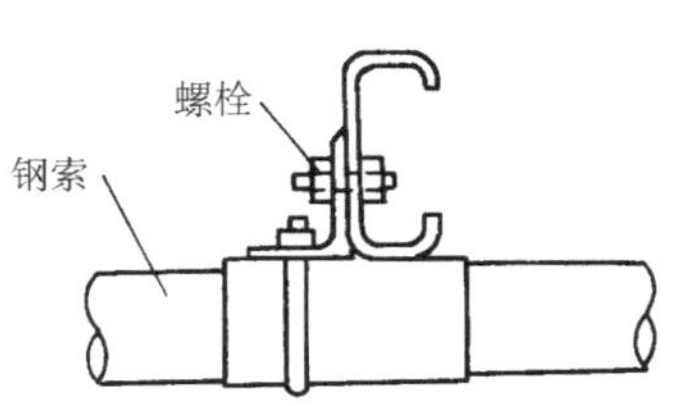

a)

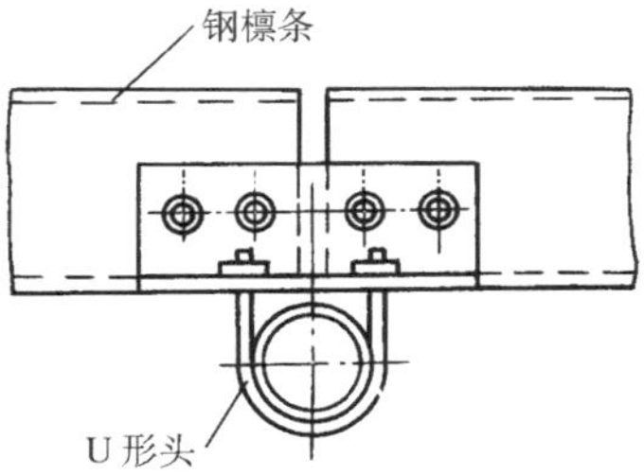

b)

图 4. 3. 12　钢檩条与钢索的连接

2. 钢索与连系杆或其他劲性构件的连接

在双层悬索体系中，设计承重索和稳定索与连系杆的连接构造时，为使索不承受可能的局部弯曲，宜将索与连系杆的连接节点设计成铰接的，使杆在节点处能随索的变形而自由转动（图 4. 3. 13、图 4. 3. 14、图 4. 3. 15）。

3. 钢索与中心环的连接

圆形平面的悬索屋盖在若钢索作辐射式布置，钢索要与中心环相连接。图 4. 3. 16 所示为钢索在中心环处断开并与中心环连接。图 4. 3. 16a 所示在中心环梁上设置钢销，钢索端部绕过钢销，用钢板夹具卡紧，将钢索固定在中心环上。图4.3.16b表示在钢索端部采用螺杆式锚具将钢索锚定在中心环上。也可采用索在中心环直通的节点构造（图4.3.17），这种连接不但改善了中心环的受力，而且简化了节点构造。

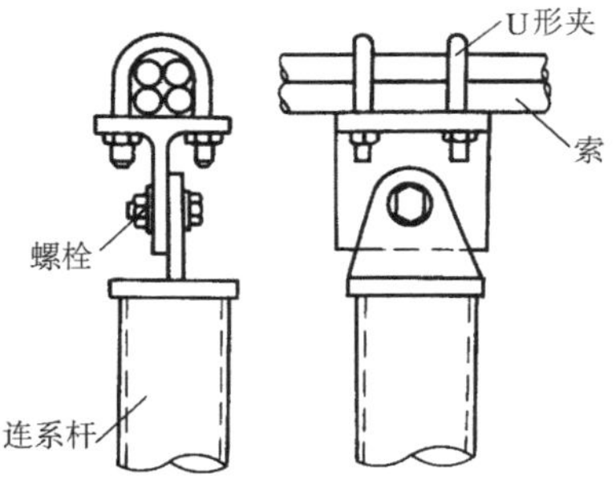

图4.3.13 双层悬索屋盖中索与连系杆的连接

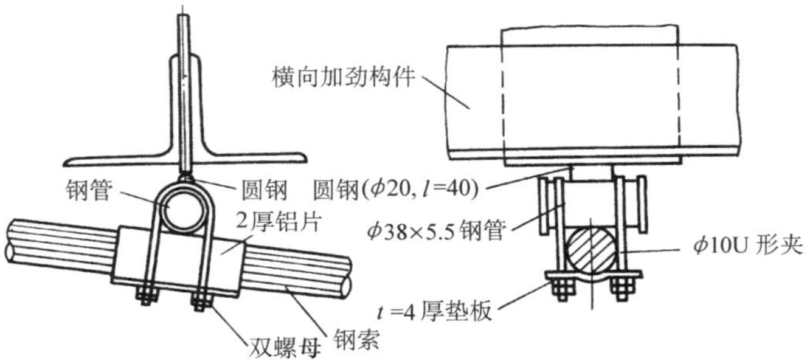

图4.3.14 安徽省体育馆横向加劲构件与索的连接

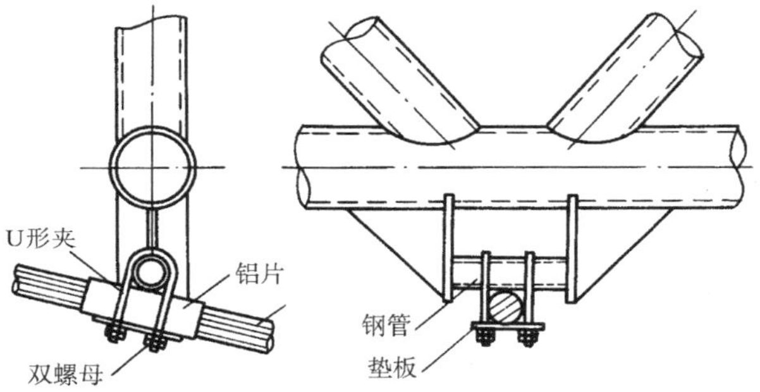

图4.3.15 圆管与索的连接

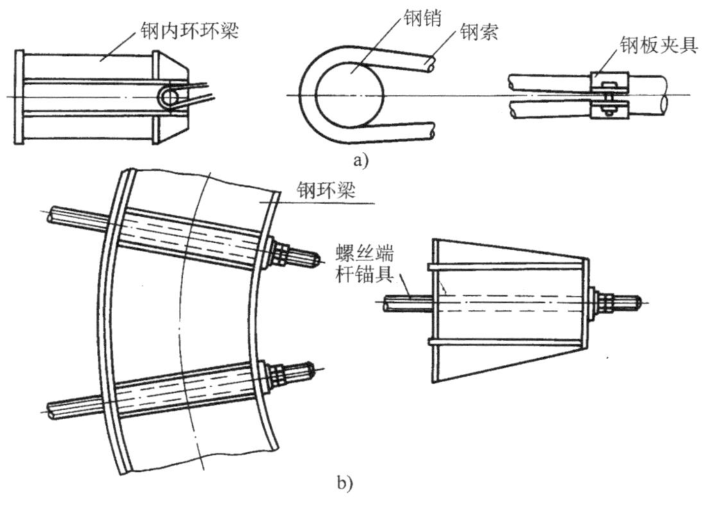

图4.3.16 钢索与中心环的连接之一

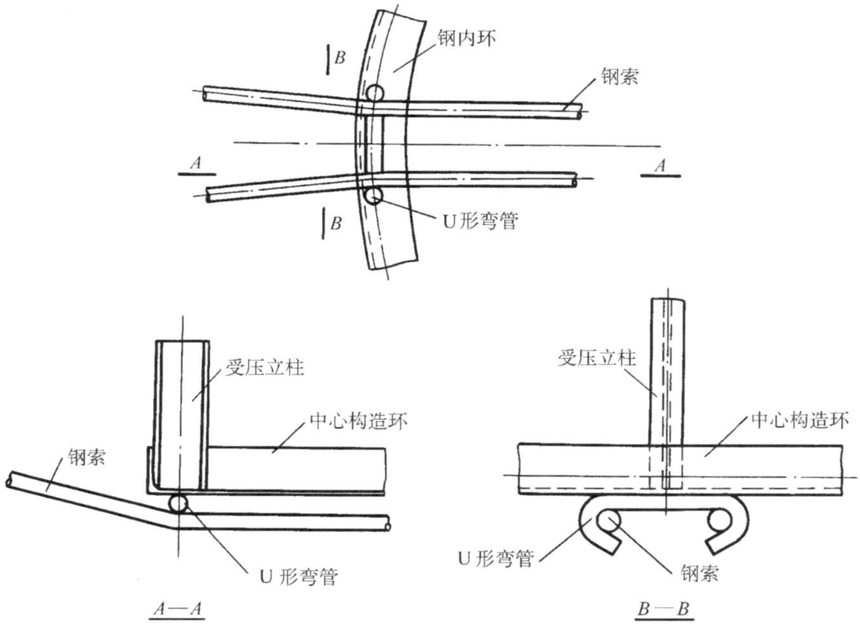

图 4.3.17　钢索与中心环的连接之二

4. 钢索与钢索的连接

在正交索网中，两个方向的钢索在交叉处须采用夹具连接在一起，使两索在此节点处不互相错动。一般采用的夹具形式为压制或铸制的钢板夹具或 U 形夹具，U 形夹具较便宜，如图 4.3.18 所示。图 4.3.19 所示为索网采用柔性的边索时，索网的钢索与边索的连接构造。图 4.3.20 则给出了一些用于悬索结构的工具式锚夹具和应用这些锚夹具的连接构造。

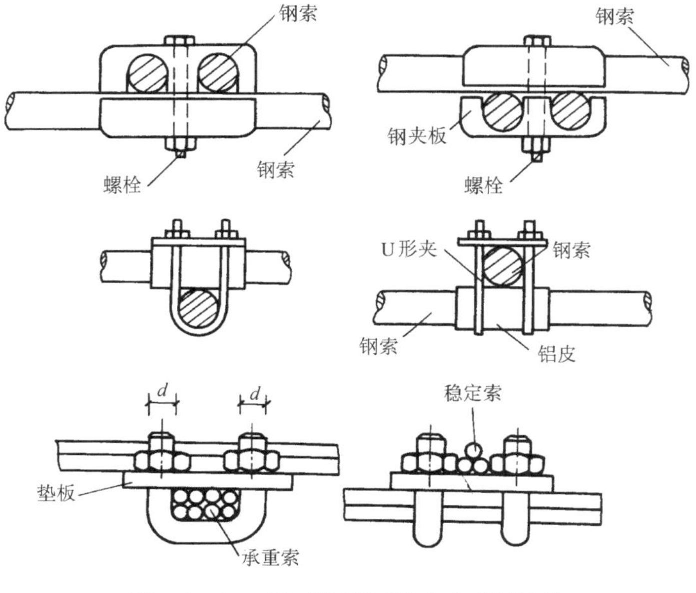

图 4.3.18　正交索网的两个方向索的连接

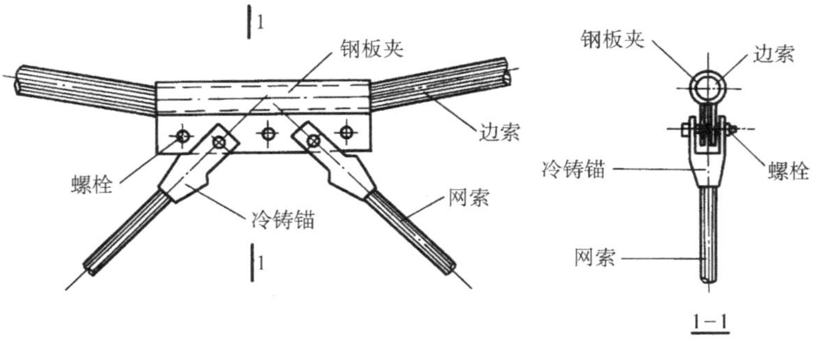

图 4.3.19 索网与边索的连接

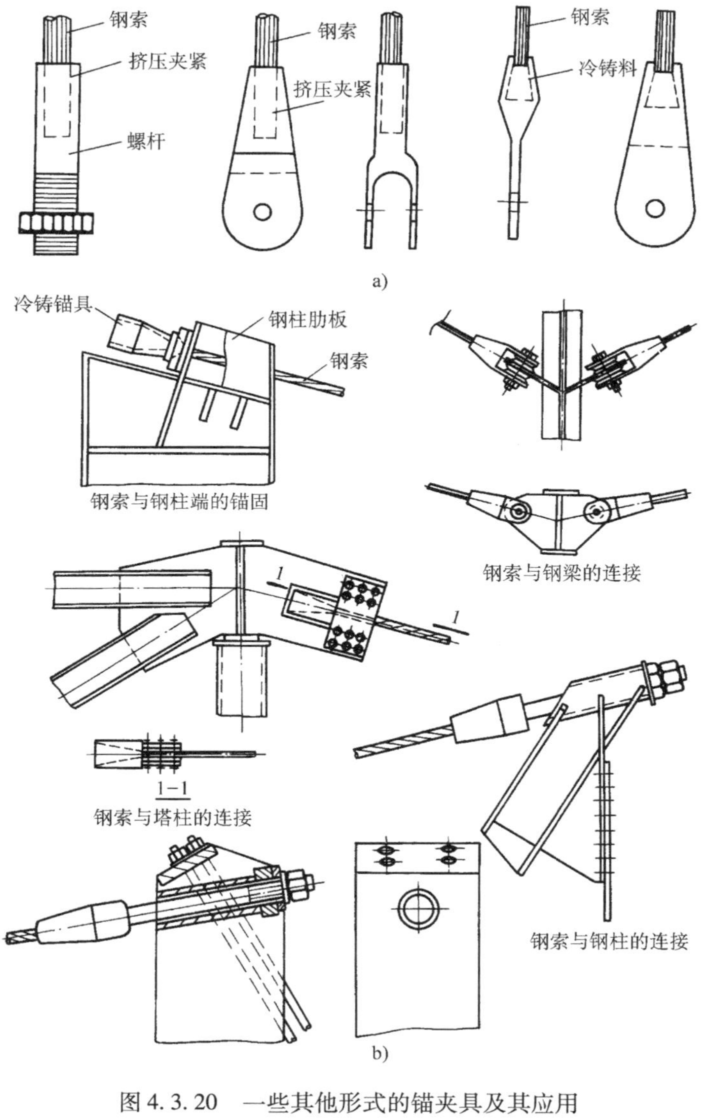

图 4.3.20 一些其他形式的锚夹具及其应用

4.4 悬索结构分析的有限单元法

4.4.1 柔性索的基本受力特性

为了便于理解后面将要叙述的悬索结构的分析方法，这里首先分析单索的基本受力特性。在分析悬索结构时，一般均假设索是理想柔性的，既不能抗压也不能抗弯，且在外荷载作用下应力、应变关系满足虎克定律。下面在这两个基本前提下讨论索的受力性能。

图4.4.1a所示为承受两个方向任意分布荷载 $q_z(x)$ 和 $q_x(x)$ 作用的一根悬索。索的曲线形状可由方程 $z=z(x)$ 代表。由于索是理想柔性的，索的张力 T 只能沿索的切线方向作用。设索上某点张力的水平分量为 H，则它的竖向分量为 $V=H\mathrm{tg}\theta=H\dfrac{\mathrm{d}z}{\mathrm{d}x}$。由该索截出的水平投影长度为 $\mathrm{d}x$ 的任意微分单元及作用其上的内力和外力如图4.4.1b所示。根据微分单元的静力平衡条件，有

$$\sum X=0 \qquad \frac{\mathrm{d}H}{\mathrm{d}x}\mathrm{d}x+q_x\mathrm{d}x=0 \tag{4.4.1}$$

$$\frac{\mathrm{d}H}{\mathrm{d}x}+q_x=0$$

$$\sum Z=0 \qquad \frac{\mathrm{d}}{\mathrm{d}x}\left(H\frac{\mathrm{d}z}{\mathrm{d}x}\right)\mathrm{d}x+q_z\mathrm{d}x=0 \tag{4.4.2}$$

$$\frac{\mathrm{d}}{\mathrm{d}x}\left(H\frac{\mathrm{d}z}{\mathrm{d}x}\right)+q_z=0$$

式（4.4.1）和式（4.4.2）就是单索问题的基本平衡微分方程。在常见的实际工程问题中，悬索主要承受竖向荷载的作用，即可设 $q_x=0$，那么由式（4.4.1）得

$$H=\text{常量} \tag{4.4.3}$$

而式（4.4.2）可写成

$$H\frac{\mathrm{d}^2z}{\mathrm{d}x^2}+q_z=0 \tag{4.4.4}$$

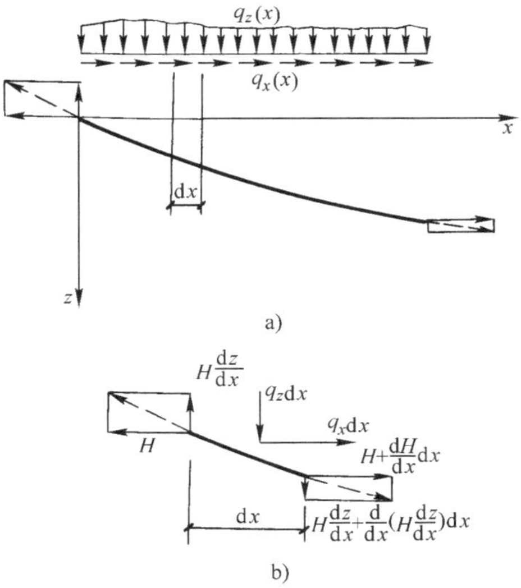

图4.4.1 索微分单元及其所作用的内力和外力

式（4.4.4）的物理意义是索曲线在某点的二阶导数（当索较平坦时即为其曲率）与作用在该点的竖向荷载集度成正比。应注意，在推导上述各方程时，荷载 q_z 和 q_x 的定义是沿跨度单位长度上的荷载，并且与坐标轴一致时为正。

下面以悬索受竖向均布荷载为例，对其受力性能作进一步讨论。此时 $q_z=\text{常量}=q$，式（4.4.4）可写为

$$\frac{\mathrm{d}^2z}{\mathrm{d}x^2}=-\frac{q}{H}$$

积分两次得

$$z = -\frac{q}{2H}x^2 + C_1 x + C_2 \tag{4.4.5}$$

可以看出这是一抛物线方程，积分常数可由下述边界条件确定（参看图4.4.2）。

$$x = 0 \text{ 时，} z = 0$$
$$x = l \text{ 时，} z = c$$

将边界条件代入式（4.2.5）可求得 $C_1 = \frac{c}{l} + \frac{ql}{2H}$；$C_2 = 0$。将 C_1，C_2 的表达式代入式（4.4.5）并整理，得

$$z = \frac{q}{2H}x(l - x) + \frac{c}{l}x \tag{4.4.6}$$

在此抛物线方程中，索张力的水平分量 H 还是未知的，所以式（4.4.6）实际上代表着一族抛物线。因为通过 A、B 两点可以有许多不同长度的索，它们在均布荷载作用下形成一族不同垂度的抛物线，且具有不同 H 值。所以还须补充一个条件才能完全确定抛物线的形状，例如设定曲线在跨中的垂度为 f（图4.4.2），即令 $x = \frac{l}{2}$ 时，$z = \frac{c}{2} + f$。

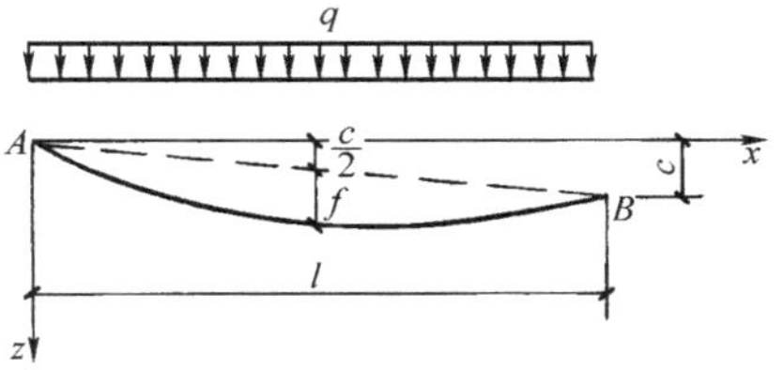

图4.4.2　荷载沿跨度均布时单索计算简图

将此条件代入式（4.4.6），即可求出索内的水平张力 H

$$H = \frac{ql^2}{8f} \tag{4.4.7}$$

代回式（4.4.6）后，可得

$$z = \frac{4fx(l - x)}{l^2} + \frac{c}{l}x \tag{4.4.8}$$

这是由几何参数 l、c、f 完全确定的一条抛物线，与其相应的水平张力 H 由式（4.4.7）确定。

由上面的讨论可以看出，索长 s 是使悬索在荷载作用下获得唯一解的必要条件之一，下面对其作进一步讨论。

图4.4.3所示的索微分单元的长度为

$$\mathrm{d}s = \sqrt{\mathrm{d}x^2 + \mathrm{d}z^2} = \sqrt{1 + \left(\frac{\mathrm{d}z}{\mathrm{d}x}\right)^2}\mathrm{d}x \tag{4.4.9}$$

整根索的长度可由上式积分求得

$$s = \int_A^B \mathrm{d}x = \int_0^l \sqrt{1 + \left(\frac{\mathrm{d}z}{\mathrm{d}x}\right)^2}\mathrm{d}x \tag{4.4.10}$$

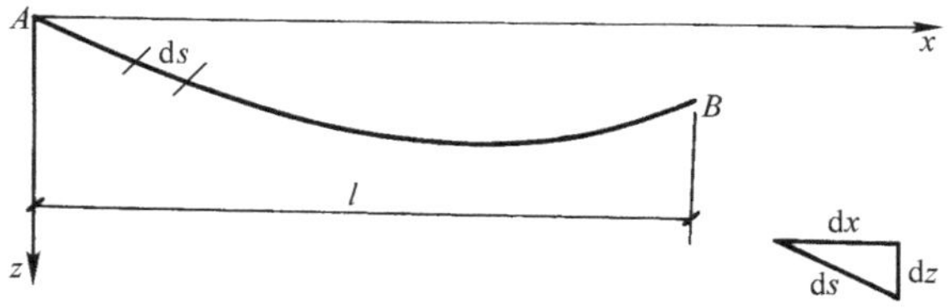

图4.4.3　悬索长度计算简图

只要索曲线的形状 $z(x)$ 已知，索的长度就可按式（4.4.10）算得。积分式中的函数 $\sqrt{1 + \left(\frac{\mathrm{d}z}{\mathrm{d}x}\right)^2}$ 是无理式，积分较复杂。在一般实际问题中，索的垂度不大，$\left(\frac{\mathrm{d}z}{\mathrm{d}x}\right)^2$

与1相比较是小量，故可将$\sqrt{1+\left(\frac{dz}{dx}\right)^2}$按级数展开为：

$$\sqrt{1+\left(\frac{dz}{dx}\right)^2}=1+\frac{1}{2}\left(\frac{dz}{dx}\right)^2-\frac{1}{8}\left(\frac{dz}{dx}\right)^4+\frac{1}{16}\left(\frac{dz}{dx}\right)^6-\frac{5}{128}\left(\frac{dz}{dx}\right)^8+\cdots$$

在实际计算中，根据索的垂度大小，可仅取两项或三项，即可达到必需的精度。这时索长的计算公式可简化成如下形式

$$s=\int_0^l\left[1+\frac{1}{2}\left(\frac{dz}{dx}\right)^2\right]dx \tag{4.4.11}$$

或

$$s=\int_0^l\left[1+\frac{1}{2}\left(\frac{dz}{dx}\right)^2-\frac{1}{8}\left(\frac{dz}{dx}\right)^4\right]dx \tag{4.4.12}$$

因对于均布竖向荷载作用下的悬索曲线方程式（4.4.8）有

$$\frac{dz}{dx}=\frac{4f+c}{l}-\frac{8f}{l^2}x \tag{4.4.13}$$

代入式（4.4.11）或式（4.4.12），可导得索的长度为

$$s=l\left(1+\frac{c^2}{2l^2}+\frac{8f^2}{3l^2}\right) \tag{4.4.14}$$

或

$$s=l\left(1+\frac{c^2}{2l^2}+\frac{8f^2}{3l^2}-\frac{c^4}{8l^4}-\frac{32f^4}{5l^4}-\frac{4c^2f^2}{l^4}\right) \tag{4.4.15}$$

当二支座等高即$c=0$时，上面两式分别变成

$$s=l\left(1+\frac{8f^2}{3l^2}\right) \tag{4.4.16}$$

$$s=l\left(1+\frac{8}{3}\frac{f^2}{l^2}-\frac{32}{5}\frac{f^4}{l^4}\right) \tag{4.4.17}$$

可以证明：当$f/l\leqslant 0.1$时，用二项式（4.4.16）；$f/l\leqslant 0.2$时用三项式（4.4.17），可达到十分满意的精度。在实际悬挂屋盖中，多数情况能满足$f/l\leqslant 0.1$的条件，因此，常采用的是计算简便的二项式（4.4.11）。但当垂度较大时，应采用式（4.4.10）进行计算。

最后可考察一下当索长变化时，索垂度f的变化情况。对式（4.4.16）微分可得

$$ds=\frac{16}{3}\frac{f}{l}df$$

即

$$df=\frac{3}{16}\frac{l}{f}ds \tag{4.4.18}$$

或写成

$$\Delta f=\frac{3}{16}\frac{l}{f}\Delta s \tag{4.4.19}$$

索长的变化Δs可能由各种因素引起，例如索的拉伸变形、索的温度变形、支座的位移或索在支座锚固处的滑移等。由式（4.4.19）可以看出，当垂跨比f/l不大时，较小的索长

变化将引起较显著的垂度变化。例如，当 $f/l=0.1$ 时 $\Delta f=1.875\Delta s$。而相对于索的初始垂度，索在荷载增量作用下产生的竖向位移，即垂度的改变量不是微量。这在小垂度问题中或承担不均匀荷载时尤其如此。所以，悬索的平衡方程不能按变形前的初始位置来建立，而必须考虑悬索曲线的形状随荷载变化而产生的改变，按变形后的新几何位置来建立平衡条件。这样就构成了固体力学中的几何非线性问题。因此，在求解悬索问题时，其初始状态必须明确给定。在不同的初始状态上施加相同的荷载增量时，引起的效果将各不相同。

由前面的讨论可以看出，悬索结构分析即使在线弹性设计阶段也是比较复杂的。虽然，典型结构形式在典型荷载作用下的内力分析可以通过解析方法完成，但是如果借助有限元程序，特别是相应的专业设计软件会使手算工作量大大降低；而对于更复杂的结构形式，在任意非均匀荷载作用下的内力分析，若不采用有限元程序，将使工作难以完成。因此，下面着重介绍分析悬索结构的有限元法。

4.4.2 大位移理论知识

有限元分析的理论基础是固体力学中的几何方程、物理方程和平衡方程，下面予以简单介绍。

1. 几何方程

所谓几何方程就是描述宏观变形（位移）与微观变形（应变）关系的表达式。现设变形体上坐标为（X，Y，Z）的 M 点，在外力作用下产生位移（u，v，w）后移到坐标为（x，y，z）的 M' 点（图 4.4.4）。在此过程中变形体上该点的应变，既可以初始坐标为基准进行度量，称为 Green 应变：

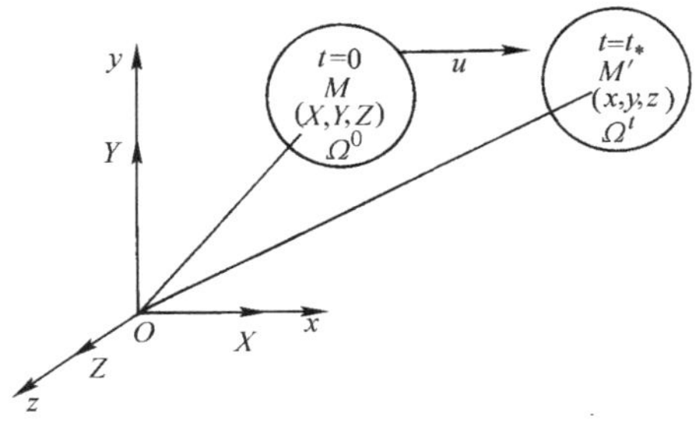

图 4.4.4 各平面内的应变

$$e_X=\frac{\partial u}{\partial X}+\frac{1}{2}\left[\left(\frac{\partial u}{\partial X}\right)^2+\left(\frac{\partial v}{\partial X}\right)^2+\left(\frac{\partial w}{\partial X}\right)^2\right] \tag{4.4.20}$$

$$e_Y=\frac{\partial v}{\partial Y}+\frac{1}{2}\left[\left(\frac{\partial u}{\partial Y}\right)^2+\left(\frac{\partial v}{\partial Y}\right)^2+\left(\frac{\partial w}{\partial Y}\right)^2\right] \tag{4.4.21}$$

$$e_Z=\frac{\partial w}{\partial Z}+\frac{1}{2}\left[\left(\frac{\partial u}{\partial Z}\right)^2+\left(\frac{\partial v}{\partial Z}\right)^2+\left(\frac{\partial w}{\partial Z}\right)^2\right] \tag{4.4.22}$$

$$e_{YX}=e_{XY}=\frac{1}{2}\left(\frac{\partial v}{\partial X}+\frac{\partial u}{\partial Y}\right)+\frac{1}{2}\left[\left(\frac{\partial u\partial u}{\partial X\partial Y}\right)^2+\left(\frac{\partial v\partial v}{\partial X\partial Y}\right)^2+\left(\frac{\partial w\partial w}{\partial X\partial Y}\right)^2\right] \tag{4.4.23}$$

$$e_{ZY}=e_{YZ}=\frac{1}{2}\left(\frac{\partial v}{\partial Z}+\frac{\partial w}{\partial Y}\right)+\frac{1}{2}\left[\left(\frac{\partial u\partial u}{\partial Y\partial Z}\right)^2+\left(\frac{\partial v\partial v}{\partial Y\partial Z}\right)^2+\left(\frac{\partial w\partial w}{\partial Y\partial Z}\right)^2\right] \tag{4.4.24}$$

$$e_{ZX}=e_{XZ}=\frac{1}{2}\left(\frac{\partial u}{\partial Z}+\frac{\partial w}{\partial X}\right)+\frac{1}{2}\left[\left(\frac{\partial u\partial u}{\partial X\partial Z}\right)^2+\left(\frac{\partial v\partial v}{\partial X\partial Z}\right)^2+\left(\frac{\partial w\partial w}{\partial X\partial Z}\right)^2\right] \tag{4.4.25}$$

还可以变形后的坐标为基准进行度量，称为 Almansi 应变：

$$E_x=\frac{\partial u}{\partial x}-\frac{1}{2}\left[\left(\frac{\partial u}{\partial x}\right)^2+\left(\frac{\partial v}{\partial x}\right)^2+\left(\frac{\partial w}{\partial x}\right)^2\right] \tag{4.4.26}$$

$$E_y=\frac{\partial v}{\partial y}-\frac{1}{2}\left[\left(\frac{\partial u}{\partial y}\right)^2+\left(\frac{\partial v}{\partial y}\right)^2+\left(\frac{\partial w}{\partial y}\right)^2\right] \tag{4.4.27}$$

$$E_z=\frac{\partial w}{\partial z}-\frac{1}{2}\left[\left(\frac{\partial u}{\partial z}\right)^2+\left(\frac{\partial v}{\partial z}\right)^2+\left(\frac{\partial w}{\partial z}\right)^2\right] \tag{4.4.28}$$

$$E_{yz}=E_{xy}=\frac{1}{2}\left(\frac{\partial v}{\partial x}+\frac{\partial u}{\partial y}\right)-\frac{1}{2}\left[\left(\frac{\partial u\partial u}{\partial x\partial y}\right)^2+\left(\frac{\partial v\partial v}{\partial x\partial y}\right)^2+\left(\frac{\partial w\partial w}{\partial x\partial y}\right)^2\right] \tag{4.4.29}$$

$$E_{zy}=E_{yz}=\frac{1}{2}\left(\frac{\partial v}{\partial z}+\frac{\partial w}{\partial y}\right)-\frac{1}{2}\left[\left(\frac{\partial u\partial u}{\partial y\partial z}\right)^2+\left(\frac{\partial v\partial v}{\partial y\partial z}\right)^2+\left(\frac{\partial w\partial w}{\partial y\partial z}\right)^2\right] \tag{4.4.30}$$

$$E_{zx}=E_{xz}=\frac{1}{2}\left(\frac{\partial u}{\partial z}+\frac{\partial w}{\partial x}\right)-\frac{1}{2}\left[\left(\frac{\partial u\partial u}{\partial x\partial z}\right)^2+\left(\frac{\partial v\partial v}{\partial x\partial z}\right)^2+\left(\frac{\partial w\partial w}{\partial x\partial z}\right)^2\right] \tag{4.4.31}$$

Green 应变和 Almansi 应变是在保留真实应变中位移对坐标的一阶偏导数二次式和线性应变的一种近似表达式。对于直线索，其位置仅用一维坐标 X 或 x 描述即可，且仅存在轴向应变。因此对于直线索其 Green 应变和 Almansi 应变即分别为式（4.4.20）和式（4.4.26）。

2. 物理方程

变形体在发生应变的过程中必然会产生应力。描述材料应力、应变关系的方程就是物理方程。在物理方程中应力描述和应变描述需相互对应。与 Green 应变相对应的应力称为（第二类）Kirchhoff 应力 $\boldsymbol{S}$；而与 Almansi 应变相对应的是 Cauchy 应力 $\boldsymbol{\sigma}$。那么弹性体的物理方程可表示成

$$\boldsymbol{S}=\boldsymbol{D\varepsilon} \tag{4.4.32a}$$

$$\boldsymbol{\sigma}=\boldsymbol{D\varphi} \tag{4.4.32b}$$

式中 $\boldsymbol{\varepsilon}$——六分量工程 Green 应变。$\boldsymbol{\varepsilon}=[\varepsilon_x \quad \varepsilon_y \quad \varepsilon_z \quad \varepsilon_{xy} \quad \varepsilon_{yz} \quad \varepsilon_{zx}]^T$，它与式（4.4.20）~式（4.4.25）所示的九分量张量 Green 应变的关系为

$$\begin{aligned}&e_x=\varepsilon_x,\ e_y=\varepsilon_y,\ e_z=\varepsilon_z,\\&e_{xy}+e_{yx}=2e_{xy}=\varepsilon_{xy},\\&e_{yz}+e_{zy}=2e_{yz}=\varepsilon_{yz},\\&e_{zx}+e_{xz}=2e_{zx}=\varepsilon_{zx}\end{aligned} \tag{4.4.33}$$

$\boldsymbol{S}$——与六分量工程 Green 应变对应的 Kirchhoff 应力分量 $\boldsymbol{S}=[S_x \quad S_y \quad S_z \quad S_{xy} \quad S_{yz} \quad S_{zx}]^T$。实际上还可定义九分量 Kirchhoff 应力张量。两者之间亦有与式（4.4.33）类似的关系，上述关系对于 Cauchy 应力向量 $\boldsymbol{\sigma}$、Almansi 应变向量 $\boldsymbol{\varphi}$ 同样适用，故不再赘述；

$\boldsymbol{D}$——本构关系矩阵，随材料性质的不同而不同。对于一维弹性索 D 即为弹性模量 E，式（4.4.32）可写成

$$\sigma_x=E\varphi_x \tag{4.4.34a}$$

$$S_x=E\varepsilon_x \tag{4.4.34b}$$

3. 平衡方程

设变形体于 t_0 时刻达到了平衡状态，其在此平衡状态的基本物理量，如应力、位置坐标为已知。在该平衡态上变形体又受到了外荷载（面力 $\boldsymbol{q}$、体力 $\boldsymbol{p}$）的作用，相应地产生了位移、应变和应力后，于 t 时刻达到新的平衡态。在此过程中产生的位移、应变、应力等是欲求的未知量。这可利用虚功原理，即对于平衡变形体外力在虚位移上做的功等于应力在虚应变上做的功，建立用来求解这些未知量的平衡方程。

变形体在 t 时刻达到了一个未知的平衡态时仍受面力 $\boldsymbol{q}$ 和体力 $\boldsymbol{p}$ 的作用，并记任一点的未知应力（该应力是以待求的未知平衡态为基准的，故为 Cauchy 应力）为 $\boldsymbol{\sigma}=[\sigma_x \quad \sigma_y \quad \sigma_z \quad \sigma_{xy} \quad \sigma_{yz} \quad \sigma_{zx}]^T$。设此时变形体发生了满足（未知的）位移边界条件的虚位移 $\delta\boldsymbol{u}=$

$[\delta u \quad \delta v \quad \delta w]^T$，并记相应的虚应变（该虚应变是以待求的未知平衡态为基准的，故为 Almansi 应变 $\boldsymbol{\varphi}$）为

$$\delta\boldsymbol{\varphi} = [\delta\varphi_x \quad \delta\varphi_y \quad \delta\varphi_z \quad \delta\varphi_{xy} \quad \delta\varphi_{yz} \quad \delta\varphi_{zx}]^T \tag{4.4.35}$$

那么虚功原理的数学表达式可写成

$$\int_V \delta\boldsymbol{\varphi}^T\boldsymbol{\sigma}\mathrm{d}v = \int_V \delta\boldsymbol{u}^T\boldsymbol{p}\mathrm{d}v + \int_A \delta\boldsymbol{u}^T\boldsymbol{q}\mathrm{d}a \tag{4.4.36}$$

但需要注意的是式（4.4.36）是基于待求的未知平衡态得到的，故该式中的积分域及应力、应变等物理量均是未知的，直接利用该式并不能得到待求的结果，所以需将 t 时刻的未知平衡态的物理量用 t_0 时刻已知平衡态的物理量来表示。由能量守恒可知，t 时刻的并以该时刻坐标为基准的 Cauchy 应力 $\boldsymbol{\sigma}$，在与之对应的 Almansi 应变 $\boldsymbol{\varphi}$ 上做的功等于 t 时刻的但以 t_0 时刻坐标为基准的 Kirchhoff 应力 $\boldsymbol{S}$ 在与之对应的 Green 应变 $\boldsymbol{\varepsilon}$ 上做的功。即

$$\int_{v_t} \delta\boldsymbol{\varphi}^T\boldsymbol{\sigma}\mathrm{d}v = \int_{V_0} \delta\boldsymbol{\varepsilon}^T\boldsymbol{S}\mathrm{d}v \tag{4.4.37}$$

若作用于变形体上的面力、体力为保守力，即不随坐标系的改变而改变，那么它们在虚位移上做的功亦不随坐标系的改变而改变。这样式（4.4.36）表示的平衡方程变成

$$\int_{V_0} \delta\boldsymbol{\varepsilon}^T\boldsymbol{S}\mathrm{d}v = \int_{V_0} \delta\boldsymbol{u}^T\boldsymbol{p}\mathrm{d}v + \int_{A_0} \delta\boldsymbol{u}^T\boldsymbol{q}\mathrm{d}a \tag{4.4.38}$$

这里的积分域和物理量均是基于 t_0 时刻坐标系的，称为 Lagrange 格式。

在几何非线性问题中为了得到加载过程中应力和变形的演变历史，并保证求解的精度和稳定性，通常把结构上的荷载分多（J）步加到结构上，即采用增量方法求解。这样可以得到物体在一系列离散的时间点 0，Δt，$2\Delta t$，…，$(j-1)\Delta t$ 上处于平衡状态时的物理参量。那么在计算 $j\Delta t$ 时刻的物理参量时，可以选择 0，Δt，$2\Delta t$，…，$(j-1)\Delta t$ 中任一已知的平衡构形作为初始构形。但在实际分析中一般有两种选择，其一是在计算 $j\Delta t$ 时刻的物理量时，以 $(j-1)\Delta t$ 时刻的平衡构形作为初始构形，这样初始构形是不断变化的，因此称其为更新的 Lagrange 格式（Updated Lagrange Formulation，简称 U. L 格式）；另一种选择是按照 Lagrange 格式的原始构想以物理初始构形（0 时刻构形）为初始构形，此时初始构形在整个计算过程中是不变的，为与 U. L. 格式相区别称其为全 Lagrange 格式（Total Lagrange Formulation，简称 T. L. 格式），若计算中采用一次加载方式，二者是等价的。一般而言，荷载作用下结构位移量级较大时宜采用 U. L. 格式，因此在后续的索、膜结构分析中采用了 U. L 格式。

现用 $\boldsymbol{x}^j = [x^j \quad y^j \quad z^j]^T$ 表示物体内各质点在 $j\Delta t$ 时刻（现时构形）的坐标，用 $\boldsymbol{u}^j = [u^j \quad v^j \quad w^j]^T$ 表示各质点在从 0 时刻到 $j\Delta t$ 时刻的位移，则

$$\boldsymbol{x}^j = \boldsymbol{x}^0 + \boldsymbol{u}^j \tag{4.4.39}$$

$$\boldsymbol{u}^j = \sum \Delta\boldsymbol{u}^j \qquad j = 1,2,\cdots,J \tag{4.4.40}$$

式中 $\Delta\boldsymbol{u}^j$——第 j 荷载增量步的位移增量。那么 $j\Delta t$ 时刻的平衡方程为

$$\int_{V^{j-1}} \delta({}_{j-1}\Delta\boldsymbol{\varepsilon}^j)_{j-1}^T\boldsymbol{S}^j\mathrm{d}v = \int_{V^{j-1}} \delta(\Delta\boldsymbol{u}^j)_{j-1}^T\boldsymbol{p}^j\mathrm{d}v + \int_{A^{j-1}} \delta(\Delta\boldsymbol{u}^j)_{j-1}^T\boldsymbol{q}^j\mathrm{d}A \tag{4.4.41}$$

其中 ${}_{j-1}\Delta\boldsymbol{\varepsilon}^j$ 表示从 $(j-1)\Delta t$ 到 $j\Delta t$ 时刻的以 $(j-1)\Delta t$ 时刻坐标系为基准的 Green 应变，其余符号具有类似的含义，不复赘述。

4.4.3 有限元列式

式（4.4.41）所示的积分方程需通过有限元方法求解，即把结构离散成一系列单元，之后在每个单元上应用上述平衡方程，得到单元平衡方程，再将单元平衡方程组装成整体平衡方程。求解之可得结构位移，进而得到其他物理量。下面给出索单元的有限元列式。

1. 形函数矩阵

由于悬索结构的曲率一般比较小，当索单元长度较小时用直线单元来模拟也不会产生很大的误差，并且计算简单；同时若欲提高精度也可以通过加密单元来实现，因此这里采用两节点空间直线索单元。为计算方便，建立如图（4.4.5）所示的局部坐标系，即设直线索单元12位于局部坐标系 $1-xyz$ 中的 x 轴上。

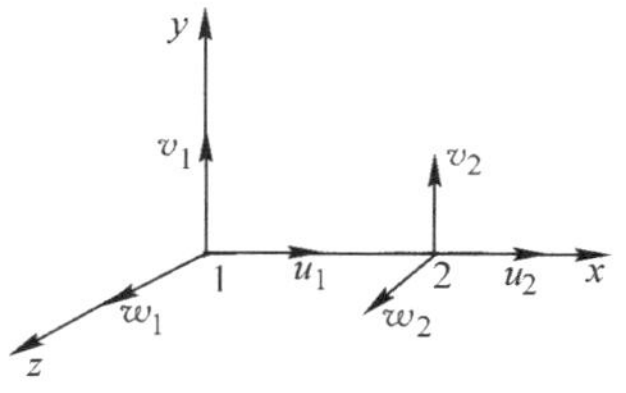

图4.4.5 索单元（局部坐标）

假设单元内任一点的位移 $\boldsymbol{u}=\{u \quad v \quad w\}^T$ 可用单元的节点位移 $\boldsymbol{a}_e=\{u_1 \quad v_1 \quad w_1 \quad u_2 \quad v_2 \quad w_3\}^T$ 和该点的坐标 $\boldsymbol{x}=\{x \quad y \quad z\}^T$ 来表示。索单元内任一点的位移模式可设为

$$\left.\begin{aligned} u&=\alpha_1+\alpha_2 x\\ v&=\alpha_3+\alpha_4 x\\ w&=\alpha_5+\alpha_6 x \end{aligned}\right\} \tag{4.4.42}$$

将索单元12的节点位移 $\boldsymbol{a}_e$ 和节点坐标 $u=\{0 \quad 0 \quad 0 \quad x_2 \quad 0 \quad 0\}^T$ 代入上式得

$$\left.\begin{aligned} u_1&=\alpha_1\\ u_2&=\alpha_1+\alpha_2 x_2 \end{aligned}\right\} \quad \left.\begin{aligned} v_1&=\alpha_3\\ v_2&=\alpha_3+\alpha_4 x_2 \end{aligned}\right\} \quad \left.\begin{aligned} w_1&=\alpha_5\\ w_2&=\alpha_5+\alpha_6 x_2 \end{aligned}\right\} \tag{4.4.43}$$

其中 $\alpha_1 \sim \alpha_6$ 为待定系数，可由式（4.4.43）解得

$$\alpha_1=u_1,\ \alpha_2=\frac{u_2-u_1}{x_2},\ \alpha_3=v_1,\ \alpha_4=\frac{v_2-v_1}{x_2},\ \alpha_5=w_1,\ \alpha_6=\frac{w_2-w_1}{x_2}$$

将系数 $\alpha_1 \sim \alpha_6$ 代入位移模式得

$$\left.\begin{aligned} u&=\frac{x_2-x}{x_2}u_1+\frac{x}{x_2}u_2\\ v&=\frac{x_2-x}{x_2}v_1+\frac{x}{x_2}v_2\\ w&=\frac{x_2-x}{x_2}w_1+\frac{x}{x_2}w_2 \end{aligned}\right\} \tag{4.4.44}$$

并可写成矩阵形式

$$\begin{Bmatrix} u\\ v\\ w \end{Bmatrix}=\begin{bmatrix} \frac{x_2-x}{x_2} & 0 & 0 & \frac{x}{x_2} & 0 & 0\\ 0 & \frac{x_2-x}{x_2} & 0 & 0 & \frac{x}{x_2} & 0\\ 0 & 0 & \frac{x_2-x}{x_2} & 0 & 0 & \frac{x}{x_2} \end{bmatrix}\begin{Bmatrix} u_1\\ v_1\\ w_1\\ u_2\\ v_2\\ w_2 \end{Bmatrix} \tag{4.4.45}$$

上式可简化为

$$\boldsymbol{u}=\boldsymbol{N}\boldsymbol{a}_e \tag{4.4.46}$$

式中，$\boldsymbol{N}=\begin{bmatrix} N_1 & 0 & 0 & N_2 & 0 & 0 \\ 0 & N_1 & 0 & 0 & N_2 & 0 \\ 0 & 0 & N_1 & 0 & 0 & N_2 \end{bmatrix}$为索单元的形函数矩阵，且 $N_1=\dfrac{x_2-x}{x_2}$，$N_2=\dfrac{x}{x_2}$。

2. 几何方程

若每一迭代步内节点位移增量为

$$\Delta\boldsymbol{a}_e=\{\Delta u_1 \quad \Delta v_1 \quad \Delta w_1 \quad \Delta u_2 \quad \Delta v_2 \quad \Delta w_2\}^T \tag{4.4.47}$$

那么单元内任意一点的位移增量 $\Delta\boldsymbol{u}=\{\Delta u,\ \Delta v,\ \Delta w\}^T$ 可由式（4.4.46）和式（4.4.47）得到，即 $\Delta\boldsymbol{u}=\boldsymbol{N}\Delta\boldsymbol{a}_e$，那么由式（4.4.20）可知该点的应变增量为

$$\Delta\varepsilon=\Delta\varepsilon_x=\frac{\partial\Delta u}{\partial x}+\frac{1}{2}\left[\left(\frac{\partial\Delta u}{\partial x}\right)^2+\left(\frac{\partial\Delta v}{\partial x}\right)^2+\left(\frac{\partial\Delta w}{\partial x}\right)^2\right]=\Delta\varepsilon_L+\Delta\varepsilon_{NL} \tag{4.4.48}$$

其中线性应变增量 $\Delta\varepsilon_L$ 与位移增量 Δu 的关系为：

$$\Delta\varepsilon=\frac{\partial\Delta u}{\partial x}=\begin{pmatrix}\dfrac{\partial}{\partial x} & 0 & 0\end{pmatrix}\begin{pmatrix}\Delta u\\ \Delta v\\ \Delta w\end{pmatrix}=\boldsymbol{L}\Delta\boldsymbol{u}=\boldsymbol{L}\boldsymbol{N}\Delta\boldsymbol{a}_e=\boldsymbol{B}_L\Delta\boldsymbol{a}_e \tag{4.4.49}$$

$$\boldsymbol{B}_L=\frac{1}{x_2}\left[-1 \quad 0 \quad 0 \quad 1 \quad 0 \quad 0\right] \tag{4.4.50}$$

非线性应变增量 $\Delta\varepsilon_{NL}$ 与位移增量 $\Delta\boldsymbol{u}$ 的关系较为复杂，需做较详细的推导。由式（4.4.20）可知

$$\Delta\varepsilon_{NL}=\frac{1}{2}\left[\left(\frac{\partial\Delta u}{\partial x}\right)^2+\left(\frac{\partial\Delta v}{\partial x}\right)^2+\left(\frac{\partial\Delta w}{\partial x}\right)^2\right] \tag{4.4.51}$$

为了将 $\Delta\varepsilon_{NL}$表示成形如式（4.4.49）的分离变量形式，引入记号

$$\Delta\boldsymbol{\theta}=\begin{pmatrix}\dfrac{\partial\Delta u}{\partial x} & \dfrac{\partial\Delta v}{\partial x} & \dfrac{\partial\Delta w}{\partial x}\end{pmatrix}^T,\ \Delta\boldsymbol{A}=\Delta\boldsymbol{\theta}^T=\begin{pmatrix}\dfrac{\partial\Delta u}{\partial x} & \dfrac{\partial\Delta v}{\partial x} & \dfrac{\partial\Delta w}{\partial x}\end{pmatrix}$$

则有

$$\Delta\varepsilon_{NL}=\frac{1}{2}\Delta\boldsymbol{A}\Delta\boldsymbol{\theta} \tag{4.4.52a}$$

因

$$\Delta\boldsymbol{\theta}=\begin{pmatrix}\dfrac{\partial\Delta u}{\partial x}\\ \dfrac{\partial\Delta v}{\partial x}\\ \dfrac{\partial\Delta w}{\partial x}\end{pmatrix}=\begin{pmatrix}\dfrac{\partial}{\partial x} & 0 & 0\\ 0 & \dfrac{\partial}{\partial x} & 0\\ 0 & 0 & \dfrac{\partial}{\partial x}\end{pmatrix}\begin{pmatrix}\Delta u\\ \Delta v\\ \Delta w\end{pmatrix}$$

$$=\begin{pmatrix}\dfrac{\partial}{\partial x} & 0 & 0\\ 0 & \dfrac{\partial}{\partial x} & 0\\ 0 & 0 & \dfrac{\partial}{\partial x}\end{pmatrix}\begin{pmatrix} N_1 & 0 & 0 & N_2 & 0 & 0 \\ 0 & N_1 & 0 & 0 & N_2 & 0 \\ 0 & 0 & N_1 & 0 & 0 & N_2 \end{pmatrix}\begin{pmatrix}\Delta u_i\\ \Delta v_i\\ \Delta w_i\\ \Delta u_j\\ \Delta v_j\\ \Delta w_j\end{pmatrix}$$

$$
=\frac{1}{x_2}\begin{pmatrix} -1 & 0 & 0 & 1 & 0 & 0 \\ 0 & -1 & 0 & 0 & 1 & 0 \\ 0 & 0 & -1 & 0 & 0 & 1 \end{pmatrix}\begin{bmatrix} \Delta u_i \\ \Delta v_i \\ \Delta w_i \\ \Delta u_j \\ \Delta v_j \\ \Delta w_j \end{bmatrix} = \boldsymbol{G}\Delta \boldsymbol{a}_e
$$

于是式（4.4.52a）可写成：

$$
\Delta\varepsilon_{NL} = \frac{1}{2}\Delta AG\Delta a_e \tag{4.4.52b}
$$

3. 局部坐标系下的单元平衡方程

将式（4.4.48）和式（4.4.52b）代入式（4.4.41）所示的平衡方程，为书写方便略去上下角标后有

$$
\int_V \delta(\Delta\varepsilon_L + \Delta\varepsilon_{NL})^T \boldsymbol{S}\mathrm{d}v = \int_V \delta\Delta \boldsymbol{u}^T \boldsymbol{p}\mathrm{d}v + \int_A \delta\Delta \boldsymbol{u}^T \boldsymbol{q}\mathrm{d}A \tag{4.4.53}
$$

其中

$$
\begin{aligned}
\delta(\Delta\varepsilon_L + \Delta\varepsilon_{NL}) &= \delta\left(\boldsymbol{B}_L\Delta\boldsymbol{a}_e + \frac{1}{2}\Delta\boldsymbol{AG}\Delta\boldsymbol{a}_e\right) \\
&= \boldsymbol{B}_L\delta\Delta\boldsymbol{a}_e + \frac{1}{2}(\Delta\boldsymbol{AG}\delta\Delta\boldsymbol{a}_e + \delta\Delta\boldsymbol{AG}\Delta\boldsymbol{a}_e) \\
&= \boldsymbol{B}_L\delta\Delta\boldsymbol{a} + \frac{1}{2}(\Delta\boldsymbol{AG} + \Delta\boldsymbol{AG})\delta\Delta\boldsymbol{a}_e \\
&= \boldsymbol{B}_L\delta\Delta\boldsymbol{a} + \Delta\boldsymbol{AG}\delta\Delta\boldsymbol{a}_e = (\boldsymbol{B}_L + \boldsymbol{B}_{NL})\delta\Delta\boldsymbol{a}_e = \boldsymbol{B}\delta\Delta\boldsymbol{a}_e
\end{aligned} \tag{4.4.54}
$$

又

$$
\delta\Delta \boldsymbol{u} = \delta\boldsymbol{N}\Delta\boldsymbol{a}_e = \boldsymbol{N}\delta\Delta\boldsymbol{a}_e \tag{4.4.55}
$$

将式（4.4.54）、式（4.4.55）代入式（4.4.53）后，根据虚位移的任意性，有

$$
\int_V \boldsymbol{B}^T\boldsymbol{S}\,\mathrm{d}v = \int_V \boldsymbol{N}^T\boldsymbol{p}\,\mathrm{d}v + \int_A \boldsymbol{N}^T\boldsymbol{q}\,\mathrm{d}A \tag{4.4.56}
$$

需要注意的是在消去虚位移的过程中将变分积分方程变成了积分方程组，即将一个方程变成了多个耦联方程。当采用更新的 Lagrange 格式时，$\boldsymbol{S}$ 为以（$j-1$）Δt 时刻的坐标系为基准的 $j\Delta t$ 时刻的（Kirchhoff）应力，它等于（$j-1$）Δt 的（Cauchy）应力与从（$j-1$）Δt 时刻的平衡位置变化到 $j\Delta t$ 时刻的平衡位置时的（Kirchhoff）应力增量 ${}_{j-1}\Delta S^j$ 之和，即

$$
{}_{j-1}S^j = \sigma^{j-1} + {}_{j-1}\Delta S^j \tag{4.4.57}
$$

可简单写成

$$
S = \sigma + \Delta S = \sigma + E\Delta\varepsilon \tag{4.4.58}
$$

若记式（4.4.56）中右端项表示的等效荷载为 $\overline{\boldsymbol{R}}$，将式（4.4.58）代入式（4.4.56）中有

$$
\int_V \boldsymbol{B}^T\sigma\mathrm{d}v + \int_V \boldsymbol{B}^T E\Delta\varepsilon\mathrm{d}v = \overline{\boldsymbol{R}} \tag{4.4.59}
$$

将 $\boldsymbol{B} = \boldsymbol{B}_L + \boldsymbol{B}_{NL}$，$\Delta\varepsilon = \Delta\varepsilon_L + \Delta\varepsilon_{NL}$代入上式有

$$
\int_V \boldsymbol{B}_L^T\sigma\mathrm{d}v + \int_V \boldsymbol{B}_{NL}^T\sigma\mathrm{d}v + \int_V (\boldsymbol{B}_L^T + \boldsymbol{B}_{NL}^T)E(\Delta\varepsilon_L + \Delta\varepsilon_{NL})\mathrm{d}v = \overline{\boldsymbol{R}} \tag{4.4.60}
$$

因（$j-1$）Δt 时刻的（Cauchy）应力为已知量且 $\boldsymbol{B}_L$ 仅与初始坐标有关，故 $\int_V \boldsymbol{B}_L^T\sigma\mathrm{d}v$ 为已知

量。所以上式可写成

$$\int_V \boldsymbol{B}_{NL}^T\sigma \mathrm{d}v + \int_V (\boldsymbol{B}_L^T + \boldsymbol{B}_{NL}^T)E(\Delta\varepsilon_L + \Delta\varepsilon_{NL})\mathrm{d}v = \overline{\boldsymbol{R}} - \int_V \boldsymbol{B}_L^T\sigma \mathrm{d}v \tag{4.4.61}$$

其中

$$\int_V \boldsymbol{B}_{NL}^T\sigma \mathrm{d}v = \int_V (\Delta \boldsymbol{AG})^T\sigma \mathrm{d}v = \int_V \boldsymbol{G}^T\Delta\boldsymbol{A}^T\sigma \mathrm{d}v$$
$$= \int_V \boldsymbol{G}^T\Delta\boldsymbol{\theta}\sigma \mathrm{d}v = \int_V \boldsymbol{G}^T\boldsymbol{G}\Delta\boldsymbol{a}_e\sigma \mathrm{d}v = \int_V \boldsymbol{G}^T\boldsymbol{G}\sigma \mathrm{d}v\Delta\boldsymbol{a}_e$$

这样使它成为节点位移向量的线性函数，而 $\int_V (\boldsymbol{B}_L^T + \boldsymbol{B}_{NL}^T)E(\Delta\varepsilon_L + \Delta\varepsilon_{NL})\mathrm{d}v$ 仍为节点位移的非线性函数。在精度许可的条件下，我们总希望将非线性函数用线性函数来代替，而当采用迭代法求解时，并不要求每一步的精度都很高，只要误差随着迭代次数的增加逐渐减少即可，同时已有的理论分析和实际计算均表明当每一迭代步内的位移增量较少时，其非线性的影响较线性的要小，故采用下面的近似式

$$\int_v (\boldsymbol{B}_L + \boldsymbol{B}_{NL})^T E(\Delta\varepsilon_L + \Delta\varepsilon_{NL})\mathrm{d}v \approx \int_v \boldsymbol{B}_L^T E\Delta\varepsilon_L \mathrm{d}v$$
$$= \int_v \boldsymbol{B}_L^T E\boldsymbol{B}_L \mathrm{d}v\Delta\boldsymbol{a}_e \tag{4.4.62}$$

将式（4.4.62）代入式（4.4.56）得

$$\int_v \boldsymbol{B}_L^T E\boldsymbol{B}_L \mathrm{d}v\Delta\boldsymbol{a}_e + \int_v \boldsymbol{G}^T\boldsymbol{G}\sigma \mathrm{d}v\Delta\boldsymbol{a}_e = \overline{\boldsymbol{R}} - \int_v \boldsymbol{B}_L^T\sigma \mathrm{d}v \tag{4.4.63}$$

利用 $\int_v \mathrm{d}v = A_c x_2$（$A_c$ 为索单元的截面积），式（4.4.63）可进一步简写成

$$(\overline{\boldsymbol{K}}_{Le} + \overline{\boldsymbol{K}}_{NLe})\ \Delta\boldsymbol{a}_e = \overline{\boldsymbol{R}} - \overline{\boldsymbol{F}} \tag{4.4.64}$$

则线性刚度矩阵 $\overline{\boldsymbol{K}}_{Le}$、非线性刚度矩阵 $\overline{\boldsymbol{K}}_{NLe}$、等效节点荷载向量 $\overline{F}$ 和单元荷载向量 $\overline{R}$ 分别为：

$$\overline{\boldsymbol{K}_{Le}} = \int_v \boldsymbol{B}_L^T E\boldsymbol{B}_L \mathrm{d}v = \frac{A_c E}{x_2}\begin{pmatrix} 1 & 0 & 0 & -1 & 0 & 0 \\ 0 & 0 & 0 & 0 & 0 & 0 \\ 0 & 0 & 0 & 0 & 0 & 0 \\ -1 & 0 & 0 & 1 & 0 & 0 \\ 0 & 0 & 0 & 0 & 0 & 0 \\ 0 & 0 & 0 & 0 & 0 & 0 \end{pmatrix} \tag{4.4.65}$$

$$\overline{\boldsymbol{K}_{NLe}} = \int_v \boldsymbol{G}^T M\boldsymbol{G}\,\mathrm{d}v = \frac{A_c\sigma}{x_2}\begin{pmatrix} 1 & 0 & 0 & -1 & 0 & 0 \\ 0 & 1 & 0 & 0 & -1 & 0 \\ 0 & 0 & 1 & 0 & 0 & -1 \\ -1 & 0 & 0 & 1 & 0 & 0 \\ 0 & -1 & 0 & 0 & 1 & 0 \\ 0 & 0 & -1 & 0 & 0 & 1 \end{pmatrix} \tag{4.4.66}$$

$$\overline{\boldsymbol{F}} = \int_v \boldsymbol{B}_L^T\sigma \mathrm{d}v = A_c\sigma(-1\quad 0\quad 0\quad 1\quad 0\quad 0)^T \tag{4.4.67}$$

$$\overline{\boldsymbol{R}} = \int_v \boldsymbol{N}^T\boldsymbol{p}\,\mathrm{d}v \tag{4.4.68}$$

式中 $\boldsymbol{p}$——索单元的体力向量。

得到单元的平衡方程后，根据单元局部坐标系与整体坐标系的间的关系，得到单元的坐标转换矩阵，进而得到结构的整体平衡方程。

需要指出的是，虽然在上面的推导过程中是以直线索为背景的，但若放弃单元只能受拉不能受压（不能承担弯矩）的假设后，上面得到的方程同样适用于索桁架中的桁架性杆单元。另外，这里为了与第5章中薄膜结构分析相一致，采用了以固体力学大位移理论为基础的有限元列式推导方法，它具有较好的普遍性。但对于一维索（杆）单元亦可采用更简便乃至更精确的推导方法，读者可自行参阅。

4.4.4 基本方程的迭代解法

由于式（4.4.64）为一非线性平衡方程，故一般需进行迭代求解。迭代方法有很多，常用如 Newton－Raphson 方法、弧长法等。可采用的有两种 Newton－Raphson 迭代方法：全 Newton－Raphson 迭代法和修正 Newton－Raphson 迭代法。采用修正 Newton－Raphson 迭代法时，只需在第一次迭代时形成新的刚度矩阵，而在以后的迭代中仍采用原来的刚度矩阵，这样可避免重新形成和求逆刚度矩阵，减少了计算量，但收敛速度可能减慢，并且可能导致迭代发散。而在全 Newton－Raphson 迭代法中，每次迭代都需重新形成并求逆刚度矩阵，计算量很大，但收敛速度一般比较快。其迭代过程可由图4.4.6示意说明。

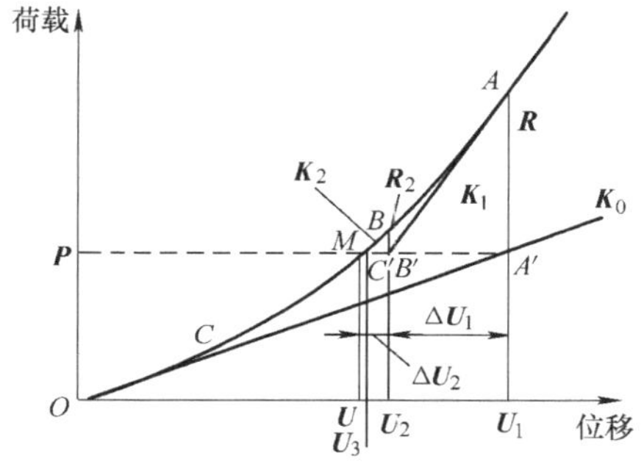

图4.4.6 Newton－Raphson 法的迭代过程

具体迭代步骤如下：

1）假定 $\boldsymbol{U}_0=\boldsymbol{0}$，从而 $\boldsymbol{R}_0=\boldsymbol{0}$，并计算体系的初始刚度矩阵 $\boldsymbol{K}_0$。

2）以原点作为始态，解 $\boldsymbol{K}_0\boldsymbol{U}_1=-\boldsymbol{P}$，解出 $\boldsymbol{U}_1$（点 A'）。

3）由 $\boldsymbol{U}_1$ 算出 $\boldsymbol{R}_1$（线段 AA'），并计算体系在 A 点的瞬时刚度矩阵 $\boldsymbol{K}_1$。

4）以状态 A 作为始态，根据 $\boldsymbol{R}_1$ 修正 $\boldsymbol{U}_1$，按方程 $\boldsymbol{K}_1\Delta\boldsymbol{U}_1=\boldsymbol{R}_1$，解出 $\Delta\boldsymbol{U}_1$（线段 $A'B'$）；方程中等号右侧的 $\boldsymbol{R}_1$，前为正号，意即以 $-\boldsymbol{R}_1$ 作为修正荷载进行计算，解得的 $\Delta\boldsymbol{U}_1$ 是负的；求得 $\Delta\boldsymbol{U}_1$ 后，即得 $\boldsymbol{U}_2=\boldsymbol{U}_1+\Delta\boldsymbol{U}_1$（点 B'）。

5）由 $\Delta\boldsymbol{U}_1$ 算出 $\boldsymbol{R}_2$（线段 $B'B$），并计算体系在 B 点的瞬时刚度矩阵 $\boldsymbol{K}_2$。

6）以状态 B 作为始态，根据 $\boldsymbol{R}_2$ 修正 $\boldsymbol{U}_2$，即按方程 $\boldsymbol{K}_2\Delta\boldsymbol{U}_2=\boldsymbol{R}_2$，解出 $\Delta\boldsymbol{U}_2$（线段 $B'C'$），然后得 $\boldsymbol{U}_3=\boldsymbol{U}_2+\Delta\boldsymbol{U}_2$（点 C'）。

7）重复步骤5和6，直到比值 $\Delta\boldsymbol{U}_i/\boldsymbol{U}_i$ 足够小为止。

4.5 悬索结构的形态分析

如前所述，除非在张力状态下，柔性索本身不具有承载所必需的形状和刚度，故柔性悬索结构需要先确定结构的预应力分布和几何形态，即需要进行形态分析。一般有两种思路，一是已知结构中索的预应力值，求结构的几何形状，也称为找形分析；一是已知结构的几何形状，求结构的预应力分布，也称为找态分析。

找形分析时，常常在划分好单元的结构中施加成形态时的目标预应力，然后使关键点（一般为支座节点）产生刚性位移到目标坐标，通过求解结构的平衡方程求得结构中各点的空间坐标，得到结构的形状。在此过程中令结构在发生大位移和大变形时内力不变，即本构关系失效。如单层悬索体系、预应力双层悬索体系、预应力鞍形索网等类型的结构，若结构的形状事先未确定，仅知道一些关键点（支座节点）空间坐标，可先假定结构中预应力的分布，采用此种分析方法得到结构的形状。若是结构形状不满足建筑要求或不理想，可通过修改假定的预应力来改变结构的形状。在找形分析中的索单元常常称为“定力索”，即在分析过程中索单元中的内力保持不变，为一定值。该种分析方法的缺点是事先很难给出一个比较容易理解的预应力分布，特别是对于形状复杂的悬索结构，结构的内力分布也比较复杂，即结构中索单元的预应力值不都相同。对于单索体系，其预拉力是通过施加外荷载建立的，在形状分析中有外荷载存在，但仍假设本构关系失效。需要说明的是在找形分析中由于令全部或部分构件的本构关系失效，故找形分析是一个假想的数学过程，而非真实的物理过程，但它反映了物理的真实性，这是利用了数学上假想的无限延展性代替物理上构件的无限可供性，以简化计算。

若是已知单层悬索体系、预应力双层悬索体系、预应力鞍形索网等结构的具体形状，可以保持结构的形状不变，通过平衡方程求得结构中各单元的内力。在此过程中结构发生位移和变形时内力也相应发生变化，只是结构的形状不变。即发生位移但不更新结构各点坐标，通过迭代求得与已知形状相对应的内力分布。若是求得的内力分布不满足结构的要求，则只有通过修改结构已知的形状来改变结构的内力分布。在找态分析中的索单元常常称为“定长索”，即在分析过程中索单元的长度保持不变，为一定值。该种分析方法的缺点是常常很难给出一个结构的具体形状，即给出结构中各个节点的空间坐标。

对于悬索结构，有时需要同时采用找形分析和找态分析两种方法，既结构中即有已知预应力求其形状的索，也有已知几何形状求其预应的索。在分析时，对于已知预应力的“定力索”令其本构关系失效，发生位移、更新结构形状，但是索内预应力保持不变；对于已知几何形状的“定长索”则发生位移，索内预应力相应变化，但不更新几何形状，保持索长不变。如中间有环索的悬索结构，中间环索为已知形状的“定长索”，径向索常为已知预应力的“定力索”。特别是有刚性构件的组合结构，一般刚性构件的几何尺寸在分析前是已知的，柔性索构件很难给出具体的几何形状，可假定其预应力分布，在形态分析过程中，采用找形分析方法得到柔性索的几何形状，采用找态分析方法得到刚性构件的预应力。

根据上述构想，忽略结构的自重和外荷载的作用，悬索结构形态分析的有限元列式为

$$(\boldsymbol{K}_L + \boldsymbol{K}_{NL})\ \Delta \boldsymbol{U} = -\boldsymbol{F} \tag{4.5.1}$$

对于找形分析和找态分析，上式的处理方式不同。找形分析时，在变形过程中结构的应力大小始终为初始预应力，不考虑本构关系的影响，即不考虑线性刚度矩阵 $\boldsymbol{K}_L$。但若只考虑非线性刚度矩阵 $\boldsymbol{K}_{NL}$，可能出现奇异，从而造成解的飘移，经验做法是考虑线性刚度矩阵，但将材料常数取为很小的值（一般为真实材料常数的 $10^{-4} \sim 10^{-6}$ 倍），再根据式（4.5.1）求解节点位移，从而得到结构的形状。

在找态分析时，由式（4.5.1）求得各迭代步位移增量和各单元应力增量，更新单元的应力但不更新结构各点的位移，直至结构平衡得到结构初始形态的应力分布。

【算例 4.5.1】　单索找形分析

设有两端固定索，已知两固定点间的距离 $l=8\mathrm{m}$，索的初始预拉力 $T_0=10\mathrm{kN}$。初始均布荷载 $q_0=0.2\mathrm{N/mm}$ 作用下。以直线状态为初始态，划分单元、施加预应力和外荷载，不计索的弹性模量，得到找形结果如图 4.5.1 所示，其中 $f_0=160\mathrm{mm}$，与式（4.4.6）得到解析解一致。

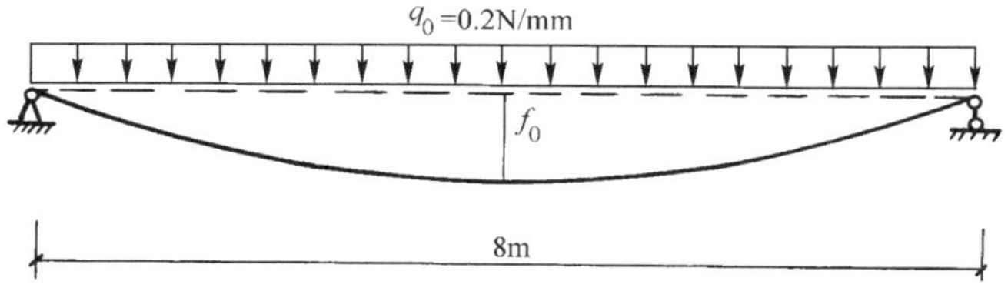

图 4.5.1　算例 4.5.1 找形结果图

【算例 4.5.2】　鱼腹式索桁架找态分析

一鱼腹式索桁架，上下索的形状由抛物线 $z=\dfrac{4fx(l-x)}{l^2}$ 确定，其中上下索的垂度 $f=2\mathrm{m}$，跨度 $l=30\mathrm{m}$（图 4.5.2），承重索、稳定索采用直径 20mm 的钢索，连系杆采用直径 60mm 的钢杆，弹性模量为 $2\times10^5\mathrm{MPa}$。连系杆的间距为 2m。索初始预应力为 50kN。计算得到的索预应力分布如图 4.5.3 所示。

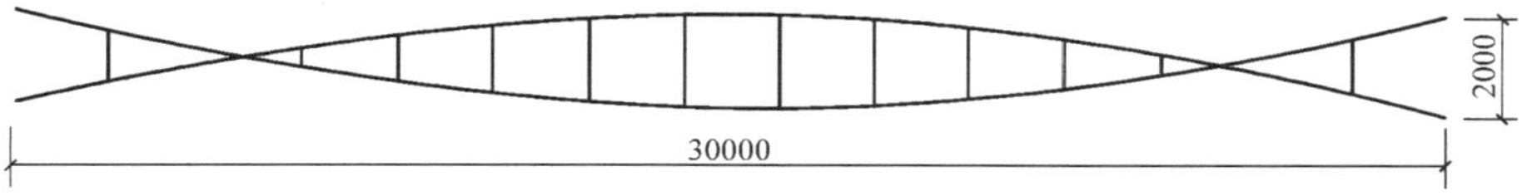

图 4.5.2　结构平面图

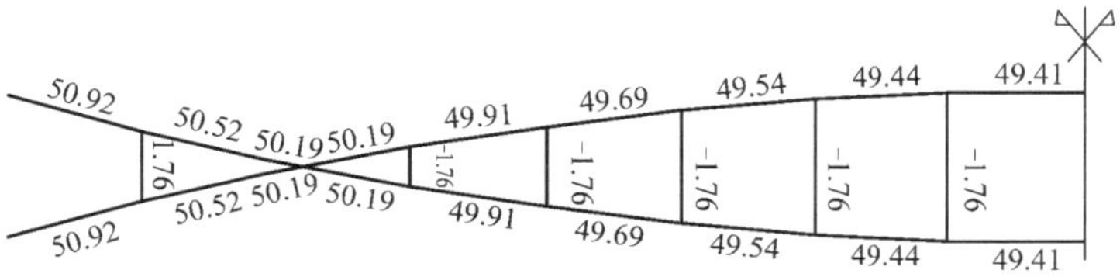

图 4.5.3　索预应力分布（单位：kN）

【算例 4.5.3】　抛物线形索桁架找态分析

图 4.5.4 所示为一抛物线形的索桁架，上下索的形状由抛物线 $z=\dfrac{4fx\ (l-x)}{l^2}$ 确定，其中承重索的垂度 $f_1=4.1\mathrm{m}$，稳定索的垂度 $f_1=5.0\mathrm{m}$，跨度 $l=80\mathrm{m}$，承重索、稳定索采用直径 40mm 的钢索，连系杆采用直径 60mm 的钢杆，弹性模量为 $2\times10^5\mathrm{MPa}$。承重索初始预应力为 460kN，稳定索初始预应力为 560kN。计算得到的索预应力分布如图 4.5.5 所示。

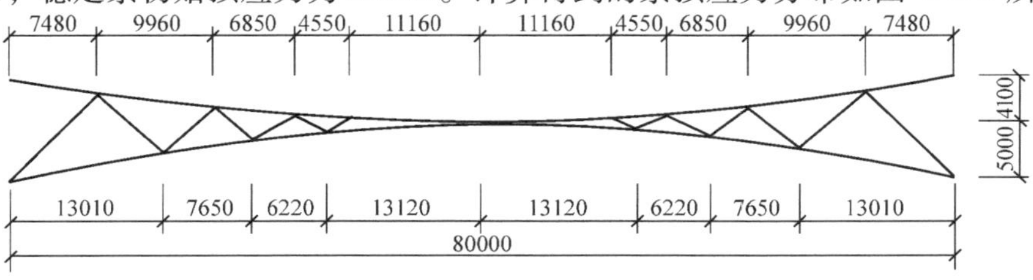

图 4.5.4　结构平面图

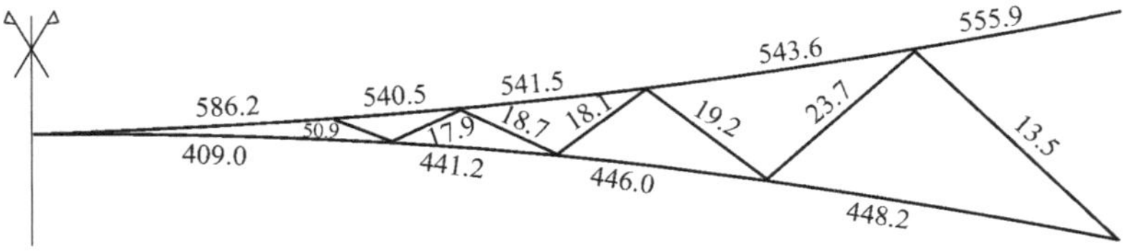

图4.5.5 索预应力分布（单位：kN）

【算例4.5.4】 索网结构找形分析

菱形平面的双曲抛物面索网结构的几何尺寸及索的布置方式如图4.5.6所示。

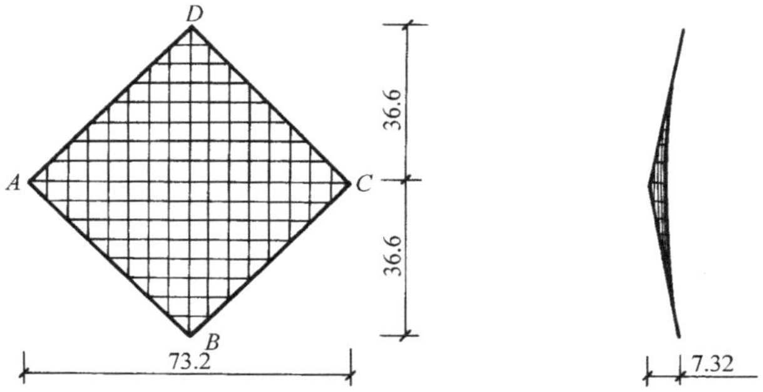

图4.5.6 菱形平面的双曲抛物面索网（单位：m）

在进行索网的形态分析时，设定各索的预拉力为800kN。从平面位置开始，分十步将索网的对角点A、C和B、D分别向上、向下移动3.66m，由程序计算可得索网的成形图，如图4.5.7所示。

该菱形平面的双曲抛物面索网中1～7节点（图4.5.8）的程序计算值与理论值的结果比较见表4.5.1。

图4.5.7 双曲抛物面索网

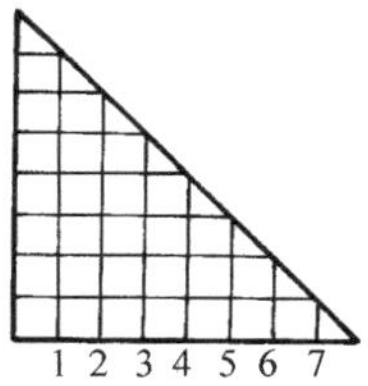

图4.5.8 1/4网格图

表4.5.1 计算结果对比表（单位：m）

节点	X	Y	Z（理论值）	Z（计算值）	误差（%）
1	4.50551	0.3283E-06	-0.0555	-0.0558	0.66
2	9.04785	0.5285E-06	-0.2237	-0.2248	0.49
3	13.6188	0.4659E-06	-0.5068	-0.5083	0.31
4	18.2097	0.5620E-06	-0.9060	-0.9075	0.16
5	22.8118	0.4412E-06	-1.4218	-1.4227	-0.064
6	27.4165	0.1846E-06	-2.0537	-2.0539	-0.007
7	32.0153	0.4553E-07	-2.8005	-2.8002	-0.010

【算例4.5.5】 美国北卡罗林纳州雷里体育馆的屋盖结构是支承在一对斜交抛物线上的

单片索网，其宏观尺寸如图 4.5.9 所示。网格尺寸 5m × 5m。在进行索网的成形计算时，以平面位置作为起始状态，并设定各主索预拉力为 220kN，各副索预拉力为 100kN；分八次将拱顶点提升到 20m 的高度；最后得到的索网形状如图 4.5.10 所示。

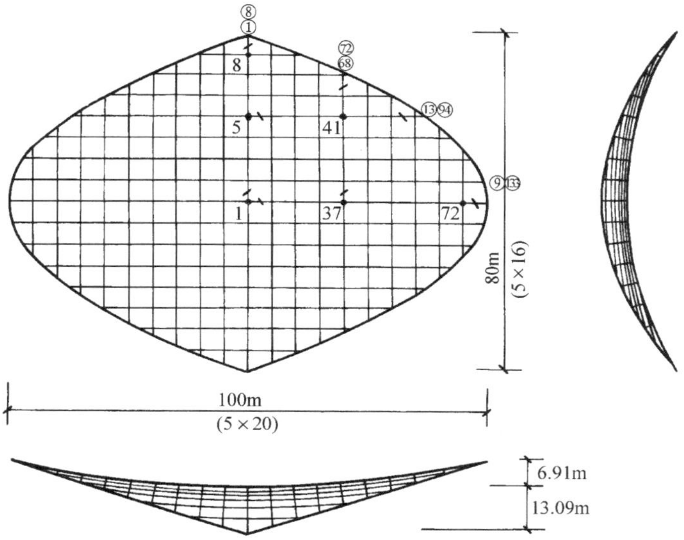

图 4.5.9 雷里体育馆索网简图

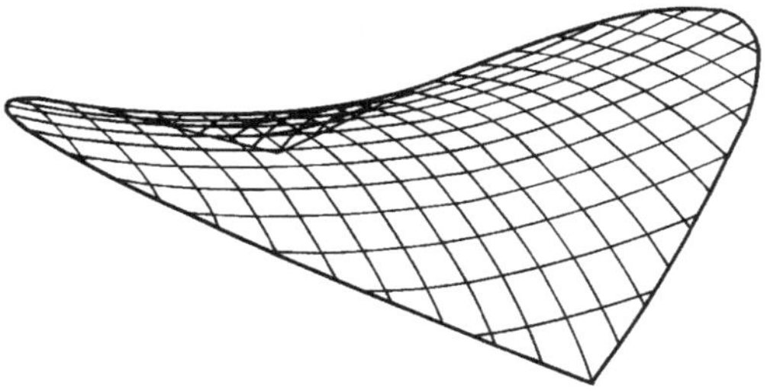

图 4.5.10 雷里体育馆索网外形

4.6 悬索结构的受力分析

经形态分析确定结构形状后，即可进行受力分析以检验结构的安全性。分析方法如 4.4 节所述，不再重复。

【算例 4.6.1】 单索

在算例 4.5.1 的初始形状上再增加均布荷载 $\Delta q = 0.3\text{N/mm}$，设索的截面积 $A = 67.4\text{mm}^2$，弹性模量 $E = 170000.0\text{N/mm}^2$，经过受力分析得到其变形如图 4.6.1 所示，跨中垂度增量 $\Delta f = 42\text{mm}$。

【算例 4.6.2】 索网

一个椭圆平面双曲抛物面索网，其椭圆长轴 $2a = 80\text{m}$，短轴 $2b = 60\text{m}$；每根主索和副索均由六股 $\phi 12$（$7\phi 4$）的钢绞线组成，弹性模量 $E = 1.7 \times 10^5\text{N/mm}^2$，主索间距 5m，副索间

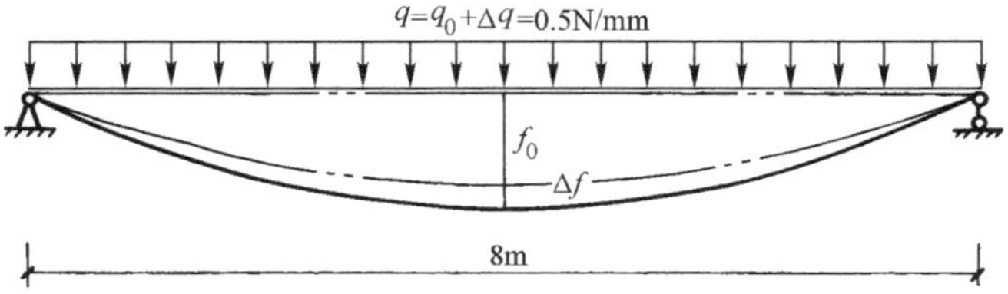

图 4.6.1　算例 4.6.1 受力变形图

距 7.5m；主索和服索的截面积分别为 2832mm^2 和 2544mm^2。已知预应力初始状态时中央主索跨中垂度为 $f_1=4.2\text{m}$，中央副索的跨中拱度为 $f_2=2.8\text{m}$；索内初始预拉力分别为 $T_{x0}=872.727\text{kN}$，$T_{y0}=981.818\text{kN}$，结构计算简图和成形图见图 4.6.2 和图 4.6.3。在恒载 0.7kN/m^2 和恒载加雪载 1.2kN/m^2 的作用下，程序计算得索网中央点的竖向位移值分别是 $\omega_0=0.212\text{m}$ 和 $\omega_0=0.366\text{m}$。

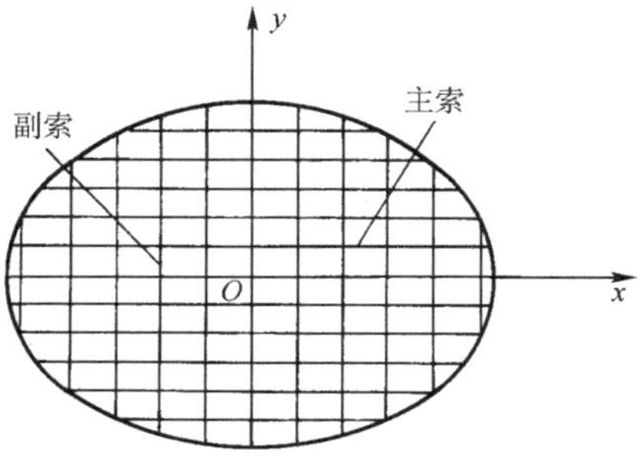

图 4.6.2　椭圆平面的双曲抛物面索网

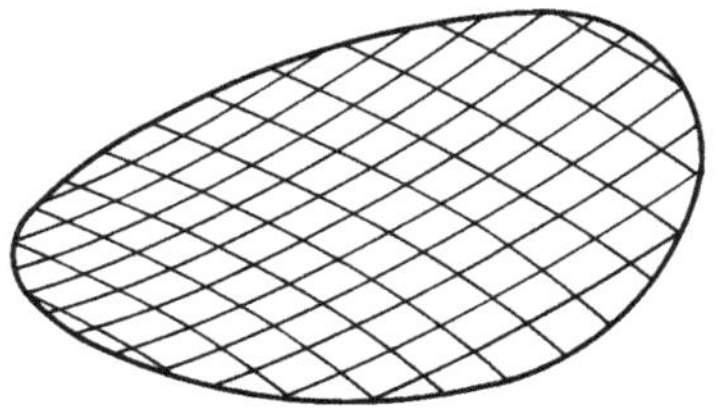

图 4.6.3　索网成形图

【算例 4.6.3】　雷里体育馆

算例 4.5.5 的雷里体育馆部分结构位移，部分单元内力随荷载而变化的情形如图 4.6.4 和图 4.6.5 所示，节点及单元编号如图 4.5.9 所示。

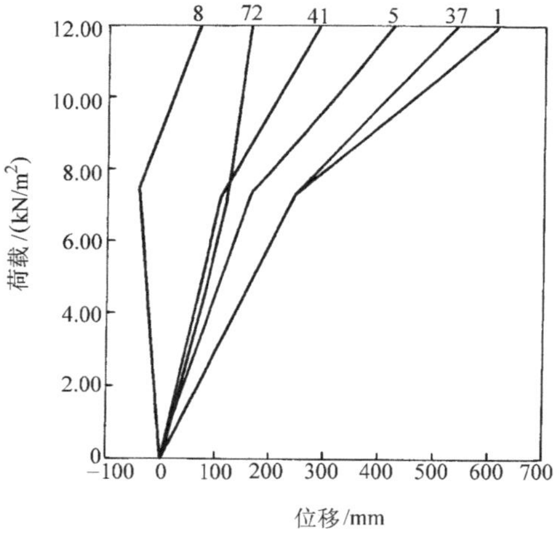

图 4.6.4　索网节点挠度随荷载变化曲线

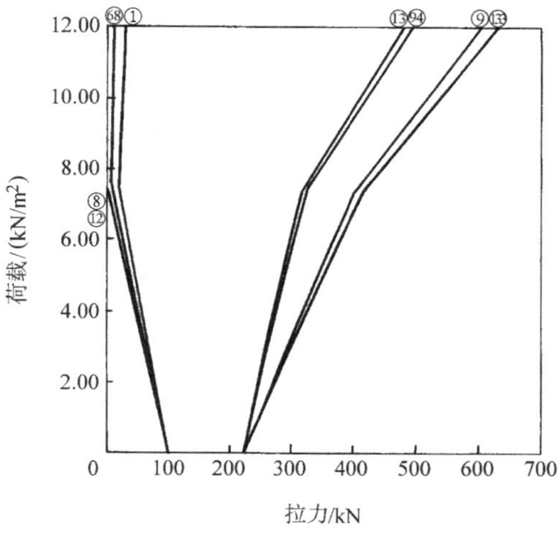

图 4.6.5　索网单元内力随荷载变化曲线

4.7 悬索结构的动力特性及抗风抗震分析

前面主要讨论了悬索结构的静力性能，这一节中将讨论其动力特性和反应分析，包括地震反应分析和风振反应分析。

4.7.1 自振特性与阻尼

了解悬索结构自振频率与振型特性是掌握该类结构动力性能的基本途径之一，同时也是应用振型分解法等求解结构动力反应的基础。这里首先介绍如何应用有限元法求解悬索结构的自振频率与振型，并结合算例给出鞍形索网的一些自振特性和阻尼特性。

1. 自振特性

同第2章一样，建立形如式（2.3.37）的悬索结构广义特征方程。一般采用集中质量法建立的质量矩阵和结构处于静力平衡状态时的切线刚度矩阵。利用数值分析方法求解，可得到部分或全部的自振频率及与之相对应的振型。

算例4.5.2所示结构的自振频率如表4.7.1所示，部分振型如图4.7.1所示。

表4.7.1 结构前10阶频率

振型数	1	2	3	4	5	6	7	8	9	10
频率 f/Hz	3.2	4.0	5.8	6.3	7.7	8.6	9.1	9.3	9.8	12.9

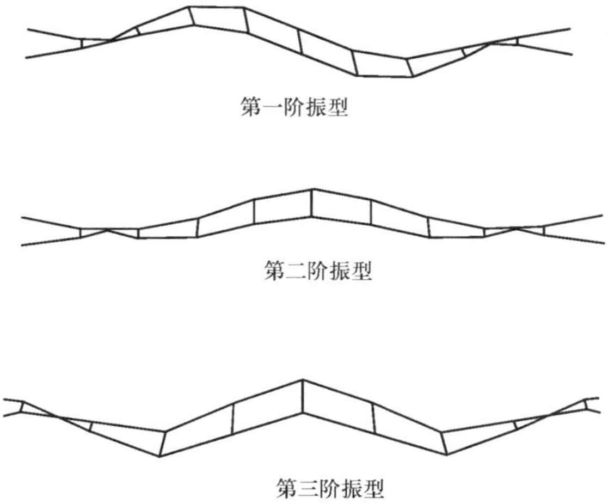

图4.7.1 结构前三阶振型

从表4.7.1可以看出，鱼腹式索桁架的基频较低且分布较密集。从图4.7.1可以看出，鱼腹式索桁架的第一阶振型为反对称型，以剪切变形为主，第二阶振型为对称型，以弯曲变形为主。

算例4.5.3所示结构的自振频率见表4.7.2，部分振型如图4.7.2所示。

表4.7.2 前10阶频率

振型数	1	2	3	4	5	6	7	8	9	10
频率 f/Hz	4.1	5.7	9.2	14.9	15.5	16.5	24.0	28.8	30.6	40.9

一长轴跨度 80m，短轴跨度 51.4m，承重索垂度 5.6m，稳定索拱高 2.28m 的椭圆平面双曲抛物面索网（承重索折算面积 $652\text{mm}^2/\text{m}$，折算预拉力 $11.86\times10^4\text{N/m}$，稳定索折算面积 $370\text{mm}^2/\text{m}$，折算预拉力 $12.0\times10^4\text{N/m}$。）在均布永久荷载 350N/m^2 和均布永久荷载 350N/m^2 加沿长轴半跨布置均布活荷 500N/m^2 时的自振特性进行了分析，结果如表 4.7.3 所示，部分振型图如图 4.7.3 所示。

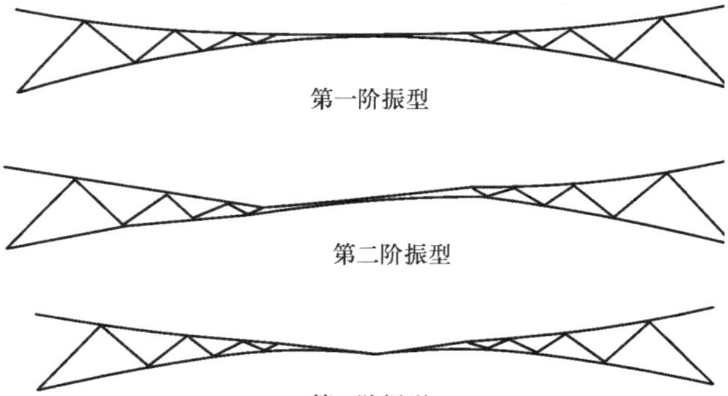

图 4.7.2　结构前三阶振型

表 4.7.3　椭圆形鞍形索网自振圆频率

荷载 \ No.	1	2	3	4	5	6	7	8	9	10
均布永久载荷	6.57	7.04	7.60	7.95	8.66	9.34	9.48	9.72	9.92	10.25
均布永久载荷 + 左半跨活荷	5.78	6.20	6.43	6.75	7.33	7.79	8.03	8.29	8.76	9.05

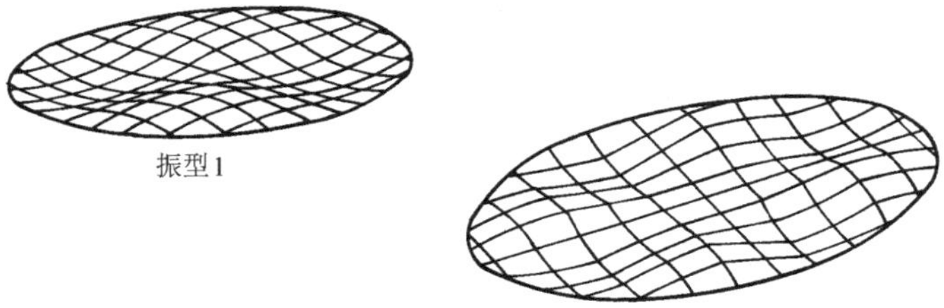

图 4.7.3　承受均布永久荷载时椭圆形鞍形索网的部分振型图

对菱形平面、矩形平面、双曲抛物面索网的自振特性及其随各种结构参数的变化进行研究的结果表明，双曲抛物面鞍形索网结构自振频率与振型具有如下一些特点：

1）自振频率呈丛密集分布，前若干振型为单轴或双轴反对称形式。

2）索网的矢跨比对自振频率有一定的影响，不十分显著。随矢跨比的增大，整个结构的刚度提高，自振频率也相应地有所提高。但振型形式随矢跨比的由小到大却发生较明显的变化。当矢跨比较小时，结构的第一振型可能为双轴对称形式，而当矢跨比较大时一般为双轴反对称形式。

3）索网的预拉力对自振频率影响较大，随着预拉力增加，结构刚度提高，频率也明显地提高。振型形式虽有所变化，但不明显。

4）索的截面积大小在通常使用范围内对索网的自振频率特别是基频几乎无影响。

5）索网的自振频率随荷载强度（即体系的质量）的增加而呈非线性下降趋势。

2. 阻尼

阻尼是结构的另外一个动力特性参数，一般用阻尼比或阻尼系数来表示。它随着材料、结构形式和规模、构造做法、结构参数等多种因素而变化，一般难以从理论上进行研究，而需通过试验予以确定。表 4.7.4 列出了从国内外文献中搜集到的阻尼比资料。对一矩形平面双曲抛物面索网的动力特性进行模型实验表明：

1）悬索结构的阻尼比远小于常见的刚性结构，一般为 0.15% ~2.0% 。

2）无屋面覆盖层的索网，横向加劲单曲悬索结构阻尼比约为 0.15% ~0.5% 。

3）有屋面覆盖层的索网结构阻尼比约为 0.8% ~2.0% ，比无覆盖层明显提高。

4）随着屋面荷载的增加，阻尼比略有降低趋势，但总的变化不大。

5）随着索内张力减小，阻尼略有增大。

6）同一悬索结构中其高振型对应的阻尼比低振型小。这在选择阻尼计算理论时应给予注意。但如果对各种振型采用不同阻尼比，计算较为复杂。为简化，工程设计中往往仍用统一的阻尼比。

一般在进行地震效应分析时，仅含索的结构阻尼比值可取 0.01；对于由索与其他构件组成的索结构的阻尼比值应进行调整。

表 4.7.4 国内外有关文献中的阻尼比值

<table>
<tr><th>序号</th><th colspan="3">结构体系</th><th>频率/Hz</th><th>阻尼比（%）</th></tr>
<tr><td>1</td><td colspan="3">20m × 20m 试验用鞍形索网，柔性边界薄膜屋盖</td><td>1.59
1.74</td><td>1.79
1.75</td></tr>
<tr><td>2</td><td colspan="3">22.86m 跨试验用索桁架，槽形铝板屋盖</td><td>3.10
3.69
4.00</td><td>0.94
0.65
0.72</td></tr>
<tr><td>3</td><td colspan="3">意大利米兰体育馆鞍形索网，直径 125m</td><td>0.741
0.820
1.05
1.12</td><td>1.88
2.18
1.64
1.10</td></tr>
<tr><td>4</td><td colspan="3">2m 跨索桁模型，无覆盖屋面</td><td></td><td>0.16 ~ 0.48</td></tr>
<tr><td>5</td><td colspan="3">1.485m 方形正交索网模型
1.485m 方形正交索网索加织物薄膜</td><td></td><td>0.16 ~ 0.48
0.8 ~ 1.6</td></tr>
<tr><td>6</td><td colspan="3">5m 方形底扇形索网，无覆盖</td><td></td><td>0.16 ~ 0.48</td></tr>
<tr><td rowspan="3">7</td><td rowspan="3">6.34m 跨预应力双层索系模型</td><td rowspan="2">无屋面覆盖</td><td>预应力 30kN/cm²</td><td>2.72
3.25
5.40</td><td>1.97
0.61
0.74</td></tr>
<tr><td>预应力 42kN/cm²</td><td>3.15
3.64
5.92</td><td>0.82
0.55
0.88</td></tr>
<tr><td colspan="2">有覆盖层</td><td>3.73
6.04</td><td>1.3
1.2</td></tr>
</table>

4.7.2 悬索结构的地震反应分析

1. 反应谱法

地震是重屋面悬索结构的重要作用之一，因此建造在地震区的悬索屋盖结构必须进行抗震设计。JGJ 257—2012《索结构技术规程》规定，当设防烈度为八度或八度以下，一般跨度的体形较规则的单层索系、双层索系及横向加劲索系悬索结构可采用振型分解反应谱进行地震反应分析。

（1）水平地震作用　作用在悬索结构上的地震力可按振型分解反应谱法等效成静力荷载。水平地震作用下悬索结构上第 i 自由度第 j 振型的地震作用标准值 F_{ij} 为

$$\left.\begin{aligned} F_{ij} &= \alpha_{Hj}\gamma_j\phi_{ij}G_i \quad \text{（当自由度位移方向与地震输入方向相同时）} \\ F_{ij} &= 0 \quad \text{（当自由度位移方向与地震输入方向不同时）} \end{aligned}\right\} \tag{4.7.1}$$

式中　α_{Hj}——相应于第 j 振型自振周期为 T_j 的水平地震影响系数，按抗震设计规范采用；

γ_j——第 j 振型的参与系数

$$\gamma_j = \frac{\sum_{i=1}^{n}\phi_{ji}G_i}{\sum_{i=1}^{n}\phi_{ji}^2G_i} \tag{4.7.2}$$

G_i——与第 i 自由度相对应的节点上的重力荷载代表值；

ϕ_{ij}——第 j 振型 i 自由度的相对位移。

式（4.7.1）中 F_{ij} 为等效静力荷载，其作用下的结构反应可用本章 4.4 节介绍的方法求解。求出各振型地震作用效应 S_j 后，各振型产生的地震总效应（内力或变形）按下式计算

$$S = \sqrt{\sum_{j=1}^{E} S_j^2} \tag{4.7.3}$$

式中　E——有效振型数，应根据悬索结构的具体形式和自由度数而确定，一般 $E>10$。

（2）竖向地震反应　在竖向地震作用下悬索结构上第 i 自由度 j 振型的地震作用标准值 F_{ij} 为

$$\left.\begin{aligned} F_{ij} &= \delta_n\alpha_{Vj}\gamma_j\phi_{ij}G_i \quad \text{（该自由度的位移方向为竖向）} \\ F_{ij} &= 0 \quad \text{（该自由度的位移方向为水平向）} \end{aligned}\right\} \tag{4.7.4}$$

式中　α_{Vj}——相应于第 j 振型自振周期为 T_j 的竖向地震影响系数，取 $\alpha_{Vj}=0.65\alpha_{Hj}$。

上式中其余各项与式（4.7.1）相同。与水平地震反应相同，各振型产生的地震总效应仍按式（4.7.3）计算。

2. 时程分析方法

悬索结构属频谱密集型结构，且前若干阶振型往往呈单轴或双轴对称形式，其振型参与系数为零，因此在应用反应谱法进行大型悬索结构抗震计算时所需要叠加的振型很多，一般为十几个，甚至几十个，计算量大，计算结果也不十分准确。因此，对跨度较大的悬索屋盖结构宜采用时程分析方法进行地震反应分析计算。

在加速度为 $\ddot{u}_g(x)$ 的地震地面运动作用下，悬索结构的动力平衡微分方程为

$$\boldsymbol{M}\ddot{\boldsymbol{u}} + \boldsymbol{C}\dot{\boldsymbol{u}} + \boldsymbol{K}\boldsymbol{u} = -\boldsymbol{M}\ddot{\boldsymbol{u}}_g(t) + \boldsymbol{R}(\boldsymbol{u}) \tag{4.7.5}$$

式中　$\boldsymbol{M}$——质量矩阵；

$\boldsymbol{C}$——阻尼矩阵；

$\boldsymbol{K}$——在当前时刻的切线刚度矩阵；

$\boldsymbol{u}$、$\dot{\boldsymbol{u}}$、$\ddot{\boldsymbol{u}}$——结构的位移、速度、加速度反应向量；

$\boldsymbol{R}(\boldsymbol{u})$——非线性节点力向量；

$\ddot{\boldsymbol{u}}_g(t)$——地震地面运动加速度，既可采用实际地震波，亦可采用人工生成地震波。

式（4.7.5）为非线性微分方程，可采用递推迭代方法进行求解。结构动力学及非线性抗震分析书籍中多有论述，这里不再重复。

对菱形平面、椭圆平面双曲抛物面索网的地震反应进行的研究表明，与一般结构相比，悬索结构的竖向地震反应比较显著，与水平地震反应在一个量级上，甚至更大。另外，结构参数对地震反应的影响随着构件位置、地震波选取的不同而不同，不易得到普遍性结论。因此，对重要的悬索结构进行动力时程分析以了解结构反应的细节是十分必要的。由于索的受力特性受边缘构件和支承情况影响明显，抗震分析时应尽量采用包括边缘构件和支承结构在内的整体模型进行计算。

4.7.3 悬索结构的风振反应分析

风荷载是悬索结构承受的重要荷载之一，它包括平均风荷和脉动风荷两部分。平均风荷载的效应可用静力方法求解，而脉动风荷载的反应需考虑其动力特性。虽然从理论上脉动风荷载与地震动均属动力作用，但其特性仍有一些差异，需区别对待。

1. 风荷载

低速理想气流产生的压力 ω（称为速压）与气流速度的关系为

$$\omega=\frac{1}{2}\rho v^2 \tag{4.7.6}$$

式中 ρ——空气密度。

由于在流动过程中受到各种障碍物的干扰，靠近地面的风并非理想流体，而呈现随机脉动特性，故可将实际风速分成平均风速 $\bar{v}$ 和脉动风速 v_{p} 两部分；那么风速压可写成

$$\omega=\frac{1}{2}\rho(\bar{v}+v_{\mathrm{p}})^2=\frac{1}{2}\rho\bar{v}^2+\rho\bar{v}v_{\mathrm{p}}+\frac{1}{2}\rho v_{\mathrm{p}}^2 \tag{4.7.7}$$

一般 v_{p} 远小于 $\bar{v}$，故上式的第三项可以忽略，而将其写成

$$\omega=\frac{1}{2}\rho\bar{v}^2+\rho\bar{v}v_{\mathrm{p}} \tag{4.7.8}$$

当风遇到障碍物的阻挡时，将对障碍产生力的作用，作用力的大小除与无阻碍物时的速度有关外，还与结构的形状有关。作用于障碍物上的风压与速度之比称为体形系数 μ_{s}。当障碍物（结构）的形状为钝体（即非流线型）时，μ_{s} 与速度无关，但一般需由实测或风洞实验测得，常见屋面结构的体形系数可参见 GB 5009—2012《建筑结构荷载规范》及有关资料。那么作用于结构上的风压写成

$$p_{\omega}=\mu_{\mathrm{s}}\frac{1}{2}\rho\bar{v}^2+\mu_{\mathrm{s}}\rho\bar{v}v_{\mathrm{p}} \tag{4.7.9}$$

在同一阵风中，平均风速 $\bar{v}$ 会随着平均时距、测点高度的不同而不同。而且作为设计风速还需根据结构的重要性确定其重现期。一般将当地比较空旷平坦地面上 10m 高统计所得的 50 年一遇 10min 平均最大风速作为标准风速 v_0，而将由 $\frac{1}{2}\rho v_0^2$ 计算得到的速压称为基本风压。不同高度处的风压与基本风速度的比值称为风压高度系数 μ_z，那么不同高度处的风速与标准风速间的比值为 $\sqrt{\mu_z}$，那么式（4.7.9）又可写成

$$p = \mu_z \mu_s \frac{1}{2}\rho v_0^2 + \sqrt{\mu_z}\mu_s \rho v_0 v_p \tag{4.7.10}$$

并记基本风压 $\omega_0 = \frac{1}{2}\rho v_0$，风速的高度变化系数除与高度有关外，还与地面粗糙度有关，其值及各地的基本风压参见《建筑结构荷载规范》。

平均风压 $\overline{\omega} = \mu_s \mu_z \omega_0$ 引起的结构反应属于静力反应可按本书 4.4 节中介绍的方法求解。《建筑结构荷载规范》规定对于基本自振周期大于 0.25s 的工程结构，如房屋、屋盖及各种高层结构应考虑脉动风压对结构的影响。悬索屋盖结构的自振周期一般可长达 1s，故需考虑脉动风压 $\omega_p = \sqrt{\mu_z}\mu_s \rho v_0 v_p$ 的影响。

由式（4.7.10）可以看出，脉动风压的特性是由脉动风速决定的。脉动风速为一零均值随机过程，其最主要的统计特征是功率谱密度函数，它与基本风速和地面粗糙度有关。几十年来很多学者根据实测资料给出了许多经验表达式，其中应用最广的是 Davenport 根据不同高度、不同地点 90 多种强风记录谱于 20 世纪 60 年代提出的脉动风速谱，一般称为 Davenport 风速谱

$$s_v = \frac{4Kv_0^2}{n} \cdot \frac{x^2}{(1 + x^2)^{4/3}} \tag{4.7.11}$$

其中 $x = \frac{1200n}{v_0}$，$n \geqslant 0$，K 为表示地面粗糙度的系数，对于普通地貌可取 $K = 0.03$。

由于结构具有一定尺度，结构上各点的风速、风向并不完全相同，而只具有一定的相关性，即结构上一点的风压达到最大值时，离该点越远处的风荷同时达到最大值的可能性就越小，这种性质称为脉动风的空间相关性，可用相关函数、相干函数或互谱函数表示。对于高层建筑、高耸结构，风荷载的相关性可只考虑侧向的左右相关和竖向的上下相关。而对于索网等空间结构，除应考虑上下相关、左右相关外，还应考虑前后相关，i、j 两点脉动风的三维相干函数可表示成

$$\gamma(i,j,n) = \exp\left(\frac{-n[C_x^2 (x_j - x_i)^2 + C_y^2 (y_j - y_i)^2 + C_z^2 (z_j - z_i)^2]}{\overline{v}_i + \overline{v}_j}\right) \tag{4.7.12}$$

其中 C_x、C_y、C_z 为常数，应由观测统计得到，$C_x = 16$，$C_y = 8$，$C_z = 10$ 为一组常用的数据。

2. 风效应与风振系数

《建筑结构荷载规范》中对于以第一振型振动为主的高耸结构以振型分解法为基础，根据随机振动理论的频域分析方法，确定了风荷载的风振系数，即通过将平均风压乘以风振系数（即动力放大系数）来考虑风荷载的脉动效应。其中风振系数由结构的自振频率和高度决定。在确定风荷载的风振系数过程中利用了高层、高耸结构自振频率分布稀疏的特点，忽略了各振型的相关项。这对于自振频率分布密集的悬索屋盖结构是不适用的，而若计及各振型间的相关关系，则会使振型分解法变得十分复杂。另外，由于悬索结构具有一定的几何非线性，采用荷载风振系数来考虑脉动特性亦不十分合理，故悬索屋盖的风振反应分析方法一般与《建筑结构荷载规范》中分析高层、高耸结构的方法不同。除薄膜材料覆盖外，对于自重较大的悬索屋盖结构可以以自重作用下的受力状态为基准，采用考虑振型相关性的振型叠加法计算结构的均方响应。其求解过程与规范中采用的高层、高耸结构风振反应分析方法类似只是在振型叠加时应考虑相关项的影响；亦可像上面所述的地震反应分析一样利用时程

反应分析方法，其求解过程亦与之相同，只是此时使用的脉动风压（速）时程是根据风速功率谱和相关函数由计算生成的，其生成方法与地震波的生成类似，有很多方法可供选择。一种随机振动离散分析方法利用脉动风速（压）谱及其相干函数，在时域内直接求解结构的均方响应和相关函数。利用该方法对菱形平面、椭圆平面双曲抛物面索网的风振反应进行的参数分析，给出了两种典型索网的内力、位移风振系数。

椭圆平面双曲抛物面索网：

位移最大风振系数 $\beta_{D\max}=2.3$

位移最小风振系数 $\beta_{D\min}=-0.3$

内力最大风振系数 $\beta_{T\max}=2.2+\dfrac{0.4}{400}(\mu_z\omega_0-300)$

内力最小风振系数 $\beta_{T\min}=-0.4-\dfrac{1.0}{400}(\mu_z\omega_0-300)$

菱形平面双曲抛物面索网：

位移最大风振系数 $\beta_{D\max}=2.2$

位移最小风振系数 $\beta_{D\min}=-0.2$

稳定副索内力最大风振系数 $\beta_{T\max}=2.3$

稳定副索内力最小风振系数 $\beta_{T\min}=-0.4$

承重主索内力最大风振系数 $\beta_{T\max}=2.8$

承重主索内力最小风振系数 $\beta_{T\min}=-1.6$

若记静荷载（永久荷载及除风荷载以外的活荷载）作用下，在预应力状态（索的预拉力为 T_0）基础上产生的位移和内力增量为 U_1、T_1（位移增量以向下为正，索内力增量以受拉为正）；平均风荷载在静荷载平衡态基础上产生的位移、内力增量分别记为 U_2、T_2，则考虑脉动风荷作用后，结构某点或某单元的最大、最小位移和内力可用风振系数表示为

$$U_{i\max}=\begin{cases}U_{1i}+\beta_{D\max}U_{2i} & (U_{2i}>0)\\ U_{1i}+\beta_{D\min}U_{2i} & (U_{2i}<0)\end{cases}$$

$$U_{i\min}=\begin{cases}U_{1i}+\beta_{D\max}U_{2i} & (U_{2i}<0)\\ U_{1i}+\beta_{D\min}U_{2i} & (U_{2i}>0)\end{cases}$$

$$T_{i\max}=\begin{cases}T_{0i}+T_{1i}+\beta_{T\max}T_{2i} & (T_{2i}>0)\\ T_{0i}+T_{1i}+\beta_{T\min}T_{2i} & (T_{2i}<0)\end{cases}$$

$$T_{i\min}=\begin{cases}T_{0i}+T_{1i}+\beta_{T\max}T_{2i} & (T_{2i}<0)\\ T_{0i}+T_{1i}+\beta_{T\min}T_{2i} & (T_{2i}>0)\end{cases}$$

4.8 悬索结构的设计要点

4.8.1 悬索结构的方案设计

悬索结构的形式十分丰富，在方案设计阶段如何根据工程具体情况合理选型，包括确定各主要结构参数，是关系到建筑结构设计效果的重要课题。这里需要考虑的因素包括：建筑

造型及使用功能方面的要求；结构的静、动力性能；材料和施工安装的可行性；边缘构件和支承结构的处理等。

1. 建筑的造型与使用功能

各种形式的悬索结构对于不同建筑平面的适用性是不同的，设计时应根据具体的平面形状选用合理的悬索结构形式。例如建筑平面呈矩形特别是窄长矩形时，宜选用平行布置的单层或双层悬索体系（索桁架）；当建筑平面近似呈方形时，宜采用双曲型屋盖；当建筑物为圆形平面时，以呈辐射状布置的单层或双层悬索体系以及双曲抛物面鞍形索网等结构形式最为适宜。网状布置的单层或双层悬索体系则可适应矩形、圆形、椭圆形和菱形等多种建筑平面的要求。

在许多工程中采用由强大的中央支承结构和两片或两片以上索网形成的组合屋盖，也往往是由于建筑功能和建筑造型的需要。例如在体育建筑中设置中央支承结构可适当提高体育比赛场地上方的净空高度；两侧的索网屋面正好与观众视线一致。这种组合屋盖的建筑造型十分丰富多彩。常用的中央支承结构有拱、刚架、曲梁等刚性构件，也可采用柔性悬索或索－拱体系。中央支承结构常将拱或索等构件成对布置，其间连以刚性连杆，形成稳定的结构体系。建筑上常利用这一区间形成中央采光带。

如何根据不同形式的悬索结构，处理好屋面排水，也是一个不可忽视的问题。例如呈凹形曲面的悬索结构往往不易组织排水，引起屋面积水，使屋面负荷增加，或引起屋面渗漏，影响使用。因此，对于鞍形索网屋面，很容易沿负曲率的曲线方向由中央向两侧排水。对于平行布置的单层悬索屋面，可通过适当抬高中央部分悬索的标高在纵向形成排水坡度。对于圆形平面中心下凹的单层悬索屋面，可在屋盖最低点设置内排水的重力管道解决，并与室内设计同时考虑。

另外，作为大跨度屋盖结构的主要形式之一，下凹的悬索屋盖与上凸的穹顶屋盖相比，在建筑功能方面还具有如下一些优点：①可以经济地节省出采暖、空调体积，从而有效降低建筑物在使用期间的能耗；这一点对于滑冰馆类建筑是十分重要的；②有较好的声学效果，无音响反射集中（图4.8.1）。

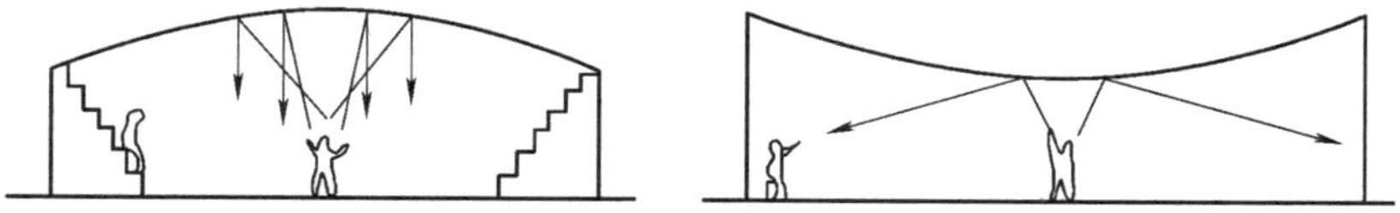

a) 穹顶屋盖使声音集中　　b) 碟形屋盖使声音发散

图4.8.1　不同屋盖形式对音响效果的影响

悬索结构最大的特点是自重轻，因此在保证结构稳定、屋面刚度和抗风等要求的前提下，应尽量采用轻型屋面，使索结构的优越性得以充分发挥。通常可用木板、铝合金板、塑料板或钢丝网水泥板、轻质混凝土板等作为屋面板材。普通混凝土因自重大，使悬索结构自重轻的特点难以发挥。因此单纯通过重屋面来增加屋盖刚度的办法并不可取。近年来，将薄膜作为覆面材料用于悬索结构中，也是一种较为常见的做法。薄膜不仅可以有效地降低屋盖整体自重，而且由于其属于柔性材料，可以很好地适应悬索结构的大变形特点，不会导致屋面渗漏。

2. 结构的受力体系

悬索结构的刚度与其自身的形状曲率变化密切相关。这一点与网壳类结构有些相似，但同时也应该注意到两者的不同。网壳结构属于压力系统，其构件的局部屈曲很容易扩展而导致结构整体破坏。悬索结构属于张力系统，局部屈曲不会扩展，因而不存在结构整体失稳问题。但是另一方面，由于悬索结构的刚度明显弱于网壳结构，因此在进行结构设计时必须采取有效措施，确保结构的刚度和稳定性，以防止结构在不对称荷载作用下产生较大的变形，或由于风荷载（或地震作用）产生动力失稳的可能。

一般来说，单层悬索结构的刚度较小，为保持屋盖的形状稳定性常需采用重屋面，因此在没有采取诸如悬挂薄壳等更有效措施的前提下，这种结构只适用于中小跨度建筑。相比之下双层索系和鞍形索网的刚度较大，可采用轻屋面构造，因此更适用于大、中跨度建筑。但双层索系需要占用较多的结构空间，再有这种体系一般具有平面受力特征，因而在结构设计时需要考虑其出平面稳定问题，一般通过设置侧向支撑或采用网状布置的方式来解决。鞍形索网结构的空间利用率较高，但是由于其形状受到了承重索垂度的限制，一般在刚度方面要弱于双层索系，因此如何限制索网的较大振动是该类结构设计中要解决的主要问题。

随着结构跨度的增加，索中内力及其支座反力都会相应增加，从而增加了边缘构件处理的复杂性。同时索长增加也使索的垂度增大，使支承结构占用的高度和建筑物的体积增大，从而直接影响悬索结构的经济性。因此，对于大跨度的悬索结构，在建筑平面的中部设置强劲的中央支承结构，以减小索和索网的跨度，是增强结构刚度的有效措施之一。

中央支承结构可以在建筑短轴方向设置，也可以在长轴方向设置。前者如北京朝阳体育馆、德国慕尼黑溜冰馆、日本代代木体育馆等，后者如四川省体育馆、青岛体育馆等。布置在中央支承结构两侧的承重索其水平拉力自相平衡，中央支承结构本身主要承受屋面竖向荷载。中央支承结构的形式除根据建筑造型的要求外选择，还应使其受力合理，特别是应使其具有足够的侧向刚度。例如两组相互倾斜或交叉的拱，要优于两组相互平行的拱；索与拱相结合的组合形式要优于单一的索或拱；格构式截面与箱形截面、矩形截面比具有更大的空间刚度。

确定结构受力体系除了选择悬索结构形式外，还必须处理好边缘构件和支承体系，确保清晰的传力途径，这是悬索结构赖以生存的基础。1985 年 1 月意大利米兰体育馆的悬索屋盖（圆形平面，$D = 128\text{m}$，鞍形索网）经历了一场大风雪后，由于圈梁（箱形钢梁，$6.525\text{m} \times 2.6\text{m}$）在局部出现钢材屈服，从而导致屋盖严重破坏。这一事故充分说明边缘构件与支承结构的重要性。而且它在悬索结构中的用钢量也占极大比重，其设计选型合理与否不仅对结构的安全性和经济性有直接影响，而且对建筑造型和索的选型也有很大影响。

在索锚固的地方既存在竖向反力又存在较大的水平推力。因此，边缘构件和支承结构必须具有足够的强度和刚度。同时由于较大的水平推力，也可能使支承柱底产生巨大的弯矩和剪力。因此如何将这些水平推力从锚固处可靠地传递到基础，是边缘构件和支承结构在设计选型时应该重点考虑的问题。

对于平行布置的单层或双层悬索体系来说，当建筑物周围空间允许时，可以考虑通过支承柱与牵拉锚索相结合，以承受悬索锚固点处的竖向分力和水平分力。这种方案的构造简单、受力明确，但占地面积增大。

当柱距较小时，承重索均可通过柱顶与锚索相连，此时边缘构件只起连系作用。当柱距较大而承重索间距较小时，可仅在支柱处设置锚索，其他钢索直接锚固在边缘构件上，此时边缘构件可视为双向弯曲的连续梁，承受钢索在水平和竖向引起的内力。另一种方案是不设锚索，利用具有较大刚度的框架梁或端部水平桁架作为边缘构件，以框架柱或独立柱作为支承结构，但在支承结构底部产生的弯矩和水平力往往较大。这种情况下，可以考虑将立柱斜置，并在柱底间加设地梁，可使支承结构的受力情况得到改善。

无锡体育馆（图4.8.2）将承重索锚固在看台斜框架的悬臂柱上，由于悬臂柱顶的水平推力与看台作用的荷载是同时存在的，使它们产生的弯矩符号相反，对结构受力起了卸荷作用；其次，两侧看台框架柱底之间连接的地梁，可以起到平衡水平推力的作用。这样钢索产生的水平推力经过看台斜框架传至柱底，最后传给地梁，使各杆件的内力相互平衡。从而形成整个结构的封闭力系。

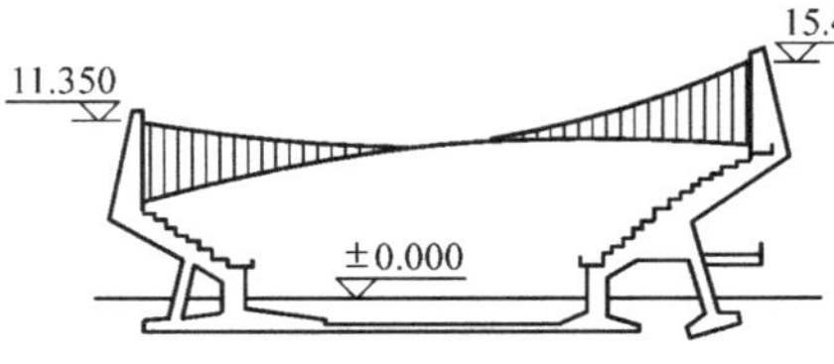

图4.8.2 无锡体育馆

对于双层索系，应当根据两层钢索的布置情况，在周边设置一道或两道圈梁。

对于鞍形索网体系，则往往根据建筑造型和平面形状采用独立柱、拱或刚架等作为支承结构；采用周边封闭的圈梁、斜梁、斜拱或钢索作为边缘构件。这些边缘构件在设计时，都应尽量使它们只有压力而没有扭矩和有尽可能小的弯矩。

3. 结构的施工与安装

在进行悬索结构方案设计时，还必须考虑可行的预应力施加方案，这样才能取得综合的技术经济效果。对于单层索系一般是通过重屋面施加临时荷载而使索获得预应力，这种方法不需复杂的技术设备，因而比较经济。对于在单层索系基础上增设一组与之曲率相反的稳定索而形成的双层索系来说，当屋盖是圆形平面时，可对其上索施加预应力，通过在内环上产生的竖向分力而使下索同时张紧，从而可减小屋盖的竖向变位，增强屋盖刚度；当屋盖为矩形平面时，则可通过调整两层索间的系杆，使上下索同时建立预张力。对于相反曲率的正交索网，可通过对上凸的稳定索施加预应力，而使承重索同时张紧。

由于索是彼此关联的（通过连接节点或边缘构件），当一根索的内力或索长发生变化时，也将会对其他索产生影响，因此确定施工方案时必须考虑适当的预张力施加步骤。对于平行布置的索桁架结构，各榀之间的连系较弱，可分别施加预张力。对于车辐式结构，各榀之间会通过受拉环相互作用，因此应考虑索拉力对环产生的非对称荷载作用，并通过选择合理的张拉顺序来尽量减小不对称作用。理想的方式是在各榀同时张拉，但是由于受到施工设备以及场地、人员等方面的限制，这样的方案往往是不可行的；必须采用分区、对称张拉的方式，必要时还应将总拉力分成几级来施加。

对于含劲性构件的悬索结构，如带有横向加劲构件的平行布置索系，可通过设置并调整其端支座的位移，使整个体系建立预应力，此法能使屋盖刚度增加较多，可用于轻型屋面。如张弦结构，可以将上弦刚性构件先行组装并辅以临时支撑安装就位，然后通过张拉下弦索或顶升竖杆施加预应力，这里要处理好临时支撑的卸载和施工过程中结构采用什么样的支座约束条件的问题。

支承结构以及钢索的徐变会使索力松弛，从而减小体系刚度，因此在确定施工方案时必须考虑如何消除徐变的影响。通常有两种方式：①在施工时对索施加超张力来补偿；②在使用一段时间后（如1年），进行二次张拉。

4.8.2 悬索结构的设计计算

1. 悬索屋盖的风、雪荷载作用

众所周知，风、雪一类荷载对房屋结构的作用与其体形密切相关。悬索屋盖曲面形状多变，屋盖的覆盖面积很大时，屋面上的积雪将会有聚堆的现象，而如何考虑大覆盖面积上的雪堆作用，以及各种曲面形状屋盖的风雪荷载分布，在国内外的研究成果和实测资料上还很少见到。根据收集到的资料，对于矩形、圆形、椭圆形等规则平面的悬索屋盖，在图4.8.3中给出了雪荷分布；相应的风载体形系数由表4.8.1给出。当大跨度悬索屋盖的几何形状比较复杂时，雪荷分布（积雪系数）应根据所在地区的实际情况慎重确定，应适当考虑雪荷不均匀分布的不利影响；风荷载的体形系数则应通过风洞试验确定。此外，在进行屋面围护构件设计时，应对屋面吸力大的部位加强连接，以防屋面被风吸力掀起。

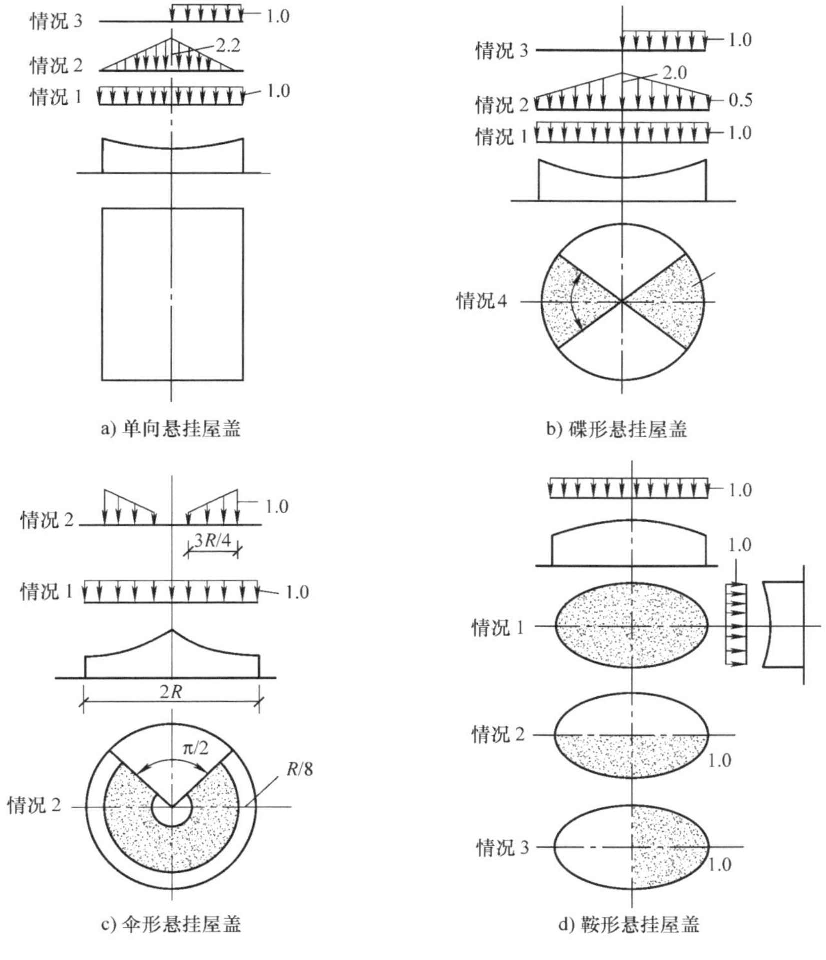

图4.8.3 悬索屋面的积雪分布系数

表 4.8.1 悬索屋面的风载体型系数

序号	平面形式	风载体型系数
1	矩形平面单曲下凹屋面	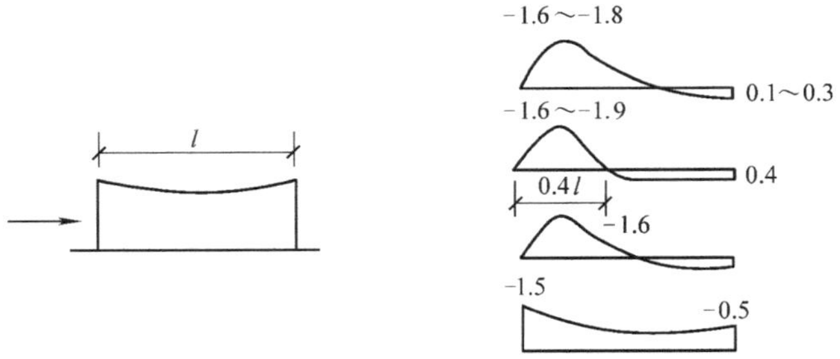
2	圆形平面碟形屋面	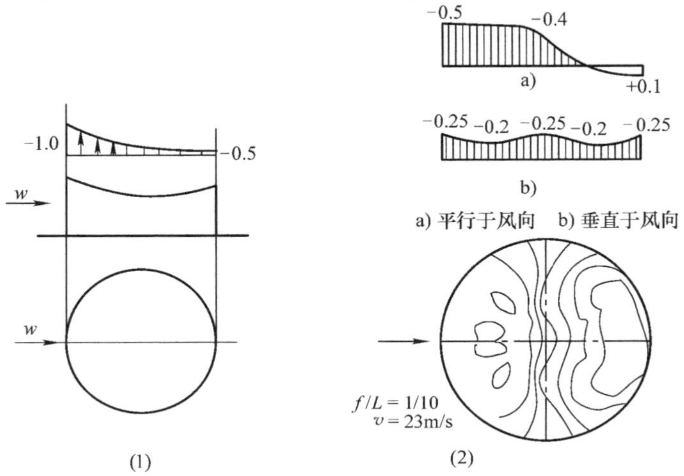
3	圆形平面伞形屋面	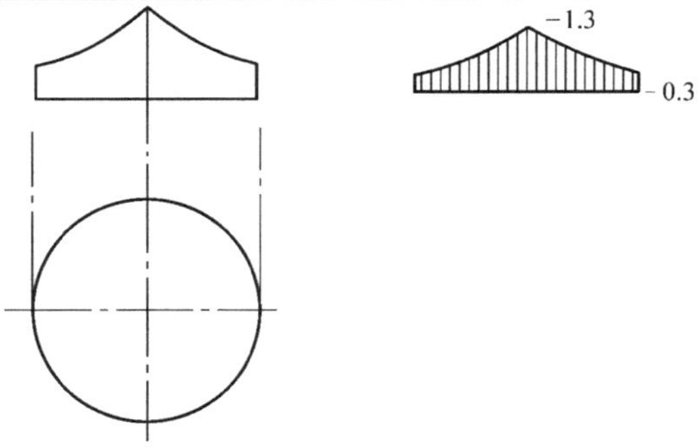
4	圆形平面鞍形屋面	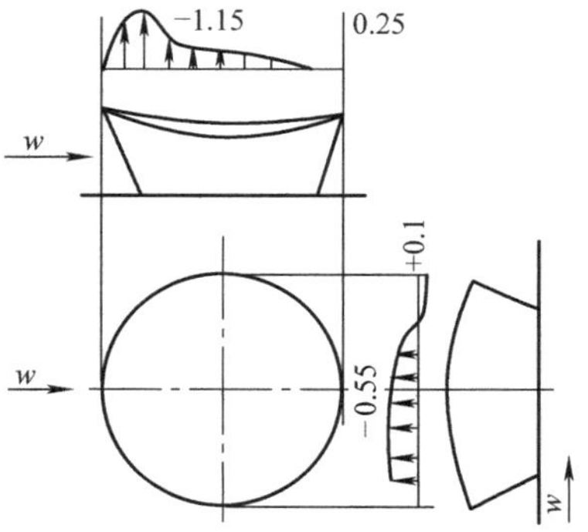

（续）

序号	平面形式	风载体型系数	
5	椭圆平面 鞍形屋面	$a/b=\frac{1.56}{1.00}$ $f_s/L_x=\frac{1}{14.3}$ $f_r/L_y=\frac{1}{22.5}$	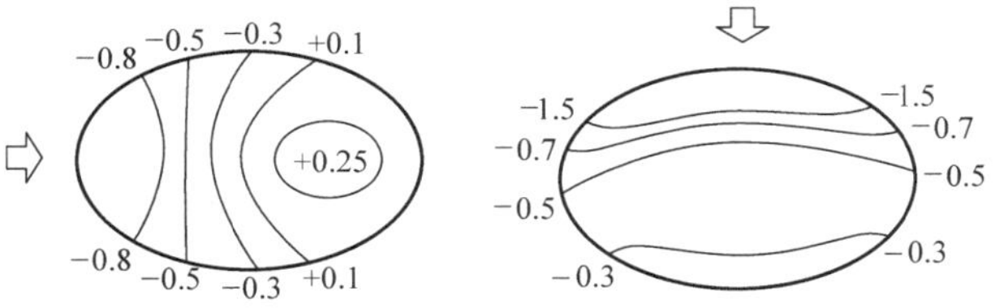
		$a/b=\frac{1.56}{1.00}$ $f_s/L_x=\frac{1}{12.5}$ $f_r/L_y=\frac{1}{26.5}$	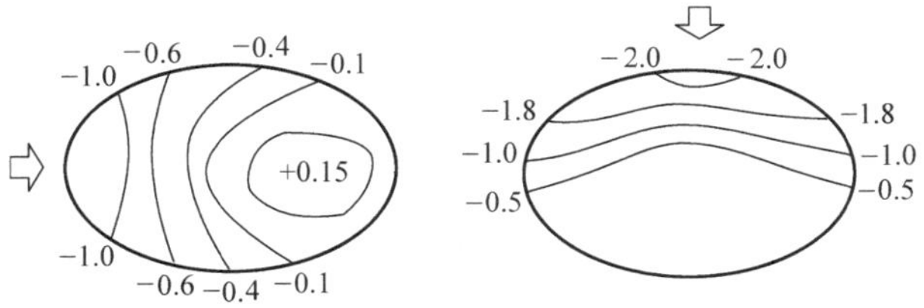
		$a/b=\frac{1.56}{1.00}$ $f_s/L_x=\frac{1}{28}$ $f_r/L_y=\frac{1}{45}$	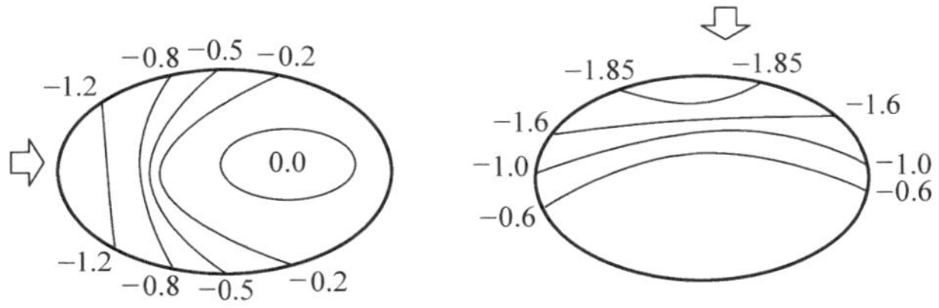
6	菱形平面 鞍形屋面	$f/L=\frac{1}{10}$	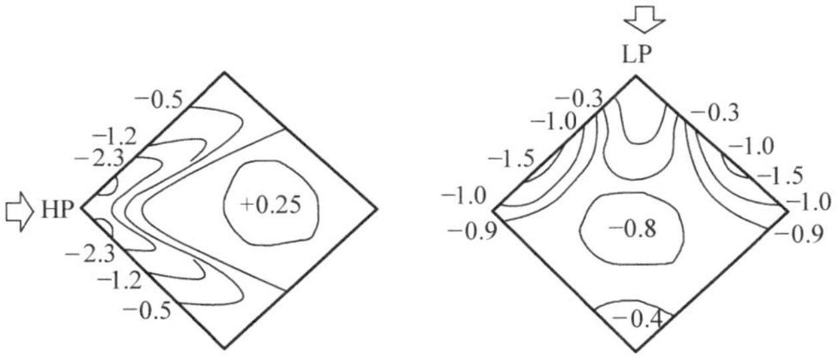
		$f/L=\frac{1}{12}$	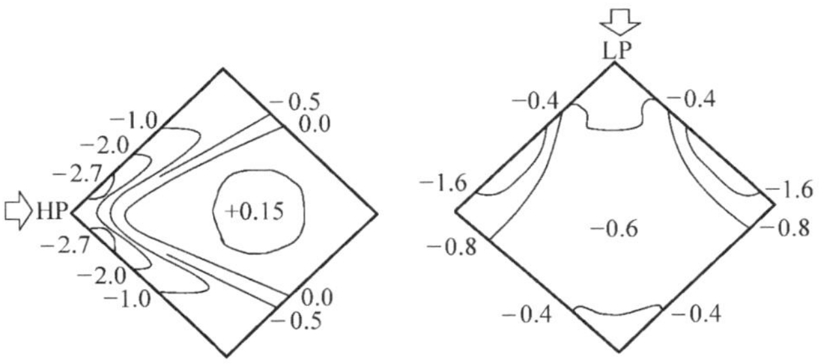

（续）

序号	平面形式	风载体型系数	
6	菱形平面 鞍形屋面	$f/L=\frac{1}{16}$	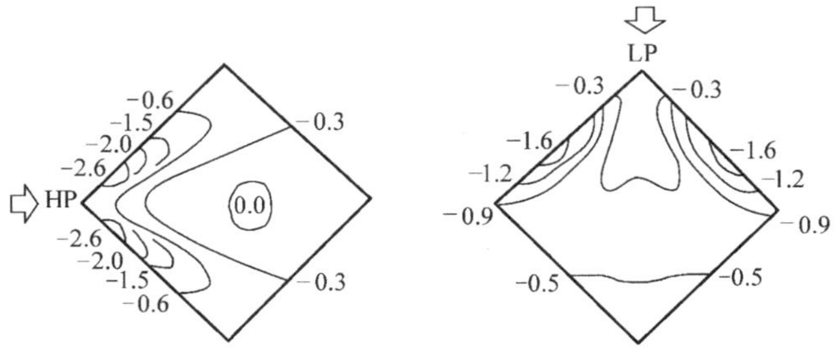

2. 悬索体系预张力的确定原则

如前所述，建立预张力是悬索结构获得必要的结构刚度和形状稳定性的重要措施。初始预张力的数值确定应以悬索体系在各种可能的荷载工况下，钢索都不发生松弛，且保持一定大小的张力储备为原则。在实际设计中，需要结合受载计算，经过试算、调整来确定。

预张力对支承结构（边缘构件或支承拱等）的受力有很大影响。在均布荷载和全部预张力共同作用下，经过仔细设计的边缘构件应主要承受轴向力。但在单独的预张力作用下，尤其在施工过程中不可能对所有钢索同时均匀施加预张力时，往往在边缘构件中引起相当大的弯矩和变形，给这种构件的截面设计造成困难。因此，对预张力的施加过程要预先进行仔细设计。考虑到屋面恒载和预张力对边缘构件的作用常能部分地抵消，通常需要将全部预张力分成若干级，与屋面恒载的施加相配合，通过必要的计算，拟定交替地施加各级预张力和恒载的最有利程序。在施加每级预张力时，还要仔细规定各钢索的张拉次序，按步骤进行。

悬索体系还必须具有足够的抗振性能，也就是说，在可能的动力作用下（风振、地震作用等），体系不会发生过大的振动。这一点需要通过适当选择钢索截面和调整钢索预张力，使体系具有适当的刚度来实现。

3. 钢索的强度校核

对于钢索的强度校核，以往国内外多采用容许应力方法，即利用一个安全系数 K 来对材料的极限强度进行折减，以得到一个可以包络各种不确定因素的容许应力。具体表达式为

$$\frac{N_{\mathrm{kmax}}}{A} \leqslant \frac{f_{\mathrm{k}}}{K} \tag{4.8.1}$$

式中　N_{kmax}——按恒荷（标准值）、活载（标准值）、预应力、地震和温度作用等各种组合工况计算所得的钢索最大拉力标准值；

A——钢索的有效截面积；

f_{k}——钢索材料强度的标准值，可按表（4.8.2）采用；

K——安全系数。

根据国内已建的悬索屋盖工程统计，在恒载、活载、预应力和温度作用的最不利组合下，所采用的安全系数大致为 2.5～3.0。该取值主要是考虑到悬索结构的自重轻，受可变荷载的影响较大；钢索中实际可能存在的弯曲应力，索节点的横向力引起的承载力降低；高强度钢索对疲劳承载力的降低；锚具对钢索造成的应力集中等各种因素。再有，常规钢结构

是考虑塑性状态的，而钢索则没有屈服平台。

我国各类建筑结构，如钢结构，钢筋混凝土结构等均已统一采用以概率为基础的极限状态设计法，并对结构构件的极限状态采用以分项系数表达的设计表达式进行验算。悬索结构的设计计算必然涉及屋面承重构件（如屋面板、檩条等）、悬索的支承结构（如边梁、框架等）、地基基础等钢或钢筋混凝土的结构构件，所以考虑到计算的统一、方便，对钢索强度的计算也宜采用与其他结构设计规范统一的设计表达式，即按下式对钢索进行强度校核

$$\frac{N_{\max}}{A} \leqslant f \tag{4.8.2}$$

式中 $N_{\max}$——按1.2恒载、预张力，1.4活载、地震和温度作用等各种组合工况下计算所得的钢索最大拉力设计值，1.2、1.4分别为恒载、活载的荷载分项系数；

f——钢索材料强度的设计值。

根据极限状态设计方法的理论，式（4.8.2）中的$f=f_k/\gamma_R$，γ_R称为结构构件的抗力分项系数，应根据大量统计数据经概率分析确定，对于悬索结构目前还难以做到，因而悬索强度计算只是在形式上采用了分项系数的表达式，在实际上仍需按容许应力方法推算求得有关系数。

在我国现行规范 JGJ 102—2003《玻璃幕墙工程技术规范》和 CECS 158—2004《膜结构技术规程》中，对建筑结构用索均做出明确规定：即索的单一安全系数为2.5，如果换算为极限状态设计方法中的抗力分项系数则为1.8。JGJ 257—2012《索结构技术规程》中规定拉索采用2.0，钢拉杆取1.7。

美国土木工程协会规范 ASCE 19—96 规定，钢索的极限承载力（即承载力标准值$N_k = Af_k$）不得小于下列各值：

$$\left.\begin{array}{ll}(1) & 2.2\,(D+P)\\(2) & 2.2\,(D+P+L)\\(3) & 2.0\,(D+P+W\text{或}E)\\(4) & 2.0\,(D+P+L+W\text{或}E)\\(5) & 2.0C\end{array}\right\} \tag{4.8.3}$$

式中，D、P、L、W、E分别表示恒载、预应力、活载（包括雪荷载）、风载和地震作用在钢索内引起的拉力；C表示结构安装过程中可能产生的最大拉力。在大多数情况下，索的截面尺寸是由组合（2）和（3）来控制的，这也就意味着在风作用下结构的安全系数为2.0，在活荷作用下索的安全系数为2.2。

日本索结构规程对索的安全系数取值也区分了不同的荷载组合情况，规定在长期荷载组合下索的安全系数取3，在短期荷载组合下索的安全系数取2.2。其中，长期荷载组合类似于式（4.8.3）中的（1）和（2）；短期荷载组合类似于式（4.8.3）中的(3)~(5)。

需要强调的一个问题是：不论应用上述哪种设计方法，都应该保证所采用设计规范的协调性，特别是对于某些涉外工程或使用国外开发的设计软件时，一定要弄清楚其所依据的规范设计体系，避免由于各种设计体系的不协调所导致的安全度降低。

4. 悬索屋盖的刚度校核

悬索结构的变形必须满足结构的正常使用要求，如不因悬索屋盖的变形过大而引起屋面材料的开裂或渗漏等等。《悬索结构技术规程》根据已建悬索结构的使用经验对结构变形作

了规定，悬索结构的承重索跨中竖向位移与跨度之比不应大于表 4. 8. 2 所示数值。

表 4. 8. 2 允许的承重索跨中最大竖向位移

结构类型	最大竖向位移
单层悬索体系	l/200（自初始几何态算起）
双层悬索体系、索网及横向加劲索系	l/250（自预应力态算起）

注：l——承重索跨度。

上述规定是考虑到悬索结构属于柔性结构，只有在对其施加一定预张力后，体系才能具有必要的形状稳定性和刚度，因此除单层索系外，悬索结构的竖向位移均由预应力态算起；对单层悬索体系，上述规定的竖向位移应自初始几何态算起。这是因为单层悬索屋盖的预张力一般是通过加临时荷载后灌缝的方式施加的，因此为保持与双层索系统一，其位移应由屋面承重构件（如屋面板、索自重等）作用之后算起。此外，设计时还需要特别注意不均匀的局部荷载往往使悬索屋盖产生显著变形；温度升高和边缘构件的徐变也会使悬索体系的挠度明显增大。

5. 地锚的设计

图 4. 3. 10 给出了四种地锚类型：①重力型地锚；②板式拉力基础；③挡土墙式；④桩式。第一种类型的地锚利用基础重量（包括基础上面土壤的重量等）和部分上部结构重量平衡索之拉力，其计算并无困难。对于第三类地锚，可参考 GB 50007—2011《建筑地基基础设计规范》中关于重力式挡土墙的有关规定进行强度和稳定验算。以下主要对第二和第四类基础的设计加以介绍。

（1）板式基础锚固 锚板类型的锚固基础主要有 2 种，锚板和螺旋锚（图 4. 8. 4）。

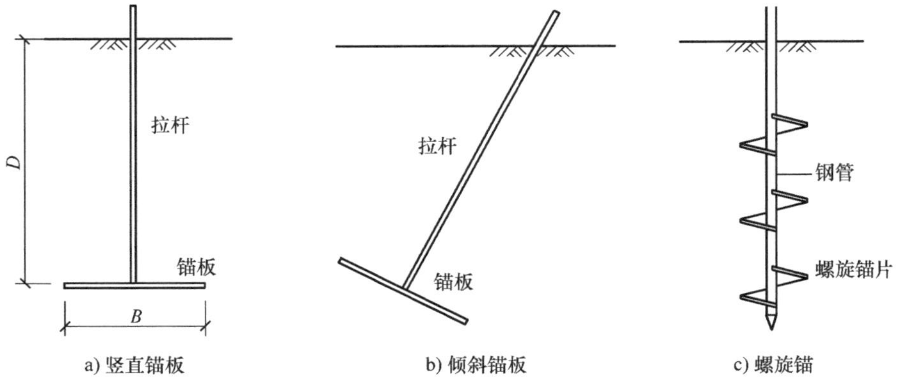

图 4. 8. 4 板式基础锚固类型

锚板的一般构造为钢筋混凝土预制的刚性板（一般为正方形），与拉杆相连，拉力荷载作用在拉杆上，由锚板上方和前方的土体的自重和剪切阻力提供上拔阻力。按锚板在极限上拔荷载作用下土体的破坏形态分类，可以分为浅埋锚板、深埋锚板。对浅埋锚板，上方土体整体剪切破坏，破坏面从锚板的边缘开始，延展到土体表面；深埋锚板在极限状态时，锚板上方一定范围内的土体，进入塑性状态，呈局部剪切形态。这种破坏模式的破坏面可能不清晰，而且可能不延续到土体表面，在锚板位移很大的情况下，表面土体也可能出现隆起。锚板的设计计算公式，一般根据破坏形态提出。当上拔荷载较小时，采用浅埋锚板是经济合理的，土方开挖量不大；如果上拔荷载大，可以采用效率更高的抗拔桩或者锚杆锚固基础。

对于锚板的极限抗拔承载力计算，至今仍然在工程界得到广泛应用的是 Meyerhof 提出的基于模型试验的半经验半理论方法。以粘土中浅埋方形锚板的 Meyerhof 公式为例，其表达式为

$$Q_u = 4cBD + 2\gamma BD^2 K_u \tan\varphi + W \tag{4.8.4}$$

式中 B、D——锚板宽度和埋深；

φ、c——土的内摩擦角和粘结力；

K_u——计算垂直剪切面上的土压力的名义抗拔系数，取0.95；

W——垂直破坏面内的土重 γDB^2。

这里需要说明的是，

1）对于埋深率 $D/B<5$ 的浅埋锚板，应用上述公式求得的抗拔承载力比实测结果大一倍，所以建议当 $D/B<5$ 时，Q_u 取式（4.8.4）计算结果的1/2。

2）虽然上述公式是针对竖直锚板提出的，但是研究表明，当锚板的倾角小于45°时，倾角改变对极限抗拔性能的影响不大，因此式（4.8.4）同样适用于倾斜锚板。

螺旋锚由锚杆（管）、螺旋锚片和杆头组成，按螺旋锚片数可以分为单节（一片锚片）和多节螺旋锚，一般工程使用较多的是多节螺旋锚。施工时在杆头施加扭矩，依靠螺旋锚的钻进能力达到设计的土层深度。螺旋锚的主要优点是安装便利快捷，施工对土体的扰动小。因此在反力锚固、输电线塔的拉线锚固、基坑支护等方面应用较多。当上拔荷载较小时，采用浅埋锚板土方开挖量不大，是经济合理的；而螺旋锚不需要开挖，适用于中等深度或者更深的埋设情况。当各螺旋锚片之间的间距小于6倍的螺旋锚片直径 D 时，多节螺旋锚的极限破坏形态可以看做是多节螺旋锚片之间形成的圆柱形破坏面，上拔承载力由圆柱形破坏面的剪切阻力和顶节螺旋锚锚板的抗拔承载力组成。

（2）抗拔桩锚固 抗拔桩是工程中经常采用的锚固基础之一。其工作机理是通过桩侧摩阻力和桩身自重来抵抗外拉力，其中前者是主要的，也是承载力计算的关键。模型试验和现场实测结果表明，在相同条件下，抗拔桩的极限侧摩阻力要小于抗压桩的侧摩阻力，其比值一般为0.5~1.0。造成这一现象的主要原因在于：桩体泊松比效应（桩体在拉力作用下趋向收缩），土体应力场应力水平的变化（拉力减小了土体应力水平，间接影响了水平有效应力），桩周土体单元主应力轴旋转，以及因为作用荷载方向与桩基贯入方向相反造成侧摩阻力减损等。

在实际工程设计中，一般采用对抗压桩的侧摩阻力乘折减系数的方法来计算抗拔桩的侧摩阻力。无粘性土中的折减系数小些，粘性土中的折减系数大一些；桩长径比越大，折减系数越大。JGJ 94—2008《建筑桩基技术规范》用一个抗拔系数 λ 表示折减系数，对粘性土、粉土，$\lambda=0.7\sim0.8$；对砂土，$\lambda=0.5\sim0.7$；当长径比 $L/d<20$ 时，λ 取小值。

在计算群桩的总抗拔力时应取下面两者的较小值：①单桩抗拔力×群桩根数；②将群桩作为整体求得的抗拔力。有关这方面的更详细内容可参考 JGJ 94—2008《建筑桩基技术规范》。

以上简要介绍了四种常用的抗拔基础形式，在实际设计中应根据各自的工作特点，并综

合考虑场地情况、施工条件以及基础受力情况等因素来选用合理的基础锚固形式。从工作机理上来看，锚板是依靠土体自重和土体内部的摩擦阻力来提供抗拔承载力，属于柔性抗拔结构，位移较大；而抗拔桩是利用侧摩阻力来提供抗拔承载力，其位移要比锚板小得多。在施工方式上，锚板和重力锚固基础需要比较大的土方开挖，但其施工质量较易得到保证；而抗拔桩和螺旋锚的土方开挖量较小，但对施工机械的要求较高。总体上讲，当上拔荷载较小时，采用重力锚固和锚板是比较经济的；当上拔荷载较大时，采用抗拔桩则更为合理。

（3）补充说明

1）抗拔基础设计注意事项：

a）基础宜埋置在地下水位以上，在可能浸水时，还应考虑地下水引起的浮力作用。

b）应预测在长期拔力荷载作用下的基础徐变变形，并确认不会发生徐变破坏。

c）在寒冷地区，基础埋深应在地基冻土深度以下。

d）对于钢制锚固基础，应进行防腐处理。

e）结构物作用在锚固基础上的力应为单纯的拉力，并能顺利传给基础。

f）锚碇的容许抗拔力应根据建设场地抗拔试验的结果确定。应考虑土壤条件的变化和离散性引起的强度降低，传到锚碇上的膜张力的离散性、施工误差、使用期限及荷载条件等因素。

2）抗拔基础的徐变。如前所述，抗拔基础的徐变将导致锚固点产生位移，从而引起张拉结构应力松弛甚至危及结构的稳定，因此在设计时必须予以足够的重视。研究表明，抗拔基础在长期拉力作用下的典型位移时程曲线如图4.8.5所示。图中的Q_1、Q_2、Q_3分别代表不同的荷载水平。当上拔力小于破坏荷载Q_u的1/3时（Q_1状态下），基础变形将在一段时间后停止；当上拔力超过破坏荷载Q_u的0.7倍后（Q_3状态下），经过一段时间后徐变加速发展直至破坏；当上拔力介于Q_1和Q_3之间时（Q_2状态下），变形速度随时间的增加逐渐变缓。通常在进行基础设计时，取安全系数为2.5～3.5，此时对应Q_1状态。对于Q_2状态，需要通过现场试验的方法，来确定建筑物在使用期限内的徐变变形不大于容许变形，且不妨碍建筑物的正常使用。

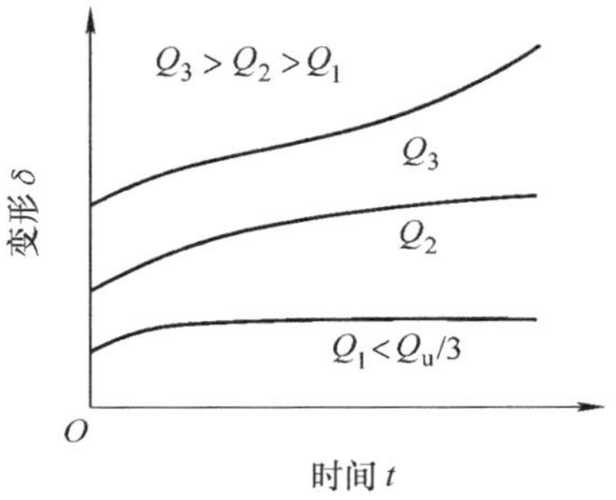

图4.8.5 抗拔基础的徐变曲线

4.9 悬索结构的施工要点

悬索结构施工比较简单，不需要大型起重设备，也不必设置大量脚手架，所以施工费用较节省，而且工期也较短。在支承结构完成以后，整个屋盖的安装一般仅需几个星期。

需要特别注意的一点是悬索结构的施工与设计联系十分紧密。如前所述，设计时必须预先考虑施工的步骤，尤其必须预先规定好张拉预应力和铺设屋面的步骤。实际施工时必须严格按照规定的步骤进行；如稍有改变，就有可能引起内力的很大变化，尤其会使支承结构严重超载。因此，施工人员必须清楚了解设计人员的设计意图，设计人员必须做好透彻的技术交底，并在关键的施工阶段亲临现场监督。

悬索屋盖的架设程序并无统一规定可循，但一般来说，必须首先建立支承结构（柱、圈梁或框架和地锚等），把已经预拉并按准确长度准备好的钢索架设就位，调整到规定的初始位置并安上锚具临时固定，然后进行预应力张拉和铺设屋面。

预应力对支承结构（边缘构件或支承拱等）的受力有很大影响。在均布恒载和全部预应力共同作用下，经过仔细设计的边缘构件主要承受轴向力。但在单独的预应力作用下，尤其在施工过程中，不可能对所有钢索同时均匀施加预应力，因此往往在边缘构件中引起相当大的弯矩和变形，给这些构件的截面设计造成困难。所以，对预应力的施加过程要预先进行仔细设计。考虑到屋面恒载和预应力对边缘构件的作用常能部分地抵消，通常需要将全部预应力分成若干级，与屋面恒载的施加相配合，通过必要的计算，拟定交替施加各级预应力和恒载的最有利程序。在施加每级预应力时，还要仔细规定每个钢索的张拉次序，有步骤地依次进行。

张拉预应力一般利用各种专门的千斤顶进行，操作比较方便，而且易于控制张拉力的大小。张拉预应力和铺设屋面的过程中要随时监测索系的位置变化，必要时作适当调整，使整个屋盖完成使达到预定的位置。这里以浙江人民体育馆（图4.9.1）、北京工人体育馆（图4.9.2）、吉林滑冰馆（图4.9.3）为例介绍悬索结构的施工过程。

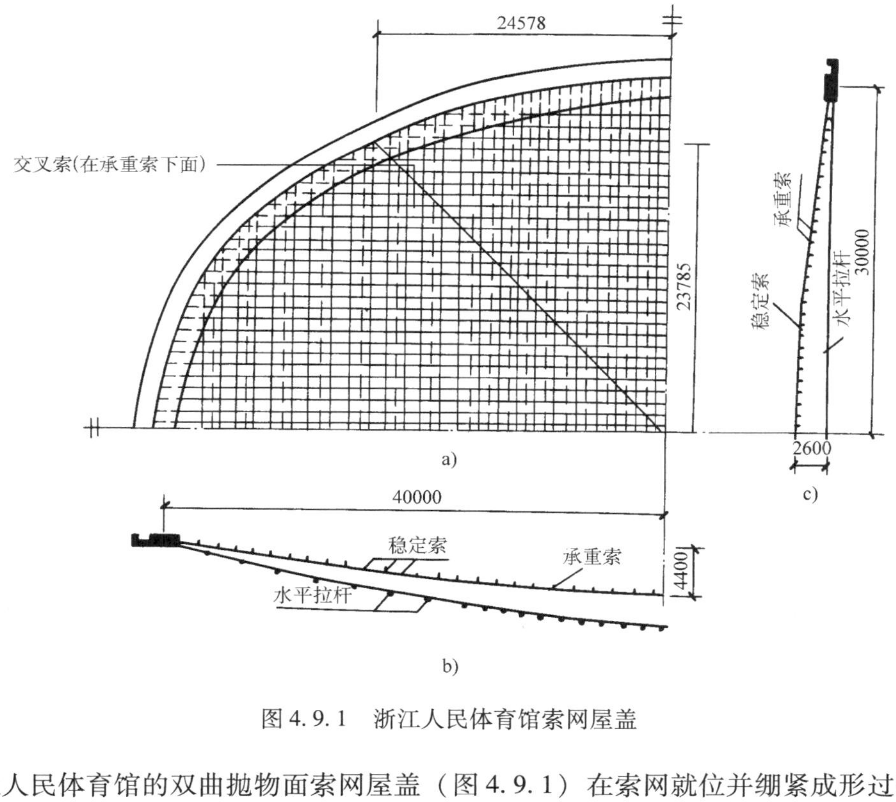

图4.9.1 浙江人民体育馆索网屋盖

浙江人民体育馆的双曲抛物面索网屋盖（图4.9.1）在索网就位并绷紧成形过程中经历了四个施工阶段（也是四个不同受力阶段）才达到设计的工作状态：

1）施加预应力达到第一次预应力状态（约为全部预应力值的60%），限于千斤顶的数量，施工中一次只能张拉一对钢索，每次张拉时都会在其他索内引起张力的变化。因此，需要根据理论估算和试测控制好每次的张拉量，分几遍对各承重索、稳定索轮流进行张拉。根据该馆的施工经验，对所有承重索、稳定索进行2~3遍张拉后，可达到预定的均匀预应力状态。

2）铺设屋面基层，相当于加上全部均布恒载的约60%。

3）第二次施加预应力，完成全部设计预应力。同样，也分2~3遍对承重索、稳定索轮流进行张拉。

4）完成整个屋面的铺设，即加上全部恒载。此时，索网达到设计的工作状态。经实测，索网的位置和内力与设计值十分符合。

北京工人体育馆的车辐式悬索屋盖在下部框架和外环浇筑完成以后，则经历了如下几个施工步骤：

1）装钢内环：在场地中心搭起一座支架，然后将内环分块吊装到支架上组装。

2）安装钢索：先在东、南、西、北四个方向各安装几根下索，以保证中央内环和支架的稳定，然后间隔旋转对称地安装其余钢索。

3）在下索就位后随即建立下索初应力。其目的在于使全部下索达到均匀的绷紧程度。施工时用倒链式绞盘连接拉力表控制。当拉力表读数达到初应力值时，即停止拉动倒链，并临时固定索的锚头。

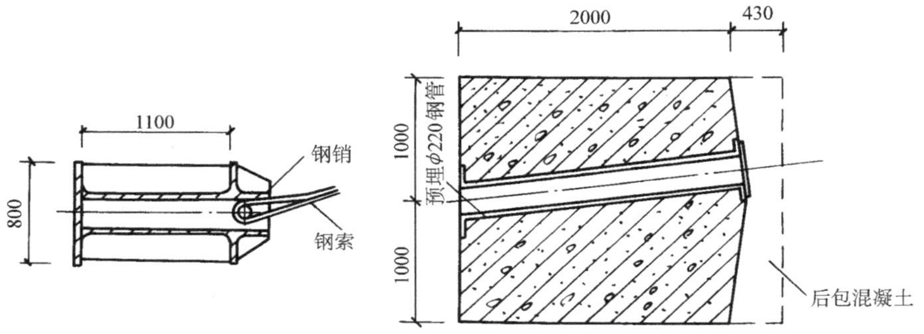

a) 中心环的下环梁截面　　b) 外环梁截面

图4.9.2　北京工人体育馆车辐式悬索屋盖环梁截面

4）内环就位：先用八台千斤顶顶起内环，撤去拼装时用的垫块，然后使八台千斤顶同时回油，内环随之慢慢下沉，直到完全悬空。内环就位后的实测位置与设计值比较，竖向误差为3mm，水平偏差为7.5mm。

5）施加预应力：通过张拉上索施加预应力。张拉时，共用八台预应力拉伸机，同时对称地张拉四对上索，依次间隔旋转地将所有上索轮流张拉两遍，每遍建立预张力的50%。分两遍张拉的目的是尽量减少不均匀张拉在外环内引起的弯矩。最后再对所有上索的预张力全面校对一遍，并作必要的调整。

6）铺设屋面。经实测，整个屋盖完成后，体系的位置和内力与设计值十分符合。

吉林滑冰馆的双层悬索屋盖设计时，考虑到该馆地处北方寒冷地区，施工季节未定，雪荷载达1.0kN/m^2，可能的温度升降±40℃，因而给定了较大的初始预应力值，承重索与稳定索的预拉力水平分量分别达706kN、538kN。在全部预应力、全部恒载和活载及升温40℃的荷载工况（对稳定索松弛为最不利工况）下，稳定索仍保持张紧状态，且保持有70kN的张力储备。实际上该工程的悬索张拉阶段，适逢初夏，室外温度为+20℃，因而初始预应力还可适当降低，实际是按承重索680kN、稳定索460kN（均为拉力水平分量）进行张拉的。由于该悬索屋盖中，沿房屋纵向布置的刚性檩条连接于承重索和稳定索之间，檩条的空间工作作用很强，在15组承重索和稳定索中张拉某根或某组承重索或稳定索时，都会通过檩条影响另外的承重索和稳定索受力；张拉后面的承重索和稳定索时又会反过来使先张拉的索内力发生变化，在檩条中也会产生相应的附加内力。为此对悬索张拉采取了以下措施：

1）由于施工工期紧迫，悬索张拉是与安装屋盖檩条及支撑同步进行的。配合施工进度，将沿房屋全场布置的15组承重索、稳定索划分为如图4.9.3所示的Ⅰ、Ⅱ、Ⅲ三个张拉单元，张拉从先安好支撑的Ⅰ单元开始。

2）为使预应力沿索长均匀分布，在索的两端同时进行张拉，共配备4台YCD60及2台YCD120油压千斤顶，可供一组承重索、稳定索（一根承重索、两股稳定索）同时张拉。

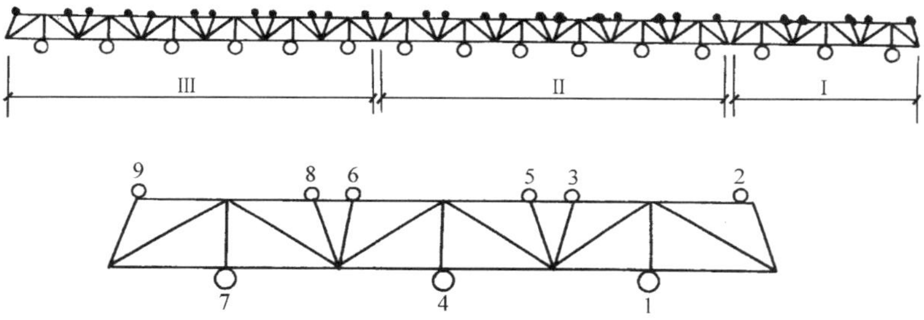

图4.9.3 吉林滑冰馆双层悬索体系的预张拉顺序

3）从Ⅰ单元开始，原计划按1、2、3；4、5、6；7、8、9三组索依次对每组索同步张拉，但因工地人力所限，故改为张拉按1、2、3、4……9的顺序进行，并构成一个循环。全部预应力分三个循环，第一循环完成预应力的50%，第二、三循环各完成25%，三个循环张拉完成达到100%的预应力。为使檩条支座标高的变化控制在尽量小的范围内，每个循环的预应力又分几级交替张拉，这种轮番张拉承重索、稳定索的目的在于达到同步张拉承重索和稳定索的效果，以使张拉完成后的形状基本不变。Ⅰ单元三个张拉循环完成后，在理论上即建立了100%的设计预应力，然后转入第Ⅱ、Ⅲ单元的张拉。

4）考虑到后张拉的索可能对先张拉的索产生影响，故在Ⅰ、Ⅱ、Ⅲ单元全部张拉之后，采用只张拉承重索的方法对全部承重索（实际上也是对稳定索）进行了一次普遍的张力测定与调整，这样在各组承重索、稳定索内便建立了比较均匀的预应力。

5）张拉过程中，张拉力按液压表上读值控制，拔出长度仅作参考，并同时监测索跨中垂度的变化。

6）为了尽量减小张拉时的摩擦损失，张拉前，将全部檩条与索的铸钢夹具及檩条间支撑的连接螺栓放松，待全部屋盖悬索张拉完毕后再行拧紧。

预拉力的施加过程是结构获得形状和承载刚度的过程。在实际的施工过程中，整个结构的预拉力从施加范围到施加的过程都是逐步进行的，因此施加的部位和时间不同都会对其他的部位或后继的过程产生不同的影响；而且，如前所述，悬索结构的形态各异，施工过程和顺序并无统一的规定可循，上面给出的施工方案是实际经验的总结。随着结构形式日益多样和复杂程度的提高，施工过程的验算和计算机模拟正引起大家的关注。

4.10 悬索结构研究的发展趋势

由第1章的叙述可知，我国对悬索结构的研究与工程实践起步较早，基本上与国际同步。早在20世纪60年代就建造了直径94m的北京工人体育馆和60m×80m的椭圆平面双曲抛物面的浙江人民体育馆。由于国家政治经济原因，其后曾一度沉寂，直到20世纪80年代中后期又在一些体育建筑中得到了较多的应用。如前所述，比较著名的有采用预应力双层索系的吉林滑冰馆，采用横向加劲悬索体系的安徽省体育馆以及钢筋混凝土落地拱与索网组合的四川省体育馆。十分遗憾的是在悬索结构快速发展的这一时期未能形成加工、制造、施工的专业队伍，使悬索结构的应用趋于减少。相反在这一时期由于专业制造企业的出现使网架、网壳结构得到了更加迅猛的发展。

20世纪80年代后期建造的悬索结构采用的覆盖材料一般为自重较大的混凝土板材，这一方面可以增加悬索结构的形状稳定性，但另一方面也增加了下部结构及抗拔基础的负荷。而20世纪90年代以后人们更倾向于应用新型轻质板材以降低下部结构及基础的负担。但采用新型板材覆盖后，悬索结构的形状稳定性变差，其在风荷载及其他非均匀局部荷载作用下的变形会增加。这对刚性轻质板材的变形能力提出了挑战。如何使刚性轻质板材间的连接具有较好的承受变形的能力这一问题未能得到很好的解决也许是悬索结构衰落的更主要原因。

直到20世纪90年代中后期，具有较高强度的柔性覆盖材料——建筑膜材的出现使上述问题迎刃而解，而专业企业的跟进使以重屋面为特征的传统悬索结构以新兴的索-膜结构形式重生。可以看出具有重屋面特征的传统悬索结构的衰落并不意味着悬索结构本身的终结。实际上悬索结构的应用与发展就是预应力在结构中的应用，随着人们对预应力技术认识的更加深入，悬索结构正以索穹顶、索承（弦支）网壳、张弦结构、索拱体系以及索-膜结构、索支玻璃幕墙（屋顶）等新型组合体系的形式得到日益广泛的应用。在这些应用中，以下问题需要进一步研究探讨：

1. 索的防腐防锈

与桥梁用索不同，悬索屋盖的索是不应考虑更换的，因为换索相当于拆除屋盖重建。目前一般采用与桥梁一样的方法，加上PE套管等来考虑防腐防锈，可能是不够的，尚需从索的用材，加工制作上深入探讨。

2. 索与刚性杆件的连接节点

新型组合体系往往设计成内力自平衡体系，以便充分发挥各单独体系的优势，减少对支座的依赖。这样做的同时，对连接节点设计提出了新要求。当索力较大时，如何能够保证与刚性杆件连接处节点受力，并且要便于预应力施加。一些工程如广州国际会展中心、哈尔滨国际会展体育中心皆采用了铸钢节点。

3. 索的张拉施工过程控制

像索穹顶这类的新型结构体系，其施工的关键在于如何张拉成型。张拉过程中，索力的控制、度量、分批张拉时索力的相互影响、便于多次张拉的可调节点等均需进一步研究。

附录 A 常用钢丝绳截面规格

附表 A-1 6×19+IWS 钢丝绳

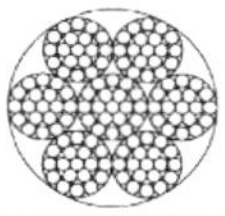

公称直径/mm	近似重量/(kg/100m)	钢丝绳公称抗拉强度/MPa				
		1470	1570	1670	1770	1870
		钢丝绳最小破断拉力 kN				
3	3.43	4.39	4.69	4.98	5.28	5.58
4	6.10	7.80	8.33	8.87	9.40	9.93
5	9.52	12.20	13.00	13.80	14.60	15.50
6	13.70	17.50	18.70	19.90	21.10	22.30
7	18.70	23.90	25.50	27.10	28.70	30.40
8	24.40	31.20	33.30	35.40	37.60	39.70
9	30.90	39.50	42.20	44.90	47.50	50.20
10	38.10	48.80	52.10	55.40	58.70	62.00
11	46.10	59.00	63.00	67.00	71.10	75.10
12	54.90	70.20	75.00	79.80	84.60	89.40
13	64.40	82.40	88.00	93.70	99.30	104.00
14	74.70	95.60	102.00	108.00	115.00	121.00
16	97.50	124.00	133.00	141.00	150.00	158.00
18	123.00	158.00	168.00	179.00	190.00	201.00
20	152.00	195.00	208.00	221.00	235.00	248.00
22	184.00	236.00	252.00	268.00	284.00	300.00
24	219.00	281.00	300.00	319.00	338.00	357.00
26	258.00	329.00	352.00	374.00	397.00	419.00
28	299.00	382.00	408.00	434.00	460.00	486.00
32	390.00	499.00	533.00	567.00	601.00	635.00
36	494.00	632.00	675.00	718.00	761.00	804.00
40	610.00	780.00	833.00	887.00	940.00	993.00
44	738.00	944.00	1000.00	1070.00	1130.00	1200.00

附表 A-2 6×37+IWS 钢丝绳

公称直径/mm	近似重量/(kg/100m)	钢丝绳公称抗拉强度/MPa				
		1470	1570	1670	1770	1870
		钢丝绳最小破断拉力/kN				
5	9.52	11.70	12.50	13.30	14.10	14.90
6	13.70	16.80	18.00	19.10	20.30	21.40
7	18.70	22.90	24.50	26.10	27.60	29.20
8	24.40	30.00	32.00	34.00	36.10	38.10

（续）

公称直径/mm	近似重量/(kg/100m)	钢丝绳公称抗拉强度/MPa				
		1470	1570	1670	1770	1870
		钢丝绳最小破断拉力/kN				
9	30.90	37.90	40.50	43.10	45.70	48.30
10	38.10	46.80	50.00	53.20	56.40	59.60
11	46.10	56.70	60.60	64.40	68.30	72.10
12	54.90	67.50	72.10	76.70	81.30	85.90
13	64.40	79.20	84.60	90.00	95.40	100.00
14	74.70	91.90	98.10	104.00	110.00	116.00
16	97.50	120.00	128.00	136.00	144.00	152.00
18	123.00	151.00	162.00	172.00	182.00	193.00
20	152.00	187.00	200.00	213.00	225.00	238.00
22	184.00	226.00	242.00	257.00	273.00	288.00
24	219.00	270.00	288.00	306.00	325.00	343.00
26	258.00	316.00	338.00	360.00	381.00	403.00
28	299.00	367.00	392.00	417.00	442.00	467.00
32	390.00	480.00	512.00	545.00	578.00	610.00
36	494.00	607.00	649.00	690.00	731.00	773.00
40	610.00	750.00	801.00	852.00	903.00	954.00
44	738.00	907.00	969.00	1030.00	1090.00	1150.00
48	878.00	1080.00	1150.00	1220.00	1300.00	1370.00
52	1030.00	1260.00	1350.00	1440.00	1520.00	1610.00
56	1190.00	1470.00	1570.00	1670.00	1770.00	1870.00
60	1370.00	1680.00	1800.00	1910.00	2030.00	2140.00
64	1560.00	1920.00	2050.00	2180.00	2310.00	2440.00
66	1660.00	2040.00	2180.00	2320.00	2450.00	2590.00

附表 A-3　6×61类钢绳芯钢丝绳

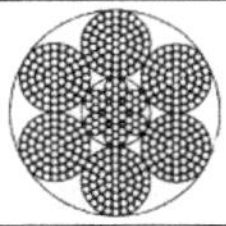

公称直径/mm	近似重量/(kg/100m)	钢丝绳公称抗拉强度/MPa	
		1570	1770
		钢丝绳最小破断拉力/kN	
60	1433	1840	2080
63	1580	2030	2290
67	1787	2300	2590
71	2006	2580	2910
75	2239	2880	3250
80	2547	3280	3690
85	2876	3700	4170
90	3224	4150	4670

附表 A-4 8×61类钢绳芯钢丝绳

公称直径/mm	近似重量/(kg/100m)	钢丝绳公称抗拉强度/MPa	
		1570	1770
		钢丝绳最小破断拉力/kN	
60	1494	1810	2050
63	1647	2000	2260
67	1863	2260	2550
71	2092	2450	2860
75	2334	2830	3200
80	2656	3230	3640
85	2998	3640	4110
90	3361	4080	4600
95	3745	4550	5130
100	4150	5040	5680
106	4663	5660	6380

附录B 塑料护套半平行钢丝索截面规格

附表 B-1 塑料护套半平行钢丝索 ϕ5mm 系列

钢丝根数 n	截面积 A_c/mm^2	破断荷载 P_{ck}/kN	裸索直径 D_0/mm	钢索直径 D/mm	钢丝重/(kg/m)	拉索重/(kg/m)
37	726	1140	35.0	45	5.7	6.5
55	1080	1696	41.1	50	8.5	9.2
61	1197	1880	45.0	55	9.4	10.2
73	1433	2250	48.6	60	11.3	12.3
85	1669	2620	50.8	60	13.1	13.9
91	1787	2810	55.0	65	14.0	15.0
109	2140	3360	57.9	70	16.8	18.0
121	2375	3730	60.7	70	18.7	19.7
127	2494	3916	65.0	80	19.6	21.3
151	2964	4650	67.4	80	23.3	24.8
163	3200	5020	70.6	85	25.1	26.9
187	3671	5760	75.0	90	28.8	30.8
199	3906	6130	77.1	90	30.7	32.4
211	4143	6505	80.5	95	32.5	34.5
223	4377	6870	83.1	95	34.4	36.1
241	4731	7430	85.0	100	37.1	39.3
253	4968	7800	86.9	100	39.0	41.0
265	5202	8170	90.5	105	40.8	43.1
283	5555	8720	92.1	105	43.6	45.6
301	5909	9280	95.0	110	46.4	48.8

注：本表摘自 CJ 3058—1996《塑料护套半平行钢丝拉索》。

附表 B-2 塑料护套半平行钢丝索 ϕ7mm 系列

钢丝根数 n	截面积 A_c/mm^2	破断荷载 P_{ck}/kN	裸索直径 D_0/mm	钢索直径 D/mm	钢丝重/(kg/m)	拉索重/(kg/m)
37	1424	2240	49.0	60	11.2	12.2
61	2347	3680	63.0	75	18.4	19.7
73	2809	4410	68.0	80	22.1	23.5
85	3271	5140	71.2	85	25.7	27.4
91	3502	5500	77.0	90	27.5	29.2
109	4195	6590	81.1	95	32.9	34.8
121	4656	7310	84.9	100	36.6	38.8
127	4888	7674	91.0	105	38.4	40.6
139	5349	8400	92.2	105	42.0	44.0
151	5810	9120	94.4	110	45.6	48.1
163	6272	9850	98.8	115	49.2	52.0
187	7196	11300	105.0	120	56.5	59.2
199	7658	12020	108.0	125	60.1	63.2
211	8119	12750	112.7	130	63.7	67.0
223	8581	13470	116.3	135	67.4	71.1
241	9274	14560	119.0	135	72.8	76.0
253	9737	15287	121.6	140	76.4	80.2
265	10197	16010	126.6	145	80.1	84.1
283	10890	17100	129.0	150	85.5	90.1
295	11353	17824	131.4	150	89.1	93.2
301	11582	18180	133.0	155	90.9	95.9
313	12046	18912	135.3	155	94.6	99.1
337	12968	20360	140.6	160	101.8	106.4
367	14122	22170	147.0	170	110.9	116.6
397	15277	23990	153.2	175	119.9	125.5
421	16200	25430	155.2	180	127.2	133.7

注：本表摘自 CJ 3058—1996《塑料护套半平行钢丝拉索》。

附录 C 建筑用钢拉杆截面规格

拉杆直径/mm	抗拉承载力设计值/kN			
	$R_e \geqslant 235N/mm^2$	$R_e \geqslant 345N/mm^2$	$R_e \geqslant 460N/mm^2$	$R_e \geqslant 550N/mm^2$
40	210	310	345	
45	260	375	435	
50	330	460	540	
55	400	560	650	
60	480	670	775	
65	560	785	910	

（续）

拉杆直径/mm	抗拉承载力设计值/kN			
	$R_e \geqslant 235N/mm^2$	$R_e \geqslant 345N/mm^2$	$R_e \geqslant 460N/mm^2$	$R_e \geqslant 550N/mm^2$
70	660	910	1055	
75	755	1050	1215	
80	860	1200	1380	
85		1350	1560	
90		1510	1750	
95			1950	
100			2160	
110			2610	3135
120			3110	3730
130			3650	4380
140			4230	5080
150			4860	5830

注：1. R_e 为屈服强度。

2. 以上数据摘自 http：//www. juligroup. com，仅供参考。

附录D 点式玻璃幕墙用不锈钢拉杆与不锈钢索截面规格

附表 D-1 不锈钢拉杆截面积与力学性能

序号	直径/mm	截面积/mm^2	有效截面积/mm^2	屈服强度/MPa	抗拉强度/MPa	伸长率(%)
1	8. 0	50. 27	33. 18	250	625	≥25
2	10. 0	78. 54	52. 81			
3	12. 0	113. 10	78. 54			
4	14. 0	153. 94	103. 87			
5	16. 0	201. 06	143. 14			
6	18. 0	254. 47	176. 72			
7	20. 0	314. 16	226. 98			
8	22. 0	380. 13	283. 53			
9	25. 0	490. 87	380. 13			
10	28. 0	615. 75	510. 71			
11	30. 0	706. 86	572. 55			
12	32. 0	804. 25	683. 49			
13	36. 0	1017. 87	804. 25			

注：根据 JGJ 102—2003《玻璃幕墙工程技术规范》规定，不锈钢拉杆的抗拉强度设计值应按其屈服强度标准值除以系数 1. 4 采用。

附表 D-2 不锈钢索截面积与力学性能

钢索结构	索直径 /mm	钢丝直径 /mm	索截面积 /mm²	钢丝强度 /（N/mm²）	最小破断拉力 /kN	弹性模量 /（×10⁵MPa）
1×19	6.0	1.2	21.48	1320.6	25.53	1.30～1.50
	8.0	1.6	38.18		45.37	
	10.0	2.0	59.66		70.90	
	12.0	2.4	85.91		102.10	
	14.0	2.8	116.93		138.97	
	16.0	3.2	152.73		181.52	
1×37	18.0	2.6	196.34		220.39	1.25～1.45
	19.5	2.8	227.71		255.60	
	21.0	3.0	261.41		293.43	
1×61	22.5	2.4	275.96		309.76	
	24.0	2.6	323.87		363.55	
	26.0	2.8	375.61		421.66	
	28.0	3.0	431.18		484.00	
1×91	30.0	2.6	483.15		542.34	1.25～1.45
	32.0	2.8	560.33		628.98	
	34.0	3.0	643.24		722.04	
	36.0	3.2	731.87		821.53	

注：1. 根据 JGJ 102—2003《玻璃幕墙工程技术规范》规定，不锈钢索的抗拉承载力设计值应按其最小破断力除以系数 1.8 采用。

2. 以上数据摘自 http://www.kinlong.com，仅供参考。

参考文献

[1] 巴斯 K J. 工程分析中的有限元法 [M]. 北京：机械工业出版社，1989.

[2] 曹资，薛素铎. 悬索结构阻尼特性试验与理论研究 [C] //第七届空间结构学术会议论文集，1994.

[3] 冯大斌，栾贵臣. 后张预应力混凝土施工手册 [M]. 北京：中国建筑工业出版社，2002.

[4] 蓝天，张毅刚. 大跨度屋盖结构抗震设计 [M]. 北京：中国建筑工业出版社，2000.

[5] 吕志涛、孟少平. 现代预应力设计 [M]. 北京：中国建筑工业出版社，1998.

[6] 中国建筑科学研究院. JGJ 257—2012 索结构技术规程 [S]. 北京：中国建筑工业出版社，2012.

[7] 沈世钊，徐崇宝，赵臣，等. 悬索结构设计 [M]. 2 版. 北京：中国建筑工业出版社，2006.

[8] 杨庆山，沈世钊. 悬索体系的有限元模式及其 Newton 型迭代法 [J]. 哈尔滨建筑工程学院学报，27 (6)，1994.

[9] 杨庆山. 悬索体系随机风振反应分析及抗风设计 [D]. 哈尔滨：哈尔滨建筑大学，1995.

[10] 杨庆山，姜忆南. 张拉索-膜结构分析与设计 [M]. 北京：科学出版社，2004.

[11] 殷有泉. 固体力学非线性有限元引论 [M]. 北京：北京大学出版社，清华大学出版社，1987.

[12] 张汝清，詹先义. 非线性有限元分析 [M]. 重庆：重庆大学出版社，1990.

[13] 张相庭. 工程结构风荷载理论和抗风计算手册 [M]. 上海：同济大学出版社，1990.

[14] 赵臣，陆钦年，沈世钊. 双曲抛物面鞍形屋面风压分布的实验研究 [J]. 哈尔滨建筑工程学院学报，1991，24 (1)：29-36.

[15] Lalvani H, Origins of Tensegrity, Views of Emmerich, Fuller and Snelson [J]. Iternational Journal of Space Structures, 1996, 11 (1&2): 27-55.

[16] Motro R. Forms and Forces in Tensegrity Systems, [C] //Third International Conference on Space Structures, 1984.

[17] Motro R, Tensegrity Systems—Past and Future [C] //IASS International Symposium, 1997.

[18] Tan Dongyao, Yang Qingshan, Zhao Chen. Discrete Analysis Method for Random Vibration of Structures Subjected to Spatially Correlated Filtered White Noises [J]. International Journal of Computers and Structures, 43 (6), 1051-1056, 1992.

[19] 上海市政工程设计研究院. CJ-3058—1996 塑料护套半平行钢丝拉索 [S]. 北京：中国标准出版社，1996.

第5章　薄膜结构

由第1章可以知道，在薄膜结构的发展过程中先后出现了充气式、张拉式两种形式的薄膜结构。

充气式膜结构是利用薄膜内外的气压差使薄膜具有一定的形状和承载能力，它又可以分为气承式和气肋或气枕式两种。气承式是向薄膜与地坪间充入高于外部气压的气体，从而使这层薄膜形成一定的空间形状并承受外荷载；气肋或气枕式则是向薄膜自身形成的较小的封闭空间内充入较高气压气体，从而形成具有一定形状和刚度的气肋或气枕，由这些气肋或气枕作为围护结构与主体支承结构一起形成建筑物的内部空间，建筑物的内外气压是相同的。

张拉式膜结构就是通过给膜材直接施加预拉力使之具有刚度并承担外荷载的结构形式。当结构覆盖空间的跨度较小时，可通过膜面内力直接将荷载传递给边缘构件，即整体式张拉膜结构；当跨度较大时，由于既轻且薄的膜材本身抵抗局部荷载的能力较差，难以单独受力，需要与钢索结合，形成索－膜组合单元；当跨度更大时，可将结构划分成多个较小单元，形成多个整体式张拉膜单元或索－膜组合单元的组合结构。当然多个单元的组合有时是建筑功能和造型上的要求，而非结构上的必需。

实际上，在膜结构的应用过程中索一般是必不可少的，但应当指出的是在充气膜结构和张拉膜结构中钢索的作用不尽相同，对于充气膜结构，钢索主要起加劲作用；而对于张拉膜结构，钢索与膜材一样均为主要受力构件。

张拉式膜结构应用已经比较广泛了，充气式膜结构近年才开始应用起来。在本章5.1～5.7节中对张拉式薄膜结构进行详细的论述，在5.8节对充气式薄膜结构进行介绍。

5.1　建筑膜材与薄膜结构选型

薄膜结构与第4章介绍的悬索结构一样，所使用的主要材料——膜材本身不具有刚度和形状，即在自然状态下不具有保持固有形状和承载的能力，只有对膜材施加预应力后才能获得结构承载所必需的刚度和形状，当然预应力大小与分布决定了结构的刚度和形状，因此其设计过程首先是形态分析。可以看出结构形体并非仅由建筑设计所决定，亦由受力状态所制约。与悬索结构不同的是钢索为一维线型材料，而膜材为二维面型材料，故薄膜结构的空间作用更为明显。

5.1.1　建筑膜材及其本构模型

薄膜结构的发展是与薄膜材料发展分不开的。建筑膜材的产生使薄膜结构用于永久性建筑成为可能。建筑膜材是一种新型柔性材料，分为织物和非织物两大类。张拉薄膜结构常用的膜材多为织物类，是一种复合材料，一般由中间的纤维纺织布基层和外涂的树脂涂层组成，也称为涂层织物（Coated Fabric），如图5.1.1所示。其基层是受力构件，起到承受和传递荷载的作用；而树脂涂层除起到密实、保护基层的作用外，还具备防火、防潮、透光、隔热等性能。

1. 膜材涂层

目前已生产出多种树脂涂层材料，如聚氯乙烯（PVC）、聚四氟乙烯（PTFE，杜邦公司商品名为Teflon，特氟隆）、硅酮、聚氨酯等。其中前三者为建筑膜材常用的树脂涂层材料。聚氯乙烯（PVC）应用最早，有多种颜色可供选用，其柔韧性能较好，可卷折，使用方便，易与其他构件连接；但其抗紫外线能力较差，在太阳光的长期照射下，易发生化学变化，造成灰尘、油渍的附着，且不易清洗、自洁性差，进而降低透光率。因此，外涂聚氯乙烯的膜材一般应用于临时性建筑。为克服上述缺点，可在PVC涂层外涂敷化学稳定性更好的附加面层，如聚二氟乙烯（PVDF）、聚偏氟乙烯（PVF），这样会使膜材的自洁性得到较大提高。目前，涂覆了PVDF的PVC膜材已应用于半永久性及永久性结构。

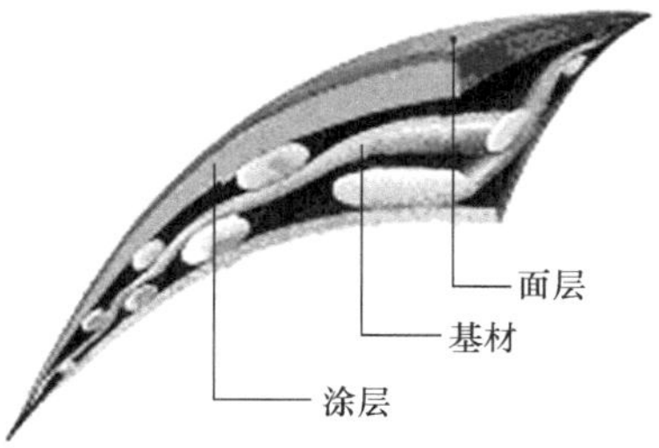

图5.1.1 建筑膜材示意图

特氟隆（Teflon，聚四氟乙烯）是美国杜邦公司于20世纪70年代开发的专利性产品。它为惰性材料，抗紫外线能力强，透光性和自洁性好，寿命长（25~30年），具有可焊性，是永久性建筑的良好选材。但其刚度较大，运输及施工中的卷、折会使膜材强度降低，故施工方便性较差，而且在其变形过程中易产生微细裂缝，使水分侵蚀基层纤维，降低基层纤维的强度和使用寿命。因此一般在基层和Teflon面层间加涂硅酮防水层。

硅酮是后期开发出来的新型涂层材料，其柔韧性、透光性、防水性均好，施工安装方便，但其自洁性比Teflon差，可焊性也差，拼接较困难。最近有些生产厂商声明其硅酮产品在上述两个方面的性能已得到改进，如果这种说法被试验及工程实践所证实的话，硅酮将可能成为另一种永久性膜材的优良涂层材料。

2. 膜材基层

可供选择的基层纤维品种也有很多，如碳纤维、Kevlar（芳纶）纤维、聚酯纤维、玻璃纤维等。根据建筑结构使用强度的一般要求，建筑膜材的基层纤维一般选用玻璃纤维或聚酯纤维。玻璃纤维一般由石英、钙、硼、铁、氧化铅等成分组成，弹性模量和强度均较高，徐变小，属脆性破坏材料；湿、热环境对其力学性能具有一定的影响，但这种影响会通过面层的覆盖而减弱。聚酯纤维在拉力和紫外线的长期作用下会有较大的徐变，容易造成膜面皱折，进而使灰尘、异物在皱折处聚集，影响感观效果及透光率。

3. 膜材产品

将各种纤维基层与树脂涂层相结合可得到多种建筑膜材，常用的有：外涂聚四氟乙烯的玻璃纤维膜（一般称为PTFE膜材）、外涂聚氯乙烯的聚酯纤维膜（一般称为PVC膜材）和外涂硅酮的玻璃纤维膜。膜材厚度一般为1mm左右，自重约为1kg/m^2。PTFE膜材一般用于永久性建筑，PVC膜材一般应用于临时性建筑。由于PTFE膜材对加工及施工工艺方面的要求较高，在我国尚未得到广泛应用，目前国内应用较多的是含PVDF面层的PVC膜材，一般认为PVDF可显著改善PVC膜材的抗紫外线能力，提高自洁性，使用寿命可达15年以上。同时国内有关单位也正积极对PTFE膜材进行开发。随着膜材料科学技术的不断进展，各类新型膜材不断涌现，目前已得到一定范围应用的有PTFE、THV等。

膜材产品的抗紫外线能力、透光性、自洁性、保温性和隔声性是选用时需考察的主要物理指标。建筑结构必然长期暴露在阳光下，故膜材涂层应具有较强的抗紫外线能力。膜材均具有一定的透光性，但不同产品差异较大。膜材本身的保温（导热系数约为 9.29 ~ 11.41W/（m·K））、隔声性能并不优良，采用有空气夹层的双层膜可使其性能得到改善。自洁性是指膜面在雨水冲刷下的自我清洁能力，因此膜材涂层一般采用惰性材料，以保证其与环境介质中的灰尘、有机污渍不易结合。

结构的自洁性除与材料本身的自洁性有关外，还与所处环境及建筑设计有关。膜材的自洁性只是为结构自洁性提供了必要的物质基础，只有良好的设计才能使其自洁性能得以充分发挥，如增加曲面斜率以提高雨水冲刷速度等。当环境比较恶劣，污染较重或建筑曲面较平坦时，为保持建筑物的感观效果，定期进行人工清洗是十分必要的。

膜材是半透明织物，对自然光有反射、吸收和透射能力，其透光率一般为 5% ~16%，晴天室内照度达 1000 ~2000Lx，雨天也可达 500Lx，可使白天室内无需人工照明。充足的日光既能节约照明能耗，又能提供植物生长所需的光照，创造良好的室内环境与气氛。而它对光的反射性能可减少热量的获得，改善炎热地区室内居住环境，降低空调耗能。

然而，由于膜材质轻，热工性能较差，当膜结构用于寒冷地区尤其是游泳池、植物园等建筑时应采取必要的防结露措施，如加强室内通风等。寒冷地区的膜结构应采用双层膜，中间形成空气层以助于膜屋顶隔热保温，如美国丹佛机场候机大厅膜屋顶就采用了双层膜结构（图 1.2.87）。如果夹层中夏天输冷气，冬天吹热风，还可进一步增强双层膜的降温和保暖作用。夹层中若填入透光性玻璃棉等隔热材料，将进一步提高其保温隔热效果，这就为膜结构更广泛地应用到不同地域、不同气候环境提供了十分有利的条件。

4. 力学性能

如前所述，织物类膜材由基层和涂层两部分构成，其受力特性主要是由纺织成形的基层纤维布决定。纤维布的力学性能和变形方式与制造工艺和经纬组织方式有关。根据建筑膜材的使用要求和织造工艺、经纬组织方式的特点，建筑膜材基层纤维布一般采用机织平纹布，因此可假设为正交异性材料。

由于膜材薄且柔，在结构中只能承受拉力作用，故其力学性能就是指其在拉力作用下所表现出来的性能，可通过单向拉伸试验测得。图 5.1.2 为膜材的单向拉伸试件，条带长向（加力方向）分别为膜材经向和纬向时的应力 - 应变曲线，如图 5.1.3 所示［W 表示经向（Warp），F 表示纬向（Fill）；括号内比值为经纬向加载比例，下同］。

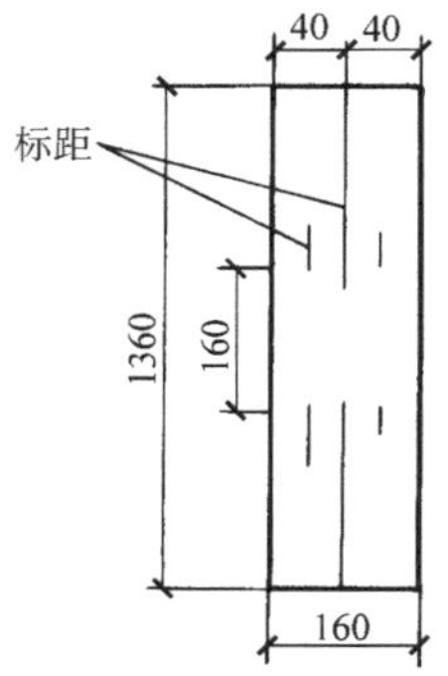

图 5.1.2 单向拉伸试件

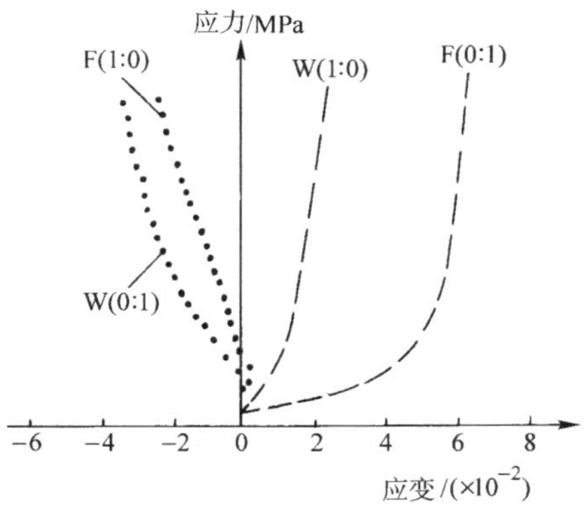

图 5.1.3 单向拉伸应力 - 应变曲线

由图5.1.3可以看出，膜材的应力-应变关系具有非线性性质，且在初始阶段较大，而当拉力达到一定值后，非线性程度将降低。由于索膜为柔性材料，为使其具有一定形状和刚度必须施加预应力（PTFE涂层的玻璃纤维膜材的预应力取值一般为5~8kN/m；乙烯涂层的聚酯纤维膜材预应力取值一般为1~5kN/m。若膜材厚度按1mm计算，kN/m与MPa等价），这使得材料的非线性程度在承担荷载阶段得到显著降低，故在受力分析阶段可做弹性假设，因此膜材的基本力学模型可假设为二维正交异性弹性体。

弹性体的本构关系依Hooke定律可表示为

$$S = D\varepsilon \tag{5.1.1}$$

二维正交异性弹性膜材在弹性主轴上的本构方程可由式（5.1.1）写成

$$\begin{pmatrix} S_W \\ S_F \\ S_{WF} \end{pmatrix} = \begin{pmatrix} D_{11} & D_{12} & 0 \\ D_{21} & D_{22} & 0 \\ 0 & 0 & D_{33} \end{pmatrix} \begin{pmatrix} \varepsilon_W \\ \varepsilon_F \\ \gamma_{WF} \end{pmatrix} \tag{5.1.2}$$

简记为

$$S_M = D\varepsilon_M \tag{5.1.3}$$

式中　$D_{11} = \dfrac{E_1}{1-\nu_1\nu_2}$，$D_{22} = \dfrac{E_2}{1-\nu_1\nu_2}$，$D_{33} = G_{12}$，$D_{21} = D_{12} = \dfrac{\nu_1 E_2}{1-\nu_1\nu_2} = \dfrac{\nu_2 E_1}{1-\nu_1\nu_2}$；

E_1、S_W、ε_W——经向弹性模量、应力和应变；

E_2、S_F、ε_F——纬向弹性模量、应力和应变；

G_{12}、S_{WF}、γ_{WF}——切变模量、切应力和切应变；

ν_1、ν_2——经向引起的纬向、纬向引起的经向泊松比。

上述参数因膜材品种不同而异，需通过测试获得。工程应用中常采用的一组参数是：$E_1 = 900\text{MPa}$，$E_2 = 600\text{MPa}$，$G_{12} = 20\text{MPa}$，$\nu_{12} = 0.3$，$\nu_{21} = 0.6$（PVDF-PVC）；$E_1 = 1396\text{kN/m}$，$E_2 = 890\text{kN/m}$，$\nu_{12} = 0.86$，$\nu_{21} = 0.55$（日本产FGT800，PTFE）。

在结构分析中建立的坐标系往往与弹性主轴方向不同，膜材在非弹性主轴（偏轴）方向上的本构关系为

$$\overline{D} = T_S D T_S^T \tag{5.1.4}$$

式中　θ——偏轴与弹性主轴的夹角，$-90° \leqslant \theta < 90°$。

$$T_S = \begin{pmatrix} \cos^2\theta & \sin^2\theta & -2\sin\theta\cos\theta \\ \sin^2\theta & \cos^2\theta & 2\sin\theta\cos\theta \\ \sin\theta\cos\theta & -\sin\theta\cos\theta & \cos^2\theta - \sin^2\theta \end{pmatrix} \tag{5.1.5}$$

《膜结构技术规程》推荐的膜材抗拉强度见下表5.1.1。

表5.1.1　膜材抗拉强度（经向/纬向）

材　料	A级（1000g/m²）	B级（800g/m²）	C级（600g/m²）
聚四氟乙烯涂覆玻璃纤维	156.6/130MPa	150/116MPa	96.6/66.6MPa
有机硅涂覆聚酯纤维		106.76/105MPa	
聚四氟乙烯涂覆聚酯纤维		72/68MPa	

（续）

材 料	A级（$1000g/m^2$）	B级（$800g/m^2$）	C级（$600g/m^2$）
聚氯乙烯涂覆聚酯纤维（聚偏氟乙烯 PVF 面层）	115.7/115.7MPa	91.6/91.6MPa	
聚氯乙烯涂覆聚酯纤维（聚二氟乙烯 PVDF 面层）	120/110MPa	85/80MPa	60/60MPa
聚氯乙烯涂覆聚酯纤维（聚丙烯 ACRYLIC 面层）	110/100MPa	80/70MPa	60/50MPa

5.1.2 柔性壳体的基本力学性能

从受力特性上看，由于柔性膜材只能承受面内拉力，薄膜结构在面外荷载作用下产生的弯、剪力需通过结构的变形转换成面内拉力。当其初始曲率较小时，变形引起的面内拉力会很大。为了防止膜内拉力过大，结构的初始形状应保证具有一定曲率，因此薄膜结构本身属于壳体范畴，有时称为柔壳（Soft Shell）。所谓壳体是指由两个曲面所限定的物体，且两曲面之间的距离远小于曲面的尺度。这两个曲面就称为壳面；两壳面间的垂直距离称为壳体的厚度；平分壳体厚度的面称为中曲面。

柔壳结构的基本方程。设壳体厚度为 h，中曲面最小曲率半径为 R，当h: $R\leqslant 1$: 20 时称为薄壳，反之，当 h: $R>1$: 20 时称为厚壳。对于实际工程中的壳体结构一般有 1: $1000\leqslant h/R\leqslant 1$: 50，故均可按薄壳处理，并可认为变形前垂直于中曲面的直线，变形后仍保持为直线，并垂直于变形后的中面；垂直于中面方向的挤压应力较小，由它产生的应变可忽略不计；体积力和表面力均可直接移植为中面上的荷载。

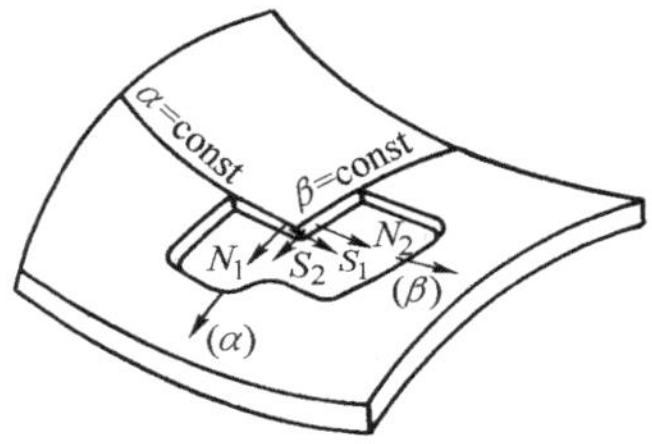

图 5.1.4 薄膜内力

对于曲面壳体，可建立以中曲面的主曲率线 α、β 和法线 γ 为坐标轴的曲线坐标系。由于膜材的抗弯刚度非常小，可以忽略壳体中的所有力矩，即认为壳体中只存在薄膜内力，如图 5.1.5 所示，其中 N_1，S_1 为壳体中任一点 C 对应于坐标线 $\alpha=\text{const}$ 的法截面上的张力和剪力；N_2，S_2 为 C 点对应于坐标线 $\beta=\text{const}$ 的法截面上的张力和剪力。

若以 C 点为原点在曲面微元上建立正交直角线坐标系 $C\xi\eta\zeta$，其中坐标轴 $C\xi$ 和 $C\eta$ 分别沿坐标线 $\beta=\text{const}$ 和 $\alpha=\text{const}$ 的切线方向，坐标轴 $C\zeta$ 沿曲面的外法线方向，形成一个右手坐标系。设 P_ξ、P_η 和 P_ζ 为作用在壳体表面上的已知外荷载，根据上述几何条件和内力条件，可得壳体的平衡方程为：

$$\left.\begin{aligned}&\frac{\partial}{\partial\alpha}(BN_1)-N_2\frac{\partial B}{\partial\alpha}+\frac{\partial}{\partial\beta}(AS_2)+S_1\frac{\partial A}{\partial\beta}+ABP_\xi=0\\&\frac{\partial}{\partial\beta}(AN_2)-N_1\frac{\partial A}{\partial\beta}+\frac{\partial}{\partial\alpha}(BS_1)+S_2\frac{\partial B}{\partial\alpha}+ABP_\eta=0\\&\frac{N_1}{R_1}+\frac{N_2}{R_2}+P_\zeta=0\\&S_1-S_2=0\end{aligned}\right\}\tag{5.1.6}$$

其中，A 代表当 $d\alpha=1$，$d\beta=0$ 时的曲线弧长，B 代表当 $d\beta=1$，$d\alpha=0$ 时的曲线弧长，称为拉密系数。

式（5.1.6）的最后一个方程表示剪力的成对定律，严格来说，这个定律仅在无矩假设的情形下才成立。为书写方便，令

$$S_1=S_2=S \tag{5.1.7}$$

将式（5.1.7）代入方程组（5.1.6）中，整理可得柔性壳体的平衡微分方程式（5.1.8）（即薄壳结构的无矩理论）如下：

$$\left.\begin{aligned}\frac{\partial}{\partial\alpha}(BN_1)-N_2\frac{\partial B}{\partial\alpha}+\frac{\partial}{\partial\beta}(AS)+S\frac{\partial A}{\partial\beta}+ABP_\xi&=0\\ \frac{\partial}{\partial\beta}(AN_2)-N_1\frac{\partial A}{\partial\beta}+\frac{\partial}{\partial\alpha}(BS)+S\frac{\partial B}{\partial\alpha}+ABP_\eta&=0\\ \frac{N_1}{R_1}+\frac{N_2}{R_2}+P_\zeta&=0\end{aligned}\right\} \tag{5.1.8}$$

如前所述，张拉薄膜结构（柔壳）不能抗压，因此壳体中的内力 N_1 和 N_2 只能为拉力。

由式（5.1.8）中的第三式可以看出，当张拉薄膜结构处于零载荷状态时，其曲率的符号必然相反，于是由式（5.1.6）可知张拉薄膜结构的高斯曲率只能为负值，这个结论对于前章中讨论的预应力索网同样成立。由索、膜两种材料组成的张拉索－膜结构为组合结构，其曲面为连续折曲面，一般不能用统一的平衡方程表示，但索可以看做是薄膜曲面的柔性边界，索与索之间的膜面应为负高斯光滑曲面，类锥形旋转面和鞍形滑移面为其基本形式，可采用圆形、四边形或多边形等多种平面形式（图5.1.5、5.1.6），通过基本曲面形式的拓展和组合可得到形态各异的薄膜曲面（图5.1.7a～l）。

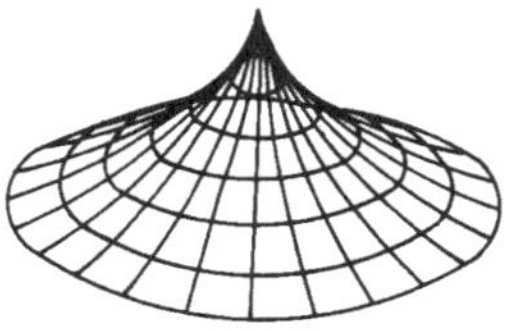

图5.1.5 负高斯旋转面图

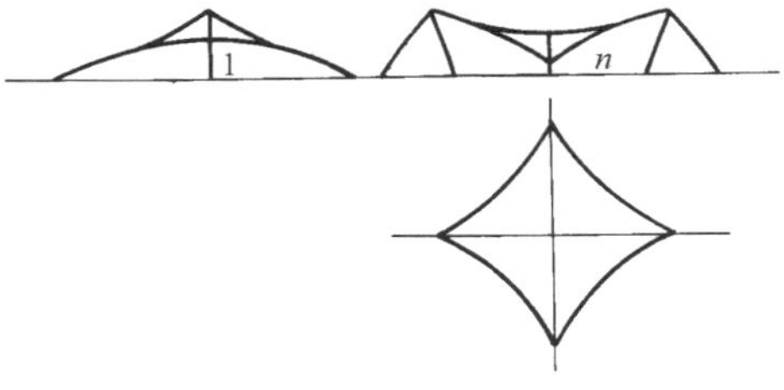

图5.1.6 负高斯鞍形滑移面

a) 双锥体

b) 多锥体

图5.1.7 薄膜结构曲面形式

c) 锥体环绕式

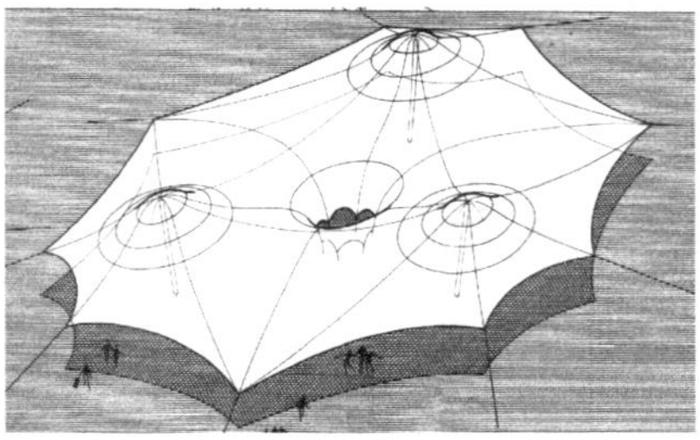

d) 正、倒锥体组合

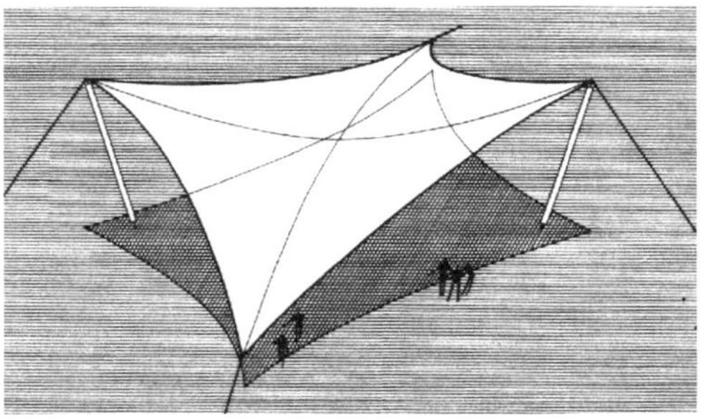

e) 简单鞍形曲面

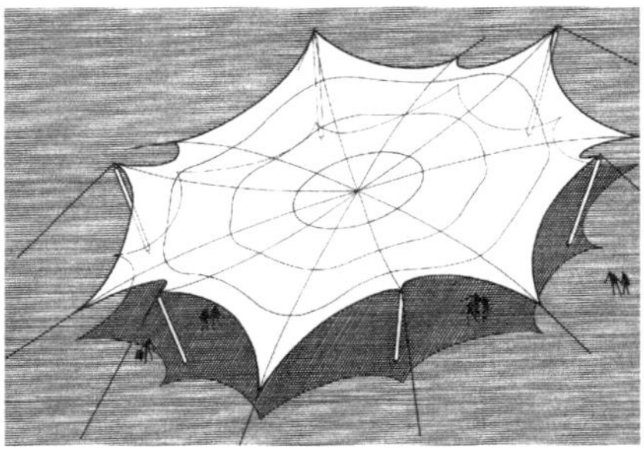

f) 鞍形曲面辐射布置

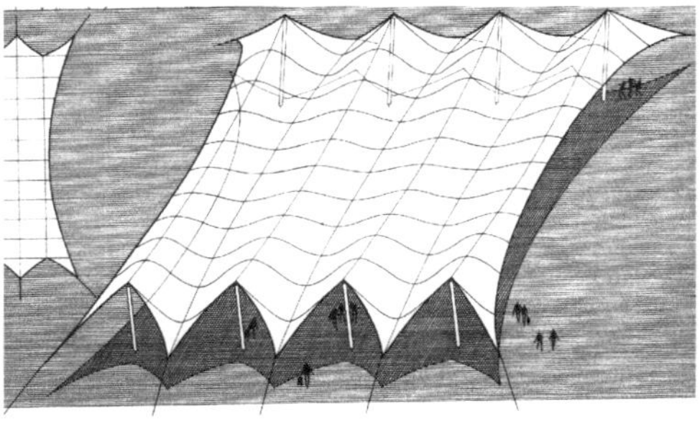

g) 鞍形曲面平等布置

h) 拱支承鞍形曲面

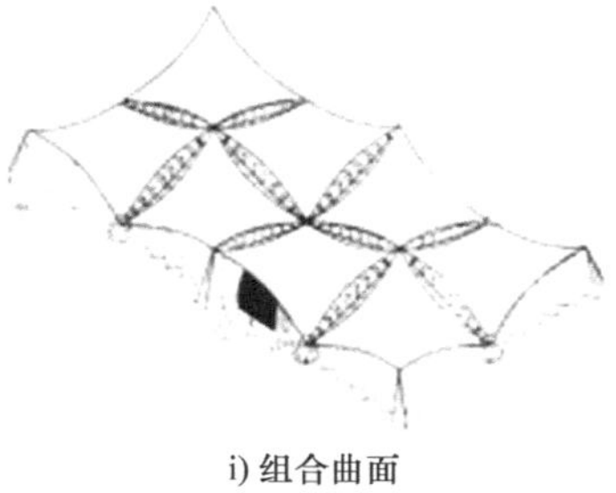

i) 组合曲面

j) 组合曲面

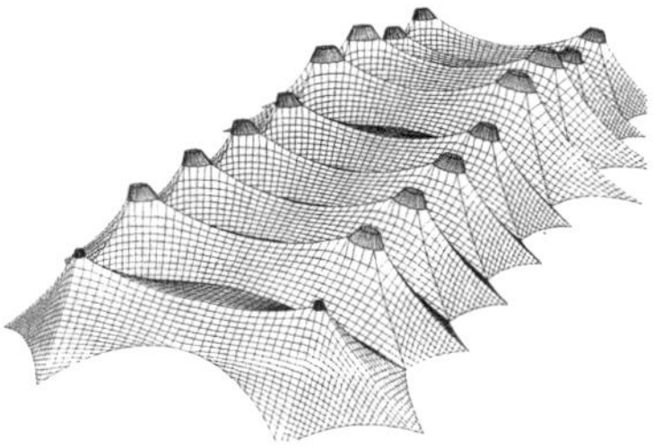

k) 组合曲面

l) 组合曲面

图5.1.7 薄膜结构曲面形式（续）

5.1.3 薄膜结构的支承体系

张拉薄膜结构支承体系的布置应保证所形成的结构曲面为负高斯曲面或分片负高斯曲面的组合，同时将膜内预应力及荷载产生的内力传递到基础和地基。张拉薄膜结构的支承体系大体分成将膜内应力直接导入基础的边界支承和将膜内应力导入边界支承的跨内支承体系（图5.1.8）。

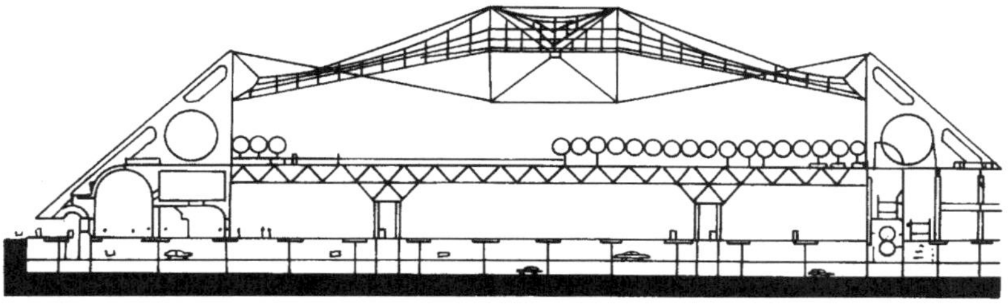

图5.1.8 膜结构的支承体系

封闭性建筑的边界支承一般采用连续刚性构件，即将膜边界直接与下部结构或邻近结构的刚性构件如圈梁等相连接，形成自平衡体系（如图5.1.9）。

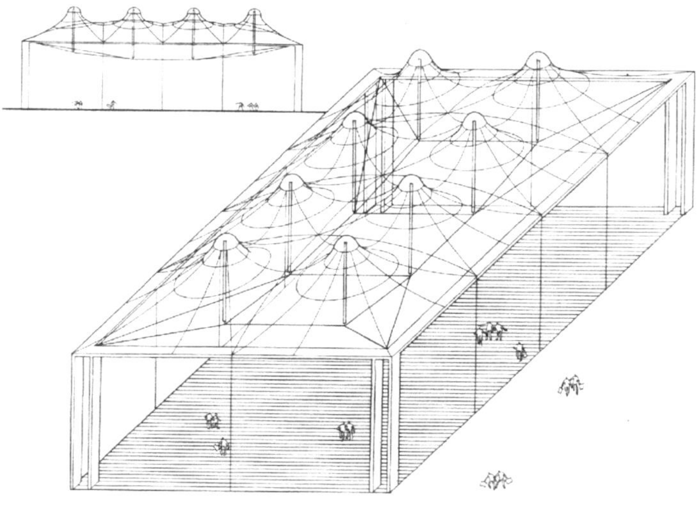

图5.1.9 刚性边界

对于开敞式结构，边界支承一般采用柔性体系，即膜材边界通过边索将膜内力汇至节点，通过斜拉索将内力传入基础（图5.1.10）。当斜率较小时，斜拉索向外扩展距离较大，会占用较大空间，此时宜在节点处增加支杆以改变斜拉索方向，缩小结构占用空间。

跨内支承有内支、外吊两种基本形式，所谓内支即在跨内支承点处直接布置支杆（图5.1.11）、拱（图5.1.12）等刚性构件将荷载传入基础，或将支杆设计成飞柱通过其他构件将荷载传至边界支承（图5.1.8，图5.1.13）；所谓外吊，即在跨内支点处设外吊点，将内部支承改为外部支承以增加结构净跨，吊点可多点布置（图5.1.14）亦可单独布置（图5.1.15）。

支承体系除传递荷载外，也是室内装饰的重要组成部分，因为透光的膜屋面上，屋面支承体系的拓扑构形十分突出，例如日本秋田的天空穹顶（Akita Skydome）的支承骨架由相互垂直交叉的拱构成，其主拱的排列从两侧向中央逐渐加宽，形成富于动感的观赏效果（图5.1.16）。

5.1.4 膜材的裁剪与连接

如前所述，薄膜结构一般为不可展连续折曲面，而所用膜材却是平面卷材，故需要将平面膜材按特定的设计要求进行裁剪，然后再拼接成近

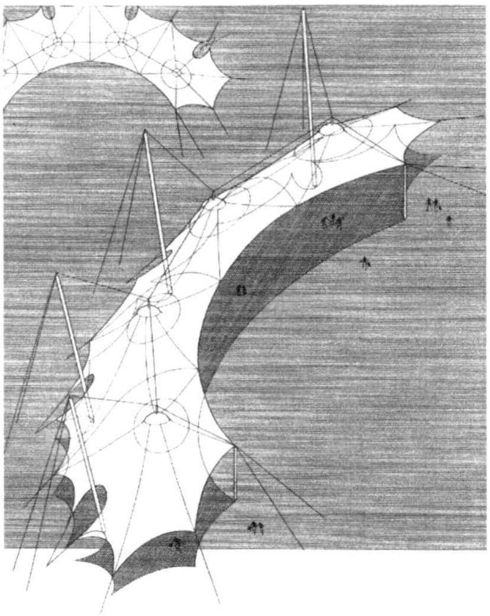

图5.1.10 柔性边界

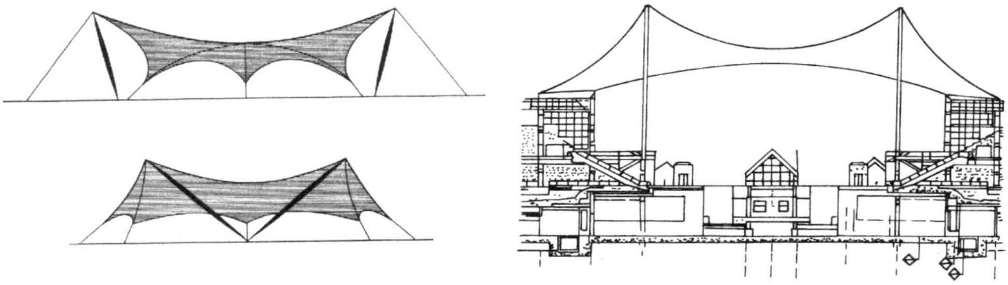

图5.1.11 支杆支承

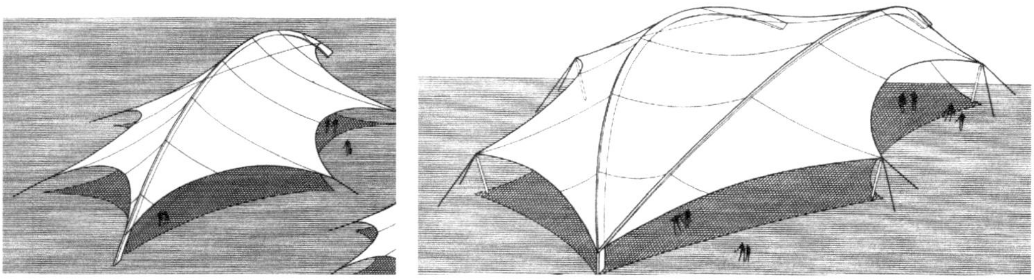

图5.1.12 拱支承

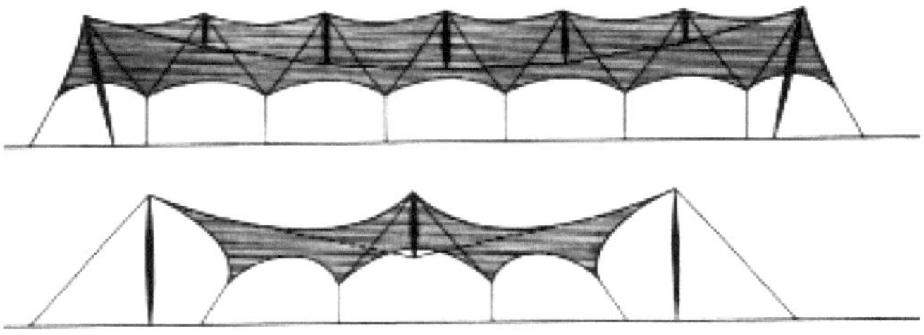

图5.1.13 飞柱支承

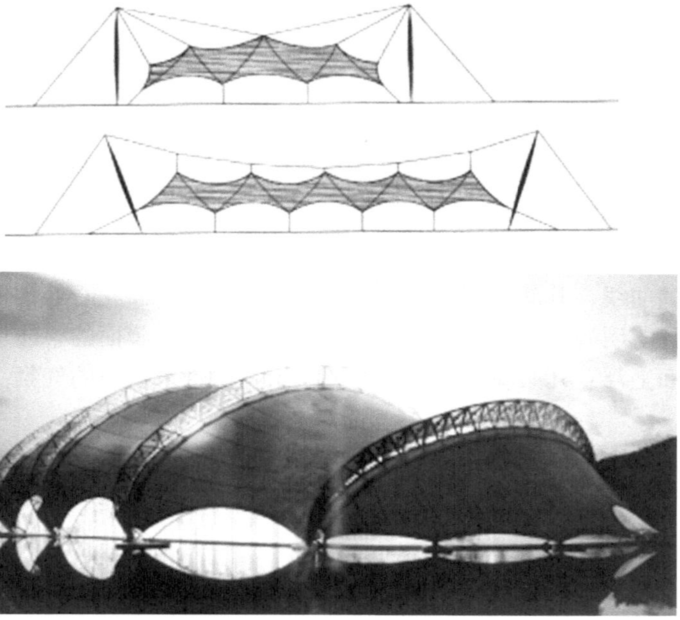

图 5.1.14 多点外吊支承

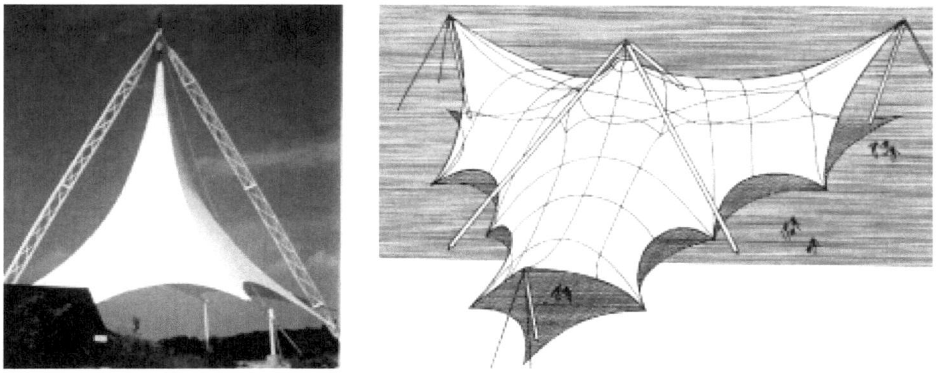

图 5.1.15 单点悬吊支承

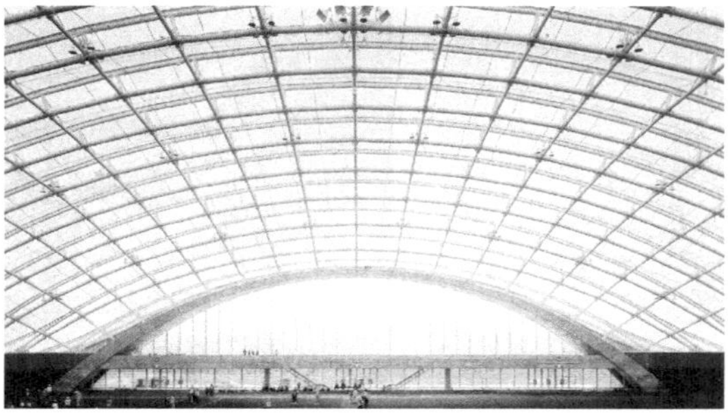

图 5.1.16 秋田天空穹顶

似的空间曲面。剪裁设计除了要符合膜材的受力要求，还要满足视觉美观要求，这是因为透光膜顶的形式不易被观察出来，而膜材拼缝在透光顶棚上形成的暗条却可从室内清楚地看到。裁剪拼缝有助于人们对屋顶形式及尺度的理解，并增加膜顶形状的可读性，所以膜面拼缝形成的图案是一种重要的室内装饰手段，是表现空间的有力工具。如麦地那（Medina）穆罕默德清真寺院子中的遮阳篷的剪裁设计清楚地表现出漏斗状伞顶的造型，其图案还具有典型的伊斯兰建筑风格，有很强的装饰效果（图 5.1.17）。

位于吉隆坡的马来西亚国家体育中心游泳馆膜顶剪裁设计更具装饰性（图 5.1.18）。拼缝整体上是流畅的曲线，其间点缀着几个巨大的花形图案，而花心处恰恰是膜面的支点。花朵图案的拼缝设计既明确表达了其受力关系，也有助于了解膜面的整体形态。顶棚的整体效果犹如流动的水面上浮着几朵花瓣，跳动的图案给室内带来欢快的气氛。

图 5.1.17 穆罕默德清真寺

图 5.1.18 马来西亚国家体育中心游泳馆

由于材料、构件及连接方式通常暴露在外，所以在索膜结构设计中突出结构形态的同时，必须重视建筑细部的处理。节点连接不仅仅是构造问题，还应清楚地表达结构体系中力的传递，节点的视觉形式还关系到人们对室内外空间的感受（图 5.1.19）。对连接节点的处理可以反映设计者对结构逻辑及材料性能的理解。在连接构造中，膜材的剪裁布置以及膜结构边缘形式是膜结构（尤其是室内）所独有的艺术表现手段，应引起设计人员的高度重视。

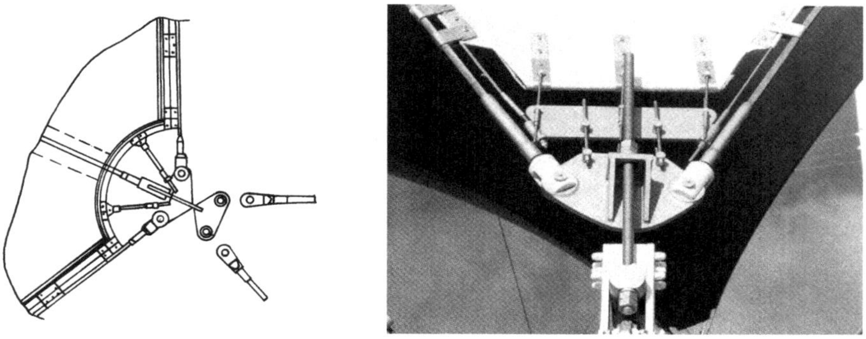

图 5.1.19 节点连接示例

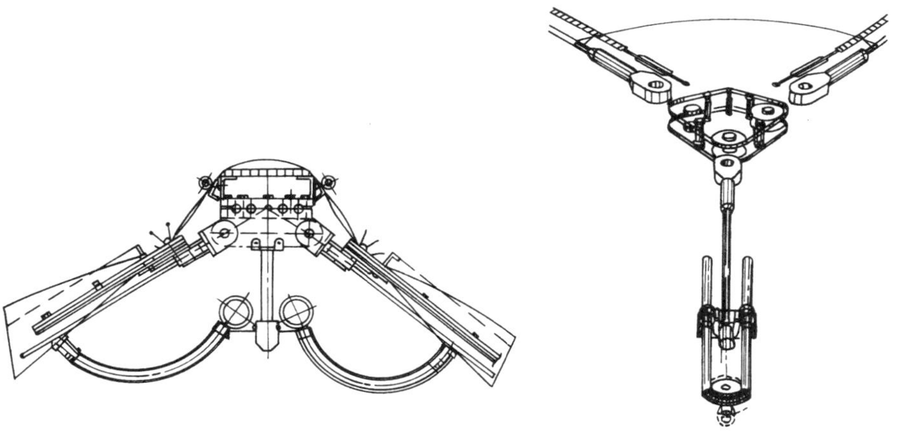

图5.1.19　节点连接示例（续）

5.2　薄膜结构的有限元分析

薄膜结构的受力特性与悬索（索网）结构类似，进行有限元分析的理论基础亦如第4章4.4节所述，不再重复。下面给出其有限元列式。

由于三角形单元形式简单，可拟合任意边界形状，计算方便，并且在分析中具有几何形状稳定性，计算过程中不易出现病态方程，因此在结构分析中常采用空间三角形（平面）膜单元。薄膜不能抗弯、抗扭，每个节点只有三个自由度，故每个膜单元共有三个节点九个自由度。

5.2.1　形函数矩阵

位于单元局部坐标系 $o-xyz$ 中的一空间三角形膜单元123，如图5.2.1所示。利用有限元求解时，以节点位移为基本未知量，并假定单元内任一点的位移向量可表示为 $\boldsymbol{u}=(u\quad v\quad w)^T$，则它可以用单元的节点位移向量 $\boldsymbol{a}_e=(u_1\quad v_1\quad w_1\quad u_2\quad v_2\quad w_2\quad u_3\quad v_3\quad w_3)^T$ 和该点的坐标 $\boldsymbol{x}=(x\quad y\quad z)^T$ 来表示。现设图5.3.1所示膜单元的节点位移已知，那么单元内任一点的位移可表示为

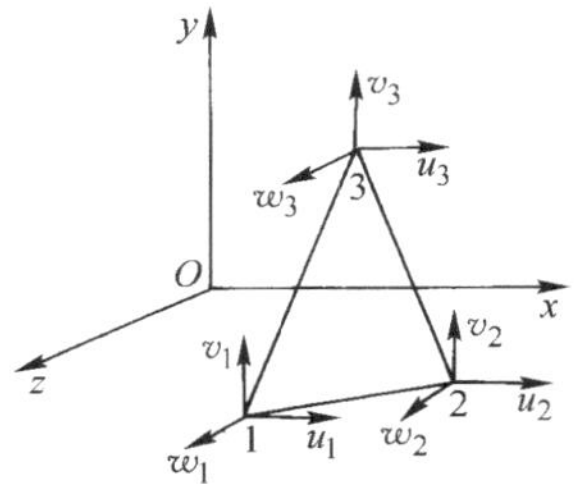

图5.2.1　空间膜单元（局部坐标）

$$\left.\begin{aligned}u&=\gamma_1+\gamma_2x+\gamma_3y+\gamma_4z\\v&=\gamma_5+\gamma_6x+\gamma_7y+\gamma_8z\\w&=\gamma_9+\gamma_{10}x+\gamma_{11}y+\gamma_{12}z\end{aligned}\right\}\tag{5.2.1}$$

其中 $\gamma_1\sim\gamma_{12}$ 是待定系数。但对于不考虑厚度的曲面（或平面）单元，z 坐标是 x，y 的函数，即 z 并非是独立的变量，因此可将空间三角形膜单元的位移模式简化为

$$\left.\begin{aligned} u &= \beta_1 + \beta_2 x + \beta_3 y \\ v &= \beta_4 + \beta_5 x + \beta_6 y \\ w &= \beta_7 + \beta_8 x + \beta_9 y \end{aligned}\right\} \tag{5.2.2}$$

其中$\beta_1 \sim \beta_9$是待定系数。

由于该位移模式对于单元内的任意一点均成立，故对于单元的三个节点同样成立，将节点位移$\boldsymbol{a}_e$和节点坐标$\boldsymbol{x} = (x_1 \quad y_1 \quad z_1 \quad x_2 \quad y_2 \quad z_2 \quad x_3 \quad y_3 \quad z_3)^T$代入（5.2.2）式得

$$\begin{cases} u_1 = \beta_1 + \beta_2 x_1 + \beta_3 y_1 \\ u_2 = \beta_1 + \beta_2 x_2 + \beta_3 y_2 \\ u_3 = \beta_1 + \beta_2 x_3 + \beta_3 y_3 \end{cases} \quad \begin{cases} v_1 = \beta_4 + \beta_5 x_1 + \beta_6 y_1 \\ v_2 = \beta_4 + \beta_5 x_2 + \beta_6 y_2 \\ v_3 = \beta_4 + \beta_5 x_3 + \beta_6 y_3 \end{cases} \quad \begin{cases} w_1 = \beta_7 + \beta_8 x_1 + \beta_9 y_1 \\ w_2 = \beta_7 + \beta_8 x_2 + \beta_9 y_2 \\ w_3 = \beta_7 + \beta_8 x_3 + \beta_9 y_3 \end{cases}$$

由以上九个线性代数方程可求得待定常数$\beta_1 \sim \beta_9$为：

$$\beta_1 = \frac{1}{2A}[(x_2 y_3 - x_3 y_2)u_1 + (x_3 y_1 - x_1 y_3)u_2 + (x_1 y_2 - x_2 y_1)u_3]$$

$$\beta_2 = \frac{1}{2A}[(y_2 - y_3)u_1 + (y_3 - y_1)u_2 + (y_1 - y_2)u_3]$$

$$\beta_3 = \frac{1}{2A}[(x_3 - x_2)u_1 + (x_1 - x_3)u_2 + (x_2 - x_1)u_3]$$

$$\beta_4 = \frac{1}{2A}[(x_2 y_3 - x_3 y_2)v_1 + (x_3 y_1 - x_1 y_3)v_2 + (x_1 y_2 - x_2 y_1)v_3]$$

$$\beta_5 = \frac{1}{2A}[(y_2 - y_3)v_1 + (y_3 - y_1)v_2 + (y_1 - y_2)v_3]$$

$$\beta_6 = \frac{1}{2A}[(x_3 - x_2)v_1 + (x_1 - x_3)v_2 + (x_2 - x_1)v_3]$$

$$\beta_7 = \frac{1}{2A}[(x_2 y_3 - x_3 y_2)w_1 + (x_3 y_1 - x_1 y_3)w_2 + (x_1 y_2 - x_2 y_1)w_3]$$

$$\beta_8 = \frac{1}{2A}[(y_2 - y_3)w_1 + (y_3 - y_1)w_2 + (y_1 - y_2)w_3]$$

$$\beta_9 = \frac{1}{2A}[(x_3 - x_2)w_1 + (x_1 - x_3)w_2 + (x_2 - x_1)w_3]$$

式中 A——膜单元面积，$A = \frac{1}{2}\begin{vmatrix} 1 & x_1 & y_1 \\ 1 & x_2 & y_2 \\ 1 & x_3 & y_3 \end{vmatrix}$。

将系数$\beta_1 \sim \beta_9$代入（5.2.2）式，并记

$$\begin{aligned} N_1 &= (x_2 y_3 - x_3 y_2) + (y_2 - y_3)x + (x_3 - x_2)y \\ N_2 &= (x_3 y_1 - x_1 y_3) + (y_3 - y_1)x + (x_1 - x_3)y \\ N_3 &= (x_1 y_2 - x_2 y_1) + (y_1 - y_2)x + (x_2 - x_1)y \end{aligned}$$

可得

$$\boldsymbol{u} = \frac{1}{2A}\begin{pmatrix} N_1 & 0 & 0 & N_2 & 0 & 0 & N_3 & 0 & 0 \\ 0 & N_1 & 0 & 0 & N_2 & 0 & 0 & N_3 & 0 \\ 0 & 0 & N_1 & 0 & 0 & N_2 & 0 & 0 & N_3 \end{pmatrix}\boldsymbol{a}_e \tag{5.2.3}$$

上式写成矩阵形式为

$$\boldsymbol{u} = \boldsymbol{N}\boldsymbol{a}_e \tag{5.2.4}$$

式中 $\boldsymbol{N}$——形函数矩阵。

由于单元与局部坐标系的相对位置可任意假定，为方便起见，在实际计算中设三角形单元位于 xy 平面内，并使三角形的一边沿着 x 轴方向，如图 5.2.2 所示。于是有 $x_1=0$，$y_1=0$，$y_2=0$，并且 $A = \frac{1}{2}\begin{vmatrix} 1 & x_1 & y_1 \\ 1 & x_2 & y_2 \\ 1 & x_3 & y_3 \end{vmatrix} = \frac{x_2y_3}{2}$，在此局部坐标系中膜单元的形函数为 $N_1 = x_2y_3 - y_3x + (x_3 - x_2)y$，$N_2 = y_3x - x_3y$，$N_3 = x_2y$。

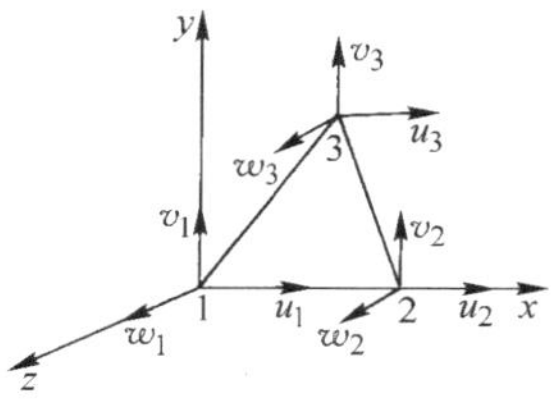

图 5.2.2 平面膜单元图（局部坐标）

5.2.2 几何方程

确定了单元内任意一点的位移描述方法后，可进一步确定其几何方程的具体表达式。设节点位移增量为

$$\Delta\boldsymbol{a}_e = (\Delta u_1 \quad \Delta v_1 \quad \Delta w_1 \quad \Delta u_2 \quad \Delta v_2 \quad \Delta w_2 \quad \Delta u_3 \quad \Delta v_3 \quad \Delta w_3)^T \tag{5.2.5}$$

单元内任意一点的应变增量为

$$\Delta\boldsymbol{\varepsilon} = (\Delta\varepsilon_x \quad \Delta\varepsilon_y \quad \Delta\gamma_{xy})^T \tag{5.2.6}$$

将其用结点位移增量表示

$$\begin{pmatrix} \Delta\varepsilon_x \\ \Delta\varepsilon_y \\ \Delta\gamma_{xy} \end{pmatrix} = \begin{pmatrix} \dfrac{\partial\Delta u}{\partial x} \\ \dfrac{\partial\Delta v}{\partial y} \\ \dfrac{\partial\Delta u}{\partial y} + \dfrac{\partial\Delta v}{\partial x} \end{pmatrix} + \begin{pmatrix} \dfrac{1}{2}\left[\left(\dfrac{\partial\Delta u}{\partial x}\right)^2 + \left(\dfrac{\partial\Delta v}{\partial x}\right)^2 + \left(\dfrac{\partial\Delta w}{\partial x}\right)^2\right] \\ \dfrac{1}{2}\left[\left(\dfrac{\partial\Delta u}{\partial y}\right)^2 + \left(\dfrac{\partial\Delta v}{\partial y}\right)^2 + \left(\dfrac{\partial\Delta w}{\partial y}\right)^2\right] \\ \dfrac{\partial\Delta u}{\partial y}\cdot\dfrac{\partial\Delta u}{\partial x} + \dfrac{\partial\Delta v}{\partial y}\cdot\dfrac{\partial\Delta v}{\partial x} + \dfrac{\partial\Delta w}{\partial y}\cdot\dfrac{\partial\Delta w}{\partial x} \end{pmatrix} \tag{5.2.7}$$

并记为

$$\Delta\boldsymbol{\varepsilon} = \Delta\boldsymbol{\varepsilon}_L + \Delta\boldsymbol{\varepsilon}_{NL} \tag{5.2.8}$$

即应变增量 $\Delta\varepsilon$ 可表示为线性应变增量 $\Delta\varepsilon_L$ 和非线性应变增量 $\Delta\varepsilon_{NL}$ 之和，下面予以分别讨论。

1. 膜单元线性应变增量与位移增量的关系

由（5.2.7）和式（5.2.8）式可得线性应变增量为

$$\Delta\boldsymbol{\varepsilon}_L = \begin{pmatrix} \dfrac{\partial\Delta u}{\partial x} \\ \dfrac{\partial\Delta v}{\partial y} \\ \dfrac{\partial\Delta u}{\partial y} + \dfrac{\partial\Delta v}{\partial x} \end{pmatrix} = \begin{pmatrix} \dfrac{\partial}{\partial x} & 0 & 0 \\ 0 & \dfrac{\partial}{\partial y} & 0 \\ \dfrac{\partial}{\partial y} & \dfrac{\partial}{\partial x} & 0 \end{pmatrix} \begin{pmatrix} \Delta u \\ \Delta v \\ \Delta w \end{pmatrix} = L\Delta u \tag{5.2.9}$$

由

$$\Delta\boldsymbol{u} = \boldsymbol{N}\Delta\boldsymbol{a}_e \tag{5.2.10}$$

得

$$\Delta \boldsymbol{\varepsilon}_L = \boldsymbol{L N} \Delta \boldsymbol{a}_e = \boldsymbol{B}_L \Delta \boldsymbol{a}_e \tag{5.2.11}$$

即：

$$\boldsymbol{B}_L = \boldsymbol{L N} = \begin{pmatrix} \frac{\partial N_1}{\partial x} & 0 & 0 & \frac{\partial N_2}{\partial x} & 0 & 0 & \frac{\partial N_3}{\partial x} & 0 & 0 \\ 0 & \frac{\partial N_1}{\partial y} & 0 & 0 & \frac{\partial N_2}{\partial y} & 0 & 0 & \frac{\partial N_3}{\partial y} & 0 \\ \frac{\partial N_1}{\partial y} & \frac{\partial N_1}{\partial x} & 0 & \frac{\partial N_2}{\partial y} & \frac{\partial N_2}{\partial x} & 0 & \frac{\partial N_3}{\partial y} & \frac{\partial N_3}{\partial x} & 0 \end{pmatrix} \tag{5.2.12}$$

将膜单元形函数 N_1 、N_2 、N_3 代入上式得

$$\boldsymbol{B}_L = \frac{1}{2A}\begin{pmatrix} -y_3 & 0 & 0 & y_3 & 0 & 0 & 0 & 0 & 0 \\ 0 & x_3 - x_2 & 0 & 0 & -x_3 & 0 & 0 & x_2 & 0 \\ x_3 - x_2 & -y_3 & 0 & -x_3 & y_3 & 0 & x_2 & 0 & 0 \end{pmatrix} \tag{5.2.13}$$

2. 膜单元非线性应变增量与位移增量的关系

为了把式（5.2.8）中的非线性应变增量 $\Delta \boldsymbol{\varepsilon}_{NL}$ 表示成如式（5.2.11）所示的分离变量形式，引入记号 $\Delta \boldsymbol{\theta} = \left(\frac{\partial \Delta u}{\partial x} \quad \frac{\partial \Delta v}{\partial x} \quad \frac{\partial \Delta w}{\partial x} \quad \frac{\partial \Delta u}{\partial y} \quad \frac{\partial \Delta v}{\partial y} \quad \frac{\partial \Delta w}{\partial y}\right)^T$，则 $\Delta \boldsymbol{\varepsilon}_{NL}$ 可表示为

$$\Delta \boldsymbol{\varepsilon}_{NL} = \frac{1}{2} \Delta \boldsymbol{A} \Delta \boldsymbol{\theta} \tag{5.2.14}$$

其中

$$\Delta \boldsymbol{A} = \begin{pmatrix} \frac{\partial \Delta u}{\partial x} & \frac{\partial \Delta v}{\partial x} & \frac{\partial \Delta w}{\partial x} & 0 & 0 & 0 \\ 0 & 0 & 0 & \frac{\partial \Delta u}{\partial y} & \frac{\partial \Delta v}{\partial y} & \frac{\partial \Delta w}{\partial y} \\ \frac{\partial \Delta u}{\partial y} & \frac{\partial \Delta v}{\partial y} & \frac{\partial \Delta w}{\partial y} & \frac{\partial \Delta u}{\partial x} & \frac{\partial \Delta v}{\partial x} & \frac{\partial \Delta w}{\partial x} \end{pmatrix}$$

令

$$\boldsymbol{H} = \begin{pmatrix} \frac{\partial}{\partial x} & 0 & 0 & \frac{\partial}{\partial y} & 0 & 0 \\ 0 & \frac{\partial}{\partial x} & 0 & 0 & \frac{\partial}{\partial y} & 0 \\ 0 & 0 & \frac{\partial}{\partial x} & 0 & 0 & \frac{\partial}{\partial y} \end{pmatrix}$$

则

$$\Delta \theta = H \Delta u = H N \Delta a_e = G \Delta a_e \tag{5.2.15}$$

其中

$$G=\begin{pmatrix}\frac{\partial N_1}{\partial x}&0&0&\frac{\partial N_2}{\partial x}&0&0&\frac{\partial N_3}{\partial x}&0&0\\0&\frac{\partial N_1}{\partial x}&0&0&\frac{\partial N_2}{\partial x}&0&0&\frac{\partial N_3}{\partial x}&0\\0&0&\frac{\partial N_1}{\partial x}&0&0&\frac{\partial N_2}{\partial x}&0&0&\frac{\partial N_3}{\partial x}\\\frac{\partial N_1}{\partial y}&0&0&\frac{\partial N_2}{\partial y}&0&0&\frac{\partial N_3}{\partial y}&0&0\\0&\frac{\partial N_1}{\partial y}&0&0&\frac{\partial N_2}{\partial y}&0&0&\frac{\partial N_3}{\partial y}&0\\0&0&\frac{\partial N_1}{\partial y}&0&0&\frac{\partial N_2}{\partial y}&0&0&\frac{\partial N_3}{\partial y}\end{pmatrix}\tag{5.2.16}$$

将膜单元形函数 N_1 、N_2 、N_3 代入上式得

$$G=\frac{1}{2A}\begin{pmatrix}-y_3&0&0&y_3&0&0&0&0&0\\0&-y_3&0&0&y_3&0&0&0&0\\0&0&-y_3&0&0&y_3&0&0&0\\x_3-x_2&0&0&-x_3&0&0&x_2&0&0\\0&x_3-x_2&0&0&-x_3&0&0&x_2&0\\0&0&x_3-x_2&0&0&-x_3&0&0&x_2\end{pmatrix}\tag{5.2.17}$$

故有

$$\Delta\boldsymbol{\varepsilon}_{NL}=\frac{1}{2}\Delta\boldsymbol{A}\boldsymbol{G}\Delta\boldsymbol{a}_e\tag{5.2.18}$$

5.2.3 局部坐标系下的单元平衡方程

经过与第 4 章 4.4 节相似的推导可得

$$\int_V\boldsymbol{B}_{NL}^T\boldsymbol{\sigma}\mathrm{d}v+\int_V(\boldsymbol{B}_L^T+\boldsymbol{B}_{NL}^T)\overline{\boldsymbol{D}}(\Delta\boldsymbol{\varepsilon}_L+\Delta\boldsymbol{\varepsilon}_{NL})\mathrm{d}v=\overline{\boldsymbol{R}}-\int_V\boldsymbol{B}_L^T\boldsymbol{\sigma}\mathrm{d}v\tag{5.2.19}$$

由式（4.4.62）可知

$$\int_V(\boldsymbol{B}_L^T+\boldsymbol{B}_{NL}^T)\overline{\boldsymbol{D}}(\Delta\boldsymbol{\varepsilon}_L+\Delta\boldsymbol{\varepsilon}_{NL})\mathrm{d}v\approx\int_V\boldsymbol{B}_L^T\overline{\boldsymbol{D}}\boldsymbol{\varepsilon}_L\mathrm{d}v=\int_V\boldsymbol{B}_L^T\overline{\boldsymbol{D}}\boldsymbol{B}_L\mathrm{d}v\Delta\boldsymbol{a}_e\tag{5.2.20}$$

为了将 $\int_V\boldsymbol{B}_{NL}^T\boldsymbol{\sigma}\mathrm{d}v$ 写成关于 $\Delta\boldsymbol{a}_e$ 的线性函数，对其作如下变换

$$\int_V\boldsymbol{B}_{NL}^T\boldsymbol{\sigma}\mathrm{d}v=\int_V(\Delta\boldsymbol{A}\boldsymbol{G})^T\boldsymbol{\sigma}\mathrm{d}v=\int_V\boldsymbol{G}^T\Delta\boldsymbol{A}^T\boldsymbol{\sigma}\mathrm{d}v\tag{5.2.21}$$

又

$$\Delta \boldsymbol{A}^T \boldsymbol{\sigma} = \begin{pmatrix} \frac{\partial \Delta u}{\partial x} & 0 & \frac{\partial \Delta u}{\partial y} \\ \frac{\partial \Delta v}{\partial x} & 0 & \frac{\partial \Delta v}{\partial y} \\ \frac{\partial \Delta w}{\partial x} & 0 & \frac{\partial \Delta w}{\partial y} \\ 0 & \frac{\partial \Delta u}{\partial y} & \frac{\partial \Delta u}{\partial x} \\ 0 & \frac{\partial \Delta v}{\partial y} & \frac{\partial \Delta v}{\partial x} \\ 0 & \frac{\partial \Delta w}{\partial y} & \frac{\partial \Delta w}{\partial x} \end{pmatrix} (\sigma_x \quad \sigma_y \quad \tau_{xy}) = \begin{pmatrix} \frac{\partial \Delta u}{\partial x}\sigma_x + \frac{\partial \Delta u}{\partial y}\tau_{xy} \\ \frac{\partial \Delta v}{\partial x}\sigma_x + \frac{\partial \Delta v}{\partial y}\tau_{xy} \\ \frac{\partial \Delta w}{\partial x}\sigma_x + \frac{\partial \Delta w}{\partial y}\tau_{xy} \\ \frac{\partial \Delta u}{\partial y}\sigma_y + \frac{\partial \Delta u}{\partial x}\tau_{xy} \\ \frac{\partial \Delta v}{\partial y}\sigma_y + \frac{\partial \Delta v}{\partial x}\tau_{xy} \\ \frac{\partial \Delta w}{\partial y}\sigma_y + \frac{\partial \Delta w}{\partial x}\tau_{xy} \end{pmatrix}$$

$$= \begin{pmatrix} \sigma_x & 0 & 0 & \tau_{xy} & 0 & 0 \\ 0 & \sigma_x & 0 & 0 & \tau_{xy} & 0 \\ 0 & 0 & \sigma_x & 0 & 0 & \tau_{xy} \\ \tau_{xy} & 0 & 0 & \sigma_y & 0 & 0 \\ 0 & \tau_{xy} & 0 & 0 & \sigma_y & 0 \\ 0 & 0 & \tau_{xy} & 0 & 0 & \sigma_y \end{pmatrix} \begin{pmatrix} \frac{\partial \Delta u}{\partial x} \\ \frac{\partial \Delta v}{\partial x} \\ \frac{\partial \Delta w}{\partial x} \\ \frac{\partial \Delta u}{\partial y} \\ \frac{\partial \Delta v}{\partial y} \\ \frac{\partial \Delta w}{\partial y} \end{pmatrix}$$

$$= \boldsymbol{M}\Delta\boldsymbol{\theta} = \boldsymbol{M}\boldsymbol{G}\Delta\boldsymbol{a}_e \tag{5.2.22}$$

故有

$$\int_V \boldsymbol{B}_{NL}^T \boldsymbol{\sigma} \mathrm{d}v = \int_V \boldsymbol{G}^T \boldsymbol{M}\boldsymbol{G} \mathrm{d}v \Delta\boldsymbol{a}_e \tag{5.2.23}$$

那么平衡方程式（5.2.19）可写成

$$\int_V \boldsymbol{B}_L^T \overline{\boldsymbol{D}} \boldsymbol{B}_L \mathrm{d}v \Delta\boldsymbol{a}_e + \int_V \boldsymbol{G}^T \boldsymbol{M}\boldsymbol{G} \mathrm{d}v \Delta\boldsymbol{a}_e = \overline{\boldsymbol{R}} - \int_V \boldsymbol{B}_L^T \boldsymbol{\sigma} \mathrm{d}v \tag{5.2.24}$$

由于 $\boldsymbol{B}_L$、$\overline{\boldsymbol{D}}$、$\boldsymbol{G}$ 和 $\boldsymbol{M}$ 均不是体积 v 的函数，故有

$$(\overline{\boldsymbol{K}_{Le}} + \overline{\boldsymbol{K}_{NLe}})\Delta\boldsymbol{a}_e = \overline{\boldsymbol{R}} - \overline{\boldsymbol{F}} \tag{5.2.25}$$

因 $\int_V \mathrm{d}v = At$，有 $\overline{\boldsymbol{K}}_{Le} = \int_V \boldsymbol{B}_L^T \overline{\boldsymbol{D}} \boldsymbol{B}_L \mathrm{d}v = At\boldsymbol{B}_L^T \overline{\boldsymbol{D}} \boldsymbol{B}_L$ 为局部坐标系下膜单元线性刚度矩阵；$\overline{\boldsymbol{K}_{NLe}} = \int_V \boldsymbol{G}^T \boldsymbol{M}\boldsymbol{G} \mathrm{d}v = At\boldsymbol{G}^T \boldsymbol{M}\boldsymbol{G}$ 为局部坐标系下膜单元非线性刚度矩阵；$\overline{\boldsymbol{F}} = \int_V \boldsymbol{B}_L^T \boldsymbol{\sigma} \mathrm{d}v = At\boldsymbol{B}_L^T \boldsymbol{\sigma}$ 为局部坐标系下膜单元等效节点力向量；$\overline{\boldsymbol{R}} = \int_V \boldsymbol{N}^T \boldsymbol{p} \mathrm{d}v + \int_A \boldsymbol{N}^T \boldsymbol{q} \mathrm{d}A$ 为局部坐标系下膜单元荷载向量；A 可根据单元节点坐标计算得到，厚度 t 保持不变。

得到膜单元的刚度矩阵后，进行坐标转换和总体集装可得到整体平衡方程，求解可得到各节点位移。将这里介绍的膜单元刚度矩阵与前面介绍的索单元、杆单元等相结合可求解多

种单元集成的各种组合结构。

5.3 薄膜结构的形态分析

薄膜结构的形态分析与悬索结构一样，也有找形分析（即已应力分布求结构形状）和找态分析（即已知结构形状求应力分布）两种思路。张拉薄膜结构形状复杂多样，很难给出详细的结构几何形状，常常采用找形分析。但当结构中有索，特别是膜面外的索，或杆、梁等刚性构件，需要在对膜材进行找形分析的同时，对索、杆、梁构件采用找态分析。

【算例5.3.1】 五边形薄膜结构找形分析

一五边形张拉膜结构，中心是一位于倾斜平面上直径0.6m的钢环，平面尺寸及控制点标高如图5.3.1所示。整个结构投影面积为232m^2。取膜材预应力为$\sigma_x=\sigma_y=4\text{N/mm}^2$，脊索预拉力30kN，边索预拉力40kN。经计算可得结构形态分析结果，如图5.3.2所示。

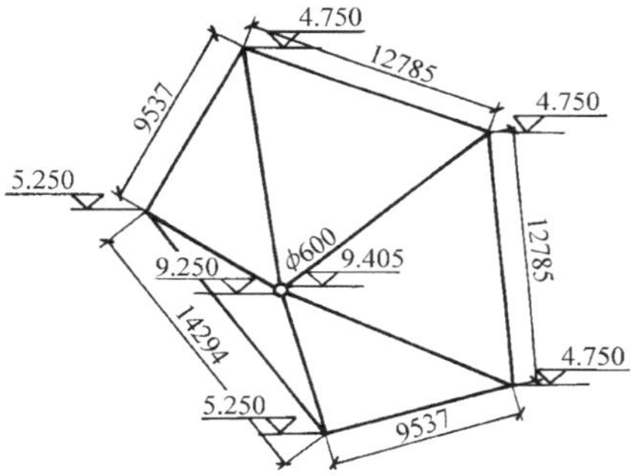

图5.3.1 结构平面图

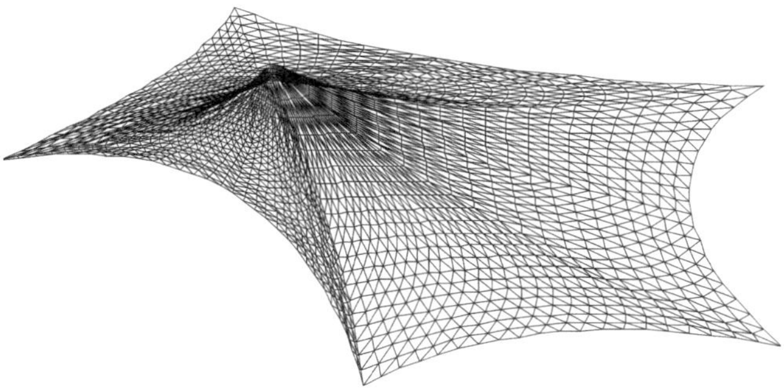
图5.3.2 形态分析结果图

【算例5.3.2】 五边形薄膜结构整体形态分析

正五边形膜结构（具体尺寸见图5.3.3、图5.3.4），五个角点处各设置了一根立柱，其中B、E处为高度8m的高柱，其余三根为矮柱，高度是2m，每根立柱配置两根地拉索。立柱所选尺寸为：高柱为ϕ219mm×6.0mm；矮柱为ϕ180mm×6.0mm，高、矮柱地拉索的直径分别为ϕ20和ϕ16。结构中的膜边索均采用ϕ16钢丝绳。在计算中钢柱及钢索的弹性模量均统一设为2×10^5MPa。

边索施加40kN的预应力，膜面预应力为2kN/m。膜材经向弹性刚度设定为900kN/m，纬向弹性刚度设为600kN/m，剪切弹性模量设定为25kN/m，膜材厚度设为1mm。在形态分析过程中，地拉索及钢柱为找态分析，薄膜及其边索为找形分析。形态分析结束时地拉索的各值大小见表5.3.1。形态分析结果如图5.3.5所示。

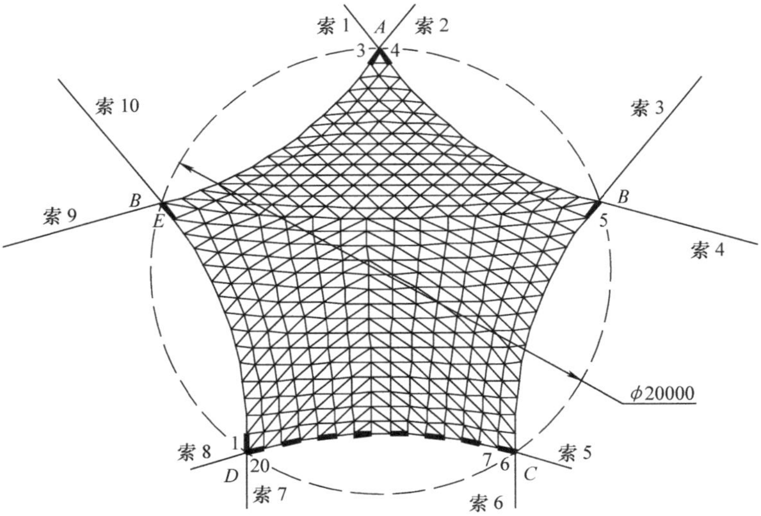

图 5.3.3 平面图

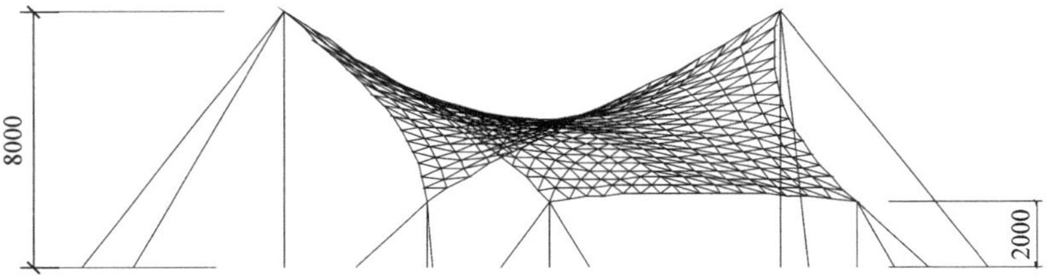

图 5.3.4 轴测图

表 5.3.1 地拉索预应力值 （单位：N）

索号	1	2	3	4	5	6	7	8	9	10
预应力值	47167	47167	51853	52698	54587	44168	44184	54587	52770	51918

注：索号见图 5.3.3。

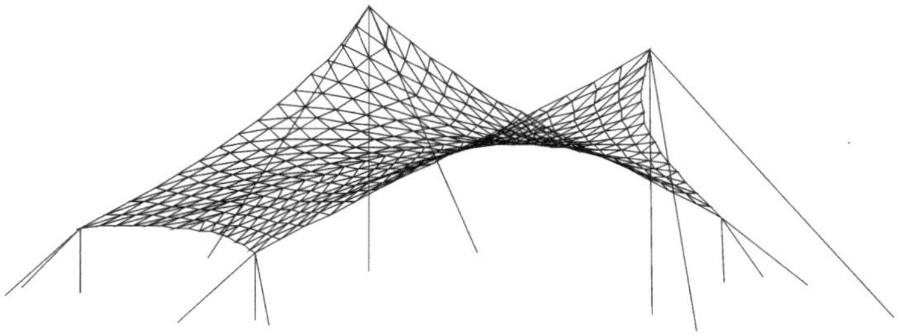

图 5.3.5 形态分析结果

【算例 5.3.3】 威海体育场罩篷

该算例为已建成的威海市体育场看台挑蓬。它是我国目前最大的一座张拉式膜结构，其占地面积约为 50000m^2，可容纳观众三万人。看台罩篷为典型的张拉式膜结构，其外缘水平投影呈近似椭圆形，轮廓尺寸 236m × 209m，内环尺寸 205m × 153m，罩篷覆盖面积约 25000m^2，由 35 个形状渐变的单桅杆伞形膜结构单元组成，每个伞形单元由中内桅杆、前后脊索、谷索、前后边索的薄膜等构件组成。从空间看，整个看台罩篷呈马鞍形，东西（椭圆短轴方向）两端高，南北（椭圆长轴方向）两端低。最高处桅杆顶标高 51m，内环最高点标高 28m；最低处桅杆顶标高 25m，内环最低点标高 20m。最大膜单元位于东西两端，罩篷悬挑长度 33m，最小膜单元位于南北两端，罩篷悬挑长度 16m，取膜材预拉力 $\sigma_x = \sigma_y = 4\text{N/mm}^2$，边索预拉力 30kN，脊索和谷索预拉力 40kN，整个罩篷平面如图 5.3.6 所示。经计算可得找形结果图（图 5.3.7）。

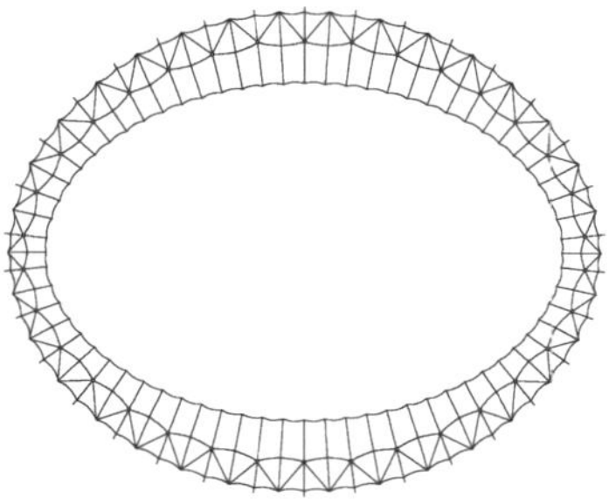

图 5.3.6 威海体育场

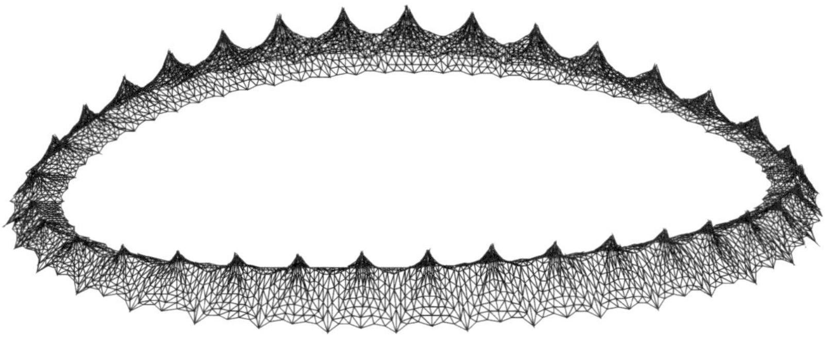

图 5.3.7 威海体育场找形结果图

5.4 膜曲面的裁剪分析

由前面的分析可知薄膜结构一般为不可展分片光滑连续折曲面。在实际工程中它需要用有限幅宽的平面膜材拼接而成，故需对不可展连续折曲面进行裁剪。裁剪分析是在经过形态分析得到的满足设计要求的结构曲面上进行的，而形态分析和裁剪分析的结果又是荷载分析的依据（荷载分析时需要考虑膜材的主轴方向），同时其分析精度直接影响着拼接后的实际曲面与形态分析所得理论曲面的近似程度及荷载分析的准确性。

考虑到平面膜材有一定幅宽限制，以及膜曲面的复杂多样，裁剪分析过程主要分为两个步骤：将膜曲面剖分成空间膜片，称为裁剪线的确定；将空间膜片展开为平面裁剪条元，称为膜片展开。

5.4.1 裁剪线的确定

裁剪线的确定受多种因素的影响，如裁剪线的布置对整个膜结构美观性的影响；展开后裁剪条元的宽度不能大于膜材幅宽；以及膜材的利用率等。在几十年来的研究和工程实践中人们使用的裁剪线主要有三种：平面切割线、有限元网格线、测地线，其中以测地线为基础来确定裁剪线的方法应用最多。

测地线是指曲面上任意两点间距离最短的线，在其测地平面上的投影为直线。目前国内外确定测地线的方法大致有：在找形过程中将部分网格线发展成为测地线、动力松弛法、曲面拟合法、转角法、几何法等。其中几何法简洁、方便，误差累积小，是生成测地线的一种有效方法。

几何法的基本思路可由图5.4.1来说明。设图5.4.1为曲面上三个连续的三角形单元，现欲从A点出发沿任一方向AB做一条测地线。假设测地线向下延伸到C点，如果把三个三角形展开成一个平面那么ABC为一条直线，则$\angle ABN=\angle MBC$。反之只要使$\angle ABN=\angle MBC$即可得到C点。同理可将测地线延伸到D点。

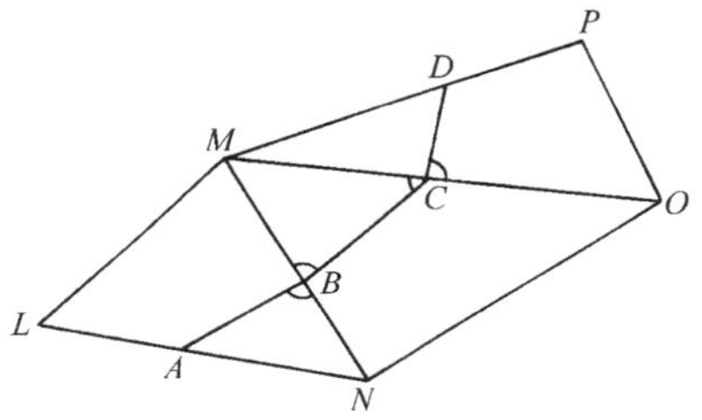

图5.4.1 几何法生成的测地线

几何法给出了在连续折曲面上由一点出发得到一条测地线的方法，实际上利用几何法由一点可在不同的测地平面上得到无数多条测地线，而在膜结构裁剪中希望得到满足前面关于裁剪线要求的测地线，一般情况下，人们希望得到曲面上指定两点之间的测地线。假设欲求图5.4.2所示经形态分析得到的空间曲面上A、B两点间的测地线。为了使由初始方向生成的测

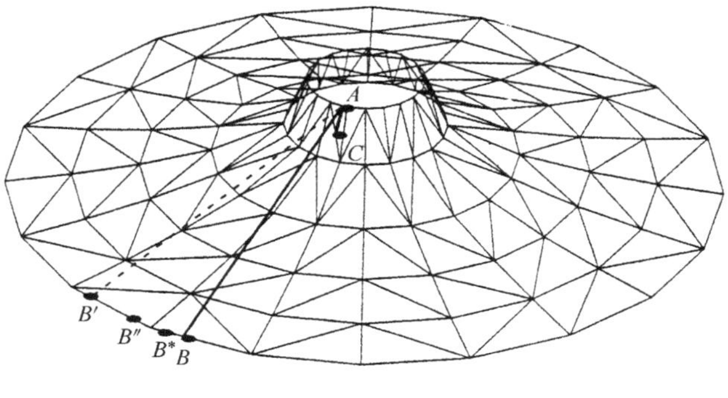

图5.4.2 初始方向的确定

地线接近于拟求的目标测地线，连接欲求测地线的两个端点 A、B 作一条空间直线，将此直线投影到 A 点所在的三角形网格平面上，投影线与三角形一边的交点为 C 点，以 AC 为初始方向，然后依上述方法生成一条测地线 AB'，根据 B 点与 B'点的相对位置及距离大小，调整初始方向得到另一条测地线 AB''，经迭代就可得到满足精度要求 $|BB^*|\leqslant h$ 的测地线 AB^*，这种方法称为改进的几何法。

5.4.2 膜片的展开

若以生成的测地线作为裁剪线，那么下一步的工作就是将由两条相邻裁剪线（或称为裁剪测地线）界定的空间膜片展成为平面图形。空间膜片的平面展开主要考虑其计算精度和效率。国内外常见的做法有：三角形展开法、几何法、无约束极值法、最小应变能法等。这里介绍一种称为二次测地线法的方法，它充分利用测地线简单和精确的特性，可以快速准确地将空间裁剪条元展开为平面图形。

1. 展开基准线

在膜片的展开过程中可利用测地线在其测地平面内为一直线的性质，图 5.4.3a 所示为薄膜曲面上的测地线，在展开过程中一般可将裁剪条元 A 的测地线 1 在其测地平面内展开为一条直线，然后以此为基准将裁剪测地线 2 也展开到该平面上，就可得到展为平面的裁剪条元（图 5.4.3b 中的条元 A）。但由于展开后的平面不是测地线 2 的测地平面，它将失去其测地线的性质而成为一条曲线。两条裁剪线的间距越大，则展开的误差也就越大。

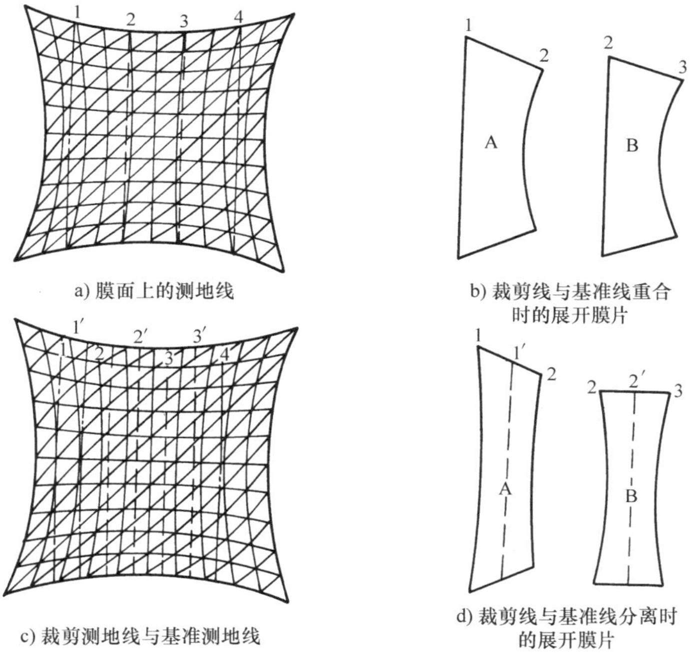

a) 膜面上的测地线　b) 裁剪线与基准线重合时的展开膜片　c) 裁剪测地线与基准测地线　d) 裁剪线与基准线分离时的展开膜片

图 5.4.3　展开基准线

另外再把相邻膜片 B 展开时，若把测地线 2 展开为直线，将造成相邻条元的相邻边界长度不同而无法连接（图 5.4.3b）。这种误差的降低只能通过减小裁剪测地线间距，即裁剪条元的宽度来实现；而在实际工程中，为了减少工作量及膜材浪费，要求裁剪条元宽度尽量与膜材幅宽相接近。为了满足实际工程需要，并降低展开计算误差，可在两条裁剪测地线间再做出一条测地线（如图5.4.3c的1′、2′、3′所示）。在展开时，分别将测地线1′在其测地平面内展开成直线，并以它为基准将相邻的两条测地线1、2展开到1′的测地平面内，得到裁剪条元A，以此类推得到其他条元（图5.4.3d）。这样可以适当增加裁剪条元的宽度，而不造成误差累积，这里将测地线1′、2′、3′称为基准测地线。

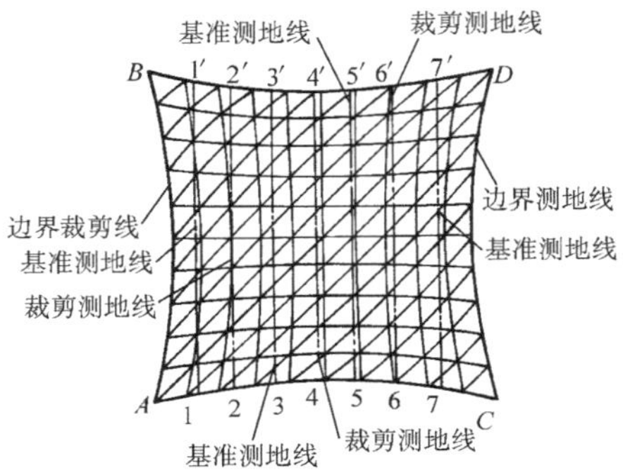

图5.4.4 裁剪线和基准线的确定

在实际裁剪过程中，生成若干条测地线后（测地线数量由所需裁剪条元宽度决定），若以某一条测地线作为基准线，则其相邻的测地线即为裁剪线。如图5.4.4中1－1′、2－2′、…、8－8′为得到的测地线，由于裁剪区域边界*AB*，*CD*为天然裁剪线，那么可以1－1′、3－3′…即为基准线，2－2′，5－5′…为裁剪线。

在靠近区域边界处的两点间生成基准测地线时可能会出现*A*到*B*的测地线是间断的，而*B*到*A*的是连续的，此时宜以该连续测地线为欲求的基准测地线，这样展开为平面图形时的基准线是一条直线，比间断的基准线计算过程简单。

2. 二次测地线法

将位于膜曲面上两条相邻的裁剪线和基准线分别等分为n等份，并得到等分点的坐标（n的取值可根据曲率的大小及所需的精度确定），然后利用求测地线的修正几何法在基准线和裁剪线对应的等分点之间作测地线，称为二次测地线。曲面展开的二次测地线法是将基准线在平面膜材上展开成一直线，根据求出的每一条二次测地线的长度及其与基准线在第一个三角形网格内的夹角，可得到裁剪线上的每一个点在平面展开图形上相对于基准线的位置，连接这些点形成的平面曲线即为展为平面后的裁剪线。如已知膜曲面上的基准线和裁剪线如图5.4.5所示，欲将图中两条裁剪线界定的裁剪条元展开到平面膜材上，先将基准线按计算

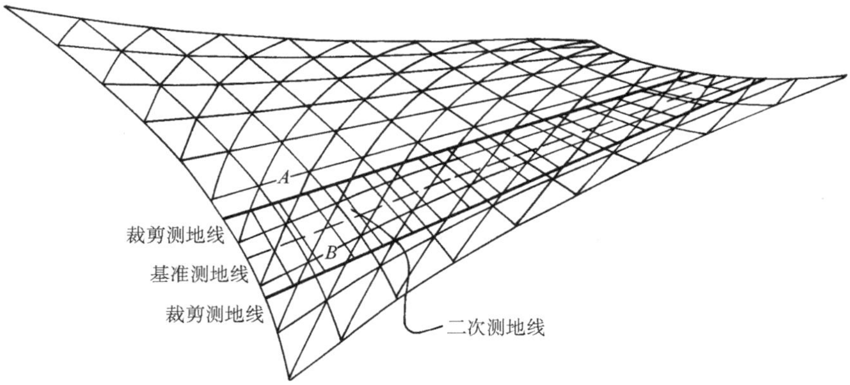

图5.4.5 三维透视图

出的实际长度展开为直线（如图5.4.5中基准线），之后将二次测地线也展开为直线。以二次测地线 AB 为例，由其与基准线的交点 B 的实际坐标计算出 B 点位于平面基准线上的具体位置，并在展开后的基准线上得到其对应点 B'，再以 B' 点为基点，依据 AB 与基准线的实际夹角 α 及 AB 的实际长度计算出 A 点在展开图上位置 A' 点，即完成二次测地线 AB 的平面展开。以此类推可将整条裁剪线展开到平面图形上。同理可得到基准线另一侧裁剪线的平面图形。两裁剪线之间即为得到的裁剪条元，其最大宽度与测地线最大曲面间距相近。

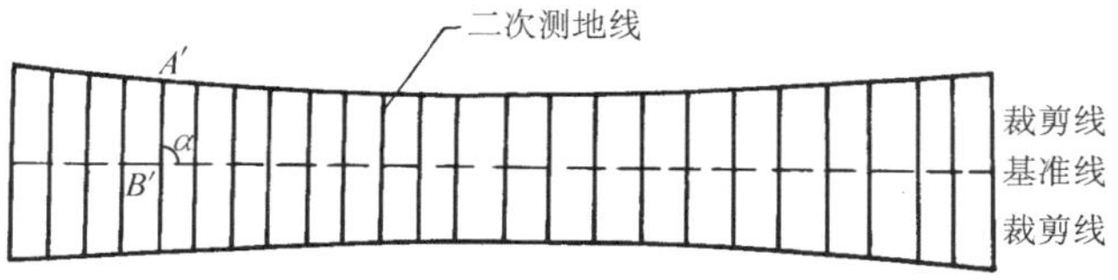

图5.4.6 裁剪图形的展开

二次测地线展开法的原理及实现方法较为简便，而且展开的图形直接由位于膜曲面上的测地线及二次测地线控制，这相当于在空间曲面上得到一张纵横交错的测地线网，将此网展开，在有测地线存在的部位，空间曲面的尺寸可以得到真实地反映，其他部分的展开精度可由二次测地线的疏密来控制。

上面介绍的是测地线生成和膜片展开的基本原理，在具体运用中尚有一些技术细节需要处理，请参见有关著述。

【算例5.4.1】 利用裁剪程序对算例5.3.1给出的找形结果图进行裁剪。当采用环向布置裁剪缝时，得到的条元分布如图5.4.10所示，裁剪区域A、B、C的膜片展开图如图5.4.9、图5.4.10、图5.4.11。

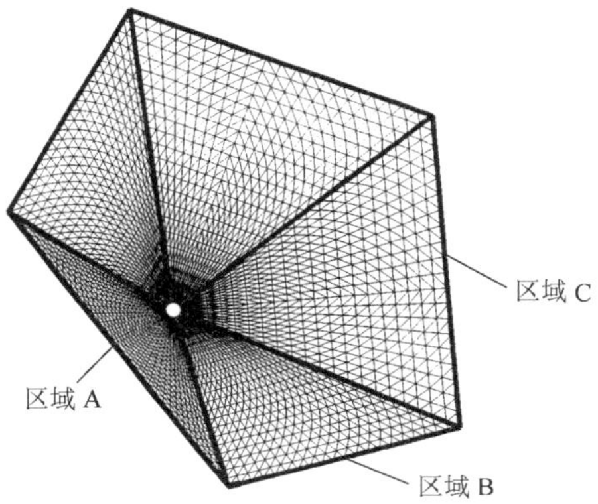

图5.4.7 区域划分图

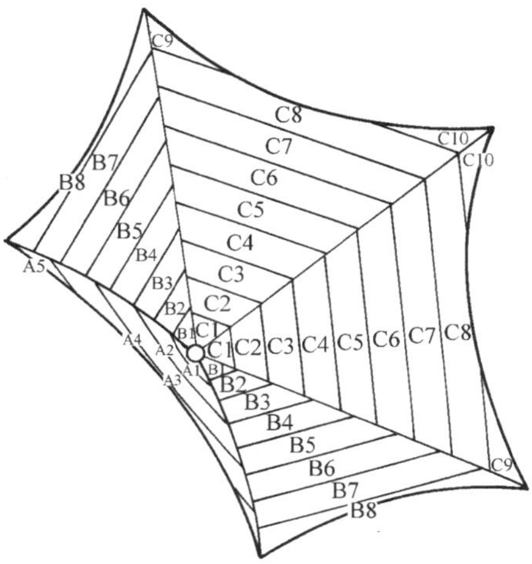

图5.4.8 裁剪条元布置图

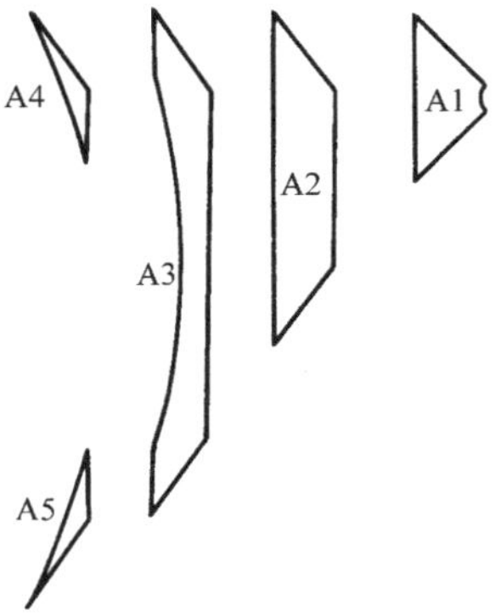

图 5.4.9　区域 A 裁剪展开图

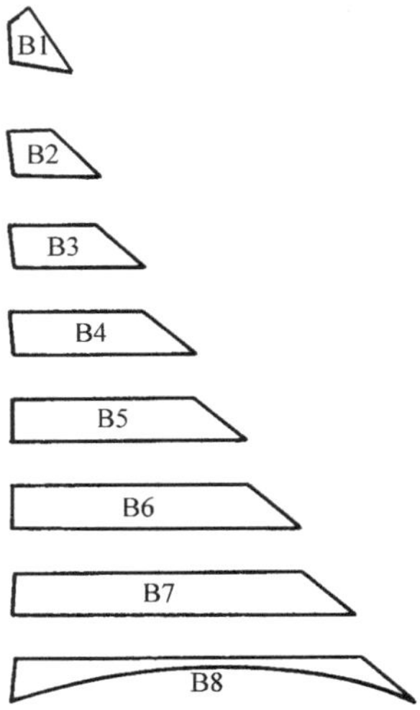

图 5.4.10　区域 B 裁剪展开图

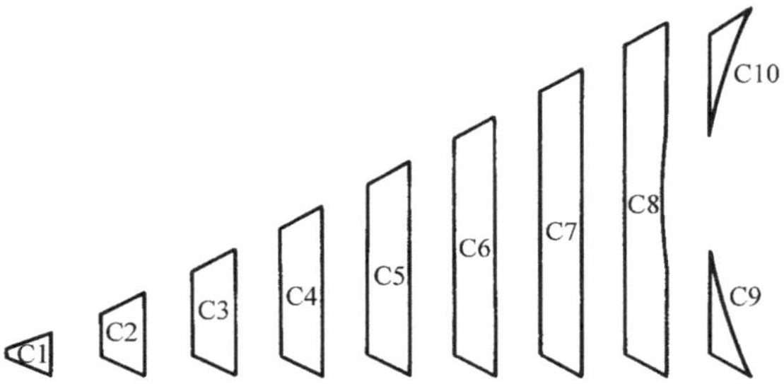

图 5.4.11　区域 C 裁剪展开图

5.5　薄膜结构的受力分析与设计

5.5.1　受力分析

根据裁剪分析结果拼装成满足形态分析要求的结构后，即可按 §5.3 所述的方法进行受力分析。薄膜结构的受力性能与初始预应力、矢跨比等有关。但是，需要注意的是膜材为柔性材料，只能抗拉不能抗压，当膜内应力等于零时膜材会出现褶皱。

膜材的褶皱分为单向褶皱和双向褶皱（也称为松弛）。设膜单元的主应力为（$\sigma_1\ \sigma_2\ 0$），主应变为（$e_1\ e_2\ 0$），那么对于薄膜结构中的膜材，考虑到织物类膜材的正交异性判别膜材褶皱的准则为：

1）当 $\sigma_2>0$ 时，膜材处于纯拉状态。

2）当 $\sigma_2\leqslant 0$ 且 $e_1>0$ 时，膜材处于单向褶皱状态。

3）当 $e_1\leqslant 0$ 时，膜材处于双向褶皱状态，也称为主应力 - 主应变判别准则。

薄膜结构中常采用的褶皱分析方法是修正本构矩阵法。单向褶皱的情况下膜材的主应力

向量为

$$\bar{\boldsymbol{\sigma}} = (\sigma_1\ 0\ 0)^{\mathrm{T}} \tag{5.5.1}$$

式中 $\sigma_1 = ae'_1$；$a = \frac{1}{\bar{D}_{23}\bar{D}_{32} - \bar{D}_{22}\bar{D}_{33}}[\bar{D}_{11}(\bar{D}_{23}\bar{D}_{32} - \bar{D}_{22}\bar{D}_{33}) + \bar{D}_{12}(\bar{D}_{21}\bar{D}_{33} - \bar{D}_{23}\bar{D}_{31}) + \bar{D}_{13}(\bar{D}_{31}\bar{D}_{22} - \bar{D}_{21}\bar{D}_{32})]$；

e'_1——主应力 σ_1 方向上的应变。

此时主应力方向上的本构矩阵写成

$$\bar{\boldsymbol{D}}_{\sigma} = \begin{pmatrix} a & 0 & 0 \\ 0 & \eta a & 0 \\ 0 & 0 & \eta a \end{pmatrix} \tag{5.5.2}$$

其中 η 为防止计算中出现病态矩阵而附加的任意微小量。

膜单元为双向褶皱时，应分别令 $\sigma_2 = 0$ 和 $\sigma_1 = 0$ 即在双向褶皱情况下膜材的主应力向量可表示为：

$$\bar{\boldsymbol{\sigma}} = (0\ 0\ 0)^{\mathrm{T}} \tag{5.5.3}$$

此时柔性膜材无刚度，同样是为了方便程序编制和满足计算中的收敛要求，主应力方向的本构矩阵为：

$$\bar{\boldsymbol{D}}_{\sigma} = \begin{pmatrix} \eta a & 0 & 0 \\ 0 & \eta a & 0 \\ 0 & 0 & \eta a \end{pmatrix} \tag{5.5.4}$$

【算例5.5.1】 圆形平面双曲抛物面薄膜结构

为了研究矢跨比（f/L）、初始预应力以及膜材张拉刚度对结构变形和受力的影响，以典型的鞍形曲面作为计算模型，分析其在荷载作用下受力性能，计算模型如图5.5.1所示。

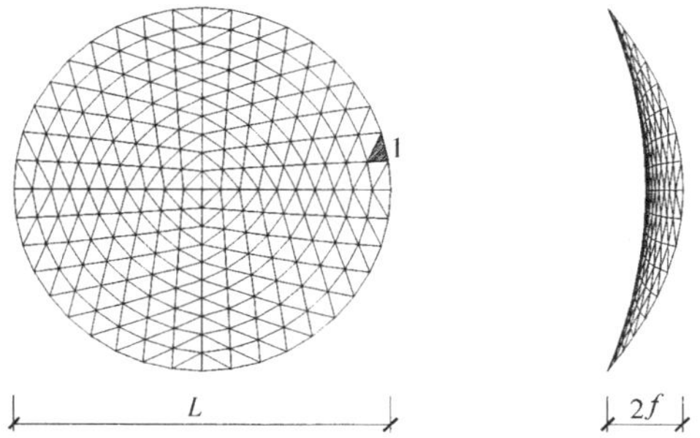

图5.5.1 圆形平面的双曲抛物面

为方便起见，取跨径 $L = 10\mathrm{m}$。膜材的经、纬方向的张拉刚度相等，分别取为236N/mm、425N/mm和1400N/mm，剪切刚度为7N/mm；对膜面经、纬方向施加相等的初始预应力，分别为2N/mm^2、3N/mm^{2}和4N/mm^2。矢跨比分为1/10、1/16和1/20三种，在此模型上作用0.1～1.0kN/m^{2}的均布荷载，分析结构的静力特性。

1. 矢跨比

采用张拉刚度为425N/mm的膜材，在经、纬方向上施加2N/mm^{2}的初始预应力，当结构的矢跨比分别为1/10、1/16和1/20时，均布荷载作用下结构中心点处的位移如图5.5.2所示，膜内最大主拉应力方向上的张力及矢跨比为1/10的结构在单元1处的两个主应力方向上的张力值随荷载的变化见图5.5.3所示。

由图5.5.2和图5.5.3可看出矢跨比越小，膜面越平坦，结构的变形越大，膜内的最大主拉应力方向上张力也越大，因此矢跨比过小，不仅不利于结构的排水，受力性能也较差。计算结果还表明，结构的矢跨比为1/10，荷载达到0.3kN/m^{2}时，结构周边的膜面（如单元1）开始出现褶皱（最小主应力值小于零），当矢跨比为1/16和1/20时，在最大的荷载作用下膜面也没有出现褶皱，因此结构的矢跨比大时膜面容易出现褶皱。故结构矢跨比的选择宜根据结构形式、荷载大小仔细权衡。

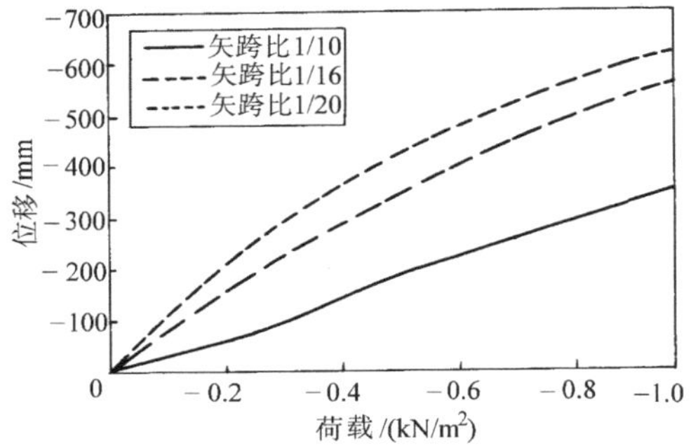

图5.5.2 位移－荷载曲线

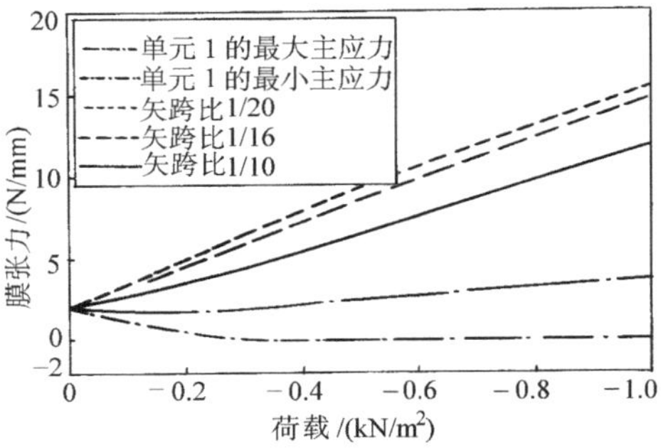

图5.5.3 膜张力－荷载曲线

2. 初始预张力

保持膜材的张拉刚度425N/mm不变，鞍形曲面的矢跨比取为1/10，对膜面施加不同的初始预张力，计算得到在均布荷载作用下该模型中心点处的位移和膜内最大主拉应力方向上的张力如图5.5.4和图5.5.5所示。

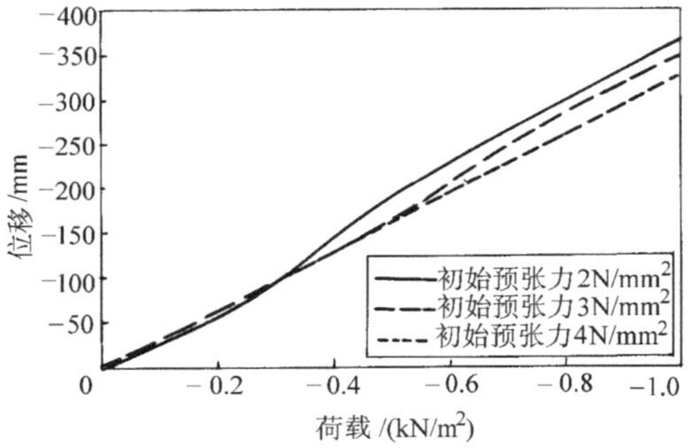

图5.5.4 位移－荷载曲线

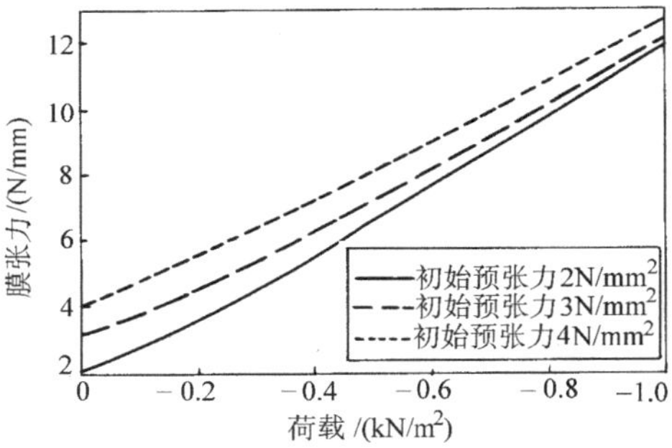

图5.5.5 膜张力－荷载曲线

由以上两图可看出，当荷载较小（小于0.3kN/m^2）时，结构的线性刚度在总刚度中占的比重比较大，膜内初始预应力的不同对结构位移的影响很小（图5.5.5），膜内张力增量与外荷载呈比例变化，表现为图5.5.5所示的三条曲线在初始阶段近似平行。初始预张力为2N/mm^{2}的结构在0.3kN/m^{2}荷载的作用下结构周边的膜面出现了褶皱，初始预张力为3N/mm^{2}和4N/mm^{2}的结构分别在0.5kN/m^{2}和0.8kN/m^{2}的荷载作用下开始出现褶皱，随着褶皱的出现，结构的非线性刚度的影响增大，初始预张力越小，位移增量越大（图5.5.4），同时由于褶皱部分退出工作，应力产生重分布，使得膜内最大应力值加大，表现为图5.5.5中初始应力为2N/mm^{2}的曲线在后半段与另外两条曲线的间距减少。

3. 张拉刚度

取鞍形曲面的初始预应力为 2N/mm²，矢跨比为 1/10。在均布荷载作用下，中心点处的位移和膜内最大主拉应力方向上的张力随张拉刚度的变化如图 5.5.6 和图 5.5.7 所示，从中可看出，膜材的张拉刚度越大，结构的刚度越大，变形越小，膜内张力相对较高，但膜内张力的增长较位移的减小要小得多。

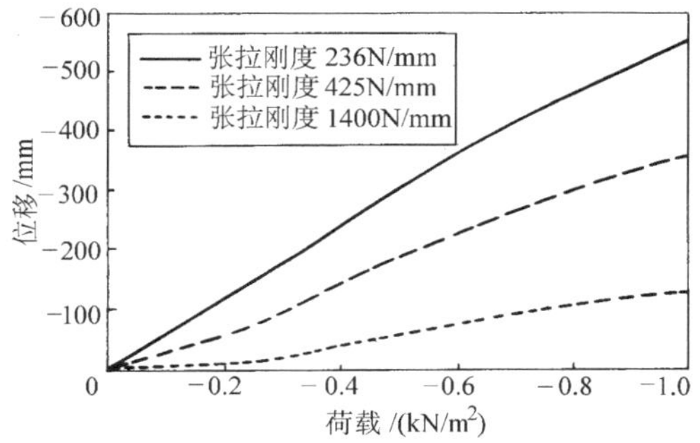

图 5.5.6 位移－荷载曲线

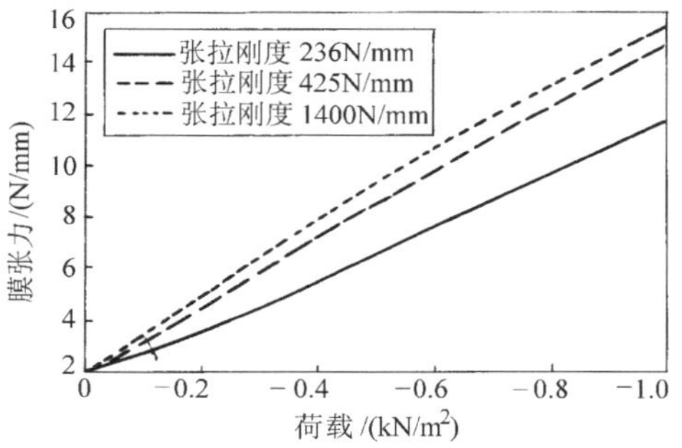

图 5.5.7 膜张力－荷载曲线

综上所述，膜材的张拉刚度、结构的矢跨比和膜内初始预应力的大小对结构的静力分析都有一定的影响，在进行结构设计时，应综合各个条件，给出最佳的结构参数以达到安全、经济和美观的效果。

【算例 5.5.2】 平面矩形薄膜褶皱分析

图 5.5.8 所示的矩形膜片，沿 AB、CD 两对边作用有均布拉力$\overline{N}_{\mathrm{y}}$，在 AC、BD 两对边作用有拉力 P 和弯矩 M。当 $M=0$ 时，整个膜材处于纯拉状态，随着 M 的增大，膜材底部会出现沿 y 方向的单向褶皱，并且褶皱区域 $EFDC$ 会随着 M 的增大而不断变大。下面先给出其理论解，以便与有限元程序的计算结果对比。

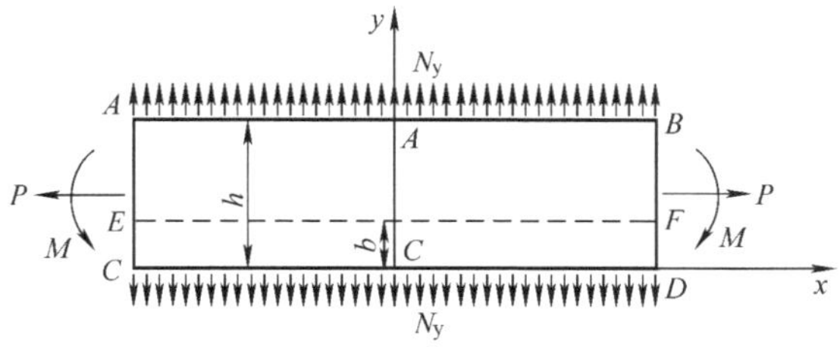

图 5.5.8 弯矩和拉力作用下的平面膜材

拉力 P 和弯矩 M 与 x 方向的应力 σ_x 之间的关系为（Stein，1961）

$$\left.\begin{aligned} P &= t\int_0^h \sigma_x \mathrm{d}y \\ M &= t\int_0^h \sigma_x\left(y-\frac{h}{2}\right)\mathrm{d}y \end{aligned}\right\} \tag{5.5.5}$$

设膜材为各向同性材料，其弹性模量为 E，泊松比为 ν，厚度为 t。那么在没有褶皱的区域内 x 方向应力的表达式为 $\sigma_x=Ek(y-b)$（式中 k 为一常数，由边界条件可确定），褶皱区

域（即 $0<y<b$）内 x 方向应力的表达式为 $\sigma_x=0$。将其代入式（5.5.5）中可以得到

$$\frac{b}{h}=1-\sqrt{\frac{2P}{kEth^2}} \tag{5.5.6}$$

$$\frac{2M}{Ph}=1-\frac{2}{3}\sqrt{\frac{2P}{kEth^2}} \tag{5.5.7}$$

由（5.5.7）式可以得

$$\sqrt{\frac{2P}{kEth^2}}=\frac{3}{2}-\frac{3}{2}\cdot\frac{2M}{Ph} \tag{5.5.8}$$

将上式代入式（5.5.6）即可以得出褶皱高度 b（$0\leqslant b\leqslant h$）与外荷载之间的关系为

$$\frac{b}{h}=\begin{cases}0 \quad ; \quad \dfrac{M}{Ph}<\dfrac{1}{6} \quad \text{（膜材处于纯拉状态）}\\ \dfrac{3M}{Ph}-\dfrac{1}{2} \quad ; \quad \dfrac{1}{6}\leqslant\dfrac{M}{Ph}<\dfrac{1}{2} \quad \text{（膜材部分处于褶皱状态）}\end{cases} \tag{5.5.9}$$

现设 $E=300\text{MPa}$，$\nu=0.3$，$l=10\text{m}$，$h=3.0\text{m}$，厚度 $t=0.001\text{m}$。为了在有限元分析中引入边界条件，取其右侧一半进行计算，根据对称性原则计算简图如图5.5.9所示，即将0点的 x 和 y 方向位移均约束，其余各点只约束其 x 方向位移，沿 y 方向可以自由变形。外荷载 N_y、P 和 M 都用节点荷载来等效。保持拉力 $P=60\text{N}$ 不变，共施加五种弯矩 M：0N·m、30N·m、45N·m、60N·m、75N·m。计算值和理论值的对比见图5.5.10。

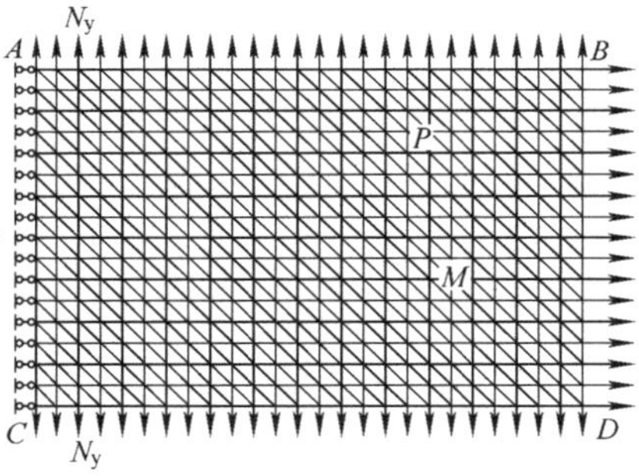

图5.5.9 计算模型

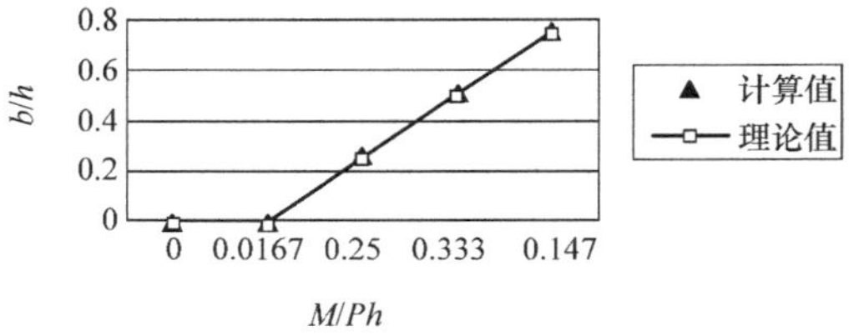

图5.5.10 计算值和理论值的对比

5.5.2 工程结构荷载验算

1. 荷载

《膜结构技术规程》规定在膜结构设计时应考虑恒荷载、活荷载、风荷载、雪荷载等荷载作用。对膜结构活荷载标准值可取 0.3kN/m^2，其他荷载标准值应按 GB 50009—2012《建筑结构荷载规范》的规定采用。按承载能力极限状态设计膜结构时，荷载的基本组合应包括荷载的短期和长期组合，具体组合见表5.5.1。

风荷载体型系数可按《建筑结构荷载规范》的规定确定。对于形状复杂或重要的建筑物，应通过风洞试验来确定风载体型系数；在计算风荷载引起的索、膜部分的内力和位移时应考虑其动力效应。对于形状较为简单的一般性膜结构，可采用风振系数的方法考虑结构的风动力效应：骨架支承式膜结构可取1.2～1.5，张拉式伞形、鞍形膜结构可取1.5～2.0。

对于跨度较大的、风荷载影响较大的或重要的膜结构，应通过动力分析或气弹模型风洞试验来确定风荷载的动力效应。需要指出的是上述风振系数的规定值主要来源于经验和经济方面的考虑，薄膜结构的风荷载动力效应方面的研究尚处于起步阶段。雪荷载分布系数可按《建筑结构荷载规范》的规定确定，且应考虑雪荷载不均匀分布产生的不利影响。

表 5.5.1 荷载基本组合

长期荷载组合	G、Q、T	短期荷载组合	G、W、T
			G、W、Q、T
			其他短期荷载组合

注：1. 表中 G = 恒荷载，W = 风荷载，Q = 活荷载与雪荷载中的较大者，T = 初始预张力。
2. 荷载分项系数和荷载组合值系数的取值应符合 GB 50009—2012《建筑结构荷载规范》的规定，T 的荷载分项系数和荷载组合值系数均取 1。
3. 表中“其他短期荷载组合”指根据具体工程需要，选取地震作用、温度作用或支座不均匀沉降等荷载项进行组合。

《建筑结构荷载规范》是根据传统刚性结构的设计基准期（50 年）确定的。虽然薄膜结构已应用于永久性和半永久性建筑，但由于材料本身的原因其预期使用寿命较传统刚性结构要短（表 5.5.2），应该可以根据荷载的统计特性和概率分布对《建筑结构荷载规范》的规定值予以折减；或为了考虑膜材到达使用寿命后可进行更换而下部支承结构未必进行更换，可仅在进行膜材验算时作荷载折减。若风速满足极值Ⅰ型分布，年平均风速的均方根为其平均值的 1/10 时，不同回归期对应风荷载之间的比例关系见表 5.5.3。

表 5.5.2 膜材的质量保证范围及预计使用寿命 （单位：年）

膜材类型	玻璃纤维		聚酯纤维			
	涂敷聚四氟乙烯	涂敷有机硅	涂敷聚四氟乙烯	涂敷聚氯乙烯		
				PVF 面层	PVDF 面层	ACRYLIC 面层
生产厂家质保范围	10～15	10～15	10～15	10～15	10～15	5～10
材料预计使用寿命	20～50	20～30	20～30	10～20	10～20	5～10

表 5.5.3 不同回归期风荷载之间的比例关系

回归期/年	5	10	15	20	25	50
折减系数	0.85	0.90	0.92	0.95	0.95	1.0

2. 荷载效应验算

各种荷载作用下膜面各点的最大主应力应满足下列要求：

$$\sigma_{\max} \leqslant f_y \qquad f_y = \frac{f_k}{\gamma_R} \tag{5.5.10}$$

式中 $\sigma_{\max}$——各种荷载组合下主应力的最大值；

f_y——对应最大主应力方向的膜材强度设计值；

f_k——膜材强度标准值；

γ_R——对应最大主应力部位的膜材抗力分项系数，具体取值见表 5.5.4。

表 5.5.4　膜材抗力分项系数 γ_R 取值

荷载类型	一般部位膜材	连接处膜材
长期荷载组合	6.0	8.0
短期荷载组合	3.0	5.0

在短期荷载作用下，膜面出现褶皱（即最小主应力小于零）的面积不得大于膜材面积的10%。在长期荷载作用下膜材不得出现褶皱，即应满足下列要求：

$$\sigma_{min} > \sigma_p \tag{5.5.11}$$

式中　σ_{min}——各种荷载组合下主应力的最小值；

σ_p——维持曲面形状的最小应力值，可按初始预张力值的25%确定。

膜结构在正常使用状态下不得出现过大的变形。整体式张拉膜结构和索膜组合单元结构整体位移在长期荷载组合作用下不应大于跨度的1/250或悬挑长度的1/125；在短期荷载组合作用下不应大于跨度的1/200或悬挑长度的1/100。桅杆顶点侧向位移值不应大于桅杆长度的1/250。结构中各膜单元内膜面的相对法向位移不应大于单元名义尺度的1/15。

对于张拉式体育场看台挑篷结构，其整体位移是指内环上的最大位移；对于索膜组合单元结构结构，其整体位移可定义为跨中最大位移。膜结构中的膜单元是指由柔性索边界或刚性边界围起的一片膜；其单元名义尺度，对于三角形膜单元可定义为其最小边长的2/3；对于四边形膜单元可定义为通过最大位移点的边界间最小跨度。

【算例 5.5.3】　五边形薄膜结构

下面将对算例5.3.5所示的结构进行受力分析。膜材自重为1.5kg/m^2，张拉刚度 $E_1t=540$N/mm，$E_2t=180$N/mm，$G_{12}t=80$N/mm，泊松比 $\nu_1=0.2$，$\nu_2=0.6$，索的特性参数为 $EA=2.1\times10^4$kN。

首先按施加向下均布荷载0.2kPa进行计算，可得其受力变形图（图5.5.11，图中竖向位移扩大了5倍）、最大应力分布图（图5.5.12）、最小应力分布图见图（5.5.13）。由图5.5.12可知在向下均布荷载作用下，膜面最大应力值为18.7323N/mm^2，由图5.5.13中可知膜面上部分点的最小应力已小于零，即膜单元出现了褶皱。

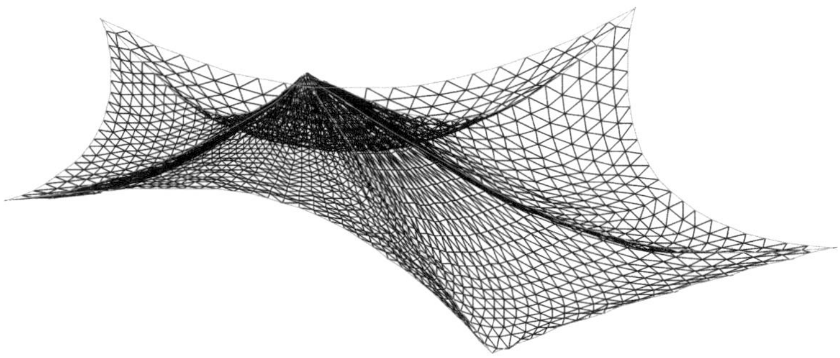

图5.5.11　荷载均布向下时的受力变形图

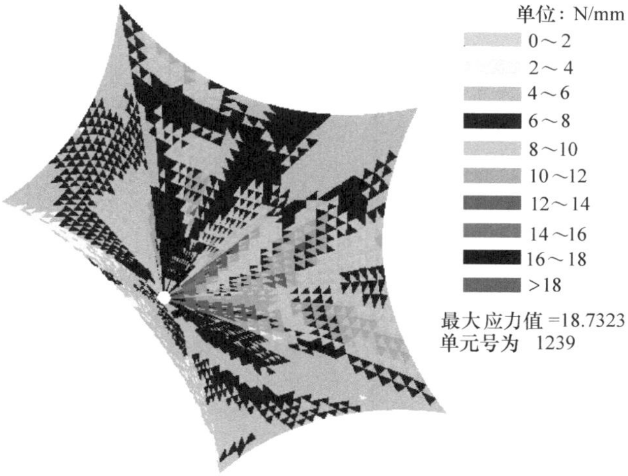

图 5.5.12 荷载均布向下时的最大应力分布图

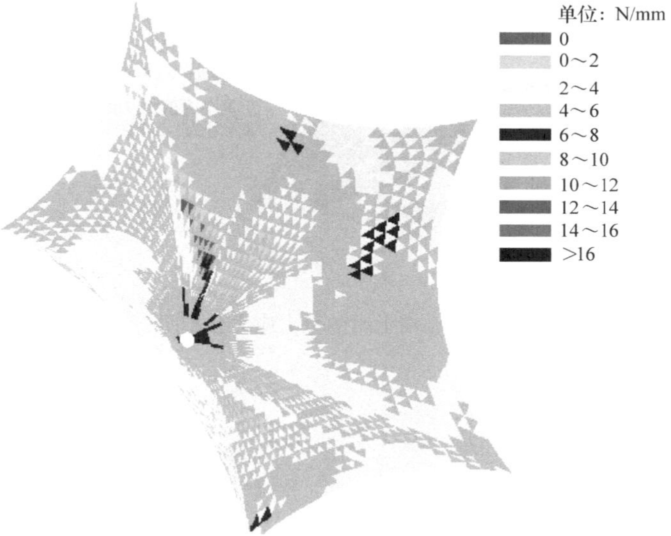

图 5.5.13 荷载均布向下时的最小应力分布图

再对其施加均布向上荷载 0.15kPa（kN/m^2），经计算得其受力变形图（图 5.5.14，图中竖向位移扩大了 5 倍）、最大应力分布图（图 5.5.15）、最小应力分布图（图 5.5.16），此时其最大应力值为 11.9595N/mm^2，最小应力值均大于零。根据受力分析结果及设计规程的要求判断结构的安全性及是否需对结构参数做进一步的调整。

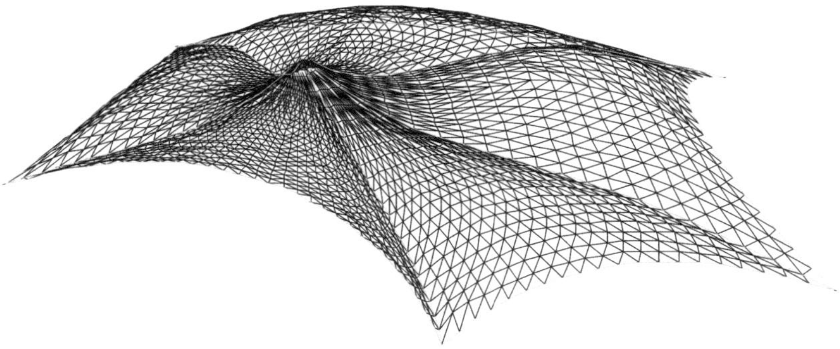

图 5. 5. 14　荷载均布向上时的受力变形图

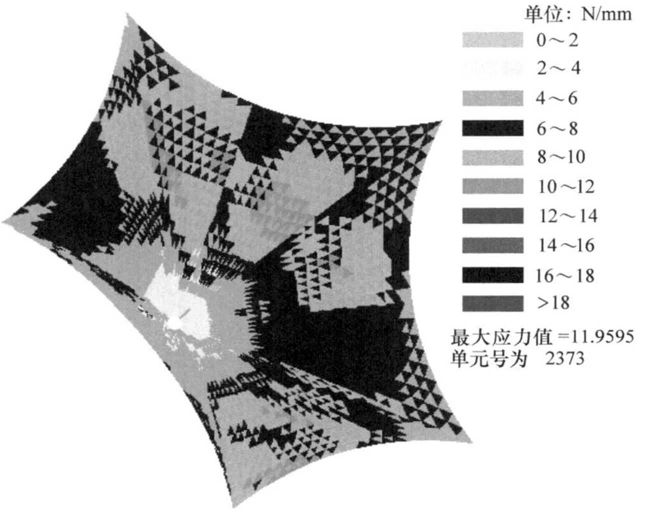

图 5. 5. 15　荷载均布向上时的最大应力分布图

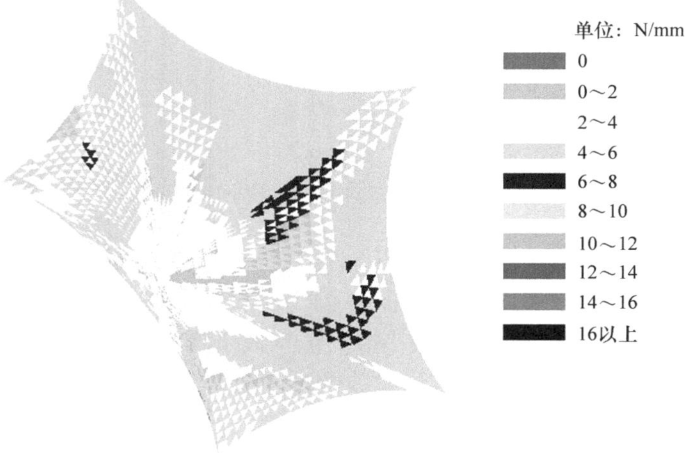

图 5. 5. 16　均布向上荷载最小应力分布图

5.6 薄膜结构的动力特性与反应分析

薄膜结构除承受静荷载外，还会受到风等具有动力特性的荷载的作用。薄膜结构的动力特性与动荷载反应分析是对其研究的一个重要方面。

5.6.1 薄膜结构的动力特性

薄膜结构的动力特性是其动力分析的基础，其分析方法与悬索结构相同。

1. 自振特性

一四边固定马鞍薄膜结构如图 5.6.1 所示，结构平面边长为 10m，A、B 两点高差 4m；膜材密度为 1.5kg/m^2，经向弹性模量 $E_1=900\text{MPa}$，纬向弹性模量 $E_2=600\text{MPa}$，剪切模量 $G=20\text{MPa}$，两泊松比分别为 $\nu_{12}=0.4$，$\nu_{21}=0.6$，厚 0.001m，两方向预应力均为 $\sigma_x=\sigma_y=2.0\text{kN/m}$。其找形结果如图 5.6.2 所示。结构的自振频率的分布如图 5.6.3 所示。

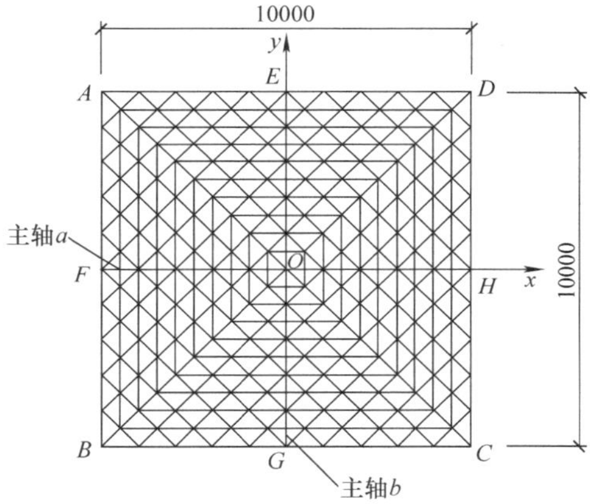

图 5.6.1 结构平面尺寸

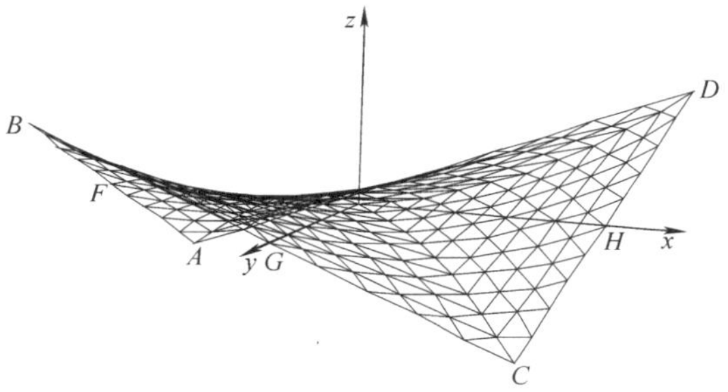

图 5.6.2 找形结果

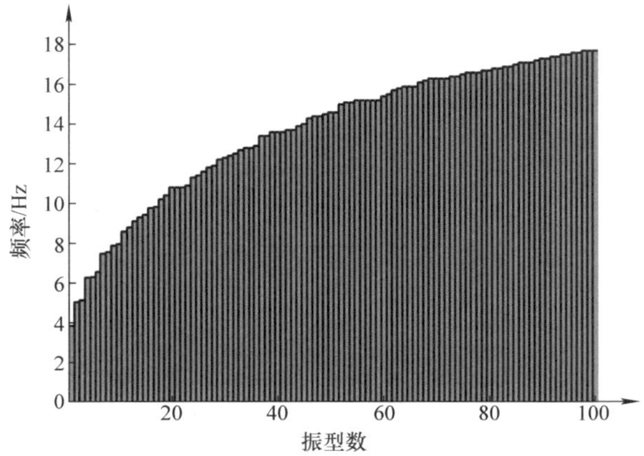

图 5.6.3 结构的自振频率的分布

该结构的部分典型振型图见表5.6.1。由于空间膜面的振型图比较复杂，表中列出了 x、y 两条轴线在膜面上的投影 FH、EG 的振型图。

表5.6.1 部分典型振型图

振型数	频率/Hz	振型透视图	主轴线的振型		备 注
			FH	*EG*	
1	3.85	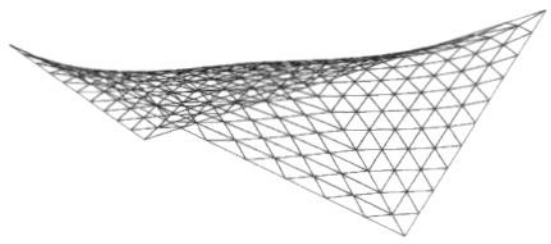	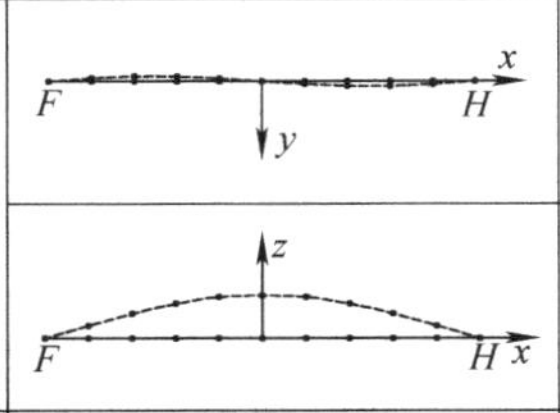	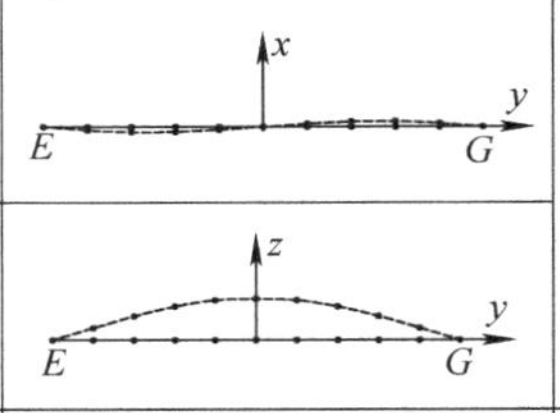	膜面在竖向关于 xz、yz 平面对称振动；水平方向关于 xz、yz 平面反对称小幅振动
2	5.04	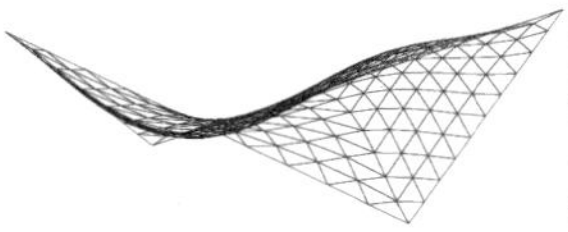	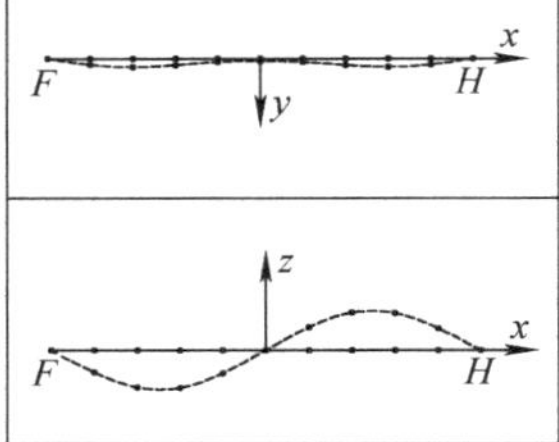	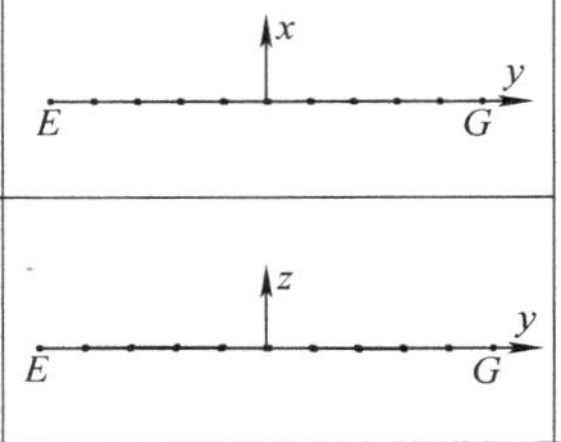	膜面在竖向关于 yz 平面反对称振动，水平方向关于 yz 平面对称振动；对称轴上的 *EG* 无振动
3	5.14	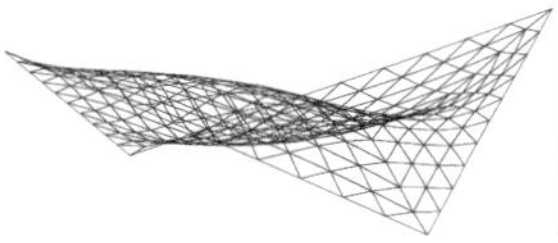	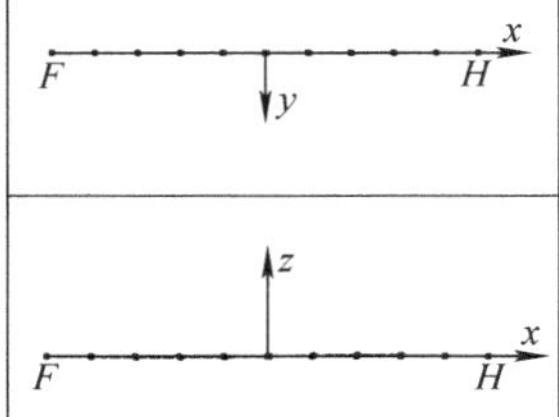	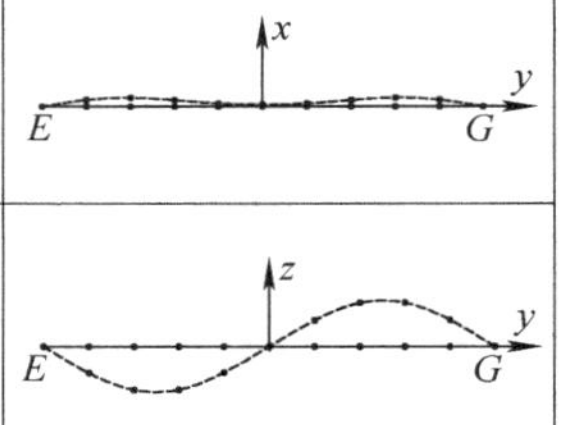	膜面在竖向关于 xz 平面反对称振动，水平方向关于 xz 平面对称振动；对称轴上的 *FH* 无振动
4	6.27	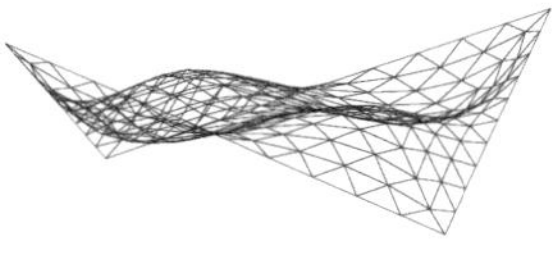	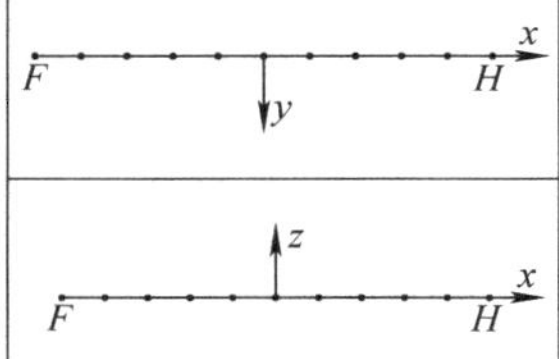	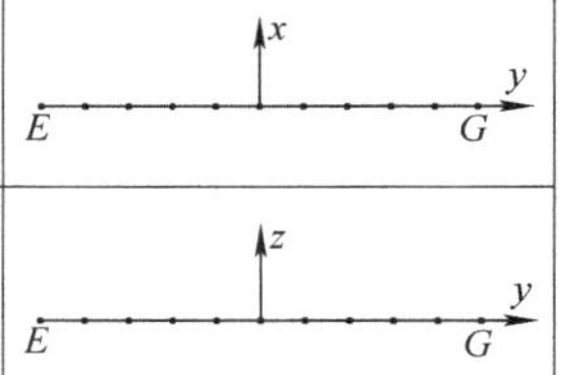	膜面在竖向关于 xz 平面反对称振动，对称轴上的 *FH*、*EG* 无振动
5	6.29	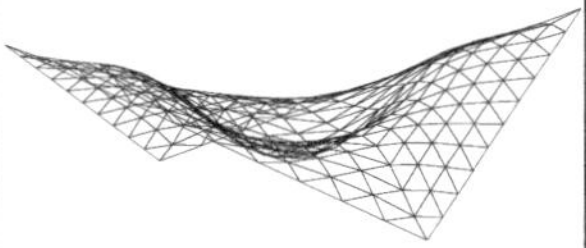	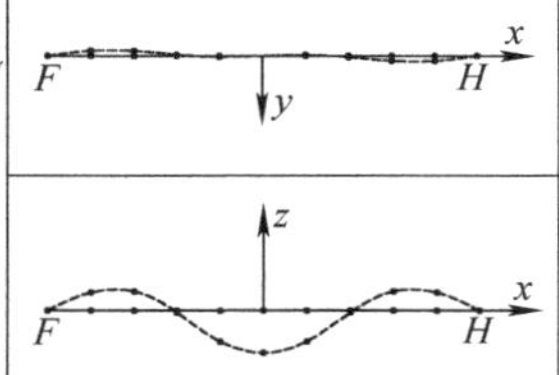	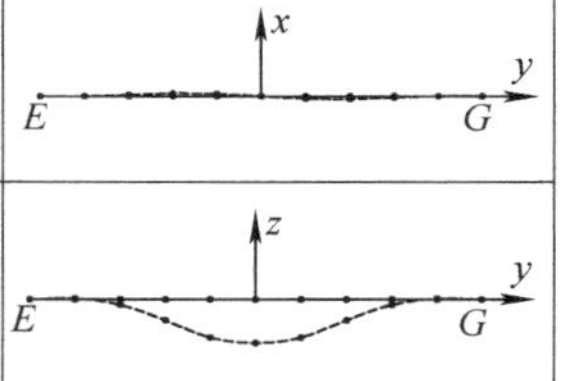	膜面在竖向关于 xz、yz 平面多波对称振动；水平方向关于 xz、yz 平面多波小幅反对称振动
6	6.56	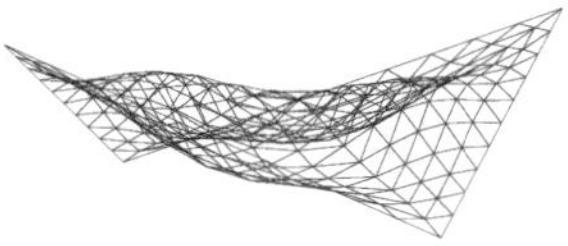	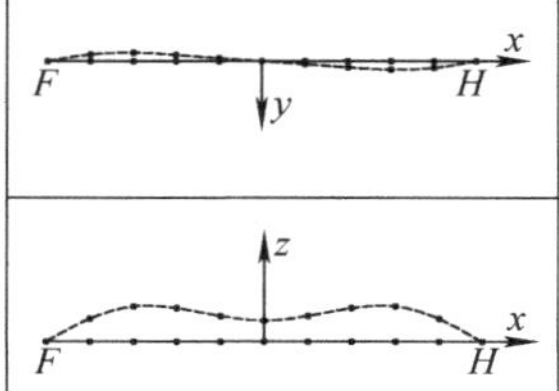	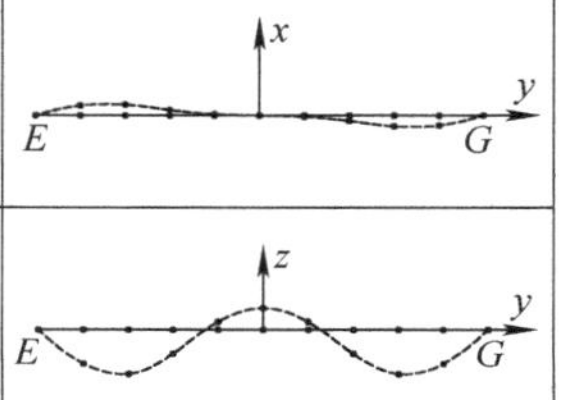	膜面在竖向关于 xz、yz 平面多波对称振动；水平方向关于 xz、yz 平面多波小幅反对称振动

（续）

振型数	频率/Hz	振型透视图	主轴线的振型		备注
			FH	EG	
7	7.46		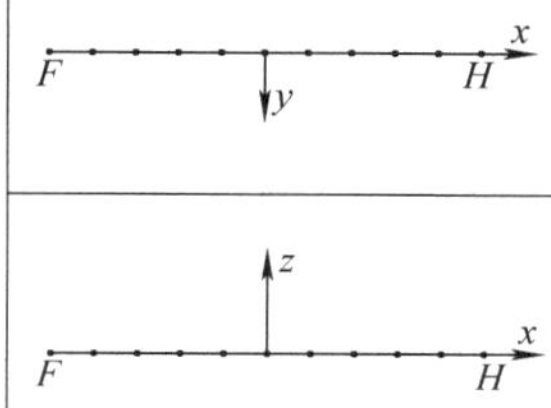	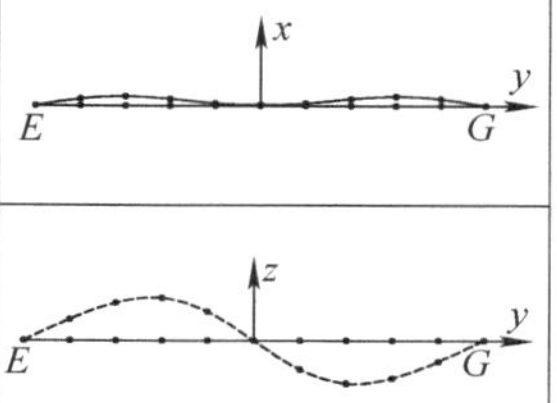	膜面在竖向关于 xz 平面反对称振动；水平方向关于 xz 平面对称振动；对称轴上的 FH 无振动
8	7.55	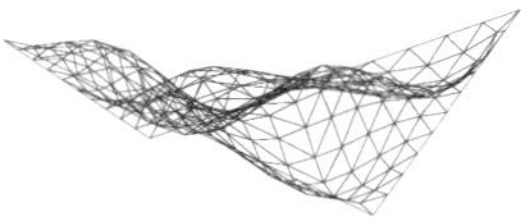	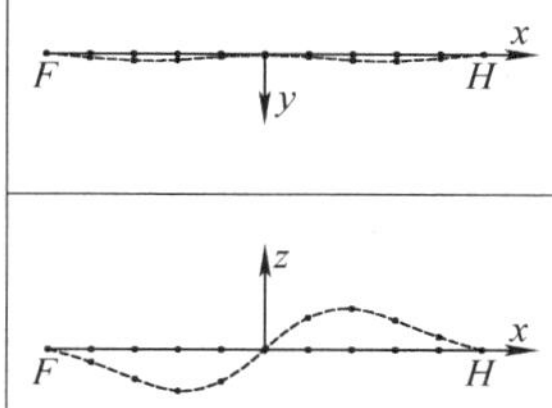	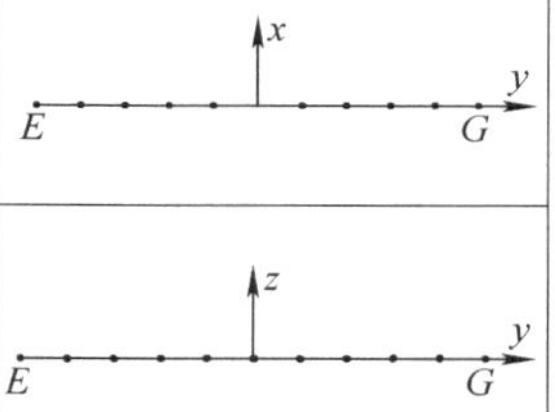	膜面在竖向关于 yz 平面反对称振动；水平方向关于 yz 平面对称振动；对称轴上的 EG 无振动
9	7.87	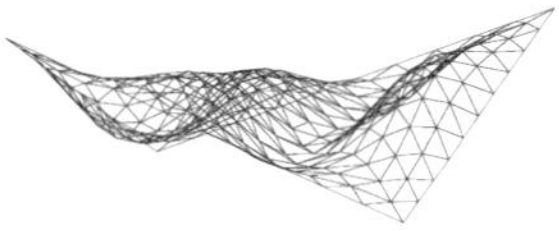	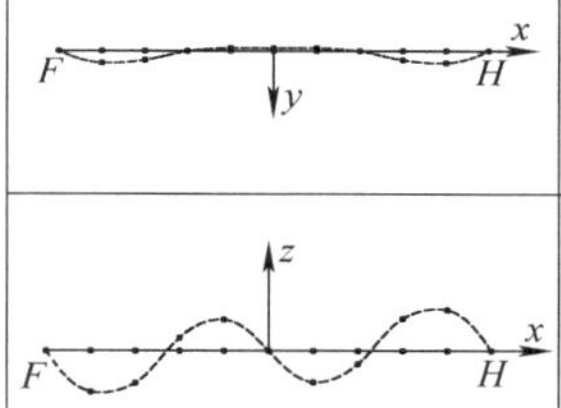	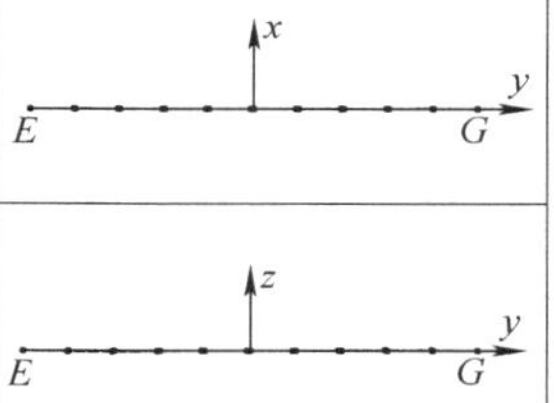	膜面在竖向关于 yz 平面多波反对称振动；水平方向关于 yz 平面对称振动；对称轴上的 EG 无振动
10	17.7	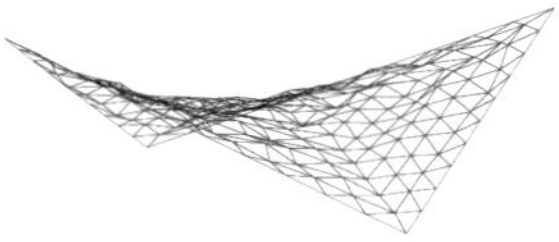	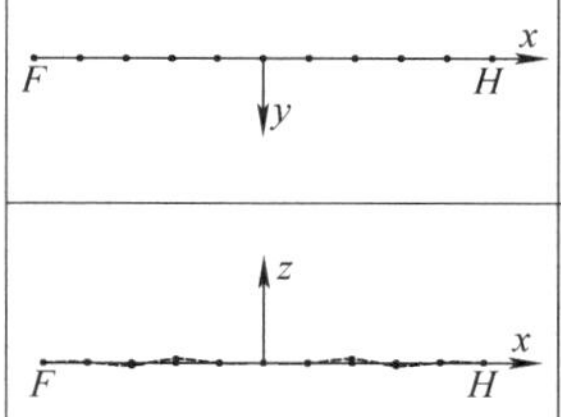	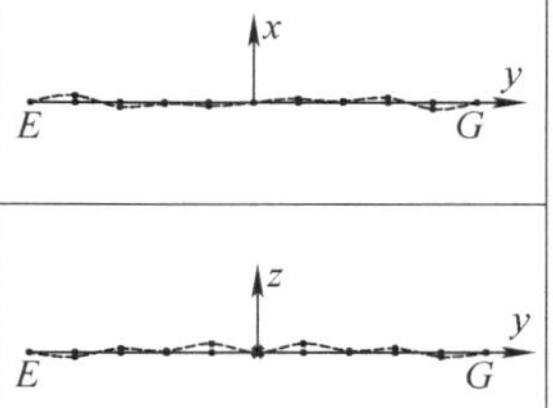	膜面以竖向关于 xz、yz 平面多波小幅对称振动

由计算结果可以看出薄膜结构自振特性具有如下特点：频率密集，连续成丛分布，由于结构有多个对称轴，出现了多个重叠频率。算例中从第一阶振型到第一百阶振型的自振频率仅相差 13.8Hz，基本周期大约为 0.10 ~ 0.20s，这说明刚性边界薄膜结构在此膜面预应力和跨度情况下其刚度不小，频率较高；结构以竖向振动为主，竖向振动多呈反对称，水平振动多呈对称。

2. 动力响应特性

薄膜结构是一种柔性结构，其在动荷载作用下的响应与一般的刚性结构有所不同。下面用一个算例来说明在动荷载作用下薄膜结构响应的特性。

一个水平投影边长为 6m 的方形平面马鞍形薄膜结构，高点与低点的高差为 2m，四边约束，有限元模型如图 5.6.4a 所示，基本材料参数同前。图 5.6.4b 是该结构的找形结果图。

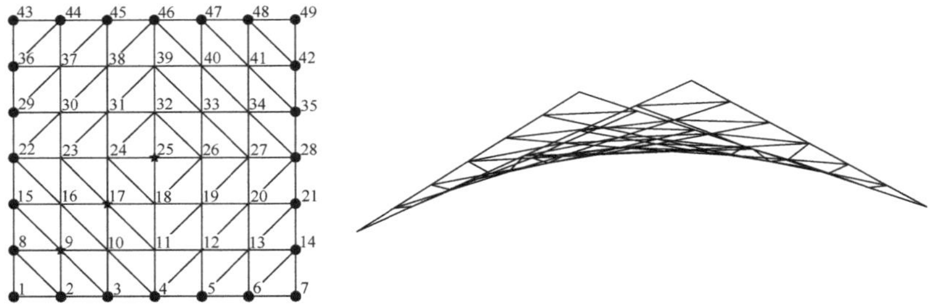

a) 有限元模型　　b) 找形结果图

图 5.6.4　计算模型

（1）工况 1　首先考察在结构的中心点处施加竖向初始速度时膜面的振动情况。

设结构中心点（25 点）有竖向初始速度 0.5m/s，不考虑阻尼，25 点、17 点和 9 点（图 5.6.4 中用星号标出的点）的竖向位移如图 5.6.5 所示。由图可见，在初始条件的作用下，25 点从开始便向上产生位移，当到达 0.015s 时该点位移达到最大值 29mm，而此时 17 点、9 点的位移分别为 0.05mm 和 0.005mm，即在 25 点产生最大位移的时刻，17 点、9 点基本上还处于静止状态。在 0.033s 时，25 点回到了平衡位置并开始向下运动时，17 点具有 1.9mm 的向上位移，并且继续向上移动，9 点位移仍然很小（0.009mm）。而当 17 点在 0.056s 达到最大位移值 7mm 时，25 点又从负的最大位移值回到了零位移的位置，此时 9 点的位移只有 0.24mm。图 5.6.6 给出了膜面在不同时刻的变形形状，由这些图可以看出此时结构的运动是从结构中心点向周围逐渐传递的。在此后的过程中，三点的峰值也是交错分布的（图 5.6.5）。

从以上结果可知，由于膜材为柔性材料，其平面外的抗剪能力很低，垂直膜面作用力的传递速度较慢，使得整个膜面并非一起上下振动，而是呈波浪状。

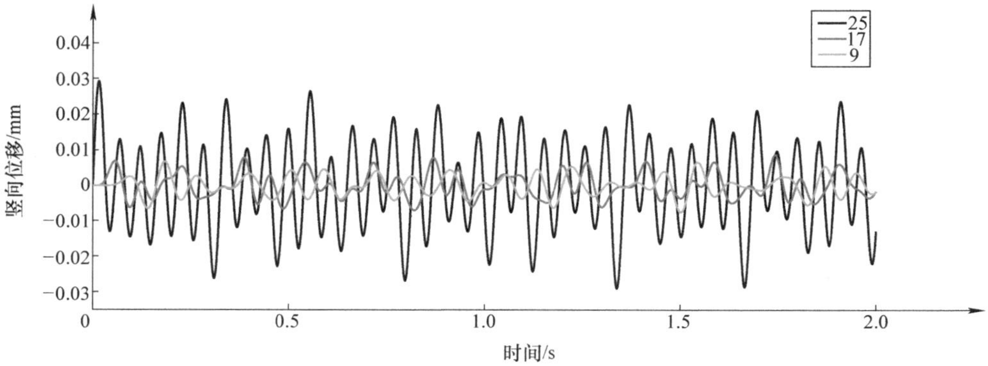

图 5.6.5　25 点、17 点和 9 点的竖向位移

（2）工况 2　下面分析结构在冲击荷载作用下的响应。设结构的中心点（25 点）处受有 100N 的突加集中力，先进行静力分析，后对结构在冲击荷载作用下的动力响应进行分

析，并与静力分析的结果进行比较。利用薄膜结构分析软件CAFA1.0进行静力分析可得到结构最大竖向位移为25点处的21.8mm，单元最大应力为2.05kN/m。

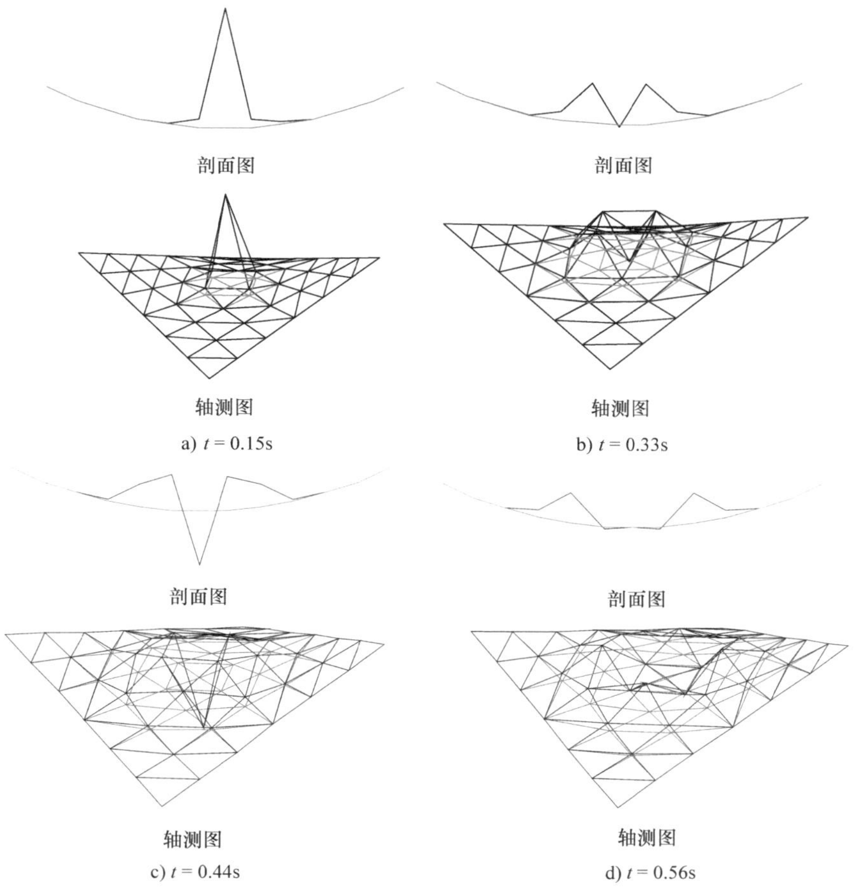

图5.6.6 结构受力变形图

在进行动力分析时考虑阻尼，设结构的阻尼为 $C = \alpha_1 M + \alpha_2 K$，其中阻尼系数分别为 $\alpha_1 = 0.1/(1/f_i + 1/f_j)$，$\alpha_2 = 0.1/(f_1 + f_2)$。由编制的薄膜结构自振特性分析程序得到结构的第一频率 $f_1 = 4.25$，第二频率 $f_2 = 6.54$，从而可计算出 $\alpha_1 = 0.26$，$\alpha_2 = 0.009$。取时间步长为0.01s，25点竖向位移时程曲线如图5.6.7所示，其稳定位移为21.7mm，与静力计算的结果21.8mm基本一致。在整个过程中位移最大值为27mm，其位移放大系数为27/21.7 = 1.24。图5.6.8所示为应力最大值随时间变化的曲线，稳定最大应力为2.06N/mm，与静力分析的结果2.05N/mm基本一致。在整个过程中最大应力的最大值为2.09N/mm，其应力放大系数为2.09/2.05 = 1.02。由以上分析可见，结构在冲击荷载作用下的稳定值与静力分析结果一致，结构的位移放大系数比应力放大系数大，说明结构的非线性对结构位移和应力的影响是不同的。

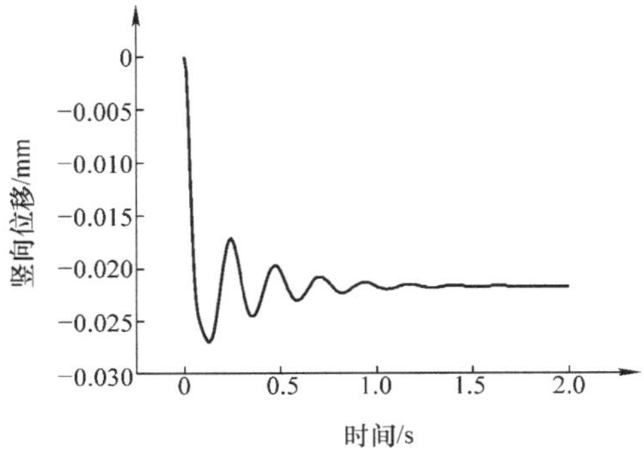

图 5.6.7 结构中心点（25 点）竖向位移

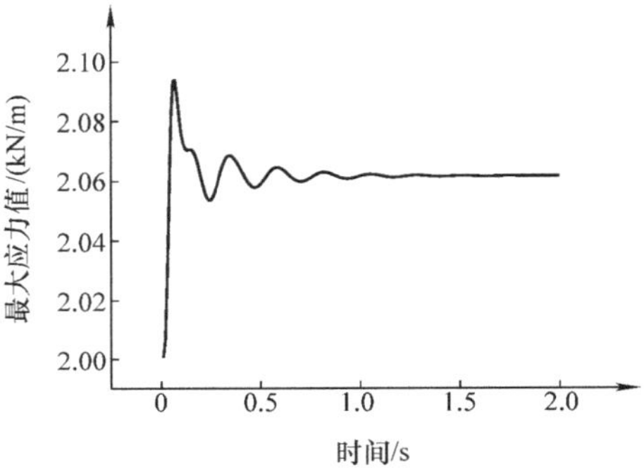

图 5.6.8 最大应力值

5.6.2 风振反应分析

薄膜结构刚度小、重量轻，对风等低频脉动荷载较为敏感，需要对其进行风振反应分析。常采用的方法是时程分析法，即求解每一时刻结构的平衡方程。在求解过程中需要同时考虑结构的几何非线性和物理非线性。

薄膜结构动力平衡方程与其他结构相同，为

$$\boldsymbol{M}\ddot{\boldsymbol{U}}+\boldsymbol{C}\dot{\boldsymbol{U}}+\boldsymbol{K}\boldsymbol{U}=\boldsymbol{P}(t) \tag{5.6.1}$$

其中，$\boldsymbol{C}$ 是阻尼矩阵，一般采用 Rayleigh 阻尼假定；$\boldsymbol{P}(t)$是外荷载向量。在位移、速度和加速度之间引入一个简单关系，以便用加速度的变化来表示速度和位移增量的变化，或者用位移增量来表示速度或加速度的变化，从而将式（5.6.1）转换成一组联立的代数方程组。无论采用哪种方法，方程里只保留一个未知量，它可以用任何一种求解线性代数方程的方法进行求解。若采用 Newmark 法和 Rayleigh 阻尼假定，可得结构每一迭代步的动力平衡方程为

$$\hat{\boldsymbol{K}}\Delta\boldsymbol{U}^{k+1}=\hat{\boldsymbol{P}} \tag{5.6.2}$$

式中 $\hat{\boldsymbol{K}}=\left[M\left(\dfrac{4}{\Delta t^2}+\dfrac{2\alpha_1}{\Delta t}\right)+\boldsymbol{K}^k_{t+\Delta t}\left(\dfrac{2\alpha_2}{\Delta t}+1\right)\right]$；

$\Delta\boldsymbol{U}^{k+1}$为迭代步的位移增量；

$$\hat{\boldsymbol{P}}=\boldsymbol{P}_{t+\Delta t}-\boldsymbol{K}^k_{t+\Delta t}\boldsymbol{U}^k_{t+\Delta t}+\boldsymbol{M}\left[\ddot{\boldsymbol{U}}_t+\frac{4}{\Delta t}\dot{\boldsymbol{U}}_t+\alpha_1\dot{\boldsymbol{U}}_t-\frac{4}{\Delta t^2}(\boldsymbol{U}^k_{t+\Delta t}-\boldsymbol{U}_t)-\frac{2\alpha_1}{\Delta t}(\boldsymbol{U}^k_{t+\Delta t}-\boldsymbol{U}_t)\right]+$$

$$\boldsymbol{K}^k_{t+\Delta t}\left[\alpha_2\dot{\boldsymbol{U}}_t-\frac{2\alpha_2}{\Delta t}(\boldsymbol{U}^k_{t+\Delta t}-\boldsymbol{U}_t)\right]。$$

在对薄膜结构进行风振反应分析时，也应考虑其物理非线性，即对薄膜结构进行褶皱分析。

下面对山西大同的一个薄膜结构进行风荷载的动力时程分析。膜材物理参数为 $E_1=900\text{MPa}$，$E_2=648\text{MPa}$，$G_{12}=31.4\text{MPa}$，$\nu_{12}=0.018$，$\nu_{21}=0.025$，厚为 0.001m，钢索的物理参数为 $E=2.0\times10^5\text{MPa}$，截面面积 $A=2.1\times10^{-4}\text{m}^2$。左侧单元膜材的预应力为 $\sigma_x=\sigma_y=2.0\text{kN/m}$，右侧单元膜材的预应力为 $\sigma_x=\sigma_y=2.5\text{kN/m}$，边索 1 的预拉力为 40kN，边

索2的预拉力为50kN，边索3的预拉力为75kN。计算模型如图5.6.9所示。该结构的风荷载体形系数如图5.6.10所示，考虑到大同为内陆地区，取计算平均风速为20m/s。

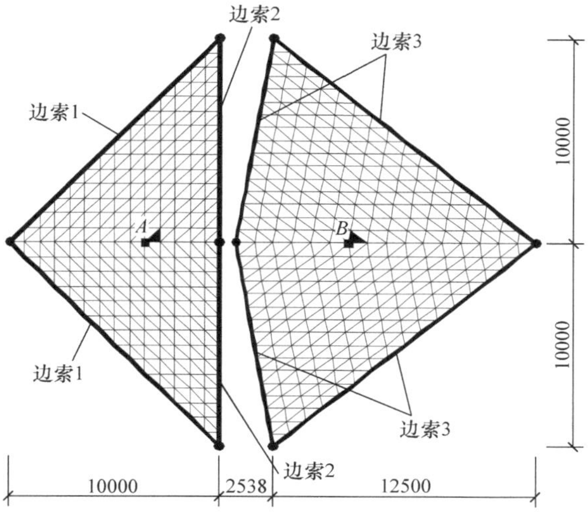

图5.6.9 山西大同薄膜结构计算模型

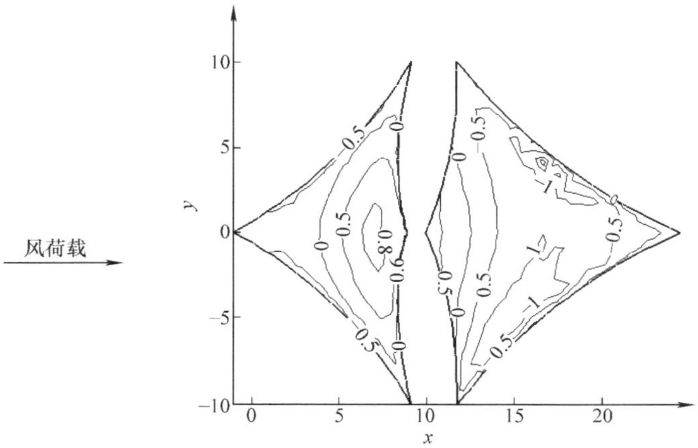

图5.6.10 风荷载体形系数

为了便于了解结构响应随时间的变化情况，在左侧马鞍形薄膜结构和右侧马鞍形薄膜结构中各取一个点和一个单元（图中由 A 和 B 标出的点和填充的单元），分别称其为节点 A、单元 A 和节点 B、单元 B。这两个节点的位移和单元的应力随时间的变化曲线如图5.6.11所示。在风荷载作用下，节点 A 沿 x 轴方向的位移比其他两个方向的都大，沿 y 轴方向基本上没有位移。而节点 B 是沿 z 轴方向的位移最大，其次是沿 x 轴方向。这一点也可以由风速最大时的结构受力变形图（图5.6.12）看出来。在18.2s时，节点 A 沿 x 轴方向的位移有一个突变，其值迅速从 +0.105m 变化为 −0.115m，之后又迅速变为正值，而此时单元 A 的应力也发生了突变。而节点 B 沿 z 轴方向位移在0.6s发生突变，单元 B 的应力在此时也发生了突变。两节点的位移随时间变化的曲线与风速时程曲线的形状是相似的，即节点位移随风速的增大而变大，随风速的减小而变小。在风荷载作用下，两单元的应力迅速增大，然后稳定在一个小范围内，在该小范围内的变化形状与风速时程曲线相似。

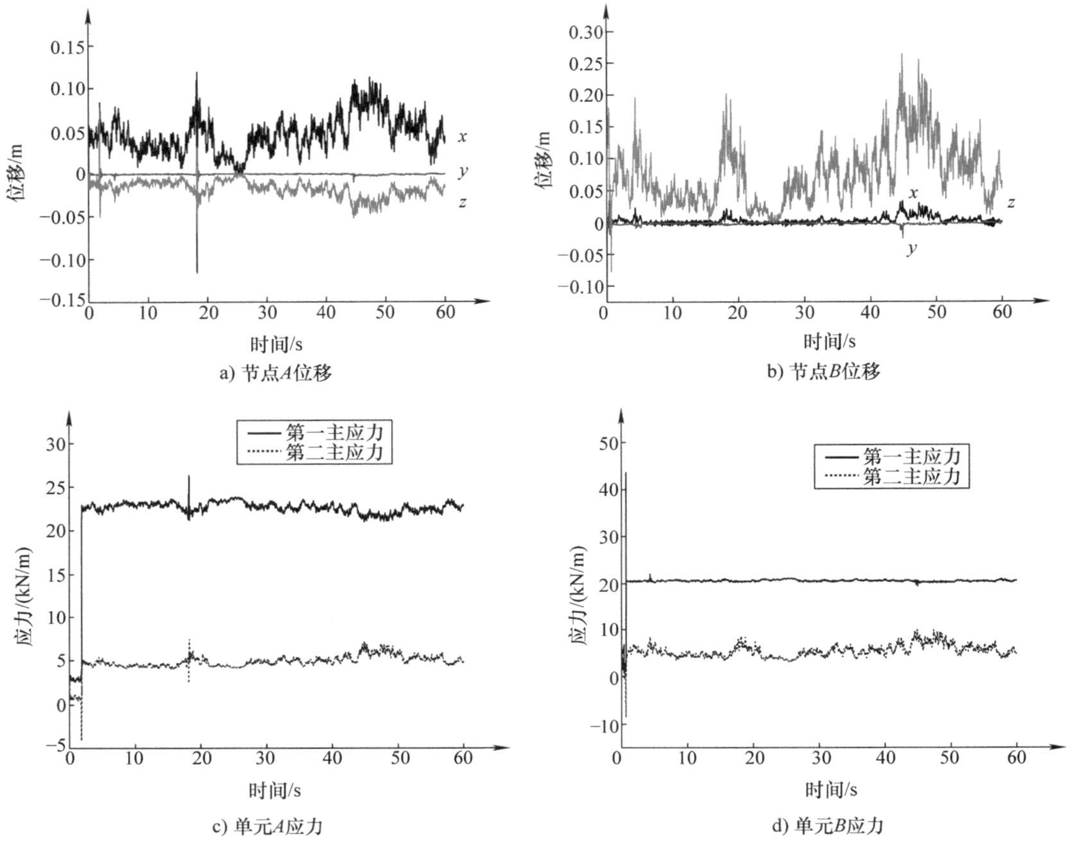

图 5.6.11 结构响应

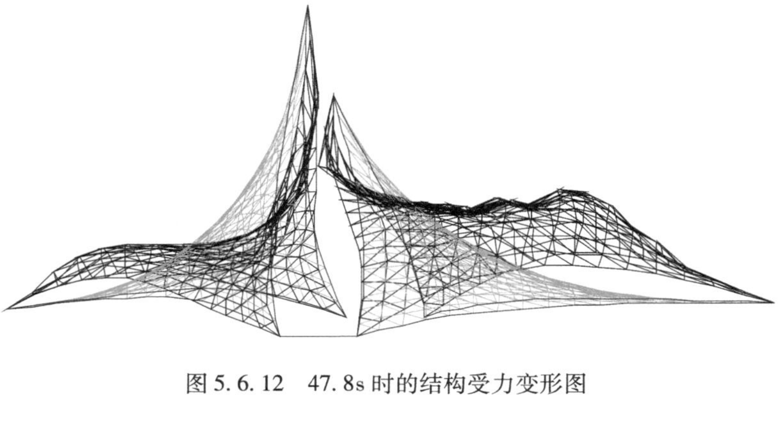

图 5.6.12 47.8s 时的结构受力变形图

图5.6.12所示为47.8s风荷载最大时的结构受力变形图，左侧结构在风压力作用下发生较大的沿x轴正向的水平位移，右侧结构的左边部分膜面受到的是风压力，所以其水平位移是沿x轴负向的，右边部分受到的是风吸力，结构发生了较大的沿z轴正向的竖向位移。图5.6.13所示为此时结构中褶皱单元的分布图，将其与风荷载体形系数图对比可以看出，它们的分布基本一致，即体形系数大的部位出现褶皱的膜单元。此时结构中最大应力和最小应力分布图如图5.6.14所示，虽然图中有的单元最大应力是负的，但是其最大应变是正的，所以根据膜材褶皱判别的主应力 - 主应变准则，结构中没有出现双向褶皱的膜单元。图5.6.15所示是结构中褶皱的膜单元数量随时间的变化曲线。

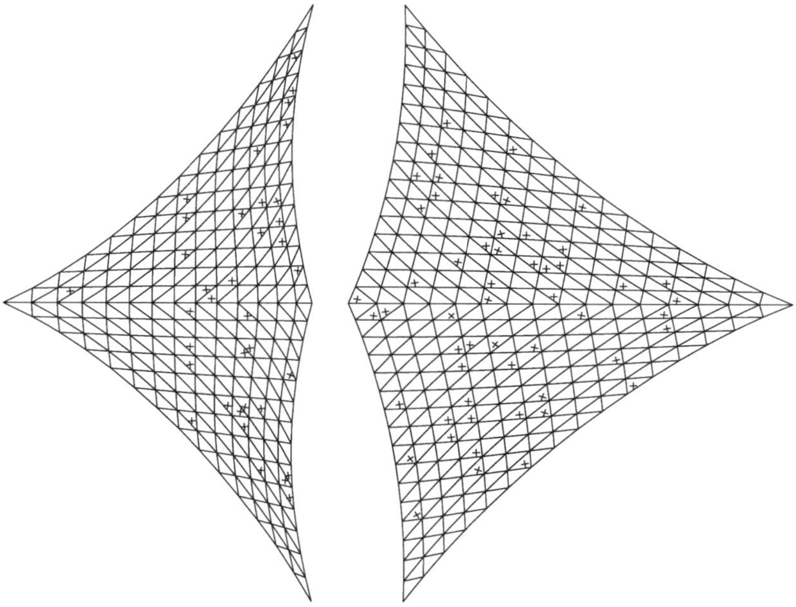

图5.6.13　47.8s时褶皱单元的分布图

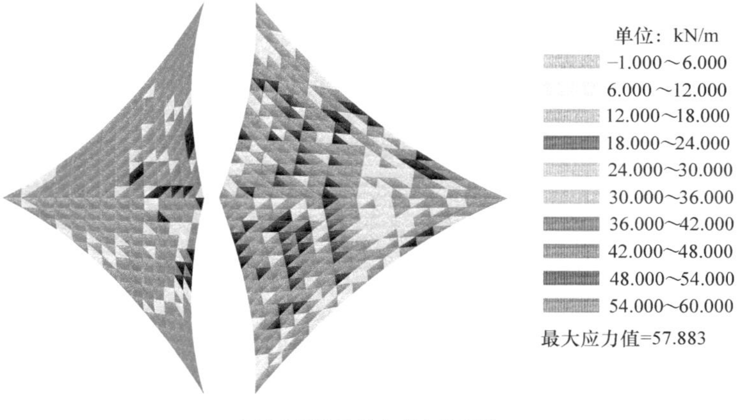

a) 47.8s时结构最大应力分布图

图5.6.14　结构应力分布图

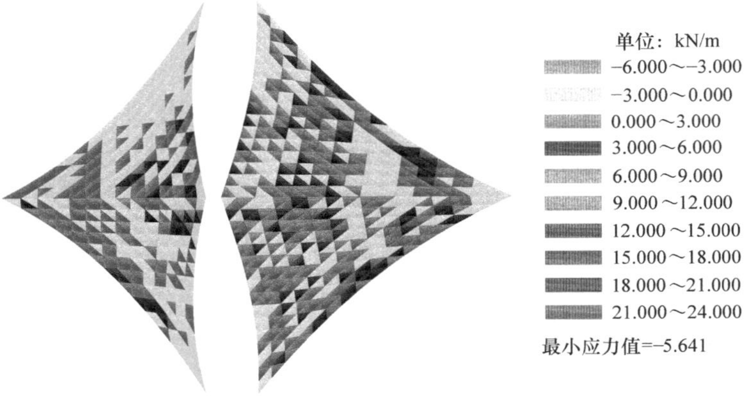

b) 47.8s时结构最小应力分布图

图 5.6.14 结构应力分布图（续）

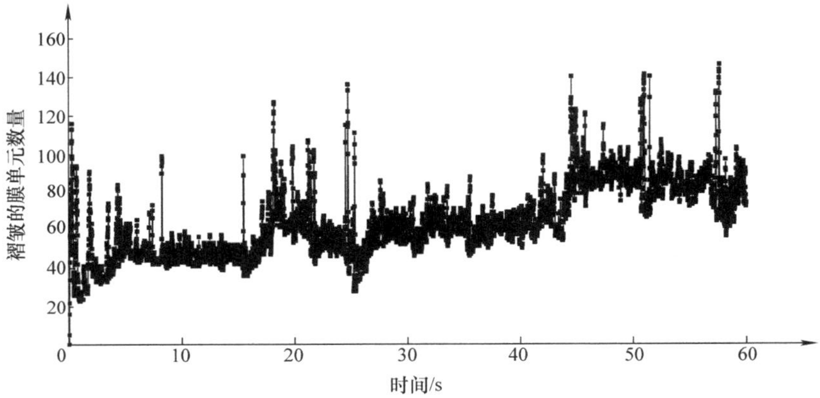

图 5.6.15 结构中褶皱的膜单元数量随时间的变化曲线

由分析可知，薄膜结构在风荷载作用下的运动表现为受迫振动，当结构中没有出现褶皱的单元时，结构的位移和应力响应随时间、荷载的变化具有明显的一致性，结构的变形和应力分布与风荷载体形系数的分布也具有一致性。但是当荷载较大时，结构中出现较多的褶皱单元，特别是双向褶皱单元，结构的受力性能发生较大的变化，位移和应力随时间的变化与荷载的变化不再一致，突变较多，变化幅度较大，结构的变形和应力分布与风荷载体形系数的分布也不再一致，结构的变形极不规则，应力分布也极不均匀。

另外，由于刚性边界结构的约束较多，不易出现褶皱的单元，在较大荷载作用下结构中褶皱的单元较少，且多为单向褶皱，而两种柔性边界结构则较易出现褶皱的单元，特别是较多的双向褶皱单元。

当薄膜结构发生不同程度的褶皱或松弛时，结构形状会发生显著变化，那么结构变形会反过来影响作用于结构上的风荷载。反之亦然，即风荷载与结构之间存在着耦合作用。

5.6.3 风与结构的耦合作用

风振反应分析表明薄膜结构，尤其是预应力水平较低的薄膜结构在（不均匀）风荷载作用下会发生不同程度的褶皱或松弛，结构形状会发生显著变化，那么结构变形会反过来影响作用于结构上的风荷载。反之亦然，即风荷载与结构之间存在着耦合作用。

薄膜结构与风荷载的耦合作用可分为静力耦合与动力耦合两类。静力耦合作用是指当结构在静止空气中发生振动时结构运动与空气间的耦合作用；动力耦合作用是指空气流动（风）引起结构振动而结构振动又会引起空气流场变化的耦合作用。

风荷载与耦合作用力反相位时，耦合作用会减小结构的反应，在进行结构设计时可以偏安全地不予考虑。当风荷载与耦合作用力同相位时，结构会从风环境中吸收能量，此时耦合作用会增大结构的反应。下面所涉及的耦合作用就是指这种同相耦合作用。当耦合作用较弱，即结构从风环境中吸收的能量小于结构阻尼所能够消耗的能量时，需要进行结构的反应分析；当耦合作用很强且持续时间较长，即结构从风环境中吸收的能量可能会大于结构阻尼所能够消耗的能量时，结构的反应会不断增大，即发生结构与气流耦合的自激性振动，称为气弹动力失稳。

风与结构的耦合作用分析涉及多个研究对象和多学科知识，目前主要采用以下三种研究方法：解析方法、数值方法和气弹模型风洞试验方法。

解析方法是经常采用的手段之一。在该方法中应用扁壳无矩理论建立薄膜结构的动力平衡方程；根据理想湍流理论，考虑流固耦合作用；根据风向与结构相对位置的不同采用不同的气弹模型确定作用于薄膜表面的气动力，得到不同情况下薄膜结构的气弹动力耦合作用方程，利用 Bubnov - galerkin 方程将耦合动力方程转化为二阶常系数微分方程，并根据 Routh - Haruiz稳定性准则确定了典型结构的失稳临界风速。

考虑耦合作用时，如图 5.6.16 所示，在静止空气中索膜结构的运动方程可以表示为

$$(M_S + M_a)\ddot{x}(t) + (C_S + C_{ae})\dot{x}(t) + (K_S + K_{ae})x(t) = p(t) \tag{5.6.3}$$

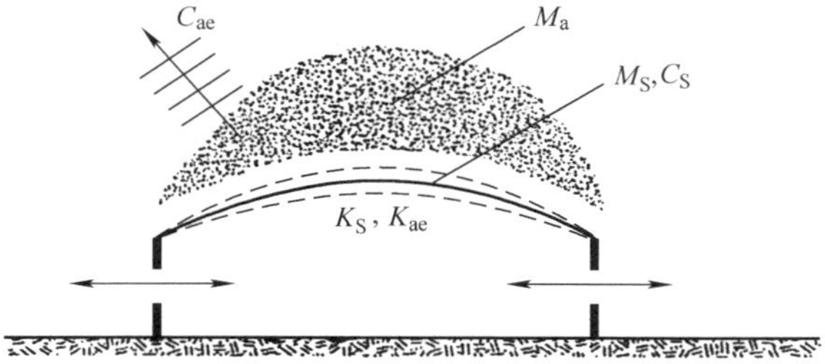

图 5.6.16 附加气动力示意图

其中 M_S、C_S、K_S 分别是结构的质量、阻尼和刚度；M_a 代表附加质量，是结构运动时带动周围空气一起运动而增加的有效质量；C_{ae}代表气动阻尼，表示周围空气对结构运动的阻碍作用；K_{ae}代表气承刚度，在封闭性索膜结构中，气承刚度由结构运动引起的室内外压差引起，对于开敞索膜结构，此项可不予考虑；$p(t)$为外荷载。

当结构在静止空气中振动时，其周围的空气也会随结构一起运动，从而增加整个运动系统的质量和能量耗散，此时振动系统的总质量 M_T 和总阻尼比 ξ_T 可分别表示为

$$M_T = M_S + M_a \quad (5.6.4a)$$

$$\xi_T = \xi_S + \xi_{ae} \quad (5.6.4b)$$

其中 ξ_S、ξ_{ae}分别为结构阻尼比和气动阻尼比。

由动力学理论可知，单自由度体系质量与振动频率之间存在如下简单关系：

$$f_S^2 = K_S/M_S \quad (5.6.5a)$$

$$f_T^2 = K_T/M_T \quad (5.6.5b)$$

式中 f_S、f_T——不考虑和考虑耦合作用时的结构基频；

K_S、K_T——不考虑和考虑耦合作用时的结构刚度。

假定结构刚度保持不变，即 $K_S = K_T$，由式（5.6.5a）、式（5.6.5b）之比可求得附加质量 M_a 与结构质量 M_S 的比值，即

$$M_a/M_S = (f_S/f_T)^2 - 1 \quad (5.6.6)$$

因此，通过测定f_S、f_T 以及 M_S 可通过式（5.6.6）求得附加质量 M_a。

对于阻尼比的确定可采用半功率法，即通过对结构自由振动的衰减时程进行 FFT 变换，在其功率谱图上测得 0.5 倍峰值处的带宽 Δf，则相应的阻尼比为（Seybert，1981）

$$\xi = \frac{\Delta f}{2f_0} \quad (5.6.7)$$

上式中，f_0 为峰值处的频率值。利用式（5.6.7）分别求得不考虑耦合作用时结构自身阻尼比 ξ_S 和考虑耦合作用时的总阻尼比 ξ_T 后，则可得气动阻尼比 $\xi_{ae} = \xi_T - \xi_S$。

在不考虑气承刚度的情况下，附加质量与气动阻尼成为度量静力耦合作用的重要参量。在耦合状态下，附加质量、气动阻尼总是与结构自身的质量、阻尼耦联在一起的，可以采用试验的方法将其从总质量与总阻尼中分离出来。

试验模型如图 5.6.17 所示，几何缩尺比为 1∶50，模型对角线跨度均为 60cm；M－1 的矢跨比 $f/L = 1/12$，M－2 的矢跨比 $f/L = 1/8$。具体模型参数见表 5.6.2。

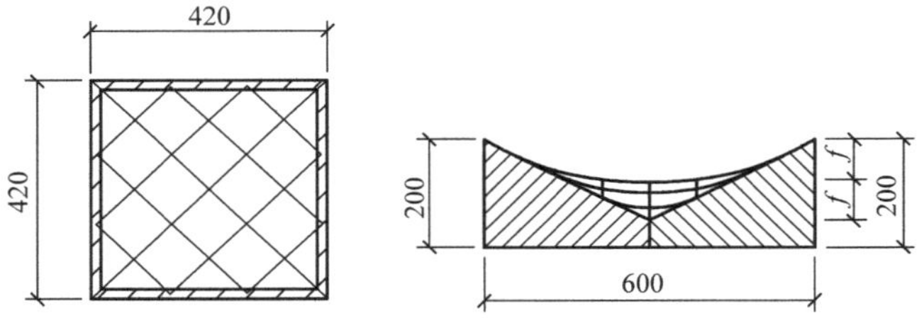

图 5.6.17 模型平面及立面示意图

表 5.6.2 模型参数

模型编号	矢高 f/cm	跨度 L/cm	弹簧刚度/（N/cm）	预张力 T_0/N
M－1	5.0	60.0	0.84	3.8
M－2	7.5	60.0	0.84	4.2

测点布置如图 5.6.18 所示。采用初位移法对模型进行初始激励，为了有效地激发出结构的各阶模态，避免在输出信号中出现模态丢失并获得高信噪比衰减时程，分别采用了两种激励方式：①对测点 3 施加向下初位移；②对测点 2、4（或 1、5 点）施加反对称初位移。此外，试验中还采用了两种不同的测振装置。对 M－1 试验模型采用重 0.5g 的超轻型高灵敏度加速度传感器和 YE5856 电荷放大器。对 M－2 试验模型采用无接触式 LM10 激光位移计，如图 5.6.19 所示。采样频率为 100Hz。

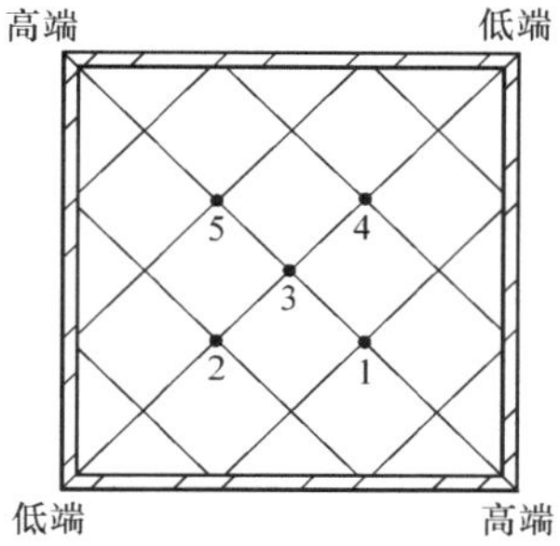

图 5.6.18　测点布置

图 5.6.19　试验照片

根据覆盖面积的不同，M－1 试验分为图 5.6.20 所示的 6 种工况，图中阴影部分代表覆盖膜材。其中工况 1、4、5、6 是为了考察不同覆盖面积对薄膜结构动力特性影响而设计的；在膜片的中部挖洞的工况 2、3 是为了检验覆盖膜片是否会对模型提供附加刚度而设计的。

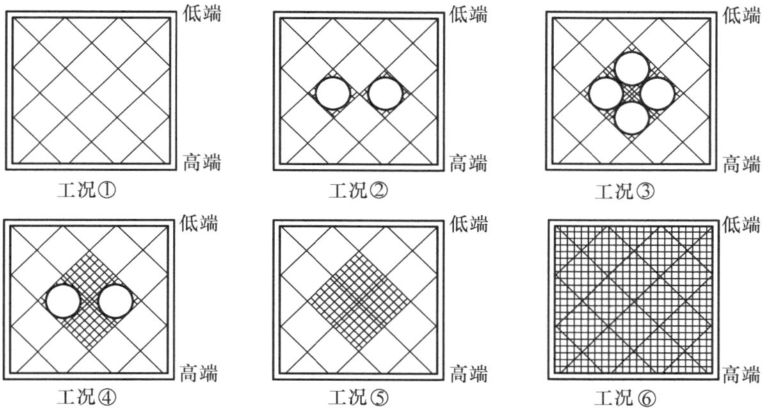

图 5.6.20　M－1 试验工况

工况 1—无覆面材料　工况 2—开洞 1　工况 3—开洞 2　工况 4—22% 覆面材料

工况 5—44% 覆面材料　工况 6—100% 覆面材料

M－2 分为 4 种工况，其中 1、2、4 是作为考察不同覆盖面积对薄膜结构动力特性影响的工况；2、3 是作为检验覆盖膜片是否增加薄膜结构刚度的工况，如图 5.6.21 所示。

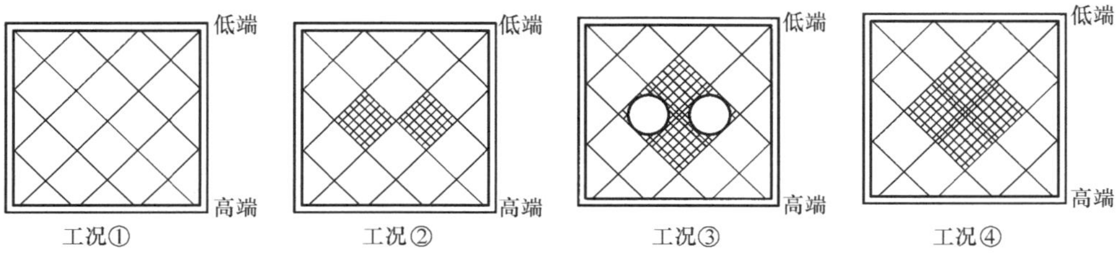

图 5.6.21　M－2 试验工况

工况 1—无覆面材料　工况 2—22% 覆面材料　工况 3—22% 覆面材料并开洞　工况 4— 44% 覆面材料

（1）覆面材料对模型刚度的影响 表5.6.3给出了M-1前3种工况下的前3阶特征频率和对应的阻尼比，可以看出，M-1在前3种工况下结构的基频和阻尼比变化很小，这说明结构的刚度没有受到覆面材料的影响。同时，图5.6.22给出了M-1在工况1和工况3下测点4的加速度功率谱密度曲线，可以看出，两种工况下结构前3阶振动频率和频带宽度变化很小，振动能量主要集中在基频附近。

表5.6.4给出了M-2工况2和工况3下前3阶特征频率与对应的阻尼比，同时，图5.6.23给出了M-2测点1的位移功率谱密度曲线，通过分析可以得出同上的结论，兹不赘述。

表5.6.3 覆面材料对M-1自振特性的影响

试验工况	激励方式	第1阶频率/Hz	第1阶阻尼比（%）	第2阶频率/Hz	第2阶阻尼比（%）	第3阶频率/Hz	第3阶阻尼比（%）
①无覆面材料	a	15.67	3.22	24.58	1.65	33.69	1.18
	b	15.69	3.25	24.34	1.95	30.31	1.92
②开洞1	a	15.51	4.20	24.20	2.53	30.10	2.18
	b	15.60	4.89	24.28	2.59	30.24	2.03
③开洞2	a	15.43	5.30	24.22	1.89	29.98	2.12
	b	15.46	5.91	24.12	2.31	29.95	2.22

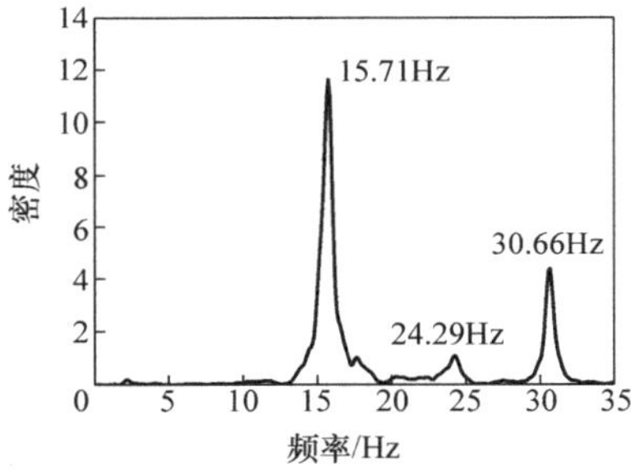

a) 工况①无覆面材料

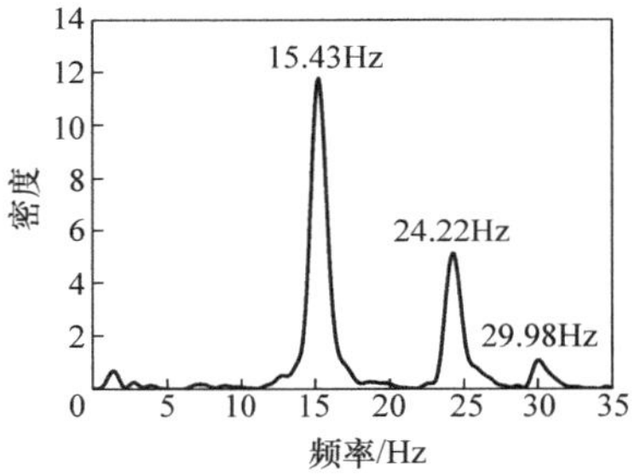

b) 工况③开洞2

图5.6.22 M-1测点4加速度功率谱密度曲线

表5.6.4 覆面材料对M-2自振特性的影响

试验工况	激励方式	第1阶频率/Hz	第1阶阻尼比（%）	第2阶频率/Hz	第2阶阻尼比（%）	第3阶频率/Hz	第3阶阻尼比（%）
②22%覆面材料	a	14.75	8.42	24.93	2.22	31.97	2.07
	b	14.55	7.58	24.96	2.55	31.33	1.72
③22%覆面材料并开洞	a	14.55	7.53	25.00	3.73	31.70	1.94
	b	14.55	8.17	24.73	2.31	30.92	1.82

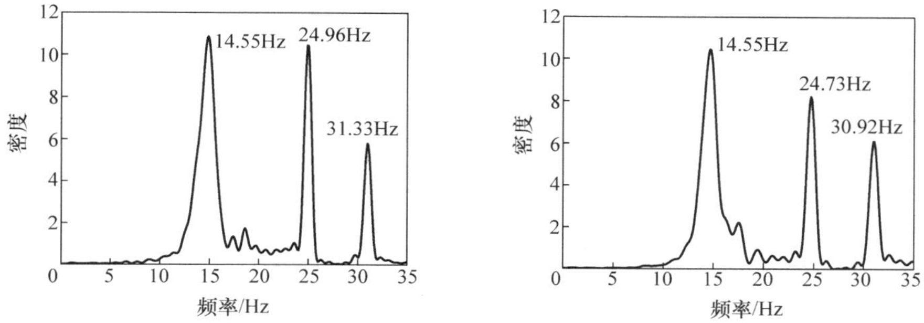

a) 工况②22%覆面材料　　b) 工况③22%覆面材料并开洞

图 5.6.23　M－2 测点 1 位移功率功率谱密度曲线

通过上述分析可知，在索网上增加覆面材料后，没有给模型提供附加刚度，结构刚度基本由索网系统提供，覆面材料仅起到承受空气的作用，说明采用 $K_S = K_T$ 是可行的，奠定了后续分析的基础。

（2）动力特性分析　图 5.6.24 给出了 M－1 测点 4 在不同覆面材料面积下的加速度功率谱密度曲线，图 5.6.25 给出了 M－2 测点 1 在不同覆面材料面积下的位移功率谱密度曲线。

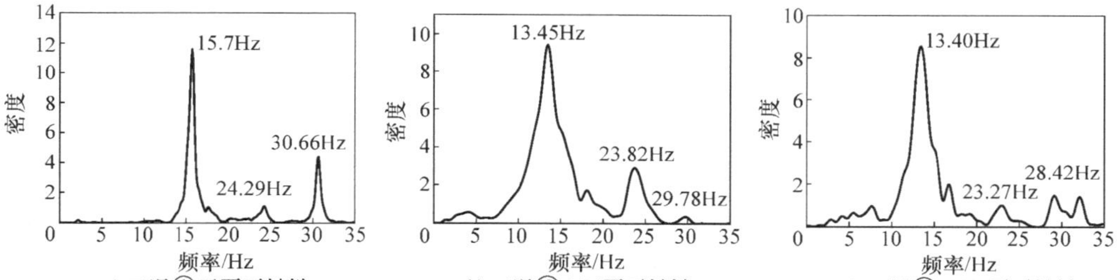

a) 工况①无覆面材料　　b) 工况⑤44%覆面材料　　c) 工况⑥100%覆面材料

图 5.6.24　M－1 测点 4 加速度功率谱密度曲线

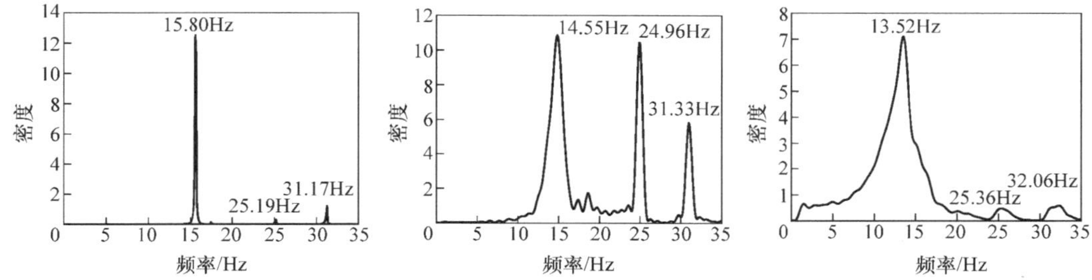

a) 工况①无覆面材料　　b) 工况②22%覆面材料　　c) 工况④44%覆面材料

图 5.6.25　M－2 测点 1 位移功率谱密度曲线

由图 5.6.24 和图 5.6.25 的功率谱密度曲线可知，覆面材料的增加显著地改变了索网模型的自振特性，结构基频有所降低，频带宽度明显增加；当不存在静力耦合作用时（即无覆面材料工况1)，结构振动能量呈离散分布，且主要集中于基频附近；当存在静力耦合作用时，结构振动能量呈连续分布。

(3) 耦合参数分析

1) 附加质量。图5.6.26和图5.6.27给出了模型M-1和M-2各阶频率比随工况变化规律。"频率比"是指结构各阶频率与无静力耦合作用情形下（无覆面材料工况1）频率的比值，即f_T/f_S。可以看出，随着覆盖面积的增加，结构的基频呈降低趋势，最大降幅可达到15%左右。

相比之下，第2、3阶频率比的降低要比第1阶的小得多，这说明附加气动力作用与结构的振型相关。进一步研究表明，结构基频振型为对称振型，因此结构运动对周围空气的影响较大，附加气动力作用明显；而第2、3阶振型均为反对称振型，其对周围空气的影响较对称振型要小得多，因而附加气动力作用相对较小。

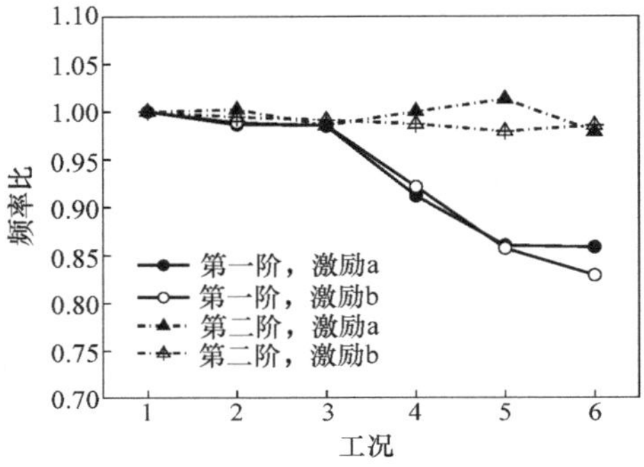

图5.6.26 M-1自振频率比随工况变化规律

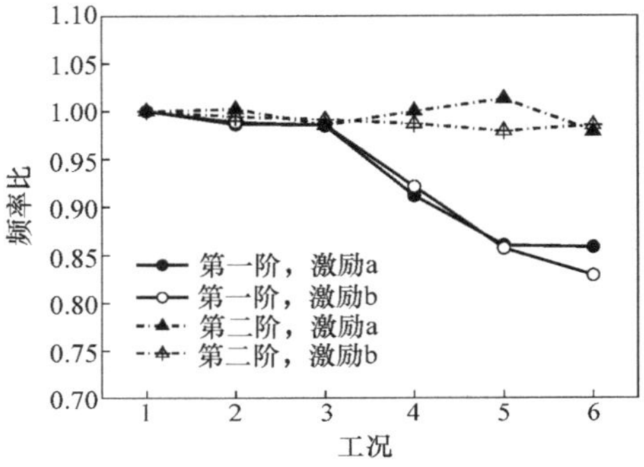

图5.6.27 M-2自振频率比随工况变化规律

如前所述，根据式（5.6.6）可分别计算出不同覆盖面积下附加质量与模型质量的比值（表5.6.5），由计算结果可以看出，附加质量随着覆盖面积的增加而增加，全部覆盖时该值可达37.10%；但覆盖面积达到44%以后，附加质量的增幅不再明显，这可能说明索膜结构与空气耦合作用的程度与振动幅度有关，由于本结构的基频振型为上下振动的对称振型，膜面中心振幅大而周边小，故中心膜面与空气的耦合作用明显，因而在模型中心覆盖膜材后（44%覆盖面积）再增加覆盖面积并不能显著增加附加质量。

2) 气动阻尼。各阶模型阻尼比可通过半带宽法求得，即式（5.6.7）$\xi=\dfrac{\Delta f}{2f_0}$。图5.6.28和图5.6.29给出了模型M-1和M-2各阶阻尼比随工况变化的情况。其中，无耦合作用时M-1的第1阶阻尼比ξ_S为3%，随着覆盖面积的增加，第1阶总阻尼比显著增大，44%覆盖面积时第1阶总阻尼比为12%，气动阻尼比$\xi_{ae}=\xi_T-\xi_S$达9%；100%覆盖面积时第1阶总阻尼比为10%，气动阻尼比略有降低，可能是由试验误差造成的，有待进一步研究。无耦合作用时，M-2第1阶阻尼比为1%；22%覆盖面积时，总阻尼比为8%，气动阻尼为7%；44%覆盖面积时，总阻尼比为12%，气动阻尼比达11%，远大于结构自身的阻尼比。

相比于第1阶气动阻尼比，第2、3阶气动阻尼比要小得多，这可能是由基频振型附加的气动力大而高阶振型附加气动力较小造成的。

表5.6.5 M-1、M-2在不同覆盖面积下的 M_a/M_S

模型	激励方式	无覆面材料	22%覆面材料	44%覆面材料	100%覆面材料
M-1	a	0	20.42%	35.13%	35.74%
	b	0	17.90%	36.08%	37.10%

模型	激励方式	无覆面材料	22%覆面材料	44%覆面材料
M-2	a	0	12.88%	35.65%
	b	0	15.40%	31.12%

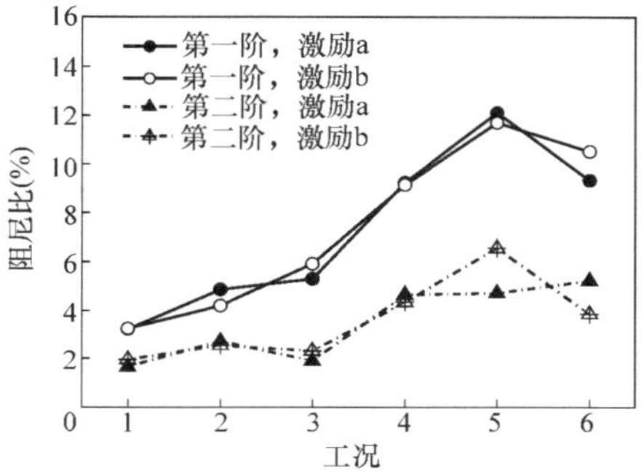

图5.6.28 M-1阻尼比随工况变化规律

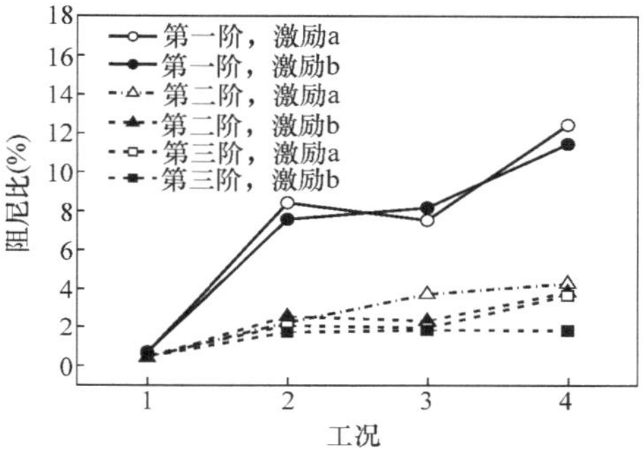

图5.6.29 M-2阻尼比随工况变化规律

5.7 薄膜结构的连接与节点

薄膜结构一般是由膜和索两种材料构成的组合结构，且其曲面是由裁剪条元拼接而成的，那么膜与膜，膜与索的连接及索节点是索、膜两种材料可靠组合的重要保证。同时索、膜内的预拉力及荷载作用下产生的内力还需通过支承体系导入基础，索、膜与支承体系之间的节点也是结构的重要组成部分。连接的作用在于力的传递，而节点是指力的交汇点。连接和节点设计应能清楚地表达结构中力的传递路线且应具有足够的强度、刚度和耐久性，保证其不先于主体材料和构件破坏。同时由于索-膜结构在荷载作用下易产生较大变形和位移，节点与连接应具有一定的灵活性和自由度，使其在各种工况下均能可靠地传递荷载。另外索、膜在张力作用下均会产生一定程度的徐变，为了使索、膜内预应力保持在一定的水平上，有时需要二次张拉，导入预应力的节点应设计为可调式生死节点。由于大部分连接与节点会暴露于室外，还需具有防水性能。节点及连接的视觉形式还关系到人们对室内外空间的感受，也是社会文化价值的体现。在连接、节点设计中结构逻辑性与艺术性同等重要，可见节点与连接设计是整个结构设计的关键之一，对连接、节点的处理反映出设计者对结构逻辑和材料性能的理解。

连接设计来源于厚实的理论积淀和丰富的工作经验，是设计者匠心独具的体现。由于索-膜结构在我国发展的时间较短，工程数量与规模均显不足，仅对所搜集到的国内外索－膜结构的连接与节点形式进行介绍。

5.7.1　膜材与膜材的连接

膜材条元之间的连接应可靠传递膜面应力，并使之具有防水能力。连接方法有缝合、粘合、热合、螺栓连接、束带连接和组合连接等多种方式。目前主要的膜材连接多采用高频热合，现场连接可采用束带连接、螺栓连接或粘合连接等。

1. 缝合

膜材缝合是一种古老的连接方法，可采用平缝、折缝、双层折缝等方式。如图5.7.1所示，缝合连接较其他连接方法更经济，质量更容易控制和可靠。

缝合连接通过缝合线及摩擦力传递荷载，传递荷载的大小与缝合线、母材的撕裂强度、缝合线数（图5.7.2，一般多于3条）、缝合宽度有关。因在较高应力作用下外缝可能较内缝先行破坏，当缝合宽度和缝合线数量达到一定值后增加缝合宽度和线数对承载力的提高贡献不大，故缝合连接传递荷载的能力不大。另外，图5.7.1所示四种缝合方式中连接区域越厚，其防水能力越强（但仍较后面的几种连接方式差），但由于连接区域两侧膜内应力不在一个平面内，其抗撕裂能力也越差。因此，缝合连接一般在不能采用其他连接方式（如棉织物、氟塑料织物结构，或膜内应力较小的结构），及非受力性构造连接处使用，而在结构的排水区应慎用缝合连接。

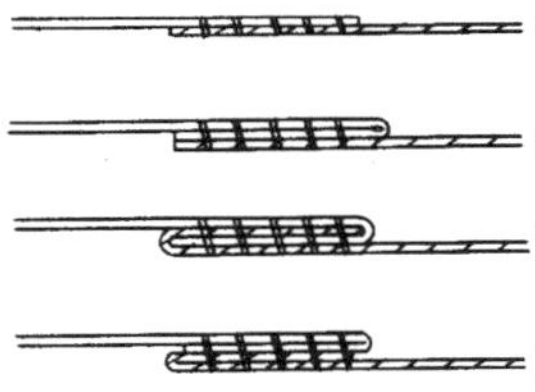

图5.7.1　缝合连接断面图

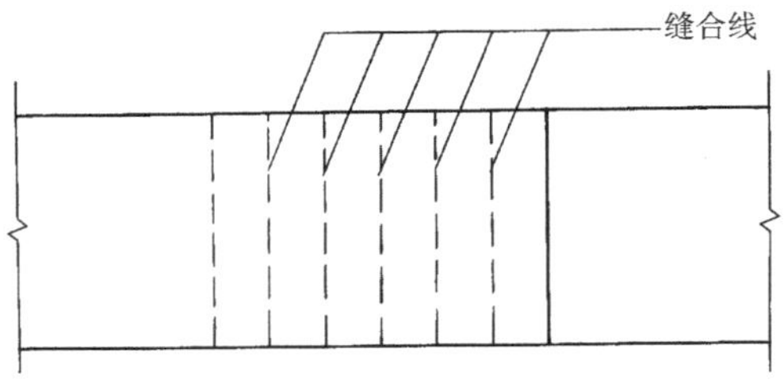

图5.7.2　缝合连接平面图

2. 粘合

粘合连接就是通过膜片之间的粘合剂或化学溶解的涂层来传递膜内力，有搭接、单覆层对接、双覆层对接等多种方式，如图5.7.3所示。

搭接及覆盖膜片的宽度取决于膜内应力和粘合剂的强度。连接的防水性也主要取决于粘合剂的性能。采用双覆盖膜片对接除了提高强度外还可使膜内力对称传递。粘合连接主要适用于强度要求较低、现场临时补修、无法采用其他方式或其他方式不经济的情况。

3. 热合

所谓热合是将膜边搭接区内两膜材上的涂层加热使其融合，并对其施加一定时间的压力，使两片膜材牢固地连接在一起。加热方式有热气焊（即由热空气加热）和高频热合（焊机电极高频加热）两种，目前后者应用较多。热合连接有搭接、单覆层对接、双覆层对接和双覆层错开对接等多种形式（图5.7.4）。双覆层错开对接可降低荷载传递的不连续性，适用于应力较高的情形。一些试验表明当热合缝的宽度大于5cm时，连接强度可达到母材强度，且能满足防水要求，使得高频热合连接成为目前应用最多的一种膜材连接方式。

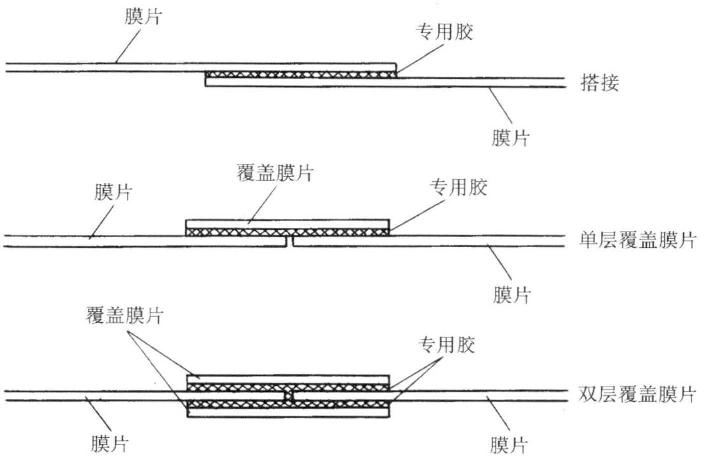

图 5.7.3 粘合连接

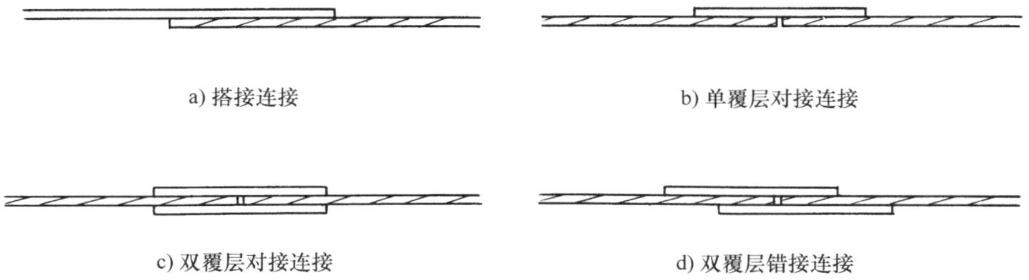

图 5.7.4 热合连接

4. 螺栓连接

当结构规模较大时，需将结构分成几部分运至现场后进行拼接。施工现场不具备热合条件时可采用螺栓连接，如图 5.7.5 所示。膜内拉力主要通过边绳挤压从一侧传至另一侧，金属垫板与膜材之间的摩擦也可传递部分荷载。边绳一般为 PVC 纤维丝，直径为 5 ~ 8mm，若采用钢质边绳需加护套管。为了使金属板能将边绳卡住，需对其施加一定的压力，故螺栓直径不宜太小，可取 $\phi8$ 或 $\phi12$，其间距一般为 50 ~ 70cm。为了将螺栓施加的压力均匀分布在膜面上，金属板需具有一定的刚度，其宽度可为 30 ~ 50mm，厚度一般为 5 ~ 8mm。由于膜材与金属连接件在荷载作用下的变形是不同的，金属垫板不宜太大，长度应小于 150mm，当连接线曲率较大时需采用长度不大于 80mm 的垫板。金属垫板间宜留有 6 ~ 10mm 的空隙以防止垫板之间的挤压和摩擦，而导致膜材破损。另外为了防止膜材在螺栓孔处由于应力集中而被撕裂，膜材上预留的螺栓孔应比螺栓杆的直径大。为了使金属垫板与膜材能紧密接触，可增加膜材垫片或弹簧压片（图 5.7.6、图 5.7.7）；图 5.7.8 所示为另外一种螺栓连接方式。由于螺栓连接本身防水性较差，对于防水要求较高的建筑可在螺栓连接外加防水膜条（图 5.7.9），防水膜条一般是一侧工厂热合，另一侧现场粘合。为了满足防腐要求，螺栓连接的金属件一般采用铝材、不锈钢材或镀锌钢材等。

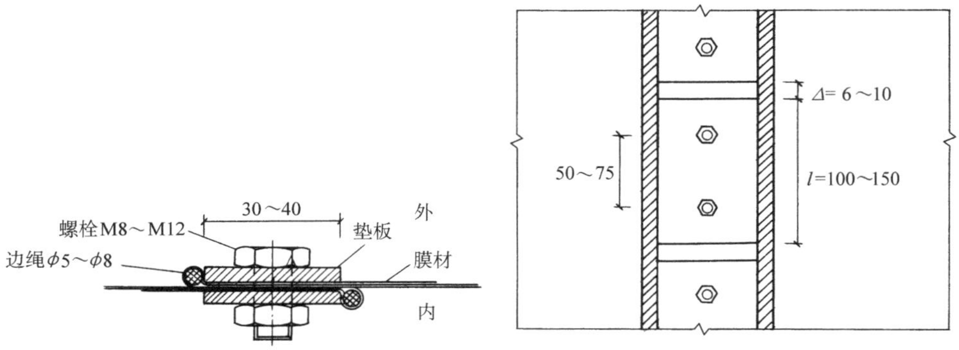

图 5.7.5 螺栓连接

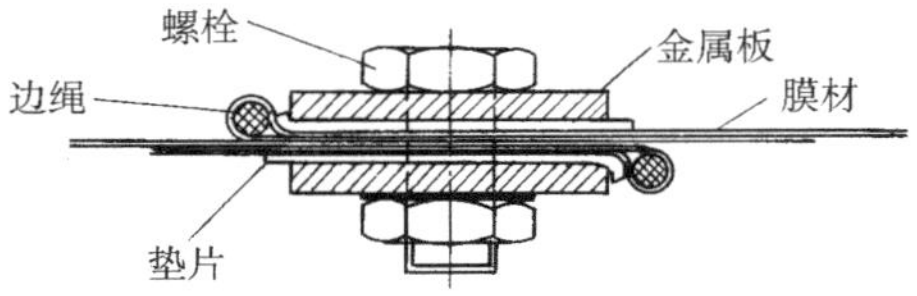

图 5.7.6 加垫片的螺栓连接

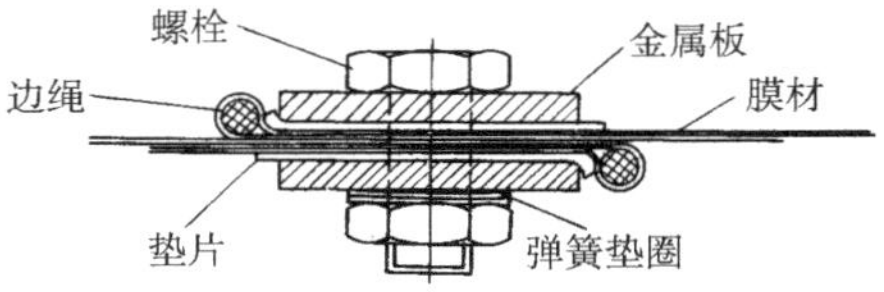

图 5.7.7 加垫片及弹簧垫圈的螺栓连接

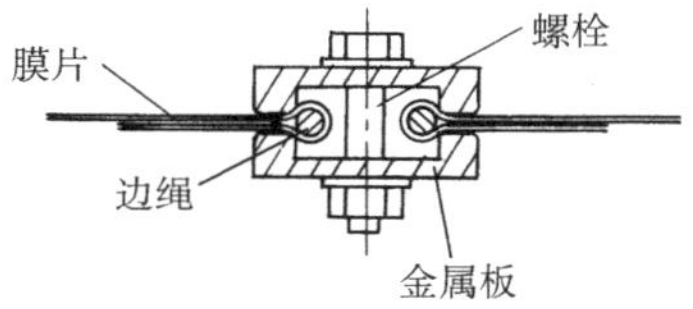

图 5.7.8 扣式螺栓连接

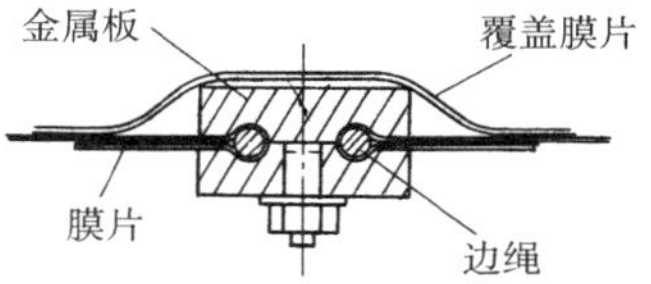

图 5.7.9 螺栓连接防水处理

5. 束带连接

束带连接是由边绳、束带、环圈膜边等构成的一种可调节的膜材连接方式（图 5.7.10）。荷载作用下内力首先从膜材传至边绳，由边绳传给环圈，进而通过束带传给另一侧的环圈、边绳和膜材。为了使力直接在环圈与边绳间传递，环圈应紧邻边绳布置。膜边通过膜材环包边绳而形成。环圈可以采用金属材料或合成材料，一般为圆形。金属环圈的材料可以是镀锌钢、铜、铝或不锈钢，合成环圈的材料可以为 PVC 或聚乙烯。根据束带的粗细，环圈直径可为 6～80mm，其厚度可根据膜边的厚度确定，一般为 6～15mm。环孔由机械冲压而形成，然后压入环圈；亦可在高频热合的同时冲压环圈以连接环圈与膜材。因束带无涂层，应由防紫外线能力较强的单纤维丝制成，其直径根据受力计算确定。环圈的直径应大于束带直径的两倍，以方便施工操作。覆盖膜片用于保护束带节点免受气候影响，并起到防水作用。覆盖膜片较高一侧在工厂缝合或热合，较低一侧在现场粘合。

6. 组合连接

组合连接一般是指在膜材与膜材的连接处同时采取缝合和热合两种连接方式。有先缝合再热合和先热合再缝合两种加工方法。若是先缝合再热合，缝合连接中的线一般不受力，仅

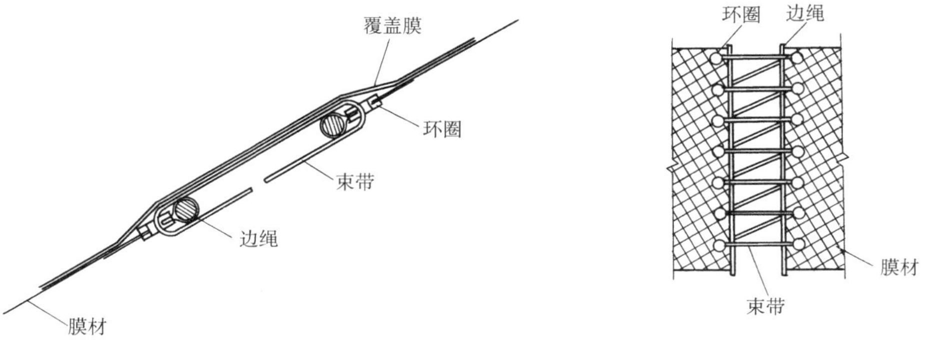

图 5.7.10　束带连接

当热合无法承担膜内应力时才承担拉力，也就是说力的传递是依次进行的，这种做法防水性能较好。若是先热合再缝合，缝合连接用的线一般是受力的，即力的传递是同时进行的，这种做法受力性能较好，但防水性能得不到保证，需要另做表面防水处理。采用组合连接的原因一般有两个，一个是加工的要求，即在工厂进行缝合后再在现场进行热合；另一个是受力的要求，即一种连接方式无法满足力的传递要求。

5.7.2　索与膜的连接

张拉索－膜结构中按索的作用可将其分为边索、脊索和谷索。所谓边索是指布置于结构边界的索。脊索是曲率中心位于膜面以上呈下凹状的索，在结构中起承担向下荷载的作用，又称为承重索。谷索的曲率中心位于膜面以下，呈上凸状，在结构中起稳定形状和承担向上荷载的作用，又称为稳定索。由于索的作用不同，膜材与边索的连接和膜材与脊索、谷索的连接也不尽相同。

1. 膜材与边索

膜材与边索的连接是将膜内的拉力均匀地传递给边索，再由边索传递给支撑体系。若边索的曲率较大，索、膜之间的摩擦力不足以承担全部剪力时，则需在连接两端附加平行于边索的束带或夹片来保证剪力的传递。膜与边索的连接一般应用于开敞式的建筑中，主要方式有索套连接、金属配件连接、束带连接、扣带连接和受压弹簧连接等。

（1）索套连接　索套连接是指边索穿过由膜材形成的索套（图 5.7.11），荷载首先由膜材传递给索套，再传递给边索，各部分受力均匀。索套可采用缝合或热合方法通过简单的反转膜材形成（图 5.7.12），也可以通过附加膜片形成（图 5.7.13）。当索套是由附加膜片对称布置形成时，防水性能不好，且容易产生积灰现象，故附加膜片宜非对称布置（图 5.7.14）。膜套缝合或热合的宽度需根据膜边的拉力确定。

（2）金属配件连接　当连接线较长时，一般采用金属配件连接。其做法是先将膜材通过夹板和边绳收边，再通过 U 形夹片与边索相连。膜边拉力通过夹板、U 形夹片传递给边索（图 5.7.15）。当边索直径较小时，可采用直 U 形夹片（图 5.7.15），施工较为方便。当边索直径较大时，采用收口 U 形夹片（图 5.7.16）。U 形夹片较厚时，将收口 U 形夹片夹住索后时的张拉施工较为困难，此时宜采用扣件式 U 形夹片（图 5.7.17），以方便施工，但工作量较大。为了防止膜材破损，压板应做倒角处理，膜材上螺栓孔的直径应比螺栓杆的大。

此种连接方式也要注意金属配件的防锈处理。

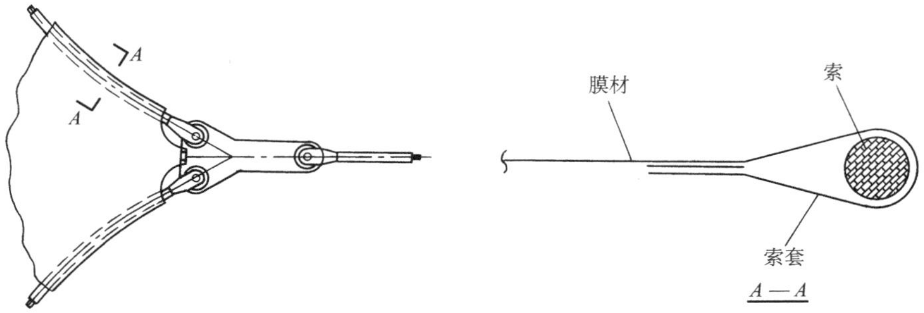

图 5.7.11 索套连接

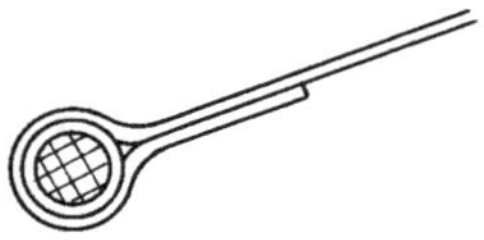

图 5.7.12 简单反转

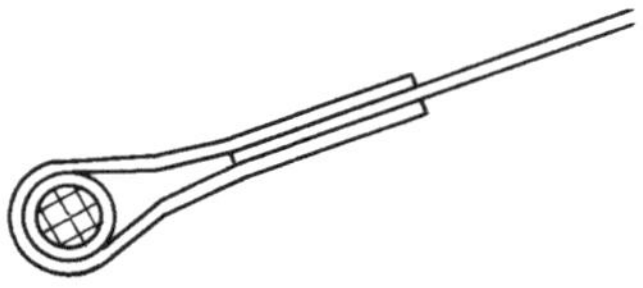

图 5.7.13 附件膜片（对称布置）

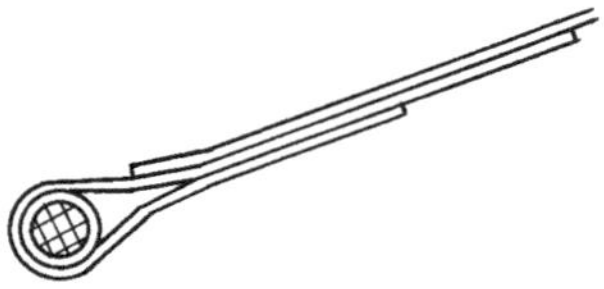

图 5.7.14 附加膜片（非对称布置）

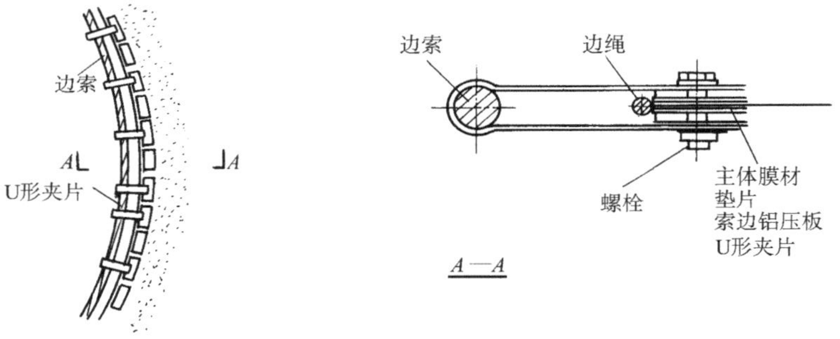

图 5.7.15 金属配件连接

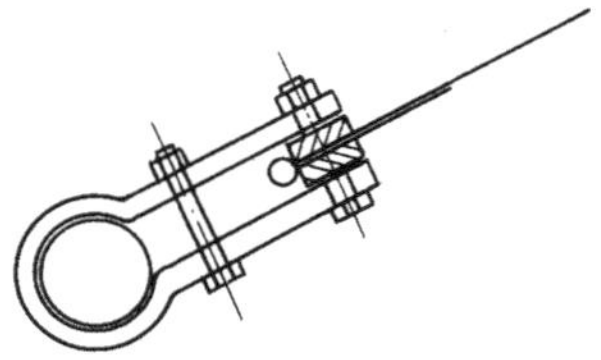

图 5.7.16 收口金属配件

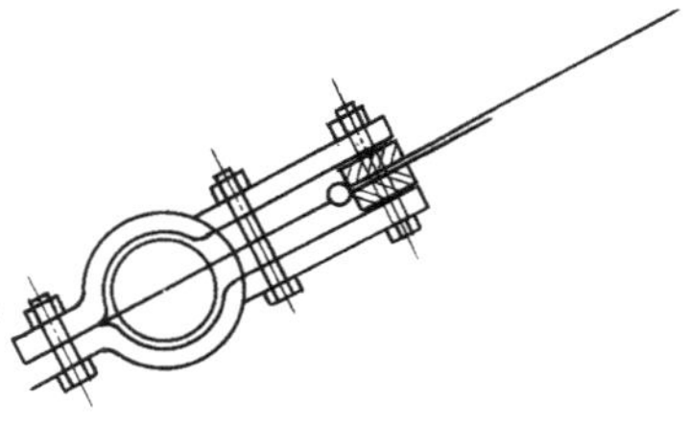

图 5.7.17 双片金属配件

（3）束带连接 与膜材间的束带连接类似，索膜间的束带连接是将膜边拉力通过边绳、压环、束带传递给边索。有直束带连接（图 5.7.18）和斜束带连接（图 5.7.19）两种做法。这种连接的膜索间距可以调节，以实现膜的张紧和松弛，但是其预应力的施加比较困难，需要经验和耐心。环圈必须直接设置于边绳一侧的膜边上以避免膜中应力过大。直束带连接无法抵抗剪切力，但布置抗剪绳后其抗剪能力会优于斜束带连接。斜束带连接能够抵抗一定的剪力，但在风荷载作用下束带可能产生滑移。与膜材间的束带连接一样，应注意保护束带免受环境的影响。

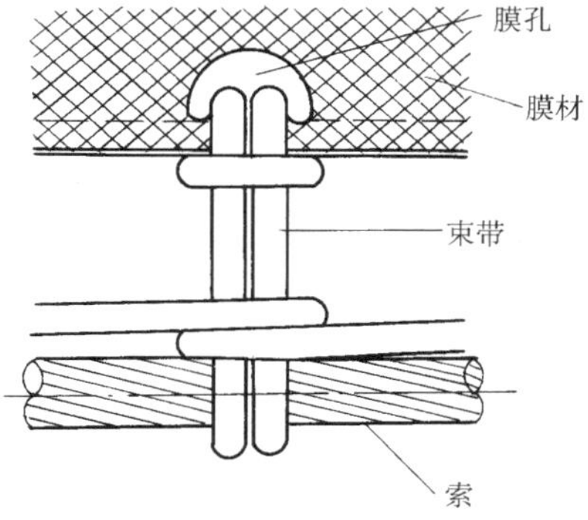

图 5.7.18 直束带连接

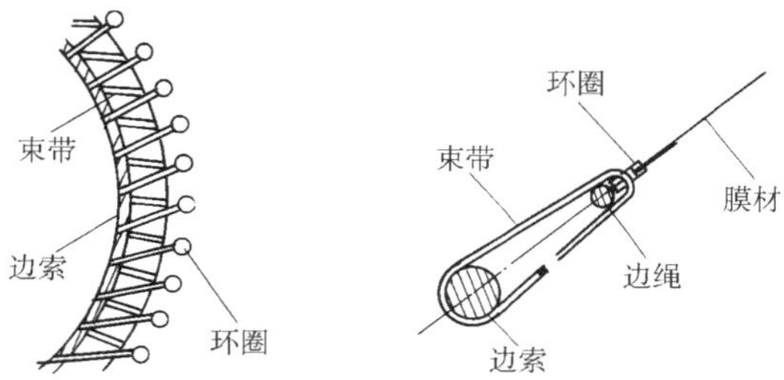

图 5.7.19 斜束带连接

（4）扣带连接 扣带连接如图 5.7.20 所示，与束带连接的区别仅是以扣带替代束带，可逐步施加和释放膜边拉力，但工作量很大。为抵抗剪力需在其连接的两端布置平行于边索的抗剪夹片或束带。

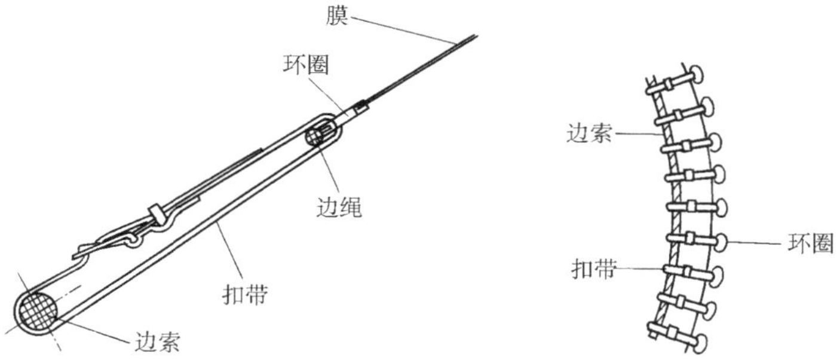

图 5.7.20 扣带连接

（5）受压弹簧连接 受压弹簧连接的组成如图 5.7.21 所示，包括：受压弹簧、U 形夹片、压板和螺栓，受压弹簧的主要作用是平衡在使用和施工过程中的不平衡力，弹簧参数应根据膜面拉力选择。

2. 膜与脊索、谷索的连接

如前所述，当结构规模较大时索的使用成为必需，膜内索根据其位置和作用可分成脊索和谷索两类，但它们与膜的连接方式类似，只是谷索处一般为排水通道，防水性能要求更高。

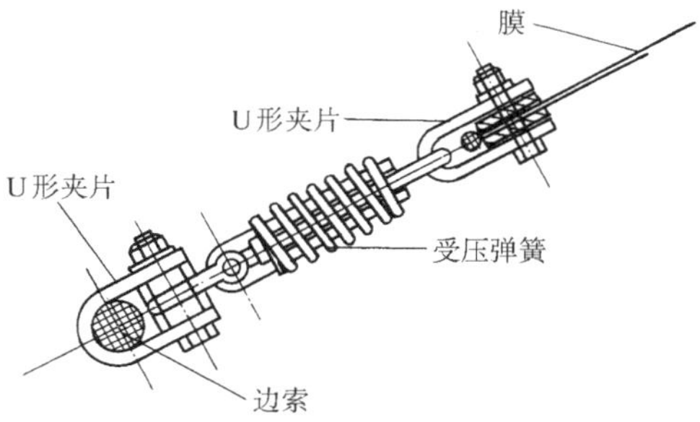

图 5.7.21 受压弹簧连接

（1）直接敷设或索套连接 为了保持膜面的连续性，膜材与脊索和谷索的连接可以不做任何处理，直接将索布置于膜面上（图5.7.22a），但在连接处应布置膜条作垫层。可利用索-膜间的挤压和摩擦来防止脊索和谷索在膜面上滑移，也可利用索套将其固定（图5.7.22b）。垫条、索套与膜面的连接应采用热合，以避免由于缝合产生针孔而需进行额外的防水处理。垫条、索套的宽度根据索的直径和索内拉力的大小确定。此种连接方法简单，且防水性很好，在实际中采用得较多。

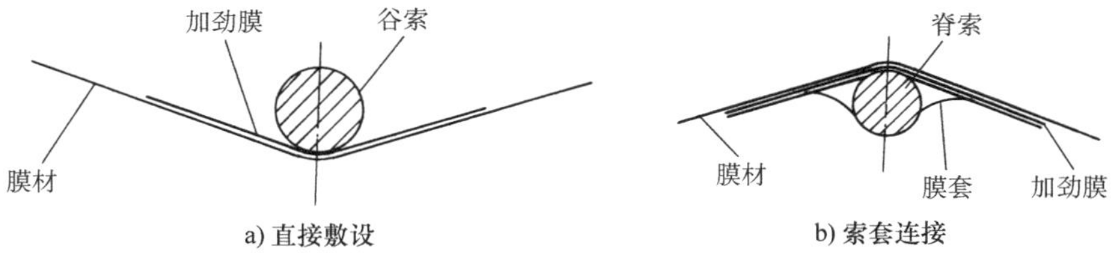

图5.7.22 膜材与脊索、谷索的连接

（2）束带连接 当结构规模较大需将结构分成几个部分进行加工、运输然后进行现场拼接时，可在脊索（或谷索）处断开，施工时现场采用束带连接。膜材与脊索、谷索采用束带连接的做法与膜材与边索采用束带连接的做法基本相同，只是脊索和谷索是两边均与膜材连接（图5.7.23）。为了抵抗剪力，可以采用抗剪束带连接（图5.7.25）。对于非临时性建筑应布置覆盖膜条以达到密封的要求，覆盖膜条与膜面连接可以采用热合或粘合。此种连接方法施工速度快，耐久性好，且可以很好地防止索的滑移。

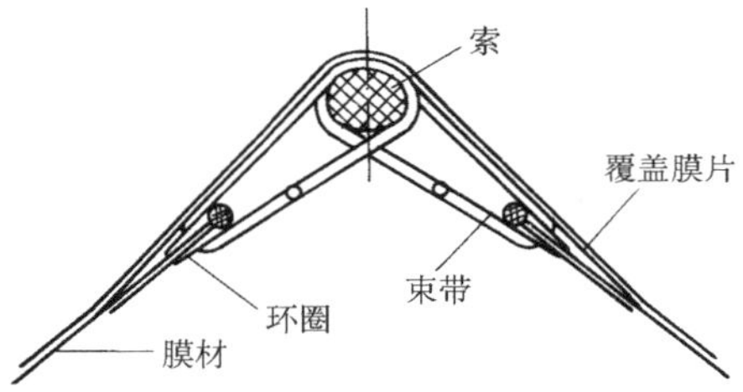

图5.7.23 束带连接

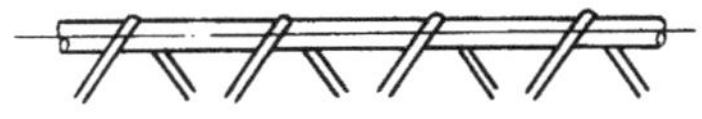

图5.7.24 简单束带

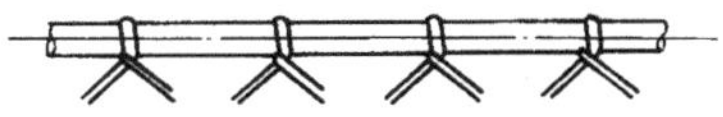

图5.7.25 抗剪束带

（3）金属配件连接 金属配件连接是指通过金属配件将膜材与脊索或谷索连接在一起的做法，有U形夹片连接、U形螺栓连接和螺栓连接三种基本方式。

U形夹片连接做法如图5.7.26所示，膜内力通过边绳、压板、螺栓、U形夹片传递到脊索或谷索上。脊索或谷索上的密封条可由两侧的膜材反转连接形成。这种做法制作简单，施工方便，在工程中应用较多。

将两片膜材用压板夹紧，再通过角钢与固定于脊索或谷索上的U形螺栓连接，这样的做法称为U形螺栓连接（图5.7.27）。调节U形螺栓可以改善膜材的局部松弛和褶皱。这种做法常见于日本膜结构工程中，是一种早期的做法。

螺栓连接做法与膜材与膜材的螺栓连接基本类似，只是夹板螺栓带有环扣，与脊索或谷索相连（图5.7.28）。环扣应具有紧固措施，以将其紧扣于脊索或谷索来抵抗剪力。该做法适用于脊索或谷索两边膜面夹角较大的连接中。

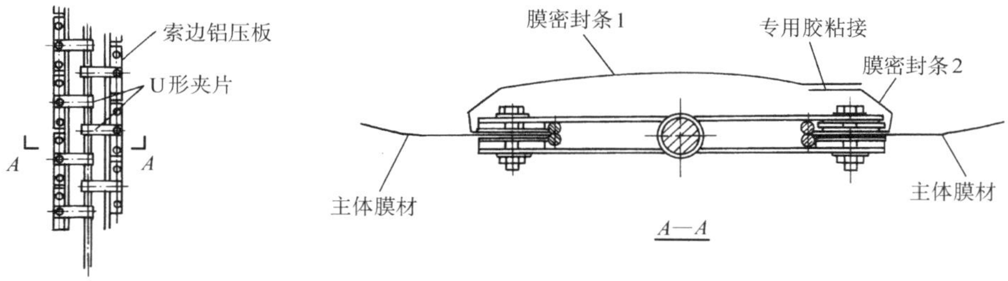

图 5.7.26　U 形夹片连接

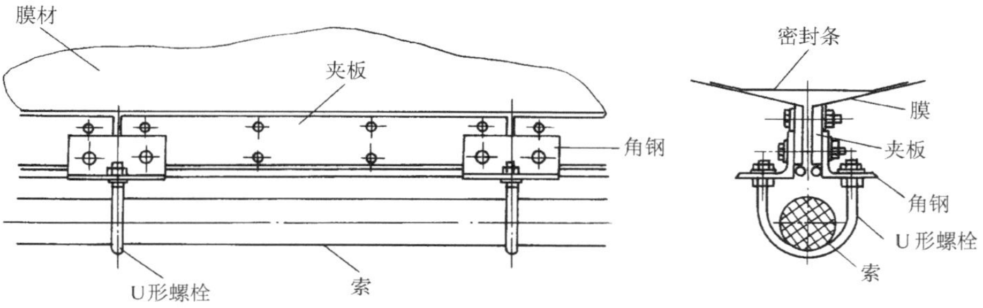

图 5.7.27　U 形螺栓连接

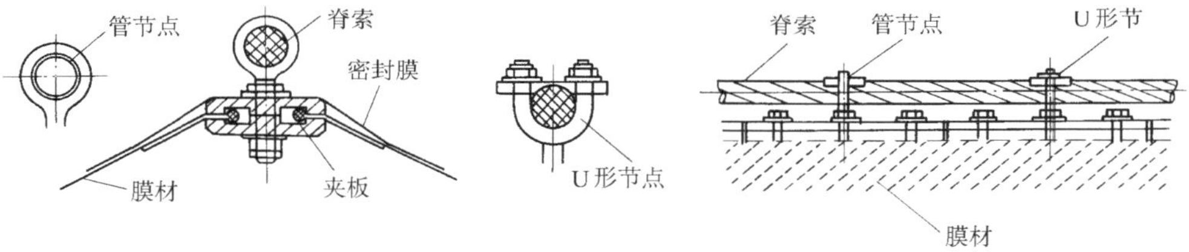

图 5.7.28　螺栓连接

5.7.3　膜材与刚性边界的连接

当结构采用刚性边界时，膜材需与刚性构件连接，一般有直接连接、螺栓连接两种方式。

1. 直接连接

直接连接是指将膜材直接固定于刚性边界上，主要构件包括边绳、压板、紧固件等（图 5.7.29）。边界为木构件时紧固件一般采用木螺钉；边界为混凝土构件时需预埋螺栓，边界为钢构件时可采用螺栓连接或焊接。为提高防水性能，连接处应加盖膜条。

2. 螺栓连接

螺栓连接的传力路径为膜材—边绳—压板—螺栓—U 形夹片—张力螺栓—刚性边界，连接构件的位置和数量应由计算确定。常采用的张力螺栓有拉力螺栓、旋转式拉力螺栓（图 5.7.30）等，张力螺栓不能施加预应力，但可以作为施加预应力的微调，控制预应力的精确施加，并且还可以作为二次张拉的设备。采用旋转式拉力螺栓时，金属构件能够根据膜面

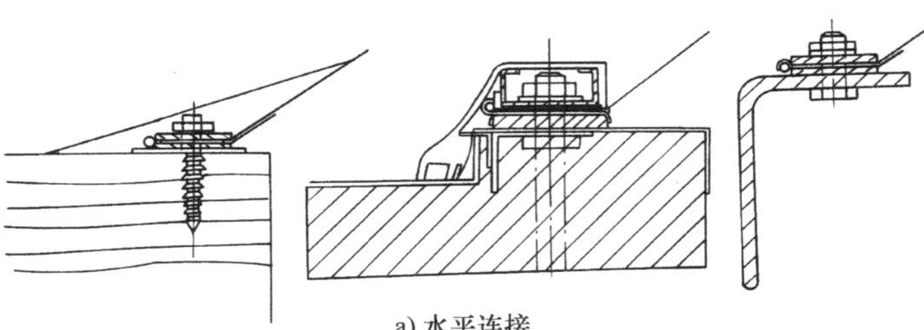

a) 水平连接

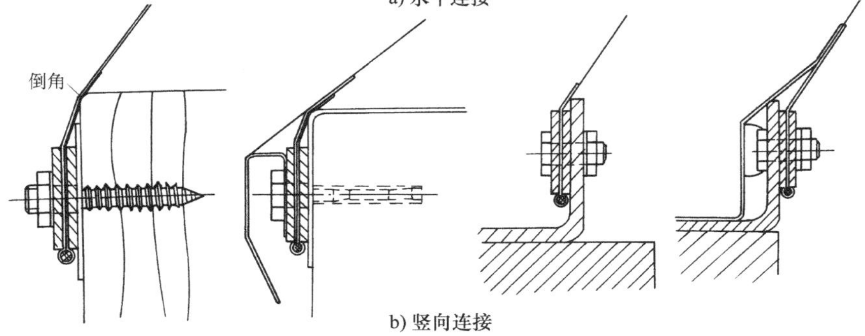

b) 竖向连接

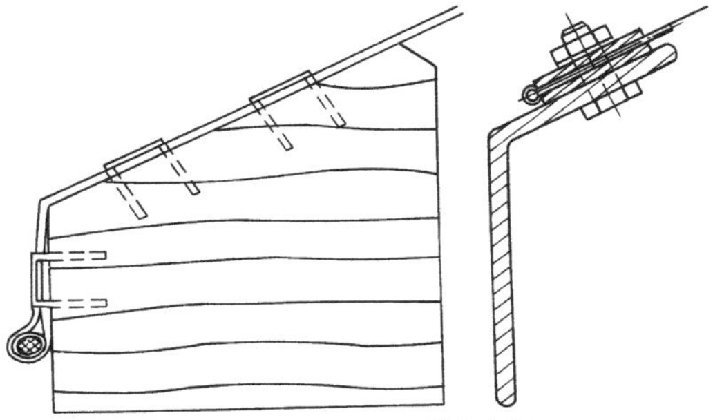

c) 斜向连接

图 5.7.29 直接连接

的斜率进行调整，以防止在拉力螺栓和U形夹片内产生弯矩，但其抵抗沿膜边方向剪力的能力较差。

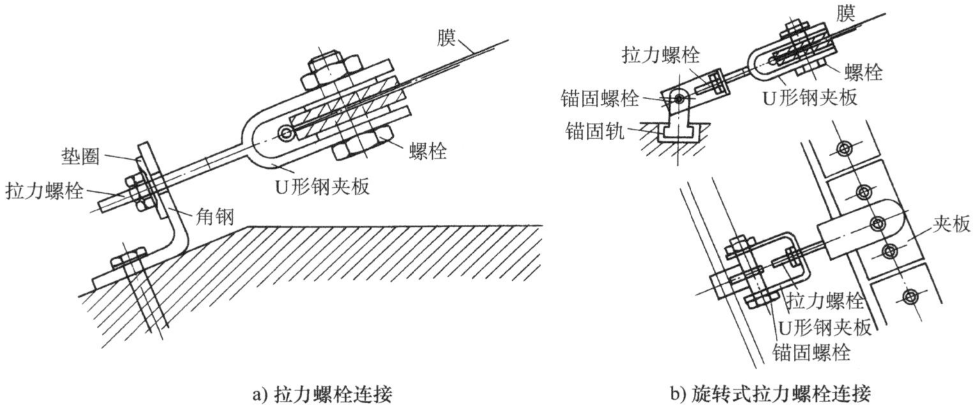

a) 拉力螺栓连接　　b) 旋转式拉力螺栓连接

图 5.7.30 螺栓连接

刚性边界两边均与膜材相连时也可采用相似的构造措施，如图 5.7.31 所示。

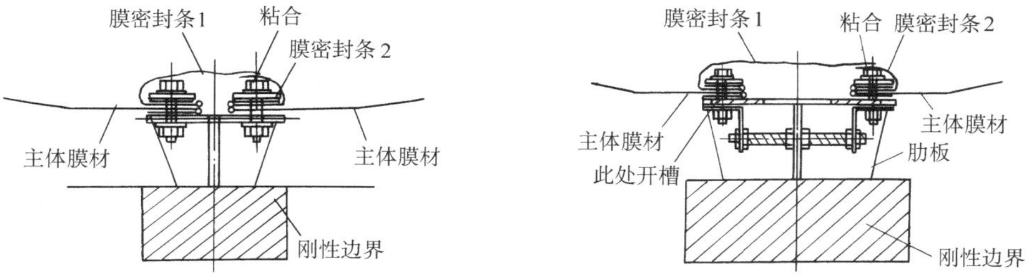

a) 不可调节的双边连接　　b) 可调节的双边连接

图 5.7.31　膜材与钢材刚性边界的双边连接

5.7.4　索节点

索与索相交的索节点主要包括环索节点和双向索节点。环索是体育场看台挑篷结构中的主要受力构件，它通常与挑蓬单元上的脊（谷）索相交，形成稳定的受力体系。主要节点形式有 U 形螺栓节点（图 5.7.32）和夹板节点（图 5.7.33）两种。

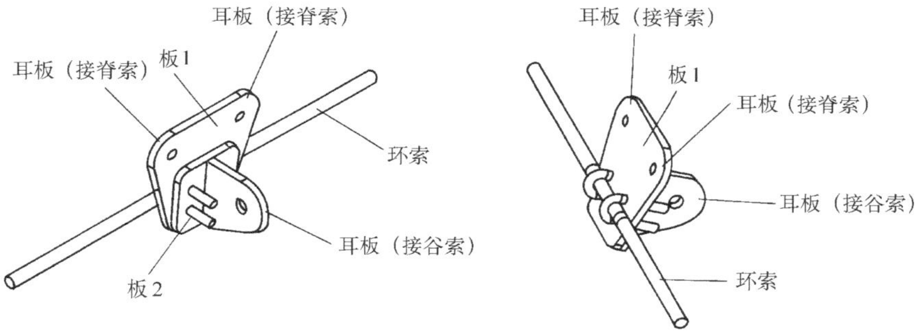

图 5.7.32　U 形螺栓节点

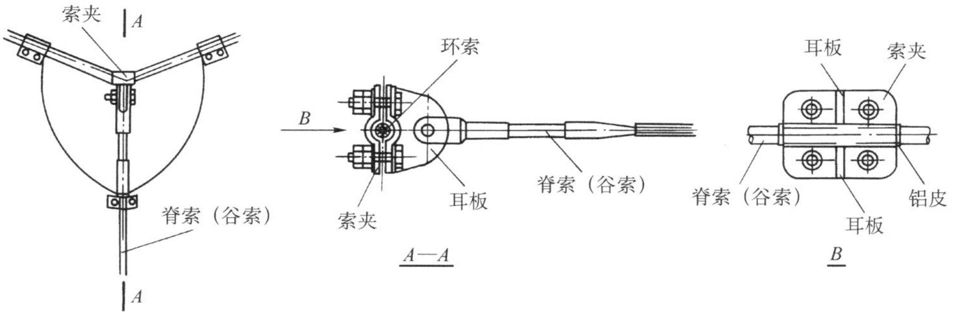

图 5.7.33　夹板节点

U 形螺栓节点可以绕环索转动，可调角度较大。夹板式索节点的索夹为两对称扣件，通过螺栓将其固定在环索上，连接脊（谷）索的耳板焊接在夹板一侧，这种连接构造简单，传力路径明确，在工程中应用较多。

在膜结构中双向索节点应用很多，连接方式与第4章所述相同，不再赘述。

5.7.5 柱节点

如前所述，索、膜内的预应力和荷载作用下产生的内力需通过支撑体系导入基础，柱是支撑体系的主要构件之一。随着结构形式和受力方式的相同，柱节点也不尽相同，大体可分为柱顶节点、悬空节点、外吊节点、支座节点等几种。一般在柱节点处内力较大，为了防止因其笨重而破坏张拉索膜结构轻盈、优美的外形，需精心设计。

1. 柱顶节点

柱顶节点有支承式和悬吊式两类。支承柱节点是指膜跨过柱顶时，膜材直接覆盖于柱帽顶部，如图5.7.34所示。帽顶应为与膜曲面吻合的光滑曲面，以使二者紧密接触（此处膜材宜局部加厚）。柱子通过帽顶下面的耳板与索相连，耳板的大小和位置由索的拉力和空间位置确定。帽顶与柱子通过两个耳板形成铰接连接，使帽顶能在一定范围内的转动，以使节点适应不同工况，避免膜面出现褶皱。悬吊节点是将柱顶节点范围内的膜材去掉，使之与钢环板相连，然后将环板与柱相连接，柱顶另加防水帽使其具有防水功能，如图5.7.35所示。根据环板与柱的连接方式的差异又可将其分成固定式或浮动式节点。

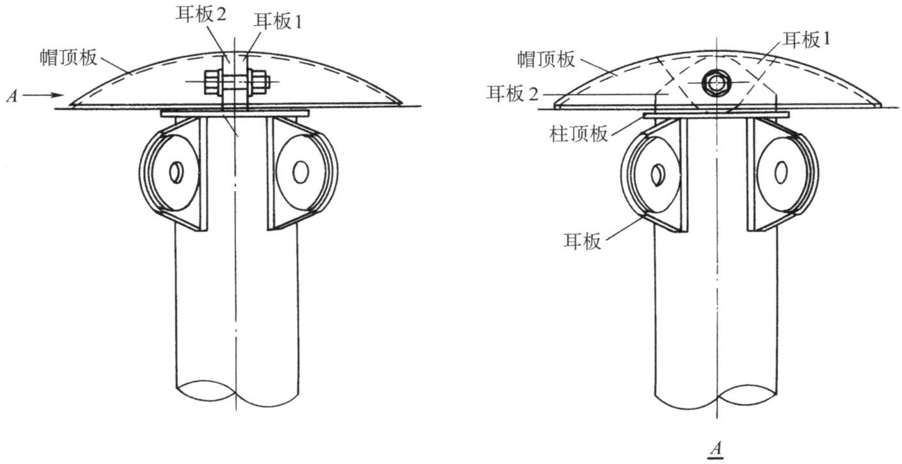

图5.7.34 支撑节点

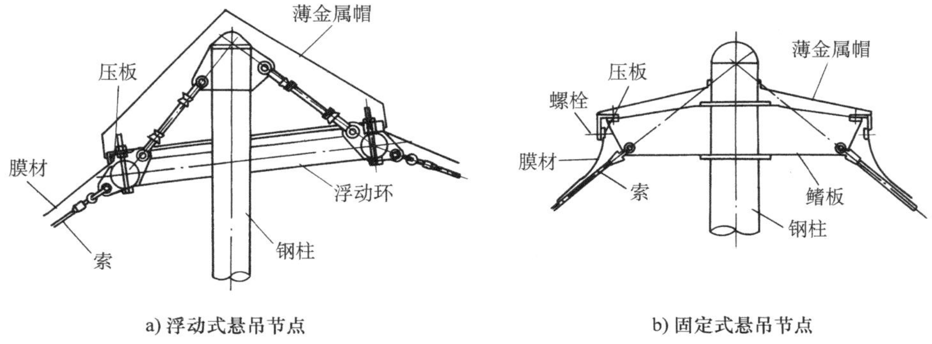

图5.7.35 悬吊节点

当结构受不均匀荷载时，会使固定式节点柱顶产生不平衡水平力，若采用固定式悬吊节点会将不平衡力传给柱底，此时支座节点可宜采用铰支形式；采用浮动节点时，可通过浮动环的偏移转动来抵消不平衡水平力，支座节点则可采用固定形式。

2. 悬空节点

当为增加结构净跨而采用飞柱时，柱底节点需设计为悬空节点。简单的悬空节点如图5.7.36所示，结构索通过耳板与柱子相连，悬空节点还可设计成可调节式的（图5.7.37），以作为预应力导入节点。

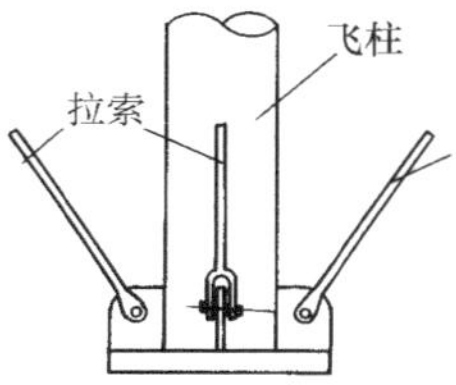

图5.7.36　不可调节飞柱节点

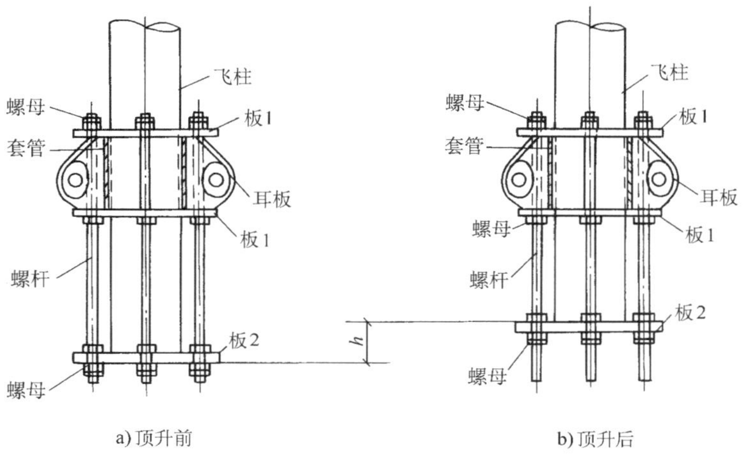

图5.7.37　可调节飞柱节点

3. 外吊节点

外吊节点是指节点通过位于节点之上的拉杆或拉索与支承体系相连。节点主要由钢板、内环板、压板、耳板等组成（图5.7.38）。节点由与耳板相连的拉索控制其空间位置，膜通过边绳、内环板和压板与节点连接。该类节点既可形成较大的无柱空间，又可提高建筑净空。但其空间位置的控制有一定难度，且在风荷载作用下的位移较大。外吊式节点的可调性可以通过上部可调节的拉索来实现。

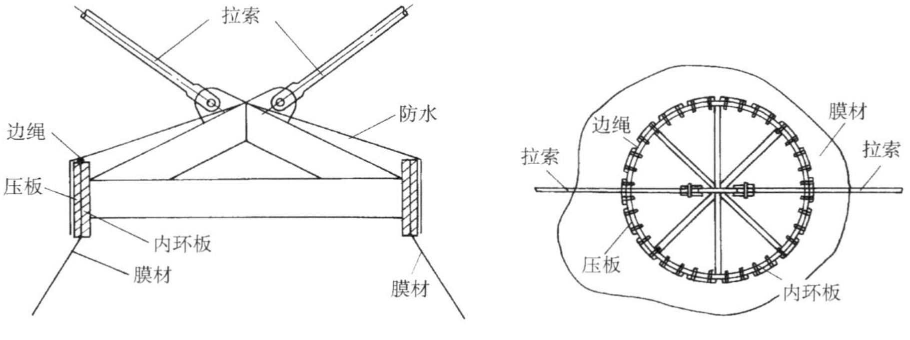

图5.7.38　外吊式节点

4. 支座节点

支座节点是指柱子与基础的连接点，根据柱底的受力方式不同可以分为铰接连接和固定连接两种。若柱顶的不平衡水平力较大，此时应将支座节点设计成铰接，使之通过形状的改变来平衡不均匀荷载；根据不平衡荷载的具体情况，可设计成单向铰或球铰（图5.7.39a）。当柱顶的拉索及其他支撑构件所形成的水平力可以自相平衡或不平衡水平力较小时，支座节点可以设计成刚接（图5.7.39b）。

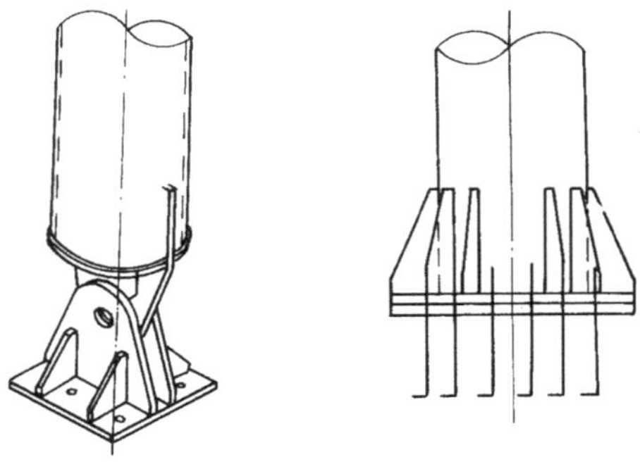

a) 单向铰接　　b) 刚接

图5.7.39　支座节点

5.7.6　索膜节点

索膜节点是指将索、膜边界引入支承结构的节点，其主要作用是将拉索（边索、脊索、谷索）和膜内的力汇合后传递给基础或刚性支承。该类节点所受的力较大，复杂多样，且大部分外露，需要设计者充分发挥创造性，使其受力合理，传力路径明确，且轻盈、美观。

在索膜节点处的索（边索、脊索、谷索）和膜材的拉力一般通过节点板传递给其他支承构件，并最终传到基础。根据索头形式的不同（图5.7.40）节点板与索的连接方式也略有差异。

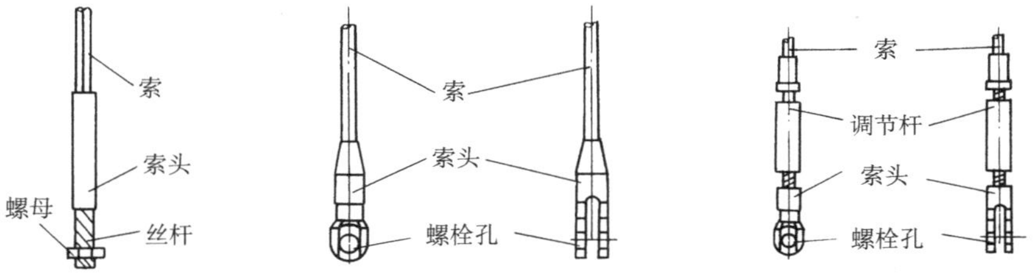

a) 螺杆式索头　　b) 固定式U形索头　　c) 可调式U形接头

图5.7.40　索膜节点中用的索头

1. 套筒式节点

当钢索采用螺栓式索头时（图5.7.40a）可采用套筒式节点（图5.7.41），即索头穿过焊接于节点板上的套筒后用螺栓固定。套筒不宜太短以确保套筒与钢板间有足够的焊接长度，也不宜太长以方便索头能顺利穿过，并与理论曲线尽可能一致。套筒的空间位置由与之相连的索的空间走向确定。套筒式节点为可调连接，通过调节索头螺栓对索施加预应力或进行二次张拉，所能施加预应力的大小与索头丝杆的长度有关，考虑到节点的美观性，索头突出套筒不宜过长。两片钢板大小可以不同，一般将大板布置在有视觉要求的一面。由于索膜结构形态分析时的膜材理论角点在索膜节点中被钢板所代替，为了能够较好地模拟膜曲面，准确地对膜材施加预应力，有时钢板需要根据两膜片的夹角做成折面。

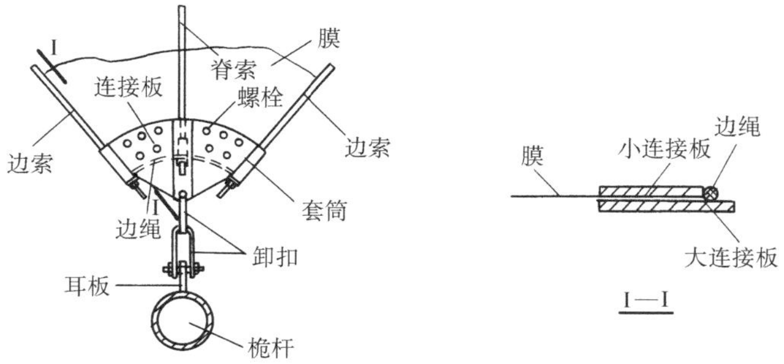

图 5.7.41 套筒式节点

2. 螺栓式节点

当钢索用 U 形索头时可采用螺栓式节点。连接的强度由节点板的厚度、螺栓的强度等决定。螺栓式节点中膜材是通过两夹板和拉杆或 U 形螺栓等与钢板相连，为防止膜面出现褶皱宜采用平行于边索的夹片、U 形螺栓或束带抵抗膜内剪力（图 5.7.42、图 5.7.43）。

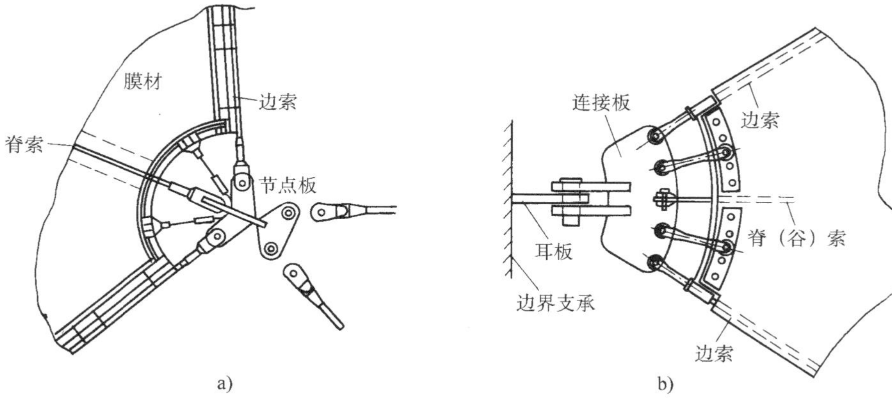

图 5.7.42 螺栓连接的不可调节点

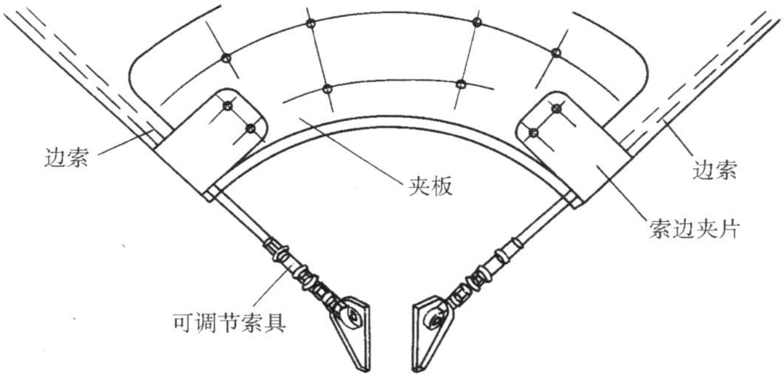

图 5.7.43 螺栓连接的可调节点

索膜的另一侧与基础或其他刚性支承连接，大体可以分为两类：通过结构拉索或拉杆直接与基础连接（图5.7.42a）和通过杆或柱与基础连接（图5.7.41、图5.7.44）。当节点板与结构拉索或钢筋相连时，其连接方式与边索等的连接方式基本相同，可采用套管连接、螺栓连接等方式。当节点板与立柱上耳板相连时，可以采用U形螺栓、花篮螺栓、卸扣等，连接方式和形状多种多样。

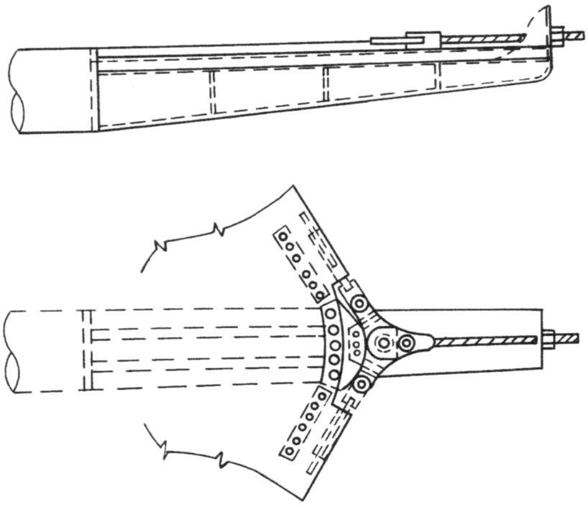

图5.7.44 索膜节点与杆连接

5.8 充气式薄膜结构

将封闭空间内部充满气体后即能承受一定的外部压力，采用膜材封闭空间形成的空气承重结构被称为充气薄膜结构。充气式薄膜结构的有限元列式及裁剪分析方法与张拉式薄膜结构相同，但是其形态分析和受力分析等与张拉式薄膜结构又不相同。充气薄膜结构除采用织物膜材外，在气肋（枕）式膜结构中还常采用非织物膜材。

5.8.1 非织物膜材

在非织物膜材中，以ETFE（图5.8.1）薄膜最具代表性和竞争性。ETFE是Ethvlene Tetra Fluoro Ethvlene（乙烯－四氟乙烯共聚物）的缩写，它是一种无色透明的颗粒状结晶体。由ETFE生料挤压成型的膜材是一种典型的非织物类膜材，为目前国际上最先进的薄膜材料，于20世纪70年代问世。ETFE膜材的应用在国外已有近30年的历史。北京2008奥运场馆中的国家游泳中心在国内首次使用这种膜材。

图5.8.1 ETFE膜材

ETFE膜材是一种各向同性材料，即在本构关系中有 $E_1 = E_2$，$\nu_1 = \nu_2$。应力小于25MPa（屈服点）时，应力－应变表现为线性关系；应力较大时，其应力－应变关系呈明显的弹塑性非线性性质。由于设计应力一般低于屈服点，可按线弹性材料进行分析设计。当室内发生火灾时，若材料温度接近其熔化温度（275℃），ETFE就会发生软化，变形超过其延展界限后会形成孔洞将热空气排出；因为ETFE薄且轻，所以焚化碎片往往会被热空气向上带走而不会落到地面上；ETFE遇到明火会燃烧，但很快就会熄灭。ETFE的这种“自通风”的特性可有效地防止热空气的聚集，防止过热的空气导致可燃物的自燃。ETFE燃烧会产生一氧化碳和氟氢化物等有毒的气体，但由于ETFE密度很低，所产生毒气的影响非常微弱。

5.8.2 充气式薄膜结构形态分析

充气薄膜结构利用薄膜内外压差承载。通常气承式薄膜结构所需要的压差值为 20 ~ 100mmH_2O；而气枕（肋）式薄膜结构的压差需达 200 ~ 2000mmH_2O，同样形状的充气梁或充气枕所需压差会随着建筑物规模的增大而增长。气枕式和气承式充气薄膜结构示意如图 5.8.2、图 5.8.3 所示。

充气薄膜结构初始形态的确定是寻找一个在内部充气压力作用下无褶皱的光滑曲面，该曲面应力分布应尽量均匀；同时，膜面曲率过渡必须平缓，使其承受外部荷载作用时不会因局部设计强度要求过高而导致大部分区域的强度不能得到充分利用。

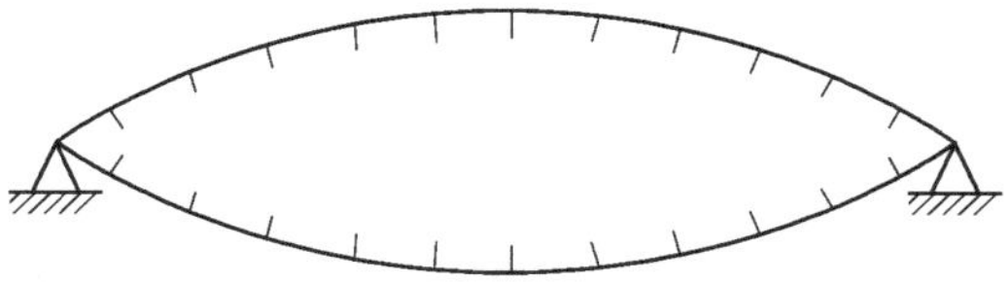

图 5.8.2 气枕式充气薄膜结构示意图

图 5.8.3 气承式充气薄膜结构示意图

充气薄膜结构的稳定形态由膜材内外压差与膜内应力间的平衡所决定。由于受边界条件的影响，虽然薄膜内的气体压力是均匀的，但由之产生的膜内应力一般是不均匀的，因此膜内的应力分布状态不能预先确定。同时对于建筑结构，在其设计阶段并不能够明确给出具体空间形状，而只能给出平面形状及某些控制点的高度（如气枕的矢跨比一般为 1/12 ~ 1/15），故此时其形与态均为未知量，不可同时求解。其形态分析可采用先找形后找态的分析方法确定，即首先对平面位置膜材的内表面施加沿外法线方向不断增加的气压力，使结构产生变形，达到满足建筑功能要求的形状，此过程称为找形（form - finding）。需要注意的是，在此过程中膜材一般会产生大变形和高应力，膜内气压也会很大，在此状态下进行后续的受力分析和裁剪分析将不能得到准确的结果。故须在保持结构形状不变的前提下，确定正常工作气压时的膜内应力状态，即找态分析。在此过程中，先将找形分析后的膜内气压力和膜面应力释放，将膜材的弹性模量增至无穷大，然后在膜的内表面施加工作气压，使薄膜结构不发生变形而产生与工作压力相对应的膜内应力，此过程称为找态（state - finding）。如上可确定充气薄膜结构最终的形与态。下面通过算例予以说明。

【算例 5.8.1】 半球状充气膜结构

由经典材料力学理论可知球体薄壁压力容器的应力状态满足下式：

$$\sigma = \frac{pr}{2t} \tag{5.8.1}$$

式中，σ 为球面内应力，t 为球体厚度，p 为球体内部均布压力，r 为球体半径。现假设半径 4m 厚度 0.001m 的半球内部作用有 550Pa 气压，则球面应力为

$$\sigma = \frac{pr}{2t} = \frac{550\text{N/m}^2 \times 4\text{m}}{2 \times 0.001\text{m}} = 1.1 \times 10^6\text{N/m}^2。$$

图 5.8.4 为初始计算模型，在平面位置的内表面上施加沿外法方向不断增加的均布压力（图 5.8.5），将膜面“吹起”。计算表明内压增至 7800Pa 时，得到的矢高（最高点高度）

为4000mm的半球面（图5.8.6）。

图5.8.4 初始计算模型

图5.8.5 施加沿膜面外法线方向荷载

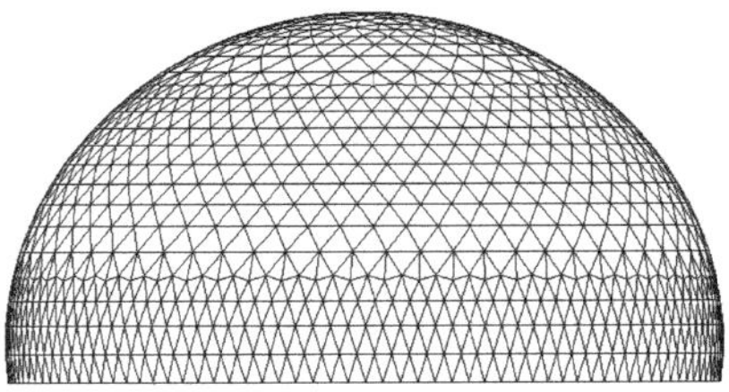

图5.8.6 半球面找形

在找形过程中，由于膜材在非工作压力作用下产生了较大变形，膜内应力很大（第一主应力达6.47MPa），这与实际情况不符（因为真实的充气薄膜结构并不是由平面膜材直接充气得到的），故还需确定该形状在真实工作内压（此处取550Pa）下膜内应力状态，即找态分析。具体步骤是，先将膜材的弹性模量增至超大（这里取9×10^{14} Pa），保证模型在550Pa的工作内压下的位移足够小（最大值小于10^{-5}m），即结构的几何形状基本保持不变而同时得到膜面在此内压下的应力分布状态。其中绝大部分单元的第一主应力分布（图5.8.7）在1.102～1.206MPa之间，最大误差为理论值（1.1MPa）的9.6%。由于数值分析得到的球面实际上是连续折面，与理论解相比，数值分析结果存在一定误差是必然的。

图5.8.8所示为半径为4m，矢跨比分别为0.125，0.25，0.375和0.5时的投影面为圆面的结构在550Pa内压下球面最大应力分布情况，可看出随着该结构矢跨比的不断增大，膜内的最大应力值反而降低，有利于结构的整体受力性能，但膜材用量相对增大，增加了建筑成本。

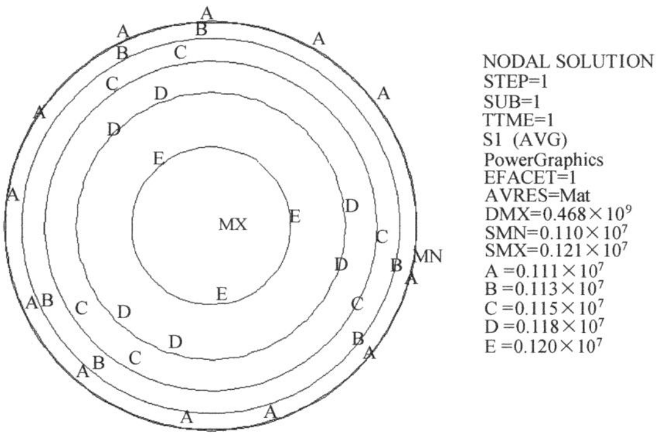

图5.8.7 半球面应力分布（Pa）

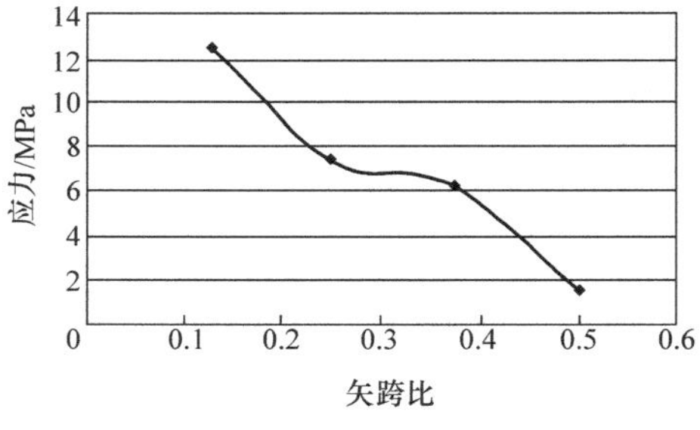

图5.8.8 不同矢跨比的应力分布

【算例5.8.2】 国家游泳中心气枕

国家游泳中心采用了气枕式充气薄膜结构，其基本单元的投影平面为不规则六边形，最大跨度为8.7m，材料常数$E=900$MPa，厚度为0.001m。现给出一个基本单元的形态分析过程。

在平面位置两层膜面的上下内表面分别施加沿外法方向不断增加的均布压力，将气枕"吹起"。计算表明内压增至950Pa时，得到的气枕矢高（最高点高度）为0.720m（图5.8.9），满足工程中常用的$\frac{L}{15}\sim\frac{L}{12}$（$L$为气枕的最大跨度8.4m）矢高要求。

为确定该形状在550Pa内压下膜内应力状态，将膜材的弹性模量增至超大（这里取9×10^{14}Pa），在保持几何形状基本不变（最大位移小于10^{-5}m）的前提下得到膜面在真实工作内压下的应力分布状态（图5.8.10），此时上下膜面的最大主应力均为3.21MPa。

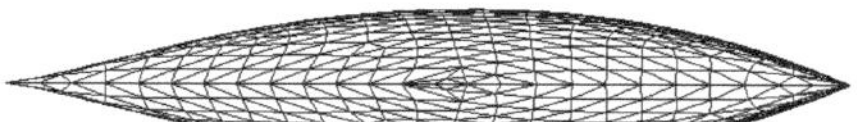

图5.8.9 国家游泳中心气枕示意图

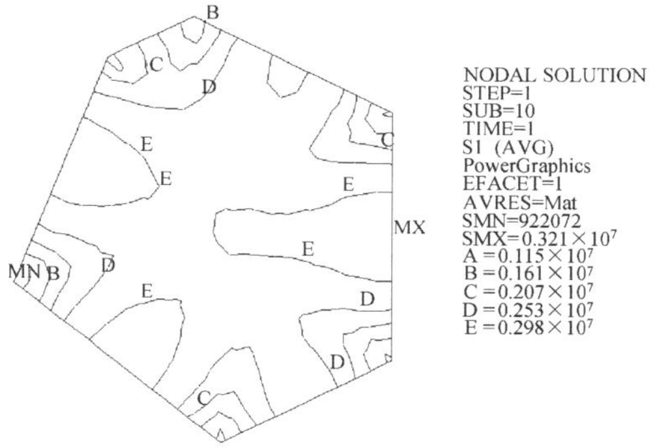

图5.8.10 气枕表面主应力分布示意图（单位：Pa）

需要注意的是，形态分析模型的初始形状本应为无预应力平面，但由于该状态不能抵抗任何面外荷载，找形分析的初始阶段极易发散，为此在实际计算中需给膜面施加一定的初应力，使其具有抵抗面外荷载的初始刚度。

【算例5.8.3】 德国安联体育场气枕

慕尼黑安联体育场（Allianz Arena）外墙维护结构和屋盖均采用了ETFE充气式薄膜结构（图5.8.11）构成，材料常数$E=52$MPa，厚度为0.0002m。其基本单元是边长在4～8m之间的偏菱形气枕。这里以目标矢高为1.740m的气枕为例进行找形分析。

为确定该形状在正常工作内压3500Pa的下膜内应力状态，将膜材的弹性模量增至超大（这里取9×10^{14}Pa），在其几何形状基本保持不变（最大位移小于10^{-5}m）的前提下得到膜面在真实工作内压下的应力分布状态（图5.8.12），此时上下膜面的最大主应力均为34.8MPa。

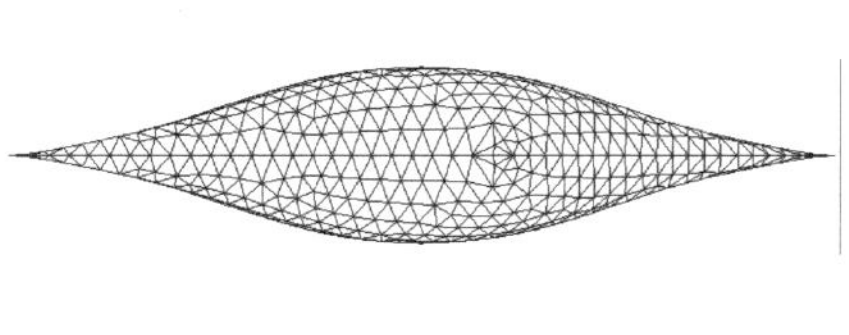

图5.8.11 安联体育场气枕示意图

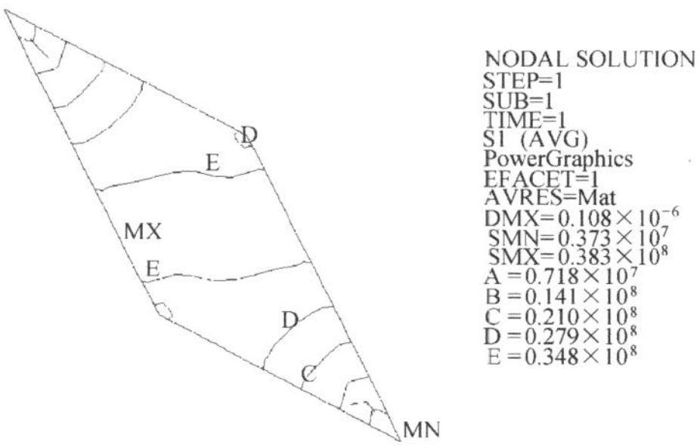

图5.8.12 气枕表面主应力分布示意图（单位：Pa）

【算例 5.8.4】 英国伊甸园气枕

伊甸园（Garden of Eden）是世界上最大的温室，外表覆盖着由 ETFE 材料构成的充气式气枕。伊甸园气枕单元分为正五边形和正六边形（图 5.38.13）两种，以矢高为 1.28m、边长为 5.25m 的正六边形气枕单元为例进行找形分析。

为确定该形状在正常工作内压 400Pa 的下膜内应力状态，将膜材的弹性模量增至超大（这里取 9×10^{14}Pa），在其几何形状基本保持不变（最大位移小于10^{-5}m）的前提下得到膜面在真实工作内压下的应力分布状态（图 5.8.14），此时上下膜面的最大主应力均为 10.8MPa。

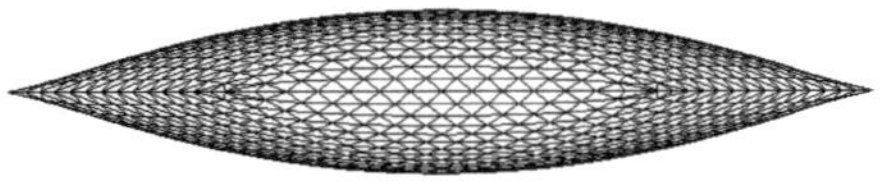

图 5.8.13 伊甸园气枕示意图

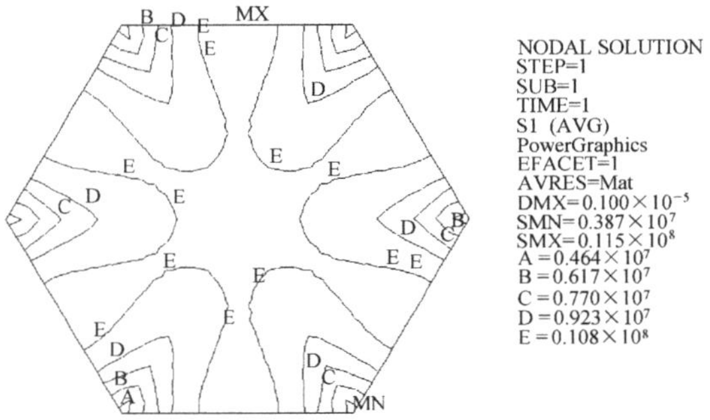

图 5.8.14 气枕表面主应力分布示意图（单位：Pa）

【算例 5.8.5】 气承式充气薄膜结构

一气承式薄膜结构的形态如图 5.8.15 所示，其平面长 10m，宽 4m，拱高 2m，两侧的圆弧半径为 2m。现确定其在正常工作内压 550Pa 下的膜内应力状态。将膜材的弹性模量增至超大（这里取 9×10^{14}Pa），在其几何形状基本保持不变（最大位移小于10^{-5}m）的前提下得到膜面在真实工作内压下的应力分布状态（图 5.8.16），此时膜面的最大主应力为 5.29MPa。

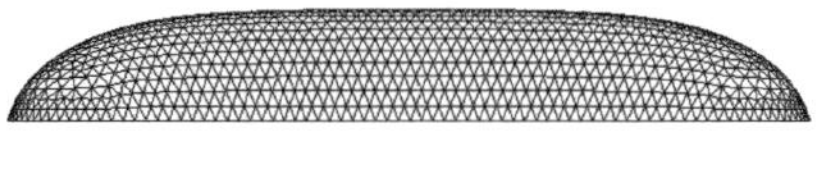

图 5.8.15 气承式膜结构示意图

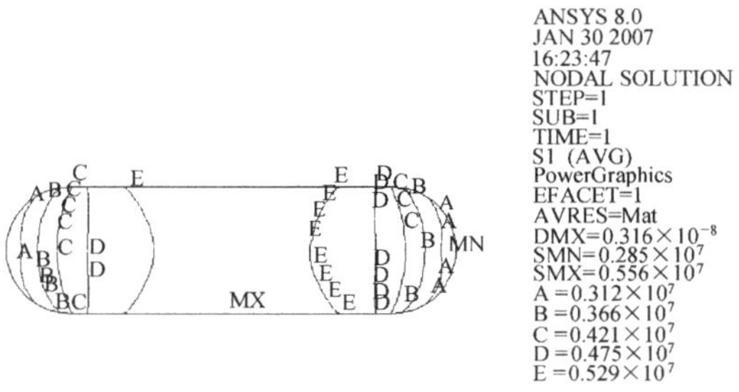

图 5.8.16 膜主应力分布示意图（单位：Pa）

5.8.3 充气式薄膜结构受力分析

由形态分析所得到满足功能要求的结构形状和真实应力状态后，即可进行受力分析以便校核结构的安全性。设膜内气压为 p、体积为 V、温度为 T，其受力过程可以认为是绝热变化过程，因此膜内气体应满足：

$$pV = nRT = C(C\text{ 为常数}) \tag{5.8.2}$$

式中，n 为气体分子数；R 为摩尔气体常数。

结构内的气压随着结构的变形而变化，气压大小与结构内的容积有关。容积的计算可以采用离散求和方法，即结构上各个单元统一向某一坐标平面投影（假设所投坐标面为 xy 面），则结构容积为投影面积与形心坐标到投影面的距离之乘积，即

$$V = \iint Z(x,y)\,\mathrm{d}x\mathrm{d}y \tag{5.8.3}$$

并可近似写成

$$V = \sum_{n=i} V_i(i = 1,2,\cdots,n) \tag{5.8.4}$$

【算例 5.8.6】 半球状充气薄膜结构

设内压 550Pa 的半球状充气结构外表面施加沿内法线方向 400Pa 的均布荷载，则其受力状态与内压为（550－400）Pa＝150Pa 的半球状结构等效，此状态下膜内应力的理论值仍可根据式（5.8.2）得到，即

$$\sigma = \frac{pr}{2t} = \frac{(550-400)\ \mathrm{N/m^2} \times 4\mathrm{m}}{2 \times 0.001\mathrm{m}} = 0.3 \times 10^6\,\mathrm{N/m^2}$$

初始状态的半球体体积为 142.711m³，则膜内气体常数 $C = 78491.050\mathrm{Pa \cdot m^3}$。在球体外表面施加沿内法线方向的 400Pa 均布荷载，利用有限元分析得到膜面沿内法线方向的位移，进而得到结构在变形后的体积，记为 V_{temp}；由气体常数 C 得此时结构的内部压力 $p_{\mathrm{temp}} = \frac{C}{V_{\mathrm{temp}}}$。为降低不平衡力值以减少迭代次数，将此时膜内压力值 p_{temp} 与初始状态的膜内压力值 p_0 插值得到 $p_1 = \frac{p_{\mathrm{temp}} + p_0}{2}$，再将 p_1 施加回膜内表面重新计算结构的变形；重复如上步骤，直至结构位移容差满足计算精度要求。

计算完成后控制结点的位移为 0.001m，体积变为 142.581m³，半球内压增大到 550.35Pa。绝大部分球面单元的第一主应力分布在 0.322～0.368MPa 之间，所得结果与理论值相比，其最大误差为理论值的 22.67%，但绝大部分球面单元的主应力为 0.322MPa，其误差为理论值的 7.33%，误差较大的单元分布在边界位置，如图 5.8.17 所示；这是因为半球体在沿内法线方向的均布荷载作用下，若边界可发生移动，则仍可保持理想的半球形状不变，但由于球体边界部位受到约束作用不发生变形，因此边界附近的单元应力有所增长。

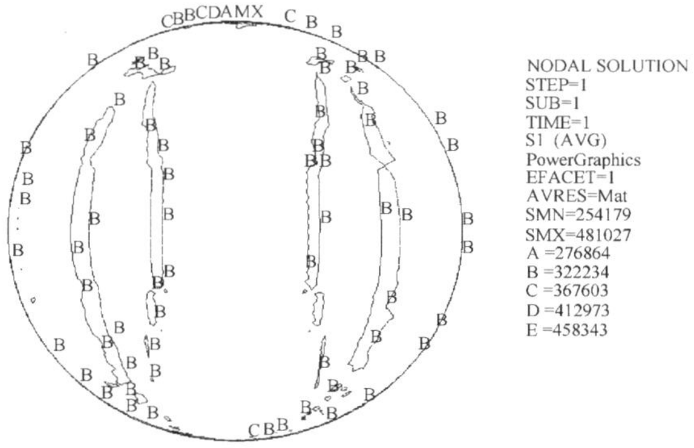

图 5.8.17 球面应力分布（单位：Pa）

由以上验证算例的计算结果与理论值计算结果的比较可以看出，本节的方法对于充气薄膜结构的静力分析是有效的。

【算例 5.8.7】 国家游泳中心充气薄膜结构

1. 集中荷载作用

基于国家游泳中心气枕的形态分析模型，在上层膜外表面中央处施加向下的集中荷载2000N后的变形情况如图5.8.18所示，荷载作用点的竖直方向位移为0.014m；下表面的位移变化很小。此时内压为553.078Pa，比找形状态增加了2.078Pa；体积变为37.578m^3，比找形状态减少了0.142m^3。上下表面应力分布如图5.8.19、图5.8.20所示，其中上表面的最大应力出现在荷载作用点处，为4.49MPa；下表面的应力状态与初始形态接近。气枕在受到与内压反向荷载作用时，上表面向下运动，相对于初始形态膜面的高度有所下降，气枕上表面的绝大部分单元的应力减小，但在集中荷载作用点处的最大应力值有所增大。计算得到气枕的内部压力变化很小，所以内压对下表面的作用产生位移也很小，下表面的应力分布基本不发生变化。

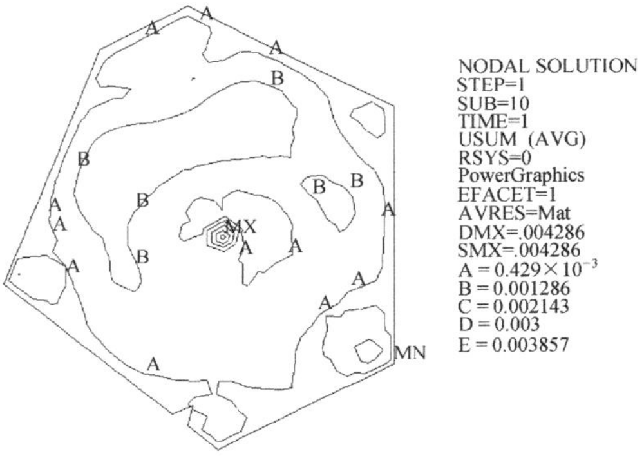

图5.8.18　集中荷载作用下的变形（单位：m）

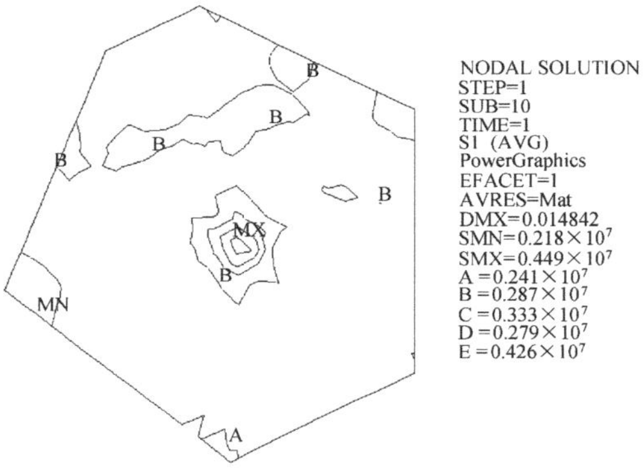

图5.8.19　上表面主应力（单位：Pa，集中荷载）

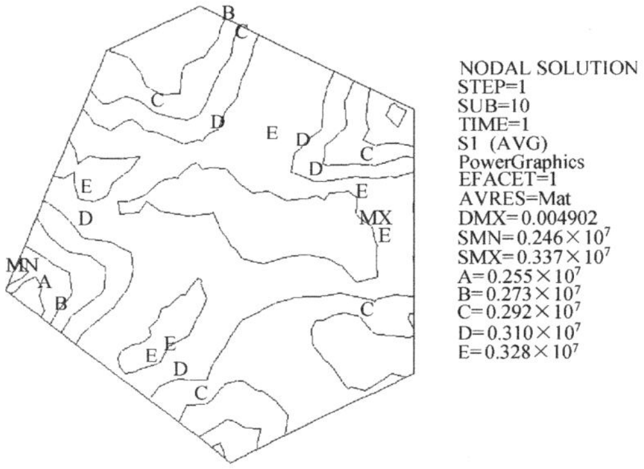

图5.8.20　下表面主应力（单位：Pa，集中荷载）

2. 均布向下荷载作用

在上膜外表面施加垂直膜面向下的均布荷载400Pa。上表面最大位移为0.003米；下表面最大位移为0.005m。此时内压为556.507Pa，比找形状态增加了5.507Pa；体积变为37.345m^3，比找形状态减少了0.375m^3。上下表面应力分布如图5.8.21、图5.8.22所示，其中上表面的最大应力为1.50MPa，下表面的最大应力为3.32MPa。

与垂直向下的集中荷载作用不同，上膜面在垂直向下的均布荷载作用下将产生卸载作用，其最大主应力减小；同时由于体积减小，气枕内压增大使下表面产生加载作用，其最大主应力增大，下表面向下移动。

3. 均布向上荷载作用

在上膜外表面施加均布向上作用的荷载400Pa时，上表面最大位移为0.003m；下表面最大位移为0.0003m。此时内压为483.832Pa，比找形状态减少了77.168Pa；体积变为

42.956m^3，比找形状态增加了5.236m^3。上下表面应力分布如图5.8.23、图5.8.24所示，其中上表面最大应力为4.10MPa，下表面的最大应力为3.12MPa。

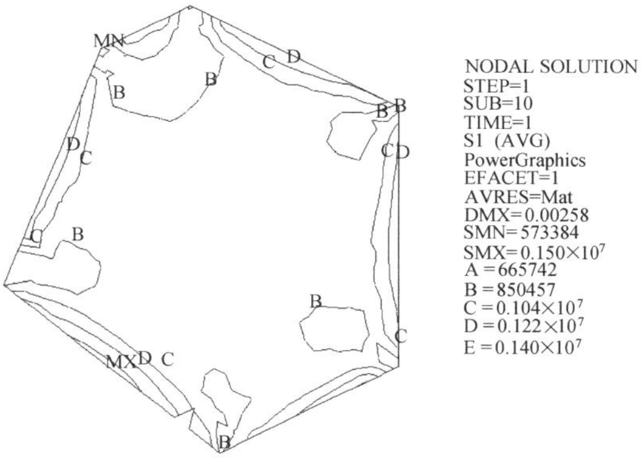

图5.8.21 上表面主应力（单位：Pa，均布向下）

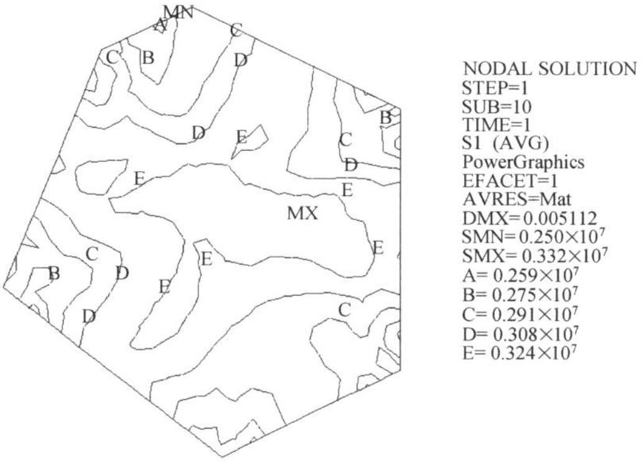

图5.8.22 下表面主应力（单位：Pa，均布向下）

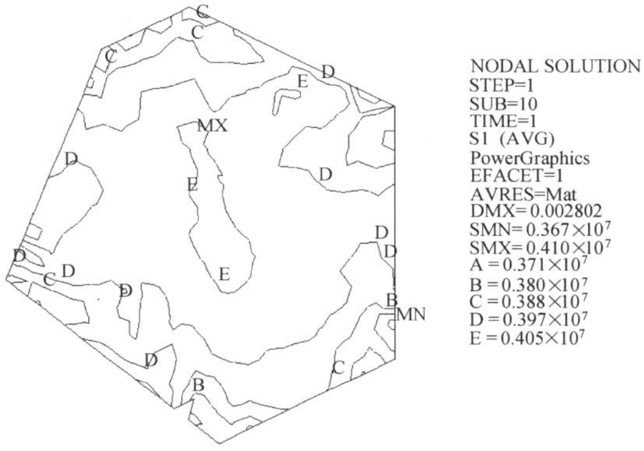

图5.8.23 上表面主应力（单位：Pa，均布向上）

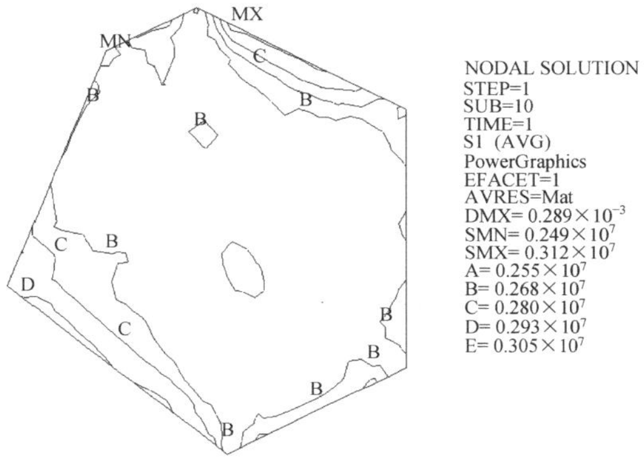

图5.8.24 下表面主应力（单位：Pa，均布向上）

当幅值相同的荷载垂直于膜面向上作用时，荷载与内压的方向一致，对上表面起到加载的作用，使上表面主应力增大，膜上表面向上运动，气枕的体积变大内压降低，对下表面起到卸载的作用，使其主应力值减小。与垂直向下作用的荷载相比，由于非线性效应的影响，造成荷载垂直向上作用时其上表面的平均应力增量较小。可见与传统的线性结构计算相比，大小相等而方向相反的作用力在柔性结构中产生的应力状态是不同的。

5.9 薄膜结构施工要点

以威海体育场挑篷索膜结构为例作一简单介绍。

该工程施工的主要难点在于：①中央内环的现场成形和吊装就位；②由于拉索的预张力与中央内环的形状是相互影响的，因此在施工中必须对内环与前后拉索的初始预张力进行监控，以保证整个结构体系按要求成形。

针对上述问题，具体施工方案如下：

(1) 中央内环的地面组装 内环在工厂预制后，分段运至施工现场，在设计的提升点依设计线形搭设拼装胎架，对内环钢管拼装焊接成形。

（2）桅杆安装　在地面进行桅杆钢管的拼装和桅杆顶端的索头连接，然后对桅杆进行单点提升，将桅杆底端与支座销接固定；将后拉索牵拉至看台混凝土斜梁的锚固点上，与固定耳板进行销接固定；前拉索用缆风绳固定，并将各桅杆之间的环向拉索用销连接好，以保证桅杆的稳定性。

（3）内环的垂直整体提升、就位　内环的垂直整体提升是本工程施工安装的关键环节。首先在场地内沿内环用扣件钢管搭设了18个近30m高的独立塔架提升平台。然后将18台牵引力为600kN的YC60型连续提升千斤顶分别安放在提升平台顶部，利用垂直吊索对内环进行同步垂直牵引提升。在提升至设计安装高度以上约200mm时，逐一安装前拉索和下拉索，全部完成后，千斤顶同步回落并放松，使钢管环梁及各拉索自然绷紧；为了保证内环梁的形状准确，必要时可对长轴端部的下拉索微调。

为保证内环整体提升的同步性，避免内环钢管的变形过大，施工中将相邻提升点的不同步误差控制在50mm以内。按照这一标准对内环的整体提升过程进行有限元模拟。分析结果表明，当某一提升点发生较大位移时，垂直吊索的拉力由理想状态的146kN增加到不同步的171kN，内环钢管中由于弯矩所增加的应力仅为0.04MPa。可见，由于钢管内环的相对柔性，不同步位移对结构整体的影响较小。

（4）膜单元脊索、谷索和边索的安装　在拉索安装后，整体挑篷结构的支承体系已形成。在桅杆顶部围绕膜顶套环搭设安装支架；安装脊索并将裁剪热合后的膜块与各脊索连接；将脊索和边索固定；初步固定各膜单元间的谷索；按对称方式轮流提升膜顶套环，对膜单元施加预张力。在轮流提升过程中，不断地调整相邻桅杆间的谷索张力，直至各单元膜面张紧、光滑无褶皱，如图5.9.1所示。

a) 桅杆安装　b) 内环提升

c) 脊索安装　d) 膜面张拉

图5.9.1　威海体育场索膜结构施工安装

5.10 薄膜结构研究的发展趋势

由第1章的叙述可知，薄膜结构是一既古老又年轻的建筑结构形式。现代薄膜结构已有几十年的发展历史，而在我国的应用则只有十几年的时间。由于管理灵活的专业企业的加入，近年来发展迅速，可谓方兴未艾。但既应该看到其良好的发展前景，也应该看到在结构技术方面有待加强，许多理论问题有待深入研究，而且薄膜结构建筑形式及适用范围有待拓展和提高。

1. 结构分析的深入研究

目前对薄膜结构在静荷载作用下的受力性能开展了较多的研究工作。但主要集中于薄膜单元的两主应力均大于零时的弱非线性状态，当薄膜结构承受极限荷载、局部荷载及强不均匀荷载时可能产生局部折皱、松弛的强非线性状态的研究尚不多。

关于薄膜结构的动力特性研究表明，其自振频率分布密集且相互耦合，但对于薄膜结构动荷载反应分析的研究较少。特别是由于其轻柔特性及实际破坏事例，使得其在风荷载作用下的反应成为人们普遍关心的一个问题。通过前面的分析可知薄膜结构承担面外荷载的刚度主要来源于预应力，当结构跨度较小时，通过施加较大的预应力可显著提高结构刚度，此时风荷载产生的反应不会太大，可采用一般的动力反应分析方法或随机振动方法进行计算；当结构的跨度较大时，对结构施加的预应力不可能随着跨度的增加而等比例增加，使得大跨度结构更加轻柔，风荷载作用下会产生较大的位移、速度和加速度反应，使得结构的形状发生较剧烈的改变。而这种改变也会引起风荷载的变化，即风荷载与结构之间存在着耦合作用，作用于结构上的气动力（风荷载）是随着结构的运动状态而变化的。在解决问题之前，两相耦合界面上的气动力和结构运动都是未知的，只有在求解了整个耦合系统后，才能得到解答。特别是气流和结构之间的相互作用可能会导致整个系统产生不稳定的发散振动，即气弹失稳。这方面的研究迄今只是提出了一些粗糙的气弹力学模型，离解决实际问题尚有一定距离，相应的风洞试验研究也有待加强。另外一个可能有效的方法是综合运用计算流体力学和计算结构力学的方法开发相应的数值风洞技术。

2. 结构设计软件的开发

在结构分析与设计方面，功能强大齐全、界面方便友好、节点形式多样的专业设计软件需进一步加强和提高。由前面几节的分析可以看出，薄膜结构的分析比较复杂，一般需要借助计算机才能完成。目前国内使用的专业设计软件有来源于国外的，也有国内科研院校自主开发的，与其他结构，如钢筋混凝土结构的专业设计软件相比尚存在一定的差距，其分析的准确性有待于相互校核，受力明确、构造合理、形式美观的固定节点库和可调节节点库有待开发和扩充。目前应用较多的软件一般包含膜、索、杆单元，使上部索膜结构与下部支承结构共同工作的整体分析较为困难，单元种类有待增加。另外，虽然在一些商业通用软件中包含了较多的单元种类，但应用并不理想。

3. 新结构形式开发

薄膜结构轻盈飘逸，刚柔相济，曲线优美柔和，为建筑造型提供无限可能性。但在我国的实际应用中目前尚多应用于对使用功能要求较低的建筑小品、开敞式半永久性建筑中，而且多采用骨架支承体系，膜材用作覆盖材料，未能充分利用薄膜结构的造型优势，尚未出现具有地标性意义的创新之作，这有待于通过建筑师和结构工程师更紧密的合作来提高。目前薄膜结构多用于使用功能要求较低的建筑小品和开敞式建筑中的另外一个原因可能膜材本身的耐候性，开发可开启式或将张拉式和充气式结合的具有较好耐候性建筑或许是另外一个有待重视的问题。

参考文献

[1] 成祥生. 应用板壳理论 [M]. 济南：山东科学技术出版社，1989.

[2] 瓦·札·符拉索夫. 壳体的一般理论 [M]. 北京：人民教育出版社，1960.

[3] 郭玉娟. 膜结构的连接构造 [D]. 北京：北方交通大学，2003.

[4] 李中立. 张拉膜结构全过程分析及实验验证 [D]. 天津：天津大学，1997.

[5] 蓝天，刘枫. 中国空间结构的20年 [C] //第十届空间结构学术会议论文集. 北京：中国建材工业出版社，2002.

[6] 马惠娟. 索加强张拉膜结构的非线性分析及图形显示 [D]. 天津：天津大学，1994.

[7] 邵晓方. 薄膜结构非线性分析、材料拉伸特性实验及风荷载研究 [D]. 天津：天津大学，1993.

[8] 沈世钊. 威海市体育场膜结构罩篷 [J]. 空间结构简讯，2002 (100).

[9] 谭锋. 旋转面薄膜结构的形态分析和薄膜曲面裁剪分析及其软件化 [D]. 北京：北方交通大学，2003.

[10] 向阳. 薄膜结构的初始形态设计、风振响应分析及风洞实验研究 [D]. 哈尔滨：哈尔滨建筑大学，1998.

[11] 杨庆山，姜忆南. 张拉索－膜结构分析与设计 [M]. 北京：科学出版社，2004.

[12] 杨庆山，吕佐超，姜海鹏. 建筑膜材的物理、力学性能及其对结构分析的影响 [J]. 工程力学，2000 (A02)：423－432.

[13] 杨维国，徐国彬. 膜结构的实用裁剪下料研究 [J]. 工程力学，2000 (A02)：135－139.

[14] Berger H. Light Structures & Structures of Light [M]. Birkäuser Ver lag, 1996.

[15] Grundig L, Ekert L Moncrieff E. Geodesic and Semi – Geodesic Line Algorithms for Cutting Pattern. Generation of Architectural Textile Structures [C] //*Proceedings of Asia – Pacific on Shell and Spatial Structures*. Beijing, 1996.

[16] Ishii K. On Developing of Curved Surfaces of Pneumatic Structures [C] //*Int Symp on Pneumatic Structure*. Delft, 1972.

[17] Ishii K. Membrane Designs and Structures in the World [M]. Shinkenchiku – sha, 1999.

[18] Karni E. Membranes for Spatial Structures [J]. *International Journal of Space Structures*, 1994, 9 (1).

[19] Maurin B, Motro R. Cutting Pattern of Fabric Membranes with the Stress Composition Method [J]. *Space Structures*, 1999, 14 (2).

[20] Meek J L, Tan K Y. Post – Formfinding Determination of Geodesic Lines in Cutting Pattern Design for Membrane Structures [J]. Space Structures, 1986, 8 & 7 (2).

[21] Meek J L, Xia X. Computer Shape Finding of Form Structures [J]. *International Journal of Space Structures*, 1999, 14 (1): 35 – 55.

[22] Minami H, Toyada H, Kotera K, et al. An Experimental study on Tension Characteristics of suspension Membrane, *Shells, Membrane and Space Frames* [C] //*Proc IASS Symposium*. Osaka, 1986.

[23] Otto F. Tensile structures [M]. Cambridge: MIT Press, 1971.
[24] Schook HJ. Soft Shells – Design and Technology of Tensile Architecture [M]. Birkhuäser, 1997.
[25] 中国钢结构协会空间结构分会. CECS 158: 2004 膜结构技术规程 [S]. 北京: 中国计划出版社, 2004.
[26] 纺织工业标准化研究所, 中国钢结构协会空间结构分会, 中国产业用纺织品行业协会. FZ/T 64014—2009 膜结构用涂层织物 [S]. 北京: 中国标准出版社, 2010.

第 6 章　大跨空间结构新体系

由于计算技术、新型材料及空间结构分析理论的发展，近几十年来，国内外空间结构得到迅速发展。除前面各章介绍的网架、网壳、悬索、膜结构等常用空间结构体系外，各种新型空间结构体系，如可展开折叠结构、开合屋盖结构、张拉整体结构以及各种混合结构体系等，在体育场馆、展览馆、飞机库、厂房等建筑中也得到广泛应用，这些结构体系的出现开创了空间结构的新局面。本章主要介绍空间结构的一些新体系。

6.1　可展开折叠式结构

6.1.1　概述

可展开折叠式结构（Deployable/Foldable Structure）是近些年发展起来的一种新型空间结构体系，其基本特点可概述为：结构在未使用时可收缩折叠成捆状或其他形状储存或运输，使用时可方便地在现场展开成型，迅速构成整体结构（图 6.1.1）。通常，结构的整体或部分可在工厂预先装配完成，然后折叠储存，备以后展开使用。该体系一般多用于临时性或半永久性结构，安装、拆除方便迅速，可重复使用。

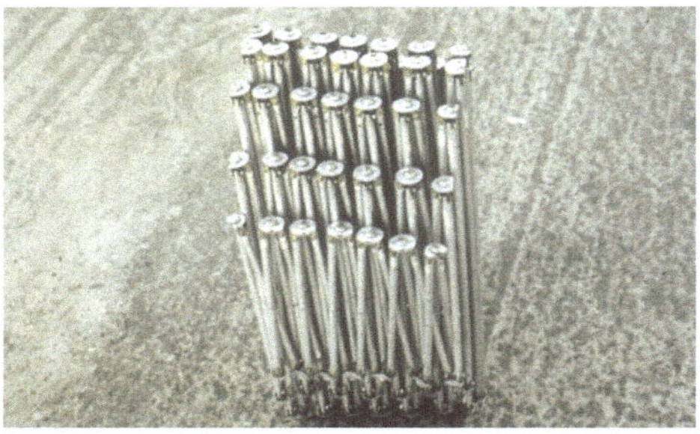

a) 折叠状态

b) 半展开状态

c) 展开状态

图 6.1.1　可展开折叠结构模型示意

在日常生活及航空航天工业中常可遇到可展开折叠的简单结构，如雨伞、折叠三脚架、折叠式天线、雷达接收器等。另外，古代游牧民族为了迁移方便而使用至今的折叠式帐篷也属于一种折叠式结构。这表明，可展开折叠的思想古已有之，但最早在建筑上成功地应用可展开折叠概念的是西班牙建筑师 E. P. Pinero。1961 年，E. P. Pinero 在一次设计竞赛中展出了他的作品——“可移动剧院”的设计，引起了人们的关注和兴趣。其后，他设计、建造了一系列可展开折叠式结构。1965 年，Pinero 提出的三维网格可展开折叠结构体系获得美国专利。这以后，T. R. Zeigler 针对 Pinero 结构的一些弱点，于 1974 年提出了一种自锁式的可展开折叠结构体系，并获美国专利。近年来，国际上对该结构形式的研究逐渐增多，Clarke、Felix、Escrig、Derus、Nodskor、Siram、Kreshnapillai 等人均做了卓有成效的研究工作，取得了一些重要研究进展。目前，可展开折叠式结构已在一些实际工程中获得应用，取得良好效果。

可展开折叠结构的屋面做法与常规结构有很大不同，为保持结构安装，拆除方便迅速的优点，应使屋面与结构一起具有可展开折叠能力，并与结构形成整体，屋面做法一般采用由膜材或织布构成的柔性屋面形式（图 6. 1. 2）。与常规结构相比，可展开折叠结构的最大优点是施工方便、现场展开成型速度快，图 6. 1. 3 所示为图 1. 2. 55 所示某游泳馆工程的现场展开成型过程。

a) 折叠状态

b) 展开状态

图 6. 1. 2　可展开折叠结构的屋面做法

综上所述，与通常的空间结构体系相比，可展开折叠结构具有造型新颖、易于工厂化生产，折叠后体积小，便于运输和储存，现场展开、安装和拆除快，施工方便，并可重复使用等优点。该类结构特别适用于中小跨度的临时性结构或流动性结构，如抗震救灾紧急需要的现场指挥部及生活用房、航天空间站、大型比赛集会或旅游区临时工作室、流动展览厅、农村暖棚等，具有很好的应用前景。

6. 1. 2　可展开折叠结构的几何构成

可展开折叠结构依据不同的分类标准有着不同的分类方法，根据结构组成可分为由交叉杆系构成的网格型结构及由板式单元构成的折叠板结构；根据展开折叠的方式可分为自锁式（self - locking）结构和外加锁式（manual - locking）结构等。从目前国际上研究状况看，研

a) 现场折叠状态

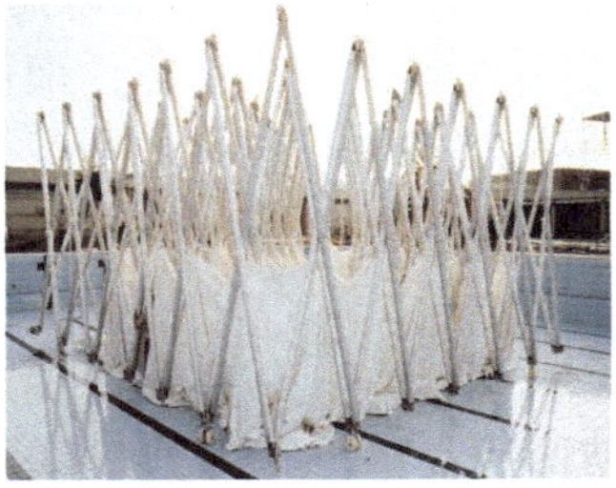
b) 准备展开

c) 开始展开

d) 展开后状态

e) 游泳馆内景

图 6.1.3　某游泳馆现场展开成型过程

究焦点主要基于由杆系构成的空间网格型结构。

1. 剪式单元

由杆系构成的可展开折叠结构的基本组成为剪式单元(scissor－like element)，如图 6.1.4 所示。该剪式单元由交叉杆组成，每个杆有三个节点，两个端节点与相邻单元铰接，中部节点采用枢轴连接，可自由转动。通过对基本剪式单元的不同组合，可形成各种基本结构，进而构成整体结构。

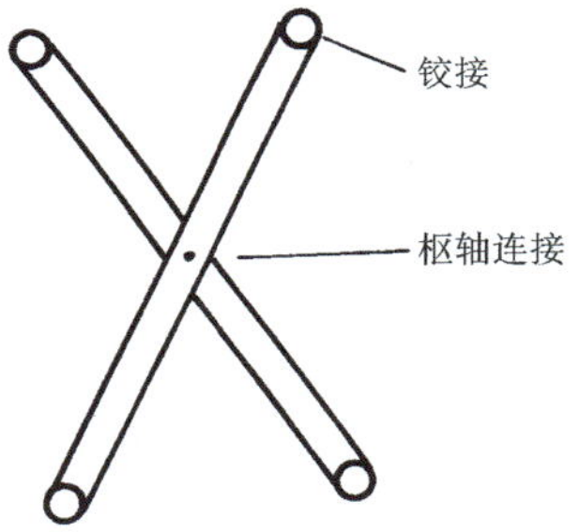

图 6.1.4　剪式单元

整体结构的形状完全由剪式单元的几何参数决定，即：①杆件长度；②枢轴连接点位置。F. Escrig 综合研究了剪式单元的各种组合，将其归纳为下列四种情况：

1）各杆长度相同，枢轴连接点位置在各杆中心点，展开后形状如图 6.1.5a 所示。

2）各杆长度相同，枢轴连接点位置不在杆件中心，展开后有曲率存在，如图 6.1.5b 所示。

3）各杆长度不同，枢轴连接点位置位于杆件中点，有两种可能情况：图 6.1.5c 所示为只有两种杆长；图 6.1.5d 所示为各杆件长度不等。

4）各杆长度、枢轴连接点位置不固定，展开后形状有多种可能情况，如图 6.1.5e、f 所示。

对上述四种情况，将剪式单元进行双向或多向连接（图 6.1.6），通过正交、斜交等多种连接方式可构成二维或三维可展开折叠结构体系，展开后结构形状可为平面或曲面（图 6.1.7）。图 6.1.8 所示为根据上述原则装配的球壳型可展开折叠结构。

在剪式单元的连接组合中，必须保证结构的可展开折叠性能。对任一彼此相连的剪式单元，应满足如下条件：两个单元由枢轴连接点至各自端部铰接点的长度之和必须相等，即应

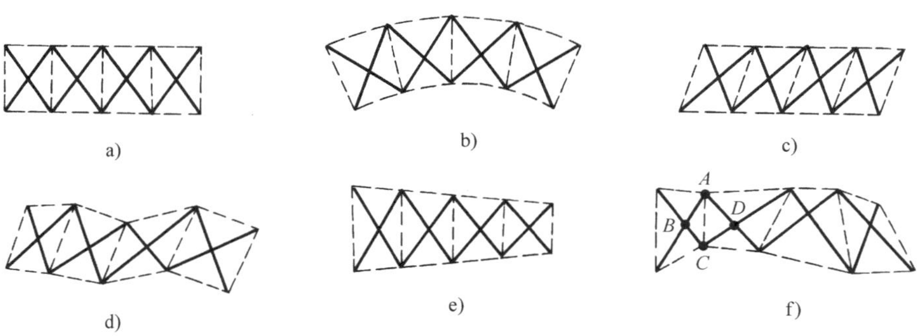

图 6.1.5　剪式单元的不同组合

满足（图 6.1.5f）：

$$AB + BC = AD + DC \quad (6.1.1)$$

对图 6.1.6a 所示的连接单元，展开折叠条件必须满足：

$$AC + BC = AD + BD = AE + BE = AF + BF \quad (6.1.2)$$

上述条件是可展开折叠的必要条件，但并不是充分条件，对于具体结构，还需根据结构形式附加其他一些几何限制条件。

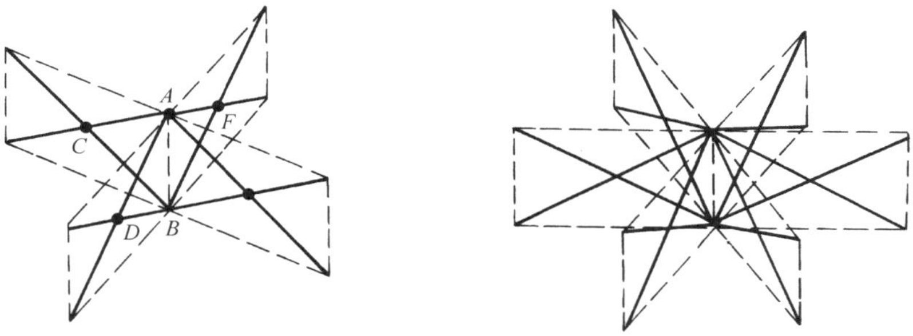

a) 剪式单元沿双向正交连接　　b) 剪式单元沿三向斜交连接

图 6.1.6　剪式单元沿不同方向的连接

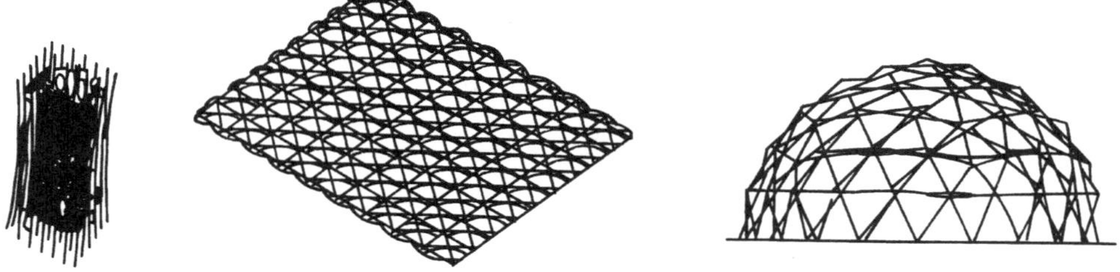

a) 折叠状态　　b) 展开状态(平板式)　　c) 展开状态(曲面式)

图 6.1.7　可展开折叠结构的状态

剪式单元中的剪杆不一定为直杆，在空间状态下也可为广义下的曲杆单元（图 6.1.9）。图 6.1.10 所示为由曲杆单元构成的某开合型游泳池罩篷。

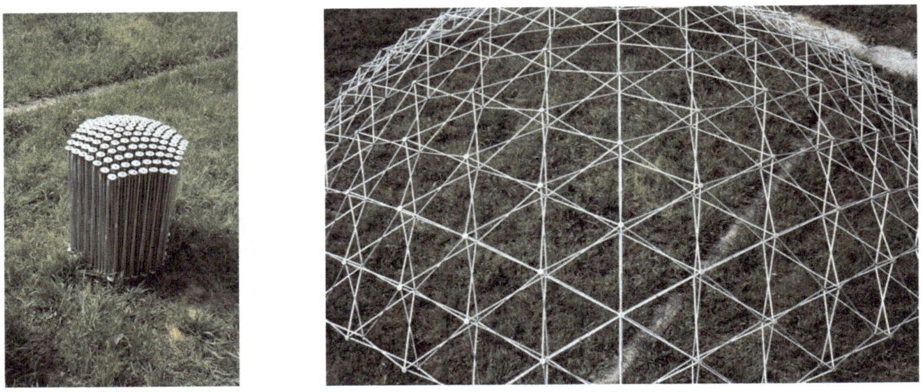

a) 折叠状态　　b) 展开状态

图 6.1.8　球壳型可展开折叠结构

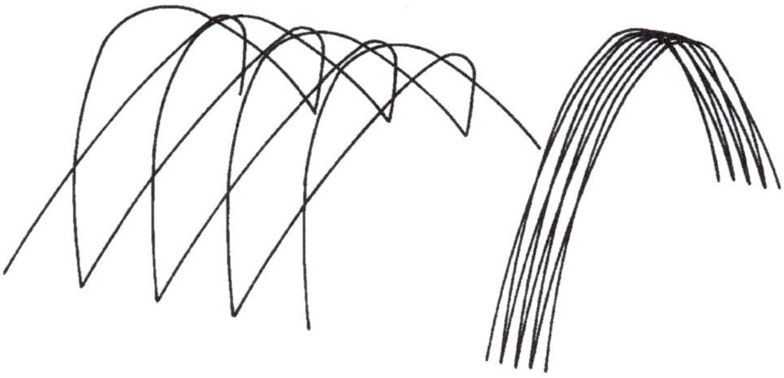

图 6.1.9　曲杆单元

a) 展开骨架　　b) 外加屋面状态

c) 收起状态　　d) 泳池内景

图 6.1.10　曲杆单元构成的游泳池罩篷

2. 外加锁式结构

外加锁式可展开折叠结构的基本概念可用图 6.1.11 所示的简例说明。图 6.1.11a 由剪式单元经连接形成，各杆两端铰接，中间枢轴连接，通过改变长度 L 或高度 H，可实现相应的折叠、展开过程。图 6.1.11a 所示为机构体，不能承受荷载，为使其具有承载能力，需附加约束，如图 6.1.11b 所示。将展开后需外加约束的结构称为外加锁式可展开折叠结构。

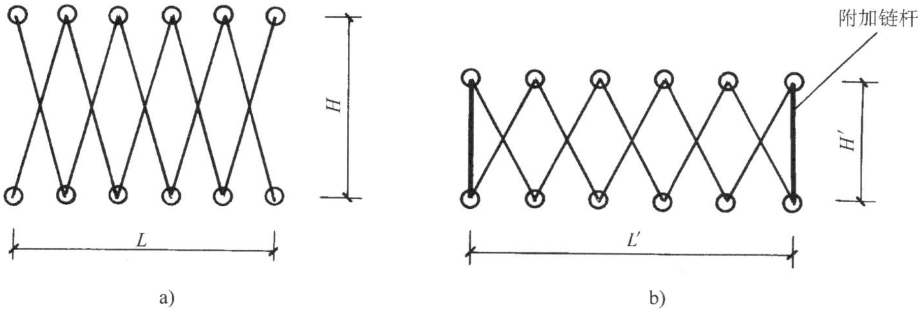

图 6.1.11　外加锁式结构示意

外加锁式结构在折叠展开过程中，杆件中不产生应力，展开后为一机构，因此需外加锁装置使其成为结构。最早由 E. P. Pinero 提出的可展开折叠结构体系即属于外加锁式结构。这类结构主要具有如下三方面优点：

1）跨度变化灵活，可根据实际需要满足不同跨度要求。由于附加链杆为后加约束，所以可将结构展开到所需跨度后再添加。因此，对同一种折叠结构，可展开到不同跨度使用。

2）施工极方便。由于结构的主体已在工厂预先装配完成，在使用时只需将折叠的捆状结构在现场展开，附加约束后即可使用。

3）重复使用性好。使用后将附加链杆拆除，然后折叠储存，即可备以后使用，并且在下次使用时又可根据新的跨度要求展开。

外加锁式结构展开后的屋面形状可通过剪式单元中杆件的长度和枢轴连接点的位置确定，需满足一定的可展开折叠条件。下面研究几种特定情况下的几何条件。为简单起见，只取单方向进行讨论。

情况一：平板形（图 6.1.12）

已知展开后跨度 L，厚度 H，剪式单元个数为 n，则满足可展开折叠的条件为：

1）各杆长度相等，杆长尺寸为

$$S=\sqrt{(L/n)^2+H^2} \tag{6.1.3}$$

2）枢轴连接点位于各杆中点。

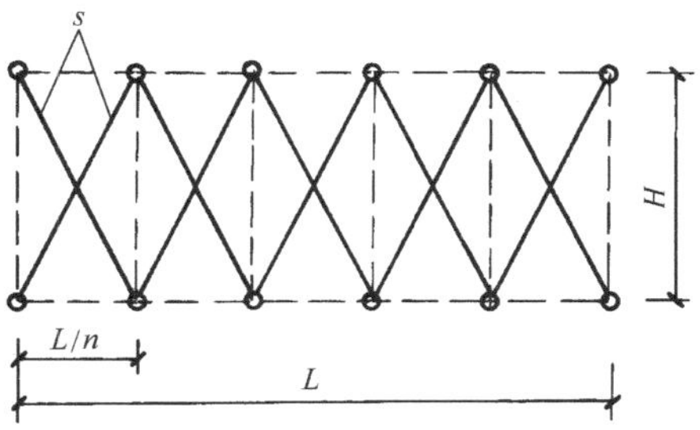

图 6.1.12　平板形

情况二：坡屋顶形（图 6.1.13）

已知展开后半跨尺寸 L，厚度 H，矢高 f，半边剪式单元个数 n，则满足可展开折叠的条件为：

1）各剪式单元等分，只有两种杆长存在：

长杆尺寸　$$S_1=\sqrt{(H+f/n)^2+(L/n)^2} \tag{6.1.4}$$

短杆尺寸 $$S_2 = \sqrt{(H - f/n)^2 + (L/n)^2} \tag{6.1.5}$$

2）枢轴连接点位于各杆中点。

情况三：圆柱面形（图6.1.14）

已知展开后跨度 L，厚度 H，矢高 f，剪式单元个数 n。由已知条件可求得：

内柱面半径 $$r = \frac{L^2 + 4f^2}{8f} \tag{6.1.6}$$

外柱面半径 $$R = H + r \tag{6.1.7}$$

圆心角 $$\theta = 4\arctan\ (2f/L) \tag{6.1.8}$$

每个剪式单元的圆心夹角

$$\alpha = \theta/n = (4/n)\ \arctan\ (2f/L) \tag{6.1.9}$$

由余弦定理，可求得各剪式单元杆长为

$$S = \sqrt{R^2 + r^2 - 2Rr\cos\alpha} = \sqrt{H^2 + 4Rr\sin^2(\alpha/2)} \tag{6.1.10}$$

枢轴连接点位置可由三角形相似关系求得

$$\frac{S'}{S''} = \frac{DO}{OA} = \frac{CD}{AB} = \frac{2R\sin(\alpha/2)}{2r\sin(\alpha/2)} = \frac{R}{r} \tag{6.1.11}$$

由此知，枢轴连接点位置不在杆件中点，被枢轴分开的两段杆长之比等于内外柱面的半径比，两段长度分别为

$$S' = \frac{R}{R+r}S;\ S'' = \frac{r}{R+r}S \tag{6.1.12}$$

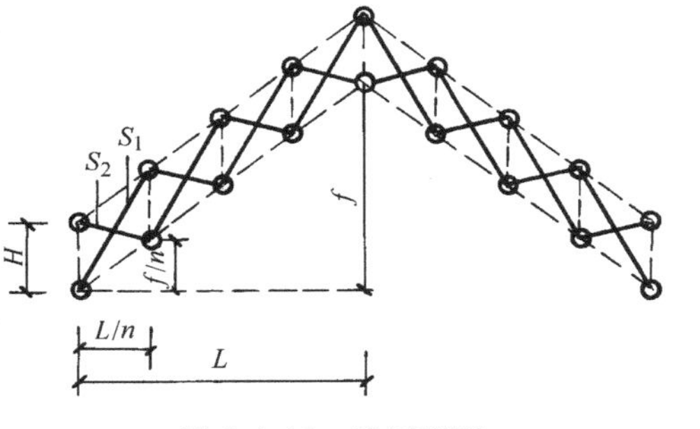

图6.1.13 坡屋顶形

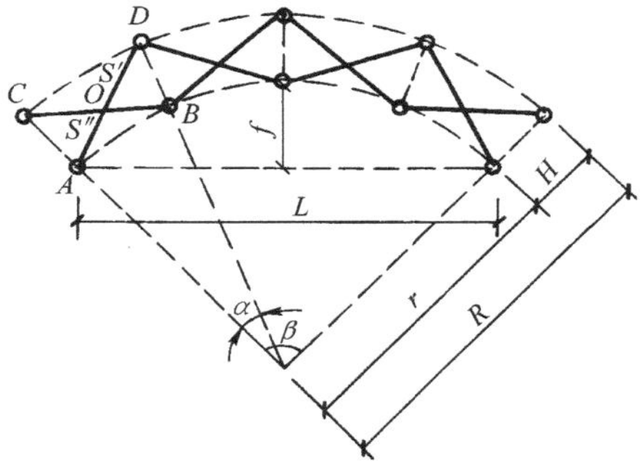

图6.1.14 圆柱面形

3. 自锁式结构

自锁式可展开折叠结构是英国 T. R. Zeigler 博士在20世纪70年代提出的一种结构形式，这种结构在折叠展开过程中杆件内将产生应力，部分杆件甚至发生明显的弯曲变形，但结构在完全展开和完全折叠状态时杆件内无应力。结构在完全展开时，属于自稳定体系，不需附加约束。

自锁式结构的构造与外加锁式结构基本相同，所不同的是自锁式结构中应用了特定的自锁式折叠单元。图6.1.15显示了自锁式折叠单元的展开过程。由图中可以看出，自锁式折叠单元不像普通折叠单元那样展开自如，它在展开过程中，杆件存在变形。通过设计自锁式折叠单元的几何尺寸，可以使自锁式折叠单元在完全折叠和完全展开状态时杆件内不存在变形，而在展开过程中杆件内存在变形，且变形大小处于可控制之中。图6.1.16所示为自锁

式折叠单元在展开过程中杆件的应力变化示意图，状态1为完全折叠状态，状态2为展开过程中杆件内应力最大阶段，状态3对应结构完全展开。

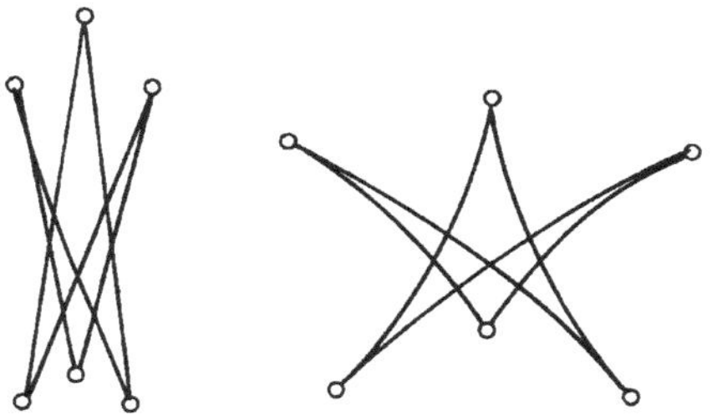

图6.1.15　自锁折叠单元的展开过程

自锁式结构只有在完全折叠及完全展开状态，杆件才处于零应力状态，在折叠展开过程中，杆件会产生不同程度的弯曲，完全展开后恢复到直杆状态，这类结构展开后不需外加约束，本身具有承载能力。R. C. Clarke 充分研究了自锁式结构的展开机理，将结构的基本组成归并为以一定方式相连的三剪杆元（Trissor），并指出形成自锁的原因主要由结构的几何条件决定。

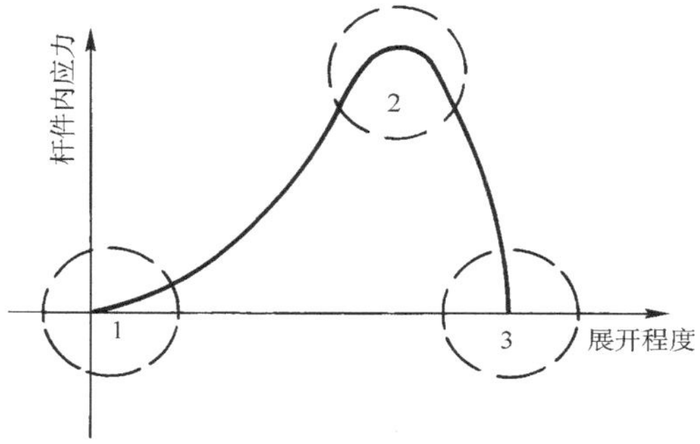

图6.1.16　自锁折叠单元展开过程中杆件应力变化

三剪杆元的基本组成如图6.1.17所示，它由三对剪式单元 $AB'-A'B$、$AC'-A'C$、$BC'-B'C$ 两两相连构成。为保证三剪杆元的可展开折叠条件，其杆件尺寸和中间铰点的位置必须满足如下关系：

$$\left.\begin{aligned}AR+A'R=AS+A'S\\BS+B'S=BT+B'T\\CT+C'T=CR+C'R\end{aligned}\right\}\tag{6.1.13}$$

由平面几何容易证明，满足式（6.1.13）的三剪杆元当展开至同一平面时，六根杆件共切于同一圆，如图6.1.18所示。应当指出，对图6.1.17所示的三剪杆元本身，当满足式（6.1.13）时，剪杆之间可自由折展，不会产生弯曲变形。

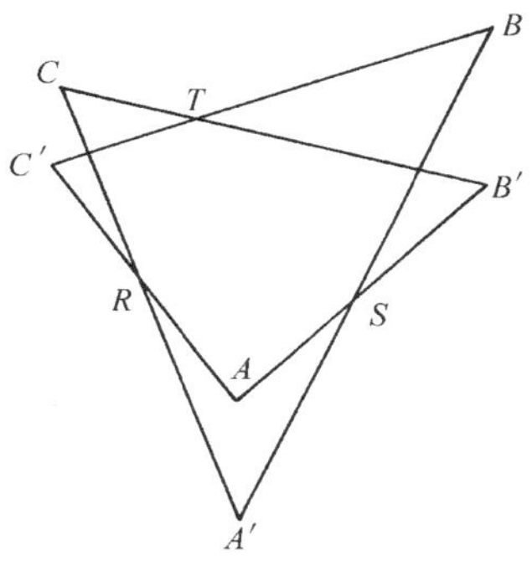

图6.1.17　三剪杆元

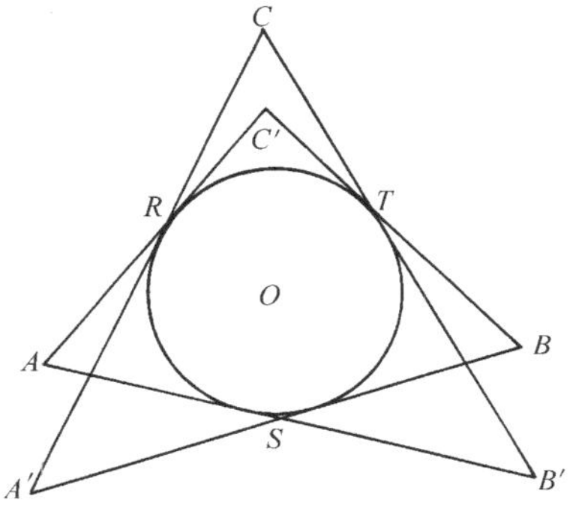

图6.1.18　三剪杆元展开后的几何关系

在可展开折叠结构的几何构形中，通常以三剪杆元构成的基本三角形为基础进行组合，形成不同平面形状的基本折叠单元，如三角形折叠单元、四边形折叠单元、五边形折叠单元、六边形折叠单元等，如图6.1.19所示。对上述基本折叠单元进一步扩充组合，进而可形成不同的可展开折叠结构。自锁式折叠单元就是在上述基本折叠单元基础上，通过调整每一单元内部铰点的位置获得的。

在图6.1.19中，每一个折叠单元由若干个三剪杆元组成，如三角形折叠单元中包含了三个三剪杆元，四边形折叠单元包含了四个三剪杆元等。将位于多边形四周上的剪杆称为外部剪杆，位于多边形内部的剪杆称为内部剪杆。在折叠单元的设计中，一般先确定外部剪杆的尺寸，然后根据式（6.1.13）及所包含的三剪杆元的几何性质确定内部剪杆尺寸。例如，对图6.1.20所示的球面四边形折叠单元，确定剪杆几何尺寸将用到下列条件：①剪杆端部铰节点连线AA'、BB'、CC'、DD'、OO'汇交于同一点O_1；②平面$ABCD$、$A'B'C'D'$相互平行且垂直于中轴线OO_1；③当折叠单元展开至同一平面时，由对称性，内部剪杆两杆件相互重合成一直线；④根据三剪杆元的几何性质，任一三剪杆元均有内切圆存在（图6.1.20b），且内切圆与内部剪杆的切点位置即为内部剪杆的铰点位置。按照上述条件及式（6.1.13），可确定出各剪杆尺寸及铰点位置，但由此获得的折叠单元仍可自由折展，在展开过程中，杆件不会产生应力，因此结构仍不能自锁。

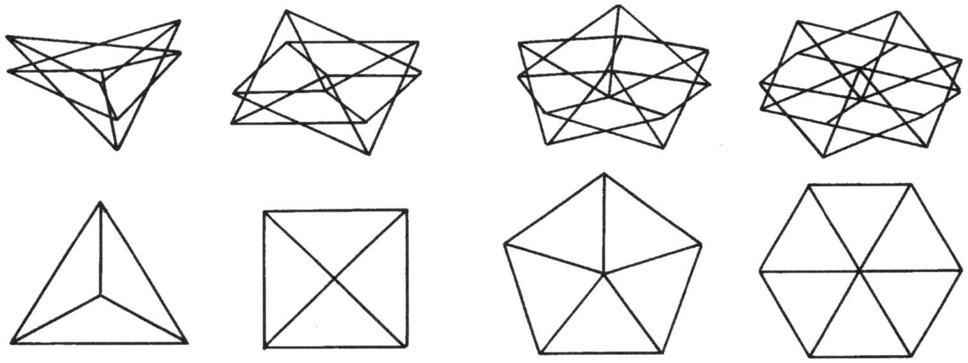

a) 三角形单元　b) 四边形单元　c) 五边形单元　d) 六边形单元

图6.1.19　由三剪杆元组合形成的不同折叠单元

为使折叠单元具有自锁能力，需在上述确定的几何条件基础上，调节内部剪杆单元中间铰点的位置，由此即可构造出具有自锁能力的折叠单元。在自锁式折叠单元中，每个三剪杆元均满足式（6.1.13），因此在完全折叠和展开状态，单元中杆件无内应力。但由于调节了内部剪杆单元的铰点位置，使其几何尺寸不能满足自由折展，因此自锁单元在折展过程中杆件内有应力产生。适当调整内部剪杆单元中间铰点的位置，可使杆件内的应力随结构逐步展开呈缓升陡降（snap－through）的变化趋势（图6.1.16）。由于内应力的存在，必须施加外力才能使自锁单元展开或折叠。由于使自锁单元展开或折叠的外力往往与实际承受的荷载作用方向相反，因此，当自锁单元展开后，在荷载作用下结构不会自动收拢。所以自锁单元不需要外加辅助支撑就具有一定的承载力，这种特性称为自支撑性。具有自支撑性的自锁单元是构造自锁式可展开折叠结构的基本单元。

需要指出，自锁单元的设计是该类结构设计过程的重要组成部分，它与杆件材料、铰点、节点构造、结构大小密切相关。设计的一般过程为：根据杆件材料力学性能及节点构

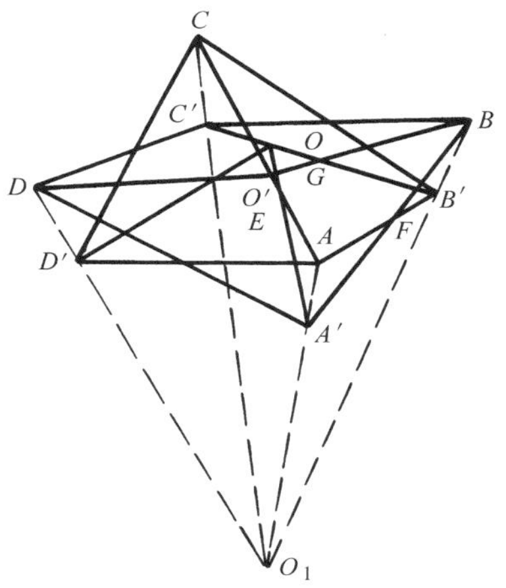

a) 轴测图

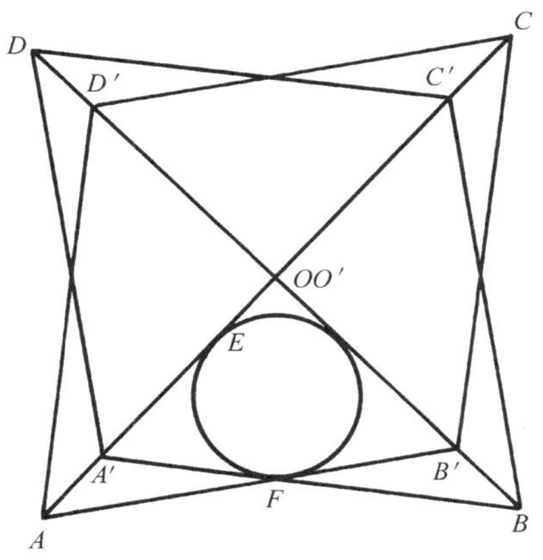

b) 水平投影图

图 6. 1. 20　四边形折叠单元（球面）

造，建立数学模型，编制计算程序，然后在自由折展的几何尺寸基础上，调节内部剪杆中间铰点位置，反复试算，使结构在折展过程中的杆件内应力保持在适当水平。

由此可知，自锁结构形成自锁的原因主要由结构的几何条件决定。结构只有在完全展开或完全折叠状态才与结构的几何状态相适应，杆件应力为零。在展开或折叠过程中各杆件发生暂时的几何不相容而产生弯曲应力，到展开状态时各杆件重新达到几何相容而锁定结构。在结构设计时，应控制杆件的弯曲程度，使其不能太大或太小，如果过大则结构难以展开，同时杆件的弯曲应力可能超过设计强度或达到材料屈服强度，过小则结构的自锁性能差，受荷范围小，并且不能充分发挥杆件的强度。

自锁式结构及外加锁式结构在实际应用中应根据各自特点进行选型。自锁式结构展开方便，不需人为加约束，施工速度快，但对结构的几何构型要求高，对几何条件限制较严，且承受荷载能力差，因此不宜在大跨度结构中实现，适用于较小结构，如航空航天工业中的空间工作站、折叠式天线、雷达接收器等。外加锁式结构可用于较大跨度结构，但展开后需外加锁装置，架设临时支承，对施工有一定要求，且外加锁装置可能影响结构的刚度及稳定性。自锁式及外加锁式结构均有待于进一步研究发展，同时应寻求其他便于应用的更好的结构形式。

6. 1. 3　可展开折叠结构的力学分析

可展开折叠结构的分析主要分为两个方面：第一，展开过程中的形态分析；第二，展开完成后杆件的内力分析。M. Kawaguchi 等人利用广义逆矩阵理论及广义增量法等数学方法描述结构从折叠状态到展开状态的最优移行过程，给出了展开过程的形态分析方法。W. Shan 利用 Formex 代数分别对自锁式及外加锁式结构的几何构型进行了研究，给出了相应的 Formex 代数表达式，从而为利用计算机分析创造了条件。

对杆件的内力分析可采用有限元分析方法，但应注意可展开折叠结构中的杆件不同于一般杆系结构，每杆有三个节点，可看做是一个三节点梁式杆单元。各杆内力除轴力外，还有弯矩和剪力存在。

为利用有限元法对结构进行内力分析，需要首先建立三节点杆的单元刚度矩阵。图

6.1.21 所示为由剪式单元隔离出的三节点杆的受力情况，XYZ 代表整体坐标系，$X'Y'Z'$代表局部坐标系，且 X'轴沿杆轴线方向。每个节点有三个外力分量 F'_{ix}、F'_{iy}、F'_{iz}，对应三个节点线位移分量 u'_i、v'_i、w'_i，其中 i 代表节点号（$i=1$，2，3）。将节点力及位移表达为向量形式：

$$\boldsymbol{F}'=(F'_{1x}\quad F'_{1y}\quad F'_{1z}\quad F'_{2x}\quad F'_{2y}\quad F'_{2z}\quad F'_{3x}\quad F'_{3y}\quad F'_{3z})^{\mathrm{T}} \tag{6.1.14}$$

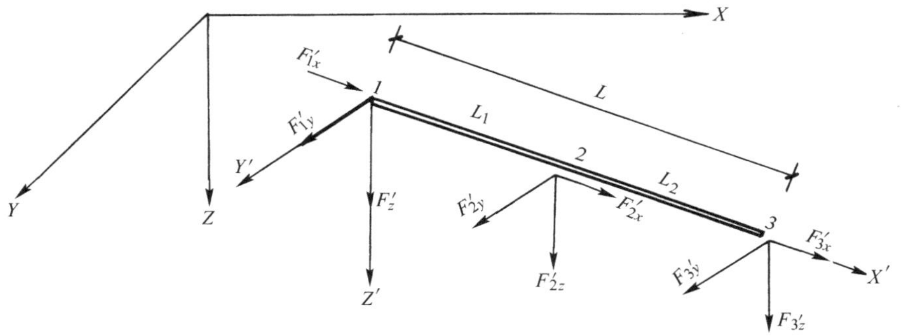

图 6.1.21　三节点梁式杆单元受力分析

$$\boldsymbol{\delta}=(u'_1\quad v'_1\quad w'_1\quad u'_2\quad v'_2\quad w'_2\quad u'_3\quad v'_3\quad w'_3)^{\mathrm{T}} \tag{6.1.15}$$

则有

$$\boldsymbol{F}'=\boldsymbol{k}\boldsymbol{\delta} \tag{6.1.16}$$

式中　$\boldsymbol{k}$——局部坐标系下的单元刚度矩阵，它为 9×9 阶矩阵。

单元刚度矩阵 $\boldsymbol{k}$ 中的任一元素 k_{ij}的物理含义可表述为：当节点位移向量中第 j 分量发生单位位移时，引起的节点力向量中第 i 分量的值。因此，$\boldsymbol{k}$ 中的元素可由结构力学中的单位位移法求得。经过推导，可求得局部坐标系下单元刚度矩阵为

$$\boldsymbol{k}=\begin{pmatrix}
\frac{EA}{L_1} & & & & & & & & \\
0 & \frac{3EI_z}{L_1^2L} & & & & \text{对} & & & \\
0 & 0 & \frac{3EI_y}{L_1^2L} & & & & & \text{称} & \\
-\frac{EA}{L_1} & 0 & 0 & \frac{EAL}{L_1L_2} & & & & & \\
0 & -\frac{3EI_z}{L_1^2L_2} & 0 & 0 & \frac{3EI_zL}{L_1^2L_2^2} & & & & \\
0 & 0 & -\frac{3EI_y}{L_1^2L_2} & 0 & 0 & \frac{3EI_yL}{L_1^2L_2^2} & & & \\
0 & 0 & 0 & -\frac{EA}{L_2} & 0 & 0 & \frac{EA}{L_2} & & \\
0 & \frac{3EI_z}{L_1L_2L} & 0 & 0 & -\frac{3EI_z}{L_1L_2^2} & 0 & 0 & \frac{3EI_z}{L_2^2L} & \\
0 & 0 & \frac{3EI_y}{L_1L_2L} & 0 & 0 & -\frac{3EI_y}{L_1L_2^2} & 0 & 0 & \frac{3EI_y}{L_2^2L}
\end{pmatrix} \tag{6.1.17}$$

式中 E——杆件材料的弹性模量；

A——杆件截面积；

I_y、I_z——杆件绕 Y' 轴和 Z' 轴的惯性矩；

L——总杆长；

L_1、L_2——被枢轴点分开的两段杆长。

整体坐标系下的单元刚度矩阵 $\boldsymbol{K}$ 可通过坐标变换求得

$$\boldsymbol{K}=\boldsymbol{T}^{\mathrm{T}}\boldsymbol{k}\boldsymbol{T} \tag{6.1.18}$$

式中 $\boldsymbol{T}$——坐标变换矩阵。

求得三节点杆的单元刚度矩阵后，即可按照有限元方法编制计算机程序，实现对结构的内力及位移分析。

6.1.4 可展开折叠结构的节点构造

节点是可展开折叠结构的重要组成部分，它直接决定结构的展开折叠能力和承载能力。可展开折叠结构的节点设计应符合如下要求：①具有良好的转动能力，保证杆件在展开过程中运动自如，杆件与节点连接处无较大摩擦和弯曲变形；②在结构收纳状态时能保证杆件成紧密捆状，以便储存；③具有可靠的承载能力，保证足够的强度来承受杆件传来的拉压及局部弯、剪、扭、挤压等各种作用；④保证结构的几何不变性和整体稳定性，同时要满足构造上一些特殊要求。

对于自锁式结构，目前应用比较普遍的是毂节点，节点材料可用金属或高分子材料，毂节点与杆件的连接示意图如图 6.1.22 所示。对于外加锁式结构，由于一般用于较大跨度，杆件横截面尺寸较大，剪式单元经中间枢轴连接后使两杆件产生错位，不在同一平面。因此，节点设计中应考虑杆件的错位情况。图 6.1.23 给出了一些可用于双向正交连接的节点形式，部分节点与杆件的连接构造如图 6.1.24 所示。

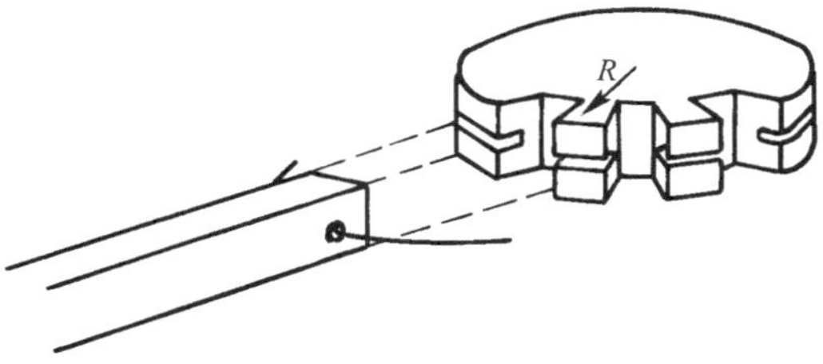

图 6.1.22 毂节点与杆件连接示意图

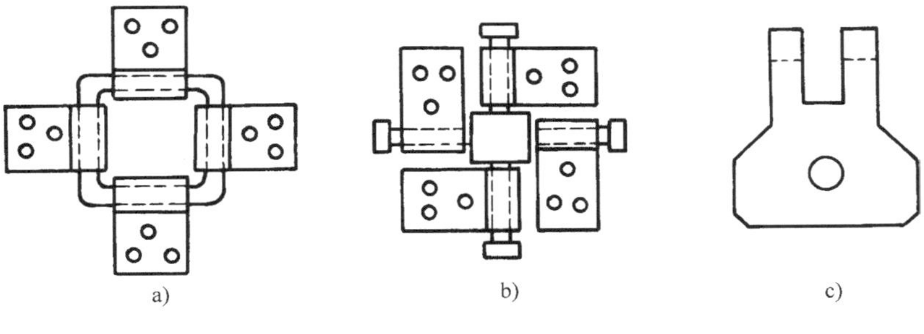

图 6.1.23 节点示意图

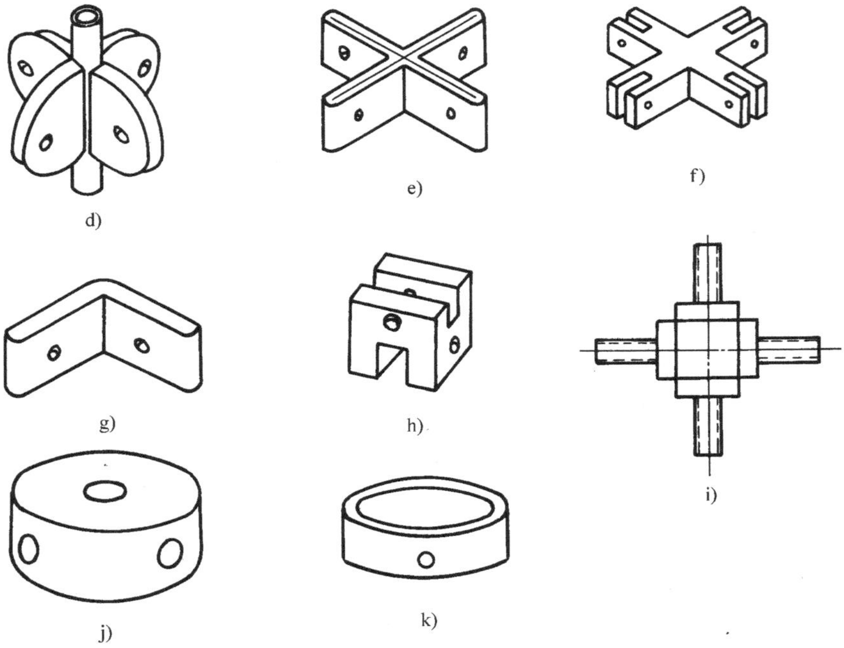

图 6.1.23 节点示意图（续）

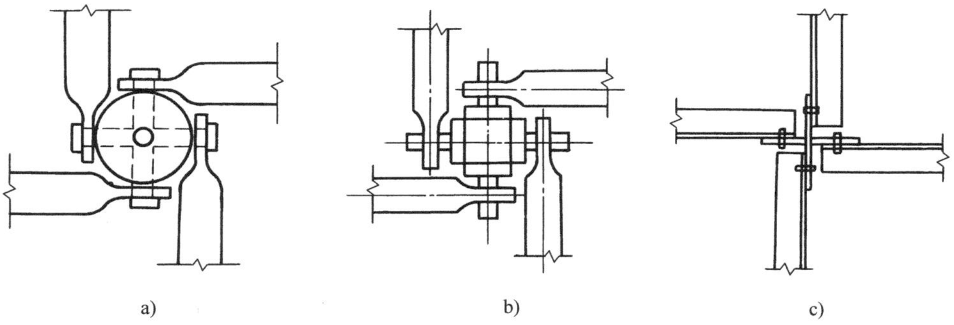

图 6.1.24 杆件与节点连接示意

6.2 开合屋盖

6.2.1 概述

开合屋盖结构（Retractable Roof Structure）是一种根据使用需求可使部分或全部屋盖结构开合移动的结构形式，它使建筑物在屋顶开启和关闭两个状态下都可以正常使用。据统计，从20世纪60年代至今世界上已建成200余座开合屋盖结构，主要用于体育比赛场馆，这些开合结构大部分为中小型建筑。

开合结构的出现，实现了“晴天在室外，雨天在室内”的梦想，让人们“从打开的屋顶望到黑色的夜空”，有“科幻电影”的感觉。据有关资料记载，早在公元1世纪，古罗马就有了开合结构——罗马柯罗席姆比赛场。而现代意义的开合结构的发展是从20世纪60年代开始的。1954年，德国Frei Otto领导的一个工作小组，开创性地研究和发展了开合膜结构，利用此技术建成了许多这种类型的建筑物。1965年欧洲建筑师R. Taillibert和德国斯图加特大学IL先生合作开发了薄膜结构屋盖的开闭标准，利用这个标准建成了很多游泳馆、滑冰场等中小型规模的开合式屋盖结构。20世纪80年代以前的开合屋盖结构主要以膜结构的褶皱形式开合为主，并以中小规模居多。最大规模的建筑是加拿大蒙特利尔奥林匹克运动场（1976年完成主体结构，但由于经济原因开合屋面结构到1987年才建成），屋盖采用了上下折叠的开合方式，开口部位长径180m、短径120m、面积18500m^2，呈椭圆形。由于屋盖开启以膜屋面材料褶皱形式实现，这种开启方式存在内在缺陷，在使用中常受风雨等影响使开合运行出现故障或膜材料被撕裂。进入20世纪80年代，随着国家经济实力的增强，建筑技术水平的提高，建设大型开合结构已成为可能。在此期间，采用拱形钢结构、拱壳、部分球壳或平板网架等刚性钢结构作为受力支承结构的开合屋盖建筑得以迅速发展，其屋面材料多采用膜材料、金属板及其他轻质材料。屋盖系统分成若干个单元片，通过单元片的移动、转动，使各片之间相互搭接、叠放来实现屋盖的开合，其代表性的建筑有：加拿大多伦多天空穹顶体育场（Sky Dome，1989年）、日本福冈体育场（Fukuoka dome，1993年）、日本海洋穹顶（Ocean Dome，1993年）、日本小松穹顶（Komatsu Dome，1997年），以及日本为2002年世界杯足球赛建造的大分县体育场（Ohita Dome，2001年）等。表6.2.1列出了世界上已建成的典型开合屋盖建筑。到目前为止，世界上面积超过10000 m^2的大型开合屋盖结构已超过10座。这些体育场的建造代表了开合屋盖建筑的最新水平。

表6.2.1 世界上已建成的典型开合屋盖建筑

名 称	国家	建成时间	概 要
匹兹堡市民运动场 (Pittsburgh Civic Arena)	美国	1961	屋盖结构：钢网架 屋面材料：不锈钢板 开合体系：叠合旋转屋盖单元 关闭时间：2.5min 规模：直径127m，高度53m，屋盖面积12500m^2
Bad Hersfeld露天剧场 (Bad Hersfeld Open Air Theater)	德国	1966	屋盖结构：膜结构 屋面材料：聚氯乙烯涂层玻璃纤维膜材 开合体系：向中心集拢的膜结构 关闭时间：4min 规模：直径45m×37m，桅杆高度32m；膜屋面开合面积1315m^2
Blvd. Carnot游泳馆 (Blvd. Carnot Swimming Pool)	法国	1967	屋盖结构：膜结构 屋面材料：聚氯乙烯涂层玻璃纤维膜材 开合体系：折叠系统 关闭时间：约12min 规模：屋盖平面62m×32m；高度16m（桅杆高），屋盖覆盖面积1800m^2

（续）

名　称	国家	建成时间	概　要
Conflans St. Honorine 溜冰场（Conflans St. Honorine Ice Rink）	法国	1971	屋盖结构：膜结构 屋面材料：聚氯乙烯涂层玻璃纤维膜材 开合体系：折叠膜结构 关闭时间：约 10min 规模：90m × 50m，高度 22m（桅杆高）；膜屋面开合面积 $3300m^2$
Regensburg 游泳馆（Regensburg Swimming Pool）	德国	1972	屋盖结构：膜结构 屋面材料：聚氯乙烯涂层玻璃纤维膜材 开合体系：折叠膜系统，集束于桅杆处 关闭时间：15min 规模：70m×40m，高度 37m（桅杆高）；开合屋盖面积 $2300m^2$
蒙特利尔奥林匹克体育场（Montreal Olympic Stadium）	加拿大	1987	屋盖结构：膜结构 屋面材料：聚氯乙烯涂层玻璃纤维膜材 开合体系：向中间集束的膜结构 关闭时间：约 45min 规模：305m×260m（椭圆形）；高度 53m（屋盖），168m（桅杆高）；膜屋盖面积 $18500m^2$
澳大利亚国家网球中心（National Tennis Center）	澳大利亚	1988	屋盖结构：钢网格 屋面材料：金属板 开合体系：叠合开合屋盖单元（平行移动） 关闭时间：约 23min 规模：屋盖平面 127m×110m，高度 21m；开合 73m×61m
萨拉格萨运动场（Zaragoza Arena）	西班牙	1988	固定屋面材料：聚氯乙烯涂层玻璃纤维膜材 开合屋面材料：聚氯乙烯涂层玻璃纤维膜材 开合体系：带有受压环的轮辐系统 规模：屋盖直径 82.7m；开合屋盖直径 36m
天空穹顶（Sky Dome）	加拿大	1989	屋盖结构：钢网格 屋面材料：装饰板＋绝缘材料＋PVC 板 开合体系：叠合旋转屋盖单元（旋转单元） 关闭时间：约 20min 规模：直径 208m，高度 86m；开合面积 $31525m^2$
Mukogawa Gakuin 中学游泳馆（Mukogawa Gakuin High School）	日本	1991	屋盖结构：钢网格 屋面材料：聚氯乙烯涂层玻璃纤维膜材 开合体系：叠合旋转屋盖单元 关闭时间：5min 规模：屋盖平面 46m×46m，屋盖面积 $2237m^2$
球穹顶（Ball Dome）	日本	1991	屋盖结构：钢网格 屋面材料：聚四氟乙烯涂层玻璃纤维膜材 开合体系：叠合屋面单元（旋转和平行移动组合方式） 关闭时间：约 15min 规模：屋盖直径 38m，高度 16.9m，屋盖面积 $1134m^2$

（续）

名　称	国家	建成时间	概　要
Ariake 体育场 （Ariake Coliscun）	日本	1991	屋盖结构：钢网格 屋面材料：金属板 开合体系：叠合开合屋盖单元（平行移动） 关闭时间：约 17. 5min 规模：屋盖平面 125m×136m，高度 40. 1m，屋盖面积 $24814m^2$
Yokote 穹顶剧场	日本	1993	屋盖结构：钢网格 屋面材料：带氟树脂涂层的金属板 开合体系：叠合旋转屋盖单元 关闭时间：10min 规模：直径 68m，开合面积 $1072m^2$
福冈穹顶 （Fukuoka Dome）	日本	1993	屋盖结构：钢网架 屋面材料：钛板 开合体系：叠合旋转屋盖单元 关闭时间：20min 规模：直径 218m，高度 84m
Kyoto 市政游泳馆 （Kyoto Municipal）	日本	1993	屋盖结构：钢网格 屋面材料：聚四氟乙烯涂层玻璃纤维膜材 开合体系：叠合旋转屋盖单元 关闭时间：10min 规模：直径 68m，开合面积 $1072m^2$
海洋穹顶 （Ocean Dome）	日本	1993	屋盖结构：钢网格 屋面材料：钛板+聚四氟乙烯涂层玻璃纤维膜材 开合体系：叠合开合屋盖单元（平行移动） 关闭时间：约 10min 规模：平面 $35185m^2$，高度 38m
花卉中心 （Flower Center）	日本	1994	屋盖结构：钢网格 屋面材料：聚四氟乙烯涂层玻璃纤维膜材 开合体系：绕枢轴转动系统 关闭时间：约 15min 规模：直径 48m，屋盖高度 40m；膜屋面开合面积 $1330m^2$
Gerry Weber 网球场 （Gerry Weber Tennis Stadium）	德国	1995	屋盖结构：膜结构 屋面材料：聚氯乙烯涂层玻璃纤维膜材 开合体系：叠合开合屋盖单元（平行移动） 关闭时间：15min 规模：96m×84m，屋顶高度 20. 5m

（续）

名　称	国家	建成时间	概　要
阿姆斯特丹体育场（Amsterdam Arena）	荷兰	1996	屋盖结构：钢网格 屋面材料：半透明塑料板＋隔热材料＋铝板 开合体系：叠合开合屋盖单元（在弧形拱架上平行移动） 关闭时间：约30min 规模：屋盖平面180m×250m，高度75m；开合屋盖面积7000m^2
小松穹顶（Komatsu Dome）	日本	1997	屋盖结构：钢网格 屋面材料：聚四氟乙烯涂层玻璃纤维膜材 开合体系：叠合开合屋盖单元（在弧形拱架上平行移动） 关闭时间：约10min 规模：屋盖平面19100m^2，高度65m；开合屋盖面积3750m^2
Shin－Amagi 穹顶	日本	1997	屋盖结构：钢网格 屋面材料：聚四氟乙烯涂层玻璃纤维膜材 开合体系：叠合屋盖单元（在弧形拱架上平行移动） 关闭时间：约10min 规模：建筑面积7523m^2；开合面积3600m^2，高度24m
Tajima 穹顶	日本	1998	屋盖结构：钢网格 屋面材料：带玻璃纤维涂层的PTFE膜材料 开合体系：绕枢轴旋转的开合屋盖单元 关闭时间：15 min 规模：最大跨度150m，高度59m，建筑面积19706m^2；开合面积4700m^2
亚利桑那州菲尼克斯棒球场（Bank One Ballpark）	美国	1998	屋盖结构：钢网格 屋面材料：金属板 开合体系：叠放屋盖单元（平行移动） 关闭时间：5min 规模：228m×228m，高度67m；席座48000；开合面积21000m^2
西雅图新太平洋西北棒球场（New Pacific Northwest Baseball Park）	美国	1999	开合体系：叠放屋盖单元（平行移动） 关闭时间：约20 min 规模：跨度200m，长180m，屋盖面积40470m^2；席座47000
仙台穹顶（Sendai Dome）	日本	2000	屋盖结构：钢网架 屋面材料：带玻璃纤维涂层的PTFE膜材料 开合体系：叠合旋转屋盖单元 关闭时间：18min 规模：直径137m，高度58m，建筑面积19520m^2；开合面积6900m^2

（续）

名　称	国家	建成时间	概　要
休斯敦 Enron Field 棒球场（Houston Enron Field Ballpark）	美国	2000	开合体系：叠放扇形屋盖单元（平行移动） 关闭时间：约 20min 规模：席座 42000；场地左侧 96m，中间 114m，场地右侧 99m
澳大利亚墨尔本市民体育场（Melbourne Colonial Stadium）	澳大利亚	2000	开合体系：叠放屋盖单元（平行移动） 规模：体育场椭圆平面 245m×215m；打开的屋顶大小 165m×100m；席座 53000（椭圆形），49000（矩形）
大分穹顶（Ohita Dome）	日本	2001	屋盖结构：钢网格 屋面材料：钛板＋聚四氟乙烯涂层玻璃纤维膜材 开合体系：叠合开合屋盖单元（在弧形拱架上平行移动） 关闭时间：约 15 min 规模：直径 274m，高度 66.6m；开合屋盖面积 20000m^2
Tsugaru 穹顶	日本	2001	屋盖结构：钢网格 屋面材料：带玻璃纤维涂层的 PTFE 膜材料 开合体系：绕枢轴转动屋盖单元 关闭时间：15min 规模：112.6m×134.6m，高度 42.2m
丰田体育场（Toyota Stadium）	日本	2001	屋盖结构：悬挂式屋顶 屋面材料：PVC 聚酯纤维 开合体系：充气可折叠式移动 关闭时间：50min 规模：直径 223.6m，桅杆高 92.7m，屋顶高 68.6m，建筑面积 40734m^2；屋顶面积 28500m^2；座位 45700
米勒棒球场（Miller Park）	美国	2001	屋盖结构：钢网格 屋面材料：聚四氟乙烯涂层玻璃纤维膜材 开合体系：叠放扇形屋盖单元（旋转移动） 关闭时间：约 10min 规模：扇形平面的直线边长 180m
Misaki 体育场（Misaki Park Stadium）	日本	2003	屋盖结构：钢网格 屋面材料：金属板 开合体系：叠合开合屋盖单元（平行移动） 规模：187m×175m，高度 45m，建筑面积 31706m^2，座位 35000

6.2.2 屋盖的开合方式

屋盖的开合方式是开合屋盖设计的重要内容，开合方式直接决定着建筑功能的实现、结构形式与体系的确定、屋面系统的设计、机械传力系统等多个方面。根据屋面的运动方式，开合屋盖可主要分为平行移动式、绕轴转动式、折叠方式和组合方式四种类型。平行移动式又可分为水平移动和空间移动两种，绕轴转动式又可分为绕竖直轴转动和绕水平轴转动两种，如图 6.2.1 所示。

- 屋盖的开合方式
  - 平行移动式
    - 水平移动
    - 空间移动
  - 绕轴转动式
    - 绕竖直轴转动
    - 绕水平轴转动
  - 折叠方式
  - 组合方式

图 6.2.1 屋盖的开合方式

1. 水平平行移动方式

通过平行移动，叠放屋盖单元的形式打开屋盖。屋盖分为固定不动的结构单元和可以移动的结构单元。典型工程有美国休斯敦 Enron Field 棒球场（图 6.2.2）、日本 Ariake 体育场（图 6.2.3）、日本海洋穹顶（图 6.2.4）。

海洋穹顶的开合屋盖系统由四块各自独立的拱形大板组成，该大板由跨度约为 100m 的拱形桁架构成。在开启时，中央两块大板分别向外侧作平行移动，并与其相邻的大板重叠，然后两块重叠的大板一起移至开启的终点位置，即两端部固定屋盖的上方。海洋穹顶的屋盖单元划分如图 6.2.4c 所示。

图 6.2.2 美国休斯敦 Enron Field 棒球场

图 6.2.3 日本 Ariake 体育场

a) 闭合状态

b) 开启状态

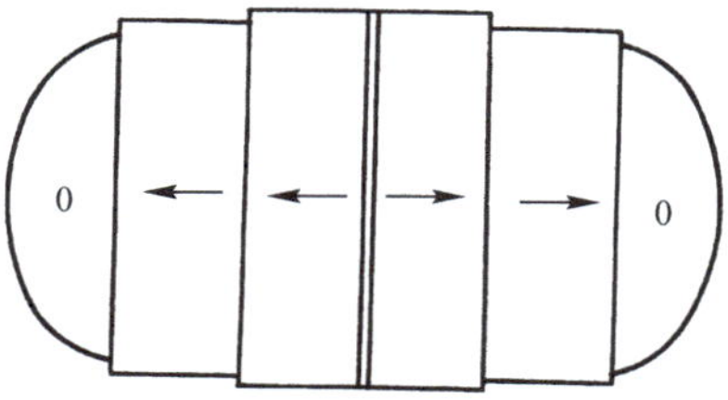

c) 屋盖单元划分

图 6.2.4 日本海洋穹顶

2005年建成的浙江黄龙体育中心网球中心比赛馆屋盖为39m半径的球形，间距24m的两个落地拱跨度为94.5m，固定屋盖采用拱支单层网壳结构，可动屋盖为单层网壳，可沿大拱上的水平桁架向两边滑动，属于水平平行移动方式，完全打开的水平投影面积为24m×35m，开启时间15min，如图6.2.5所示。

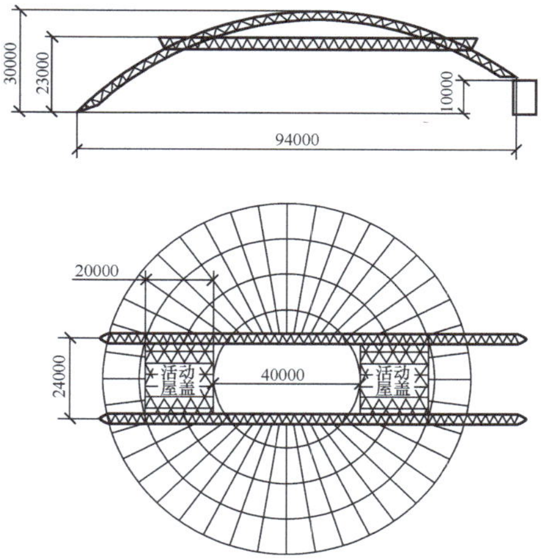

图6.2.5　浙江黄龙体育中心网球中心比赛馆

2. 空间平行移动方式

通过沿空间轨道移动/叠放屋盖开合单元，达到打开屋面的开合方式。屋盖分为固定不动的结构单元和可以移动的结构单元。典型工程有日本大分穹顶（图1.2.54、图6.2.6）、日本小松穹顶（图6.2.7）、荷兰阿姆斯特丹体育场（图6.2.8）。

a) 闭合状态

b) 开启状态

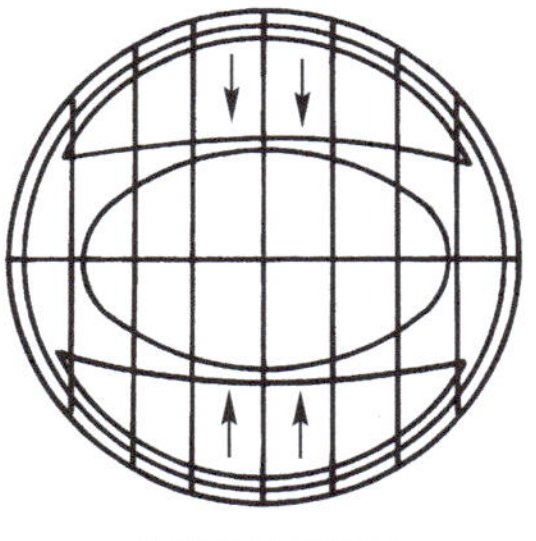

c) 屋盖单元划分

图6.2.6　日本大分穹顶（Ohita Dome）

a) 闭合状态

b) 开启状态

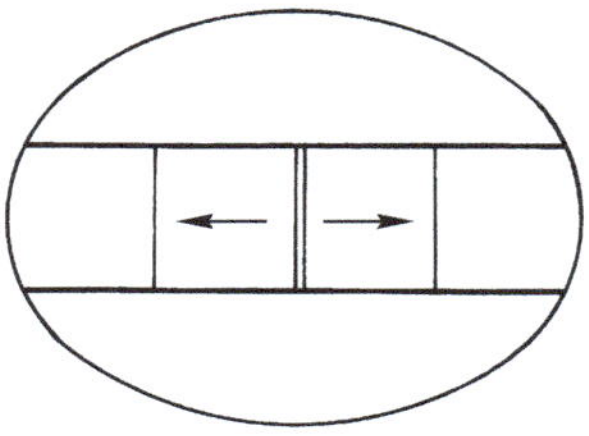

c) 屋盖单元划分

图 6.2.7 日本小松穹顶（Komatsu Dome）

a) 闭合状态

b) 开启状态

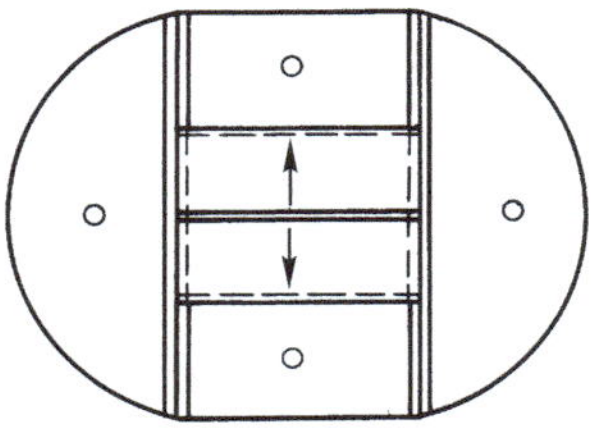

c) 屋盖单元划分

图 6.2.8 荷兰阿姆斯特丹体育场（Amsterdam Arena）

大分穹顶是日本为2002年世界杯足球赛建造的，直径达274m，它是空间移动方式中移动屋盖单元片最大的一个，也是现代开合屋盖建筑中利用刚性屋盖单元实现开合的最大规模建筑。

2006年建成的南通体育会展中心体育场与大分穹顶相似（图6.2.9），采用空间平行移动方式，但结构有所改进。固定屋盖位于半径204m的球面上，采用拱支单层网壳结构，落地拱跨度达278m，高55m。移动屋盖位于半径206.8m的球面上，采用周边加强的单层网壳，单个重1000t。可沿拱轴方向移动120m。用44部具有垂直和液压浮动调节功能的台车作为移动屋盖的支承，较好地解决了由于结构变形可能引起的移动屋盖与固定屋盖的适配性问题，是世界上第一例使用液压技术的开合屋盖。

图 6.2.9　南通体育会展中心体育场

3. 绕竖直轴转动方式

屋盖单元绕某一竖轴旋转移动/叠放的形式打开屋盖。屋盖分为固定不动的结构单元和可以移动的结构单元。典型工程有美国匹兹堡市民运动场（图 6.2.10）、日本福冈体育场（图 1.2.53、图 6.2.11）。

a) 闭合状态

b) 开启状态

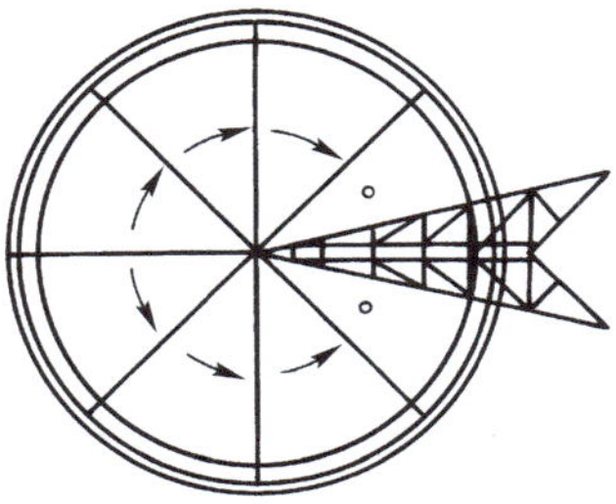

c) 屋盖单元划分

图 6.2.10　美国匹兹堡市民运动场（Pittsburgh Civic Arena）

当今世界上建成的绕竖直轴转动规模及跨度最大的开合结构是跨度（直径）222m 的日本福冈体育馆，该馆于 1993 年 3 月建成，建筑面积 72740m^2，是 1995 年在福冈举行的世界大学生运动会的主会场。福冈穹顶是一座圆形建筑物，屋盖由三大片钢网壳组成，最下一片固定，中间及上面两片可沿着外侧圆形轨道移动，其开合方式为回转重叠式，全部开启后可呈 125°的扇形开口，屋盖单元的划分如图 6.2.11c 所示。

a) 闭合状态

b) 开启状态

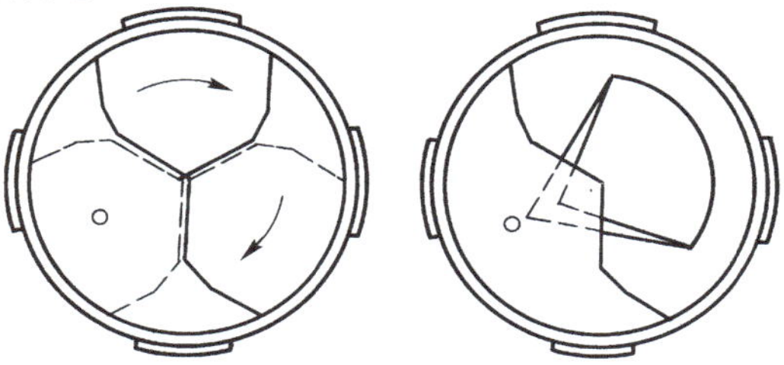

c) 屋盖单元划分

图 6.2.11 日本福冈体育场（Fukuoka Dome）

2005 年建成的上海旗忠森林体育城网球中心是上海国际网球大师杯赛的主场，总建筑面积 38000m^2，屋盖水平投影面积 16300m^2，屋盖檐口高度 34.8m，可容纳 1.5 万名观众。倒锥状环向钢筋混凝土结构体系上设直径 123m、24m 宽、7m 高的 W 形钢管相贯焊接的空间环梁。花瓣形的八片移动屋盖由钢管相贯焊接，径向长度 72m、宽 48m，向内悬挑长度 61.5m，通过一个竖向转轴，三根同心轨道支承在 W 形环梁上，可平面旋转 45 度开启（图 6.2.12）。

图 6.2.12 上海旗忠森林体育城网球中心

4. 绕水平轴转动方式

屋盖单元绕某一水平轴转动以打开屋面，如德国为2000年世博会建的Venezuelan Pavilion博览中心（图6.2.13）。

a) 闭合状态

b) 开启状态

图6.2.13　德国Venezuelan Pavilion博览中心

5. 折叠方式

利用各种形式的折叠或褶皱使屋面折叠或卷绕形成开合屋盖。它包括水平折叠方式、旋转折叠方式、竖向折叠方式，屋盖分为固定不动的结构单元和可以移动的结构单元。如加拿大蒙特利尔奥林匹克体育场，在主塔顶部呈放射状拉下钢缆索，用此吊起或放下膜面形成开合屋面（图6.2.14）。另外，美国休斯敦Reliant体育场采用了水平折叠方式形成开合屋面（图6.2.15），美国威斯康星州的米勒棒球场则采用了旋转折叠方式（图6.2.16）。

a) 闭合状态

b) 半开启状态

c) 开启状态

图6.2.14　加拿大蒙特利尔奥林匹克体育场（Montreal Olympic Stadium）

a) 闭合状态　　b) 开启状态

图 6.2.15　美国休斯敦 Reliant 体育场

a) 闭合状态　　b) 开启状态

图 6.2.16　美国威斯康星州米勒棒球场（Miller Park）

近年新兴起一种利用膜材伸缩方式的开合屋盖。波兰国家体育场是 2011 年欧洲足球锦标赛主场，280m×245m，55000 座（图 6.2.17）。固定屋顶 54000m^2，在索结构支承上采用 PTFE 膜覆盖看台，内边缘有 10m 宽热增强玻璃屋顶 4000m^2；可开合屋盖 11000m^2，采用可伸缩 PVC 膜覆盖草坪。结构体系采用周边 72 根柱与斜杆支承压缩环，辐射布置径向索桁架。径向索交叉，增加倾斜角度，以增加刚度和减少用索。内部上径向索连接到张力环，支承 10m 宽悬挑玻璃顶和悬挂伸缩式膜屋面；内部下径向索只用 4 组索（每组 3 根），在草地上空对角线布置，使进入场地上空的结构数目最少。膜屋面沿着 60 根内部上径向索伸缩开合，为避免随着时间推移涂层的脆化，采用增加了柔软剂的膜材。

6. 组合方式

通过不同方式的组合形成的开合屋盖，即屋盖中的开合单元存在两种或两种以上的移动方式。典型工程有加拿大天空穹顶（图 6.2.18）、日本球穹顶（图 6.2.19）。

加拿大天空穹顶的屋盖开合方案是由不同屋盖单元的水平移动和绕竖直轴转动两种移动方式组合的，其开合屋盖由四块屋盖单元组成（图 6.2.18c），一块固定（4 号单元），两块可水平移动（1、2 号单元），另一块沿屋面作 180°旋转（3 号单元）。目前，天空穹顶是组合移动方式中规模最大的一个，其直径达 205m。

日本球穹顶在开合过程中，同一屋盖单元作绕竖直轴旋转和水平移动两种方式的运动，如图 6.2.19d，整个屋面划分为 A、B 两种屋盖单元，首先 A 单元绕竖轴作 90°旋转，然后 A、B 单元合并作水平移动使屋面开启。

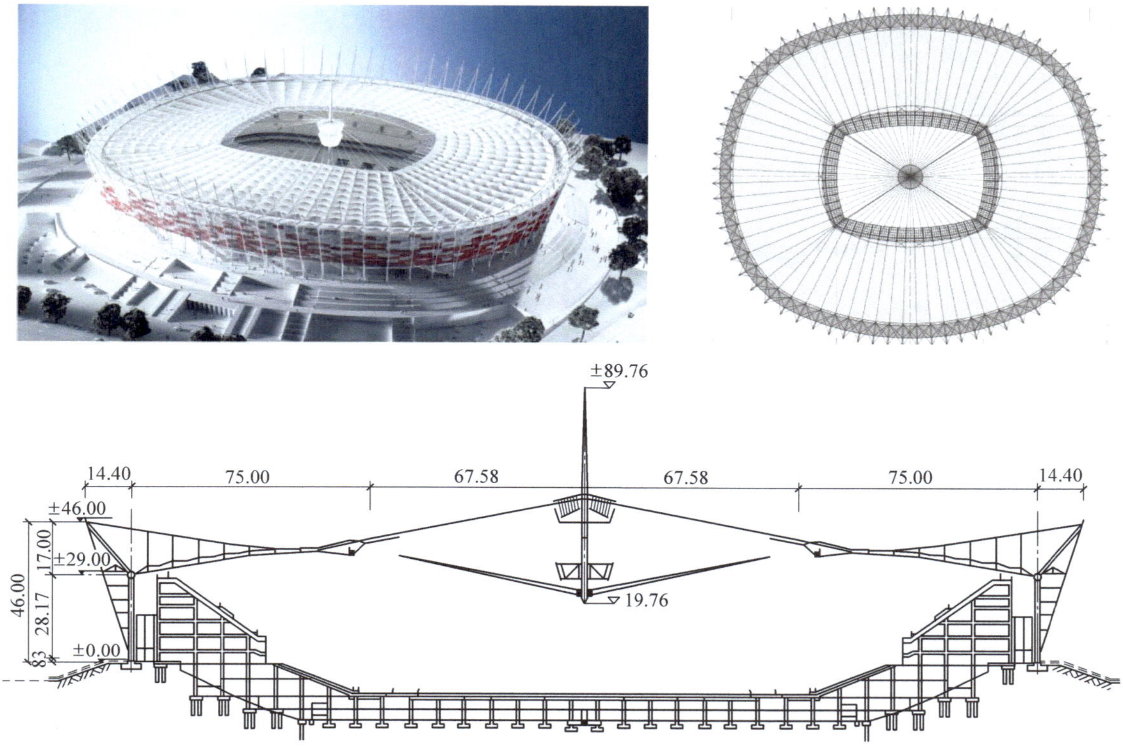

图 6.2.17　波兰国家体育场

a) 闭合状态

b) 开启状态

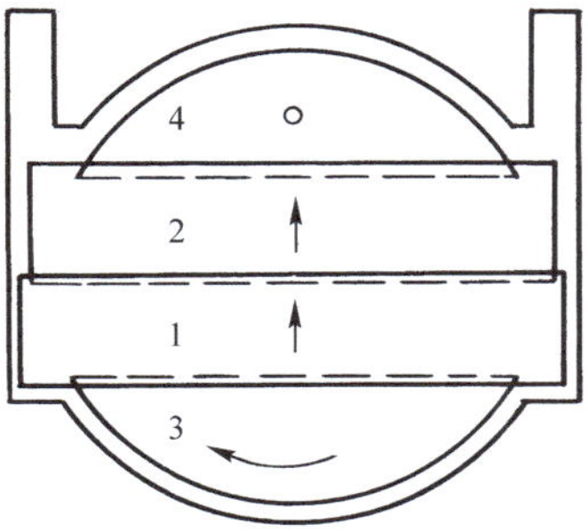

c) 屋盖单元划分

图 6.2.18　加拿大天空穹顶（Sky Dome）

a) 闭合状态

b) 半开启状态

c) 开启状态

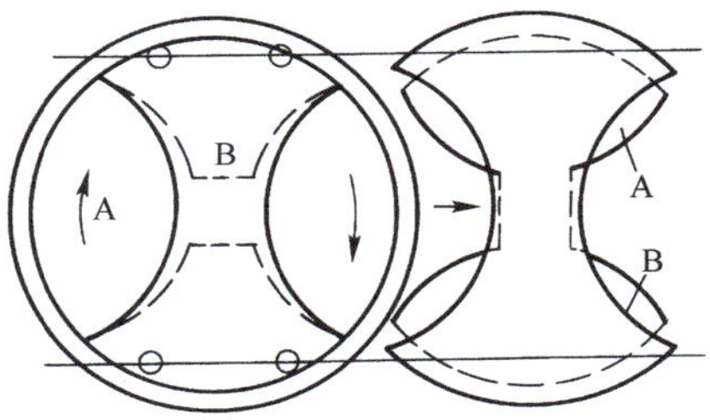

d) 屋盖单元划分

图 6.2.19 日本球穹顶（Ball Dome）

6.2.3 开合屋盖结构的设计要素

1. 开合屋盖的体系构成

为满足全开启、半开启和全封闭三种状态的功能要求，开合屋盖由结构体系、机械体系、电气体系和机械液压体系构成。

1）结构体系：主要是指结构受力体系，可分为上部结构、下部结构和基础。上部结构，即屋顶，一般采用空间结构体系，以达到覆盖大空间的目的。下部结构一般采用钢筋混凝土结构，这样一方面可增强结构的整体稳定性，又在一定程度上起到减震及消除噪声的作用。

2）机械体系：主要由轨道、行走小车、驱动装置、制动装置、缓冲装置构成。轨道固定在下部结构上，行走小车在轨道上运行，驱动装置和制动装置安装在行走小车上。行走小车有驱动小车和从动小车，通过销栓将行走小车和上部结构相连。

3）电气体系：是控制开合结构正常运行、制动、安全性检测等方面的体系，由计算机进行数据处理，发出执行指令进行控制。

4）机械液压体系：该体系是抵抗地震、强风作用的阻尼体系与锁定体系。

2. 开合屋盖的结构选型

开合屋盖结构大致有以下三种结构选型：

1）刚性、自承式开合屋盖结构：各片屋顶都是刚性的，能够自己独立承载，是主要受力体系。如加拿大多伦多天空穹顶和日本福冈穹顶就属于这一类。刚性、自承式开合屋盖结构受力明确，便于分析设计，但屋顶自重大，对机械体系、电气体系有关装置提出较高的要求。

2）它承式开合屋盖结构：以整体张拉索穹顶（Tensegrity Dome）、主拱或其他结构为屋顶主要受力体系，屋盖由若干片可开启的聚四氟乙烯等轻质屋面板构成。

3）折叠式开合屋盖结构：是通过折叠与展开实现屋顶的开启与闭合的结构。

3. 开合结构的受力特点

与非开合结构相比，开合结构的受力特点主要表现在：

1）开合结构各屋顶单元的轮廓尺寸对开合结构的受力特性有很大影响。与非开合结构相比，开合结构的各片屋顶在一定程度上减弱了屋顶结构作为空间结构整体受力的性能，甚至有可能蜕变为单向受力。

2）各片屋顶在开启状态、闭合状态以及在开启或闭合的过程中，受载情况各不相同。在全封闭状态与全开启状态受力较明确，完全可以应用常规方法进行分析。但在开启或关闭的过程中，由于风向与风速变化、温度、雪载引起的偏心荷载，轨道摩擦以及行走速度、轨道接缝、缓冲装置、轨道安装误差引起的冲击力，甚至地震力的作用等，使其受力状态相当复杂，往往造成可动屋顶在运行过程中左右摇动、上浮。因此，有必要对机械体系有关构件进行受力分析并作相应的构造处理。如加拿大天空穹顶和日本福冈穹顶的行走小车的上下左右四面都分别设有车轮，以承受上部屋顶的反力，防止屋顶上浮和屋顶的左右摇晃。

3）风向与风速大小以及屋顶是否有积雪等因素对开合结构所处的状态（全开启、半开启、全封闭状态）起决定性作用。结合天空穹顶、福冈穹顶等开合结构的成功经验，对开合结构的设计应做相应的模型试验，以确保结构受力合理，使各可动屋顶运行安全可靠。

4. 开合屋盖结构的驱动与行走机构

开合屋盖结构中的驱动和行走机构是在起重机械技术或改进的起重机械驱动技术基础上发展起来的。与之不同的是，移动屋盖并不总是沿着直线运动。在许多情况下，移动屋盖沿着某一规则平面或空间曲线移动，而且行走机构所受的外荷载类型多，作用方式复杂。所以移动屋盖的驱动和行走机构比普通起重机械技术要复杂得多。驱动方法可分为轮驱动，钢缆绳牵引、齿条和齿轮驱动，及千斤顶驱动四种方式。目前，大部分开合屋盖采用轮驱动和钢缆绳牵引方式。

开合屋盖结构中行走机构的作用是使移动屋盖沿着规定的方向移动，并把移动屋盖的荷载传递到下部支撑结构上。行走机构的受力是由开合屋盖的受力特点决定的，行走机构受恒荷载、活荷载、风荷载、雪荷载、地震荷载、温度荷载、启动制动惯性力、行走振动荷载、不均匀沉降等不利荷载组合。除启动制动惯性力是沿着行走方向外，其余荷载作用一般都与行走方向垂直或成一定的角度。

开合结构是一种技术性很强的结构形式，对设计和施工都有很高的要求。与固定式屋盖相比，开合屋盖在技术上有很多特殊的问题必须慎重对待，如在结构形状不断改变的条件下设计荷载尤其是风荷载以及结构运动产生的冲击效应，屋盖移动方式及轨道设计，屋盖运行故障检测及排除措施，屋盖的监控与安全保障系统设置等。

5. 开合结构承受的荷载

开合屋面承受的载荷主要分为以下几类：

1）固定荷载：包括移动荷载，灯、音响设备等。

2）活荷载：取维修荷载45kg/m^2。

3）风荷载：取平均风速15～20m/s。其中，风压系数应根据风洞试验确定，并考虑开、合两种状态。屋面在开合运动过程中的风载应考虑动风效应。强风时的屋面应合拢，屋面在开或半开时，应适当地确定常发生的强风风速。

4）温度效应（内力、变形）：取温度梯度45～－25℃。

5）雪荷载：取30kg/m^2。

6）地震作用：地震加速度取200～250cm/s^2、速度取20～25cm/s。

7）冰载。

8）雨载。

9）特殊载荷：主要指屋盖开、闭时轨道和车轮系统的水平荷载、冲击荷载、惯性力和制动力等；对膜结构的折叠系统还包括主索上的移动荷载、屋面上的预张力、屋面飘起的力等。

开合屋面的荷载计算与屋面状态相对应，设计中应考虑下面四种状态：

1）全打开状态。

2）全封闭状态。

3）锁定的半开状态。

4）运动状态。

6. 开合结构基本设计原则

由于开合结构的特殊性，在设计中应注意解决好以下问题：

1）开合结构在不同的状态（全开启、半开启、全封闭状态）以及在开启和闭合的过程中，其受载情况各不相同，特别是在开启或闭合的过程中，受载情况相当复杂，合理地进行各状态受力分析是开合结构设计的关键。对于刚性、自承式开合结构，为防止在行走过程中屋顶上浮以及蛇行运动，可在行走小车的上下左右四面分别安装车轮以及相应的轨道。

2）在构造方面，应确保开合结构具有同非开合结构同等的安全性。一般情况下，在强风作用时，开合结构应处于全封闭状态。无论是开启状态还是闭合状态，开合结构的构造设计应能确实保证机械体系、电气体系、机械液压体系的安全与可靠。

3）就已建成的开合结构来看，机械体系可动部件常有故障发生。如日本某一开合式游泳馆，使用1年以后因可动部件生锈而需要经常维修。因此，开合结构机械体系各构造应尽可能简单，这样即使有了故障也能确保安全，同时也便于维修管理。

4）在施工方面，大型开合结构对施工技术、测量技术、检测技术提出了更高的要求。对于刚性自承式与它承式开合结构，轨道的安装精度对屋顶的运行性能有直接的影响，轨道不平整将会引起行走台车上浮，可动部件蛇行运动而使屋顶左右摇晃、上下振动，甚至因行走台车车轮反力不均匀而引起车轮空转、脱轨等事故，也有可能出现驱动小车动力不足、行走台车受力不均匀、构件疲劳破坏等问题。

5）为适应多功能、多目的要求，采光、通风、音响、空调、防灾等的综合设计也是开合结构需要特殊处理的技术问题。

综合开合屋盖结构的技术特点，在设计中一般应遵循以下原则：

1）移动结构的构造应力求简单，便于维修。

2）屋盖开启或关闭过程一般宜控制在 20 ~ 25min 内完成。在开始或停止时，所需的时间各为 1 ~ 2min，并使其产生的冲击力最小。

3）屋盖开启或关闭正常运行时，风速不得大于 15m/s。

4）驱动装置不易封闭，在远处可以操纵和监视。

5）应设置地震传感器和风速仪，每当超过特大风速或地震强度时，开关系统应能自动停止工作，以使整个系统不会超载。

6）应安装电视摄影机和超声波传感器，以便在开启或关闭过程突然出现问题时，能及时发现故障原因。

7）控制装置应设计有富余，当装置的任何部分失灵时不至于使整个系统失灵。为此应采用一种双能控制系统，既能自动也能手动。

8）为了安装控制装置的需要，应采用考虑有安全装置和兼有自我判断功能的设计，以防止由于错误的操作而使装置失灵。

9）在开合功能万一失灵时，应能保证整个屋盖结构的安全，对屋盖结构应采取自动防止故障的设计方法。

6.3 张拉整体结构

6.3.1 张拉整体结构的概念及发展过程

张拉整体结构（Tensegrity System）的概念最早是由美国著名建筑师富勒在 20 世纪 40 年代提出的。Tensegrity 一词是由 tensile（张拉）和 integrity（整体）两词合并缩写而成，是富勒创造的。所谓张拉整体体系就是一组不连续的压杆与一组连续的受拉单元组成的自支承、自应力的空间平衡体系。这种结构体系的刚度由受拉索和受压单元之间的平衡预应力提供，在施加预应力之前，结构几乎没有刚度，并且初始预应力的值对结构的外形和结构刚度的大小起着决定作用。

张拉整体结构体系的早期雏形可追溯到 20 世纪 20 年代，目前有记录的最早实物模型出现于 1921 年，当时 Johansen 在莫斯科的一个建筑模型展览会上展示了一个平衡结构，它由 3 根杆和 7 根索组成，并由第 8 根非应力索控制，使整个结构成为可动体（图 6.3.1）。但是，该模型并不具有刚度，通过任一根索的收缩都会使模型产生机构性位移。这个模型与后来的 3 杆 9 索自应力体系非常接近。

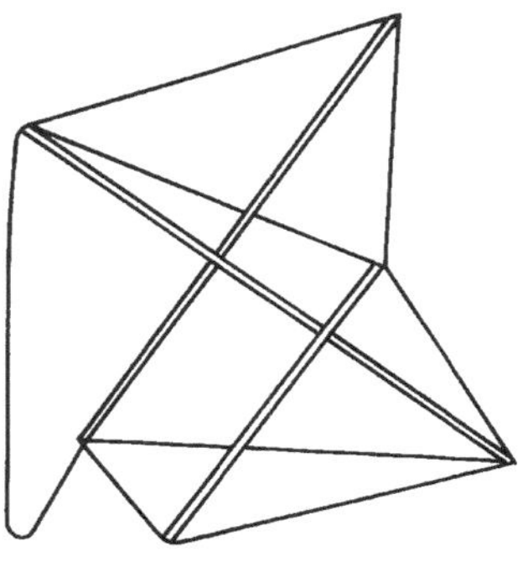
图 6.3.1 莫斯科建筑模型展览会上展示的平衡结构

对张拉整体结构的系统性认识和研究工作开始于富勒基于宇宙自然规律的构说，他认为，宇宙的运动是按照张拉整体的原理运行的，万有引力是一张平衡的张力网，而各个星球是这个网中互相独立的受压体。1947 年和 1948 年的夏天，富勒在黑山学院（Black Mountain College）教学期间，不断重复张拉整体这一概念。他认为，自然界总是趋于由孤立的压杆所支承的连续的张力状态，大自然符合“间断压连续拉”的规律，我们一定能制造出基于这个原理的结构模型。令人高兴的是，他的学生，著名雕塑家斯耐尔森（K. Snelson）在富勒思想的启发下，创造出了张拉整体的结构模型，它是一个由两个X形单元和连续拉索构成的小结构（图6.3.2a），这便是第一个真正意义上的张拉整体结构。其后不久，斯耐尔森就把他的张拉整体结构模型用于城市雕塑中（图6.3.2b）。利用张拉整体的概念，斯耐尔森还构造了一个针塔雕塑（图6.3.3）。斯耐尔森的雕塑代表了现代张拉整体结构发展的开始，从结构意义上实现了富勒的“压杆的孤岛存在于拉杆的海洋之中”的设想。

a) 模型　　b) 城市雕塑

图6.3.2　斯耐尔森的张拉整体模型和城市雕塑

图6.3.3　斯耐尔森的针塔雕塑（Needle Tower）

在张拉整体结构体系的发展中，多面体几何构成了张拉整体几何研究的基础，结构拓扑的研究完善了张拉整体体系的形态学内容，特别是过去的十年多中，力学方法得到了长足的发展，逐步建立起了模型制作的理论框架。由于张拉整体体系固有的符合自然规律的特点，最大限度地利用了材料和截面的特性，因而可以用尽量少的钢材建造超大跨度的空间。张拉整体体系的刚度是受拉索与受压单元之间自应力平衡的结果而与外界作用无关。

张拉整体体系从最初的设想到工程实践，大约经过了以下几个阶段：想象和几何学、拓扑和图形理论、力学分析及试验研究，其中力学分析包括找形（Form – finding）、自应力准则、工作机理和外力作用下的性能等。

在张拉整体几何学方面作出重要贡献的是富勒和艾莫里奇（D. G. Emmerich）。因为主要从形态学的角度出发，所以这些几何学上的工作多以多面体几何为基础。富勒构思了一种由三角形网格的索网组成的张拉整体穹顶（Tensegrity Dome），于 1962 年申请了专利（图 6. 3. 4a），这也是有关张拉整体结构的第一个专利。在这项专利中，富勒详尽地描述了他的结构思想，即：在结构中尽可能减少受压状态，因为受压存在着屈曲现象，张拉整体使结构处于连续的张拉状态。图 6. 3. 4b 所示为根据富勒专利构造的富勒穹顶，它是多面体刻面（facet）上的单层张拉整体体系。

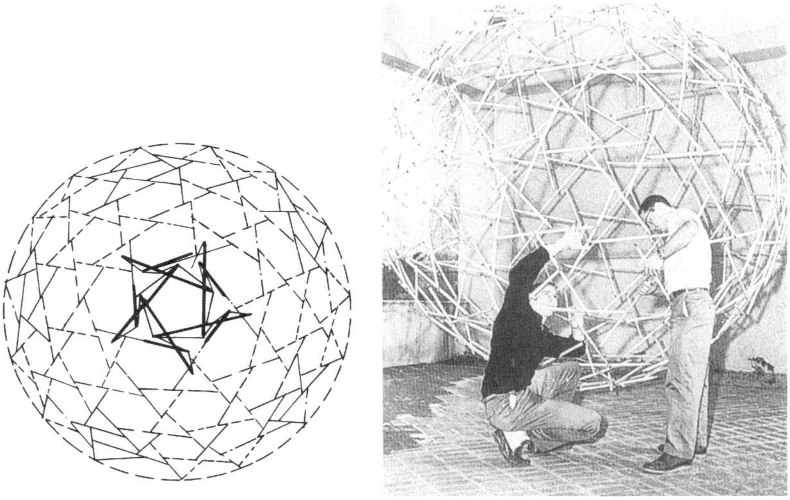

a) 富勒的专利　　b) 富勒穹顶

图 6. 3. 4　富勒的张拉整体结构

1963 年，艾莫里奇在他的专利中给出了张拉整体的另一个定义：张拉整体结构由压杆和索组成，其组合方式使压杆在连续的索中处于孤立状态，所有压杆都必须严格地分开，同时靠索的预应力连接起来，结构整体不需要外部的支承和锚固，像一个自支承结构一样稳定。艾莫里奇的张拉整体模型如图 6. 3. 5 所示，它们由一些基本单元构成，这些基本单元可以由 3 根以上相互独立的压杆和 9 根以上的拉索组成，最常用的压杆数有 3 根、4 根、6 根等，其基本单元如图 6. 3. 6 所示，这些单元都是由多棱柱单元旋转变换形成。艾莫里奇详细地描述了张拉整体结构基本单元体的类别：并列单元体、穿插单元体、交叉单元体，并把张拉整体棱柱或截锥体连接在一起构成平面或者曲面的双层张拉整体网格。

维尔耐（O. Vilnay）扩大了单元体的范围，引进无限张拉整体网的概念（图 6. 3. 7a），设想出多种形式的张拉整体体系的几何拓扑构造方案，并创造了单层网格穹顶（图 6. 3. 7b）。维尔耐穹顶与富勒穹顶很相似，索网均为单层，位于壳体外侧，内侧全为压杆。但是，在富勒穹顶中，随着跨度的增加，杆件之间很容易相互碰撞，而维尔耐穹顶突破了富勒穹顶中杆件位于多面体边上的限制，因此杆件可以做得较长，解决了杆件相碰撞的问题。但不足的是杆件较长，难以保证杆件自身的稳定性。

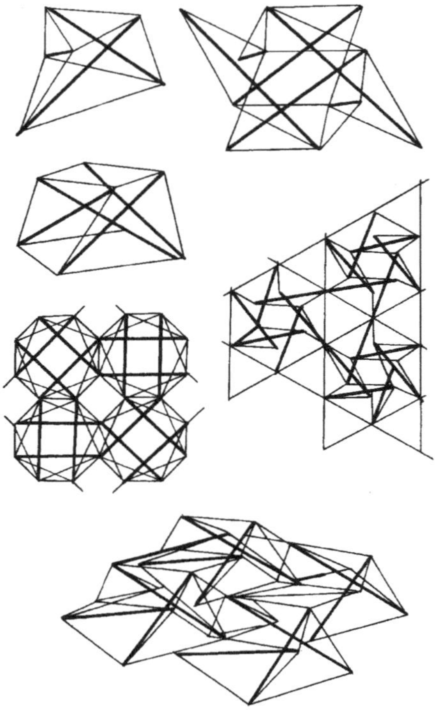

图 6.3.5　艾莫里奇（Emmerich）的张拉整体模型

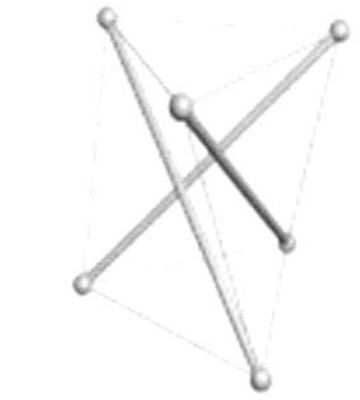

a) 3杆9索

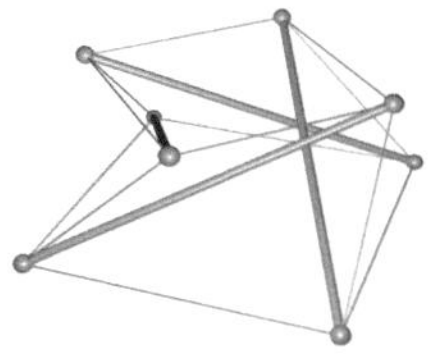

b) 4杆12索

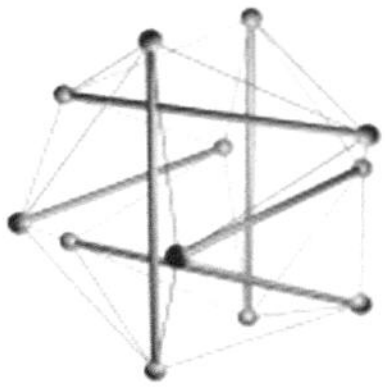

c) 6杆24索

图 6.3.6　张拉整体结构的基本单元

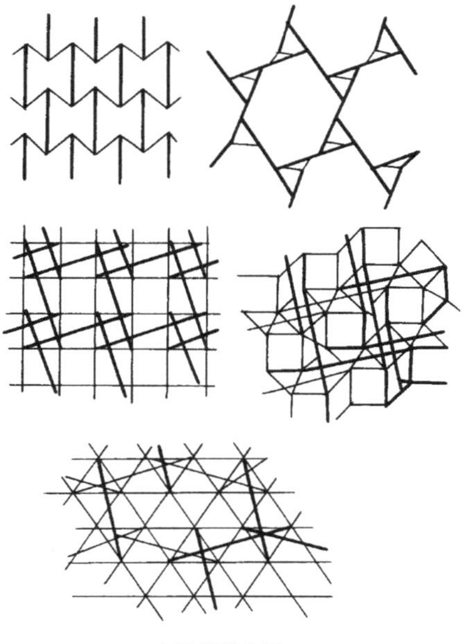

a) 张拉整体网

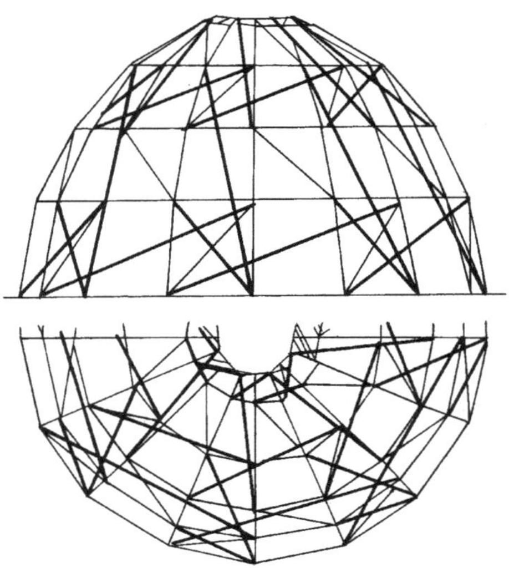

b) 维尔耐穹顶

图 6.3.7　维尔耐的张拉整体结构

法国的莫特罗（R. Motro）把张拉整体棱柱体单元的节点连接起来，形成了双层张拉整体结构，如图6.3.8所示。由于莫特罗在组装双层张拉整体结构时把棱柱的顶点直接连接起来，虽然做成的结构从加工、制作、安装以至造价都有相当的优势，但因其压杆相互连接而离开了压杆互相独立的原则，所以这样的结构只能算是一种类张拉整体的体系。

与莫特罗的工作相对应，以色列的汉纳（A. Hanaor）严格按照张拉整体的概念，把张拉整体的单元体组装起来时保证了杆件的非接触特点，形成了大量的张拉整体结构形式。汉纳提出了连接三种不同的T棱柱的方法：顶点对顶点连接、顶点与索连接、索与索连接。他还利用T棱锥组成了双层张拉整体穹顶结构（图6.3.9）。

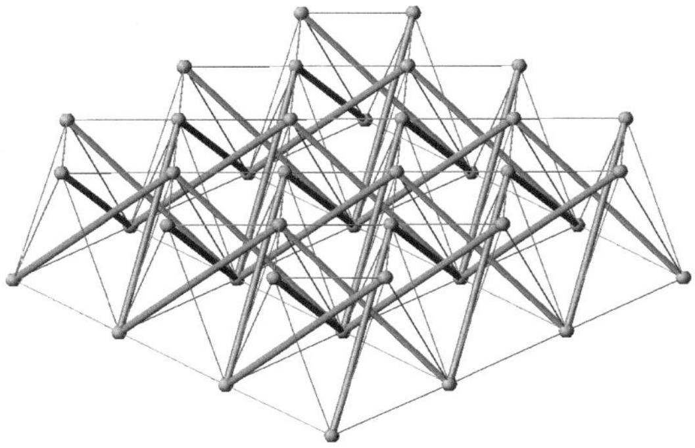

图6.3.8 莫特罗双层张拉整体网架

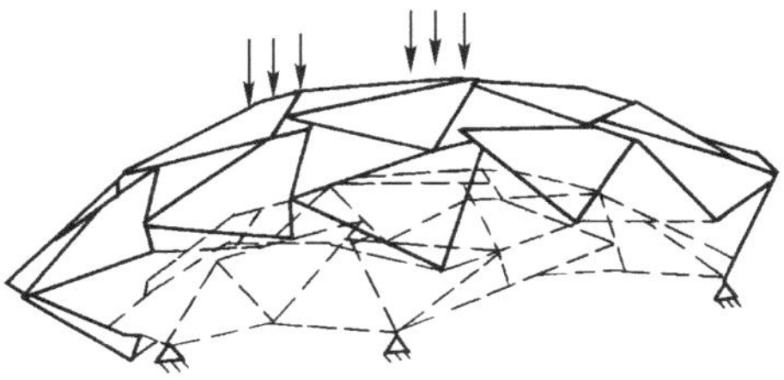

图6.3.9 汉纳双层穹顶

张拉整体结构体系的构造特点使得应用图形学表示构件的拓扑关系非常方便，这方面做得比较出色的是加拿大的结构拓扑关系研究小组，他们发表了很多研究论文，如罗斯（B. Roth）和威特利（W. Whiteley）总结了一些普遍性的公式。但这些成果仅仅是数学上的，它们在三维空间的主要实际应用是保证设计结构的稳定性。

柔性的张拉整体结构在没有施加预应力以前没有刚度，其形状是不确定的。必须通过施加适当预应力使结构具有一定的形状，才能成为承受外荷载的结构。所以张拉整体结构的力学分析应包括以下两个过程：①初始平衡态的确定；②结构的静、动力分析。对于初始平衡态的确定有多种方法，其中主要有：非线性有限元法、动力松弛法（Dynamic relaxation method）、力密度法（Force density method）等。

张拉整体体系在荷载作用下表现出明显的几何非线性，在用有限元法求解结构反应时，刚度矩阵由弹性刚度矩阵和几何刚度矩阵两部分组成，其中几何刚度矩阵随结构变形和单元内力的变化而显著变化，因而经常用增量型的牛顿方法来逐步消除不平衡节点力直至满足精度要求为止。按照位移法的大变形原理，莫特罗对一个三棱柱单元进行了静力分析。汉纳对三棱柱组成的多种平板型张拉整体网架进行了力学分析，还分析了双层张拉整体穹顶网壳的力学性能。此外，汉纳还建立了张拉整体的柔度法分析模型。

应该说，到现在为止，真正意义上的张拉整体结构还未能在大型结构工程中得以实现。张拉整体结构的大部分实物应用主要出现在各种雕塑作品中，如美国斯坦福大学校园内的张拉整体雕塑（图6.3.10a）；日本筑波万国博览会中的富士通馆雕塑（图6.3.10b）；日本大学理工学院雕塑（图6.3.10c）等。

a) 斯坦福大学雕塑　b) 富士通馆雕塑　c) 日本大学理工学院雕塑

图 6.3.10　张拉整体结构在各种雕塑作品中的应用

6.3.2　索穹顶结构

虽然真正意义上的张拉整体结构还没有在大型结构工程中得到应用，但是运用张拉整体思想的一种类张拉整体结构——索穹顶（Cable Dome）在过去的十几年中得以迅速发展并获得成功应用。

20 世纪 80 年代，美国著名结构工程师盖格（D. H. Geiger）对富勒的思想进行了适当的改造，成功地设计并开发了一种新型大跨度空间结构体系——索穹顶结构。盖格没有采用富勒所设计的三角形网格，他认为这样会增加结构的赘余度，因而重新构造了一种具有相同性能的结构体系——支撑在圆形刚性周边构件上的预应力拉索－压杆体系，此体系由连续的张拉索和不连续的受压立杆构成，索沿环向及径向布置，并用膜材作屋顶。

盖格设计的索穹顶结构如图 6.3.11 所示，它包括径向脊索、径向谷索、斜腹索、环向

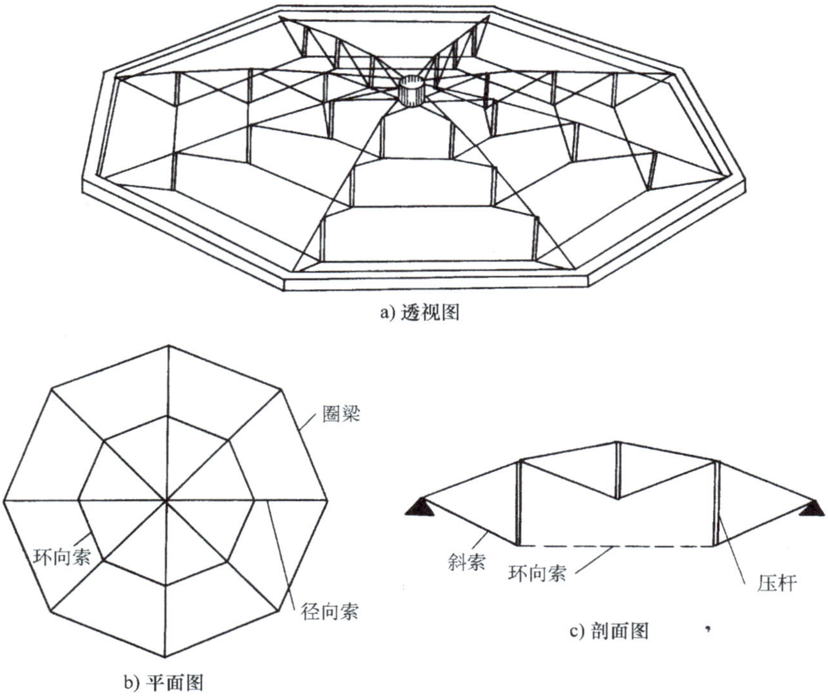

a) 透视图　b) 平面图　c) 剖面图

图 6.3.11　盖格的索穹顶结构示意

索、压杆和外环圈梁。荷载从中央的张力环通过一系列辐射状的径向索、张力环和中间斜索传递至周边的压力环。索穹顶是一种结构效率极高的全张力体系，由于整个索穹顶结构除少数几根压杆外都处于张力状态，所以充分发挥了钢索的强度。如能避免柔性结构有可能发生的结构松弛，索穹顶结构绝无弹性失稳之虑。因此，这种结构一经问世便得到了工程师们的重视。

1988 年，盖格成功地将自己的设计应用于汉城奥运会体育场馆的建设，其中之一是直径为 120m 的体操馆（图 1. 2. 105、图 6. 3. 12），另一个工程是直径为 90m 的击剑馆。韩国体操馆是世界上第一个采用张拉整体概念的大型工程。

自索穹顶在汉城奥运会上获得成功应用后，盖格设计事务所又相继建造了其他一些国际知名的大型索穹顶建筑，如美国佛罗里达州圣彼得堡的雷声穹顶（Thunder Dome），直径为 210m（图 6. 3. 13）；美国伊利诺伊州大学的红鸟（Redbird）体育馆，椭圆形平面 91. 4m × 76. 8m（图 6. 3. 14）；中国台湾省桃园县表演场屋顶（图 6. 3. 15）和日本的天城穹顶（图 6. 3. 16）等。

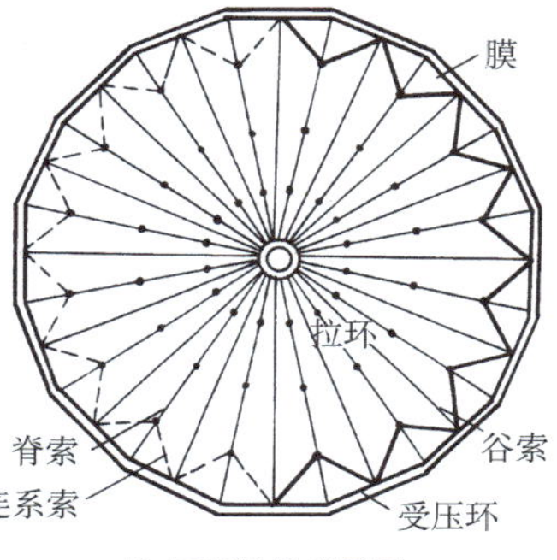

b) 屋顶结构布置图

a) 体操馆内景

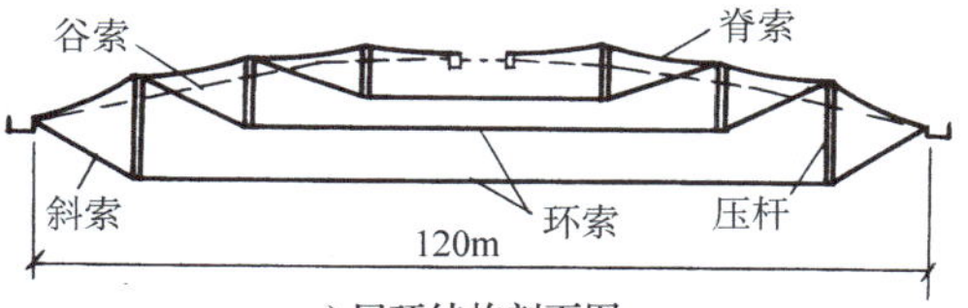

c) 屋顶结构剖面图

图 6. 3. 12　韩国体操馆

图 6. 3. 13　美国雷声穹顶（Thunder Dome）

a) 体育馆全景

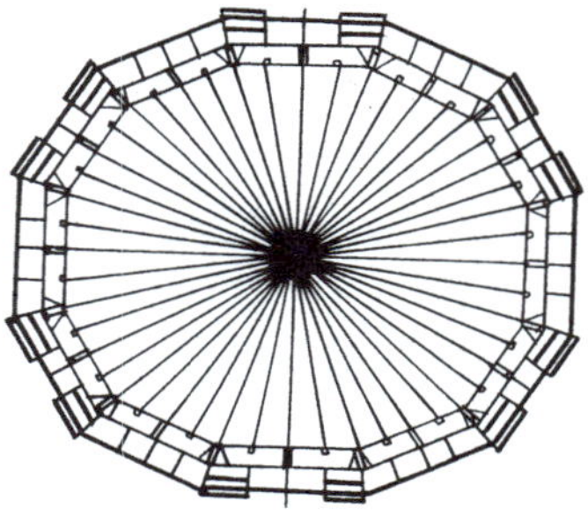

b) 屋顶平面

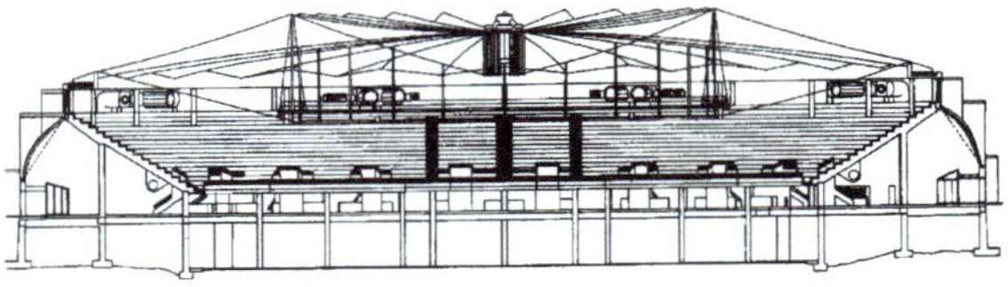

c) 剖面图

图 6.3.14 美国红鸟体育馆

a) 表演场内景

b) 表演场全景

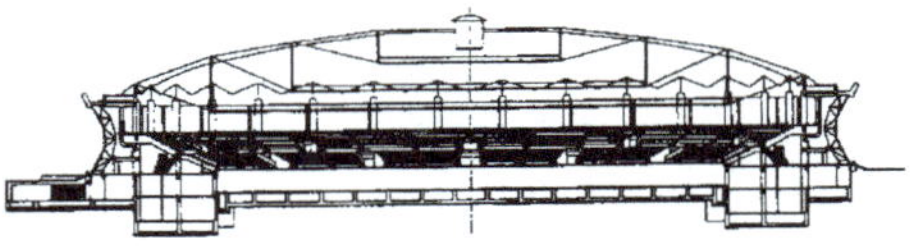

c) 剖面图

图 6.3.15 中国台湾省桃园县表演场

a) 外景

b) 内景

图 6.3.16 日本天城穹顶

盖格体系索穹顶的结构较为简单，施工难度低，并且对施工误差不敏感，同时由于设置了谷索，在风吸力作用下谷索将为整个结构提供刚度以抵抗升力作用。但由于它的几何形状类似于平面桁架，所以结构的平面内刚度较小。同时由于该体系结构内部存在着机构，当荷载达到一定程度时，某些机构位移将会丧失预应力对其产生的约束，从而出现整个结构的分支点失稳的情况。所以盖格体系索穹顶较适于中等跨度，均布荷载作用下的圆形平面穹顶结构形式。

为了克服上述弱点，美国工程师李维（M. Levy）进一步发展了索穹顶结构体系，改用联方型拉索网格，使屋面膜单元呈菱形的双曲抛物面形状，并应用于 1996 年的亚特兰大奥运会主场馆的佐治亚穹顶（Georgia Dome），其平面呈椭圆形，尺寸为 240m × 192m。佐治亚穹顶的屋盖平面由四个弧形组成，结构的节点采用焊接节点，因此较钢铸件大为节约。李维分析了盖格索穹顶体系中索网平面刚度不足、容易失稳的缺点，将辐射状脊索改为联方型，并解决了薄膜的铺设问题。这个目前世界上最大的张拉整体体育馆屋盖结构被评为 1992 年全美最佳设计（图 6.3.17）。

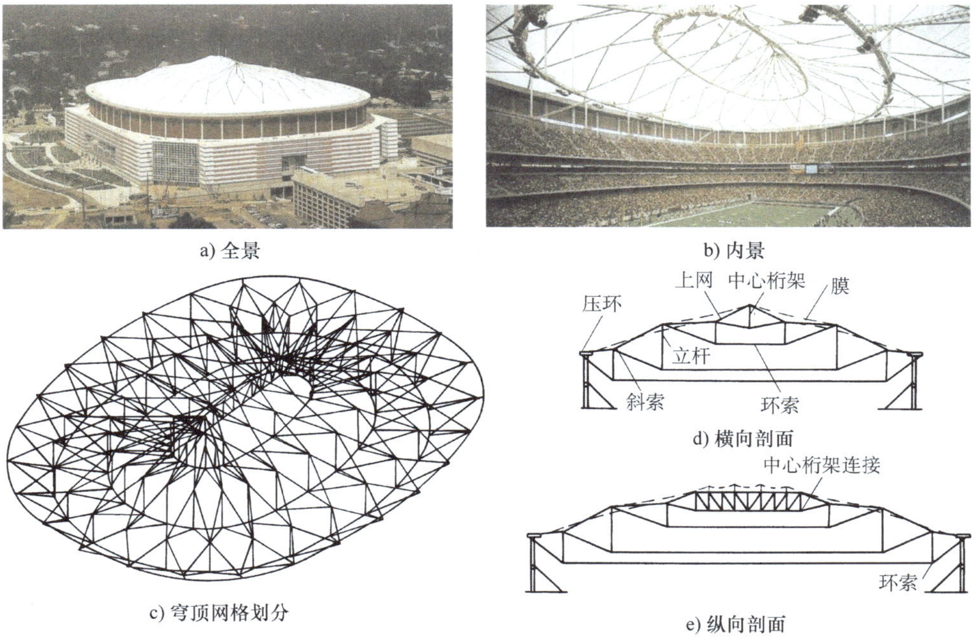

图 6.3.17　佐治亚穹顶（Georgia Dome）

在设计椭圆形的佐治亚穹顶时，李维对盖格的索穹顶做了两方面的变化：一是把经纬分格改为三角形划分；二是针对椭圆形的平面，在穹顶结构的中央设置了一个张拉整体桁架以连接两个端头半圆。三角形分割的索穹顶，在几何上，不仅更接近富勒的原始张拉整体模型，而且可适用于多种平面形式。在结构受力上，不仅结构赘余度更多，结构稳定性更好，同时有效提高了结构抵抗非均布荷载作用的能力。此外，李维穹顶能更好地解决屋面自由排水问题。

继亚特兰大奥运会的佐治亚穹顶后，李维又在中国台北棒球馆和墨西哥 10 万座位体育场中设计了索穹顶，并在沙特阿拉伯的利雅德大学体育馆中实现了当前风行全球的可开启索穹顶，另一与众不同之处是采用立体桁架作压力环，从而进一步展示了索穹顶结构应用的前景。

严格意义上讲，索穹顶体系并不是完全的张拉整体结构，因为索穹顶体系中包含有连续的受压环梁。因此，索穹顶体系只能算是一种类张拉整体结构。然而，索穹顶体系的发展是轻型空间结构的一大突破。如果说，富勒提出了解决超大空间结构问题的思路的话，盖格和李维发展的索穹顶体系则使富勒的思想得以实现。这类张拉式索 - 压杆 - 膜体系，重量轻，安装方便，在大跨度建筑中极具应用前景。索穹顶体系在结构设计上的一个明显优势就是随着跨度的增加，结构的重量增加并不明显。例如，佐治亚穹顶的跨度超过200m，用钢量却不足30kg/m^2。

国内学者针对此类结构体系开展了大量的理论与试验研究工作，在索穹顶的几何构造分析、找形分析、受力分析、模型试验及力学性能等方面取得了一定的研究成果，这些工作为索穹顶结构在我国大跨度建筑中的应用积累了较好的理论储备。索穹顶结构的技术难点在于预应力张拉与成形过程。无锡科技交流中心采用了直径24m的索穹顶（图6.3.18），采用地面组装，整体提升，分次逐级张拉的施工方法于2009年底完成了结构施工。此后，2011年在鄂尔多斯伊旗市民运动中心建成了我国第一个大跨度索穹顶屋盖（71.2m），如图6.3.19所示。

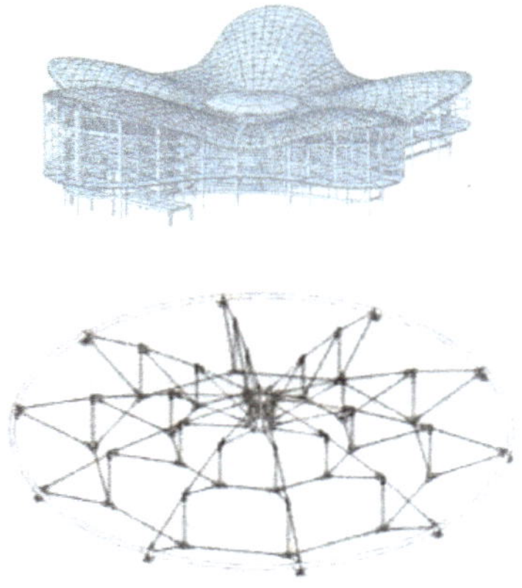

图6.3.18　无锡科技交流中心索穹顶

图6.3.19　鄂尔多斯伊旗市民运动中心索穹顶

6.4　张弦结构

张弦结构体系中最早出现的是张弦梁（Beam String Structure，简称BSS）。当跨度较小时，可采用直梁，跨度较大时则采用拱、桁架等形式。在日本和德国等国家，张弦梁（桁架）结构都有应用。但在国内外大量应用并将其跨度做到100m以上还是近些年来的新动向，是目前大跨度结构形式中一种可行的方案，也是近年来发展最快，应用最广泛的结构体系。

如第4章所述张弦结构是一种由刚性构件上弦、柔性拉索下弦，中间连以撑杆组成的具有自平衡特性的结构体系。张弦结构可充分利用高强索的强抗拉性改善整体结构受力性能，使压弯构件和抗拉构件取长补短，协同工作，达到自平衡，充分发挥了每种构件材料的作用，是大跨度空间结构中典型的刚柔结合的混合结构体系。

张弦结构体系可以根据建筑平面及结构受力的需要采用单向、多向或空间布置等多种结构形式。由于其体系简单，受力明确，结构形式多样，充分发挥了刚柔两种材料的优势，并且制造、运输、施工简捷方便，因此具有很好的应用前景。

6.4.1　单向张弦结构

上弦由梁、拱、桁架或立体桁架构成的张弦结构属于单向受力，一般平行布置，辅以支撑系统保证结构平面外的稳定。图 6.4.1 所示为常见单向张弦结构的组成和形式。

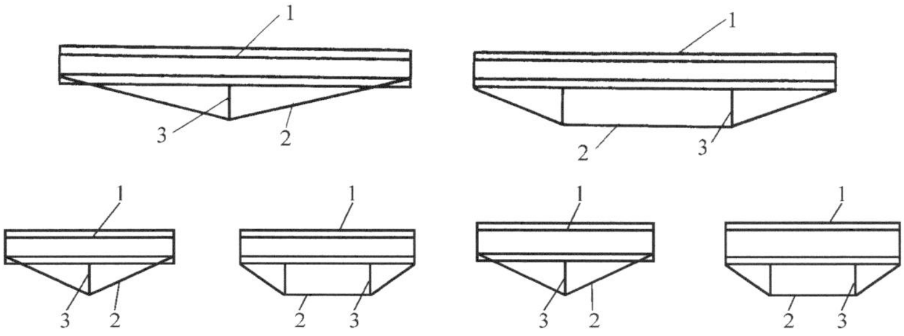

图 6.4.1　单向张弦结构的组成和形式

1—刚性上弦　2—柔性下弦　3—撑杆

我国较早就开展了对张弦结构体系的研究，1957 年第一个张弦桁架模型试验在哈尔滨工业大学进行，跨度 12m。1958 年在山西大同煤矿四老沟矿建成了全国第一个张弦桁架输煤栈桥，跨度 25m，采用预应力钢筋，比原设计的钢结构节省钢材达 51%，以后陆续有了一些应用。1990 年上海浦东国际机场航站楼的钢屋架率先将这种结构形式应用于大空间屋盖，从而推动了张弦结构的应用。

上海浦东国际机场航站楼共有四种跨度的张弦梁，覆盖进厅、办票厅、商场和登机廊四个大空间，分别简称为 R1、R2、R3 和 R4，其支点水平投影跨度依次为 49.3 m、82.6m、44.4m 和 54.3m，航站楼剖面如图 6.4.2 所示。弦梁的上弦拱由三根平行的箱型钢管通过短管相连而成，下弦索采用高强度钢索，撑杆采用圆钢管。撑杆上端与上弦拱的连接构造为：平面内为完全铰，平面外由两块钢板相挟以限制其转动。撑杆下端嵌有一高强穿心钢球，由该球扣紧下弦索。

2002 年建成的广州国际会议展览中心屋盖的张弦立体桁架跨度达到 126.6m（图 1.1.17），跨中高 13m，每榀桁架间距 15m，每 6 榀桁架组成一个单元，共有 5 个单元，覆盖了 90m × 130m 的无柱大跨度空间。广州会展中心张弦桁架的特点是桁架截面为倒置三角形，宽度为 3m，高度为 2 ~ 3m，桁架的上弦为 2ϕ457 × 14mm 的钢管，下弦为 ϕ480 ×（19 ~ 25mm）的钢管，腹杆为 ϕ168 × 6mm 和 ϕ273 × 9mm 的钢管，相贯焊接。撑杆采用 ϕ325 × 7.5mm 的圆钢管，撑杆高度为 3.537 ~ 10m。拉索为 337ϕ7 的挤包护层扭绞型拉索，两端采用冷铸锚。每个单元的 6 榀桁架之间通过檩条和屋面纵向支撑连接为整体，檩距为 5m，主檩条为 H500 × 200mm × 10mm × 16mm 的 H 型钢，屋面支撑采用 ϕ219 × 6.5mm 的钢管。广

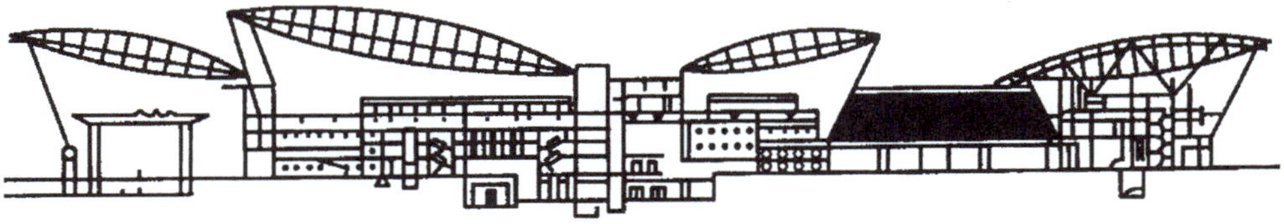

a) 上海浦东机场航站楼剖面

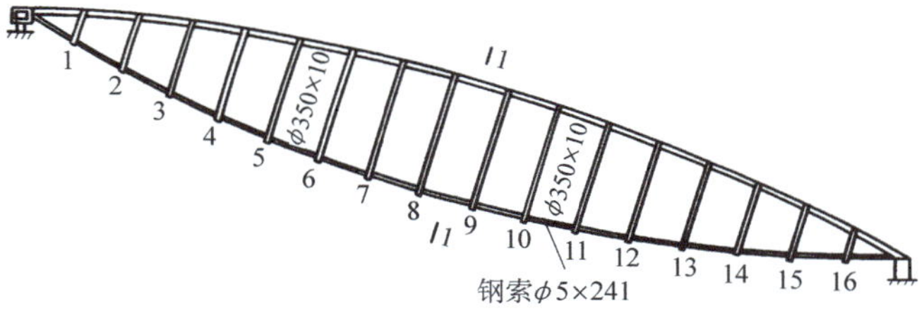

b) R2屋架

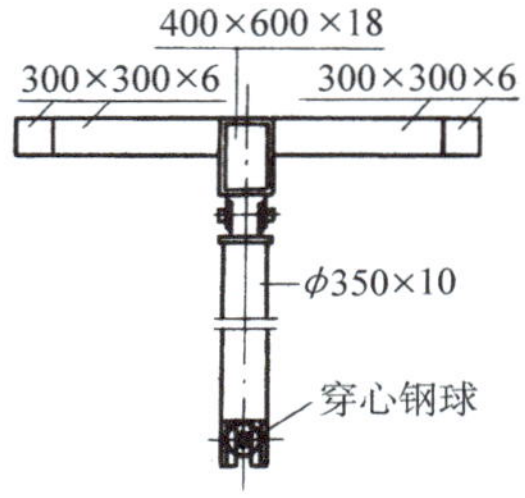

c) 1—1剖面

图 6.4.2　浦东机场航站楼屋架构件布置及截面

州国际会议展览中心外景图、展厅内景及钢结构屋盖轴测图分别如图 6.4.3 ~ 图 6.4.5 所示。张拉端节点采用了铸钢（图 1.2.113）。

图 6.4.3　广州会展中心外景

图 6.4.4　展厅内景

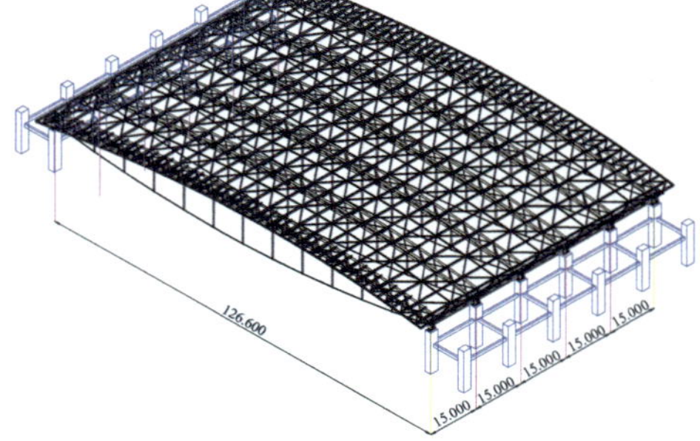

图 6.4.5　展览大厅一个单元的钢结构屋盖轴测图

近年来数个百米以上跨度的工程均采用了张弦立体桁架，如2002年建成的哈尔滨国际会展体育中心主馆屋盖，跨度128m（图4.1.23）；2009年建成的上海世博会主题馆西展厅屋盖，跨度144m（图6.4.6），采用正放三角形立体桁架和双V字形支撑；2009年建成的东营黄河口模型厅屋盖，最大跨度148m，特点是上弦立体桁架包括穿索张拉端节点都采用了焊接球节点（图6.4.7）。

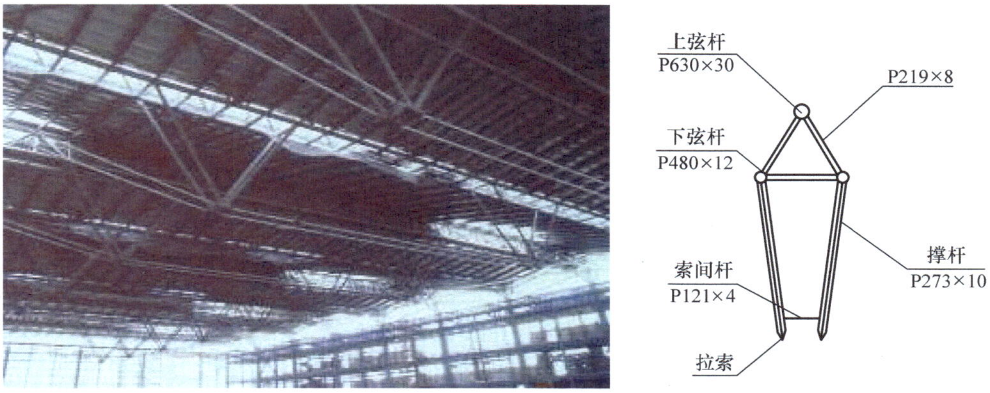

图6.4.6　上海世博会主题馆西展厅屋盖

图6.4.7　东营黄河口模型厅屋盖

提高单向张弦结构的平面外刚度和抗风能力是该类结构应用中须引起重视的问题。许多工程设计成空间体系，来提高结构的平面外刚度，如图6.4.8～图6.4.10所示。为提高其抗风能力，如皋市行政综合服务中心屋盖加设了抗风索（图6.4.11）；延安火车站站台雨篷在两端约1/3的上弦管内浇灌水泥砂浆，以增加恒载抵抗风吸力（图6.4.12）。

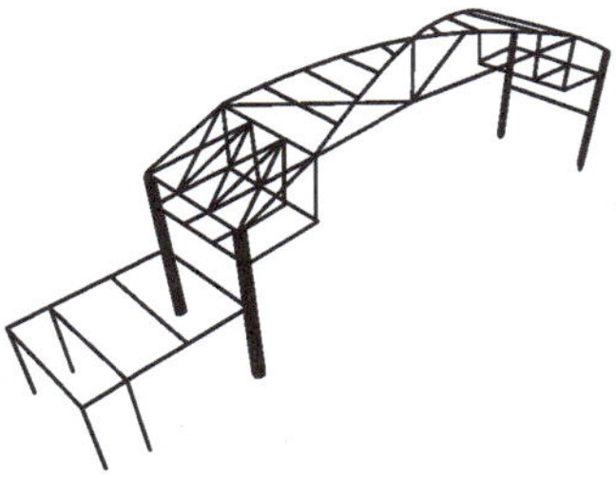
图6.4.8　宝钢游泳馆改造

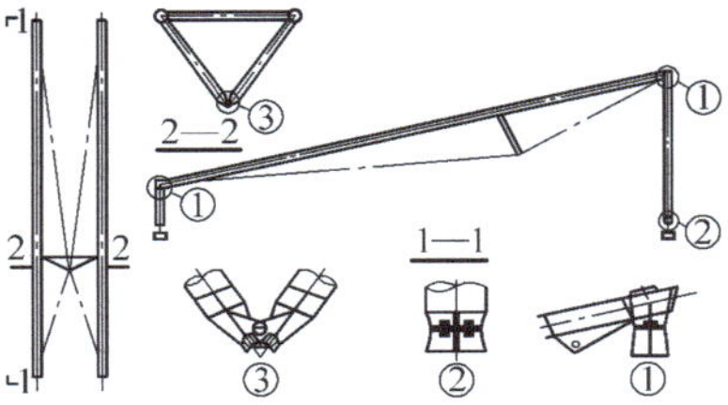

图6.4.9　某大厦商场中庭

图6.4.10　浦东国际机场二期

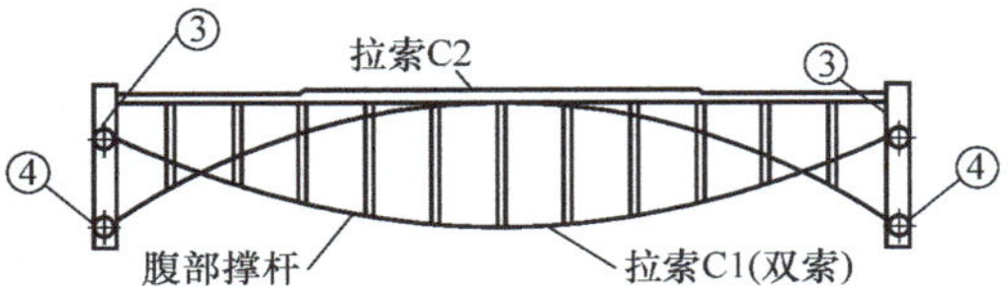

图 6.4.11 如皋市行政综合服务中心屋盖

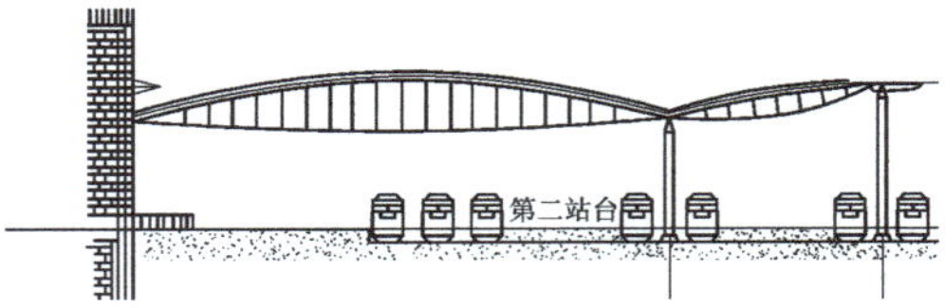

图 6.4.12 延安火车站站台雨篷

还有两种单向张弦结构形式值得进一步关注并推进它们发展：

1）张弦刚架。将索撑体系应用到刚架，增加横梁刚度，可以有效节省用钢量。如图 6.4.13 所示在大连周水子国际机场航站楼中的应用，跨度 53.5m，2004 年建成。

2）张弦两铰拱。将索与撑杆根据两铰拱在全跨荷载作用下的弯矩合理地布置在受拉侧，如图 6.4.14 所示在新柏林火车站中的应用，我国尚无类似工程。

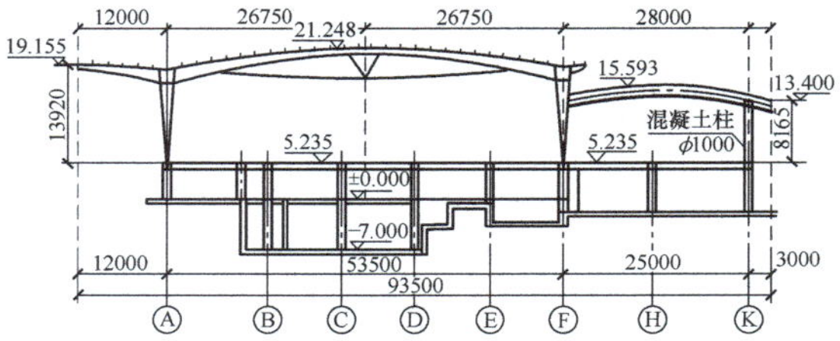

图 6.4.13 大连周水子国际机场航站楼屋盖

a) 新柏林火车站

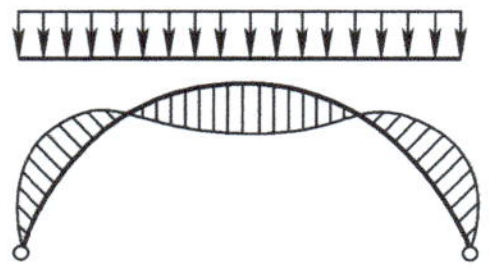

b) 全跨荷载下两铰拱弯矩图

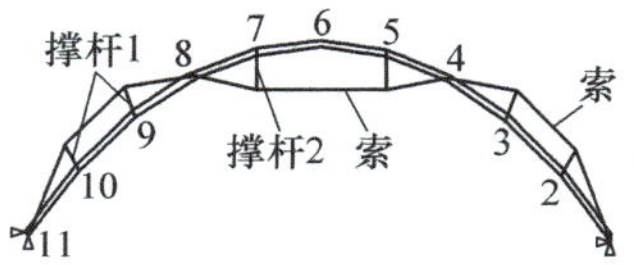

c) 索与撑杆布置示意

图 6.4.14 新柏林火车站

6.4.2 多向张弦结构

双方向布置张弦体系克服了单向结构平面外刚度小的弱点，形成空间工作，一般采用正交布置。2003 年北京建工研究院进行了此类结构的试验研究，近年来有了一些应用。2007 年建成的中国国家体育馆采用了 114m×144.5m 的双向张弦结构，横向 14 榀，纵向 8 榀，成为目前世界上跨度最大的双向张弦结构（图 6.4.15）。

2008 年建成的南京苏远大厦中庭，跨度 72m，结合建筑平面的特点成功地尝试了上部单层网壳与下部三向布置的索撑体系组合的张弦结构形式（图 6.4.16），值得关注。

图 6.4.17 所示为采用张弦梁（桁架）体系建造的日本 Green Dome Maebashi 多功能体育馆，体育馆为椭圆形，平面尺寸 122m×167m，屋顶高 42m，体育馆的结构体系如图 6.4.18 所示。整个屋面由 34 个张弦桁架支撑，在椭圆形长轴的中部张弦桁架呈平行状布置，在端部张弦桁架呈辐射状布置，所有张弦桁架在周边支撑于钢筋混凝土框架上，而在中间部位则与特定的刚性环梁连接，体育馆穹顶的张弦桁架体系构成如图 6.4.18b 所示。

图 6.4.15 中国国家体育馆

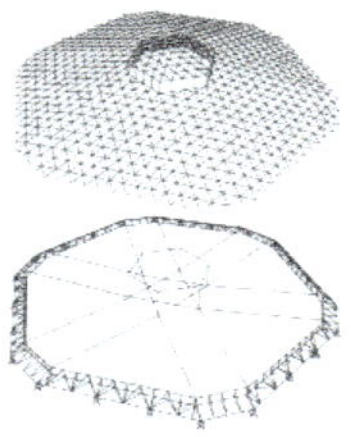

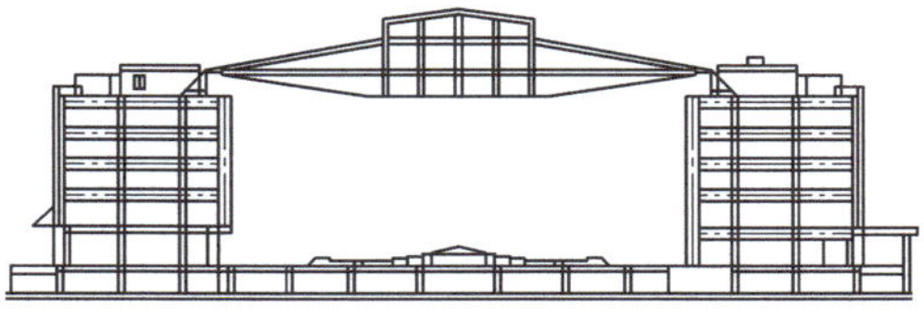

图 6.4.16 南京苏远大厦中庭

a) 外景

b) 内景

图 6.4.17 日本 Green Dome Maebashi 多功能体育馆

6.4.3 空间张弦结构

1993 年，日本川口卫教授（M. Kawaguchi）结合索穹顶和张弦结构的思想，提出了一种新型空间张弦结构体系——Suspen - dome。其基本思想是将索穹顶的柔性上弦用刚性的单层网壳替代，形成了一种索承网壳结构体系，也称张弦网壳、弦支穹顶等。其结构原理如图 6.4.19 所示，一个典型的索承网壳剖面图如图 6.4.20 所示。该结构体系由单层网壳、撑杆及预应力拉索组成，撑杆上端与网壳节点铰接，下端通过径向拉索和环向箍索连成整体。通过对下部的柔性拉索施加预应力，可使单层网壳产生与正常使用荷载作用下反向的位移和内力，有效提高整体结构的刚度和稳定性，改善结构的受力性能。

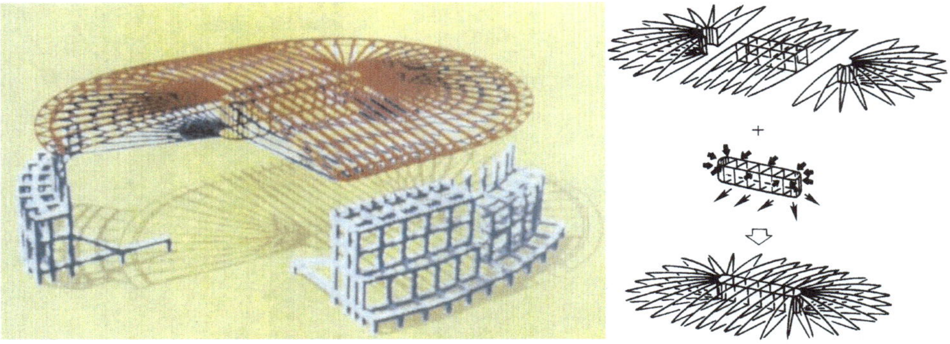

a) 结构骨架透视图　　　　b) 穹顶的张弦桁架体系构成

图 6.4.18　Green Dome Maebashi 体育馆的结构体系

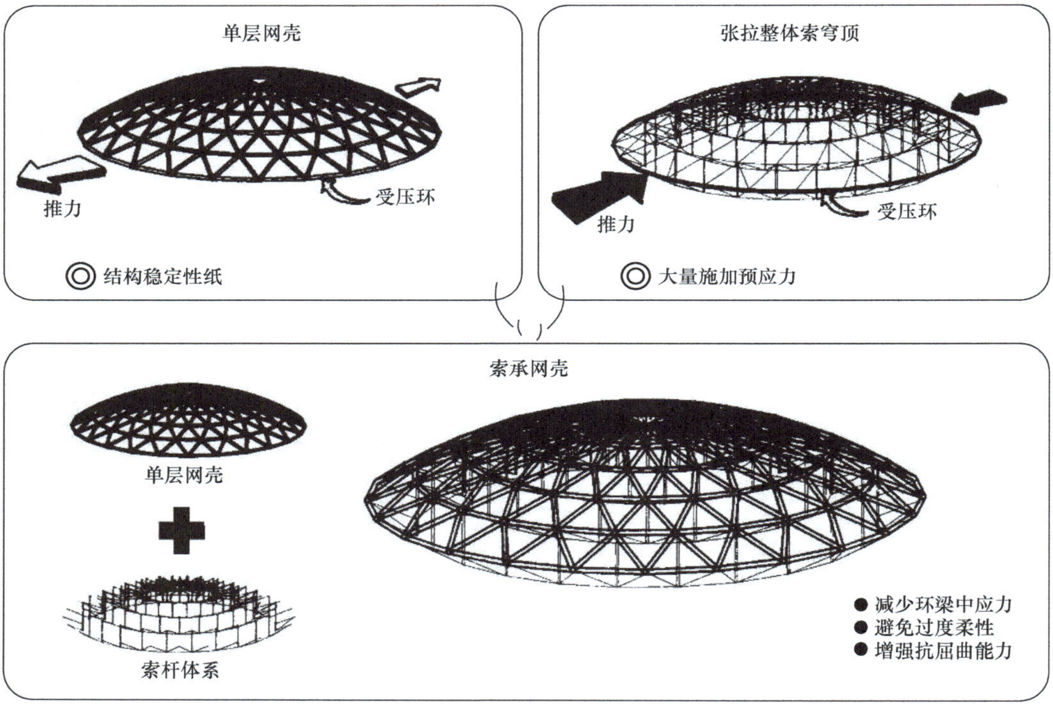

图 6.4.19　索承网壳的结构原理

索承网壳结构体系主要有以下几方面优点：

1）就单层网壳而言，下弦的张拉整体部分不仅增强了总体结构的刚度，还大大提高了单层网壳的稳定性。因此，结构跨度可以做得更大。

2）从索穹顶的角度看，虽然索穹顶的结构效能比较高，但其施工却有一定难度，用刚性的上弦层取代柔性的上弦索，不仅使施工大为简化，而且使屋面材料更容易与刚性材料相匹配。

3）在结构受力上，结构对边界约束的要求明显降低。因为刚性上弦层的网壳对周边施以压力，而柔性的张拉整体下部对边界产生拉力，两者组合起来后作用力相互抵消。如果进行适当的优化设计，还可以达到在长期荷载作用下屋顶结构对边界施加的水平反力接近于零，因此大大减小了下部支承结构的受力。

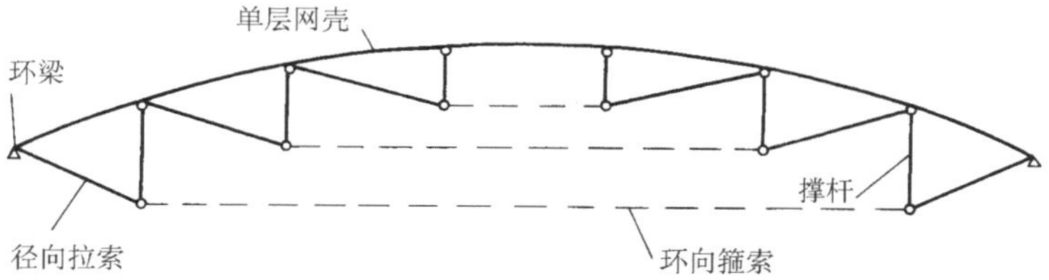

图 6.4.20 索承网壳剖面图

川口卫教授1993年提出这一新型结构体系后，对该体系进行了一系列的理论分析与模型试验研究，并设计建造了两座索承网壳结构。第一座是1994年3月在日本东京建造的光球穹顶（图6.4.21），其跨度为35m，屋顶最大高度为14m，上层网壳由工字形钢梁组成，下弦采用钢杆代替径向拉索，通过对钢杆施加预应力，使结构在长期荷载作用下对周边环梁的作用力为零。光球穹顶的屋面建筑材料采用压型钢板覆盖。继光球穹顶之后，1997年3月在日本长野建成了第二个跨度为46m的聚会穹顶（图6.4.22）。

图 6.4.21 光球穹顶

图 6.4.22 聚会穹顶

我国从1999年起对索承网壳结构进行了相应的研究工作，论证了该结构体系的可行性与合理性，进行了静力分析与稳定性分析，通过模型试验研究了体系的受力性能，并于2000年设计建成了昆明柏联广场中厅采光顶（图1.2.121），跨度15m，矢跨比1/25，是这种体系在我国的第一次尝试。2001年建成天津港保税区商务中心大堂屋盖（图1.1.19），直径为35.4m，矢高为4.6m，周边支承于沿圆周布置的15根钢筋混凝土柱及柱顶圈梁之上，柱顶标高13.5m，屋面以铝锰镁板为主，入口处局部为采光玻璃，上弦网格采用联方型，网壳沿径向划分为5个网格，外圈沿环向划分为32个网格，环向网格到中心缩减为8个。上弦杆件采用$\phi127\times4$mm和$\phi133\times8$mm两种钢管，共376根，上弦共有137个焊接球节点。研究和工程实践表明，索承网壳明显优于单层网壳，特别是在扁网壳中应用。

迄今已经陆续建成近二十座此类结构。2008年建成的济南奥林匹克体育中心体育馆，跨度达到122m（图6.4.23），是目前世界上跨度最大的张弦网壳。使用索承网壳的安徽大学体育馆做成六边形，渝北体育馆设计成三角形，进一步体现出我国建造技术的日益进步与创新能力。

图 6.4.23 济南奥林匹克体育中心体育馆屋盖

2007 年建成的北京大学体育馆上弦采用放射与环向布置的空间桁架体系，平面 80m × 64m（图 6.4.24），下弦采用放射布置径向索张拉，构成了又一种空间张弦桁架结构。空间张弦结构设计与建造过程中，预应力损失以及支座的合理使用是值得注意的问题。

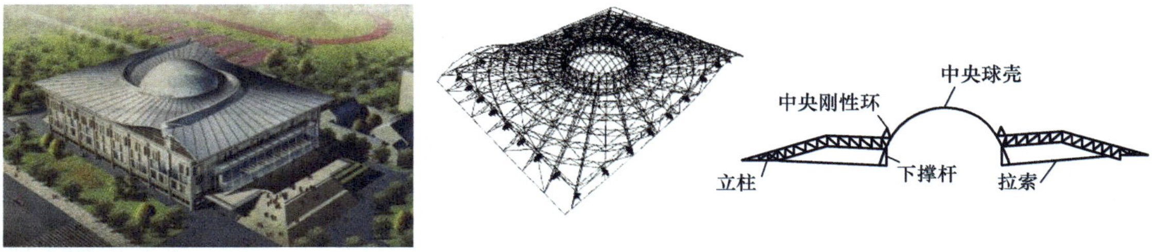

图 6.4.24 北京大学体育馆屋盖

6.5 预应力拱架结构

20 世纪 80 年代，澳大利亚的科研人员研发出一种新型大跨度空间结构体系——STRARCH（STRessed ARCH）。根据其结构构成和施工特点，我们称这种体系为整体张拉预应力拱架结构。STRARCH 建筑体系是澳大利亚斯塔国际有限公司（STRARCH International Limited）的预应力钢结构专利技术，利用该项技术已在世界各地建造了 80 余座建筑，我国的海口美兰机场维修机库和广州白云机场机库即采用了 STRARCH 专利技术。

整体张拉预应力拱架结构以其简单的构造和快捷的施工赢得了各国工程界的广泛关注，一个跨度 100m 左右的结构采用该项技术进行施工，现场张拉成形仅需一个工作日即可完成。STRARCH 系统的核心技术是将建筑物的施工与提升过程合为一体。一个典型的 STRARCH 拱架的现场成形过程如图 6.5.1 所示，首先将工厂制造的拱架段在工地现场地面上组装成整体，然后利用千斤顶张拉设在拱架下弦套筒中的拉索，通过拉索的张紧与加力使拱架一端的滑动支座向内滑动，并使上弦伸长、下弦缩短，张拉终止就位后形成最终的拱架。

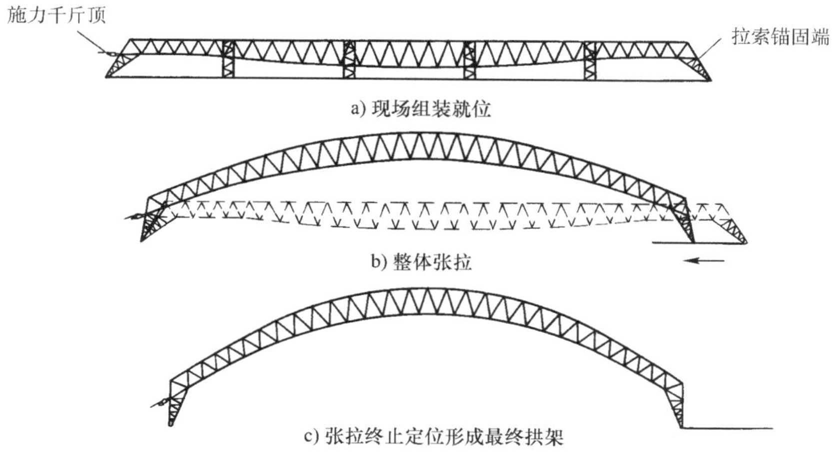

图 6. 5. 1　STRARCH 拱架的成形过程

通常，整体张拉预应力拱架结构由若干榀平行的 STRARCH 拱架构成，纵向通过檩条、屋面构件及屋面板连接形成整体。结构施工时，将数榀拱架同时在地面上用装配支架就位（图 6. 5. 2），在拱架之间铺设屋面构件、支撑、墙梁等纵向构件，将同步张拉的几榀拱架连成整体，形成空间体系。然后将数榀拱架进行同步整体张拉，张拉完成后，固定滑移支座，封闭张拉索头，通过下弦套筒的预留孔对下弦灌注水泥砂浆，最终拧紧所有松动螺栓形成结构整体。图 6. 5. 3 给出整体张拉预应力拱架结构的系统组成，图 6. 5. 4 所示为 STRARCH 拱架的构造细部。

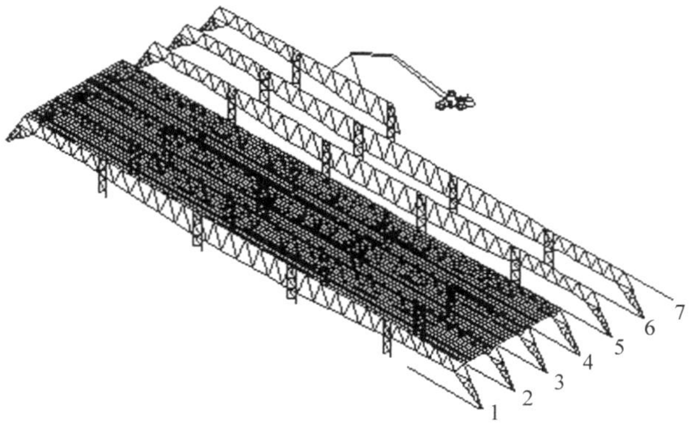

图 6. 5. 2　数榀 STRARCH 拱架在地面上用支架就位

一榀典型的 STRARCH 拱架由若干个拱架段在现场拼装组成，每个拱架段在工厂预先装配成整体后运到现场。有两种类型的拱架段，即固定拱架段和可动拱架段，固定拱架段位于柱腿和拱架的端部，在张拉过程中保持为刚体，不改变形状，可动拱架段位于拱架的中部，其下弦节间之间留有空隙，为张拉过程中下弦内缩提供位移量，张拉结束后空隙闭合。为保证张拉过程中的稳定性，下弦节间之间空隙接合处采用套管装置进行连接。考虑到所有杆件在预应力或受载阶段都有可能受压，因此杆件皆选用对称封闭截面以保证有良好的力学性能及等稳定性，如上弦选用方钢管，下弦选用一对圆管（或矩形钢管），腹杆采用圆钢管或方

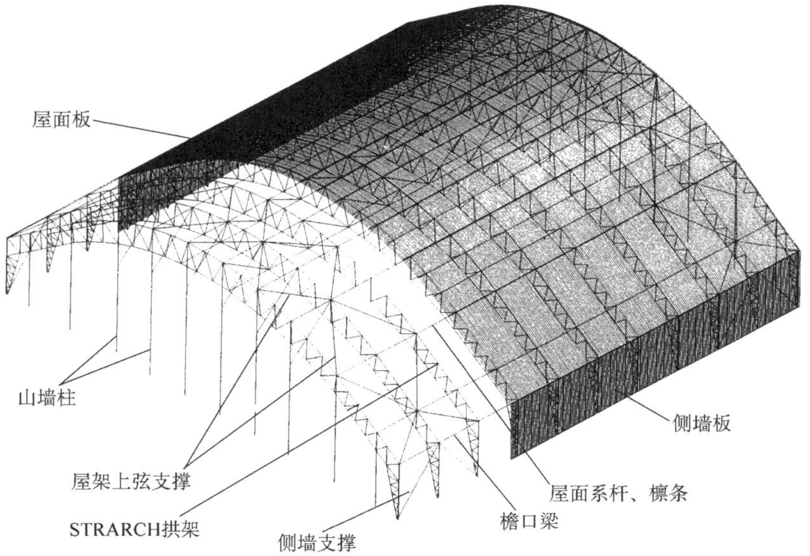

图 6.5.3 整体张拉预应力拱架结构的系统组成

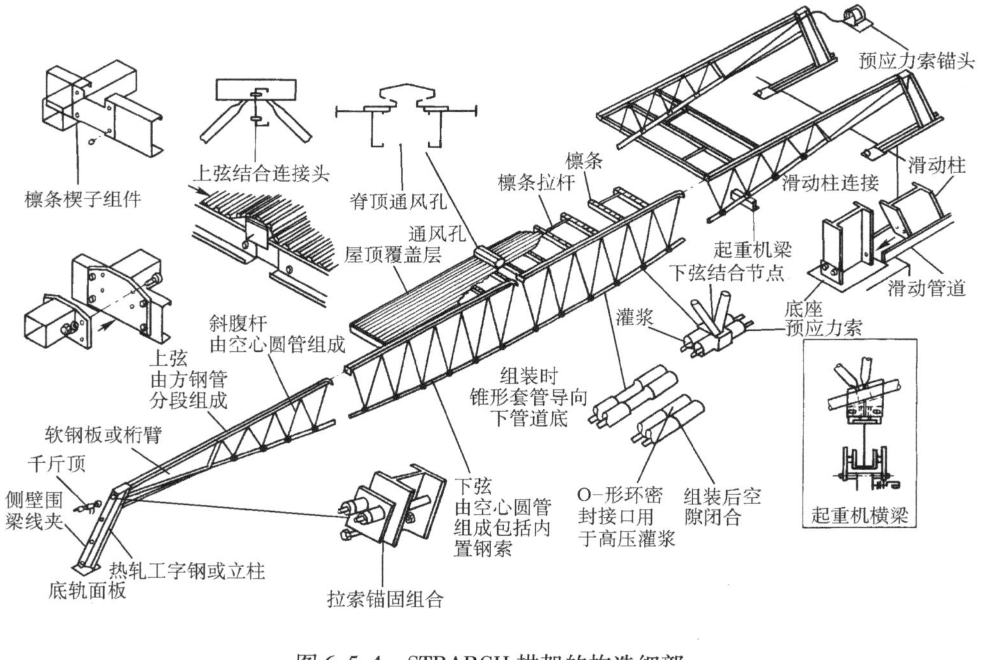

图 6.5.4 STRARCH 拱架的构造细部

钢管等（图 6.5.5）。拉索沿下弦杆中穿行，一端固结在柱腿上，另一端连接于液压千斤顶上，张拉后灌浆固结使下弦与拉索联结在一起整体受力。

与传统的大跨度钢结构相比，STRARCH 体系具有如下四个方面的明显的优势：

第一，节省材料。如我国的海南航空公司海口基地 1 号维修库房由于采用了该项技术，

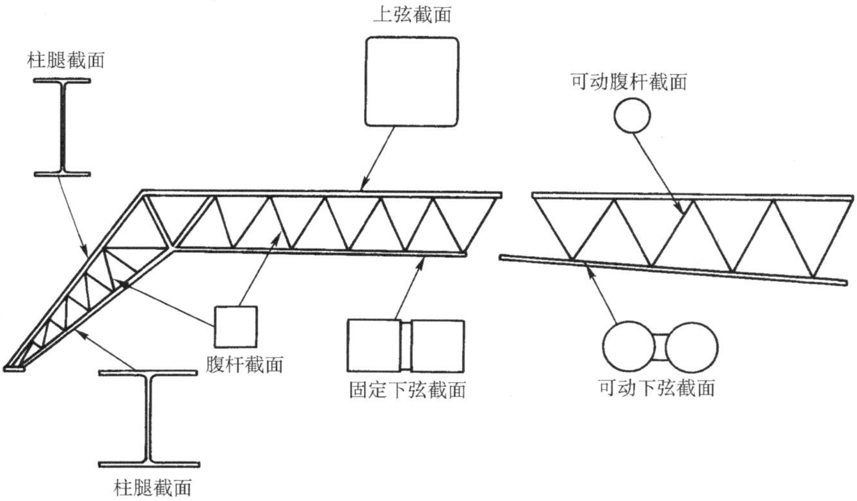

图6.5.5 STRARCH拱架的杆件与截面

用钢量仅为660t，较普通钢结构1100t的用钢量节省了40%。

第二，施工速度快。采用该项技术，不仅构件全部由工厂预制，而且当数榀桁架在地面支架上安装就位后，在张拉之前就可将内部的照明灯具、雨水虹吸装置、消防喷淋系统、起重梁，以及屋面设施如檩条、系杆、网板、玻璃棉保湿层、屋面板、屋面压缝板、雨水沿沟、通风口、避雷设备等装置一一安装完毕，然后同时张拉全部桁架，成形后接通水电，结构便可以交付使用。全部施工过程比普通钢结构施工可至少节约一半的时间。

第三，构造简单，施工难度小。从截面形式上看，结构的上弦由方钢管构成，其他构件由普通钢管构成。从基础连接上看，结构一侧柱脚由销轴与基础铰接，另一侧柱脚沿水平滑道滑行。从基础设计上看，由于张拉成形后结构中上弦压力和索拉力互相平衡，因此柱脚对基础没有推力作用。从施工难度上看，大多数构件的安装无须现场精确定位，无须使用脚手架，所有项目施工都在接近地面的较低位置上进行。

第四，受力性能合理，稳定性好。该类体系属于预应力钢结构，可以充分发挥材料的潜能。由于结构用料节省，自重很轻，因此结构具有优良的抗震性能。另外，上弦张拉成形过程中储存的巨大预应力决定了结构几乎不会失稳。

全面掌握整体张拉预应力拱结构的技术需要对结构的成形阶段和工作阶段分别进行分析，而张拉成形过程的控制是其技术的关键所在。张拉成形过程中结构的基本特征是大变形，大部分结构的上弦将因为自身的大应变而进入塑性区，因此理论分析的基本工具是综合考虑几何非线性和材料非线性的有限元方法。

STRARCH结构体系的主要应用是飞机的维修机库，同时在各种仓库、厂房、商场、运动场馆中也有较多应用，图6.5.6～图6.5.14为利用STRARCH技术建造的部分工程实例图片。

a) 外景　　b) 内景

图 6.5.6　飞机库房（澳大利亚，94m×85.7m，1988 年）

图 6.5.7　机库（韩国，87m×90m，1999 年）

图 6.5.8　机库（美国，2×97m×90m，1993 年）

图 6.5.9　机库（中国海南，99.6m×50m，2000 年）

图 6.5.10　马术中心（日本，47m×67m，1991 年）

图 6.5.11　粮仓（澳大利亚，46.5m×210m，1988 年）

图 6.5.12　煤料仓（印尼，120m×150m，1998 年）

图 6.5.13　研究基地（马来西亚，80m×165m，1995 年）

图 6.5.14　购物中心（澳大利亚，61m×96m，1986 年）

6.6　新型围护体系

6.6.1　点支玻璃幕墙

玻璃是一种古老的建筑材料，长期以来，玻璃所特有的透光性深受建筑师的青睐，但由于力学性能的局限，玻璃的用途只限于门窗、采光带及装饰材料。近年来，随着玻璃制造工艺的不断改进，使得玻璃这一传统的建筑材料的力学特性（强度）和物理特性（保温、隔声等）得到大大改善。目前，玻璃作为主承载结构的玻璃梁、柱、板，常用于建筑物的幕墙、顶棚、雨罩、走廊、门厅、地板、楼梯等，这一切都使玻璃结构作为一种独立的结构形式日益引起人们的关注，玻璃所特有的透光性在建筑中得以充分利用。实践中，玻璃结构常和钢结构结合起来运用，使建筑物摆脱了千百年来使用的笨重的砖石、混凝土的束缚，而呈现出晶莹剔透、变化多端、极具现代气息的崭新面貌。

点支玻璃幕墙是目前世界上最新的技术，所谓“点支”是指，它不像传统幕墙那样以周边支承的方式将玻璃连接在边框上，而是以点支承的方式通过金属连接件和紧固件将玻璃在特定的点（一般为角部）与支承结构连接，玻璃面板通常由四点或六点支承。点支承玻璃是对传统的有框玻璃（明框或隐框）的突破，通过点支承将作为围护结构的玻璃与支承结构结合在一起。一方面，点连接消除了玻璃框，提高了通透性；另一方面，由于玻璃改线支承为点支承，在造型上有了更大的自由度，可以做成复杂的体形，大大增加建筑的美感。点支玻璃幕墙体系由于结构的通透性高、支撑体系轻巧、建筑造型美观灵活、金属连接件安全耐久等诸多优势，近年来在国内外得到较多应用。图 6.6.1 所示为广州国际会议展览中心采用的点支玻璃幕墙。

1. 点支玻璃幕墙的结构体系

点支玻璃幕墙的支承结构体系有多种形式，目前应用最多的是金属支承结构体系，通过金属连接件将玻璃固定在金属支承结构上，既安全可靠，又充分利用金属结构的灵活多变，以满足建筑造型的要求。除了传统意义上的刚架、钢桁架、网架（壳）等刚性支承结构体系外，目前较新的是柔性支承体系，主要有：

1）张拉索桁架结构：施加预应力的拉杆（索）与刚性压杆组成张拉桁架，并通过撑杆和玻璃连接，如图 6.6.2a 所示。

图 6.6.1 广州国际会展中心点支玻璃幕墙

2）张拉索网结构：拉紧的索网平行地布置在玻璃的接缝后面，将结构的通透性提高到最大限度，如图 6.6.2b 所示。

3）张拉整体结构：两组平行的索网在水平、竖直两个方向错动一段距离，前后索网节点之间铰接刚性杆，从而增加了结构的整体性，能抵抗较大的水平荷载，如图 6.6.2c 所示。

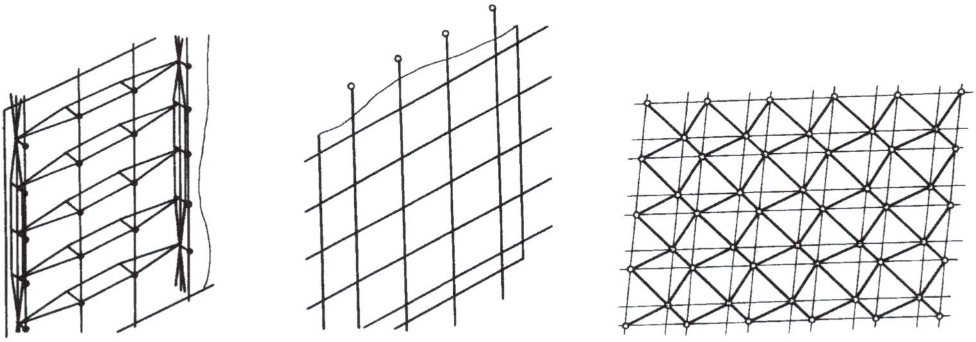

a) 张拉索桁架结构　　b) 张拉索网结构　　c) 张拉整体结构

图 6.6.2 点支玻璃幕墙的结构体系

张拉索桁架结构是一种较为实用的幕墙支承体系，支承结构采用细小的高强钢索或钢拉杆，辅之以短粗压杆，并应用预应力技术保证结构的承载力和刚度，使建筑结构造型更加轻盈美观。常见的张拉索桁架结构单元有如下几种：

1）拉索单压杆梭形结构（图 6.6.3a）：为自平衡体系，由两条斜索、中压杆和撑杆组成，预应力的拉力由压杆承受，所以不需要额外的结构来承担预应力。在一定程度上减小了截面，中压杆的截面远远小于单根杆件的截面，与桁架结构相比，拉索代替了弦杆，结构更轻巧、合理。

2）双拉索鱼形结构（图 6.6.3b）：除了撑杆，没有截面较大的杆件，只有两条斜索。结构十分轻巧、简洁、美观，充分体现了柔性支撑结构的优越性。由于拉索是弧形的，可以用于曲面玻璃幕墙，布置灵活，可以横放或竖放。

3）双拉索三角形结构（图6.6.3c）：由一条竖索和两条斜索，以及短撑杆和长撑杆组成。由于这种结构都由三角形组成，根据三角形的稳定性，平面内是稳定的，结构受力明确，施工简单，比较适合平板型玻璃幕墙，应用较为广泛。

4）索杆组合结构（图6.6.3d）：由两条拉索和一段钢管组成，施工简单，材料用量少，钢管由于截面较大，刚度大，正好克服拉索偏柔的特性，刚柔相济，可以有效地提高结构的刚度，而且钢管不受轴向压力，不需考虑失稳的问题。

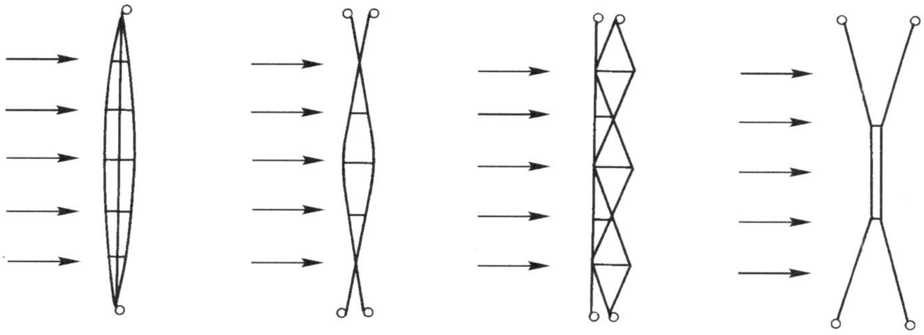

图6.6.3　常见的张拉索桁架结构单元形式

在实际结构中，可以根据具体情况将支承结构置于玻璃外侧、内侧或交错在两侧，图6.6.4所示为典型支承结构单元在玻璃幕墙中的连接情况。图6.6.4a所示为一般的弓形钢桁架与玻璃的连接；图6.6.4b所示为将拉索置于玻璃两侧的拉索单压杆梭形结构的连接形式；图6.6.4c所示为将拉索单压杆梭形结构置于玻璃一侧的连接形式；图6.6.4d所示为双拉索鱼形结构与玻璃的连接。图1.2.107所示为一实际的索桁架支承玻璃幕墙结构。

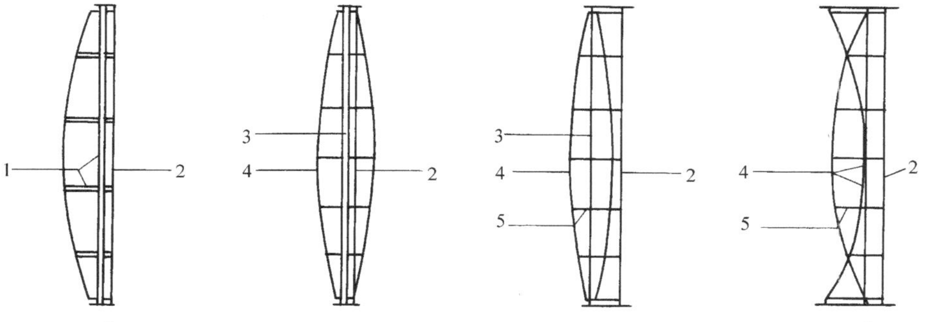

图6.6.4　典型支承结构单元在玻璃幕墙中的连接情况

1—桁架　2—玻璃　3—压杆　4—拉杆（索）　5—撑杆

在点支承玻璃幕墙的设计中，支承结构除了必须满足通常的结构设计要求外，还需要适应点支承玻璃幕墙的特殊要求，主要有以下几方面：

1）建筑造型和功能的要求：点支玻璃幕墙支承体系的总体形式和布置首先要满足建筑造型的要求。现代建筑富有想象力的造型常常给支承结构体系的设计带来很大的挑战，支承结构的形式、构件的布置、材料的选择等无一不受建筑造型方面的限制和要求，合理的支承结构体系必须成功地体现建筑的品质。这一点对于点支玻璃幕墙建筑尤为突出和重要。

2）结构强度、刚度、变形要求：作为支承结构，无可置疑地必须满足一般结构的设计要求，即强度、刚度、变形等的要求，钢支承结构的设计应依据 GB 50017—2003《钢结构设计规范》及 JGJ 102—2003《玻璃幕墙工程技术规范》。

3）要适应玻璃分格的要求：玻璃的大小、形状应当满足建筑要求以及玻璃本身的承载能力和变形要求，同时还应当考虑玻璃加工和安装方面的技术要求，必须根据工程的具体情况合理掌握。而点支承玻璃的支承结构则必须适应玻璃分格的要求，以实现对玻璃的支承作用。

2. 点支玻璃幕墙的连接方式

点支玻璃幕墙一般通过特定的连接件将玻璃固定，然后通过钢爪或链杆与支承体系相连，常用的点连接方式主要有如下几种：

1）夹板连接：用带有垫片的两片钢板夹住玻璃，通过拧紧螺栓使钢板和玻璃之间产生足够的摩擦力支承玻璃。在这种连接中，玻璃上可以钻孔，也可以不钻孔，其主要优点是连接处无应力集中。目前常用的夹板连接方式有图 6.6.5 所示的补丁板式连接和图 6.6.6 所示的 MIG 连接。补丁板式连接是在玻璃板边缘或角部打孔，用螺栓穿过并将两金属夹板夹紧，通过金属肋安装在支承桁架上。MIG 连接是将四块相邻玻璃的角部放置在带有十字肋的底板上，底板通过钢索（杆）固定于支承结构上，再用一根主螺栓穿过盖板，将盖板与底板连接，同时将玻璃压紧，玻璃板与底板和盖板之间放置垫片，四块玻璃板之间放置间隔条。这种连接可避免在玻璃上打孔。

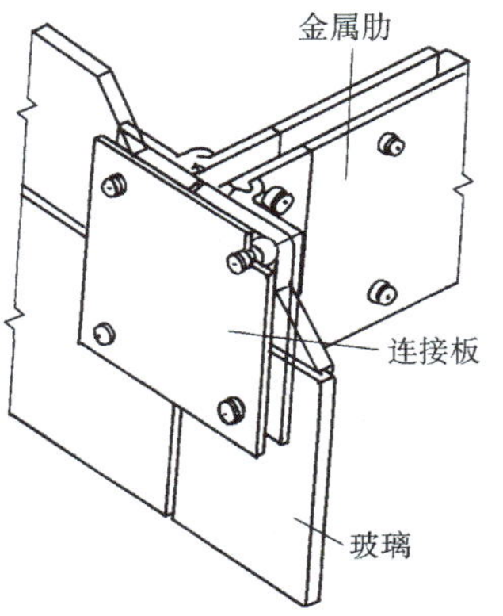

图 6.6.5 补丁板式连接

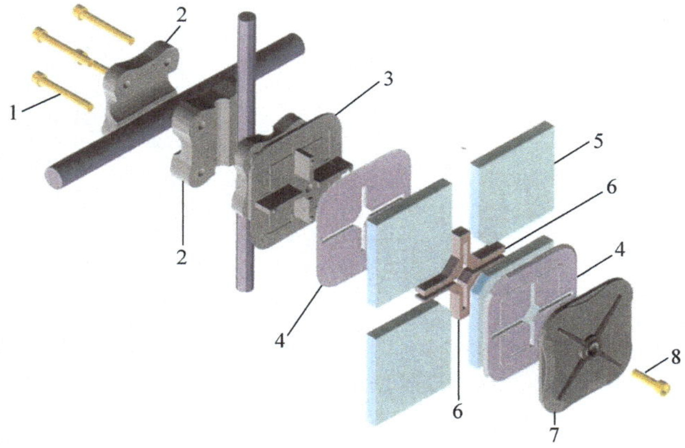

a) 分解示意图

b) 实物图片

图 6.6.6 MIG 连接

1—固定螺栓 2—夹板 3—底板 4—垫片 5—玻璃 6—间隙条 7—盖板 8—主螺栓

2）螺栓连接：直接在玻璃上打孔，将螺栓穿过孔，拧紧螺栓将玻璃固定，栓头和栓杆分别与玻璃板面和孔壁接触，并传递荷载。根据栓头与玻璃表面的关系，可分为浮头式和沉头式两种连接方式。浮头式连接（图6.6.7）的栓头凸出玻璃板面，而沉头式连接（图6.6.8）的栓头沉入玻璃表面。沉头式连接表面平整、美观，玻璃表面不易积灰，但打孔时需开有斜坡，开孔处玻璃板有效厚度减小，因此板需比浮头式厚些。螺栓连接对玻璃板几乎是完全约束，连接处容易产生很高的应力集中，故常用于玻璃板面较小、荷载不大的情形。为了减少孔边的应力集中，可使用垫圈和弹簧板等“软连接”加以改进，如图6.6.8所示。

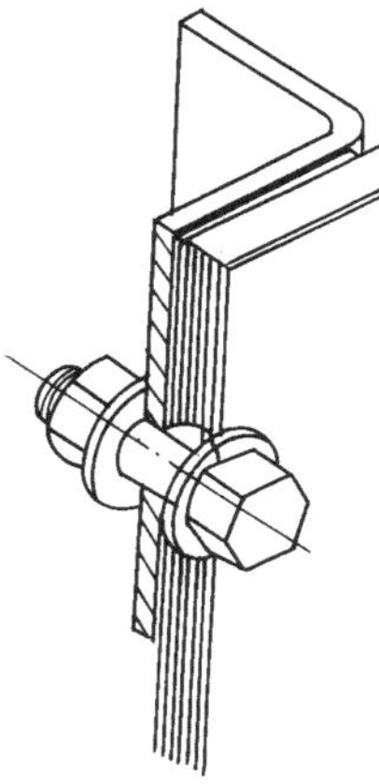

图6.6.7 浮头式螺栓连接

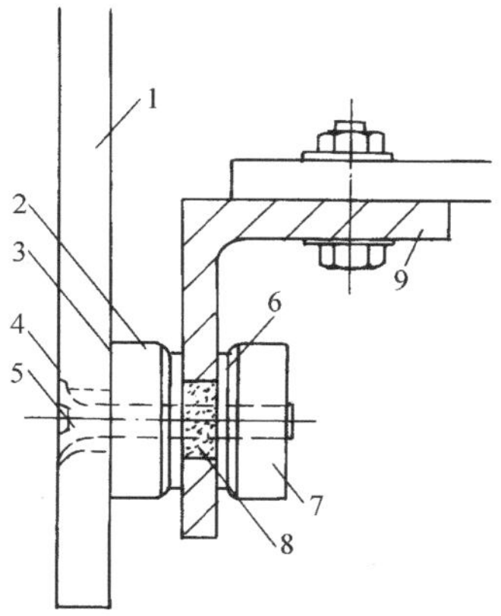

图6.6.8 沉头式螺栓连接

1—钢化玻璃 2—装配螺母 3—纤维垫 4—杯形垫圈 5—沉头螺栓 6—垫圈 7—螺母 8—放松孔 9—弹簧板

3）球铰连接：这是目前应用最广泛的一种点式连接形式。其方法是在玻璃角部打孔，在孔中安装夹具，夹具也分为沉头式和浮头式两种，对于中空玻璃连接要采用与之相适应的夹具，如图6.6.9所示。夹具中安置一顶部为半球状的螺栓，可以在夹具中自由转动，其转动中心（球心）与玻璃板的厚度中心一致，这样就释放了节点对玻璃的扭转约束。由于孔边应力集中主要是由约束弯矩引起的，释放约束弯矩则可大大降低应力集中。这就是球铰连接优于前面所述各种连接的特点，也是能广泛应用的原因。

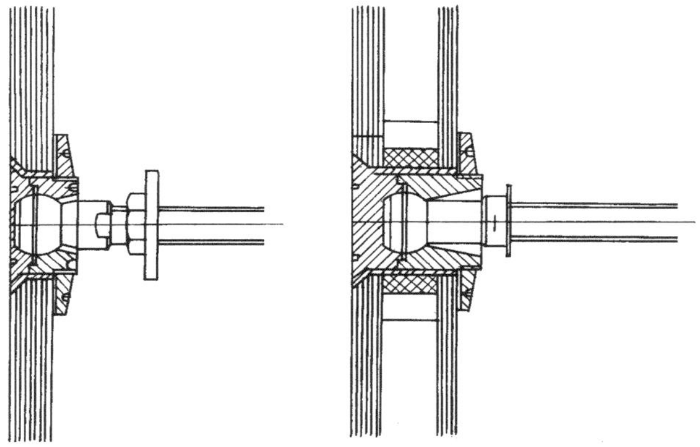

a) 单层玻璃连接　　b) 双层中空玻璃连接

图6.6.9 球铰连接

在上述螺栓连接或球铰连接中，需通过特制的钢爪将多块玻璃在其角部连接成一体，然后再通过爪臂连接到支承结构上，如图6.6.10所示。施工时，预先将夹具及螺栓固定于玻璃板孔内，待玻璃板就位后安装钢爪。为了调节制作及安装过程中的误差，钢爪的肢端需开有椭圆孔。根据所要固定的玻璃板的数目，钢爪的肢数有单肢和多肢。常见的为四肢爪，用于承受四块玻璃的一个角。但有时为适应曲面外形而分块较多时，可使用更多肢（如六肢或八肢）。对于常见的四肢爪，一般有H形和X形两种布置。X形爪的构造简单，应用较为广泛。

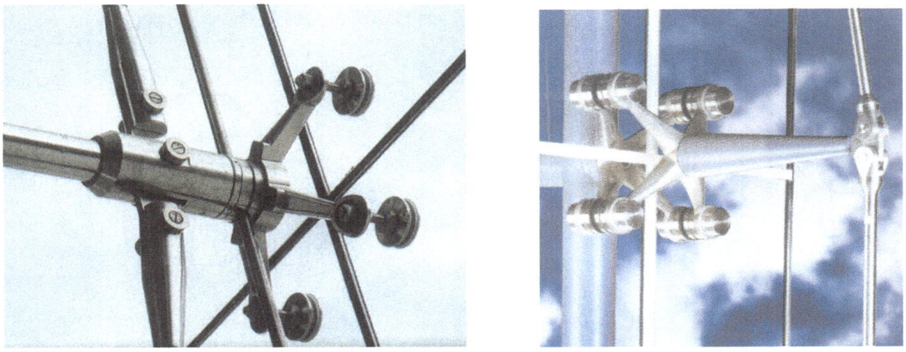

图6.6.10 点支玻璃幕墙中的钢爪连接

3. 工程应用

巴黎的拉·维莱特科学城幕墙（图6.6.11），主体结构是立面为 $32\mathrm{m} \times 32\mathrm{m}$ 的框架，由直径300mm不锈钢管焊接而成。为了提高框架的整体刚度，每层由一预应力水平桁架加强，桁架由直径为30～55mm的拉杆组成。整个框架由 $8\mathrm{m} \times 8\mathrm{m}$ 的单元格子构成，每个格子固定了 4×4 块 $2\mathrm{m} \times 2\mathrm{m}$ 的钢化玻璃，玻璃间用H形钢爪连接，用以传递竖向荷载。每两行玻璃交接处有一水平索桁架作为玻璃的水平支撑（图6.6.12），两端固定于主体框架上。索桁架

a) 外景　　b) 内景

图6.6.11 法国拉·维莱特科学城幕墙

由撑杆和两套相对的抛物线形拉索组成，其顶点相距 600mm，撑杆是截面较大的圆钢，拉索是 19 股的钢绞线。索桁架的形状是为了保证在风压力和风吸力两种不同的工况下，始终有一端的钢索张紧抵抗风力，并通过撑杆给玻璃以水平支撑。

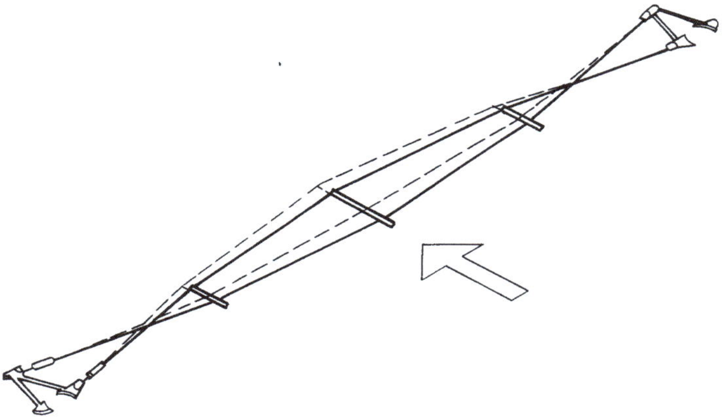

图 6.6.12 拉·维莱特科学城幕墙采用的索桁架支撑

广州新白云国际机场是华南地区的主要枢纽机场。其航站楼建筑设计完美地结合了当代建筑艺术和现代科技成果，优美的建筑造型和立面晶莹剔透的点支玻璃幕墙（图 6.6.13）使其成为具有 21 世纪国际先进水平的大型现代化国际航空港。首期航站楼建筑面积约 30 万 m^2，幕墙面积约 14.9 万 m^2，其中点支玻璃幕墙为 8.15 万 m^2。幕墙支承结构采用钢桁架与预应力索桁架交叉的混合支承体系，周边由格构式梁和柱构成边缘框架，中部由竖向的单榀钢桁架和水平向的索桁架构成支承网格来承受由玻璃传来的水平荷载。

图 6.6.13 广州机场航站楼玻璃幕墙

主楼南、北立面三层以上中间区段点支玻璃幕墙的支承体系布置如图 6.6.14 所示，其支承桁架高度约 30～33m，采用单片抗风钢桁架，间距为 9m，每块玻璃宽高尺寸为 3m × 1.5m，水平设立跨度 9m 的自平衡索桁架，与钢桁架腹杆铰接，柱顶设立一道纵向空间三角形钢托架（由三根弦杆及腹杆、斜杆组成的钢桁架，跨度 9m，主要功能为承受玻璃自重），柱底与楼层铰接，柱顶与屋面水平抗风桁架活动铰接（仅传水平力，不传垂直力）。为保证竖向钢桁架平面外稳定需要，沿高度每 6m 在水平自平衡索桁架端部设立斜撑与竖向钢桁架前后弦杆铰接。整个幕墙向外前倾角为 80°。

荷载传力途径为：水平风力由玻璃面板通过连接件传给水平自平衡索桁架，再通过竖向钢桁架柱分别传给楼板及屋盖。玻璃幕墙重量通过吊索（间距 3m）传给上部柱顶钢托架，然后由钢托架通过竖向钢桁架柱传给楼面。

6.6.2 新型金属屋面板——彩涂压型钢板

近年来，随着钢结构建筑的迅速发展，以彩色涂层钢板经过辊压成型的彩涂压型钢板

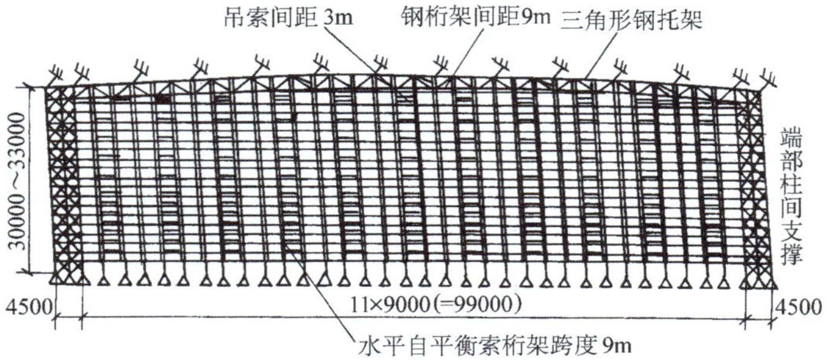

图6.6.14 广州机场航站楼玻璃幕墙的支承体系

（图6.6.15）已在许多大型的购物商城、工业厂房、民用建筑、会展中心以及体育设施等大跨屋面中得到应用。由于其自身的优越性，已被建筑师和社会各界所认可。而且可以预见，这种迅速发展的势头在未来几年内，还会得到增强。

a) 单层板

b) 夹芯板

图6.6.15 彩色涂层压型钢板

1. 屋面板的分类

根据屋面板的构成及在结构中的功能作用，有不同的分类方法。

（1） 按组成材料分类

1） 彩钢屋面板——采用镀锌（或镀铝锌）彩钢板压制而成。

2） 铝合金屋面板——采用铝合金板压制而成。

3） 不锈钢屋面板——采用不锈钢板压制而成。

4） 防水卷材屋面板——在保温材料上或彩钢板上铺设防水卷材而成。

（2） 按固定方式分类

1） 螺钉穿透式——由自攻螺钉直接穿透板固定在檩条上（图6.6.16）。

2） 暗扣式——表面无螺钉，板通过加工配合公差扣在支撑扣件上（图6.6.17）。

3）咬合Ⅰ型——面层板通过卷边方式和支座连接，但面板和面板之间、面板和支座之间都可以相对滑动（图6.6.18）。

4）咬合Ⅱ型——面层板通过卷边方式和支座连接，支座与板一起滑动，板和板之间、板和支座之间都不产生相对滑动（图6.6.19）。

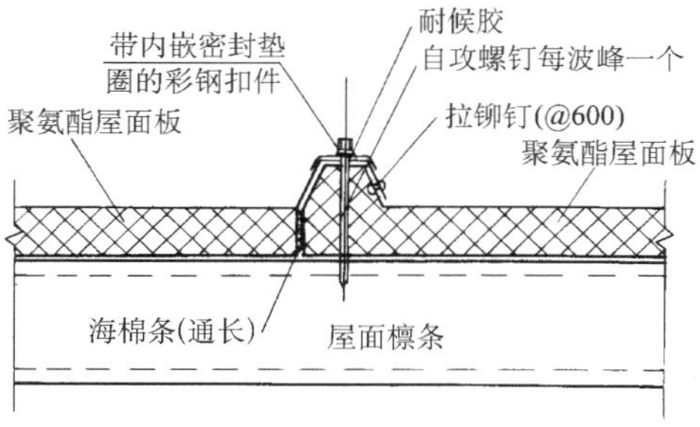

图6.6.16　螺钉穿透式板连接详图

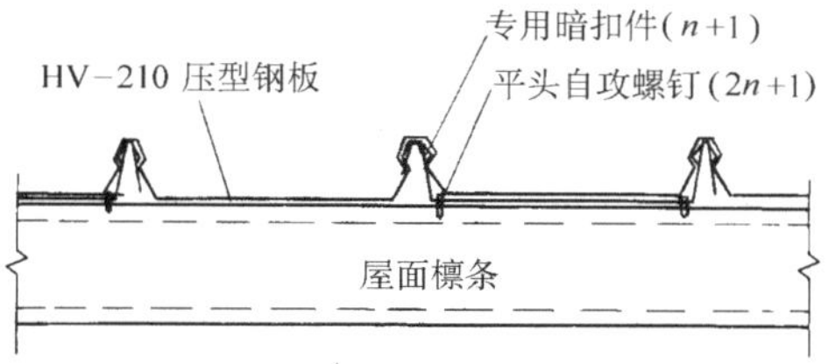

图6.6.17　暗扣式板连接详图

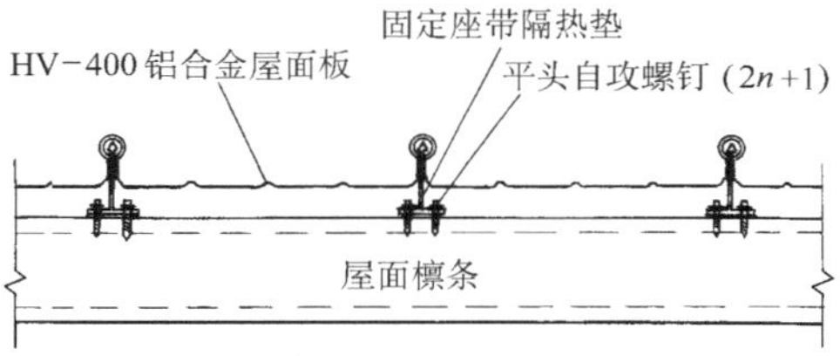

图6.6.18　咬合Ⅰ型板连接详图

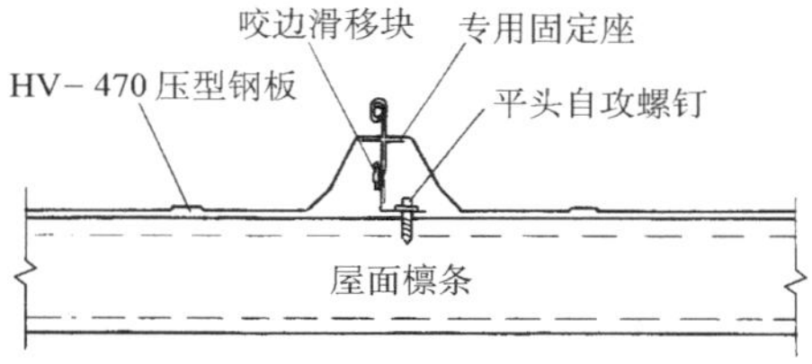

图6.6.19　咬合Ⅱ型板连接详图

（3）按保温性能分类

1）单层板——以彩色钢板经过辊压成型的压型板，这种板保温性能差。

2）夹芯板——由两层彩色涂层钢板或其他金属作为面板，中间注入夹芯板材料复合而成，常用的夹芯材料有聚苯乙烯、聚氨酯以及岩棉，这种板保温性能好，但由于在工厂内加工，当板长超过一定要求时，运输比较困难。

3）现场复合板——在施工现场铺设玻璃保温棉（或岩棉），面板根据长度要求可以现场加工，这种板保温性能好，整个板长可以做到无搭接。

2. 屋面板材料的性能

（1）金属彩板　彩涂钢板是以热镀锌（或热镀铝锌合金）薄钢板为基板，经过表面处理（脱脂与化学转化）后，再以辊涂方法涂上一层液态涂料，经烘烤与冷却，即得到一涂一烘的彩涂钢板产品。若需要二涂二烘的彩涂板产品，则需重复进行一次辊涂、烘烤与冷却工艺。

彩涂板的基板可以分成冷轧基板、热镀锌基板、电镀锌基板。彩涂板的涂层种类可以分成：聚酯、硅改性聚酯、偏聚二氟乙烯、塑料涂胶。彩涂板的颜色可以根据用户的要求分成很多种类，如海蓝、天蓝、白灰、橘黄、瓷蓝、象牙、砖红等。

（2）保温材料　保温材料主要有聚苯乙烯、玻璃棉、聚氨酯。聚氨酯是保温效果最好的材料。

聚苯乙烯——平均热导率 $K=0.04W/(m\cdot℃)$；
常用厚度：50mm、75mm、100mm；
防火性能：阻燃性材料。
聚氨酯——平均热导率 $K=0.023W/(m\cdot℃)$；
常用厚度：30mm、40mm、50mm、60mm；
防火性能：B1 级难燃性材料。
玻璃棉——平均热导率 $K=0.039W/(m\cdot℃)$；
常用厚度：50mm、75mm、100mm；
防火性能：A 级不燃性材料。
玻璃棉热阻值（R）见表 6.6.1。

表 6.6.1 玻璃棉热阻值

厚度/mm \ 松密度/(kg/m^3)	12	14	16	20	24
50	1.2	1.3	1.3	1.4	1.4
75	1.7	1.9	1.9	2.0	2.1
100	2.3	2.5	2.6	2.7	2.8

3. 几种典型板材的技术性能、构造特点

（1）聚氨酯夹芯板 聚氨酯夹芯板是由两层防水彩色涂层钢板或其他金属作面板，中间注入难燃型聚氨酯硬质泡沫复合而成，是当今世界公认的最佳隔热保温材料，可用于大型工业厂房、仓库、展览馆、体育馆、冷库、净化车间等各种建筑的屋面和墙体，集保温、隔热、承重、防水于一体，色彩丰富、造型美观。其主要优点为：

1）自重轻：自重 $10\sim14kg/m^2$，安装方便、灵活，不需大型起吊设备，施工周期短，综合造价低。

2）承载能力高：具有强度高、刚度大的特点，既能作承重结构又能作围护结构。

3）保温隔热性好：平均热导率为 $0.023W/(m\cdot℃)$。

4）防火性能较好：经国家防火建筑材料质量监督检测中心检测，各项指标达到 GB 8624 B1 级。

5）使用灵活：由于采用连续式生产线全电脑控制，夹芯板的长度可根据设计要求及运输安装条件确定。对于不同的屋面荷载及檩距可选用不同的夹芯板厚度。

（2）聚苯乙烯夹芯板 聚苯乙烯夹芯板是一种多功能新型建筑板材，是由外层两侧钢板和内层（夹芯层）聚苯乙烯通过自动成型机，经过加热加压用高强度粘结剂复合而成的。与聚氨酯夹芯板相同，聚苯乙烯夹芯板也具有自重轻、承载能力高、使用灵活、隔热、隔声、保温性能好等优点。其自重为 $10\sim14kg/m^2$，平均热导率小于 $0.04W/(m\cdot℃)$。

（3）HV－210 面板＋玻璃棉＋HV－200 底板（图 6.6.20） 该屋面体系采用现场复合而成，具体优点有：

1）HV－210 面板，其 42mm 高的窄肋不仅加强了钢板的强度，而且能保证排水性能。

2）HV－210 面板可以根据板长要求采用现场通长加工，做到整个屋面无搭接。

3）由于排水性能好及面板无搭接，屋面最小排水坡度可做到 2°。

4）HV－210 面板采用的是独特的 KL65 固定座的隐藏式安装系统，使钢板表面没有任何螺钉穿透。

5）该屋面体系安装快捷、方便，而且面板与底板可以交错施工，安装效果美观、大方。

6）具有良好的保温性及密封性。

7）运输、吊装方便，板不易损坏。

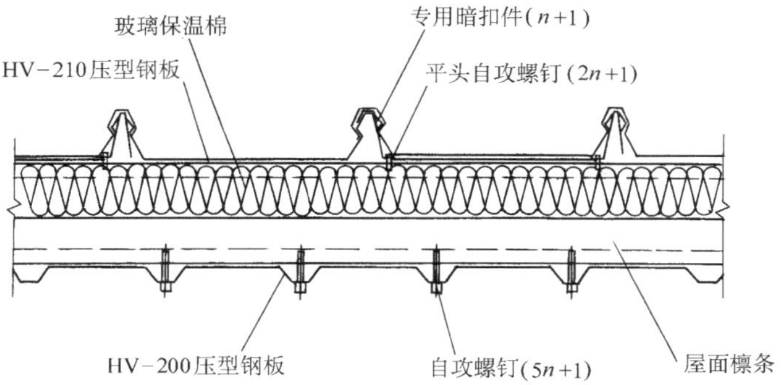

图 6.6.20　HV－210 复合板横断面详图

（4）HV－470 面板＋玻璃棉＋HV－200 底板（图 6.6.21）　该屋面体系采用现场复合而成，具体优点有：

1）HV－470 面板，其肋高为 65mm、排水性能极佳。

2）面板与面板之间的连接采用 360°立缝式咬边而成，以机械的方式加以缝合和密封。

3）面板可以根据长度要求现场加工，做到屋面无搭接。

4）屋面最小排水坡度可以做到 2°。

5）由于面板采用咬边而成，使整个屋面无螺钉穿透。

6）通过面板固定支架的特殊设计可完全解决面板的热胀冷缩问题。

7）安装、运输、吊装方便，效果美观、大方。

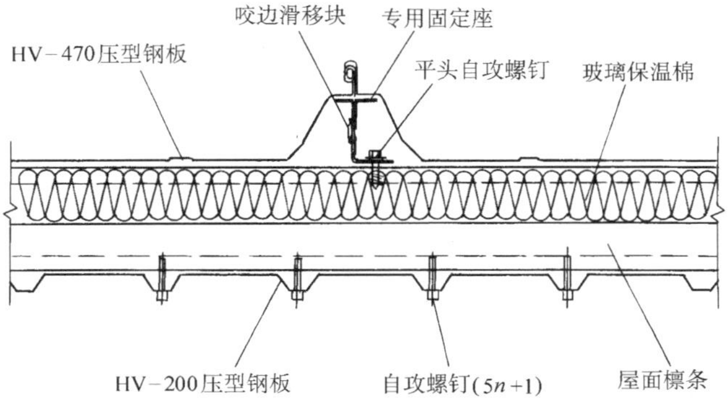

图 6.6.21　HV－470 复合板横断面详图

（5）HV－400 铝合金面板＋玻璃棉＋HV－200 底板（图 6.6.22）　该屋面体系采用 0.9mm 厚铝合金板压制而成，肋高为 65mm。面板与面板之间采用锁边而成，具体优点有：

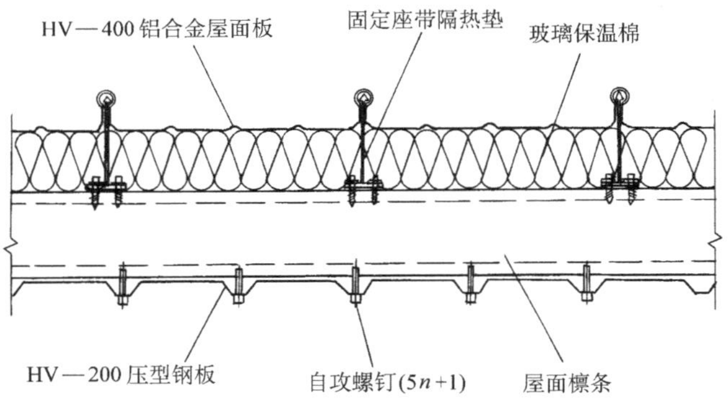

图6.6.22 HV-400复合板横断面详图

1）强度高。

2）防水性能及耐气候性好。

3）整个屋面没有穿孔及螺钉外露。

4）可生产不间断长度，无需纵向搭接。

5）使用寿命长，可达40年。

6）作用跨度大。

7）能完全解决热胀冷缩问题。

8）效果美观、大方。

4. 几种采光顶的技术性能、构造特点

（1）阳光板采光带（图6.6.23） 阳光板采光带指直接安装在彩色压型钢板屋面上的，采用阳光板为透明材料的带形天窗。阳光板采光带特点为：

1）防水性能好。

2）采光效率高，均匀性和散射性好，不同厚度的阳光板可见光透光率在80%左右。

3）耐老化，可阻隔紫外线射入室内，使用年限长达20年以上。

4）节能，阳光板的传热系数小于或等于中空玻璃。

5）宽广的温度适应范围，阳光板在-40～120℃温度范围内保持各种性能稳定。

6）重量轻。

7）不易破碎，耐冲击强度大。

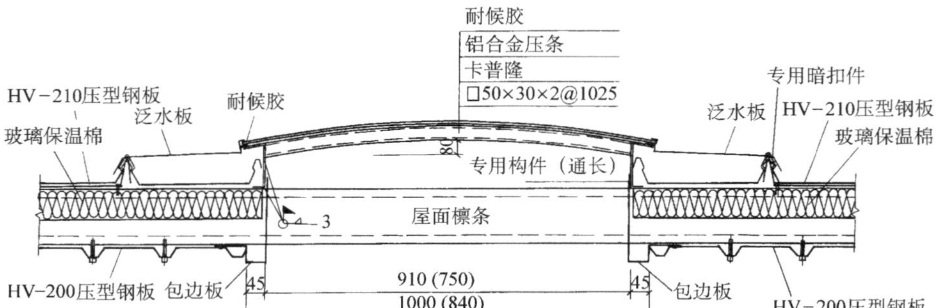

图6.6.23 阳光板采光带节点详图

（2）聚酯采光带（图 6.6.24、图 6.6.25）　目前常用的工业采光板均为 R74 系列，表面贴覆有标称 20μm 的 R74 涂覆薄板，聚酯成分为通用型间苯二甲酸聚酯，具体优点有：

1）防水性能好。

2）强化玻纤含量最少 22%。

3）重量轻，仅为 2.4kg/m^2。

4）耐温限度好，在 −20 ~ 95℃温度范围内保持各种性能稳定。

5）透光率高，70%（透明色），58%（乳白色）。

6）热能系数低，0.72（透明色），0.62（乳白色）。

7）抗紫外线率高：99.9%。

8）使用寿命长：保证 10 年。

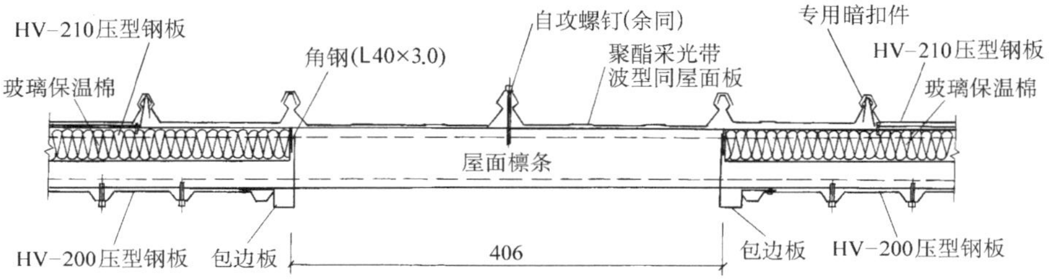

图 6.6.24　聚酯采光带节点详图一

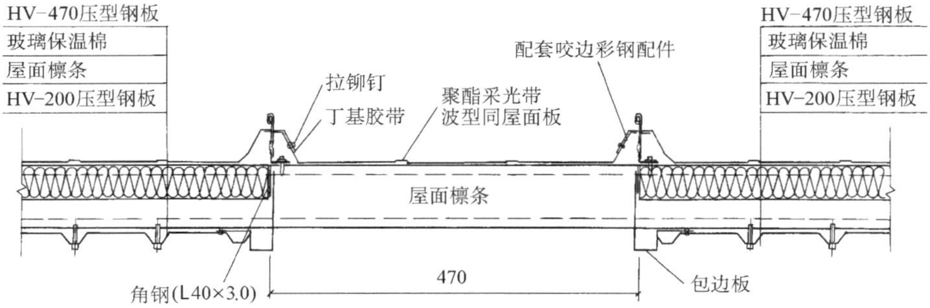

图 6.6.25　聚酯采光带节点详图二

（3）玻璃采光带（图 6.6.26、图 6.6.27）　玻璃采光带常用的玻璃有夹层玻璃和中空玻璃两种：

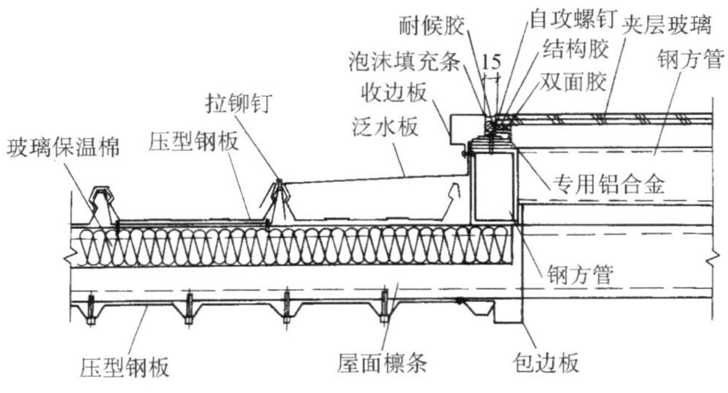

图 6.6.26　玻璃顶采光带泛水节点详图

夹层玻璃——由一层玻璃与一层或多层玻璃、塑料材料夹中间层而成的玻璃制品。夹层玻璃的主要性能有：抗冲击、阳光控制、隔声、耐气候、自洁性、耐热耐温性等。

中空玻璃——两片或多片玻璃以有效支撑均匀隔开并对周边粘接密封，使玻璃层间形成有干燥气体空间的制品。中空玻璃的主要性能有：抗冲击、保温隔热、耐气候、阳光控制、密封性、自洁性、高温高湿耐久性等。

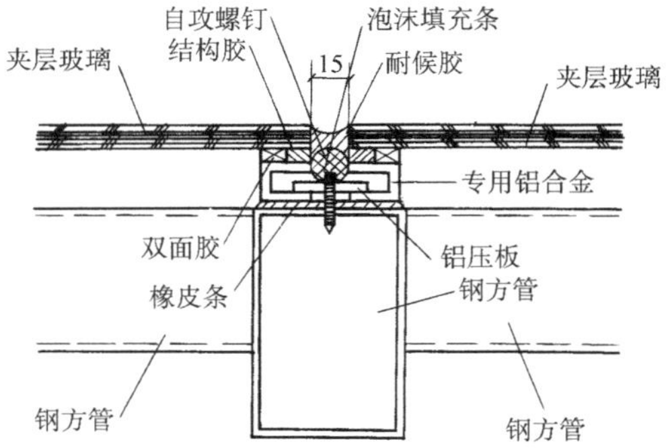

图 6.6.27 玻璃顶（隐框）横向连接节点

5. 工程应用

广州国际会议展览中心首期工程建筑面积 36.78 万 m^2，建筑平面布置如图 6.6.28 所示，采用金属屋面板系统，屋面面积约 10 万 m^2，屋面材料采用了聚氨酯复合板、不锈钢板和不锈钢装饰板。整个屋面板分成三种类型，展览大厅及珠江散步道屋面的做法为：主次檩条 + 三元乙丙聚氨酯夹芯板 + 可滑移固定支座 + 360°咬合式 SUS304 不锈钢面板 + SUS316 冷拉毛面不锈钢装饰板；东入口的屋面做法为：檩条 + 360°咬合式 SUS304 不锈钢面板（局部夹胶玻璃） + SUS316 冷拉毛面不锈钢装饰板；货车通道、东西货车坡道、北展厅及珠江散步道的外挑部分屋面为：檩条 + SUS316 冷拉毛面不锈钢装饰板，建筑效果图如图 6.6.29 所示。

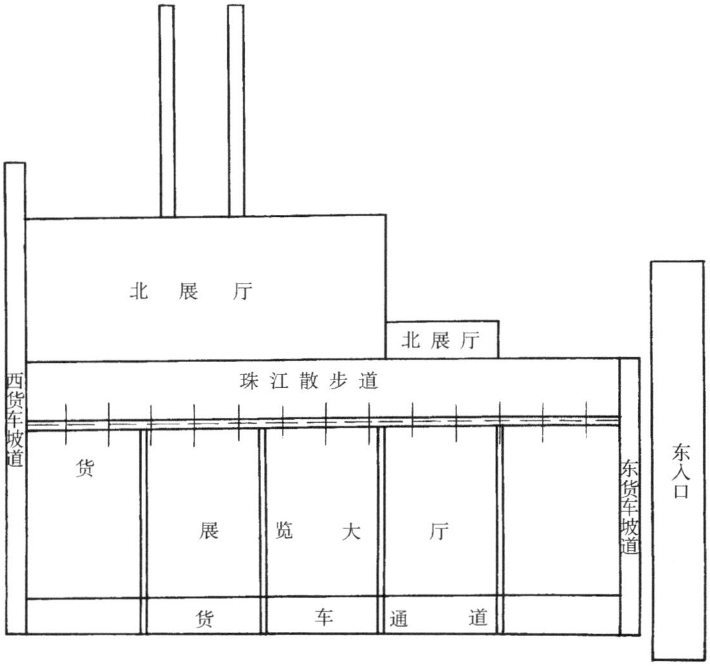

图 6.6.28 广州国际会议展览中心平面布置

广州国际会议展览中心超大型屋面板系统具有面积大、跨度大、风荷载大、局部双向弯曲的特点，为确保整个屋面的质量，采用了 360°咬合式可滑移双层防水屋面系统。整个屋面系统以展览大厅、珠江散步道作为设计的核心，标准节点如图 6.6.30 所示。

图 6.6.29　广州国际会议展览中心建筑效果图

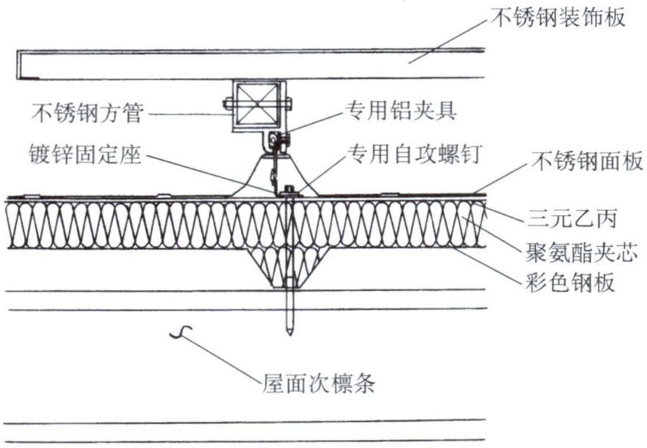

图 6.6.30　标准节点

在有保温、隔热要求的展览大厅和珠江散步道，该工程采用三元乙丙聚氨酯夹芯板作为底板，由自动化生产线在工厂内连续式加工成形。夹芯板的构造为：压型钢板 + 聚氨酯 + 三元乙丙。广州国际会展中心超大型屋面面板具有两大特点：跨度大，屋面双向弯曲。其中展厅的最大跨度为 126.6m，加上悬挑总长度为 132.8m。为了改善屋面板的防水性能，该工程采用了板宽方向 360°咬合式搭接、跨度方向 132.8m 无搭接的屋面板系统，板宽方向搭接节点如图 6.6.31 所示。面板的咬合采用专用设备在现场完成。咬合时两块面板和支座座顶以 360°同步卷边，卷边中的母板内侧涂有热融性的密封胶，卷边时，密封胶将充满整个 360°卷边内，使得两块屋面板之间形成气密性的密封，整个屋面形成一张密不透气的硕大金属皮。

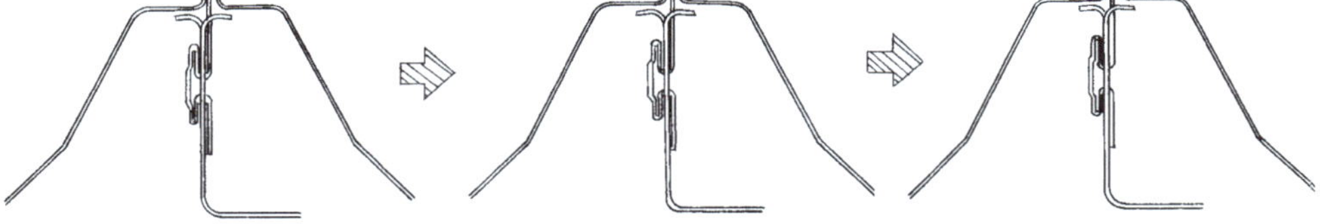

图 6.6.31　360°屋面板的咬合节点

超大型金属屋面板系统的热胀冷缩问题是一个突出的技术难点。横向收缩量可以由波肋来吸收，但纵向伸缩量必须进行妥善处理，屋面板在纵向应能自由伸缩。在设计中，该工程使用了可滑移固定支座，如图 6.6.32 所示，即把固定支座分为座顶和座体两部分。座体开有一长圆孔，座顶卡在长圆孔内，沿长圆孔可以左右滑动。长圆孔的长度可根据伸缩量的大小由屋面板的中间向两端逐渐加大。

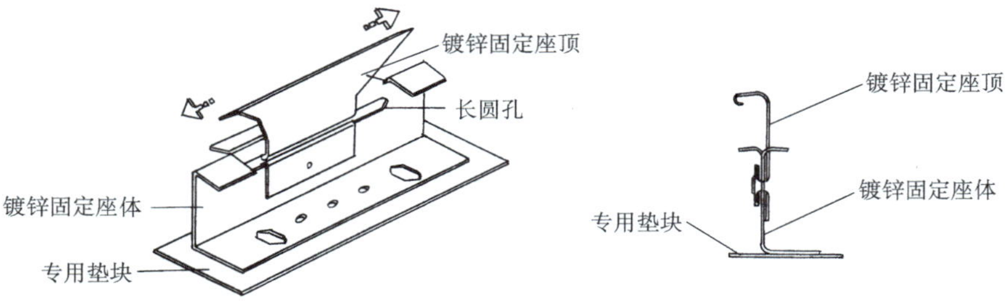

图 6.6.32 可滑移固定支座

单一的屋面板很难在外观上达到令人满意的效果，为了能根据建筑师的要求来制作屋面外形曲线，该工程在国内首次采用了外加装饰板的做法。将装饰面板系统以最美观、最经济的方式组合模数，以两块一体的形式组成装饰板单元，不锈钢屋面板和装饰面板的连接采用特制的铝合金夹具。根据屋面的设计要求，每个装饰面板单元最多由六个夹具紧固。装饰面板与屋面板连接节点如图 6.6.30 所示。建成后的广州国际会展中心屋顶效果如图 6.6.33 所示。

图 6.6.33 广州国际会议展览中心屋顶效果

参 考 文 献

[1] 刘锡良．现代空间结构［M］．天津：天津大学出版社，2003.
[2] 钱若军，杨联萍．张力结构的分析、设计、施工［M］．南京：东南大学出版社，2003.
[3] 陆赐麟，尹思明，刘锡良．现代预应力钢结构［M］．北京：人民交通出版社，2003.
[4] 蓝天，刘枫．中国空间结构的二十年［C］//第十届空间结构学术会议论文集，2002：1－12.
[5] 刘锡良，董石麟．20 年来中国空间结构形式创新［C］//第十届空间结构学术会议论文集，2002：13－37.
[6] 沈世钊．中国空间结构理论研究 20 年进展［C］//第十届空间结构学术会议论文集，2002：38－52.
[7] 刘锡良．空间结构世界发展水平［J］．空间结构，1994，1（2）：68－71.
[8] 董石麟．预应力大跨度空间钢结构的应用与展望［J］．空间结构，2001，7（4）：3－14.
[9] 陆赐麟．现代钢结构的发展与最新成就［C］//现代土木工程的新发展．南京：东南大学出版社，1998：157－166.
[10] 刘锡良．现代空间结构的新发展［C］//现代土木工程的新发展．南京：东南大学出版社，1998：139－148.
[11] 薛素铎，刘景园．可展开折叠式空间结构的研究现状与展望［C］//第三届全国结构工程学术会议论

文集，1994：1402 – 1406.
[12] 薛素铎，丁光松，刘景园，等．可展开折叠式空间网格结构 [C]//第七届空间结构学术会议论文集，1994：48 – 53.
[13] 陈务军，关富玲，裘红妹，等．索杆可展结构的体系分析 [J]．空间结构，1997，3 (4)：28 – 33.
[14] 陈向阳，关富玲．折叠结构几何非线性分析 [J]．计算力学学报，2000，17 (4)：435 – 440.
[15] 陈向阳，关富玲，等．复杂剪式铰结构的几何分析和设计 [J]．空间结构，1998，4 (1)：45 – 51.
[16] 吴明儿，关富玲．可展结构的形态控制 [J]．应用力学学报，1995，12 (2)：23 – 27.
[17] 远方，孙大军．折叠网架基本结构单元的构成和几何分析 [J]．建筑结构，1997 (5)：35 – 39.
[18] 钱志伟，程万海，刘锡良．折叠结构的受力分析 [J]．建筑结构学报，1996，17 (2)：48 – 57.
[19] 刘锡良，朱海涛．折叠网架节点的设计与构造 [J]．空间结构，1997，3 (1)：36 – 42.
[20] 朱海涛，刘锡良．折叠网架计算模型分析与试验 [J]．天津大学学报，1999，32 (1)：1 – 5.
[21] 陈向阳，关富玲，陈务军．折叠结构的主从自由度分析 [J]．工程力学，1999，16 (5)：83 – 88.
[22] 刘锡良．大跨度开合空间钢结构 [J]．钢结构，1998，13 (4)：50 – 53.
[23] 张凤文，刘锡良．开合屋盖结构的发展及开合机理研究 [J]．钢结构，2001，16 (4)：1 – 6.
[24] 张凤文，刘锡良．开合屋盖结构行走机构的应用研究 [J]．建筑结构，2002，32 (9)：29 – 32.
[25] 董高红，王岚，徐国彬，等．开合结构及其在我国的开发前景 [J]．北方交通大学学报，1996，20 (5)：601 – 605.
[26] 张凤文，刘锡良．开合屋盖结构设计研究 [C]//第十届空间结构学术会议论文集．北京：中国建材工业出版社，2002：848 – 856.
[27] 关富玲，吴开成，余水辉，等．开合式屋面结构设计 [C]//第三届全国现代结构工程学术研讨会论文集，2003：88 – 97.
[28] 吕晶，徐国彬，王月栋．奥运会主体育场开合部分结构设计探讨 [J]．北方交通大学学报，2003，27 (4)：41 – 44.
[29] 刘锡良，陈志华．一种新型空间结构——张拉整体体系 [J]．土木工程学报，1995，28 (4)：52 – 57.
[30] 王斌兵，李燕云．张拉整体体系的统一定义 [J]．空间结构，1998，4 (4)：10 – 14.
[31] 夏绍华，董明，钱若军．全张力、张力集成体系的基本概况 [J]．空间结构，1997，3 (2)：3 – 9.
[32] 刘锡良，夏定武．索穹顶与张拉整体穹顶 [J]．空间结构，1997，3 (2)：10 – 17.
[33] 陈志华，刘锡良．张拉整体体系与多面几何体 [J]．空间结构，1995，1 (3)：8 – 13.
[34] 袁行飞，董石麟．索穹顶结构几何稳定性分析 [J]．空间结构，1999，5 (1)：3 – 9.
[35] 袁行飞，刘武文，董石麟．一种新型大跨空间结构—张拉整体索穹顶 [J]．新建筑，2000 (2)：74 – 75.
[36] 陈晓光，罗尧治．张拉整体单元找形问题研究 [J]．空间结构，2003，9 (1)：35 – 39.
[37] 马立明，沈祖炎，钱若军．大跨空间结构的新型式—张拉索穹顶结构 [J]．同济大学学报，1995，23 (2)：231 – 235.
[38] 曹喜，刘锡良．张拉整体结构的预应力优化设计 [J]．空间结构，1998，4 (1)：32 – 36.
[39] 钱若军，董明，杨联萍，等．张力集成体系 [J]．空间结构，2002，8 (3)：3 – 13.
[40] 钱若军，沈祖炎，夏绍华．索穹顶结构 [J]．空间结构，1995，1 (3)：1 – 7.
[41] 杨联萍，董明，等．索穹顶结构 [J]．空间结构，2003，9 (2)：9 – 14.
[42] 尹思明，陆赐麟．索穹顶结构体系发展的回顾与展望（上） [J]．工业建筑，2003，33 (6)：59 – 61.
[43] 尹思明，陆赐麟．索穹顶结构体系发展的回顾与展望（下） [J]．工业建筑，2003，33 (7)：50 – 53.

[44] 卫东，陈昕，沈世钊．Levy 体系索穹顶结构的受力性能研究 [J]．哈尔滨建筑大学学报，2001，34 (4)：11-15.
[45] 钱若军，沈祖炎，夏绍华，等．结构概念及全张力体系的工作机理 [J]．空间结构，1996，2 (3)：2-7.
[46] 张志宏，董石麟，王文杰．索杆张拉结构的设计和施工全过程分析 [J]．空间结构，2003，9 (2)：20-24.
[47] 袁行飞，董石麟．索穹顶结构整体可行预应力概念及其应用 [J]．土木工程学报，2001，34 (2)：33-37.
[48] 罗尧治，董石麟．索杆张力结构的初始预应力分布计算 [J]．建筑结构学报，2000，21 (5)：59-64.
[49] 白正仙，刘锡良，李义生．新型空间结构形式——张弦梁结构 [J]．空间结构，2001，7 (2)：33-38.
[50] 刘锡良，白正仙．张弦梁结构的有限元分析 [J]．空间结构，1998，4 (4)：15-21.
[51] 刘锡良，白正仙．张弦梁结构受力性能的分析 [J]．钢结构，1998，13 (4)：4-8.
[52] 陈汉翔．平面张弦梁结构的计算分析 [J]．广东土木与建筑，2002 (10)：9-12.
[53] 刘开国．大跨度张弦梁式结构的分析 [J]．空间结构，2001，7 (2)：39-43.
[54] 汪大绥，张富林，等．上海浦东国际机场（一期工程）航站楼钢结构研究与设计 [J]．建筑结构学报，1999，20 (2)：2-8.
[55] 陈以一，沈祖炎，等．上海浦东国际机场候机楼 R2 钢屋架足尺试验研究 [J]．建筑结构学报，1999，20 (2)：9-17.
[56] 陈荣毅，董石麟，孙文波．大跨度预应力张弦桁架结构的设计与分析 [J]．空间结构，2003，9 (1)：45-47.
[57] 陈荣毅，董石麟．广州国际会议展览中心展览大厅钢屋盖设计 [J]．空间结构，2002，8 (3)：29-34.
[58] 孙文波．广州国际会展中心大跨度张弦梁的设计探讨 [J]．建筑结构，2002，32 (2)：54-56.
[59] 严慧，刘中华，张杰．用于玻璃采光顶的新型张弦梁结构及其受力性能研究 [J]．空间结构，2003，9 (3)：19-23.
[60] 尹越，刘锡良，等．“弦支穹顶”结构的理论分析及应用研究 [C]//第九届空间结构学术会议论文集，2000：256-259.
[61] 陈志华．弦支穹顶结构体系 [C]//第一届全国现代结构工程学术研讨会论文集，2001：243-246.
[62] 陈志华，左晨然．弦支穹顶结构的非线性分析 [C]//第二届全国现代结构工程学术研讨会论文集，2002：396-400.
[63] 康文江，陈志华．弦支穹顶中张拉整体部分的结构作用分析 [C]//第二届全国现代结构工程学术研讨会论文集，2002：401-404.
[64] 田国伟，刘金鹏，刘兴业，等．弦支穹顶结构中预应力的设定原则 [C]//第二届全国现代结构工程学术研讨会论文集，2002：405-407.
[65] 李永梅，张毅刚．新型索承网壳结构静力、稳定性分析 [J]．空间结构，2003，9 (1)：25-30.
[66] 张毅刚，白正仙．昆明柏联广场中厅索承网壳的设计研究 [C]//第十一届工程设计计算机应用学术会议论文集．杭州：浙江大学出版社，2003.
[67] Peter William Key，Ng Kam Tong，Yi Cheng. The STRARCH STRessed-ARCH Building System From Concept to Application [C]//第二届全国现代结构工程学术研讨会论文集，2002：235-248.
[68] 朱光照．大跨度空间预应力钢结构的张拉新技术 [C]//第二届全国现代结构工程学术研讨会论文集，2002：230-234.

[69] 刘向阳，刘锡良，陈志华．玻璃材料与新型建筑［J］．天津大学学报，2001，34（1）：77－80.
[70] 刘向阳，刘锡良，陈志华．一种新型的空间结构——无框张拉玻璃结构［J］．工程力学，1999（增刊）：804－809.
[71] 宋章树．点支承玻璃幕墙的工程实例［J］．五邑大学学报：自然科学版，2001，15（1）：41－44.
[72] 赵西安，韩平元．点支式玻璃幕墙设计［J］．建筑结构，1999（9）：58－60.
[73] 李耀庭．点支玻璃幕墙的钢索杆结构内力分析及挠度计算［J］．建筑结构，2000，30（12）：52－57.
[74] 沈小锋．玻璃结构的发展和应用［J］．世界建筑，2002（1）：17－22.
[75] 马国馨．玻璃幕墙点式连接法．世界建筑，1998（2）．
[76] 武岳，郭海山，陈新礼，等．大跨度点支式幕墙支承结构风振性能分析［J］．建筑结构学报，2002，23（5）：49－55.
[77] 王元清，石永久，李少甫，等．点支式玻璃建筑结构体系及其应用技术研究［J］．土木工程学报，2001，34（4）：1－9.
[78] 荆军，王元清，石永久，等．点式支承玻璃建筑的轻型与柔性支承结构体系的研究［J］．工业建筑，2000，30（10）：18－22.
[79] 杨威，王元清，石永久，等．点式支承玻璃板变形性能的分析研究［J］．工业建筑，2001，31（4）：26－28.
[80] 刘锡良，刘向阳．点式张拉玻璃幕墙结构的理论分析与实验研究［C］//第九届空间结构学术会议论文集，2000.
[81] 姚裕昌，韩平元，孙坚，等．点式玻璃幕墙预应力索桁架的试验研究［J］．建筑技术，2000，31（12）：824－825.
[82] 刘军进，陈新杰，孙永新．点式玻璃幕墙预应力索桁架结构设计的几个概念［J］．工业建筑，2002，32（7）：59－61.
[83] 王帆，郭正兴．点支承玻璃结构的钢结构支承体系［J］．建筑技术，2001，32（9）：586－588.
[84] 朱奕锋，冯健．点支承玻璃幕墙的柔性支撑体系——索桁架［J］．工业建筑，2002，32（5）：1－4.
[85] 杨维国，徐国彬，姚威．广州新白云机场航站楼玻璃幕墙索结构的受力性能分析［J］．钢结构，2002，17（1）：1－3.
[86] 张桂先，韩平元，花定兴．广州新机场点支式玻璃幕墙设计介绍［J］．中国建筑金属结构，2003（6）：32－34.
[87] 花定兴，姚裕昌，韩平元，等．广州新机场主航站楼点支式玻璃幕墙结构设计［J］．建筑结构，2003，33（11）：67－72.
[88] 张芹．拉索式点连接全玻璃幕墙［J］．新型建筑材料，2000（12）：5－7.
[89] 刘军进，吕志涛．预应力索桁架在玻璃幕墙支承体系中的应用［J］．建筑结构，2001，31（6）：59－62.
[90] 姚裕昌，张桂先，花定兴，等．点支式玻璃幕墙抗风问题的探讨［C］//第三届全国现代结构工程学术研讨会论文集，2003：313－317.
[91] 石永久，王元清，罗忆，等．点支式预应力玻璃帷幕结构体系设计的若干问题［C］//第三届全国现代结构工程学术研讨会论文集，2003：318－323.
[92] 花定兴，姚裕昌，王德勤．自平衡索桁架在广州新白云机场工程中的应用［C］//第三届全国现代结构工程学术研讨会论文集，2003：645－649.
[93] 邵周明．广州国际会议展览中心矩形托板式抓点玻璃幕墙工程施工的质量控制［C］//第三届全国现代结构工程学术研讨会论文集，2003：419－422.
[94] 黄庆辉．大型金属屋面板的应用［J］．房材与应用，2003（2）：29－30.
[95] 屠建忠，周观根，谢佑云．广州国际会议展览中心金属屋面板的设计［J］．新型建筑材料，2002

(12): 45 -48.
[96] 王戈，马建昌．压型金属板围护结构的设计与应用［J］．工业建筑，1994（S1）：37 -43.
[97] Special Issue on Deployable Space Structure [J]. Int. J. of Space Structures, 1993 6 (8): 1 -2.
[98] Shan W. Computer Analysis of Foldable Structures [J]. Compt. Struct. , 1992, 42 (6): 903 -912.
[99] Gantes G J, Connor J J, Logcher R D, et al. Structural Analysis and Design of Deployable Structures [J]. Compt. Struct. , 1989 (32): 661 -669.
[100] Kwan A S K, Pellegrino S. Matrix Formulation of Micro - elements for Deployable Structures [J]. Compt. Struct. , 1994 (50): 237 -254.
[101] Gantes J, Connor J, Logcher D. A Systematic Design Methodology for Deployable Structures [J]. Int. J. Space Structures, 1994, 9 (2) .
[102] Escrig F, Valcarcel J P. Geometry of Expandable Space Structures [J]. Int. J. Space Structures, 1993, 8 (1&2): 71 -84.
[103] Pinero E P. Expandable Space Framing [J]. Progressive Architecture, 1962, 43 (6) .
[104] Pinero E P. Three Dimensional Reticular Structure: U. S. , 3. 185. 164 [P]. 1965.
[105] Zeigler T R. Collapsable Self - Supporting Structures: U. S. , 3. 968. 808 [P]. 1976.
[106] Zeigler T R. Collapsable Self - Supporting Structures: U. S. , 4. 437. 275 [P]. 1984.
[107] Escrig F. Expandable Space Structures [J]. Int. J. of Space Structures, 1985, 1 (2) .
[108] Rosenfeld Y, et al. New Concepts for Deployable - Collapsable Structures [J]. Int. J. of Space Structures, 1988, 3 (1) .
[109] Gantes C. Geometric Constraints in Assembling Polygonal Deployable Units to Form Multi - Unit Structural Systems [C]//Space Structures 4. London: Thomas Telford, 1993: 793 -803.
[110] Gantes C, et al. Geometric and Structural Design Considerations for Deployable Space Frames [C]// Int. Conf. on Mobile and Rapidly Assembled Structures. Southampton, 1991.
[111] Pellegrino S, et al. Foldable Ring Structures [C]//Space Structures 4. London: Thomas Telford, 1993.
[112] Kwan A S K, et al. Design and Performance of the Octahedral Deployable Mast [C]//Space Structures 4. London: Thomas Telford, 1993: 843 -852.
[113] Clarke R C. The Kinematics of a Novel Deployable Space Structure System [C]//3rd Int. Conf. on Space Structures. Guildford, 1984.
[114] Mcnulty O. Foldable Space Structures [J]. Proc. IASS Symposium, 1986 (3) .
[115] Kawaguchi M, et al. Numerical Analysis for Folding of Space Structures [C]//Space Structures 4. London: Thomas Telford, 1993: 813 -823.
[116] Hangai Y, et al. Analysis for Shape - Finding Process of Unstable Link Structures [J]. Bulletin of IASS, 1990 (30) .
[117] Shan W. Consideration Studies of Foldable Structures [C]//Space Structures 4. London: Thomas Telford, 1993.
[118] Escrig F, et al. Analysis of Foldable Space Bar Structures [J]. Proc. IASS Symposium, 1986 (3) .
[119] Valcarcel J B, et al. Analysis of Curved Expandable Space Bar Structures [C]//Int. Symp. on 10 Years of Progress in Shell and Spatial Structures. Madrid: IASS, 1989.
[120] Valcarcel J B, et al. Expandable Structures with Self - Folding Textile Cover [C]//Int. Conf. on Mobile and Rapidly Assembled Structures. Southampton, 1991.
[121] Valcarcel J B, et al. Expandable Domes with Incorporated Roofing Elements [C]//Space Structures 4. London: Thomas Telford, 1993: 804 -812.
[122] Foster C G, et al. A Class of Transportable Demountable Structures [J]. Int. J. of Space Structures, 1986.

[123] Neogi D, et al. Development of a Self – Deployable Structural Element for Space Truss Applications [C]// Space Structures 4. London: Thomas Telford, 1993: 772 – 782.

[124] Kazuo Ishii. Structural Design of Retractable Roof Structures [M]. Southampton: WIT Press, 2000.

[125] Kazuo Ishii. Retractable Roof Structures [J]. Journal of International Association for Shell and Spatial Structures, 2001, 42 (135&136): 27 – 32.

[126] Kazuo Ishii. Membrane Structures in Japan [M]. Tokyo: SPS Publishing Company, 1995.

[127] Kazuo Ishii. State of the Art on Retractable Structures [C]//, SECWC' 98. San Francisco, 1998.

[128] Allen C M. Toronto Skydome Roof Structure [J]. Bulletin of IASS, 1992, 33 (3): 163 – 169.

[129] Mogami K, et al. The Ohita Dome and Retractable Structures in Japan [C]//SECWC' 98. San Francisco, 1998.

[130] Bakker G T, et al. Amsterdam Arena Retractable Roofed Stadium [C]//SECWC'98. San Francisco, 1998.

[131] Nishikawa K. Structural Design of the Komatsu Dome Retractable Structure [C]//SECWC'98. San Francisco, 1998.

[132] Special Issue for Recent Spatial Structures in Japan [J]. Journal of the International Association for Shell and Spatial Structures, 2001 (42): 135 – 136.

[133] Stringer D C. Sky – Dome Roof Fabrication and Construction [J]. Engineering Digest, 1989, 35 (3): 35 – 44.

[134] Special Issue on Tensegritv Systems: the State of the Art [J]. International Journal of Space Structures, 1992, 7 (2).

[135] Pugh A. An Introdution to Tensegrity [M]. Berkeley: University of California Press, 1975.

[136] Fuller R B. Tensile – Integrity structure: US, 3063521 [P]. 1962.

[137] Emmerich D G. Self – Tensioning Spherical Structures: Single and Double Layer Spheroids [J]. Int. J. Space Structures, 1990, 5 (3/4): 353 – 374.

[138] Hanaor A, Liao M K. Double – Layer Tensegrity Grid: Static Load Response Ⅰ – Analytical Study [J]. Journal of Structural Engineering, 1991, 117 (6): 1660 – 1674.

[139] Hanaor A, Liao M K. Double – Layer Tensegrity Grid: Static Load Response Ⅱ – Experimental Study [J]. Journal of structural Engineering, 1991, 117 (6): 1675 – 1684.

[140] Hanaor A. Prestressed Pin – Jointed Structures – Flexibility Analysis and Prestress Design [J]. Computers and Structures, 1988, 28 (6): 757 – 769.

[141] Motro R. Tensegrity Systems and Geodesic Domes [J]. Int. J. Space Structures, 1990, 5 (3/4): 341 – 351.

[142] Motro R. Tensegrity Systems: the State of the Art [J]. Int. J. Space Structures, 1992, 7 (2): 1 – 18.

[143] Pellegrino S. A Class of Tensegrity Domes [J]. Int. J. Space Structures, 1992, 7 (2): 127 – 141.

[144] Vilnay O. Structures Made of Infinite Regular Tensegric Nets [J]. IASS Bulletin, 1977 (18): 51 – 57.

[145] Vilnay O. Determinate Tensegric Shells [J]. Journal of Structural Engineering, 1981, 107 (ST10): 2029 – 2033.

[146] Vilnay O. Tensegric Shell Behavior [J]. Journal of Structural Engineering, 1982, 108 (ST8): 1831 – 1845.

[147] Geiger D H . Roof Structure: United States, 4736553 [P]. 1988 – 04 – 12.

[148] Geiger D H, Stefanicck A, Chen D. The Design and Construction of Two Cable Domes for the Korean Olympics [C]//Shells, Membrane and Space Frames, Proceedings IASS Symposium. Osaka: Elsevier Appl. Science, 1986: 265 – 272.

[149] Levy M. The Georgia Dome and Beyond Achieving Lightweight – Longspan Structure [C]//Proc. IASS – ASCE Int. Symp, 1994.

[150] Levy M. Floating Fabric over Georgia Dome [J]. Civil Engineering, 1991, 61 (11): 34 - 37.
[151] Kawaguchi M, et al. On a Structural System "Suspen - dome" System [C]//Proc. of IASS Symposium. Istanbul, 1993: 523 - 530.
[152] Kawaguchi M. Structural Tests of "Suspen - dome" System [C]//Proc. of IASS Symposium. Atlanta, 1994: 383 - 392.
[153] Kawaguchi M. Structural Tests on a Full - Size Suspen - dome Structure [C]//Proc. of IASS Symposium. Singapore, 1997: 431 - 438.
[154] Kawaguchi M. Design, Tests and Realization of "Suspen - dome" System [J]. Journal of the International Association for Shells and Spatial Structures, 1999, 40 (131): 179 - 192.
[155] Clarke M J, Hancock G J. Finite Element Nonlinear Analysis of Stressed Arch Frames [C]//Proc. Second National Structural Engineering Conference. Adelaide, 1990: 60 - 65.
[156] Key P W, Mansell D S, Morgan P R, et al. Full - Scale Testing of a 30m Span STRARCH Industrial Building [C]//Proc. Second National Structural Engineering Conference. Adelaide, 1990: 351 - 355.
[157] Clarke M J, Hancock G J. Behaviour and Design of Stressed - Arch (Strarch) Frames [C]//Proc. of the IASS - ASCE International Symposium on Spatial, Lattice and Tension Structures, 1994: 200 - 209.
[158] Clarke M J, Hancock G J. Tests and Nonlinear Analyses of Small - Scale Stressed - Arch Frames [J]. Journal of Structural Engineering, 1995, 121 (2): 187 - 200.
[159] Clarke M J, Hancock G J. Design of Top Chord of Stressed - Arch Frames [J]. Journal of Structural Engineering, 1995, 121 (2): 201 - 213.
[160] Riley E. "Stressed Arch" Roofing [J]. Construction Specifier, 1994, 47 (2): 43 - 50.
[161] Clarke M J. The Behavior of Stressed - Arch Frames [D]. Sydney: University of Sydney, 1992.
[162] Clarke M J, Hancock G J. Comparison of Finite Element Nonlinear Analyses with Tests of Stressed Arch Frames [C]//Proc. 10th Int. Specialty Conf. on Cold - formed Steel Structures. St Louis, 1990: 605 - 636.
[163] Hancock G J, Key P W, Clarke M J, et al. Structural Tests on the Top Chord of Strarch (Stressed Arch) Frames [C]//Proc. Pacific Structural Steel Conference. Gold Coast, 1989: 557 - 569.
[164] 张毅刚. 张弦结构的十年——张弦结构的概念及平面张弦结构 [J]. 工业建筑, 2009, 39 (10): 114 - 122.
[165] 张毅刚. 张弦结构的十年——双向张弦结构和空间张弦结构的应用与发展 [J]. 工业建筑, 2009, 39 (11).
[166] 张毅刚. 张弦结构的十年——张弦成形结构的概念及发展 [J]. 工业建筑, 2009, 39 (12): 84 - 89.